Automatisierungstechnik –
Algorithmen und Programme

Springer

Berlin
Heidelberg
New York
Barcelona
Budapest
Hongkong
London
Mailand
Paris
Santa Clara
Singapur
Tokio

Walter Jakoby

Automatisierungs-technik —
Algorithmen und Programme

Entwurf und Programmierung
von Automatisierungssystemen

Mit 394 Abbildungen, 117 Tabellen
sowie 188 Beispielen und Übungen

 Springer

Professor Dr.-Ing. Walter Jakoby
Fachhochschule Rheinland-Pfalz
Abteilung Trier
Fachbereich Elektrotechnik
Schneidershof
D-54293 Trier

Email: Jakoby@etpc01.trier.fh-rpl.de

ISBN-13:978-3-540-60371-9   e-ISBN-13:978-3-642-61039-4
DOI: 10.1007/978-3-642-61039-4

Springer-Verlag Berlin Heidelberg New York

Die Deutsche Bibliothek – Cip-Einheitsaufnahme

Jakoby, Walter:
Automatisierungstechnik – Algorithmen und Programme :
Entwurf und Programmierung von Automatisierungssystemen ;
mit 117 Tabellen sowie 188 Beispielen und Übungen / Walter Jakoby. -
Berlin ; Heidelberg ; New York ; Barcelona ; Budapest ; Hongkong ; London ;
Mailand ; Paris ; Santa Clara ; Singapur ; Tokio : Springer, 1996
     ISBN-13:978-3-540-60371-9
     e-ISBN-13:978-3-642-61039-4

Satz: Reproduktionsfertige Vorlage des Autors
SPIN: 10516639   62/3020 - 5 4 3 2 1 0 - Gedruckt auf säurefreiem Papier

Vorwort

Automatisierungssysteme haben sich in den letzten Jahren zu sehr leistungsfähigen Werkzeugen entwickelt. Bei der Hardware haben die Prinzipien der Strukturierung und Standardisierung weitgehend gegriffen. Der Aufgabenschwerpunkt hat sich zur Projektierung und Programmierung verlagert.

Das Anforderungsniveau für den Automatisierer ist wesentlich anspruchsvoller geworden. Es reicht von der Erstellung einfacher Relaissteuerungen bis hin zur wissensbasierten Prozeßdatenverarbeitung. Auch die große Vielfalt der Darstellungsmittel und Programmiersprachen trägt zu einem breit gefächerten Aufgabenspektrum bei.

Das vorliegende Buch versucht, eine umfassende und systematische Einführung in den Entwurf und die Programmierung von Automatisierungssystemen zu geben. Es deckt die Aufgabengebiete von binären Verknüpfungs- und Ablaufsteuerungen über die digitale Steuerung, Filterung und Regelung, bis zu den Binärfeldsteuerungen und Fuzzy Control ab. Alle wichtigen Darstellungsmittel und Programmiersprachen, wie Funktionspläne, Schrittketten, Zustandsgraphen, Petri-Netze, Anweisungslisten und Strukturierter Text werden erläutert, wobei sowohl der STEP5-Industriestandard als auch die neuen Sprachen der IEC1131 berücksichtigt werden.

Bei einfachen, direkt anwendbaren Programmbeispielen beginnend, wird der Leser systematisch zur praxisgerechten Lösung umfangreicher Aufgaben der heute geforderten Komplexität hingeführt. Durch die gleichzeitige Vermittlung der notwendigen theoretischen Grundlagen ist das Buch als Einführung für alle Studenten der Automatisierungstechnik an FH's und TU's geeignet. Viele wiederverwendbare Programme und zahlreiche, die Ergebnisse übersichtlich zusammenfassende Tabellen sollen das Buch zudem zu einem Weiterbildungs- und Nachschlagewerk für die tägliche Programmierpraxis machen.

Als ich die Hochschule mit einem gut gefüllten und wohlgeordneten Werkzeugkasten theoretischer Kenntnisse verließ, um den Sprung in die Selbständigkeit zu wagen, mußte ich bald feststellen, daß mein Werkzeugkasten gehörig in Unordnung geriet. Manches glänzende theoretische Werkzeug war in der Praxis zu unhandlich; andere eher unscheinbare Stücke erwiesen sich als Allzweckwerkzeuge. Viel Zeit verbrachte ich auf der Suche nach dem optimalen Werkzeug; manche Schraube wurde mit der Rohrzange geöffnet. Erst nach einiger Übung gelang der zielsichere Griff in die scheinbare Unordnung.

Meinen eigenen Werkzeugkasten (dieses Buch) habe ich mit der Zeit komplett umgeordnet. Nach oben habe ich die Werkzeuge getan, die in vielen Situationen einfach und mit gutem Ergebnis anwendbar sind. Die etwas komplizierteren liegen darunter. Ihr Einsatz erfordert zunächst Anleitung, dann Übung; beides wird hier unterstützt. Bei den übrigen Werkzeugen war eine strenge Auswahl nötig, um das Gewicht des Werkzeugkastens auf ein tragbares Maß zu begrenzen. Ich hoffe, er ist für viele von Nutzen.

Die im Buch beschriebenen Algorithmen und Programme sind aus den täglichen Problemstellungen in meiner Tätigkeit als Geschäftsführer der Autronic-Automatisierungstechnik GmbH und als Software-Entwicklungsleiter der Walter Becker GmbH in Friedrichsthal entstanden. Die didaktische Aufbereitung des Stoffes erfolgte im Rahmen von Vorlesungen an der Fachhochschule in Trier. Das kritische Interesse meiner Studenten, Mitarbeiter und Kollegen hat mir oft entscheidende Hilfe bei der Auswahl und Darstellung des Stoffes geleistet. Hierfür gilt ihnen mein Dank.

Für die beste Unterstützung haben Ingrid, André und Marius gesorgt. Ihnen widme ich dieses Buch.

Lorscheid im Oktober 1995.

Inhaltsverzeichnis

1 Einführende Übersicht

Automatisierungssysteme sind heterogene und komplexe Gebilde. Entwurf und Realisierung stellen Arbeitsprozesse mit einem breiten Anforderungsspektrum dar.

Die Breite des Aufgabenspektrum resultiert aus der Vielfalt der Anwendungsgebiete. Von der Lösung weniger Einzelaufgaben ausgehend hat sich die Automatisierungstechnik innerhalb einer kurzen Zeitspanne zu einem umfassenden Fachgebiet entwickelt, das in praktisch jedem technischen Bereich Anwendung findet. In Kapitel 1.1 wird die Palette der Anwendungen aus zeit- und zielorientierter Sicht zusammengefaßt.

Die Vielfalt der durch die Anwendungen aufgeworfenen Fragen führt auch zu einer Vielzahl unterschiedlicher Antworten. Dies äußert sich in Form zahlreicher, für Teilbereiche zugeschnittener Entwurfsverfahren und Darstellungsmittel sowie in verschiedenartigen gerätetechnischen und programmtechnischen Realisierungsformen. Diese werden im Kapitel 1.2 skizziert.

Neben der Heterogenität ist die Komplexität ein wesentliches Merkmal der Automatisierungsaufgaben. Sie entsteht aus der großen Zahl von Einzelkomponenten und den zwischen diesen bestehenden Wechselwirkungen. Heterogenität und Komplexität der Automatisierungsanlage finden in der Projektabwicklung durch die Vielzahl beteiligter Personen und Abteilungen und den unterschiedlichen Begriffs- und Darstellungsweisen ihre Fortsetzung. Kapitel 1.3 beleuchtet die Automatisierung aus der Sicht des Engineering.

Die Definition und Klassifikation des Fachgebietes wird oft als nur von akademischem Interesse abgetan. Bei einem Gebiet mit relativ kurzer Entwicklungsgeschichte, aber hoher Entwicklungsdynamik ist sie zudem schwierig, fehlerträchtig und von vorläufigem Charakter. Gerade in dieser Situation ist eine Abgrenzung und Einteilung sinnvoll und notwendig, weil

sie wie eine Landkarte, auch wenn diese noch weiße Flecken aufweist und Vermessungsfehler enthält, gute Dienste zur Orientierung leisten kann.

Aufbauend auf dem aus verschiedenen Sichtweisen gewonnenen mosaikartigen Bild wird die Automatisierung in Kapitel 1.4 durch Bezug auf die angrenzenden Fachgebiete und durch Einteilung der Einzelbereiche als die gezielte Beeinflußung technischer Systeme durch selbsttätige, informationsverarbeitende Geräte definiert. Auf dieser Definition aufbauend wird versucht, einige Aussagen über die weiteren Entwicklungsrichtungen und die Auswirkungen der Automatisierung zu machen.

Die *theoretische Basis* des Buches bildet das diskrete Automatenmodell. Es ist zur Darstellung aller mit digitalen Rechnern realisierten Algorithmen der Steuerung, Regelung und Filterung geeignet. Trotz einer bis heute vermißten einheitlichen kybernetischen Theorie kann das Automatenmodell zumindest einen begrifflichen Rahmen für so unterschiedliche Gebilde, wie eine einfache binäre Verknüpfungsfunktion und eine nichtlineare adaptive Regelung zur Verfügung stellen.

Die Prinzipien der Strukturierung und Standardisierung stellen die *methodische Basis* des Buches dar. Die Komplexität umfangreicher Systeme, gleichgültig ob es sich z.B. um Automatisierungssysteme, hochintegrierte Schaltkreise, Fertigungsanlagen oder komplexe Programme handelt, ist nur dann beherrschbar, wenn diese aus hierarchisch gegliederten, möglichst klar abgegrenzten Modulen aufgebaut werden. Der Aufwand zur Realisierung der Systeme wird vertretbar, durch Schaffung standardisierter, wiederverwendbarer Module.

Im Gegensatz zu vielen anderen Gebieten gibt es in der Automatisierungstechnik, bedingt durch deren heterogene Zusammensetzung, keine einheitliche Modulbasis. Vielmehr gibt es mehrere Einzelgebiete mit unterschiedlichen Grundmodulen, unterschiedlichen Beschreibungsmitteln und unterschiedlichen Realisierungsformen. Bei aller Vielfalt der mathematischen Werkzeuge, der graphischen, algebraischen, tabellarischen und textlichen Darstellungsmittel und der Programmiersprachen erweist sich die durchgängige Entwurfsmethodik aber als integrativer Faktor, der den Zusammenhalt der Einzelgebiete herstellt.

Für jedes Einzelgebiet werden in diesem Buch in einem eigenen Kapitel die elementaren Bausteine und die daraus zusammengesetzten, schrittweise komplexer werdenden, wiederverwendbaren Baugruppen hergeleitet, die zur Konstruktion umfangreicher Systeme geeignet sind. Diese induktive Methode, die mit dem einfachen Elementaren beginnt und systematisch zum überschaubaren Komplexen fortschreitet, bildet die für ein einführendes Lehrbuch passende *didaktische Basis*. Die zunächst erläuterten elementaren Bausteine sind direkt anwendbar, so daß der praktische Nutzen offensichtlich wird. Die in jedem Kapitel in gleicher Weise wiederzufindende Vorgehensweise, führt dann zwangsläufig, aber zwanglos zum Erkennen einer durchgängigen Entwurfsmethodik: Die Gesamtsystem werden hierarchisch so gegliedert, daß der systematische Zusammenbau der Module in nachvollziehbaren Schritten zu größeren Einheiten führt, die als Basis für Systeme der heute geforderten Komplexität tragfähig sind.

Die mehrfach angesprochene Heterogenität der Aufgabenstellungen ist eine unvermeidbare Ursache für die bunte Vielfalt, die bei den Darstellungsmitteln und Programmiersprachen zu finden ist. Eine zusätzliche, unnötige Ursache der Vielfalt an Programmiersprachen und Sprachdialekten sind herstellerspezifische Festlegungen. In diesem Buch wird versucht, die Sprachenvielfalt auf das erforderliche, durch die Vielfalt der Aufgabenstellungen erzwungene Maß zu begrenzen. Auf unnötige, herstellerspezifische Sprachdetails wird weitgehend verzichtet. Die in verschiedenen Normen festgelegten Sprachkonstrukte und Darstellungsmittel bilden damit die *technische Basis* des Buches.

1.1 ANWENDUNG

1.1.1 ZEITLICHE ENTWICKLUNG

Der Einsatz technischer Einrichtungen hat das Ziel, die Leistungsfähigkeit des Menschen bei Verarbeitungs- und Transportvorgängen zu vervielfachen. Zwei Elemente sind im wesentlichen die Basis dieser Entwicklung. Die eine Säule bilden einfallsreiche mechanische Konstruktionen, welche die manuelle Tätigkeit des Menschen nachbilden und nach einiger Zeit hinsichtlich Arbeitsgeschwindigkeit und Reproduzierbarkeit der Ergebnisse meist deutlich übertreffen. Frühe Beispiele hierfür sind die zahlreichen Erfindungen von Leonardo da Vinci, die Erfindung der Spinnmaschine (Hargreaves, 1767), des mechanischen Webstuhls (Cartwright, 1785) oder der Drehbank (Maudsley, 1800).

Das zweite tragende Element ist der Einsatz von Fremdenergie anstelle der menschlichen Arbeitskraft. Seit Beginn der Industrialisierung kennzeichnen Dampfkraft, Erdöl und Elektrizität als Energiequellen und die darauf basierenden Antriebsaggregate wie Dampfmaschine (Watt, 1765), Verbrennungsmotoren (Otto, 1876; Diesel, 1897) oder Dynamomaschine (Siemens, 1866) drei wichtige Stufen dieser Entwicklungsphase. Die auf diesen beiden Säulen aufsetzenden und unter dem Begriff Mechanisierung zusammengefaßten technischen Entwicklungen erfaßten in rascher Folge alle Bereiche industrieller Erzeugungs-, Verarbeitungs- und Transportvorgänge für materielle Stoffe und Energieträger.

Der Betrieb technischer Einrichtungen stellt bestimmte Anforderungen, die durch wiederholte, gezielte Eingriffe des Benutzers erfüllt werden müssen. Er nimmt dazu Informationen auf, verknüpft diese miteinander und gibt die Schlußfolgerungen in Form von Stelleingriffen aus. Die Automatisierung hat das Ziel, den Menschen von formalisierbaren Informationsverarbeitungsvorgängen zu entlasten und diese ebenfalls einer technischen Einrichtung zu übertragen. So wie die Mechanisierung die vergleichsweise bescheidene Arbeitskraft des Menschen durch Fremdenergie ersetzt, ist es

Ziel der Automatisierung formalisierte Geistestätigkeiten durch technische Geräte ausführen zu lassen. In der Anfangszeit der Automatisierung handelte es sich bei den Geräten um selbsttätige Apparaturen oder Automaten, bei denen die Informationsverarbeitung auf physikalische (z.B. mechanische, elektrische oder hydraulische) Vorgänge abgebildet wurde. Einfache Beispiele für solche Geräte sind Bimetallstreifen zur Messung von Temperaturen und deren Regelung über die Betätigung von Schaltkontakten, die Messung und Regelung von Geschwindigkeiten über Fliehkraftpendel , die Regelung von Flüssigkeitspegeln mittels Ventilen, die über Hebelarme mit Schwimmern als Meßeinrichtung betätigt werden oder die Messung von Drücken über bewegliche Membrane mit daran befestigten Stößeln zur Ventilbetätigung /Mayer 1969/, /Rörentrop 1971/. Der Umfang der Informationsverarbeitung bei diesen Geräten war nach heutigen Maßstäben gering. Die physikalische Realisierung der Automatisierungsgeräte stand im Vordergrund /Brack 1972/, /Töpfer, Kriesel 1977/, so daß die Automatisierungstechnik nicht als eigenständiges Gebiet erschien, sondern als Teilgebiet verschiedener anderer technischer Fachgebiete.

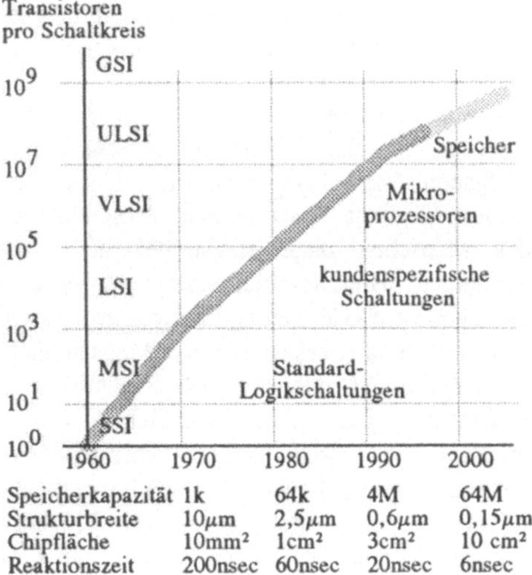

	1960	1970	1980	1990	2000
Speicherkapazität		1k	64k	4M	64M
Strukturbreite		10μm	2,5μm	0,6μm	0,15μm
Chipfläche		10mm²	1cm²	3cm²	10 cm²
Reaktionszeit		200nsec	60nsec	20nsec	6nsec

Abb. 1.1. Zeitliche Entwicklung wichtiger Kenngrößen bei mikroelektronischen Schaltkreisen

Durch die enormen Fortschritte der Mikroelektronik /Färber 1992/ haben die Möglichkeiten technischer Informationsverarbeitung eine extreme Steigerung erfahren. Die zunehmende Intergrationsdichte bei integrierten Schaltkreisen ist der wesentliche Motor dieser Entwicklung.

Durch die exponentiell angestiegene Rechenleistung und Speicherkapazität sind heute wesentlich komplexere Algorithmen zur Informationsverarbeitung technisch machbar und Rechenleistung zu so günstigen Preisen verfügbar, daß Automatisierung fast ausschließlich auf der Basis von Rechnern erfolgt. Die auch in Zukunft weiter zurückgehende Bedeutung der technischen Realisierungsfragen wird die Informationsgewinnung und Informationsverarbeitung immer mehr zu einer Kerndisziplin der Automatisierungstechnik werden lassen.

1.1.2 ZIELE

Die zahlreichen Ziele, die mit dem Einsatz von Automatisierungssystemen angestrebt werden, lassen sich unter den Oberbegriffen der Wirtschaftlichkeit, der Sicherheit und der Beherrschung schwieriger Prozesse zusammenfassen.

Lange Zeit wurde Automatisierung gleichgesetzt mit Rationalisierung, also der Erhöhung der Produktivität durch Verringerung des Zeitbedarfs, des Energieaufwandes und des Materialeinsatzes. Die unter dem Begriff Technik zusammengefassten Maßnahmen und Hilfsmittel haben, trotz großer Unterschiede in Detailfragen, das Ziel, ein angestrebtes Ergebnis mit möglichst geringem Aufwand zu erreichen (Sparprinzip) oder dienen dazu, bei vorgegebenem Aufwand einen maximalen Nutzen zu erzielen (Ergiebigkeitsprinzip) /Schiemenz 1980/. Diese beiden Prinzipien können als Spezialfälle des Wirtschaftlichkeitsprinzips aufgefaßt werden, das ein möglichst hohes Nutzen-zu-Aufwand-Verhältnis anstrebt. Die Erhöhung der Wirtschaftlichkeit ist ein wesentliches Ziel des Einsatzes von Automatisierungssystemen. Über viele Jahre hinweg waren die Anstrengungen auf einen Produktionsfaktor

- die Arbeitskraft - konzentriert. Diese Entwicklung, begleitet durch die negativen Folgeerscheinugen war so erfolgreich, daß die menschliche Arbeitskraft ihre Bedeutung als alleine bestimmender Kostenfaktor nach und nach verliert. In vielen Bereichen ist der Einsatz menschlicher Arbeitskraft durch weitgehende Rationalisierungserfolge auf einem niedrigen Stand angelangt. Außerdem sind die früher meist vernachlässigbaren Kosten für den Energie- und Materialeinsatz, verursacht durch die begrenzten und teilweise schon zur Neige gehenden Rohstoffreserven, spürbar angestiegen und werden in Zukunft noch stärker ansteigen. Automatisierungsbemühungen werden sich daher stärker auf den ökonomischeren Energie- und Materialeinsatz ausrichten.

Weitere bisher vernachlässigte Kostenfaktoren sind die Entsorgung ausgedienter Produkte und die Kosten für unerwünschte Begleiterscheinungen des Produktionsprozesses, nämlich Schadstoffe und Abfälle. Schrittweise setzt sich eine durchgängige marktwirtschaftliche Denkweise durch, bei der diese Kostenfaktoren ebenfalls zu den Produktkosten gerechnet werden. Die umwelt- und ressourcenschonende Produktionsweise wird daher ein weiteres, zunehmend bedeutendes Ziel der Automatisierung sein.

Mit dem Übergang von einer Mangel- zu einer Überflußwirtschaft haben sich die Kaufmotive und Kaufkriterien verschoben. Während in Zeiten knapper Waren der Hersteller, oder besser gesagt der Herstellungsprozeß viele Eigenschaften des Produktes vorgab („Jeder Kunde kann sich seinen Wagen beliebig anstreichen lassen, wenn der Wagen nur schwarz ist" (Ford)), verlagert sich die Vorgabe der Produkteigenschaften bei einem gesättigten Markt zum Käufer. Die Erwartungen an die Qualität der Produkte und die Wünsche zur Erfüllung individueller Anforderungen steigen. Um unter diesen Bedingungen weiter wirtschaftlich zu produzieren, muß die Produktqualität gesteigert und die Flexibilität des Produktionsprozesses erhöht werden. Angesichts der Komplexität moderner Produktionsprozesse benötigt der Mensch hierzu geeignete Hilfsmittel, nämlich Automatisierungssysteme,

welche die anfallenden Daten aufnehmen und verarbeiten, um den Produktionsprozeß zu planen und zu steuern.

Ein anderer Schwerpunkt der Automatisierungsziele ist die Gewährleistung der Sicherheit, der mit den technischen Einrichtungen arbeitenden Menschen. Einfach gesagt kann die Sicherheit erhöht werden, indem man die räumliche Distanz zwischen dem Menschen und der technischen Anlage durch eine zwischengeschaltete Automatisierungseinrichtung vergrößert. Die Automatisierungseinrichtung stellt sozusagen den verlängerten Arm des Menschen dar. Aber auch mit einem verlängerten Arm bleiben Fehlentscheidungen und Fehlhandlungen ein typisches Merkmal menschlicher Tätigkeit. Man kann aber versuchen, Arbeitsumfeld und Arbeitsbedingungen so zu gestalten, daß sich die Fehlerwahrscheinlichkeit verringert. Dies läßt sich erreichen, indem man monotone (z.B. Fließband-) Arbeit und überanstrengende Arbeit auf Maschinen und Anlagen überträgt und indem man dem Menschen einen guten Überblick verschafft durch komfortable und einfach zu handhabende Benutzerschnittstellen zwischen Mensch und „Maschine". Da auch eine geringere Fehlerwahrscheinlichkeit noch das Auftreten von Fehlern beeinhaltet, muß als dritte Maßnahme die Automatisierungseinrichtung so intelligent gemacht werden, daß sie Fehlersituationen erkennt und verhindert.

Die dritte wichtige Zielsetzung der Automatisierung ist die Beherrschung schwieriger Aufgaben. Viele Systeme sind mit den in vielfacher Hinsicht beschränkten Möglichkeiten des Menschen ohne Hilfsmittel nicht beherrschbar. Hierzu zählen komplexe Systeme mit hunderten oder tausenden von Prozeßgrößen (z.B. Kraftwerke), die ein Mensch nicht mehr überblickt, oder aber Systeme mit hoher Dynamik, die Reaktionszeiten jenseits menschlicher Möglichkeiten vorraussetzen. Andere Systeme liegen in Umgebungen, die für den Menschen nicht zugänglich oder nicht verträglich sind, so daß er Zugriff nur über ferngelenkte Hilfsmittel ausüben kann. Beispiele hiefür sind toxische Prozesse oder Anforderungen an Reinräume, die eine Trennung von

Mensch und Prozeß erfordern. Auch bei räumlich sehr weit ausgedehnten Systemen benötigt der Mensch geeignete Hilfsmittel für den Datentransport.

Zusammengefaßt lassen sich also folgende Ziele der Automatisierung formulieren:
Wirtschaftlichkeit:
- Erhöhung der Produktivität durch Einsparung von Zeit, Energie, Material, Arbeitskraft.
- Vermeidung von Belastungen und Schadstoffen.
- Bessere Produktqualität durch Konstanz der Produktionsbedingungen.
- Flexibilisierung der Produktion.

Sicherheit & Ergonomie:
- humangerechte Gestaltung der Arbeitsplätze durch Ablösung monotoner oder überanstrengender Arbeit.
- bessere Übersicht durch mehr Bedienkomfort und einfachere Handhabung.
- Vermeidung von Fehlhandlungen.

Beherrschung schwieriger Aufgaben:
- Betrieb von komplexen, schnellen, unzugänglichen oder räumlich verteilten Prozessen.
- Erfüllung hoher Präzisionsanforderungen

1.1.3 ANWENDUNGSGEBIETE

Das Anwendungspotential der Automatisierungstechnik ist so weit gestreckt, daß heute kaum noch ein technischer Bereich ohne Rechnerunterstützung arbeitet. Durch den allgemeingültigen Systemansatz sind viele Prinzipien und Methoden der Automatisierungstechnik unabhängig vom Anwendungsgebiet. Trotzdem stellen unterschiedliche Prozesse auch unterschiedliche Anforderungen und erfordern angepaßte technische Lösungen. Die Kenntnis der wesentlichen Prozeßeigenschaften ist daher für die Erarbeitung geeigneter Automatisierungssysteme wesentlich. Zur Klassifizierung technischer Prozesse, kann man verschiedene Unterscheidungskriterien heranziehen.

Für die Struktur der Automatisierungseinrichtung ist die *räumliche Ausdehnung* des Prozesses entscheidend. Bei örtlich konzentrierten Prozessen mit Abmessungen von eini-gen Metern werden zentrale Steuerungen eingesetzt. Bei verteilten Anlagen mit Ausdehnungen bis einige 100 Meter, fällt der Verdrahtungsaufwand beträchtlich ins Gewicht. Hier werden deshalb zunehmend dezentrale Steuerungen eingesetzt, bei denen mehrere intelligente Module über Bussysteme miteinander kommunizieren. Bei noch größeren Ausdehnungen kommen Fernwirksysteme zum Einsatz. Sie bestehen aus selbständig arbeitenden Einheiten, die teilweise über öffentliche Datennetze untereinander in Verbindung stehen.

Bei den in den Prozessen eingesetzten Medien kann es sich um Materialien, Energien oder Informationen handeln. Die Art des Prozeßmediums hat auf die Sensorik und Aktorik natürlich einen sehr starken Einfluß. Der Einfluß auf den Rechner ist dagegen gering. Eine größere Rolle spielt hier die *Art der Verarbeitung*. Man unterscheidet zwischen
- Erzeugungs- und Gewinnungsvorgängen,
- Transport-, Verteilungs- und Aufbewahrungsvorgängen sowie
- Verarbeitungs- und Umformungsvorgängen.

Die Prozeßmedien und die Art der Verarbeitung legen sehr stark die *Prozeßcharakteristik* fest. Enthält der Prozeß im wesentlichen kontinuierlich veränderliche Stoff- und Energieflüsse, so kann man von einem kontinuierlichen Fließprozeß sprechen. Sie bilden das Hauptanwendungsfeld der Regelungstechnik. Enthält der Prozess sprungartig veränderliche Größen und durchläuft ereignis- oder zeitabhängig verschiedenen Zustände, kann man von einem sequentiell ablaufenden Folgeprozeß sprechen. Hier kommen vor allem die Methoden der binären Steuerungstechnik zum Einsatz. Bei einer dritten Kategorie bilden individuelle Objekte das Prozeßmedium. Es sind dies die objektbezogenen Stückprozesse. In vielen realen Prozessen kommen die verschiedenen Prozeßcharakteristiken nebeneinander oder zeitlich nacheinander vor. So ist z.B. ein kontinuierlicher Regelungsvorgang meist nur im stationären Arbeitsbereich wirksam, während beim Anfahren eine sequentielle Ablaufsteuerung überlagert ist. Ein typisches Beispiel für das gleichzeitige Vorkommen mehrerer

Prozeßcharakteristiken sind die in der chemischen Industrie verbreiteten Chargenprozesse. Jede einzelne Charge stellt ein individuelles Objekt dar, das in einer Kombination von Folgeprozeß (bei der Dosierung der Einsatzstofe) und Fließprozeß (bei der Temperaturregelung) hergestellt wird /Uhlig, Bruns 1995/.

Die Prozeßcharakteristik und das Prozeßmedium bestimmen sehr stark die konkreten Zeitanforderungen, die eine echtzeitfähige Steuerung erfüllen muß. Das Spektrum der Prozeßzeitkonstanten reicht hier vom Bereich von Millisekunden bei hochdynamischen Prozessen über den Sekundenbereich bis in den Minuten- und Stundenbereich.

Für die Entwicklung neuer Automatisierungssysteme sind die Stückzahlen von entscheidender Bedeutung. Bei der Anlagenautomatisierung muß man von individuellen Einzelstücken ausgehen. Alle beim Entwurf und der Realisierung anfallenden Kosten müssen also durch den einzelnen Auftrag komplett abgedeckt werden. Es besteht deshalb bei der Anlagenautomatisierung ein stetiger Bedarf nach rationellen Entwurfsmethoden und standardisierten, wiederverwendbaren Systemkomponenten. Der Zeitaufwand für das Engineering bildet bei der Anlagenautomatisierung den wesentlichen Kostenfaktor, während die Herstellkosten weniger ins Gewicht fallen. In der Geräteautomatisierung dagegen kommen Automatisierungssysteme mit hoher Stückzahl zum Einsatz. Da der Entwicklungsaufwand auf alle Geräte umgelegt wird, fällt er hier nicht so stark ins Gewicht. Es kommt daher stärker auf die Entwicklung maßgeschneiderter, kostenoptimaler Systeme an.

Ein wesentliches Merkmal der Automatisierung ist die Nachbildung kognitiver Prozesse der Informationsverarbeitung auf Rechnern. Es lassen sich hier verschiedene *Kategorien der Informationsverarbeitung* identifizieren. Die Verarbeitungsprozesse werden allgemein in Schichtenmodellen mit aufeinander aufbauenden Ebenen unterschiedlicher Qualität beschrieben. Die Grundlage der Modelle ist die Struktur der menschlichen Entscheidungsfindung. Sie besteht auf der untersten Ebene aus Informationsverarbeitungsvorgängen, die für

eine kurze und schnelle Reiz-Reaktionskette verantwortlich sind. Bei den darüberliegenden Ebene geht diese operative Funktion zugunsten planender Funktionen zurück. Die Gesamtheit der Entscheidungsprozesse bildet ein kontinuierliches Spektrum, so daß eine Einteilung in Schichten teilweise willkürlich ist, wie die vorgschlagenen Modelle mit unterschiedlicher Schichtenabgrenzung und Schichtenzahl zeigt. Eine Einteilung in Schichten ist dennoch sehr hilfreich. Hier wird ein Modell mit vier Schichten für eine grobe Einteilung verwendet.

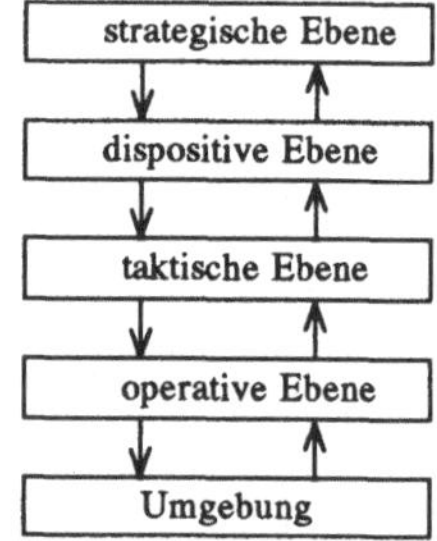

Abb 1.2. Schichtenmodell kognitiver Entscheidungsprozesse

Auf der höchsten, der strategischen Ebene werden die Ziele für das Gesamtsystem formuliert. Die dispositive Ebene legt die zur Erreichung der Ziele erforderlichen Mittel fest. Der Einsatz der verfügbaren Mittel wird auf der taktischen Ebene geplant und in konkrete Handlungsanweisungen umgesetzt die auf der operativen Ebene ausgeführt werden.

Die Anforderungen an die Informationsverarbeitung auf den verschiednenen Ebenen unterscheiden sich in mehrfacher Hinsicht. Die Menge der Daten und der Planungshorizont nimmt von unten nach oben logarithmisch zu. Die Komplexität der Informationsverarbeitung wächst dementsprechend ebenfalls sehr stark an. Parallel mit diesem Anstieg geht die Möglichkeit, die Verarbeitung zu formalisieren zurück. Es ist daher naheliegend, daß der Einsatz von Rechnern in den unteren Ebenen beginnt und erst mit wachsender Leistungsfähigkeit und entsprechendem Wissensfortschritt in den höheren Ebenen Einzug findet.

1.2 TECHNIK

1.2.1 ANFORDERUNGEN

Funktionelle Anforderungen. Die große Vielfalt technischer Systeme und die weit gefächerte Zielsetzung der Automatisierung führt zu einer großen Bandbreite von Anforderungen an eine Automatisierungseinrichtung, die sich in zahlreichen Aufgaben und Funktionen äußern. Zur Unterteilung der Anforderungen sind verschiedene Kriterien geeignet.

Abhängig von der Schwierigkeit einer Aufgabe und vom erforderlichen Aufwand zu ihrer Lösung werden Automatisierungsaufgaben teilweise selbsttätig und teilweise durch den Menschen ausgeführt. Der Anteil selbsttätiger Einrichtungen an der Informationsverarbeitung beim Betrieb eines technischen Systems legt den *Automatisierungsgrad* fest. Ohne Automatisierungseinrichtungen beträgt der Automatisierungsgrad 0%; beim vollautomatischen Betrieb liegt er bei 100%.

Das nächste wichtige Kriterium sind die *zeitlichen Anforderungen* an die Informationserfassung und -verarbeitung. Sind praktisch keine zeitlichen Anforderungen gegeben, kann die Verarbeitung offline erfolgen. Dies ist vorwiegend bei bilanzierenden und diagnostizierenden Aufgaben der Fall, die in größeren Zeitabständen (z.B. Stunden, Tage, Wochen) durchgeführt werden. Eine kurzfristig wirkende Rückkopplung in Form von steuernden Eingriffen ist hier nicht gegeben. Im Gegensatz hierzu steht die online-Verarbeitung. Hier existiert ein fester Zeitbezug, der sich z.B. in der Größenordnung von Sekunden oder Minuten abspielt. Viele Aufgaben stellen noch höhere zeitliche Anforderungen, die je nach Prozeßtyp im Bereich von Millisekunden bis Sekunden liegen können. Eine spürbare Zeitverzögerung durch die Informationsverarbeitung darf hier nicht entstehen, so daß man von einem Echtzeitbetrieb sprechen kann.

Die *räumliche Entfernung* zwischen Prozeß und Automatisierungseinrichtung hat zwar keinen Einfluß auf die Informationsverarbeitung. Sie ist aber aufgrund praktischer Randbedingungen, wie begrenzte Datenübertragungsge-

schwindigkeiten und Verfügbarkeit von Rechnerleistung zur Beurteilung der Anforderungen an eine Automatisierungseinrichtung zu berücksichtigen. Man kann zwischen prozeßnahen Einrichtungen, bei denen die Datenübertragung parallel erfolgt und im Verhältnis zur Informationsverarbeitung keine Zeitverzögerung bewirkt, und prozeßfernen Einrichtungen unterscheiden, bei denen die Übertragung oft über serielle Busse oder Datennetze erfolgt und eine nennenswerte Zeitverzögerung bewirkt.

Als viertes Kriterium zur Einteilung der Anforderungen können die verschiedenen *Ebenen der Automatisierung* herangezogen werden. Die verschiedenen steuernden und regelnden Funktionseinheiten können als unterlagerte Wirkungskreise mit unterschiedlicher Dynamik gesehen werden. Im wesentlichen lassen sich drei hierarchisch verschachtelte Wirkungskreise lokalisieren. Sie sollen hier als Steuerungsebene, Leitebene und Planungsebene bezeichnet werden.

Wie die bisherigen Ausführungen gezeigt haben, sind die vier Anforderungskriterien nicht unabhängig voneinander, sondern es besteht eine starke gegenseitige Abhängigkeit. Die Aufgaben der Steuerungsebene erfordern sehr kurze Reaktionszeiten. Sie werden daher vorwiegend durch prozeßnahe Einrichtungen ausgeführt, bei denen keine Zeitverluste durch Datenübertragung auftreten. Die Informationsverarbeitungsvorgänge dieser Ebene sind relativ einfach oder zumindest weitgehend formalisierbar. Sie sind gut auf Rechner übertragbar, so daß hier ein hoher Automatisierungsgrad zu finden ist. Die Leitebene umfaßt ebenfalls online-Aufgaben, stellt aber geringere zeitliche Anforderungen, so daß sich Zeitverluste durch Datenübertragung nicht negativ auswirken. Die Komplexität der Informationsverarbeitung ist größer, die Formalisierbarkeit geringer, so daß auch der Automatisierungsgrad hier geringer ausfällt. Die Einrichtungen der Planungsebene sind keinen nennenswerten zeitlichen Anforderungen ausgesetzt. Die Informationsmengen sind groß. Die Verarbeitungseinrichtungen übernehmen die Funktion von Werkzeugen, die dem Menschen die Handhabung großer Datenmengen ermöglichen. Die Entscheidungsfindung dieser Ebene ist nur wenig formalisiert, sondern erfolgt durch den Menschen. Der Automatisierungsgrad ist daher hier am geringsten.

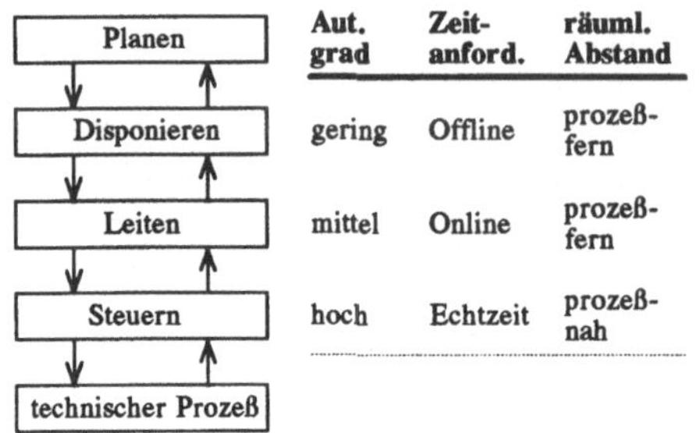

	Aut. grad	Zeit- anford.	räuml. Abstand
Planen			
Disponieren	gering	Offline	prozeß- fern
Leiten	mittel	Online	prozeß- fern
Steuern	hoch	Echtzeit	prozeß- nah
technischer Prozeß			

Abb. 1.3. Automatisierungsebenen

Gerätetechnische Anforderungen. Zu den beschriebenen funktionellen Anforderungen kommen in der Praxis *gerätetechnische Anforderungen*, die für einen zufriedenstellenden Betrieb erfüllt sein müssen.

Als *Verfügbarkeit* bezeichnet man die Wahrscheinlichkeit, daß ein Gerät oder eine Anlage im funktionsfähigen Zustand ist. Die Verfügbarkeit ist umso höher, je größer die Zuverlässigkeit (gemessen als Mean Time between Failure MTBF) und je geringer die Reparaturzeit (Mean Time to Repair MTTR) ist. Bei besonders hohen Anforderungen wird die Reparaturzeit durch eine redundante Geräteauslegung minimiert.

Das Auftreten von Fehlern kann nie ganz ausgeschlossen werden kann. Jede technische Einrichtung muß daher so ausgelegt werden, daß die *Sicherheit* auch im Fehlerfall nicht beeinträchtigt wird. Im allgemeinen wird dies erreicht, indem die Einrichtung beim Auftreten des Fehlers in einen sicheren Zustand übergeht (Fail-Safe-Verhalten). Das Sicherheitsrisiko setzt sich aus der Fehlerwahscheinlichkeit und dem möglichen Schaden multiplikativ zusammen. Bei hohen Schadensfolgen eines Fehlers müssen daher auch unwahrscheinliche Fehlerkonstellationen, wie das gleichzeitige Auftreten mehrerer Fehler, berücksichtigt werden /Krämer 1994/, /Netter 1993/.

Ein wichtiger Faktor für den störungsfreien Betrieb einer Automatisierungseinrichtung ist deren *Verträglichkeit* mit der Umgebung. Dies beinhaltet zweierlei Anforderungen. Zum einen muß die Einrichtung so beschaffen sein, daß sie in stark beanspruchenden Umgebungsbedingungen einsetzbar ist. Typische Beanspruchungen äußern sich in Form extremer Temperaturen, hoher Feuchtigkeit, Staubeinwirkung sowie mechanischer Belastungen. Zum zweiten muß die Einrichtung aber auch für die Umgebung verträglich sein. Zu nennen sind hier z.B Anforderungen des Explosions- oder Brandschutzes. Besondere Bedeutung hat in den letzten Jahren die Forderung der elektromagnetischen Verträglichkeit (EMV) gefunden, da sowohl die Menge der erzeugten elektromagnetischen Abstrahlung mit der Zahl elektrischer Geräte als auch die Empfindlichkeit der Geräte mit dem Einsatz mikroeletronischer Bauteile enorm zugenommen hat. Dieser Tatsache wurde durch Einführung gesetzlicher Vorschriften und Richtlinien für den Hersteller und Betreiber elektrischer Geräte Rechnung getragen /Kohling 1991/. Nach Ablauf der Übergangsregelung dürfen ab 1996 nur noch Geräte eingesetzt werden, die den EMV-Standards genügen und deren Einhaltung durch das CE-Kennzeichen garantieren /Möhr 1995/.

Durch den Einsatz von Digitalrechnern sind die Anforderungen der *Genauigkeit* und *Reproduzierbarkeit* unproblematisch geworden. Bei ausreichender Wortbreite und Verarbeitungsgeschwindigkeit sind Genauigkeiten von 0,1 % (10 Bit) und mehr ohne weiteres erreichbar. Die Grenzen der Genauigkeit werden nicht mehr durch die Verarbeitung, sondern durch die Meßwertaufnehmer und die Stellglieder begrenzt.

Von entscheidender Bedeutung für oder gegen eine bestimmte Automatisierungseinrichtung ist deren Akzeptanz durch den benutzer. Hier spielen vor allem eine einfache Programmierung und eine benutzergerechte Mensch-Maschine-Schnittstelle eine ausschlaggebende Rolle.

1.2.2 FUNKTIONEN

Verarbeitungsfunktionen. Die funktionellen Anforderungen an eine Automatisierungseinrichtung werden durch entsprechende Funktionseinheiten gelöst. Diese können als Programme oder als Hardware-Bausteine realisiert sein. Zu den prozeßnahen Funktionen kann man die Führung, die Stabilisierung und die Sicherung zählen. Die Funktion der *Führung* umfaßt die Ausgabe von Stelleingriffen derart, daß das Automatisierungsobjekt bestimmte Zustände in einer vorgegebenen, meist zeitlich gebundenen Reihenfolge durchläuft. Die auf den Prozeß einwirkenden Störungen führen zu Abweichungen vom vorgegebenen Sollverhalten. Die Aufgabe der *Stabilisierung* ist die Verminderung des Einflusses von Störgrößen, so daß bestimmte Anforderungen an die Prozeßgrößen trotz Störungen eingehalten werden. Nicht in jeder Situation können diese Anforderungen und Begrenzungen eingehalten werden. Bei besonders extremen Störungen kann es zu Gefahren für die Betriebsmittel oder gar für den in deren Nähe arbeitenden Menschen kommen. Die Aufgabe der *Sicherung* ist es, Gefahrensituationen zu erkennen, die Anlage in einen sicheren Zustand zu überführen, und gegen ein ungewolltes Einschalten zu sperren. Die beschriebenen Aufgaben stellen meist hohe Anforderungen an die Reaktionszeit eines Automatisierungssystems. Um nicht unnötige Laufzeiten zu erzeugen, werden diese Aufgaben in Systemen realisiert, die sich in der Nähe des Prozesses befinden. Die dazu im Automatisierungssystem ausgeführten Funktionen sind das *Steuern* und das *Regeln*.

Bei einer anderen Gruppe von Aufgaben sind die zeitlichen Anforderungen nicht so hoch. Dafür werden aber aufwendigere Algorithmen und auch komfortablere Benutzerschnittstellen benötigt. Die dazu benötigten Rechner sind leistungsfähiger und meist auch teurer als die in Prozeßnähe befindlichen. Sie werden deshalb in größerer Entfernung vom Prozeß in speziellen Räumen untergebracht. Die aus der Datenübertragung resultierende längere Reaktionszeit spielt aufgrund geringerer zeitlicher Anforderungen keine Rolle.

Die Algorithmen zur Führung und Stabilisierung eines Prozesses setzen Kenntnisse über dessen Verhaltensmodell voraus. Sind diese Kenntnisse nicht vollständig bekannt oder ändern sich die Eigenschaften während der Betriebsdauer, ist eine *Optimierung* erforderlich. Aus den während des Betriebes erfaßten Signalen werden verbesserte oder neu angepaßte Algorithmen für die Führung und Stabilisierung berechnet. Die Optimierung bildet daher einen langsamer arbeitenden Wirkungskreis, der dem schnellen prozeßnahen Wirkungskreis überlagert ist.

Ein Automatisierungsobjekt ist meist Bestandteil einer größeren Anlage, deren Teile untereinander durch Materialflüsse gekoppelt sind. Der optimale Betrieb der Gesamtanlage wird nicht zwangsläufig durch die Optimierung der isolierten Teilanlagen erreicht, sondern erfordert auch deren *Koordination*. Sie wird ebenfalls durch prozeßfernere Rechner ausgeführt, die einen, den Materialfluß begleitenden Informationsfluß verwirklichen.

Die bisher beschriebenen Aufgaben basieren auf der Idee eines vollständig rechnergesteuerten Betriebes der technischen Anlagen. Obwohl dies zu einem großen Teil bereits den technischen Möglichkeiten entspricht, bleibt der Rechner ein Hilfsmittel und der Mensch die hierarchisch am höchsten angesiedelte Instanz in einem mehrfach unterlagerten Wirkungskreis. Bei komplexen Anlagen mit spürbarem Gefahrenpotential wird das gesamte System permanent durch einen Menschen überwacht. Im Rahmen dieser *Überwachung* ist es Aufgabe des Rechners, die meist umfangreichen Daten vorzubereiten und in einer für den Menschen geeigneten Form darzustellen. Dies erfolgt in Form der *Visualisierung*, d.h. durch graphische Ausgabe als Fließbilder, Tabellen, Zeitverläufe oder Balkendiagramme auf einem Bildschirm und in Form der *Protokollierung*, d.h. Druckerausgabe von Prozeßdaten, Ereignissen, Meldungen und Benutzereingriffen.

Die Aufgaben der Optimierung, Koordinierung und Überwachung werden zwar in gewisser Entfernung vom Prozeß und mit geringeren zeitlichen Anforderungen als die prozeßnahen

Aufgaben ausgeübt, arbeiten aber trotzdem online, also in direkter Verbindung zum Prozeß. Eine andere Kategorie von Aufgaben wird in so großen Zeitabständen ausgeführt, daß sie offline erfolgen kann. Hierzu gehören die *Diagnose* und die *Bilanzierung*. Diese Aufgaben stützen sich auf archivierte Prozeßdaten. Die darin enthaltenen Betriebsergebnisse und Erfahrungen werden ausgewertet, um bei der Verbesserung der Betriebsabläufe oder bei der Planung vergleichbarer neuer Anlagen Verwendung zu finden. Bei der Diagnose erfolgt die Auswertung primär in technischer Hinsicht, um z.B. Schwachstellen in einem Produktionsprozeß oder Fehlerquellen aufzufinden. Die Bilanzierung dient der wirtschaftlichen Beurteilung der Produktion.

Schnittstellenfunktionen. Die beschriebenen Funktionen bestehen im wesentlichen aus Informationsverarbeitungsvorgängen. Damit sich diese auch nach außen auswirken, sind Interaktionen an den Schnittstellen erforderlich, die ein Automatisierungssystem von anderen Rechnern unterscheiden. Die verarbeitenden Funktionen bedienen sich deshalb der Schnittstellenfunktionen. An der Schnittstelle zum Prozeß spielt sich das *Messen* und das *Stellen* ab. Das Messen beschreibt die Erfassung beliebiger physikalischer Größen und deren Umsetzung in rechnerkompatible Signale. Im Gegenzug werden neu berechnete Ausgangsinformationen über schaltende oder analog wirkende Stellglieder ausgegeben.

Das *Anzeigen* von Zustands-oder Störinformationen an den Benutzer erfolgt im einfachsten Fall über Lampen und Leuchten. Handelt es sich um größere Datenmengen ist der Einsatz von Textdisplays sinnvoll. Zunehmend können Daten auch über graphische Displays übersichtlich ausgegeben werden. Das *Bedienen* umfaßt die Eingabe von Befehlen an den Rechner. Dies kann z.B. mit Hilfe von Schaltern und Tasten erfolgen. Bei umfangreicheren Benutzerschnittstellen empfiehlt sich der Einsatz von Tastaturen oder anderer Eingabemedien, wie Lichtgriffel oder Mauszeiger, die zusammen mit einem Bildschirm eine interaktive Befehlseingabe ermöglichen. Die Übertragung

von Daten zu anderen Rechnern erfolgt über serielle oder parallele Schnittstellen. Diese *Rechnerkommunikation* dient zum Austausch von Informationen mit anderen Steuerungen oder mit überlagerten Rechnern. Das *Archivieren* dient zur längerfristigen Ablage von Daten, die z.B. für eine spätere Verarbeitung benötigt werden. Geeignete Speichermedien sind z.B. elektromagnetische oder optische Datenträger.

1.2.3 EINRICHTUNGEN

In den Automatisierungseinrichtungen werden die beschriebenen Funktionen in unterschiedlichem Umfang bearbeitet. Je nach Schwerpunkt der Aufagben haben sich unterschiedliche Gattungsbezeichnungen herausgebildet. Steht die Schnittstelle zum Prozeß im Vodergrund, also das Steuern, Regeln und Sichern spricht man von Prozeßsteuerungen oder von programmierbaren Steuerungen. Dominiert die rechnerinterne Datenverarbeitung, spricht man von Prozeßdatenverarbeitungsanlagen, während bei den Prozeßleitsystemen, die Eingriffe und Belange des Benutzers den Schwerpunkt bilden.

Zum selbsttätigen Betrieb einer technischen Anlage oder eines Gerätes werden Automatisierungseinrichtungen benötigt, die physikalische Signale messen, gewonnnene Informationen verarbeiten und die Ergebnisse als Stellsignale wieder ausgeben. Zu Beginn der Entwicklung konnten nur einfache Informationsverarbeitungsvorgänge, mit Hilfe von Geräten oder Apparaten realisiert werden. Stellvertretend kann man hier einfache Verknüpfungs-, Zeit- oder Ablaufsteuerungen oder schaltende bzw. proportional wirkende Regler nennen.

Im Laufe der Zeit wuchsen die Anforderungen an die Automatisierungseinrichtungen in Richtung höherer Geschwindigkeit und Genauigkeit sowie umfangreicherer Algorithmen. Aber auch die technischen Möglichkeiten in Form programmierbarer Rechner und parallel dazu die verfügbaren theoretischen Methoden und Werkzeuge (wie z.B. nichtlineare und adaptive Regler, komfortable Programmierwerkzeuge, wissensbasierte Datenverarbeitung) durchliefen und durchlaufen weiterhin eine rasche Entwicklung. Dadurch werden nach und nach immer komplexere Informationsverarbeitungsalgorithmen realisiert. Diese Entwicklung ist bei weitem noch nicht abgeschlossen, sondern befindet sich möglicherweise noch immer in einer relativ frühen Phase.

Die gezielte Beeinflußung technischer Systeme ist ein wesentliches Merkmal der Automatisierung. Die einfachste Form der Beeinflußung ist das Betätigen schaltender Stellglieder oder das Einstellen kontinuierlicher Stellglieder. Beispiele hierfür sind das Ein- oder Ausschalten von Ventilen oder Motoren etc. Aufgabe der Steuerung ist es, die Eingaben des Benutzers in eine oder mehrere eventuell zeitlich gestaffelte Stellaktionen umzusetzen. Ist das technische System relativ einfach und keinen unvorhersehbaren Störeinflüssen ausgesetzt, so ist eine selbsttätige Überwachung oder Beobachtung des Systems nicht erforderlich. Da es zwischen dem technischen System und dem Rechner keine Rückkoplung gibt, hat man eine offene Wirkungskette.

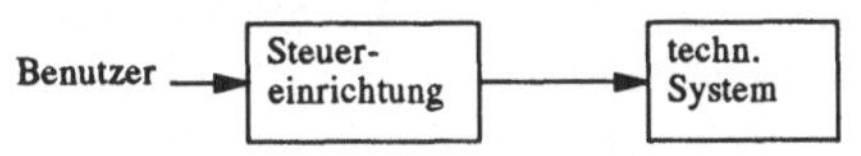

Abb. 1.4. Steuerung (im engeren Sinne) als offene Wirkungskette

Nur wenige Systeme sind so einfach und arbeiten so ungestört, daß man ohne Rückkopplung auskommt. Fast immer ist diese Rückkopplung zumindest über den Benutzer gegeben, der das System beobachtet und Stellbefehle an das Steuergerät gibt. Verlagert man diese Aufgabe auf das Steuergerät, so müssen Prozeßgrößen gemessen werden. Der Rechner vergleicht die vorgegebenen Sollwerte fortlaufend mit den gemessenen Prozeßgrößen und führt selbsttätig Stelleingriffe aus, um eine Übereinstimmung der Soll- und Istwerte zu erreichen. Man erhält so einen geschlossenen Wirkungskreislauf - den Regelkreis.

In seiner klassischen Form besteht der Regelkreis aus einer oder wenigen analogen Prozeßgrößen, die gemessen und mit den Führungsgrößen verglichen werden. Doch ist dies nicht die einzige Form geschlossener Wirkungsketten. Auch bei binären Verknüpfungsoder Ablaufsteuerungen werden (binäre) Prozeßsignale mit Sollwerten (z.B. einem Einschaltbefehl) verglichen und daraus Stelleingriffe abgeleitet. Man muß daher deutlich unterscheiden zwischen der Steuerung als Funktionsprinzip einer offenen Wirkungskette und der Steuerung als Geräteeinheit, die steuernde, messende und regelnde Aufgaben ausführt.

Abb. 1.5. Steuerung (im weiteren Sinne) als geschlossener Wirkungskreis

Die Regelungstechnik ist ein hinsichtlich theoretischer Analyse und Synthese sehr weitgehend durchgearbeitetes Gebiet. In der beschriebenen reinen und ausschließlichen Form sind Regelkreise in der Praxis aber eher selten zu finden. Oft sind sie nur für einen Teil des technischen Systems zuständig und nur in bestimmten Zeitbereichen oder in bestimmten Signalarbeitsbereichen wirksam. So kann z.B. eine Anlage gesteuert hochgefahren und bei Erreichen des Arbeitsbereiches dann eine Sollwertregelung eingeschaltet werden. Die Regelung ist dann in eine übergeordnete Steuerung (Steuerungsgerät) eingebettet. Sie kann dabei entweder als eigenständiges Gerät oder als Funktionsbaustein der Steuergeräte-Software realisiert sein.

Bei den Steuerungsgeräten liegt der Schwerpunkt auf dem selbsttätigen Betrieb des technischen Systems. Die Schnittstelle zwischen Steuerung und Prozeß ist daher am umfangreichsten. Die Benutzerschnittstelle besteht im einfachsten Fall aus wenigen Tastern und Schaltern zur Eingabe von Stellbefehlen sowie einigen Anzeigeleuchten zur Ausgabe von Zustands- und Störinformationen. Bei komplexeren Steuerung wird die Benutzerschnittstelle als

Bedientafel ausgeführt, die auch eine Tastatur, Analoginstrumente, Zahlen- und Textanzeigen enthalten kann.

Wesentlich umfangreicher ist die Benutzerschnittstelle bei den Leitsystemen. Zunächst bestanden Leitsysteme aus umfangreichen Schalttafeln, die eine Vielzahl von Anzeigeinstrumenten, Schreibern, Schaltern und Tastern enthielten. Sie waren in eigenen Räumen, den Warten, untergebracht. Zunehmend wurden und werden die Funktionen der Leitstände durch Rechner realisiert. Sie haben die Aufgabe Prozeßdaten textlich und graphisch darzustellen (Prozeßvisualisierung), Ereignisse, Störungen und Fehler zu melden und zu dokumentieren (Alarmmanagement), Zeitverläufe wichtiger Analoggrößen auszugeben und für eine spätere Auswertung zu speichern sowie Vorgaben und Einstellungen des Benutzers zu ermöglichen.

Mit dem zunehmenden Einsatz von Rechnern zur Automatisierung werden nicht mehr nur Einzelanlagen alleinstehend automatisiert, sondern verschiedene Anlagen, die funktionell gekoppelt sind, werden auch hinsichtlich der Automatisierungsgeräte untereinander verbunden. Damit kommt als weitere wesentliche Aufgabe die Rechnerkommunikation hinzu.

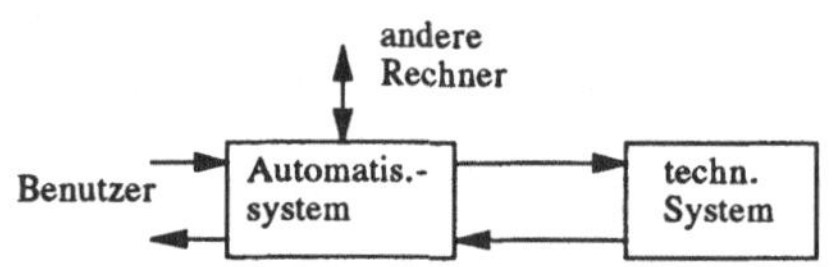

Abb. 1.6. Automatisierungssystem

Schnittstellen zur Kommunikation zwischen verschiedenen Rechnern können im einfachsten Fall als Punkt-zu-Punkt-Verbindungen betrieben werden. Mit dem stetig wachsenden Bedarf an Informationsaustausch werden Rechner zunehmend über lokale oder öffentliche Netzwerke gekoppelt. Über solche Netze lassen sich große Datenmengen zwischen vielen Teilnehmern austauschen. Im prozeßnahen Bereich kommen Feldbusse zum Einsatz, die vor allem für einen echtzeitfähigen Datenverkehr und niedrige Anschlußkosten ausgelegt sind.

Bis in die 80er Jahre gab es klare Trennungen der einzelnen Aufgaben innerhalb der Automatisierungstechnik und eine klare Zuordnung zu den Geräten mit denen diese Funktionen realisiert wurden. So gab es z.B. zunächst fest verdrahtete, später frei *programmierbare Steuerungen* für logische Verknüpfungsfunktionen und für Ablauffunktionen. Für die Regelungsaufgaben wurden mechanische, elektrische und elektronische *Regler* eingesetzt. *Prozeßleitsysteme* wurden bei komplexeren Anlagen eingesetzt, bei denen es auf umfangreiche Informationsausgaben an den Benutzer ankam. Schließlich wurden dort, wo größere Datenmengen zu verarbeiten, zu speichern und zu übertragen waren *Prozeßrechner* eingesetzt. Die relativ klare Trennung dieser einzelnen Gebiete verschwindet mit dem zunehmenden Rechnereinsatz infolge des rapiden Leistungsanstieges und Preisrückganges bei der Rechnerhardware.

Im untersten Leistungsbereich werden programmierbare Steuerungen als Ersatz für Relaissteuerungen eingesetzt. Die am oberen Ende der Leistungsskala liegenden Steuerungen bieten (Verarbeitungs- und Kommunikations-) Funktionen, die Leitsystemen oder Prozeßrechnern vorbehalten waren. Mit dem Einsatz von Industrie-PCs werden auch komfortable Visualisierungs- und Datenbankfunktionen zu moderaten Preisen verfügbar.

Der Siegeszug der Mikroelektronik hat andere, früher bedeutende physikalische Funktionsprinzipien von Steuerungssystemen, wie z.B. hydraulische, pneumatische, elektrotechnische Geräte und Apparaturen, in den Hintergrund gedrängt. Sie dienen heute hauptsächlich zur Verstärkung und Energiewandlung. Der Begriff Automatisierungseinrichtung ist heute praktisch synonym mit dem Automatisierungsrechner. Mit einem identischen Realisierungsprinzip für verschiedene Geräte (SPS, Regler, PLS, Prozeßrechner) verschwinden aber auch die ausgeprägten Unterscheidungsmerkmale. Funktionalität und Preis der einzelnen Systeme beginnen sich zunächst zu überlappen und werden dann zu einem kontinuierlich ausgeprägten Spektrum einer durchgängigen Familie von Automatisierungssystemen.

1.3 ENGINEERING

1.3.1 SYSTEMSTRUKTURIERUNG

Ein Automatisierungssystem besteht aus zahlreichen Komponenten der Datenerfassung, -verarbeitung und -ausgabe. Aufgrund sehr unterschiedlicher Anforderungen gibt es eine große Vielfalt einsetzbarer Komponenten. Der Entwurf und Aufbau von Automatisierungssystemen umfaßt deshalb eine breites Spektrum von Aufgaben. Um diese mit vertretbarem Aufwand lösen zu können, besteht ein ständiger Bedarf nach wirkungsvollen Entwurfsmethoden. Moderne Entwurfsmethoden basieren im wesentlichen auf den beiden Entwurfsprinzipien der Strukturierung und Standardisierung. Durch die Strukturierung wird ein komplexes Gebilde in Module zerlegt. Diese sollen möglichst abgeschlossene Funktionen realisieren und unabhängig voneinander arbeiten. Kleinere Module werden zu größeren Modulen zusammengefaßt, so daß eine hierarchisch gegliederte Ordnung entsteht. Manche Module werden nicht nur für individuelle Lösungen benötigt, sondern sind in verschiedenen Anwendungen in gleicher Form einsetzbar. Sie können standardisiert werden.

Die Strukturierung, bestehend aus Modularisierung und Hierarchisierung macht komplexe Systeme überschaubar und beherrschbar. Der Zeitaufwand für den Entwurf, den Aufbau und die Inbetriebnahme von komplexen Automatisierungssystemen wird dadurch verringert. Die Standardisierung schafft wiederverwendbare Komponenten, die in größerer Stückzahl herstellbar sind und einen vergleichsweise geringen Engineering-Aufwand erfordern.

Durch die Anwendung der angesprochenen Prinzipien besteht die Entwurfsaufgabe heute zu einem großen Teil aus Projektierung und Konfigurierung: Vorhandene Komponenten werden zu einem Automatisierungssystem zusammengesetzt, das die Anforderungen einer konkreten Aufgabe möglichst gut erfüllt. Auf der mechanischen und der elektrischen Ebene sind Strukturierungs- und Standardisierungsmethoden bereits zu einem beträchtlichen Teil durchgesetzt. Stellvertretend seien hier z.B.

die 19"-Technik für Baugruppeneinschübe oder die 4-20mA-Schnittstelle für elektrische Analogsignale genannt. Für viele Aufgaben kann aus einer breiten Palette mechanischer und elektrischer Komponenten ausgewählt werden, während zeitaufwendige Neuentwicklungen nur noch bei Sonderaufgaben erforderlich sind.

Der Schwerpunkt aufgabenspezifischer Entwicklungen und damit auch der wesentliche Zeitaufwand hat sich von der Mechanik und Elektronik zur Informationsverarbeitung und den zugrundeliegenden mathematischen Algorithmen verlagert. Auch hier beginnen die Strukturierungs- und Standardisierungsprinzipien, wenn auch langsam, Fuß zu fassen. Sowohl hinsichtlich der Programmiersprachen, als auch hinsichtlich der Programmiersysteme existieren mittlerweile Standards, die nach und nach Eingang in die Praxis finden. Der weitere Fortschritt dieser Entwicklung legt die Folgerung nahe, daß sich der Bereich kreativer Arbeit immer mehr auf die mathematischen Algorithmen konzentrieren wird. Deren Umsetzung in Programme, die auf kundenspezifischen Steuerungen laufen, wird immer mehr systematisiert und durch leistungsfähige, rechnerbasierte Werkzeuge unterstützt oder sogar durch diese (teil-) automatisiert ausgeführt. Nur mit Hilfe solcher Werkzeuge kann der scheinbare Widerspruch zwischen kostengünstiger Herstellung einerseits und aufgabenspezifischen, intelligenten Lösungen andererseits für komplexe, vernetzte Systeme gelöst werden.

Jedes Modul eines Automatisierungssystems kann, wie das System selbst, als Objekt angesehen werden, das ein definiertes Verhalten und bestimmte Schnittstellen besitzt, über die es Daten mit seiner Umgebung austauscht. Das Objekt einschließlich seiner Schnittstellen weist eine Reihe von Eigenschaften auf, die seine Einsatzmöglichkeiten festlegen. In einer ersten Einteilung kann man wirtschaftliche und technische Eigenschaften unterscheiden, wobei letztere weiter in mechanische, elektrische, informationelle und algorithmische Eigenschaften aufzuteilen sind. Jede Merkmalskategorie bietet einen bestimmten Blickwinkel auf das Objekt. Die mechanische Sicht eines Automatisierungssystems liefert z.B. Aussagen über Platzbedarf, Gewicht, Anordnung von Klemmen, Stecker, Schalter etc., mechanische Schutzart gegen Fremdkörper usw. Die mechanische Sicht einer Kompaktsteuerung beispielsweise umfaßt Aussagen über die Gehäuseabmessungen, über die Anordnung und Querschnitte der Stecker und Klemmen.

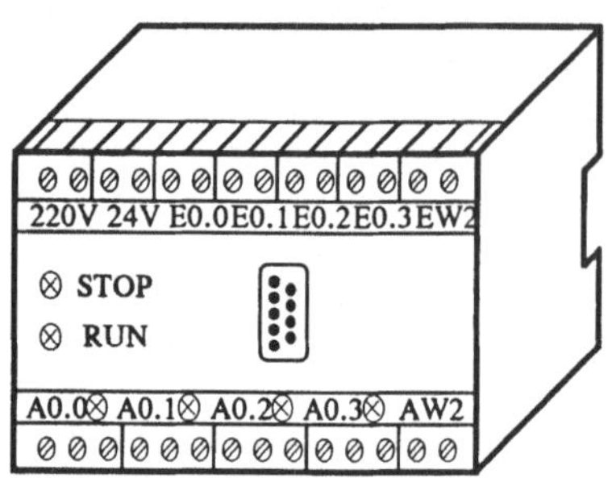

Abb. 1.7. Mechanischer Aufbau einer Kompaktsteuerung

Die elektrische Sicht des gleichen Objekts blendet ganz bewußt die mechanischen Eigenschaften aus. Es werden nur die elektrischen Eigenschaften betrachtet. Hierzu gehören z.B. Aussagen über die erforderliche Versorgungsspannung, Leistungsaufnahme, zulässige Signalpegel für die Eingänge, Belastbarkeit der Ausgänge usw. Die elektrischen Informationen der Kompaktsteuerung können z.B. in Form eines Blockschaltbildes und eines Datenblatts zusammengefaßt werden.

Die elektrischen und die mechanischen Eigenschaften eines Objektes sind weitgehend unabhängig voneinander. Die Änderung der Bauform einer Steuerung oder der Schutzart braucht auf deren elektrische Eigenschaften keinen Einfluß zu haben. Da die elektrische Funktionsweise immer das Vorhandensein mechanischer Komponenten, wie Stecker, Leitungen etc. vorraussetzt, die mechanischen Funktionen aber für sich alleine existieren können, entsteht eine hierarchische Ordnung. Die elektrischen Funktionen bauen auf den mechanischen Funktionen auf. Sie bedienen sich der „Dienste" der darunterliegenden mechanischen

Schicht. Die elektrischen Funktionen wiederum stellen der nächst höheren Ebene, der Infomationsverarbeitung, „Dienste" zur Verfügung: mit Hilfe des elektrischen Stromflusses werden Informationen transportiert, verarbeitet und gespeichert.

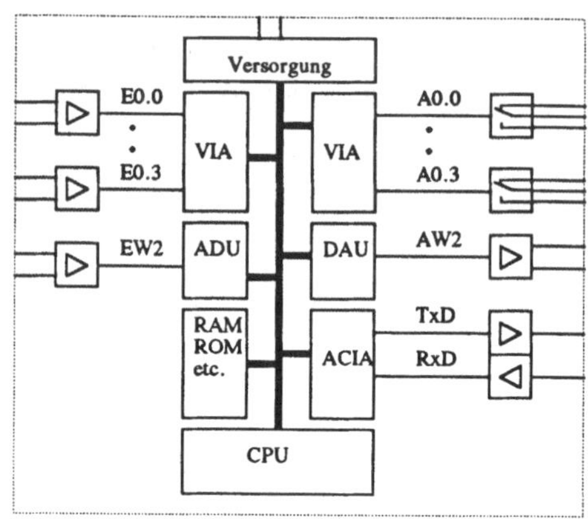

Abb. 1.8. Elektrisches Blockschaltbild der Kompaktsteuerung

Die informationelle Sicht des Automatisierungsobjektes stellt dieses als informationsverarbeitende Instanz mit Eingangs- und Ausgangsdaten dar.

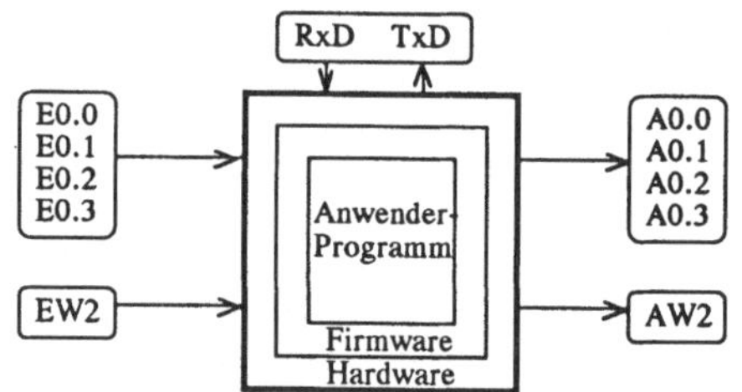

Abb. 1.9. Datenfluß der Kompaktsteuerung

Die Informationsverarbeitung wird heute vorwiegend durch Programme realisiert, die auf digitalen Rechnern ablaufen. Obwohl auch noch andere Realisierungsformen im Einsatz sind, ist deren Bedeutung eher gering. Die Programme sind die Realisierung von (mathematischen) Algorithmen. Diese bilden die hierarchisch höchste Ebene eines Automatisierungsobjektes. Je nach Art der Algorithmen (binär/analog, statisch/dynamisch), kann deren Darstellung z.B. in algebraischer, tabellarischer oder graphischer Form erfolgen. Typische Darstellungsformen sind z.B. Differentialgleichungen, Wertetabellen oder Ablaufpläne.

Zusammengefaßt läßt sich ein Automatisierungssystem und jede seiner Komponenten als Objekt beschreiben, das aus vier verschiedenen Sichtweisen betrachtet werden kann. Die dabei zum Vorschein kommenden Eigenschaften können in mechanische, elektrische, informationelle und algorithmische Kategorien klassifiziert werden.

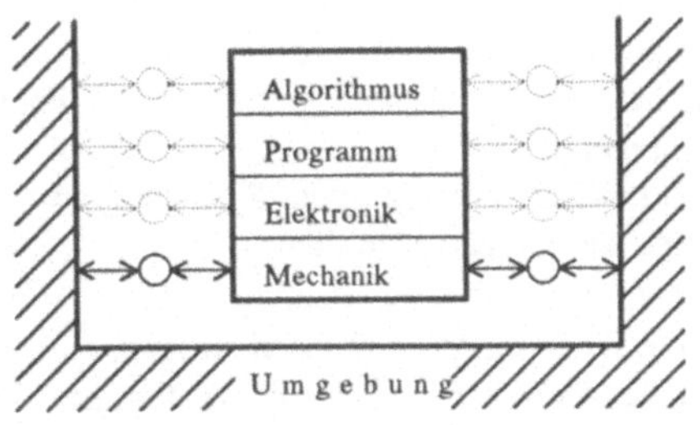

Abb. 1.10. Schichtenmodell

Auf jeder Ebene werden Eigenschaften der darunterliegenden Ebene ausgeblendet. Man erhält damit einen von unten nach oben zunehmenden Abstraktionsgrad. Jede Ebene steht scheinbar direkt mit der äquivalenten Ebene der Umgebung in Verbindung. Auf der Ebene der Informationsverarbeitung z.B. scheint die binäre Eingangsinformation „Temperaturgrenzwert überschritten" unmittelbar dem Programm zur Verfügung zu stehen. In Wirklichkeit kommt die Verbindung nur über die darunterliegenden Schichten zustande. Im Falle des Binäreingangs beispielsweise gelangt die Information erst über die Kette Sensor - Meßumformer - Komparator - Leitung - Wandler - Prozessor - Speicher - Firmware zum Anwenderprogramm. Die scheinbar direkte Verbindung existiert also nicht real. Sie ist virtu-

ell. Bei einem optimal aufgebauten System sind die vier Ebenen vollkommen unabhängig voneinander. Die unteren Ebenen funktionieren so gut und reibungslos, daß sie als Verbindungsglied gar nicht sichtbar sind. Sie sind transparent.

Beim Entwurf von Automatisierungssystemen sind die Entwurfsprinzipien der Strukturierung und Standardisierung also nicht nur innerhalb einer Ebene, also z.B. auf der Ebene der Programme oder der Ebene der Elektronik anzuwenden, sondern auch zwischen den einzelnen Objektbereichen.

1.3.2 ALGORITHMEN

Automatisierungssysteme bilden, wie der Name schon sagt, eine Untermenge allgemeiner Systeme. Zum Entwurf von Automatisierungssystemen sind daher die Beschreibungs-, Analyse- und Synthesemethoden der Systemtechnik anwendbar. Diese allgemeinen Methoden bilden eine begriffliche Grundlage und einen Orientierungsrahmen. Die Besonderheiten der Entwurfsaufgaben resultieren aus speziellen Eigenschaften und Merkmalen, die die Automatisierungssysteme von anderen Systemen unterscheiden.

Es erscheint daher angebracht, die Vielzahl der Entwurfsansätze für Automatisierungssysteme zunächst einmal aus allgemeingültigem systemtechnischem Standpunkt zu betrachten, um den erforderlichen Überblick zu gewinnen und dann die Besonderheiten der automatisierten Syteme und deren Entwurfsmethoden näher zu untersuchen.

Die Systemtheorie als eigenständige Wissenschaft besteht erst seit etwa 50 Jahren. Sie ist entstanden aus der mathematischen Behandlung mechanischer Systeme (Lagrange, Hamilton) und aus den Beschreibungs- und Entwurfsmethoden elektrischer Netzwerke (Küpfmüller). Als man feststellte, daß bestimmte Methoden eines Gebietes auch in anderen Gebieten anwendbar sind, richtete man ein stärkeres Augenmerk auf die Gemeinsamkeiten unterschiedlicher realer Systeme und unterschiedlicher Methoden. So wurden z.B. in den 40er Jahren die Methode der Übertragungsfunktion, die in der Nachrichtentechnik zur Beschreibung des dynamischen Verhaltens von Vierpolen entstand, auch auf die Regelungstechnik übertragen.

Der Grundgedanke dieser Ansätze ist es, daß man sich ein zu untersuchendes physikalisches Gebilde aus einzelnen Objekten zusammengesetzt denkt. Bei einem Objekt kann es sich ebenfalls wieder um ein aus anderen Objekten zusammengesetztes System handeln. Die gedankliche Aufspaltung in Teilsysteme wird so lange fortgesetzt, bis man zu elementaren Objekten gelangt, deren Verhalten durch bekannte Gesetzmäßigkeiten beschreibbar ist. Es entsteht so das Modell eines hierarchisch strukturierten Systems. Die Komplexität des Gesamtsystems wird dadurch auf weniger komplexe Einzelsysteme reduziert, die für sich alleine betrachtet, überschaubar sind. Aus dem bekannten Verhalten der Elementarobjekte und der Kenntnis der Wechselwirkungen, die zwischen den Objekten existieren, wird das funktionale Verhalten des Gesamtsystems erklärt. Dies bedeutet nicht, daß das System nur die Summe seiner Einzelteile darstellt. Das Gesamtsystem kann durchaus Eigenschaften aufweisen, die auf der Ebene der Elementarobjekte oder auf der Ebene von Teilsystemen gar nicht erkennbar sind.

Um die schon bei relativ kleinen Systemen vorhandene Fülle von Detailinformationen zu bewältigen, hat der Mensch die Fähigkeit der Abstraktion entwickelt. Bei der Modellbildung werden viele unwesentliche Details weggelassen. Es bleiben nur noch die wesentlichen Aspekte eines Objektes übrig. Um z.B. das Verhalten eines frei beweglichen Körpers zu erklären, auf den eine Kraft wirkt, ist weder die Funktion des Körpers, noch seine Zusammensetzung oder gar die Farbe wichtig, sondern lediglich seine Masse. Ergebnis der Abstraktion ist ein abstraktes Modell des Objektes, das anhand weniger physikalischer Größen erklärt, wie das Objekt auf bestimmte äußere Einwirkungen reagiert. Das Objektmodell wird zu einer „Black Box", die auf die von außen kommenden Eingangsgrößen (Ursachen) mit bestimmten Ausgangsgrößen (Wirkungen)

reagiert. Welche Systemgrößen Eingangsgrößen und welche Ausgangsgrößen sind, wird bei gerichteten Systemen durch das System selbst vorgegeben. Bei ungerichteten Systemen wird durch den Anwendungsfall eine Größe als unabhängige Eingangsgröße vorgegeben und die andere als abhängige Ausgangsgröße aufgefaßt.

Die Systemtheorie ist geeignet, die auf einem Gebiet existierenden unterschiedlichen Methoden zu einer einheitlichen, allgemeineren und meist auch übersichtlicheren Methode zusammenzufassen, die die existierenden Methoden, aber oft auch neue, vorher nicht bekannte Methoden als Spezialfälle enthält. Durch die Abstraktion kann die Systemtheorie zudem den Trend der immer weitergehenden Spezialisierung auf fast allen wissenschaftlichen Gebieten entgegenwirken, indem die strukturellen und funktionalen Gemeinsamkeiten heterogener Gebiete gefunden und untersucht werden.

Zur Klassifizierung von Systemen gibt es einige wesentliche Kriterien:

- die Linearität bzw. Nichtlinearität
- die Zeitinvarianz bzw. Zeitvarianz,
- deterministisches oder stochastisches Verhalten,
- die Anzahl der Ein- und Ausgangsgrößen (Ein- und Mehrgrößensysteme)
- die Wertebereiche der Systemgrößen (schaltende oder kontinuierliche Systeme),
- statische oder dynamische Systeme.

Charakteristisch für den Systemansatz ist die Annahme einer definierten Wirkungsrichtung. Diese Annahme gestattet eine Unterscheidung zwischen Ursache und Wirkung. Dadurch kann ein komplexes System bei der Analyse in kleinere, zusammenwirkende Teilsysteme zerlegt und bei der Synthese aus solchen Teilsystemen zusammengesetzt werden. Unter Annahme einer Wirkungsrichtung wird der Verlauf der Ausgangsgröße(n) durch die Eingangsgröße(n) bestimmt.

Bei einem statischen System legen die momentanen Eingangswerte die aktuellen Ausgangswerte vollständig fest, während die Ausgangsgrößen bei einem dynamischen System vom Zeitverlauf der Eingangsgrößen bis zum aktuellen Zeitpunkt abhängen.

Bei einem zeitdiskreten System sind die Werte der verschiedenen Größen nur zu bestimmten diskreten Zeitpunkten t_k definiert. Da die Abtastwerte das zeitdiskrete Signal vollständig beschreiben, kann die Zeitfunktion durch eine Zahlenfolge ersetzt werden. Das Systemverhalten wird dann durch eine Differenzengleichung beschrieben:

$$y_k = f(y_{k-1}, y_{k-2}, \ldots, u_k, u_{k-1}, \ldots, k) \quad .$$

Dabei ist $\{u_k\}$ die Folge der Abtastwerte des Systemeingangs und $\{y_k\}$ die Zahlenfolge der Abtastwerte des Systemausgangs. Wegen der Abhängigkeit der Ausgangsgröße von zurückliegenden Werten der Eingangsgröße müssen diese bei einem dynamischen System gespeichert werden. Eine kompakte Form der Speicherung ist mit Hilfe der Zustandsgrößen möglich. Diese enthalten alle erforderlichen Informationen über die Eingangsgrößen. Die Ausgangsgröße läßt sich aus den momentanen Zustandswerten und den momentanen Eingangswerten bestimmen. Eine zweite Gleichung legt die Änderung der Zustandswerte fest. Man erhält somit das allgemeine Modell eines diskreten, nichtlinearen Systems.

$$y_k = f(z_k, u_k)$$
$$z_{k+1} = g(z_k, u_k) \quad .$$

Die Ausgangsgleichung beschreibt, wie sich die Ausgangsgrößen aus den aktuellen Zustands- und Eingangswerten ergeben. Die Zustandsgleichung beschreibt die Änderung der Zustände als Funktion der aktuellen Eingangswerte. Die Anzahl und Zusammensetzung der Zustandsgrößen ist für ein System nicht eindeutig festgelegt, sondern hängt vom Betrachtungsstandpunkt ab. Lediglich die minimale Anzahl von Zustandsgrößen ist durch die Anzahl der unabhängigen Energie-, Massen- oder Informationsspeicher eines Systems festgelegt.

Handelt es sich bei den betrachteten Systemen um ein technisches Gerät oder eine technische Anlage, welche selbsttätig, d.h. ohne permanentes Eingreifen des Menschen arbeitet,

so spricht man von einem Automaten. Automaten ohne Speicher (kombinatorische Automaten) sind statische Systeme, Automaten mit Speicher (sequentielle Automaten) sind dynamische Systeme. Besitzen die Größen des Automaten nur zwei mögliche Werte, so spricht man von logischen (schaltenden) Automaten (statisch: Schaltnetz; dynamisch: Schaltwerk). Historisch bedingt ist der Begriff des Automaten mit Geräten geringerer Komplexität verbunden, so daß man heute, angesichts sehr komplexer, selbsttätig arbeitender technischer Gebilde zutreffender von Automatisierungssystemen spricht.

Um nun die Besonderheiten von Automatisierungssystemen zu verstehen, muß man über die bloße Unterscheidung zwischen Eingangs- und Ausgangsgrößen hinausgehen. Aufgabe eines Automatisierungssystems ist es, den Betrieb eines anderen technischen Systems - des Prozesses - initiiert durch den Menschen, aber ohne dessen permanentes Eingreifen, zu ermöglichen.

In seiner einfachsten Form benötigt ein Automatisierungssystem daher Eingänge in Form von Eingabebefehlen des Benutzers und Ausgänge zur Beeinflussung des Prozesses. Im allgemeinen muß das Automatisierungssystem auch auf Ereignisse im Prozeß reagieren können. Dazu müssen bestimmte Prozeßgrößen erfaßt und verarbeitet werden. Diese bilden dann zusätzliche Eingänge für das Automatisierungssystem.

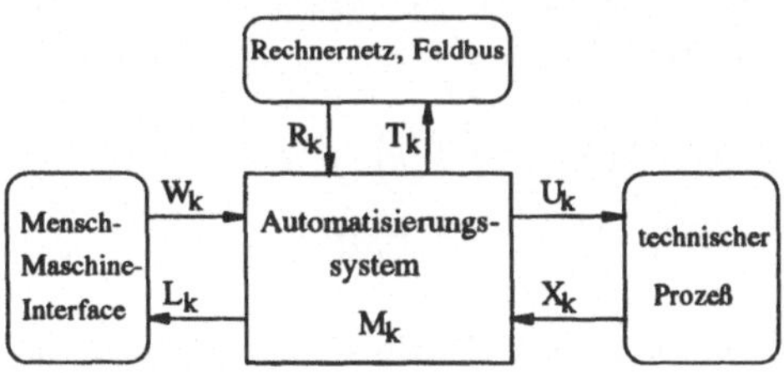

Abb. 1.11. Signale eines automatisierten Systems

Durch die Erfassung von Prozeßgrößen entsteht eine geschlossene Wirkungskette. Die Benutzereingänge haben den Charakter von vorgegebenen Sollwerten, die durch das Automatisierungssystem mit den Istwerten des Prozesses verglichen und in Ansteuersignale umgesetzt werden. Diese Struktur des geschlossenen Wirkungskreislaufs, wird meist mit dem klassischen Begriff des Regelkreises gleichgesetzt obwohl sie auch in der Steuerungstechnik die dominierende Wirkungsstruktur ist. Die in der deutschen Literatur und Normung vorgesehene begriffliche Unterscheidung zwischen Steuerung (offene Wirkungskette) und Regelung (geschlossene Wirkungskette) hat sich in der praktischen Anwendung nicht durchgesetzt. Daher wird in diesem Buch die Regelungstechnik als ein neben der Steuerungstechnik existierendes Fachgebiet zur Analyse und Synthese bestimmter - aber nicht aller - Automatisierungssystem mit geschlossener Wirkungsstruktur behandelt.

Faßt man alle Eingänge des Automatisierungssystems

R_k Eingangsdaten von anderen Rechnern
W_k Eingabedaten des Benutzers
X_k Meßgrößen aus dem Prozeß

zum Vektor E_k und alle Ausgänge des Automatisierungssystems

T_k Ausgabedaten für andere Rechner
L_k Anzeigedaten für den Benutzer
U_k Stellgrößen für den Prozeß

zum Vektor A_k zusammen und definiert alle rechnerintern gespeicherten Daten als M_k, kann das Verhalten als Automatenmodell beschrieben werden:

$$A_k = F\left(M_k, E_k, P, k\right)$$

$$M_{k+1} = G\left(M_k, E_k, P, k\right) \ .$$

Aufgabe des Entwurfs des Automatisierungssystems ist es nun, dessen Übertragungsverhalten so festzulegen, daß es sich zusammen mit dem technischen Prozeß in einer gewünschten Weise verhält. Mathematisch muß also die Struktur der Funktionen F und G,

sowie die Werte der Parameter P festgelegt werden.

Die möglichen Vorgehensweisen beim Entwurf eines Automaten hängen sehr stark von den möglichen Wertebereichen der Eingänge, Ausgänge und Zustände ab. Können diese Größen nur eine geringe Zahl unterschiedlicher Werte annehmen, läßt sich jeder Ausgangs- und Zustandswert explizit angeben. Die Ausgangsfunktion und die Zustandsübergangsfunktion kann dann z.B. in Tabellenform dargestellt werden. Besonders hervorzuheben sind hier binäre Automaten. Deren Größen können nur zwei unterschiedliche Werte annehmen. Man erhält Schaltfunktionen, die algebraisch mit Hilfe der binären Verknüpfungen, als Wertetabellen oder graphisch als KV-Diagramme dargestellt werden. Da auch die Zustandsgrößen bei binären Automaten eine endliche, überschaubare Anzahl von Werten annehmen können, läßt sich das Zeitverhalten als Zustandsgraph anschaulich darstellen.

Die Entwurfsmethoden und -werkzeuge binärer Systeme können zum Teil auf Systeme mit kleinem aber nicht binären Wertebereichen übertragen werden. Dies geht bei Automaten mit sehr großem, quasikontinuierlichem Wertebereich nicht mehr. Graphische Methoden, wie der Zustandsgraph, die auf einer überschaubaren Anzahl möglicher Werte basieren, sind hier nicht mehr anwendbar. Im allgemeinen sind für Automaten mit großem Wertebereichen nur algebraische Darstellungen und die darauf basierenden Entwurfsmethoden geeignet. Nur bei speziellen Systemklassen gibt es weitere Darstellungsmittel, wie z.B. die Darstellung als Frequenzgang oder als Übergangsfunktion bei linearen, zeitinvarianten Systemen oder die Darstellung im Zustandsraum bei Systemen 1. oder 2. Ordnung.

Beim Entwurf von Automaten mit quasikontinuierlichem Wertebereich können zwei Ansätze unterschieden werden: der parameteroptimierte und der strukturoptimierte Ansatz. Bei der Parameteroptimierung wird für eine bestimmte Aufgabenstellung, aufbauend auf Erfahrungen mit ähnlichen Aufgaben, eine geeignete Struktur für das Automatisierungssystem angesetzt. Dann werden die Parameter für die konkrete Aufgabe optimiert.

Die scheinbare Willkür beim Ansatz der Struktur des Automatisierungssystems wird bei der Verwendung eines Gütekriteriums vermieden. Die Zielvorstellung für das Verhalten des automatisierten Systems wird als mathematische Gütekriterium formuliert. Es soll durch das Automatisierungssystem minimert werden. Trotz der geradlinigen mathematischen Herleitung besitzt auch dieser Ansatz Freiheitsgrade, die nur durch praktische Erfahrung oder durch Probieren sinnvoll festgelgt werden können.

1.3.3 PROGRAMME

Programmierbare Steuerungen wurden nach ihrer Markteinführung in den siebziger Jahren zunächst für binäre Verknüpfungsaufgaben eingesetzt. Aufgrund ihrer freien Programmierbarkeit verdrängten sie die aufwendigeren Relaissteuerungen. Mit den raschen Fortschritten der Mikroelektronik wuchsen die technischen Möglichkeiten und auch die Anforderungen. Zur Binärwertverknüpfung kam die Analogwertverarbeitung, die Schaffung von Anzeige- und Bedienfunktionen und der Austausch von Daten zwischen Steuerungen über serielle Schnittstellen und über Busse. Die Größe der Anwedungsprogramme wuchs dadurch von durchschnittlich 2 kByte im Jahre 1980 auf etwa 20 kByte in 1990. Bedingt durch die zunehmende Vernetzung, steigenden Komfort bei den Benutzerschnittstellen sowie weitreichende Test- Diagnose- und Service-Funktionen wächst die durchschnittliche Programmgröße weiter an und wird im Jahre 2000 wohl bei etwa 200 kByte liegen.

Als Steuerungs-Programmiersprache wurde zunächst die Anweisungsliste eingeführt. Sie basiert auf einem reduzierten Assembler-Befehlssatz. Der Vorteil der Anweisungsliste ist deren direkte Umsetzbarkeit in Maschinencode und die einfache textliche Darstellungsform. Sie kann damit auch auf ganz einfachen Rechnern, wie z.B. den tragbaren Handpro-

grammiergeräten mit Textdisplay implementiert werden.

Bis zur Einführung speicherprogrammierbarer Steuerungen wurden Steuerungen als verbindungsprogrammierte Steuerungen aufgebaut. Das „Programm" wurde bei Relais- und Schützsteuerungen in Form von Stromlaufplänen oder Kontaktplänen dargestellt. In der digitalen Schaltungstechnik wurden Logikpläne verwendet. Um einen einfachen Umstieg auf die neue Technik der speicherprogrammierbaren Steuerung zu ermöglichen wurden Programmiersysteme entwickelt, die neben der Anweisungsliste auch die graphischen Darstellungsmittel zur Programmierung unterstützen.

Leider konnte sich vor allem bei den Anweisungslisten trotz einer im Jahre 1980 eingeführten Norm keine einheitlichen Sprachstandards durchsetzen. Vielmehr gibt es bis heute eine Vielfalt von Sprachdialekten, die sich in vielen unwichtigen, aber störenden Details unterscheiden. Diese für den Anwender unbefriedigende Situation soll sich mit der im Jahre 1993 eingeführten, international unterstützten Norm DIN IEC 1131-3 ändern.

Die Norm definiert zwei textliche und drei graphische Programmiersprachen für Automatisierungssysteme. Anweisungsliste, Kontaktplan und Funktionsplan dienen vorwiegend zur Beschreibung binärer und arithmetischer Verknüpfungen. Abläufe können mit Hilfe der Ablaufsprache beschrieben werden. Zur übersichtlichen Strukturierung bedingter Verarbeitungen und von Verarbeitungsschleifen dient der Strukturierte Text.

Seit der Veröffentlichung der Norm wurden von vielen Herstellern normgerechte Programmiersysteme und Programmiersprachen angekündigt und zum Teil bereits vorgestellt. Sollten die Ankündigungen zumindest teilweise eintreffen, kann man in den nächsten Jahren von einer zunehmenden Verbreitung normgerechter Automatisierungssysteme ausgehen.

1.4 PERSPEKTIVE

1.4.1 DEFINITION UND KLASSIFIKATION

Die Automatisierungstechnik befindet sich in einer noch frühen Entwicklungsphase mit hoher Dynamik. Sie hat sich aus verschiedenen Ursprüngen heraus entwickelt, wie z.B. der (binären) Steuerungstechnik, der (analogen) Regelungstechnik, der Meßtechnik oder der Antriebstechnik. Es existiert noch keine durchgängige Terminologie und Theorie. Die Begriffe und Definitionen entwicklen sich vielmehr mit dem Fachgebiet weiter. Daß dabei teilweise Überschneidungen oder Lücken auftreten ist unvermeidlich. Die rasche Entwicklung des Gebietes und die stark anwachsenden Realisierungsmöglichkeitenlassen viele früher getrennte Gebiete zusammenwachsen. Manches Unterscheidungskriterium verliert dadurch seine Bedeutung. Andere Klassifikationsmerkmale treten durch das Wachsen neuer Teilgebiete neu in Erscheinung.

Der Entwurf einer begrifflichen Landkarte der Automatisierungstechnik erfordert sowohl die Berücksichtigung der historisch gewachsenen Begriffe und Fachgebiete, die das Verständnis der zeitlichen Entwicklung fördern, dafür aber nicht immer übersichtlich strukturiert sind, als auch die Aufnahme neuer theoretischer Ansätze, die für eine übersichtliche und durchgängige Strukturierung geeignet sind. Zudem muß ein Kompromiß gefunden werden zwischen einer einer eingeschränkten Sichtweise, wie sie durch zeitlich oder individuell bedingte Schwerpunkte auftreten, und zu weitschweifender Sicht, die eine Abtrennung von angrenzenden Fachgebieten erschwert.

Ausgangspunkt der Automatisierung ist immer ein technischer Prozeß, der so betrieben werden soll, daß die Ziele der Wirtschaftlichkeit, der Sicherheit und der Beherrschung schwieriger Aufgaben erreicht werden. Unter einem Prozeß versteht man dabei eine „...Gesamtheit von aufeinander einwirkenden Vorgängen in einem System, durch die Materie, Energie und Information umgeformt, transportiert oder gespeichert wird." /DIN 66201/. Werden die physikalischen Größen mit technischen Mitteln erfaßt und beeinflußt, spricht man von einem technischen Prozeß.

Damit das Erfassen und Beeinflussen der Prozeßgrößen nicht durch ein permanentes Eingreifen des Menschen, sondern selbsttätig erfolgt, wird ein zusätzliches Werkzeug, die Automatisierungseinrichtung benötigt. Sie muß Informationen in Form physikalischer Größen aufnehmen, anhand eines vorgegebenen Algorithmus verarbeiten und die Ergebnisse als Stellsignale an den Prozeß, als Meldungen an den Benutzer oder andere Rechner ausgeben.

Da jede Verarbeitung von zahlenmäßigen Informationen, also z.B. auch die Arbeitsweise eines Fliehkraftreglers oder eines Bimetallstreifens, als „Rechnen" bezeichnet werden kann und da heute die Informationsverarbeitung vorwiegend und weiter zunehmend mit Digitalrechnern erfolgt, kann man Automatisierung kurzgefaßt als den

Einsatz von Rechnern zum selbsttätigen Betrieb technischer Prozesse

bezeichnen.

Informationsverarbeitungsvorgänge, die nicht auf den Betrieb eines technischen Prozesses ausgerichtet sind, zählen im Sinne dieser Definition nicht zur Automatisierung. Hier kann man beispielsweise die heute schon als klassisch zu bezeichnenden Rechneranwendungen im Büro nennen, wie Textverarbeitung, Datenbankhandhabung, Tabellenkalkulation etc., bei denen auch formalisierte Informationsverarbeitungsvorgänge durch Rechner ausgeführt werden. Diese teilweise als Automation bezeichneten Anwendungsfälle werden hier nicht zur Automatisierungstechnik gezählt. So wie auf der politischen Landkarte manche Grenzen nach und nach verschwinden, werden auch auf der Landkarte der Automatisierungstechnik viele Abgrenzungen unbedeutend. Manche der Begriffsdefinitionen werden nur noch benötigt, um Einzelgebiete zu beschreiben, die Regionen eines Gesamtgebietes darstellen mit fließenden Übergängen. Aus den vielen Einzeldisziplinen kann sich so möglicherweise mit der Zeit die lange gesuchte

durchgängige Theorie der Automatisierungstechnik entwickeln.

Man erkennt verschiedene Fachgebiete, die
den theoretischen und praktischen Hintergrund
der Automatisierungstechnik bilden. Die Elektrotechnik und Elektronik bilden die Basis zur
Realisierung von Automatisierungsrechnern
und Automatisierungsgeräten sowie deren
Schnittstellen nach außen. Die Information-
stechnik stellt eine Reihe von Algorithmen zur
Informationsverarbeitung zur Verfügung und

Programmiersprachen zu deren praktischer
Umsetzung in einem Rechner. Systemtheorie
und Kybernetik bilden einen theoretischen
Hintergrund für die Methoden und Algortih-
men der zielgerichteten Beeinflußung technischer Systeme. Die Schnittstellen zu den An-
wendungsprozessen basieren auf verschiedenen
Fachgebieten, wie der Meßtechnik, der Antriebstechnik und der Nachrichtentechnik.

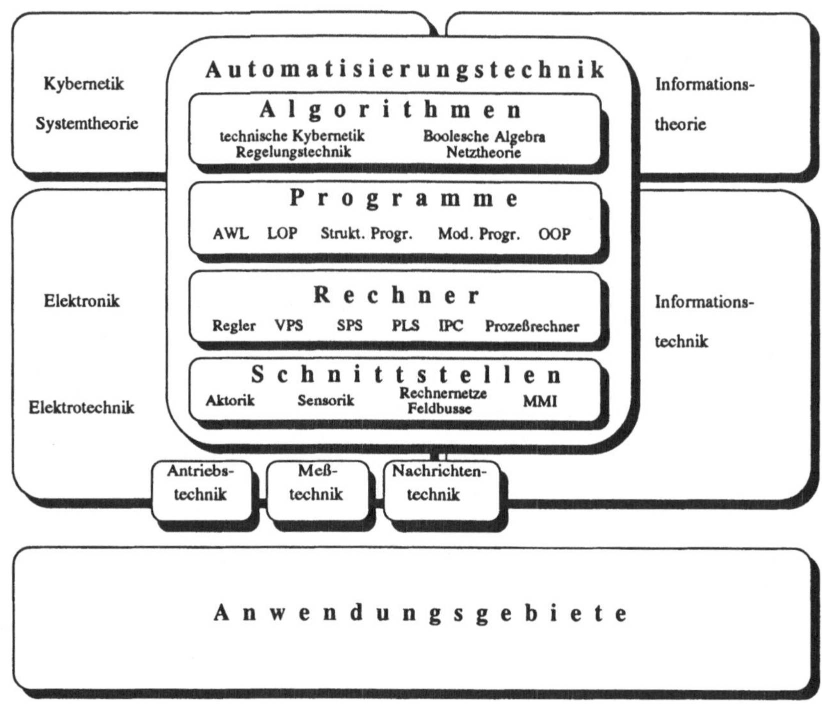

Abb. 1.12. „Landkarte" der Automatisierungstechnik

Die Kerngebiete der Automatisierungstechnik kann man in die drei Bereiche
(theoretische) Methoden, praktische Realisierung und Schnittstellen einteilen. Bei der praktischen Realisierung ist eine weitergehende
Unterteilung in Automatisierungsgeräte, in
Rechnerhardware und Rechnersoftware sinnvoll. Bei den Schnittstellen kann man unterscheiden zwischen Sensorik und Aktorik als

Prozeßschnittstellen, der Rechnerkommunikation zur Vernetzung von Automatisierungssystemen und dem Mensch-Maschine-Interface
als Schnittstelle zum Benutzer.

1.4.2 ENTWICKLUNGSTRENDS

Basistechnologien. Für die weitere Entwicklung der Automatisierungstechnik haben einige Basisfaktoren einen entscheidenden Einfluß. Der starke Anstieg der verfügbaren Rechnerleistung als Folge der enormen Steigerung der *Integrationsdichte bei mikroelektronischen Schaltkreisen* war zum großen Teil der Antrieb für die Weiterentwicklung der Automatisierungstechnik in den vergangenen Jahrzehnten. Selbst wenn die Integrationsdichte in den nächsten Jahrzehnten nicht mehr mit der gleichen Rate wie bisher ansteigen sollte, wird sie dennoch stark zunehmen.

Dies hat Konsequenzen, die auch für die Automatisierungstechnik bedeutend sind: Die verfügbare Rechenleistung und die Kapazität der Datenspeicher wird weiter zunehmen; die Größe und der Energiebedarf der Rechner wird weiter abnehmen. Dadurch sind Algorithmen in Echtzeit realisierbar, die heute noch große Rechenzeit erfordern oder erst auf dem Papier existieren. Komplexe Verarbeitungen, die heute in größeren Zentralrechnern laufen, werden dezentralisiert. Informationen können dann dort, wo sie entstehen, also z.B. im Meßwertaufnehmer, direkt verarbeitet werden.

Die technischen Erkenntnisse, die bei der Entwicklung der Mikrolelektronik gewonnen wurden, werden in Zukunft auch für die herstellung miniaturisierter mechanischer Konstruktionen anwendbar sein. Mit Hilfe der gerade entstehenden *Mikrosystemtechnik* kann die Automatisierung in Gebiete vordringen, die aufgrund der beengten Platzverhältnisse für die heutigen Sensoren und Stellglieder nicht zugänglich sind.

Neben der Integrationsdichte werden als zweiter Basisfaktor auch die Möglichkeiten der *Datenübertragung* enorm gesteigert. Die Verwendung von Glasfasern kann die Bandbreite des Übertragungsmediums drastisch erhöhen. Da mit der Digitalisierung aller Informationen auch die Unterscheidung der Signalarten, wie Sprachsignale, Fernsehsignale, Analogwert hinfällig wird, können über das gleiche Medium sehr unterschiedliche Informationen übertragen werden. Die durch die Materie- oder Enegiegebundenheit der Informationsübertragung entstehende Begrenzung werden damit unwichtig. Information wird in ausreichender Menge und am gewünschten Ort zur Verfügung stehen /Negroponte 1995/. Dadurch werden Verarbeitungsalgorithmen realisierbar, die aufgrund der Vielfalt von erforderlichen Informationen heute noch gar nicht denkbar sind.

Neben den beschriebenen technischen Fortschritten werden auch die theoretischen Fortschritte auf dem Gebiet der Informationsverarbeitung zur Weiterentwicklung der Automatisierungstechnik beitragen. An den Beispielen der Fuzzy-Logik, der Künstlichen Neuronalen Netze /Rojas 1993/, und der Künstlichen Intelligenz /Lunze 1994/ ist erkennbar, daß im Bereich der wissensbasierten Datenverarbeitung substantielle Verbesserungen erzielbar sind, auch wenn nicht jeder derzeit gehegte Blütentraum in Erfüllung gehen wird.

Automatisierungseinrichtungen. Der Ausblick auf die Entwicklung der Basistechniken legt einige Schlußfolgerungen für die Entwicklung der Automatisierungseinrichtungen nahe. Die höhere Verfügbarkeit von Rechenleistung, Speicherkapazität und Informationen wird zu einer weiter fortschreitenden Dezentralisierung der Datenverarbeitung führen. Umfangreiche Automatisierungsalgorithmen eines Zentralrechners werden aufgeteilt und in dezentralen Feldsteuerungen ausgeführt. Verarbeitungsalgorithmen, die heute noch offline ablaufen, werden online oder gar in Echtzeit ausführbar. Komplexe Vorgänge, die auf der Verknüpfung sehr unterschiedlicher Informationen basieren, werden beherrschbar.

Ein wesentliches Merkmal der aktuellen Entwicklung ist die Abkehr von Insellösungen und Detailoptimierungen. Statt dessen setzt sich eine ganzheitliche Betrachtungsweise /Schmitt 1990/ und die Schaffung durchgängiger („integrierter") Systeme in vielen Bereichen durch.

Einen beträchtlichen Nachholbedarf besitzt die Mensch-Maschine-Schnittstelle der Automatisierungssysteme. Während diese bei programmierbaren Steuerungen noch sehr bescheiden ausgebildet war, konnten durch den Einsatz der Prozeßleitsysteme und der Industrie-PCs erste Fortschritte erzielt werden. Auch hier sind aber weitere deutliche Verbesserungen erkennbar. Größere Bildschirme und eine höhere optische Auflösung lassen verbesserte graphische Darstellungen zu. Auch Videoeinblendungen stellen keine technischen Probleme mehr dar /Lange 1994/. Weitere positive Einflüsse, wenn auch nicht in der nächsten Zukunft, sind von der Entwicklung der Virtual-Reality-Methoden zu erwarten. Diese erlebt einen vor allem von der Unterhaltungsindustrie finanzierten Aufschwung. Denkbar ist, daß der Mensch mit Hilfe der Darstellungs- und Interaktionsmittel der Virtual Reality und entsprechender Sensoren und Aktoren in Bereichen eingreifen kann, die heute noch unzugänglich sind.

Auch auf begrifflichem Gebiet ist die Weiterentwicklung der Automatisierungseinrichtungen erkennbar. Viele der früher scharf definierten Trennungslinien sind zu unscharfen Übergängen geworden. Die Unterscheidungen wie z.B. Steuerung - Regelung, Fertigungstechnik - Verfahrenstechnik, Stückprozeß - Fließprozeß, Programmierbare Steuerung (SPS) - Industrie-PCs - Prozeßleitsystem, analoge Größe - schaltende Größe haben eine schwindende Bedeutung. Integrierte Lösungen statt Insellösungen und Rechnersysteme anstelle von Einzelgeräten sind dafür verantwortlich.

Engineering. Nicht zu verleugnen ist die Tatsache, daß die zunehmende Komplexität der Automatisierungseinrichtungen und der Verarbeitungsalgorithmen an den Automatisierungstechniker höhere Anforderungen stellt. Um zu verhindern, daß die für die Entwicklung, den Test und die Dokumentation der Programme benötigte Zeit im gleichen Maße wie die Anlagenkomplexität und die Programmgröße ansteigt, muß die Funktionlität moderner Programmiersysteme weit über die reine Programmeingabe und Programmcompilierung hinausgehen. Es werden Werkzeuge benötigt, die alle Phasen der Programmentwicklung unterstützen /Steusloff 1990/.

Da es in der Automatisierungstechnik viele unterschiedliche Arten informationsverarbei-

tender Algorithmen gibt, ist zu erwarten, daß in Zukunft mehrere Programmiersprachen nebeneinander und miteinander existieren werden. So wie es für jede Kategorie von Algorithmen passende Darstellungsmittel gibt, werden auch unterschiedliche, passende Programmiersprachen existieren. Die Trennungslinie zwischen Darstellungsmittel und Programmiersprache wird verschwinden. Schon heute ist ein Programm nichts anderes, als eine spezielle Darstellungsform für einen Algorithmus. Mit der zunehmenden Lösung der Programmiersprache von der Maschinenebene werden sich die Programme immer mehr der abstrakten Denkweise des Menschen und den dabei verwendeten Darstellungsmitteln für die Algorithmen annähern. Die Programme werden dadurch für den Menschen leichter lesbar. Der ungeliebte Arbeitsschritt der Programmdokumentation wird entfallen können, da Programm und Dokumentation identisch sind.

Die gleiche Problematik wie bei der Programmierung stellt sich auch bei der Projektierung der Automatisierungssysteme. Die Dezentralisierung und hierarchische Vernetzung läßt die Automatisierungseinrichtungen zu sehr komplexen Gebilden werden. Zu ihrer Planung und Dokumentation werden Werkzeuge benötigt, die über die reine Zeichenfunktion heutiger CAE-Systeme weit hinausgehen /Weber u.a. 1990/. Um die Vielfalt der Komponenten beherrschbar zu machen, ist eine weitergehende Standardisierung der Geräte und Baugruppen erforderlich /Zankl, Engel 1992/.

Anwendungsgebiete. Die schon als klassisch zu bezeichnenden wichtigsten Anwendungsfelder der Automatisierungstechnik sind die Fertigungstechnik und die Verfahrenstechnik /Peinke 1995/. Sie werden, historisch bedingt, sehr klar voneinander getrennt. Mit dem Verschwimmen der Abgrenzungen bei den Automatisierungssystemen wird auch eine begriffliche und theoretische Vereinheitlichung der beiden Gebiete sinnvoll /Fuchs, Kopacek 1990/.

Im Bereich der Fertigungsautomatisierung wurden zunächst einzelne Maschinen, Anlagen und Einrichtungen automatisiert. Programmierbare Steuerungen, numerische Steuerungen und Robotersteuerungen sind die typischen Geräte dieser Entwicklungsstufe. Während dieser operative Teil des Fertigungsprozesses eine relativ rasche Entwicklung durchlief, machte der Einsatz von Rechnern im organisatorische-administrativen Teil nur in Teilbereichen Fortschritte. Dies lag an der wesentlich größeren Komplexität der dort erforderlichen Informationsverarbeitungsvorgänge.

Mit dem wachsenden Druck der Anforderungen bewegte sich aber auch hier die Entwicklung. Seit den 80erJahren wird das Konzept der rechnerintegrierten Fertigung (CIM: Computer Integrated Manufacturing) verfolgt. Die verschiedenen Teilbereiche wie Fertigung, Entwicklung & Konstruktion, Produktionsplanung und -steuerung, Arbeitsvorbereitung und Qualitätssicherung werden durch entsprechende rechnerbasierte Werkzeuge unterstützt (CAM, CAD, PPS, CAP, CAQ) /Pfeifer u.a. 1993/. Zwar wurde angesichts akuten Handlungsbedarfs oft Etikettenschwindel betrieben, wie die in kurzer Zeit entstandene Flut von neuen Begriffen und Abkürzungen bei den C-Techniken zeigte. Nach Abflauen der in der anfänglichen Euphorie zu hoch geschraubten Erwartungen haben sich aber grundlegende Prinzipien, Methoden und Werkzeuge in diesem Bereich etabliert.

Die aktuelle Situation in der Fertigungstechnik ist geprägt durch eine Globalisierung der Märkte und durch einen Wertewandel bei den Verbrauchern. Die steigenden Anforderungen an Funktionalität und Verfügbarkeit der Produkte konkretisieren sich in einer höheren, das heißt anforderungsgerechten Produktqualität. Die zunehmende Bedeutung dieses Gebiets zeigt sich in der Schaffung einheitlicher Richtlinien für die Nachweisbarkeit von Qualität (ISO 9000 und folgende). In den Betrieben werden einzelne Ansätze zur Qualitätsprüfung und -kontrolle ersetzt oder weiterentwickelt durch ein durchgängiges, d.h. alle Bereiche (Management, Entwicklung, Produktion) und alle Produktionsphasen einbeziehendes („totales") Qualitätsmanagement (TQM: Total Quality Management).

Mit dem Wertewandel bei den Verbrauchern ist auch eine stärkere Individualität verbunden. Individuellere Wünsche führen aber zu geringeren Produktstückzahlen. Damit sich die geringere Stückzahl und die höhere Qualitätsanforderung nicht in extrem steigenden Kosten niederschlagen, ist eine starke Flexibilisierung der Produktion erforderlich. Wichtige Neuerungen der letzten Zeit, wie Reduzierung des Aufwandes (Lean Production) und Vermeidung unnötiger Lagerhaltung (Just in Time) zielen in diese Richtung.

Eine dritte wichtige Konsequenz der veränderten Marktsituation ist die größere Dynamik. Die Lebensdauer der Produkte wird immer kürzer und damit auch der Zeitraum, in dem die Entwicklungskosten amortisierbar sind. Die Gesamtentwicklungszeit (time to market) von der Produktidee bis zur Vermarktung muß daher möglichst reduziert werden. Langwierige, sequentiell durchlaufene Schritte, die bei Fehlern mehrmals durchlaufen werden, sind daher nicht mehr tragbar. Die Arbeitsschritte müssen soweit wie möglich parallelisiert und alle Abteilungen von Anfang an beteiligt werden (Simultaneous Engineering). Zudem wird möglichst schnell einen Prototypen herzustellen (Rapid Prototyping), um die Auswirkungen der Entwurfsentscheidungen möglichst frühzeitig zu erkennen.

Ein weiteres wichtiges Anwendungsfeld ist die Automatisierung der verschiedenen Verkehrssysteme. Hierbei kann unterschieden werden zwischen der Automatisierung des einzelnen Fahrzeuges und der Lenkung des Verkehrsflusses als Gesamtsystem. Automatisierungseinrichtungen in Straßenfahrzeugen, wie z.B. Antiblockiersysteme (ABS), aktive Federungen oder Anti-Schlupfcontrol (ASC) (siehe z.B. /Kiencke u.a. 1992/) dienen in Linie zur Erhöhung der Sicherheit oder zur Verringerung des Energieverbrauchs und der Verringerung des Schadstoffausstosses. Weitere Entwicklungen auf diesem Gebiet werden Diagnoserechner zur Überwachung des Fahrzeugzustandes und Manövrierhilfen zur Fahrerunterstützung sein. Andere Fahrzeuge, wie Flugzeuge, Eisenbahnen oder Schiffe sind von sich aus so komplex, daß sie ohne Automatisierungseinrichtungen gar nicht zu betreiben wären /Schänzer 1994/.

Mit der starken Zunahme des Verkehrsaufkommens wird auch eine automatische Verkehrslenkung notwendig, um die vorhandenen, begrenzten Kapazitäten möglichst effizient auszunutzen. Auch hier ist der Flugverkehr Vorreiter, bei dem die Verkehrsüberwachung und -lenkung bereits weit fortgeschritten ist. Im Straßenverkehr werden durch Staus jährliche Kosten in Höhe mehrerer Milliarden DM verursacht. Angesichts eines weiter anwachsenden Verkehrsaufkommens (Prognosen gehen von ca. 45 Millionen Fahrzeuge in Deutschland im Jahre 2010 aus) sind auch hier Systeme zur Verkehrserfassung, -überwachung und -lenkung erforderlich. Zu den zahlreichen auf diesem Gebiet laufenden Projekte zählen Navigationssysteme, mit denen die Fahrzeugposition bestimmt und Fahrrichtungsanweisungen an den Fahrer gegeben werden können. Für Schiffe /Gilles u.a. 1993/ und Lastkraftwagen sind z.B. Systeme im Einsatz, die das Global Positioning System (GPS) verwenden.

Ein Marktsegment mit starken Wachstumsraten ist der Bereich der Gebäudeautomation. Wesentliche Aufgaben sind hier die Automation der Heizungs- und Lüftungsanlagen zur Erzielung einer hohen Verfügbarkeit und eines rationellen Energieeinsatzes /Baumgarth 1993/, /Knabe 1992/. Prognosen gehen in diesem Bereich von einem Einsparpotential von etwa 20% und einem Marktwachstum von jährlich 12% aus. Bei umfangreichen Gebäuden zählt auch die Gebäudeüberwachung und -leitung zu den typischen Aufgaben. Technische Basis für diese Aufgaben bilden Gebäudeleitsysteme und Installationsbussysteme (wie der EIB-Bus) zur Vernetzung der veteilten Automatisierungskomponenten.

Weitere bedeutende Anwendungsfelder sind die Automatisierung von Energieerzeugungs- und Rohstoffgewinnungseinrichtungen /Eitz, Heining 1989; Bitzer 1991/.

In den bisher genannten Anwendungsfeldern kommen vorwiegend Automatisierungsgeräte zum Einsatz, die anlagenspezifisch programmiert und projektiert werden. In identischer und großer Zahl werden dagegen Automatisierungsgeräte in den Bereichen der Automatisierung von Transportmitteln, Haushaltsgeräten, Dienstleistungsautomaten und die Laboreinrichtungen eingesetzt.

Ein gemeinsames Merkmal vieler Anwendungsbereiche ist die Anerkennung der Information als wesentlicher Produktionsfaktor. Dies führt zu der praktischen Konsequenz, daß die entstehenden Daten systematisch und nicht wie bisher nur sporadisch erfaßt werden, daß die benötigten Daten frei und direkt zugänglich gemacht sowie methodisch ausgewertet werden. Kennzeichen aller wirksamen Verbesserungen bei der Informationshandhabung ist die Schaffung rückgekoppelter informationeller Wirkungskreise bestehend aus Informationsaufnahme, -auswertung und -umsetzung /Warnecke 1989/, /Töpfer 1992/, /Jostock, Bley 1994/.

Gesellschaftliche Relevanz. Die Wechselwirkungen zwischen den sozialen und technischen Entwicklungen sind bidirektional. Sich ändernde gesellschaftliche Zielvorstellungen ändern die Anforderungen an die Technik. Neue technische Möglichkeiten schaffen Spielräume für neue Entwicklungsrichtungen. Um Vorhersagen über die weitere industrielle Produktionsprozesse zu gewinnen, kann man sich den Verlauf der wichtigen Kenngrößen vor Augen führen. Als dominierende Kenngrößen dienen der zur Herstellung der Güter erforderliche Aufwand und der Nutzen in Form der Erfüllung der Anforderungen der Benutzer. Beide Größen werden aufgrund unterschiedlicher Entwicklungen bei Teilfaktoren noch weiter unterteilt. Beim Nutzen kann zwischen der Menge der produzierten Güter und deren Qualität unterschieden werden. Beim Aufwand wird unterteilt zwischen personellem Aufwand und dem Aufwand an materiellen Ressourcen.

Ausgangspunkt der industriellen Produktion ist die handwerkliche Herstellung von Gütern. Bei mittlerem Aufwand wurden, gemessen an unseren heutigen Maßstäben, geringe Mengen von Gütern mit bescheidener Qualität hergestellt. Einen ersten Entwicklungsschub brachte der Einsatz mechanischer Arbeitsgeräte und -maschinen, die durch Fremdenergie angetrieben wurden. Sie ermöglichten bei gestiegenem Aufwand die Menge der produzierten Güter deutlich zu steigern, wobei die Qualität der Produkte, insbesondere die Erfüllung individueller Ansprüche sich eher zurück entwickelte.

Die Menge der produzierten Güter konnten dann durch den Taylorismus, d.h. die Zerlegung der Herstellungsprozesse in möglichst kleine Arbeitsschritte, noch einmal deutlich gesteigert werden. Seit Beginn der Fließbandfertigung wurden die durch den Menschen auszuführenden Arbeitsgänge zunehmend auf Maschinen übertragen. Der Personalaufwand ging dadurch zurück; der Ressourcenaufwand stieg weiter an.

Mit dem Erreichen vorher nicht gekannter Produktionsmengen fand auch der Übergang vom Verkäufer- zum Käufermarkt statt. In der Folge gewann der Qualitätsgesichtspunkt an Bedeutung. Die bisher auf Massenproduktion ausgelegten Anlagen müssen nun auf kleinere Stückzahlen angepaßt werden. Diese Umstellung auf eine flexible Fertigung ist zur Zeit an vielen Entwicklungen (Total Quality Management, Customer Focus, etc.) spürbar. Deren gemeinsames Merkmal ist es, mit gleichem (oder besser noch geringerem) Aufwand qualitativ anspruchsvolle, d.h. vor allem individuelle Ansprüche erfüllende Produkte herzustellen. In der flexiblen Produktion werden zunehmend intelligente Automatisierungseinrichtungen vernetzt betrieben und es werden komplexe Planungs- und Steuerungsvorgänge automatisiert. Der scheinbare Widerspruch zwischen kundenspezifischen Produkten und vertretbarem Preis wird durch den Aufbau der Produkte aus standardisierten, konfigurierbaren Komponenten gelöst.

Wenn der Übergang zur flexiblen Fertigung in den nächsten Jahren gelingt, kann man davon ausgehen, daß zumindest in den Industrieländern die Nachfrage hinsichtlich Quantität und Qualität erfüllt wird. Angesichts der Sättigung dieses Marktes und des teilweise gewaltigen Nachholbedarfs bei den anderen Ländern muß die Devise der Zukunft „ Nicht immer mehr für wenige, sondern das Nötige für alle" lauten. Die Umrechnung des Versorgungsni-

veaus der Industrieländer auf die ganze Welt zeigt das grundlegende Dilemma: begrenzte Ressourcen. Energie steht zwar im Prinzip in Form der Sonnenenergie ausreichend zur Verfügung. Die Vorraussetzungen für deren umfassende technische Nutzung sind aber noch nicht gegeben. Alle anderen Energieträger sind begrenzt und gehen über kurz oder lang zur Neige. Auch die übrigen Ressourcen (Rohstoffe, Wasser, Boden, Luft) sind begrenzt. Damit diese nicht aufgebraucht werden, sondern dauerhaft zur Verfügung stehen, müssen sie in geschlossenen Kreisläufen eingesetzt werden. Die auf die jetzigen Entwicklungen folgenden Produktionsverfahren müssen also nachhaltig sein, um die gleichmäßige Erfüllung der Anforderungen für alle mit möglichst geringem Ressourceneinsatz zu erreichen.

Tabelle 1.1. Aufwand und Nutzen der verschiedenen Fertigungstypen.

	Nutzen		Aufwand	
Fertigungs-typ	Quantität	Qualität	Ressourcen	Personal
manuell	gering	mittel	mittel	mittel
mechanisch	mittel	gering	hoch	hoch
arbeitsteilig	hoch	gering	sehr hoch	mittel
flexibel	hoch	hoch	sehr hoch	gering
nachhaltig	hoch	hoch	sinkend	gering

Die Freisetzung von Arbeitskräften als Folge eines verringerten Arbeitszeitaufwandes war verantwortlich für ein weit verbreitetes negatives Image aller Rationalisierungsbemühungen. Ein im Grundsatz positiver Effekt - gleicher Nutzen bei geringerem Aufwand - bringt in einer arbeitsteiligen Wirtschaft Anpassungsprobleme mit sich. Deren zufriedenstellende Lösung muß integraler Bestandteil der Rationalisierung sein. Die Probleme können aber nicht gelöst werden durch Verhinderung des Fortschritts - im Gegenteil. Die vielfältigen Probleme eines dynamischen, nichtlinearen und hochkomplexen Gebildes wie der menschlichen Gemeinschaft lassen sich nur durch kontinuierliche, strukturierte Weiterentwicklung lösen.

Neben der Verbesserung einiger nichttechnischer Rahmenbedingungen, wie z.B. der kostenmäßigen Entlastung des Produktionsfaktors Arbeit, kommt der Automatisierung eine wichtige Rolle bei der Sicherung des Produktionsstandortes Deutschland zu /Lausterer 1994/. Besonders die Anwendung kybernetischer Methoden zur Steuerung komplexer, vernetzter Gebilde, wie eines Produktionsbetriebes bietet beträchtliche Innovationspotentiale /Warnecke 1992/.

2 VERKNÜPFUNGSSTEUERUNGEN

Binäre Verknüpfungen zählen zu den einfachsten und am meisten benötigten Automatisierungsfunktionen. Sie sind einfach aufgrund des binären Wertebereichs der verwendeten Signale und aufgrund des statischen Zusammenhangs zwischen den Eingängen und Ausgängen.

Lange vor der Verwendung von Rechnern wurden binäre Verknüpfungsfunktionen mit Hilfe von schaltenden Elementen auf der Basis verschiedener Hilfsenergien realisiert. Der Einsatz der Rechner brachte eine radikale Reduzierung des Realisierungsaufwandes und eine enorme Steigerung der technischen Möglichkeiten. Stellvertretend für die ganze Automatisierungstechnik wird dieser Entwicklungssprung am Beispiel der technischen Realisierung von Verknüpfungssteuerungen in Kap. 2.1 skizziert.

Kap. 2.2 behandelt die theoretischen Grundlagen binärer Verknüpfungsfunktionen, die Hilfsmittel zur deren algebraischer, tabellarischer und graphischen Darstellung und die Methoden zu deren Programmierung in rechnerbasierten Steuerungssystemen. Probleme der Handhabung können bei binären Verknüpfungsfunktionen wegen des einfachen Funktionsprinzips nur durch die Anzahl der zu verarbeitenden Größen entstehen. Hier sind die Methoden der Minimierung hilfreich, die ebenfalls vorgestellt werden.

Werden bei einer statischen Verknüpfungsfunktion Ausgangsgrößen auf den Eingang zurückgekoppelt, entsteht ein dynamisches Verhalten. Die Ausgangswerte hängen nicht mehr nur von den aktuellen, sondern auch von zurückliegenden Eingangswerten ab. Die Grundelemente dynamischer Systeme sind Speicher, Zähler und Zeitgeber. Sie bilden die Basis vieler komplexer Steuerungssysteme und werden in Kap. 2.3 erläutert.

2.1 TECHNISCHE REALISIERUNG

2.1.1 PROGRAMMIERBARE STEUERUNGEN

Die Aufgabe einer Automatisierungseinrichtung ist es, den selbsttätigen Betrieb eines technischen Gerätes oder einer Anlage ohne permanentes Eingreifen des Menschen zu ermöglichen. Dies geschieht durch Erfassung verschiedener Größen des Prozesses, Verarbeitung der gewonnenen Daten und die geeignete Ansteuerung von Prozeßgrößen.

Eine Verknüpfungssteuerung verarbeitet binäre Prozeßgrößen, die nur zwei unterschiedliche Zustände annehmen können. Die Meßwerte bilden die (binären) Eingänge der Steuerung. Sie werden mit anderen Eingängen, z.B. Eingaben des Benutzers und steuerungsinternen Zwischenergebnissen über logische Operationen verknüpft. Dies liefert dann neue (binäre) Ausgangswerte, die das Ein- oder Ausschalten von Stellgliedern im zu automatisierenden Prozeß bewirken.

Die logische Verknüpfung der Daten in einer Steuerung erfolgt mit Hilfe von Schaltern, die bei Ansteuerung durch ein Eingangssignal eine Hilfsenergie weiterschalten (Ausgangssignal). Typische Schaltelemente sind elektrische Relais oder Schütze, hydraulische oder pneumatische Ventile sowie elektronische Schalter z.B. in Form von Transistoren oder Thyristoren. Durch die Reihen- oder Parallelschaltung solcher Elemente lassen sich beliebige Verknüpfungsfunktionen realisieren.

Bei einer hydraulischen Steuerung /Haug 1991/ oder einer pneumatischen Steuerung /Kriechbaum 1971/ stellt eine unter Druck stehende Flüssigkeit oder ein Gas die Hilfsenergie bereit. Die Verknüpfungen werden durch geeignete Verbindung von Ventilen und Schläuchen realisiert. Zur Erfassung von Benutzereingaben oder von Prozeßgrößen dienen manuell, mechanisch oder elektromagnetisch betätigte Ventile. Stellsignale werden mit Hilfe von Zylindern ausgegeben.

Beispiel 2.1.: Pneumatische Steuerung
Gegeben sei die folgende Anordnung pneumatischer Komponenten.

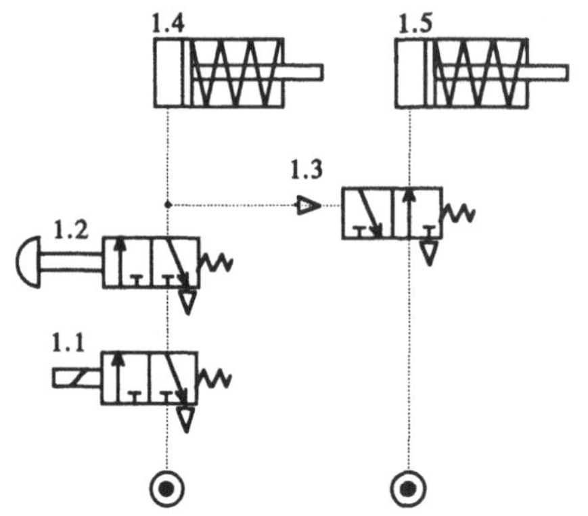

Abb. 2.1. Pneumatische Steuerung

Das Medium wird in einem Vorratsbehälter durch eine Pumpe unter Druck gesetzt. Bei Betätigung der Ventile wird der Druck weitergeschaltet und führt zur Aktivierung von Zylindern, die die Stellfunktion ausüben.
Ist keines der Ventile angesteuert, befindet sich Zylinder 1.4 in Ruhelage, während 1.5 über Ventil 1.3 mit Druck beaufschlagt wird und sich in Arbeitsposition befindet. Wird das Elektromagnetventil 1.1 und das Handventil 1.2 betätigt, gelangt der Druck zum Zylinder 1.4. Er geht in Arbeitsposition. Gleichzeitig wird Ventil 1.3 gesperrt und Zylinder 1.5 geht in die Ruhelage. □

Der Aufbau hydraulischer oder pneumatischer Steuerungen erfordert einen gewissen Aufwand zur Bereitstellung der Hilfsenergie. Die Ventile stellen einen beträchtlichen Kostenfaktor dar und sind zudem einem Verschleiß unterworfen. Weitere negative Begleiterscheinungen sind die Lärmentwicklung und Leckageverluste. Elektrische Steuerungen besitzen hier Vorteile. Die Elektrizität als Haupt- und Hilfsenergie ist hinsichtlich Handhabung und Verfügbarkeit relativ unproblematisch.

Auch die als Verknüpfungselemente verwendeten Relais und Schütze besitzen Vorteile hinsichtlich Energie-, Kosten- und Platzbedarf. Relais kommen im Bereich niedriger Spannungspegel und niedriger Leistungen (wenige mW bis etwa 1 kW) zum Einsatz. Für größeren Leistungen (z.B. 1 kW bis mehrere 100 kW) werden Schütze benötigt. Die Eingangsinformationen werden bei einer elektrischen Steuerung über mechanisch oder manuell betätigte Schalter, Relais, Druckschalter, Temperaturschalter, Fotodioden etc. aufgenommen. Die Informationsausgabe an den Benutzer erfolgt über Leuchten. Stellsignale können über Schütze, Motore oder Elektromagnetventile ausgegeben werden.

Meist sind der Steuer- und der Hauptstromkreis voneinander getrennt. Der Steuerstromkreis realisiert die Verknüpfungsfunktion durch geeignete Verdrahtung von Relais oder Hilfsschützen. Er arbeitet mit niedrigen Pegeln, so daß eine ungewollte Berührung durch den Benutzer ohne schädliche Folgen bleibt. Über die Relaiskontakte werden Schütze im Hauptstromkreis angesteuert, die zum Schalten großer Leistungen ausgelegt sind.

Beispiel 2.2.: Elektrische Relais-Steuerung
Die folgende Schaltung dient zur Ansteuerung eines Motors.

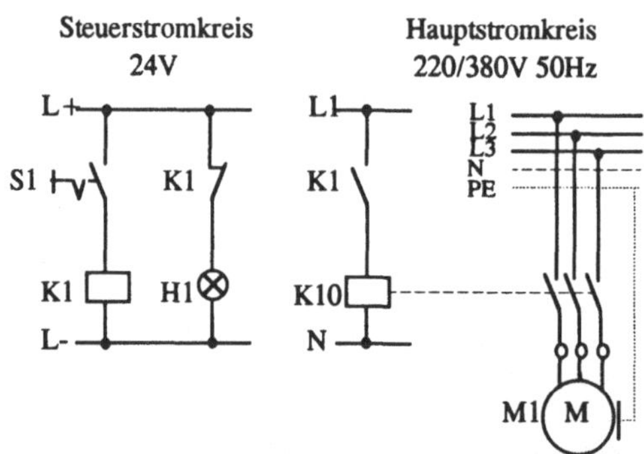

Abb. 2.2. Elektrische Relais-Steuerung

Im Ruhezustand ist das Relais K1 inaktiv und die Lampe H1 leuchtet. Wird S1 betätigt, schaltet das Relais. Dadurch erlischt H1 und der Schütz K10 wird aktiviert. Er schaltet die Versorgungsspannung auf den Motor, wodurch dieser anläuft. □

Trotz der Vorteile der Relais und Schütze sind deren Kontakte immer einem mechanischen Verschleiß unterworfen. Dies ist bei Halbleiterkomponenten als Schaltelemente nicht der Fall. Sie ermöglichen ein verschleißfreies Schalten und sind extrem preisgünstig. Im Laufe der Zeit wurde eine Reihe unterschiedlicher Schaltungsfamilien entwickelt, die sich im wesentlichen in der Schaltgeschwindigkeit und im Leistungsverbrauch unterscheiden. Die wichtigsten Technologien sind die TTL-, die CMOS- und die ECL-Technik sowie deren Weiterentwicklungen /Tietze, Schenk 1985/. Wegen der geringen Abmessungen der Bauelemente lassen sie sich gut miniaturisieren. Alle Grundschaltungen werden daher als integrierte Bausteine angeboten.

Beispiel 2.3.: Elektronische Steuerung
Das folgende Bild zeigt den Aufbau einer NAND-Funktion in TTL-Technik.

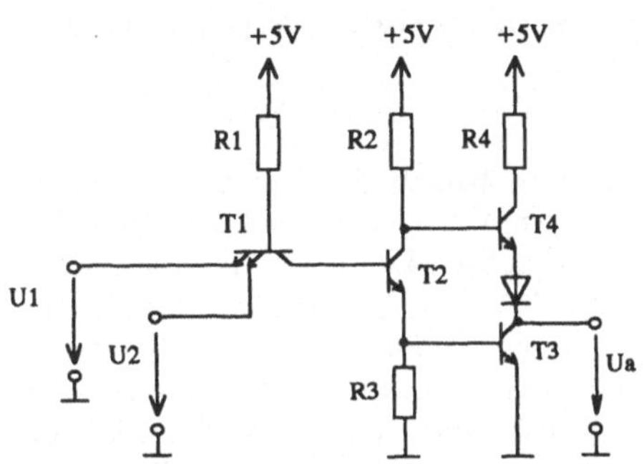

Abb. 2.3. Elektronisch realisierte Verknüpfungsfunktion

Sind die beiden Spannungen $U1$ und $U2$ auf hohem Pegel, sperrt der Transistor T1. Dadurch wird T2 und T3 leitend; die Ausgangsspannung geht auf den niedrigen Pegel. Liegt an einer der beiden Eingangsspannungen niedriger Pegel, wird T1 leitend. T2 und T3 sperren und Ua geht auf hohen Pegel. Mit Hilfe von Relais oder leistungselektronischen Schaltern kann die Ausgangsspannung wieder auf ein höheres Energieniveau umgesetzt werden. □

Trotz unterschiedlicher physikalischer Realisierungsformen zeigen die verschiedenen Steuerungstypen wesentliche Gemeinsamkeiten. Es existieren einige wenige Grundbausteine, die eine Schaltfunktion ausführen, also z.B. ein Ventil, ein Relais, ein Transistor. Bei Betätigung gibt das Schaltelement die Hilfsenergie (hydraulischer oder pneumatischer Druck, elektrische Spannung) auf die nachfolgenden Bausteine weiter. Die Verknüpfung wird realisiert, indem die Bausteine in geeigneter Weise durch Reihen- oder Parallelschaltung untereinander verbunden werden. Man spricht daher, unabhängig vom physikalischen Funktionsprinzip von *verbindungsprogrammierten Steuerungen (VPS)*. Sie waren lange Zeit die dominierende Form von Steuerungen, weisen aber einige Nachteile hinsichtlich der Handhabung auf. Bei einer verbindungsprogrammierten Steuerung stellen die Arbeitsgänge zum Aufbau der Steuerung, also z.B. zur Verdrahtung der Relais oder der Verschlauchung der Ventile einen erheblichen Aufwand dar. Dieser ist wesentlich größer als der Aufwand zum Entwurf der Steuerungsalgorithmen. Noch problematischer ist die Änderung eines existierenden Algorithmus. Verbindungsprogrammierte Steuerungen können zwar umprogrammiert werden, jedoch erfordert dies die zeitraubende und fehlerträchtige Trennung bestehender und die Schaffung neuer Verbindungen. Der Einsatz verbindungsprogrammierter Steuerungen ist daher auf realisierungsmäßig zwar aufwendige, aber hinsichtlich der Steuerungsfunktionalität, verglichen mit den heutigen Möglichkeiten einfache Anwendungsfälle beschränkt geblieben.

Einen wesentlichen Entwicklungsschub brachte die Entwicklung der Mikroelektronik und der Rechnertechnik seit Anfang der 70er Jahre. Die Erfindung des Mikroprozessors machte Rechner an vielen Stellen verfügbar und auf breiter Front auch in der Steuerungstechnik einsetzbar. Der Steuerungsalgorithmus wird nicht mehr durch feste Verbindung von Schaltelementen, sondern als Programm im Rechner realisiert. Er steht über eine Erfassungsebene und eine Ausgabeebene mit dem zu steuernden Prozeß und dem Benutzer in Verbindung.

Durch die weitgehend vereinheitlichten Hardware-Komponenten wird der Aufbau einer Steuerung erheblich vereinfacht, es können wesentlich umfangreichere Algorithmen realisiert werden und der Aufwand für die Änderung eines Algorithmus reduziert sich auf einen Bruchteil.

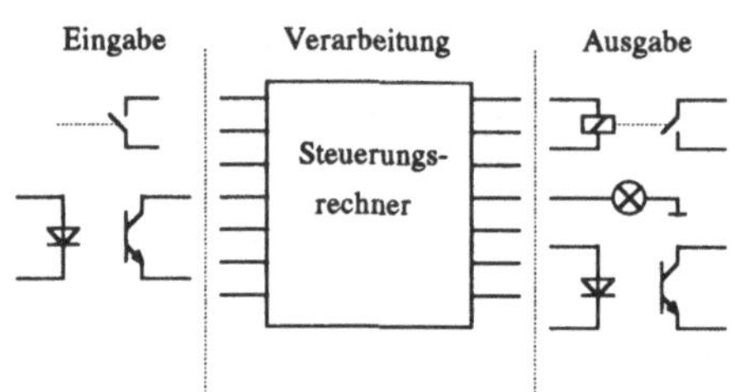

Abb. 2.4. Eingabe-, Verarbeitungs- und Ausgabeebene einer Steuerung

Da der Steuerungsalgorithmus als Programm im Speicher des Rechners abgelegt wird, bürgerte sich die Bezeichnung der *speicherprogrammierbaren Steuerung (SPS)* für die rechnerbasierte Form einer Steuerung ein. Im mittleren und zunehmend auch im unteren Leistungsbereich werden verbindungsprogrammierte Steuerungen aufgrund einfacherer Handhabung, flexibler Einsatzmöglichkeiten und geringerer Kosten durch SPS verdrängt. Im oberen Leistungsbereich werden neue, vorher nicht realisierbare Funktionen, mit Hilfe programmierbarer Steuerungen verwirklicht. Das Leistungsspektrum der SPS reicht heute von einfachen Verknüpfungsaufgaben, als Alternative zu Schütz- und Relaissteuerungen, über Ablauf- und Digitalsteuerungen bis hin zu Geräten mit Prozeßrechnerleistung für vielfältige Erfassungs-, Verarbeitungs- und Visualisierungsaufgaben. Zunehmend gewinnen SPS auch Bedeutung als kommunikationsfähige Geräte in einem firmenweiten Rechnerverbund als Bestandteil einer durchgängigen rechnerintegrierten Fertigung /Grötsch 1990/.

2.1.2 Funktionsweise einer SPS

Bei einer SPS handelt es sich um eine Mikroprozessorschaltung mit speziellen Interface- und Treiberelementen zur Erfassung und Ansteuerung von Prozeßgrößen und zum Austausch von Informationen mit dem Benutzer.

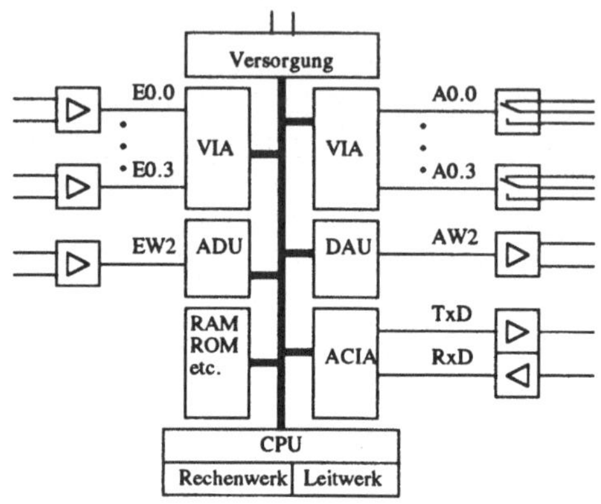

Abb. 2.5. Grundstruktur einer programmierbaren Steuerung

Alle zum Betrieb des Rechners erforderlichen internen Leitungen sind zu einem Bus zusammengefaßt. Er enthält die Datenleitungen, die Steuerleitungen und die Adressleitungen. Die zentrale Recheneinheit (CPU) besteht aus dem Rechenwerk und dem Leitwerk. Über den Befehlszähler des Leitwerks wird der nächste zu bearbeitende Befehl im Programmspeicher adressiert. Er gelangt über den Datenbus in das Leitwerk, wird dort interpretiert und in entsprechende Steuersignale auf dem Bus umgesetzt. Trotz großer Unterschiede bei den Maschinensprachen gibt es einige grundlegende Gemeinsamkeiten. Die Anweisungen eines Prozessors können in drei Gruppen eingeteilt werden.

Die Datentransferbefehle dienen zum Transport von Daten zwischen dem Datenspeicher und den Registern. Beispiele hierfür sind Befehle zum Laden von Speicherinhalten in das Arbeitsregister (Akkumulator), Befehle zum Transferieren von Daten zwischen den Registern und zum Abspeichern von Registerinhalten im Datenspeicher.

Programmorganisationsbefehle verändern den Wert des Programmzählers, so daß z.B. Sprünge im Programm oder Unterprogrammaufrufe ausführbar sind. Die Verknüpfungsbefehle dienen zur logischen oder arithmetischen Verarbeitung von Daten im Rechenwerk.

Zur speichersparenden und laufzeiteffizienten Gestaltung der Programme, gibt es unterschiedliche Adressierungsarten für die Operanden.

Tabelle 2.1. Adressierungsarten

Bezeichnung	Zusammensetzung
vollständig (extended)	Befehl, Adresse
verkürzt (direct)	Befehl, Zero-Page-Adr.
indiziert (indexed)	Befehl, x, Offset
unmittelbar (immediate)	Befehl, #, Daten
implizit (inherent)	Befehl

Bei der vollständigen Adressierung wird die aus zwei Byte bestehende Adresse als Bestandteil des Befehls angegeben. Der Befehl ldaa $1f73 beispielsweise lädt den Inhalt der Speicherstelle $1f73 in den Akku. Die verkürzte Adressierung verwendet nur ein Adressbyte. Sie bezieht sich auf Speicherstellen in der ersten Seite des Datenspeichers, die Zero-Page. Bei der indizierten Adressierung steht die Adresse des Operanden in einem Indexregister. Über ein zum Befehl gehörendes Offsetbyte kann diese Adresse verschoben werden. Die indizierte Adressierung ist daher besonders für die Verarbeitung von Datenfeldern geeignet, die an aufeinanderfolgenden Speicherstellen liegen. Bei der unmittelbaren Adressierung wird nicht die Adresse des Operanden angegeben, sondern der Wert. Bei der letzten Adressierungsart, der impliziten Adressierung, wird weder eine Operandenadresse noch ein Wert angegeben. Diese Adressierungsart ist nur für solche Befehle definiert, die entweder keinen Operanden benötigen (z.B. Unterprogrammende) oder bei denen die Adresse dem Befehl fest zugeordnet ist (z.B. tausche die Inhalte von Akku A und Akku B).

Beispiel 2.4. Hardwarenahe Steuerungsprogrammierung in Maschinensprache

Eine Steuerung sei mit einem Prozessor vom Typ 68HC11 aufgebaut. (Einzelheiten zu diesem Prozessor findet man in /Rose 1994/). Es soll der Eingang 3.1 geladen, mit Merker 2.0 UND-verknüpft und auf den Ausgang 1.5 zugewiesen werden. Zur Erstellung eines entsprechenden Assemblerprogrammes müssen die Adressen der Operanden bekannt sein. Im konkreten Fall sollen folgenden Adressen gelten:

Eingang E3.1	Adresse $1003, Bit 1
Merker M2.0	Adresse $2002, Bit 0
Ausgang A1.5	Adresse $1505, Bit 5

Als nächstes werden die Assemblerbefehle des Prozessors benötigt. Einen Auszug der verfügbaren Befehle zeigt die folgende Tabelle:

Tabelle 2.2. Auszug einer Befehlstabelle

Bef.						ausgeführte Aktion

Bef.	ext	dir	inx	im	inh	ausgeführte Aktion
ldab	f6	d6	e6	c6	-	Lade Akku B
stab	f7	d7	e7	c7	-	Speicher Akku B
andb	f4	d4	e4	c4	-	Und-Verkn. mit B
orab	fa	da	ea	ca	-	Oder-Verkn. mit B
beq	-	27	-	-	-	Verzw. bei Nullflag
tpa	-	-	-	-	07	Transf. Status in A
tap	-	-	-	-	06	Transf. A in Status

Mit diesen Informationen kann nun ein Programm für die beschriebene Aufgabe erstellt werden:

Tabelle 2.3. Assemblerprogramm

Assembler-Befehle	Maschinencode	Wirkung
ldab $1003	f6 10 03	Eingangsbyte 3 laden
andb #$02	c4 02	Bit 1 ausblenden
beq *+7	27 05	springe, wenn Bit 1 "0"
ldab $2002	f6 20 02	Merkerbyte 2 laden
andb #$01	c4 01	Bit 0 ausblenden
tpa	07	Status retten
ldab $1501	f6 15 01	Ausgangsbyte 1 laden
andb #$df	c4 df	Bit 5 auf Null setzen
tap	06	Status wieder laden
beq *+4	27 02	wenn Null dann fertig
orab #$20	ca 20	sonst Bit 5 setzen
stab $1501	f7 15 01	Ausgangsbyte speichern

□

Das Beispiel zeigt, wie die mnemonischen Befehle in den binären Befehlscode und die Operanden in die entsprechenden Adresswerte umgesetzt werden. Das Beispiel zeigt aber auch, daß bei dieser Art der Programmierung viele rechnerinterne (z.B. die genaue Speicheraufteilung) und rechnerspezifische Details (z.B. der Befehlssatz) bekannt sein müssen. Dies erschwert natürlich die Handhabung. Bei der Entwicklung von SPS hat man eigene Programmiersprachen und Programmiersysteme geschaffen, die die Programmierung wesentlich erleichtern sollen. Man hat dazu eigene, vom Prozessorbefehlssatz unabhängige Verknüpfungsbefehle geschaffen. Außerdem wurden die Operandenadressen durch symbolische Klemmenbezeichnungen ersetzt. In SPS-Sprache lautet dann das Beispielprogramm:

```
LD  E3.1    Lade Eingang E3.1
AND M2.0    Konjunktion mit M2.0
ST  A1.5    Speichere auf A1.5
```

Durch diese Art der Programmdefinition wird der Anwender von vielen rechnerinternen Details entlastet. Die Kenntnisse des Prozessorbefehlssatzes, seiner Adressierungsvarianten sowie der internen Handhabung der Daten werden nicht benötigt. Statt dessen genügen Kenntnisse des vereinfachten Befehlssatzes für binäre Verknüpfungsaufgaben und der symbolischen Namen der verfügbaren Operanden.

Der Aufbau der Steuerung und die Erstellung des Steuerungsprogramms erfolgen unabhängig voneinander. Der Anwender erhält die SPS-Hardware als lauffähiges System. Das Programm wird durch den Anwender mit Hilfe spezieller Programmiersysteme erstellt und kann auch nach der Inbetriebnahmephase auf einfache Art geändert werden. Nicht zuletzt diese einfache und flexible Programmierbarkeit haben zur starken Verbreitung der SPS geführt.

Das komplette Programm einer Verknüpfungssteuerung setzt sich aus einer Vielzahl von logischen Verknüpfungen zusammen, die zwischen Eingängen, Merkern und Ausgängen gebildet werden. Im Gegensatz zu Hochsprachenprogrammen enthält ein Steuerungsprogramm keine Befehle zur Realisierung von

Wiederholungsschleifen. Bei einem Steuerungsprogramm handelt es sich also nicht um einen algorithmischen Ablauf mit Anfang und Ende, sondern um eine Reihe von logischen Verknüpfungen, die alle permanent und möglichst gleichzeitig bearbeitet werden sollen. Da ein Rechner die Befehle aber nur sequentiell bearbeiten kann, wird eine ständige und quasi gleichzeitige Bearbeitung dadurch erreicht, daß die Befehle sehr schnell nacheinander und zudem zyklisch wiederholt ausgeführt werden.

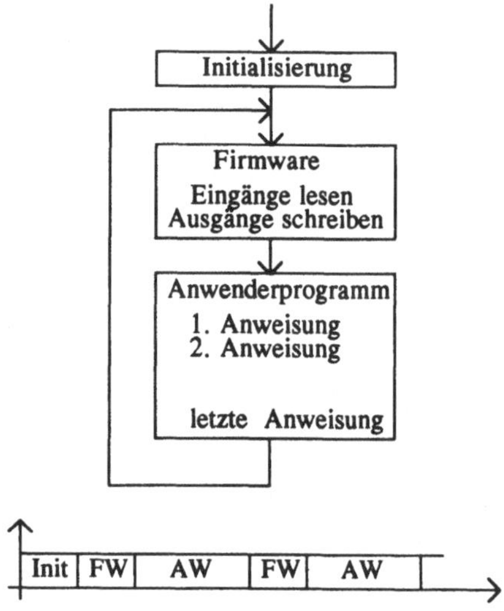

Abb. 2.6. Zyklisch wiederholter Programmablauf

Um eine Mikroprozessorschaltung zu betreiben, sind neben den in dem einfachen Beispiel dargestellten Verknüpfungsfunktionen eine ganze Reihe anderer Funktionen durch das Programm zu realisieren. Hier kann man z.B. die definierte Vorbelegung der Speicher oder die Initialisierung der Treiberbausteine nach dem Einschalten nennen. Damit die Treiber die Eingangswerte liefern und Ausgangswerte übernehmen, müssen sie geeignet angesteuert werden. Des weiteren sind bestimmte Vorverarbeitungen nötig, um z.B. das Prellen von Schaltereingängen zu unterdrücken. Da solche Aufgaben erstens sehr steuerungsspezifisch sind und daher eine genaue Kenntnis der Hardware erfordern und zweitens bei jeder

Anwendung in gleicher Weise benötigt werden, sind alle diese Programmteile in einem festen Programm, der *Firmware*, installiert, die durch den Steuerungshersteller entwickelt und zusammen mit der Hardware als fertige Einheit ausgeliefert wird. Der Programmierer der Verknüpfungsaufgabe ist dadurch von allen gerätespezifischen Details entlastet. Er kann sich auf die Anwendungsaufgabe, also die Eingabe der Verknüpfungen konzentrieren.

Im Rechner werden nach der Initialisierung Firmware und Verknüfungsprogramm zyklisch wiederholt nacheinander abgearbeitet.

Die Firmware liest die physikalischen Eingangswerte ein, stellt sie im Speicher als Eingangsinformationen zur Verfügung, übernimmt dort Ausgangsinformationen und steuert die physikalischen Ausgänge entsprechend an.

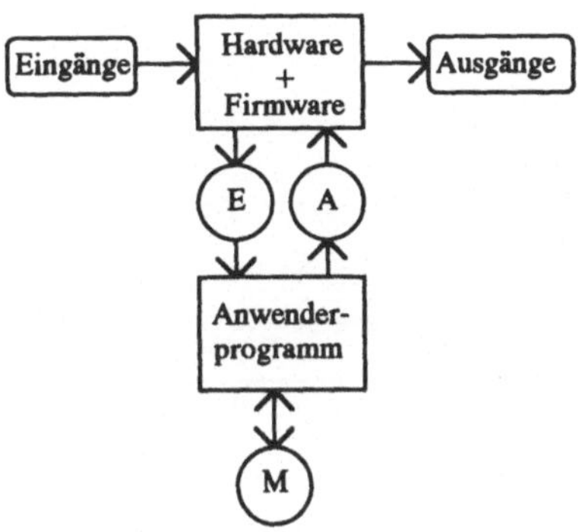

Abb. 2.7. Datenfluß zwischen Firmware und Anwenderprogramm

Das Steuerungsprogramm führt die aufgelisteten Verknüpfungen mit den Speicherinformationen aus. Dieser Bearbeitungszyklus wird permanent wiederholt. Die Zykluszeit hängt von der Anzahl der Anweisungen im SPS-Programm ab. Bei gängigen Steuerungen liegt sie in der Größenordnung von 1-10 msec für 1000 Anweisungen.

Die Firmware stellt die Eingangsdaten in aufbereiteter Form im Speicher zur Verfügung und übernimmt dort im Gegenzug die auszugebenden Daten. Sie stellt eine feste Zuordnung zwischen bestimmten rechnerinternen Spei-

cherstellen und den elektrischen Klemmen der Eingänge und Ausgänge her. Außerdem reserviert sie bestimmte Speicherbereiche als freie Merker für den Anwender zur Verfügung. Dieses Speichermodell, also die Anzahl und die Adressierung der Eingänge, Ausgänge und Merker ist bei den vielen existierenden Steuerungstypen sehr unterschiedlich festgelegt. Die Kenntnis des Speichermodells einer Steuerung ist daher neben der Kenntnis der Programmiersprache eine wesentliche Vorrausetzung für den Umgang mit einer Steuerung.

2.1.3 SPS-PROGRAMMIERSPRACHEN

Die Programmiertechnik für speicherprogrammierbare Steuerungen hat sich aus vier unterschiedlichen Ansätzen entwickelt, nämlich aus der Programmierung von Mikroprozessoren in Assemblersprache, aus der graphischen Darstellung der Verknüpfungen von fest verdrahteten Steuerungen, aus der digitalen Schaltungstechnik und aus der Programmierung mit strukturierten Hochsprachen.

Die Darstellung eines Programms als *Anweisungsliste (AWL)* hat ihren Ursprung in der maschinennahen Programmierung von Mikroprozessoren mit textlich codierten Befehlslisten, die sequentiell durch den Rechner abgearbeitet werden. Eine Anweisung enthält die Angabe eines Operanden und einer darauf anzuwendenden Operation. Zusätzlich kann in einer Anweisung eine Marke zur Kennzeichnung der Anweisung für Sprungbefehle und ein Kommentar enthalten sein, der Sinn und Zweck dieser Anweisung erläutert. Es gilt folgender Aufbau einer Anweisung:

Marke	Operation	Operand	Kommentar

Abb. 2.8. Aufbau einer AWL-Anweisung

Die Syntax einer Programmiersprache, d.h. die formalen Anforderungen an den Aufbau und die Darstellung der Elemente einer Anweisung sind hersteller- und teilweise sogar gerätespezifisch. Die Syntax legt z.B. fest, welche Operationen zugelassen sind und wie diese codiert sind, welche Operanden existieren und wie diese adressiert werden, wie eine Marke gekennzeichnet wird oder wie der Kommentar, der für den Prozessor irrelevant ist, vom Rest der Anweisung abgegrenzt wird. Die Vielzahl unterschiedlicher Festlegungen hinsichtlich dieser Fragen bei den Programmiersprachen und Programiersystemen erschwert das Arbeiten mit unterschiedlichen Geräten. Die Einführung einer Industrienorm für die Programmierung von speicherprogrammierten Steuerungen /DIN 19239/ hatte daher das Ziel einer Standardisierung der Programmiersprachen durchzusetzen. Leider ist dieses Ziel auch heute noch nicht erreicht, da nicht alle Hersteller diese Norm unterstützen und da sie zudem einen großen Interpretationsspielraum läßt, so daß die Programmiersprachen vor allem in Details noch durch eine große Vielfalt gekennzeichnet sind. Mittlerweile liegt eine international unterstützte Norm für Steuerungsprogrammiersprachen vor /DIN IEC 1131/, die bis jetzt eine gute Resonanz gefunden hat. Ihr Erfolg bei der Umsetzung in die tägliche Programmierpraxis bleibt aber noch abzuwarten.

Entsprechend der genannten Normen setzt sich ein Operandenname zusammen aus
- dem Operandenkennzeichen, bestehend aus einem Buchstaben der die Art des Operanden festlegt (E: Eingang, A: Ausgang, M: Merker),
- erforderlichenfalls einem Ergänzungszeichen, welches die rechnerinterne Darstellung des Operanden beschreibt. (Keine Kennzeichnung: Bit-Operand, B: Byte, W: Wort),
- einem Parameter, zur Angabe der Operandennummer. Diese Numerierung korreliert bei den Ein- und Ausgängen mit der physikalischen Klemmennummer. (z.B. E3.7 Binäreingang 7 der Baugruppe 3).

Die Operationen, die mit den Operanden auszuführen sind, werden durch einen oder mehrere Buchstaben gekennzeichnet.

Beispiel 2.5. Transportsystem
Ein Transportsystem bestehe aus zwei Silos und einem Förderband. Ist Material im ersten Silo vorhanden und ist das zweite Silo nicht voll, so ist das Förderband einzuschalten.
Für Wartungsarbeiten kann das Förderband außerdem bei Betätigung eines Tasters eingeschaltet werden. Bei Vollwerden des zweiten Silos soll eine Lampe leuchten.
Die beiden Grenzwertmelder, der Schütz zum Einschalten des Motors, der Eingabetaster des Benutzers sowie die Lampe zur Signalisierung eines vollen Silos werden an den Eingängen und Ausgängen der Steuerung angeschlossen:

E1:   Grenzwertschalter Silo 1 leer
E2:   Grenzwertschalter Silo 2 voll
E3:   Bedientaster Band einschalten
A1:   Motor einschalten
A2:   Signalleuchte Silo 2 voll

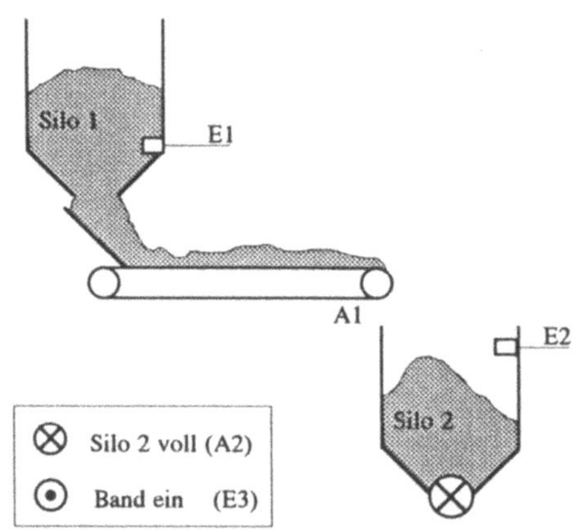

Abb. 2.9. Transportsystem mit Bedienfeld

Formal, aus Sicht der Steuerungsein- und -ausgänge gesprochen, lauten die Bedingungen:

- *Wenn E1 und nicht E2 oder E3, dann A1.*
- *Wenn E2, dann A2*

Um diese logischen Bedingungen als Rechnerprogramm umzusetzen, müssen sie mit Hilfe definierter Befehle als Liste von aufeinanderfolgenden Anweisungen ausgedrückt werden. Eine mögliche Realisierung zeigt das folgende Programm

Tabelle 2.4. Verknüpfungsprogramm als Anweisungsliste

LD	Material	L	E1	U	E1
ANDN	Voll	UN	E2	UN	E2
OR	Taster	O	E3	O	E3
ST	Band	=	A1	=	A1
LD	Voll	L	E2	U	E2
ST	Signal	=	A2	=	A2
IEC 1131-3		DIN 19239		STEP 5	

Im ersten Befehl wird der Wert des Einganges E1 in das Arbeitsregister geladen. Dann wird dieser Wert mit dem negierten Wert von Eingang E2 UND-verknüpft. Das Ergebnis wird dann mit Eingang E3 ODER-verknüpft. Zum Abschluß dieser ersten Verknüpfung wird dann der Arbeitsregisterinhalt auf den Ausgang A1 übertragen. Die zweite Bedingung besteht aus der Zuweisung des Wertes von E2 auf den Ausgang A2. □

Bei einer Relaissteuerung wird die Verknüpfung durch Verdrahtung von Relais und Schützen realisiert. Das Steuerungsprogramm wird als Stromlaufplan oder als Kontaktplan beschrieben. Diese graphische Darstellungsart wurde auch auf speicherprogrammierbare Steuerungen übertragen, um den Übergang von der Relaistechnik zur Rechnertechnik zu erleichtern.

Bei einem *Kontaktplan (KOP)* oder einem *Stromlaufplan* wird das Programm als Verkettung von Schalt- und Relaiskontakten dargestellt. Die beiden folgenden Abbildungen zeigen den zum AWL-Programm aus Tabelle 2.4. äquivalenten Stromlaufplan und den Kontaktplan.

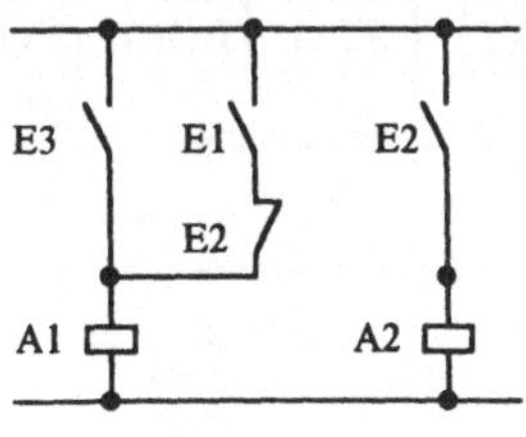

Abb. 2.10. Stromlaufplan

Die obere Linie im Stromlaufplan symbolisiert die spannungsführende Schiene, die untere die Masseschiene. Erfüllen die Schalter die entsprechenden Bedingungen, so ist der Stromkreis geschlossen und das jeweilige Relais schaltet. Entsprechendes gilt für den Kontaktplan, bei dem der Stromkreis von links nach rechts angeordnet ist.

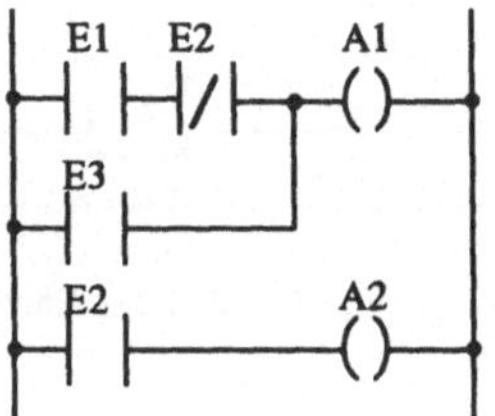

Abb. 2.11. Kontaktplan

Ist im konkreten Beispiel der Schalter E1 betätigt, während E2 unbetätigt bleibt, liegt die Versorgungsspannung am Relais A1 an, so daß es schaltet. Das gleiche passiert, wenn der Schalter E3 betätigt wird. Außerdem liegt das Relais A2 an Spannung bei betätigtem Schalter E2.

Im Stromlaufplan und im Kontaktplan wird die UND-Verknüpfung mehrerer Operanden durch Reihenschaltung der Schaltkontakte realisiert. Die ODER-Verknüpfung entspricht der Parallelschaltung. Zur Negation wird anstelle des Schließers, der dem nicht negierten Operanden entspricht, ein Öffner verwendet. Den Abschluß jeder Verknüpfung bildet eine Wertzuweisung in Form eines Relais als letztes Element im Stromlaufzweig. Waren ursprünglich mit Hilfe der Schalter- und Kontaktsymbole lediglich die UND-Verknüpfung, die ODER-Verknüpfung und die Negation darstellbar, wurde für den Einsatz bei den SPS die verfügbare Symbolik weiterentwickelt. Obwohl sich der Kontaktplan z.B. in den USA großer Verbreitung erfreut(e), bleibt festzustellen, daß Kontaktplan und Stromlaufplan für einfache Verknüpfungsaufgaben zwar gute Hilfsmittel sind, die ihre Ausdrucksfähigkeit und Übersichtlichkeit bei komplexeren Aufgaben aber verlieren.

Hier bieten Logikpläne Vorteile. Sie haben ihren Ursprung in der digitalen Schaltungstechnik, bei der Verknüpfungen in Form von verschalteten Logikgattern realisiert sind. Abbildung 2.12 zeigt das Beispielprogramm als *Logikplan (LOP)*.

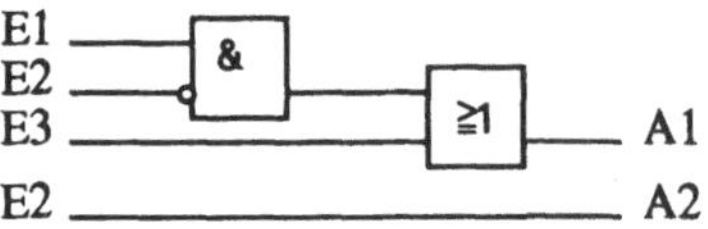

Abb. 2.12. Logikplan (LOP) der Bandsteuerung

Der Logikplan setzt sich zusammen aus Funktionsblöcken die über Wirkungslinien mit oder ohne Negation untereinander verbunden sind. Jede logische Verknüpfung wird durch einen Funktionsblock mit einem entsprechenden Symbol dargestellt.

Mit der wachsenden Verbreitung und Leistungsfähigkeit programmierbarer Steuerungen werden die darauf installierten Programme immer umfangreicher. Sie müssen so strukturiert werden, daß sie trotz großen Umfangs überschaubar bleiben. Ein wichtiges Hilfsmittel hierzu ist die Bausteintechnik. Zusammenhängende Programmsequenzen werden zu Bausteinen zusammengefaßt, die als Ganzes gehandhabt werden können.

Ein weitergehender Ansatz findet nur zögernd, aber in jüngster Zeit stetig zunehmend Verbreitung: *strukturierter Text (ST)*. Ausgangspunkt dieser Entwicklung sind strukturierte Programmiersprachen wie C oder Pascal. Sie wurden als Reaktion auf die Software-Krise der 60er Jahre entwickelt: die Rechner waren immer leistungsfähiger geworden, aber immer weniger Programme konnten bis zur Einsetzbarkeit gebracht werden. Strukturierte Programmiersprachen lösten einen Teil der hierfür verantwortlichen Probleme, indem sie nur ganz bestimmte Ablaufstrukturen in den Programmen zulassen.

Mit zunehmender Komplexität der Steuerungsprogramme fallen strukturierte Sprachen auch im Bereich programmierbarer Steuerungen auf fruchtbaren Boden. Wie die Anweisungsliste sind auch strukturierte Sprachen textliche Programmcodierungen. Eine Anweisung enthält aber nicht nur einen Operanden und einen Operator, sondern besteht aus der beliebig verschachtelten Verknüpfung mehrerer Operanden, deren Ergebnis einem anderen Operanden zugewiesen wird. Das ST-Programm für das Transportsystem lautet beispielsweise:

```
A1:=E1 and not E2 or E3;
A2:=E2;
```

Durch die Zusammenfassung einer ganzen Verknüpfungssequenz zu einer einzigen Anweisung wird bereits eine wesentlich kompaktere Programmdarstellung erreicht. Eine weitere Steigerung der Übersichtlichkeit wird durch die später vorgestellten strukturierten Anweisungen erreicht.

Die vorgestellten Programme zur Steuerung des Transportsystems realisieren alle die gleichen Verknüpfungsfunktion. Die unterschiedlichen Darstellungsarten haben ihren Ursprung in den ursprünglich unterschiedlichen technischen Realisierungen der Steuerungen. Mit der Einführung von Mikroprozessorbasierten programmierbaren Steuerungen wurden alle diese Hilfsmittel zur Darstellung der Steuerungsprogramme eingesetzt. Die Umsetzung des Programmes in den Binärcode des Mikroprozessors erfolgt dann durch ein Übersetzungsprogramm.

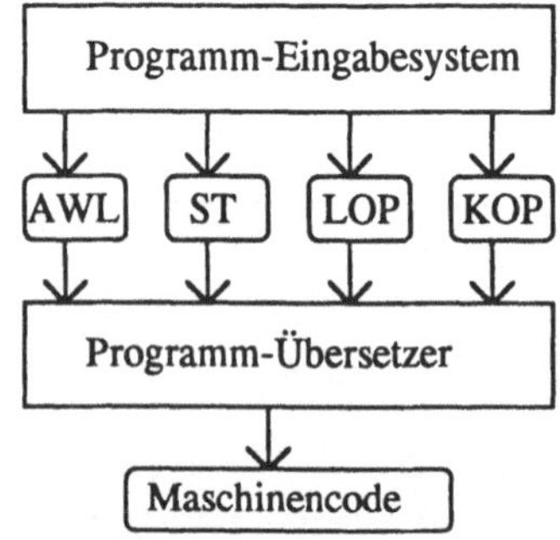

Abb. 2.13. SPS-Programmiersystem

2.2 BINÄRE VERKNÜPFUNGEN

2.2.1 BESCHREIBUNG

Als Verknüpfungssteuerung bezeichnet man:
„Eine Steuerung, die den Signalzuständen der Eingangssignale bestimmte Signalzustände der Ausgangssignale im Sinne boolescher Verknüpfungen zuordnet." /DIN 19237/.

Eine binäre Variable kann zwei unterschiedliche Werte annehmen: Ein Schalter kann offen oder geschlossen sein, eine logische Aussage wahr oder falsch, ein Element gehört zu einer Menge oder es gehört nicht dazu. Unabhängig von der konkreten Bedeutung der Werte lassen sich zweiwertige Größen mathematisch als binäre Variablen mit den beiden Werten "0" und "1" beschreiben.

Eine binäre Funktion bildet eine oder mehrere unabhängige Binärvariablen auf eine abhängige Binärvariable ab

$$a = f(e_1, e_2, \ldots, e_n) \quad .$$

Im Gegensatz zu kontinuierlich veränderlichen Größen, bei denen es unendlich viele Abbildungsmöglichkeiten gibt, ist die Anzahl unterschiedlicher Funktionen bei n-wertigen Größen begrenzt. Zu jedem Zeitpunkt ist der Ausgangswert durch die momentanen Eingangswerte bestimmt. Zeitlich zurückliegende Eingangswerte spielen keine Rolle.

Bei einer zweiwertigen Variablen gibt es genau 2^2 unterschiedliche Abbildungen auf eine andere zweiwertige Variable, wie die folgende Tabelle zeigt.

Tabelle 2.5. Abbildungen einer zweiwertigen Variablen $a = f(e)$

e	f_0	f_1	f_2	f_3
0	0	0	1	1
1	0	1	0	1

f_1: Identität
f_2: Negation

Trivial sind die Funktionen f_0 und f_3 , bei denen die abhängige Größe den konstanten Wert 0 bzw. 1 annimmt, also gar nicht von e abhängt. Bei der Identität f_1 haben a und e immer den gleichen Wert, bei der Negation f_2 ist a das Komplement von e.

Zwei Binärgrößen können zusammen 4 unterschiedliche Wertekombinationen annehmen. Somit gibt es 2^4 = 16 unterschiedliche Funktionen von zwei Binärvariablen. Die UND-Verknüpfung (f_1), die ODER-Verknüpfung (f_7) sowie die Antivalenz (f_6) und Äquivalenz (f_9) sind von besonderer Bedeutung für binäre Steuerungen.

Tabelle 2.6. Möglichkeiten zur Abbildungen zweier zweiwertiger Variablen $a = f(e_1, e_2)$

e_2	e_1	f_0	f_1	f_2	f_3	f_4	f_5	f_6	f_7	f_8	f_9	f_{10}	f_{11}	f_{12}	f_{13}	f_{14}	f_{15}
0	0	0	0	0	0	0	0	0	0	1	1	1	1	1	1	1	1
0	1	0	0	0	0	1	1	1	1	0	0	0	0	1	1	1	1
1	0	0	0	1	1	0	0	1	1	0	0	1	1	0	0	1	1
1	1	0	1	0	1	0	1	0	1	0	1	0	1	0	1	0	1

f_1: Konjunktion (UND)
f_7: Disjunktion (ODER)
f_6: Antivalenz
f_9: Äquivalenz

f_8: Peirce-Funktion (NOR)
f_{14}: Sheffer-Funktion (NAND)
f_{11}: Implikation (Wenn-Dann)

Zwar ist auch für mehr als zwei unabhängige Binärvariablen die Anzahl der Kombinationen und damit auch die Anzahl möglicher Abbildungen begrenzt, steigt aber mit der Anzahl der Variablen rapide an. Bei n Variablen gibt es $m = 2^n$ Kombinationen und $p = 2^m$ mögliche Abbildungen. Bei $n = 4$ Variablen gibt es damit $m = 16$ Kombinationen und $p = 65.536$ unterschiedliche Funktionen! Zum praktikablen Umgang mit einer so großen Zahl von Kombinationen und Funktionen werden Rechenregeln benötigt, die komplexe Funktionen auf zusammengesetzte einfache Funktionen zurückführen. Ein solches mathematisches Werkzeug für die Handhabung umfangreicher Binärfunktionen stellt die Boolesche Algebra dar. Obwohl sie nicht die einzige Darstellungsform für Schaltfunktionen ist - so haben z.B. Schwellwertelemente /Langheld 1976/, /Hurst 1974/, wie sie bei neuronalen Netzen verwendet werden, oder multilineare algebraische Funktionen /Franke 1994/ bei sequentiellen Systemen als Darstellungsmittel für Schaltungsfunktionen eine gewisse Bedeutung erlangt - stellt die nach G. Boole (1815-1864) benannte Algebra mit Abstand das wichtigste Werkzeug zur Behandlung von Schaltfunktionen dar.

Eine *Boolesche Algebra* besteht aus einer Menge M von Elementen m_i und den beiden zweistelligen Verknüpfungen $\wedge$ und $\vee$, deren Anwendung auf zwei beliebige Elemente wieder ein Element der Menge M liefern muß. Für eine Boolesche Algebra müssen vier Axiome erfüllt sein.

Tabelle 2.7. Axiome der Booleschen Algebra

Kommutativ- gesetze	$m_1 \vee m_2 = m_2 \vee m_1$ $m_1 \wedge m_2 = m_2 \wedge m_1$
Distributiv- gesetze	$m_1 \wedge \left(m_2 \vee m_3\right) = \left(m_1 \wedge m_2\right) \vee \left(m_1 \wedge m_3\right)$ $m_1 \vee \left(m_2 \wedge m_3\right) = \left(m_1 \vee m_2\right) \wedge \left(m_1 \vee m_3\right)$
Neutrale Elemente	$m_1 \vee n = m_1$ $m_1 \wedge e = m_1$
Komplemente	$m_1 \vee \overline{m_1} = e$ $m_1 \wedge \overline{m_1} = n$

Die beiden Verknüpfungen müssen kommutativ und distributiv sein, für jede der beiden Verknüpfungen muß ein neutrales Element existieren und es muß zu jedem Element m_i das Komplement $\overline{m_i}$ existieren.

Aus diesen Axiomen lassen sich andere Rechenregeln ableiten, die den Umgang mit komplexen Booleschen Funktionen vereinfachen.

Tabelle 2.8. Rechenregeln der Booleschen Algebra

Assoziativ- gesetze	$m_1 \vee \left(m_2 \vee m_3\right) = \left(m_1 \wedge m_2\right) \vee m_3$ $m_1 \wedge \left(m_2 \wedge m_3\right) = \left(m_1 \wedge m_2\right) \wedge m_3$
Indempotenz- gesetze	$m_1 \vee m_1 = m_1$ $m_1 \wedge m_1 = m_1$
Absorptions- gesetze	$m_1 \wedge \left(m_1 \vee m_2\right) = m_1$ $m_1 \vee \left(m_1 \wedge m_2\right) = m_1$
DeMorgansche Regeln	$\overline{m_1 \vee m_2} = \overline{m_1} \wedge \overline{m_2}$ $\overline{m_1 \wedge m_2} = \overline{m_1} \vee \overline{m_2}$

Die Axiome und Rechenregeln der Booleschen Algebra bilden ein mathematisches Werkzeug, das in vielen Bereichen anwendbar ist. Ein Beispiel hierfür ist die Mengenlehre, bei der der Operator $\vee$ der Vereinigung und der Operator $\wedge$ dem Durchschnitt zweier Mengen entspricht. Jede zusammengesetzte Mengenoperation läßt sich dann mit den Rechenregeln der Booleschen Algebra behandeln.

Eine andere Anwendung ist die Aussagenlogik. Die Menge M wird hier aus logischen Aussagen gebildet, die die beiden Werte „wahr" oder „falsch" annehmen können. Die beiden Operatoren $\wedge$ und $\vee$ entsprechen der logischen UND-Verknüpfung und der logischen ODER-Verknüpfung. Der Wahrheitsgehalt einer zusammengesetzten Aussage kann dann mit Hilfe der Rechenregeln auf mathematischem Wege aus den Einzelaussagen bestimmt werden.

Die technische Realisierung einer Aussagenlogik kann mit schaltenden Bauelementen erfolgen. Die Bauelemente können die beiden Werte „geschaltet" oder „nicht geschaltet", meist als "1" und "0" dargestellt, annehmen. Die UND-Verknüpfung entspricht der Reihenschaltung, die ODER-Verknüpfung der Parallelschaltung zweier Schaltelemente. Die Anwendung der Booleschen Algebra auf schaltende Bauelemente wurde durch Shannon als Schaltalgebra definiert.

Tabelle 2.9. Beispiele Boolescher Algebren

	Mengenlehre	Aussagen-logik	Schaltlogik
m_i	Menge	Aussage	Schalter
$\wedge$	Durchschnitt	log. UND	Reihenschaltung
$\vee$	Vereinigung	log. ODER	Parallelschaltung

Tabelle 2.10. Wertetabelle

E1	E2	E3	A1
0	0	0	0
0	0	1	0
0	1	0	0
0	1	1	0
1	0	0	0
1	0	1	1
1	1	0	1
1	1	1	0

Obwohl die Definition der Verknüpfungssteuerung sich ausdrücklich auf Boolesche Verknüpfungsfunktionen bezieht, die keine Aussage bezüglich des Wertebereichs der Elemente macht, schränkt man sich in der Praxis fast immer auf zweiwertige Signale und Schaltfunktionen ein.

Eine wichtige, in der Definition nicht ausdrücklich erwähnte Eigenschaft einer Verknüpfungssteuerung besteht darin, daß sich die Ausgangswerte auschließlich aus den momentanen Eingangswerten und nicht aus zurückliegenden Werten ergeben. Dieses Verhalten bezüglich der Ein- und Ausgangssignale wird in der digitalen Schaltungstechnik mit einem *Schaltnetz* erreicht. Eine Verknüpfungssteuerung hat keine speichernde Eigenschaft, sondern bildet die momentanen Eingangsgrößen durch Schaltfunktionen auf die Ausgangsgrößen ab.

Diese Abbildung kann auf verschiedene Arten dargestellt werden. Man unterscheidet tabellarische, graphische und algebraische Darstellungen.

Bei einer Schaltfunktion mit n Eingangsvariablen gibt es 2^n unterschiedliche Eingangskombinationen. Für jede Kombination muß der Wert der Ausgangsvariablen festgelegt werden. Dies kann z.B. tabellarisch in Form der *Wertetabelle* erfolgen.

Beispiel 2.6. Schaltfunktion mit 3 Eingängen
Gegeben sei eine Schaltfunktion mit 3 Eingängen und einem Ausgang. Die Eingänge können 8 unterschiedliche Kombinationen annehmen. Für jede Kombination muß der Wert des Ausganges definiert sein:

Man kann die verschiedenen Eingangskombinationen auch als Felder räumlich anordnen, in die für jede Ausgangsgröße die Werte eingetragen werden. Man erhält eine graphische Darstellung der Verknüpfungsfunktionen. Bei Einhaltung bestimmter Symetriebedingungen für die Felder entstehen die *KV-Diagramme*, so bezeichnet nach den amerikanischen Mathematikern Karnaugh und Veitch. Zur Konstruktion der KV-Diagramme beginnt man mit einer Eingangsvariablen. Sie kann zwei Werte annehmen, so daß das entsprechende KV-Diagramm aus zwei Feldern besteht. Für jede zusätzliche Eingangsgröße wird die Anzahl der Felder verdoppelt. Man erhält für n Eingangsvariablen 2^n Felder, von denen jedes genau einer Eingangskombination entspricht.

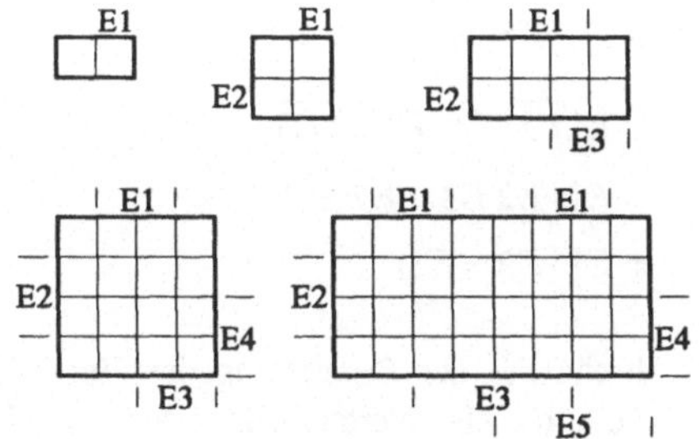

Abb. 2.14. KV-Diagramme für 1-5 Variable

Für mehr als 4 Eingangsvariablen sind die Bereiche für die Eingangsvariablen nicht mehr zusammenhängend, so daß die Übersichtlichkeit, die KV-Diagramme mit wenigen Variablen auszeichnet, verloren geht. Das zur Wertetabelle 2.10. gehörende KV-Diagramm hat folgendes Aussehen.

E1			
0	0	1	0
0	1	0	0

E2 (left), E3 (bottom)

Abb. 2.15. KV-Diagramm

Eine dritte Darstellungsform von binären Verknüpfungen sind *algebraische Schaltfunktionen*. Da in booleschen Ausdrücken nicht nur Variablen und Konstanten miteinander verknüpft werden, sondern auch andere Ausdrükke, die bereits Verknüpfungsoperanden enthalten, kommen oft mehrere Operationen in den Ausdrücken vor. Um die Eindeutigkeit des Ergebnisses sicherzustellen, muß die Reihenfolge der Berechnungen durch Klammern festgelegt werden. Damit die Ausdrücke nicht unnötig kompliziert werden, kann man für die beiden Operatoren $\wedge$ und $\vee$ willkürlich eine Prioritätsregel definieren, die aber keine Eigenschaft der booleschen Algebra ist. Meist wird dem $\wedge$-Operator die höhere Priorität zugeordnet. Er kann zur weiteren Verbesserung der Übersichtlichkeit in den algebraischen Ausdrücken auch weggelassen werden. Die algebraische Darstellung der Verknüpfungsfunktion von Beispiel 2.6 kann damit folgendermaßen aussehen:

$$A1 = E1\,\overline{E2}\,E3 \vee E1\,E2\,\overline{E3}$$
$$= E1\left(\overline{E2}\,E3 \vee E2\,\overline{E3}\right)$$
$$= E1\left(E2 \neq E3\right) \quad .$$

Während bei der Darstellung der Verknüpfungsfunktion als Wertetabelle oder als KV-Diagramm nur eine einzige richtige Darstellungsform existiert, kann ein und dieselbe Funktion in algebraischer Form sehr unterschiedlich aussehen. Um bei diesen unterschiedlichen Darstellungsformen den Überblick zu behalten bietet es sich an, einheitliche Darstellungsformen zu suchen, die auf systematischem Weg aus der Wertetabelle oder dem

KV-Diagramm ableitbar sind oder minimale Darstellungsformen, die eine möglichst einfache Form der Funktion liefern. Die damit verbundenen Fragen werden nun behandelt.

2.2.2 MINIMIERUNG

Die bisherigen Erläuterungen haben gezeigt, daß eine Schaltfunktion als Wertetabelle oder als KV-Diagramm darstellbar ist. Für die Darstellung als algebraische Funktion und damit auch für die technische Realisierung gibt es immer mehrere äquivalente Formen. Will man sich nicht damit begnügen mehr oder weniger zufällig eine dieser Formen auszuwählen, sondern systematisch und gezielt bestimmte Darstellungs- und Realisierungsformen zu entwickeln, ist es notwendig, die verschiedenen Varianten sowie deren Vor- und Nachteile zu kennen. Sie sollen nun anhand des Beispiels 2.6 erläutert werden. Die Wertetabelle hatte folgendes Aussehen.

Tabelle 2.11. Wertetabelle

E1	E2	E3	A1
0	0	0	0
0	0	1	0
0	1	0	0
0	1	1	0
1	0	0	0
1	0	1	1
1	1	0	1
1	1	1	0

Um systematisch zu einer algebraischen Darstellung der Schaltfunktion zu gelangen, werden alle Eingangskombinationen betrachtet, die zu einer "1" am Ausgang führen.

Jede dieser Kombinationen besteht aus einer UND-Verknüpfung (Konjunktion) aller Eingangsvariablen, den sogenannten Minterm. Im obigen Beispiel existieren zwei Minterme. Der Wert "0" einer Eingangsvariablen in der Wertetabelle entspricht der negierten, eine "1" der nicht negierten Eingangsvariablen. Die Eingangskombination 1 0 1 aus der 6. Zeile der Wertetabelle liefert daher den Minterm $E1\overline{E2}E3$, die Kombination 1 1 0 aus der 7. Zeile liefert den Minterm $E1E2\overline{E3}$. Da jedem Minterm am Ausgang eine "1" zugeordnet ist, ergibt sich die vollständige Funktion durch ODER-Verknüpfung (Disjunktion) aller Minterme:

$$A1 = (E1\overline{E2}E3) \vee (E1E2\overline{E3}) \quad .$$

Dies ist die *disjunktive Normalform* der booleschen Verknüpfung. Sie hat, unabhängig von der Anzahl der Eingangsgrößen und der Verknüpfungsfunktion immer den gleichen Aufbau: Sie besteht aus einer Disjunktion von konjunktiven Termen, die immer alle Eingangsvariablen enthalten. Ein zu der beschriebenen Vorgehensweise duales Verfahren betrachtet die Eingangskombinationen, die ausgangsseitig eine "0" ergeben. Durch UND-Verknüpfung dieser sogenannten Maxterme erhält man dann die *konjunktive Normalform* der booleschen Verknüpfung

$$\overline{A1} = (\overline{E1}\,\overline{E2}\,\overline{E3}) \vee (\overline{E1}\,\overline{E2}\,E3) \vee$$
$$\vee(\overline{E1}\,E2\,\overline{E3}) \vee (\overline{E1}\,E2\,E3) \vee$$
$$\vee(E1\,\overline{E2}\,\overline{E3}) \vee (E1E2E3) \quad .$$

Die Anwendung der Regel von De Morgan ergibt dann:

$$A1 = (E1\vee E2\vee E3)\,(E1\vee E2\vee \overline{E3}) \wedge$$
$$(E1\vee \overline{E2}\vee E3)\,(E1\vee \overline{E2}\vee \overline{E3}) \wedge$$
$$(\overline{E1}\vee E2\vee E3)\,(\overline{E1}\vee \overline{E2}\vee \overline{E3}) \quad .$$

Mit der konjunktiven und der disjunktiven Normalform existieren zwei einheitlich aufgebaute Darstellungen, die systematisch aus der Wertetabelle oder dem KV-Diagramm entwickelt werden können. Das einfache Beispiel gibt auch einen Hinweis darauf, welche der beiden Normalformen im konkreten Fall zu bevorzugen ist. Die disjunktive Normalform ist kompakter, wenn die Wertetabelle ausgangsseitig nur wenige "1"-Werte liefert. Überwiegen dagegen die "0"-Werte, liefert die konjunktive Normalform die einfachere Funktion.

Die Umsetzung einer Wertetabelle in ein SPS-Programm mit Hilfe der disjunktiven Normalform ist ein sehr übersichtliches Verfahren. Die Schaltfunktion kann aber oft erheblich vereinfacht werden, so daß die Verknüpfung mit geringerem Aufwand, d.h. mit weniger Bauteilen oder durch ein kürzeres Programm realisierbar ist. Es existieren zahlreiche Verfahren zur Vereinfachung boolescher Ausdrücke.

Alle Minimierungsverfahren basieren auf der Anwendung bestimmter Rechenregeln der Booleschen Algebra. Beispielhaft für die Vorgehensweise ist die Vereinfachung eines Ausdrucks der Form $\overline{E1}E2\vee E1E2$ durch Anwendung des Distributivgesetzes und der Verschmelzungsregel:

$$E1E2 \vee \overline{E1}E2 = (E1\vee \overline{E1})\,E2 = E2 \quad .$$

Wiederholte Anwendung solcher Vereinfachungsregeln führen zu minimalen Schaltfunktionen.

Beispiel 2.7. Minimierung einer Schaltfunktion
Gegeben ist eine Wertetabelle mit 4 Eingangsgrößen und einem Ausgang:

E1	E2	E3	E4	A1		
0	0	0	1	1	(M1)	$\overline{E1}\,\overline{E2}\,\overline{E3}\,E4$
0	0	1	1	1	(M2)	$\vee\ \overline{E1}\,\overline{E2}\,E3\,E4$
0	1	1	0	1	(M3)	$\vee\ \overline{E1}\,E2\,E3\,\overline{E4}$
1	0	0	1	1	(M4)	$\vee\ E1\,\overline{E2}\,\overline{E3}\,E4$
1	0	1	1	1	(M5)	$\vee\ E1\,\overline{E2}\,E3\,E4$
1	1	0	0	1	(M6)	$\vee\ E1\,E2\,\overline{E3}\,\overline{E4}$
1	1	0	1	1	(M7)	$\vee\ E1\,E2\,\overline{E3}\,E4$
	sonst			0		

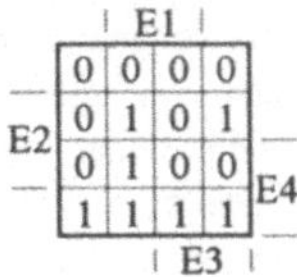

Abb. 2.16. Wertetabelle, disjunktive Normalform und KV-Diagramm einer Schaltfunktion

Die Tabelle enthält sieben Minterme (bezeichnet als M1 bis M7), so daß die disjunktive Normalform bereits relativ umfangreich wird. Durch mehrfache Anwendung der Vereinfachungsregel soll jetzt die Schaltfunktion minimiert werden. Es lassen sich jeweils zwei Minterme zusammenfassen, die sich genau in einer Variablen unterscheiden. Die beiden letzten Minterme beispielsweise unterscheiden sich nur in der Variablen E4. Die restlichen Variablen können daher ausgeklammert werden. Der Klammerinhalt hat den Konstanten Wert "1" und kann in der Konjunktion weggelassen werden:

$$E1\,E2\,\overline{E3}\,E4 \vee E1\,E2\,\overline{E3}\,\overline{E4}$$

$$= E1\,E2\,\overline{E3}\left(\overline{E4} \vee E4\right)$$

$$= E1\,E2\,\overline{E3}\quad.$$

In der Wertetabelle werden zwei Kombinationen, die ausgangsseitig eine "1" liefern und sich nur in einer Variablen unterscheiden zu einer neuen Kombination zusammengefaßt, die an der Unterschiedsstelle einen * (Don't care) enthält

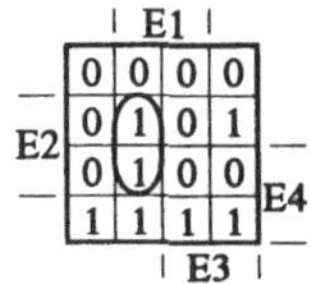

Abb. 2.17. Zusammenfassung der Minterme M6 und M7

Zwei Konjunktionsterme, die sich nur in einer Variablen unterscheiden, sind im KV-Diagramm durch symetrisch liegende Felder gekennzeichnet. Vergleicht man alle Minterme in dem Beispiel, so stellt man fest, daß sich auch die Terme M1 und M4, M2 und M5, M4 und M5, M4 und M7 sowie M6 und M7 paarweise genau in einer Variablen unterscheiden. Nach der gleichen Regel lassen auch sie sich zusammenfassen. Man erhält dadurch sechs Terme, die jeweils um eine Variable verkürzt sind. Es sind keine Minterme mehr, da sie nicht mehr alle Eingangsvariablen enthalten. Man kann sie als konjunktive Terme K1 bis K6 bezeichnen. Durch die Zusammenfassungen sind die Minterme M1, M2 und M3 bis M7 in den konjunktiven Termen enthalten, wobei einige sogar in mehreren verkürzten Termen vorkommen. Lediglich der

Minterm M3 ist in keinem der Terme enthalten. Für eine vollständige Beschreibung der Schaltfunktion werden die in anderen Termen enthaltenen Minterme nicht mehr benötigt; sie können entfernt werden. Als Zwischenergebnis erhält man:

E1	E2	E3	E4	A1		
0	0	*	1	1	(K1)	$\overline{E1}\,\overline{E2}\,E4$
*	0	1	1	1	(K2)	$\vee\;\overline{E2}\,E3\,E4$
0	1	1	0	1	(M3)	$\vee\;\overline{E1}\,E2\,E3\,\overline{E4}$
*	0	1	1	1	(K3)	$\vee\;\overline{E2}\,E3\,E4$
1	0	*	1	1	(K4)	$\vee\;E1\,\overline{E2}\,E4$
1	*	0	1	1	(K5)	$\vee\;E1\,\overline{E3}\,\overline{E4}$
1	1	0	*	1	(K6)	$\vee\;E1\,E2\,\overline{E3}$
	sonst			0		

Abb. 2.18. Zwischenergebnis der Minimierung

Die weitere Überprüfung auf Minimierungsspielraum zeigt, daß sich die Konjunktionen K1 und K4 sowie K2 und K3 ebenfalls genau in einer Variablen unterscheiden. Sie können daher weiter zusammengefaßt werden. Beide Zusammenfassungen liefern den gleichen, auf zwei Variablen verkürzten Term K7. Da keine weiteren Vereinfachungsmöglichkeiten zu finden sind, kann man nun die in K7 enthaltenen Terme K1, K2, K3 und K4 streichen. Es verbleiben der Minterm M3 und die verkürzten Terme K5, K6 und K7. Da sie weder weiter zusammengefaßt werden können, noch in anderen Termen enthalten sind, lautet das Ergebnis der Termzusammenfassung:

E1	E2	E3	E4	A1		
*	0	*	1	1	(K7)	$\overline{E2}\,E4$
0	1	1	0	1	(M3)	$\vee\;\overline{E1}\,E2\,E3\,\overline{E4}$
1	*	0	1	1	(K5)	$\vee\;E1\,\overline{E3}\,\overline{E4}$
1	1	0	*	1	(K6)	$\vee\;E1\,E2\,\overline{E3}$
	sonst			0		

Abb. 2.19. Ergebnis der Zusammenfassung

Eine Betrachtung dieses Ergebnisses im KV-Diagramm zeigt, daß nicht alle Terme benötigt werden, um die Schaltfunktion vollständig zu beschreiben. Alle im Term K5 enthaltenen Minterme sind auch in K7 bzw K6 enthalten; er kann daher entfallen. Als Endergebnis der Minimierung erhält man damit:

E1	E2	E3	E4	A1		
*	0	*	1	1	(K7)	$\overline{E2}\,\overline{E4}$
0	1	1	0	1	(M3)	$\vee\; E1\,E2\,\overline{E3}\,\overline{E4}$
1	1	0	*	1	(K6)	$\vee\; E1\,E2\,\overline{E3}$
	sonst			0		

Abb. 2.20. Endergebnis der Minimierung

Sinnvollerweise liefern algebraische, tabellarische und graphische Minimierung das gleiche Ergebnis. Die Unterschiede der Verfahren liegen also nicht im Ergebnis, sondern in der Handhabbarkeit und Anschaulichkeit zur Auffindung der Vereinfachungsmöglichkeit.

Die algebraische Vereinfachung einer Schaltfunktion beruht auf der geeigneten Umformung der Ausdrücke mit Hilfe der Rechenregeln der Booleschen Algebra und Anwendung der Verschmelzungsregel. Die Vereinfachungsmöglichkeiten sind in algebraischer Form nicht immer offensichtlich, so daß es guter Übung bedarf, um die minimale Form tatsächlich zu finden. Zudem bergen die Umformungsschritte ein beträchtliches Fehlerrisiko.

Wesentlich übersichtlicher ist die Minimierung anhand des KV-Diagramms. Im KV-Diagramm äußert sich die Vereinfachung in einer Zusammenfassung symetrisch liegender Felder. Dieses Verfahren ist recht übersichtlich für maximal 4 bis 5 Eingangsgrößen. Darüber hinaus ist es praktisch kaum mehr anwendbar.

Das tabellarische Verfahren, das hier nur in seinen wesentlichen Arbeitsschritten angedeutet wurde, geht auf Quine und McClusky zurück.

Es besteht im Kern aus folgenden Arbeitsschritten:

1. Zusammenfassung von Kombinationen, die sich genau an einer Stelle unterscheiden.
2. Streichung der Kombinationen, die in anderen vollständig enthalten sind.
3. Streichung von Mehrfachkombinationen, bei der alle Einzelkombinationen in einer oder mehreren anderen Kombinationen enthalten sind.
4. Wiederholung der Arbeitsschritte bis sich keine Möglichkeit der Zusammenfassung und Streichung mehr ergibt.

Ist die Zahl der Kombinationen und Eingangsvariablen groß, ist die Ausführung der Arbeitsschritte von Hand sehr mühsam. Aufgrund der systematischen Vorgehensweise läßt sich das Verfahren aber sehr gut algorithmisieren. Da es außerdem für beliebig viele Eingangsgrößen anwendbar ist, bietet sich eine rechnergestützte Minimierung an.

Für eine zutreffende Einordnung der Minimierungsverfahren, müssen die zugrundeliegenden Kriterien und auch die Randbedingungen bekannt sein. Die angesprochenen Verfahren minimieren die Anzahl der Verknüpfungsfunktionen. Als Randbedingung wird angenommen, daß ausschließlich die booleschen Verknüpfungen Negation, UND- und ODER-Verküpfung als Basis zur Verfügung stehen und daß die minimale Schaltfunktion in konjunktiver oder disjunktiver Form erscheint, so daß die Realisierung mit Logikbausteinen ein zweistufiges Schaltnetz ergibt. Dies sind aber nicht die einzig möglichen Annahmen. Bei der Realisierung als Relaissteuerung kann die Anzahl der Schaltkontakte und bei der Realisierung durch ein Programm die Anzahl der Befehle das Minimierungskriterium bilden, was zu anderen minimalen Funktionen führen kann. Läßt man außer zweistufigen auch mehrstufige Funktionen zu, wird dies ebenso das Minimierungsergebnis verändern, wie die Zulassung anderer Basisfunktion (z.B. Antivalenz, Äquivalenz).

Ein anderer Gesichtspunkt ist bei der Minimierung eines Bündels von Ausgangsfunktionen zu beachten, die alle von den gleichen Eingangsvariablen abhängen. Das Minimum der Gesamt-Schaltfunktion ist nicht zwangsläufig gleich der Summe der einzeln minimierten Schaltfunktionen. Manchmal läßt sich bei nicht-minimalen Einzelfunktionen durch geschickte Mehrfachverwendung bestimmter Terme eine Verringerung des Gesamtaufwandes erreichen. Auch für diese Bündelminimierung existieren systematische Algorithmen /Groh, Weber 1969/. Der Aufwand zum Auffinden minimaler Bündelfunktionen ist aber beträchtlich bei vergleichsweise geringen Gewinnen, so daß sie hier nicht weiter erläutert werden.

Bei der Realisierung von Schaltfunktionen mit Hilfe von Relais, Ventilen oder Halbleiterelementen, ist die Einsparung von Bauelementen und die damit verbundene Reduzierung der Kosten, des Platzbedarfs und der Ausfallraten ein wesentlicher Gesichtspunkt. Die Erarbeitung von Minimierungverfahren fand daher in den 50er und 60er Jahren, als festverdrahtete Steuerungen dominierten, großes Interesse, wie die zahlreichen Veröffentlichungen in diesem Zeitraum und etliche im Anschluß erschienenen, das Thema zusammenfassende Bücher zeigen /Metz, Merbeth 1970, Giloi, Liebig 1973/. Mit der Miniaturisierung der Halbleitebauelemente und erst recht mit der Realisierung von Schaltfunktionen durch Programme seit den 70er Jahren, verlor die Minimierungsaufgabe an Bedeutung. Dies heißt nicht, daß eine Minimierung angesichts der heute verfügbaren Speicherkapazitäten für Programme nicht mehr notwendig wäre. Aber es gilt, unter praktischen Gesichtspunkten, den (Zeit-) Aufwand der Minimierung mit den erzielbaren Einsparungen zu vergleichen. In der Mehrzahl der Fälle wird es genügen, einige einfache und offensichtliche Minimierungsschritte durchzuführen, aber auf die Suche nach der optimalen Lösung zu verzichten. Ist damit zu rechnen, daß sich eine Verknüpfungsfunktion im Laufe der Realisierung oder später während des Betriebes der Verknüpfungssteuerung ändert, sollte man sogar ganz auf auf eine Minimierung verzichten, da auch bei kleinen Änderungen der Aufgabenstellung das Minimierungsverfahren jedesmal neu durchlaufen werden muß.

2.2.3 PROGRAMMIERUNG

Eine Boolesche Algebra benötigt zwei Verknüpfungen $\wedge$ und $\vee$. Bei einer Schaltalgebra sind dies die Reihen- und die Parallelschaltung bzw. die logische UND-Verknüpfung und die logische ODER-Verknüpfung. Mit den Regeln der Booleschen Algebra läßt sich aus den beiden Verknüpfungen und der Negation zur Komplementbildung jede beliebige komplexere Verknüpfung zusammensetzen.

Tabelle 2.12. Konjunktion, Disjunktion und Negation

E1	E2	A1		E1	E2	A1		E1	A1
0	0	0		0	0	0		0	1
0	1	0		0	1	1		1	0
1	0	0		1	0	1			
1	1	1		1	1	1			

Zur Realisierung einer Verknüpfungssteuerung als Schaltnetz werden Bausteine für die Verknüpfungen benötigt. Bei der Realisierung als Programm benötigt man Anweisungen zur Ausführung der booleschen Verknüpfungen im Rechner.

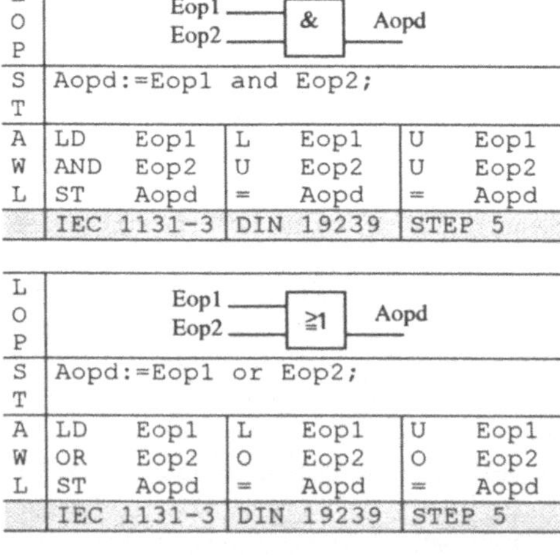

Abb. 2.21. UND-Verknüpfung und ODER-Verknüpfung als AWL, ST und LOP

Beim Logikplan bezieht sich die angegebene Verknüpfung auf die beiden Eingangsoperanden. Das Ergebnis steht am Ausgang zur Weiterverarbeitung in anderen Verknüpfungsbausteinen oder zur Zuweisung an einen Ausgang bzw. Merker zur Verfügung. Bei der Anweisungsliste verknüpft die Operation immer den Operanden, der hinter der Operation in der gleichen Befehlszeile steht mit dem momentanen Inhalt des Arbeitsregisters. Das Ergebnis steht nach der Befehlsausführung im Arbeitsregister für die nachfolgenden Anweisungen zur Verfügung.

Vor Ausführung der ersten Verknüpfung einer logischen Bedingung muß der Wert des ersten Operanden in das Arbeitsregister geladen werden und nach der letzten Verknüpfung ist der Registerinhalt an den Ausgangsoperanden zu übertragen. Hierzu dienen der Ladebefehl und die Zuweisung, die nur in AWL definiert sind:

Tabelle 2.13. Ladebefehl und Zuweisung in AWL

IEC 1131-3		DIN 19239		STEP 5	
LD	Opd1	L	Opd1	U	Opd1
ST	Opd2	=	Opd2	=	Opd2

Zur Negation eines Operanden wird an das Befehlskürzel ein „N" angehängt. Im Logikplan wird die Negation an der zugehörigen Wirkungslinie gekennzeichnet.

L O P	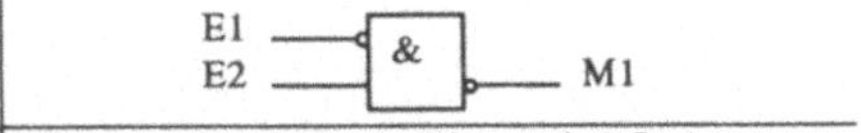 E1 E2 & M1				
S T	M1:= not (not E1 and E2);				
A	LDN	E1	LN	E1	UN	E1
W	AND	E2	U	E2	U	E2
L	STN	M1	=N	M1	=N	M1
	IEC 1131-3		DIN 19239		STEP 5	

Abb. 2.22. Negation von Operanden

Bei logischen Verknüpfungen wie z.B.

Wenn E1 oder E2 und nicht E3 , dann A1

gelten Prioriotätsregeln. Die Negation hat die höchste Priorität, gefolgt von der UND-Verknüpfung, die wiederum vor der ODER-Verknüpfung rangiert. Diese Rangfolge kann nur geändert werden durch eine entsprechende Klammersetzung. In Anweisungsliste ergibt sich die Priorität aus der zeitlichen Reihenfolge der Anweisungen. Da diese nicht zwangsläufig mit der logischen Rangfolge übereinstimmt, muß durch zusätzliche Maßnahmen für Übereinstimmung gesorgt werden.

L O P	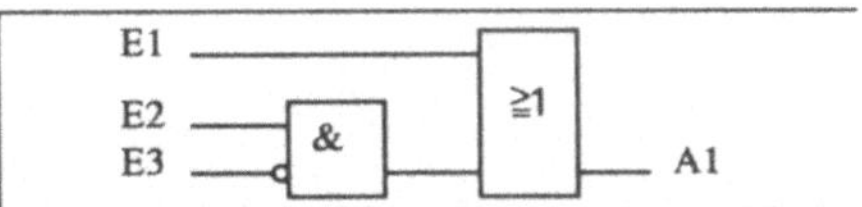 E1 E2 E3 & ≥1 A1				
S T	; richtig A1:=E1 or (E2 and not E3);				
A	; Falsch		; Falsch		; Falsch	
W	LD	E1	L	E1	U	E1
L	OR	E2	O	E2	O	E2
	ANDN	E3	UN	E3	UN	E3
	ST	A1	=	A1	=	A1
	; Richtig		; Richtig		; Richtig	
	LDN	E3	LN	E3	UN	E3
	AND	E2	U	E2	U	E2
	OR	E1	O	E1	O	E1
	ST	A1	=	A1	=	A1
	IEC 1131-3		DIN 19239		STEP 5	

Abb. 2.23. Richtige und falsche Umsetzung einer logischen Verknüpfung

Im obigen Programm wurde eine korrekte Rangfolge erreicht, indem zuerst die UND-Verknüfung und erst anschließend die ODER-Verknüpfung ausgeführt wurde. Eine andere Befehlsreihenfolge ergibt eine vollkommen andere Verknüpfung. Zur Sicherstellung der richtigen Rangfolge muß also die Reihenfolge der Anweisungen geeignet gewählt werden. Dies gelingt jedoch nicht immer.

Bei der logischen Bedingung

Wenn (E1 oder E2) und (E3 oder E4), dann A1.

beispielsweise, findet man keine geeignete Reihenfolge für eine direkte Umsetzung. Es werden entweder Klammern oder Zwischenmerker als Hilfsmittel benötigt.

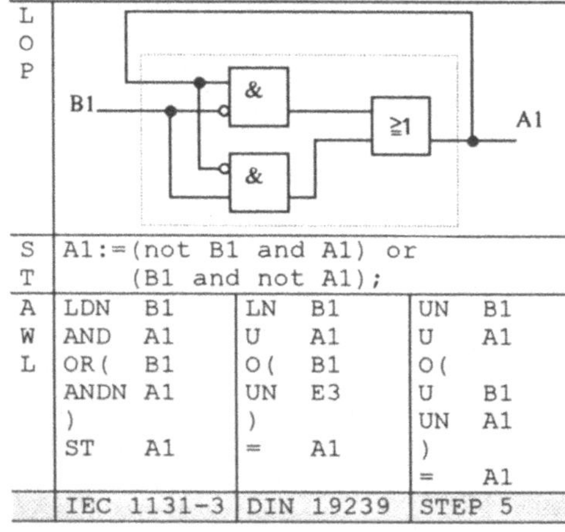

```
L │    E1 ─────┐ ≥1 │  M101
O │    E2 ─────┘    │         ┐
P │                           │ &
  │    E3 ─────┐ ≥1 │         │
  │    E4 ─────┘    │         ┘──── A1

S │ ; mit Klammern
T │ A1:=(E1 or E2) and (E3 or E4);
  │
  │ ; mit Merkern;
  │ M101:=E1 or E2;
  │ A1:=E3 or E4 and M101;

A │ ; mit            ; mit           ; mit
W │ ; Klammern       ;Klammern       ;Klammern
L │ LD     E1        L      E1        U      E1
  │ OR     E2        O      E2        O      E2
  │ AND(   E3        U(     E3        U(
  │ OR     E4        O      E4        U      E3
  │ )                )                O      E4
  │ ST     A1        =      A1        )
  │                                   =      A1
  │
  │ ; mit            ; mit           ; mit
  │ ; Merkern        ; Merkern       ; Merkern
  │ LD     E1        L      E1        U      E1
  │ OR     E2        O      E2        O      E2
  │ ST     M101      =      M101      =      M101
  │ LD     E3        L      E3        L      E3
  │ OR     E4        O      E4        O      E4
  │ AND    M101      U      M101      U      M101
  │ ST     A1        =      A1        =      A1

  │ IEC 1131-3     │ DIN 19239     │ STEP 5
```

Abb. 2.24. Ersetzung von Klammerbefehlen durch Merker in AWL

Nicht jede Steuerung stellt Klammerbefehle zur Verfügung. In einem solchen Fall hilft die Verwendung von Merkern, die das Zwischenergebnis vorübergehend speichern. Dies ist im Beispiel ebenfalls dargestellt. Das Zwischenergebnis der ersten ODER-Verknüpfung wird im Merker M101 gespeichert. Dann wird die zweite ODER-Verknüpfung ausgeführt. Das Ergebnis wird dann mit Merker M101 UND-verknüpft. Durch Verwendung von Merkern zur Zwischenspeicherung können also Klammerbefehle ersetzt werden.

Generell gilt, daß die Verwendung von Klammerbefehlen oder Zwischenmerkern immer dann erforderlich ist, wenn an einem beliebigen Funktionsblock mehr als ein Eingang aus anderen Funktionsblöcken stammen. Stammt bei allen Blöcken höchstens ein Eingang aus einem anderen Funktionsblock, so kommt man ohne Klammern und Zwischenmerker aus. Die dazu erforderliche günstige Reihenfolge ergibt sich, indem mit dem „am weitesten links" stehenden Funktionsblock in der AWL-Umsetzung begonnen wird.

Als nächstes soll ein Programm erstellt werden, welches unter bestimmter Bedingung einen Zustandswechsel bei einer Binärgröße bewirkt. Folgende logische Bedingung ist zu realisieren:

Wenn Bedingung B1 erfüllt, dann Zustandswechsel bei A1.

Ist die Bedingung erfüllt, soll A1 seinen Wert ändern. Ist B1 dagegen nicht erfüllt, soll A1 seinen Wert beibehalten.

```
L │                        &
O │                                    ≥1 │── A1
P │  B1 ──────┐                        │
  │                        &
  │

S │ A1:=(not B1 and A1) or
T │      (B1 and not A1);

A │ LDN   B1      LN    B1      UN    B1
W │ AND   A1      U     A1      U     A1
L │ OR(   B1      O(    B1      O(
  │ ANDN  A1      UN    E3      U     B1
  │ )             )             UN    A1
  │ ST    A1      =     A1      )
  │                             =     A1

  │ IEC 1131-3  │ DIN 19239  │ STEP 5
```

Abb. 2.25. Realisierung eines Zustandswechsels

Stellt man die Funktion als Wertetabelle dar, sieht man die Übereinstimmung mit der Antivalenz (EXKLUSIV-ODER-Verknüpfung). Diese Funktion wird in Steuerungsaufgaben oft benötigt, so daß sie als eigener AWL-Befehl bzw. als eigenes LOP-Symbol zur Verfügung steht.

L O P	Eop1 Eop2 $=1$ Aopd		
S T	Aopd:=Eop1 xor Eop2;		
A W L	LD Eop1 XOR Eop2 ST Aopd	L Eop1 XO Eop2 = Aopd	–
	IEC 1131-3	DIN 19239	STEP 5

Abb. 2.26. EXKLUSIV-ODER als AWL und LOP

Das Programm für den Zustandswechsel vereinfacht sich damit erheblich.

L O P	B1 $=1$ A1		
S T	A1:=A1 xor B1;		
A W L	LD B1 XOR A1 ST A1	L B1 XO A1 = A1	–
	IEC 1131-3	DIN 19239	STEP 5

Abb. 2.27. Realisierung eines Zustandswechsels mit der EXKLUSIV-ODER-Verknüpfung

Der Zustandswechsel ist daher mit der Exklusiv-Oder-Verknüpfung sehr einfach zu realisieren.

2.2.4 BEISPIELE

Die Minimierung von Schaltfunktionen, die dabei geltenden praktischen Randbedingungen und die auftretenden Probleme werden nun an Beispielen erläutert.

Beispiel 2.8. Decoder
Mit Hilfe eines Decoders soll ein binär codiertes Eingangssignal entschlüsselt werden. Der Decoder besitzt N binäre Eingangsgrößen. Bei jeder möglichen Eingangskombinationen soll genau ein Ausgang auf "1" gehen. Da bei N Eingangsgrößen genau $M=2^N$ unterschiedliche Kombinationen möglich sind, benötigt der Decoder M Ausgangsgrößen.
Für einen Decoder mit zwei Eingängen erhält man folgende Wertetabelle

Tabelle 2.14. Wertetabelle des Decoders

E1	E2	A1	A2	A3	A4
0	0	1	0	0	0
0	1	0	1	0	0
1	0	0	0	1	0
1	1	0	0	0	1

Da jeder Ausgang nur einen Minterm besitzt, ist keine Minimierung möglich. In der Darstellung als LOP erhält man folgende Schaltfunktion für den Decoder.

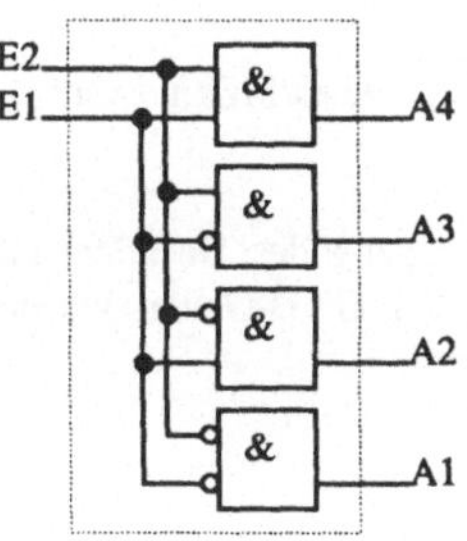

Abb. 2.28. LOP des Decoders

Mit der Anzahl N der Eingangsgrößen wächst der Aufwand für den Decoder exponentiell an. Für jeden Ausgang wird eine UND-Verknüpfung mit N Eingängen benötigt. □

Beispiel 2.9. Multiplexer
Ein Multiplexer dient dazu, eines von mehreren Eingangssignalen auf den Ausgang weiterzuschalten. Die Auswahl des Einganges erfolgt mit Hilfe zusätzlicher Eingänge, die z.B. binär codiert sein können.
Bei 4 Eingängen E1 bis E4 und binär codierter Auswahl werden 2 Auswahleingänge D1 und D2 benötigt. Man erhält folgende Wertetabelle.

Tabelle 2.15. Wertetabelle

D1	D2	E1	E2	E3	E4	A1
0	0	0	*	*	*	0
0	0	1	*	*	*	1
0	1	*	0	*	*	0
0	1	*	1	*	*	1
1	0	*	*	0	*	0
1	0	*	*	1	*	1
1	1	*	*	*	0	1
1	1	*	*	*	1	0

Die Schaltfunktion kann mit Hilfe des Decoders realisiert werden. Man erhält folgenden LOP:

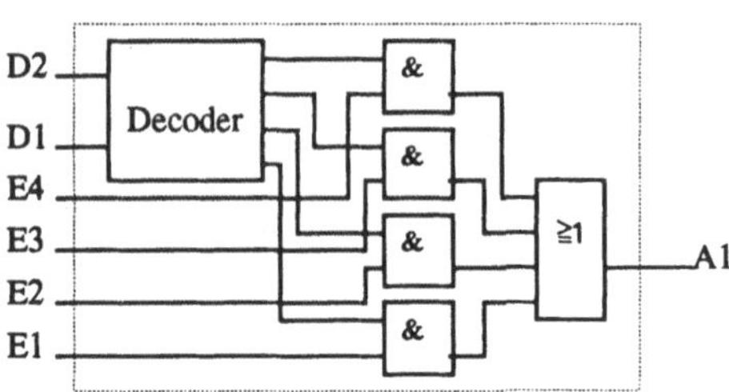

Abb. 2.29. LOP eines Multiplexers

Genau ein Ausgang des Decoders ist gesetzt und schaltet über das UND-Gatter den entsprechenden Eingang durch.   □

Beispiel 2.10. Siebensegmentanzeige

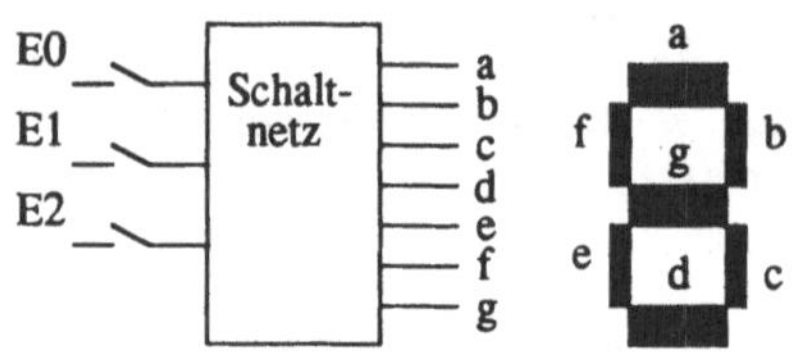

Abb. 2.30. Ansteuerung einer Siebensegmentanzeige

Gegeben sind drei Schalter E0, E1 und E2, die die Wertigkeit 1, 2 und 4 besitzen. Durch entsprechende Betätigung der Schalter lassen sich dezimale Werte zwischen 0 (keiner betätigt) und 7 (alle betätigt) einstellen. Mit Hilfe eines Schaltnetzes soll der eingestellte Wert auf einer einstelligen Siebensegmentanzeige ausgegeben werden.
Zur Lösung dieser Aufgabe muß eine Zuordnung zwischen den Schalterkombinationen und dem Aufleuchten jedes einzelnen Segments gefunden werden. Legt man das Aussehen jeder darstellbaren Zahl auf der Anzeige fest, ist die gesuchte Zuordnung gefunden. Sie läßt sich z.B. in Form einer Wertetabelle darstellen. Die drei Eingangswerte können $2^3 = 8$ verschiedene Werte annehmen, wodurch die Wertetabelle auch 8 Zeilen enthält.

Tabelle 2.16. Wertetabelle zur Ansteuerung der 7-Segmentanzeige

	E2	E1	E0	a	b	c	d	e	f	g
0	0	0	0	1	1	1	1	1	1	0
1	0	0	1	0	1	1	0	0	0	0
2	0	1	0	1	1	0	1	1	0	1
3	0	1	1	1	1	1	1	0	0	1
4	1	0	0	0	1	1	0	0	1	1
5	1	0	1	1	0	1	1	0	1	1
6	1	1	0	1	0	1	1	1	1	1
7	1	1	1	1	1	1	0	0	0	0

Will man die gleiche Funktion graphisch darstellen, benötigt man für jede Ausgangsvariable ein eigenes KV-Diagramm.

a

		E0	E0	
	1	0	1	0
E1	1	1	1	1
			E2	E2

b

		E0	E0	
	1	1	0	1
E1	1	1	1	0
			E2	E2

c

		E0	E0	
	1	1	1	1
E1	0	1	1	1
			E2	E2

d

		E0	E0	
	1	0	1	0
E1	1	1	0	1
			E2	E2

e

		E0	E0	
	1	0	0	0
E1	1	0	0	1
			E2	E2

f

		E0	E0	
	1	0	1	1
E1	0	0	0	1
			E2	E2

g

		E0	E0	
	0	0	1	1
E1	1	1	0	1
			E2	E2

Abb. 2.31. KV-Diagramme der 7-Segment-Anzeige

Aus diesen KV-Diagrammen kann für jedes Segment eine minimierte Schaltfunktionen bestimmt werden:

$$a = E1 \vee \overline{E2}\,\overline{E0} \vee E2\,E0$$

$$b = \overline{E2} \vee \overline{E1}\,\overline{E0} \vee E1\,E0$$

$$c = E2 \vee \overline{E1} \vee E0$$

$$d = (E0 \vee \overline{E1} \vee \overline{E2})(E0 \vee E1 \vee E2)(\overline{E0} \vee \overline{E1} \vee \overline{E2})$$

$$e = \overline{E0}\,\overline{E2} \vee \overline{E0}\,E1$$

$$f = \overline{E0}\,\overline{E1} \vee \overline{E0}\,E2 \vee \overline{E1}\,E2$$

$$g = E1\,\overline{E2} \vee \overline{E1}\,E2 \vee \overline{E0}\,E2$$

Jede Schaltfunktion ist für sich minimal, wenn man von zweistufigen Schaltnetzen ausgeht. Die Kombination der sieben Schaltfunktion liefert aber nicht die minimale Gesamtfunktion. Sie kann nur durch eine Bündelminimierung gefunden werden. Eine vollständige Minimierung wird hier aber nicht durchgeführt, da der damit verbundene Aufwand bei programmierbaren Steuerungen nur selten gerechtfertigt ist. Statt dessen wird gezeigt, daß mit wenigen anschaulichen Überlegungen eine deutliche Reduzierung des Aufwandes möglich ist. Gleichzeitig wird gezeigt, daß die Vereinfachung auch auf der Basis der Wertetabelle möglich ist.
Es wird mit den Mintermen für die einzelnen Segmente begonnen. Die Umsetzung der Minterme erfordert 36 Konjunktionen und 7 Disjunktionen. Bei einigen Segmenten sind die Maxterme in der Minderzahl. Da man die 7 Ausgangsfunktionen zur Ansteuerung der Anzeige unabhängig voneinander betrachten kann, dürfen konjunktive und disjunktive Form wahlweise verwendet werden.

Tabelle 2.17. Minterme für die 7-Segmentanzeige

a	*b*	*c*	*d*	*e*	*f*	*g*
000	000	000	000	000	000	010
010	001	001	010	010	100	011
011	010	011	011	110	101	100
101	011	100	101		110	101
110	100	101	110			110
111	111	110				
		111				

Für die Segmente a, b, c, d und g gibt es weniger Maxterme, so daß sich hier die konjunktive Normalform anbietet. Für die Segmente e und f wird dagegen die disjunktive Normalform verwendet. Mit Hilfe der Regel von DeMorgan kann die konjunktive Normalform in eine Disjunktion von Mintermen für die invertierte Ausgangsgröße umgeformt werden. Man erhält somit folgende Minterme für die (teilweise negierten) Ausgangsgrößen:

Tabelle 2.18. Minterme für teilweise negierte Ausgangsvariablen

$\overline{a}$	$\overline{b}$	$\overline{c}$	$\overline{d}$	e	f	$\overline{g}$
001	101	010	001	000	000	000
100	110		100	010	100	001
			111	110	101	111
					110	

Zur Umsetzung dieser Tabelle werden nur noch 20 Konjunktionen und 7 Disjunktionen benötigt. Der Aufwand konnte also durch eine sehr einfache Maßnahme bereits deutlich reduziert werden. Faßt man Minterme zusammen, die sich genau in einer Stelle unterscheiden, so erhält man als nächstes Zwischenergebnis:

Tabelle 2.19. Zusammenfassung von Mintermen

$\overline{a}$	$\overline{b}$	$\overline{c}$	$\overline{d}$	e	f	$\overline{g}$
001	101	010	001	0*0	*00	00*
100	110		100	*10	101	111
			111		110	

Läßt man nun noch die Voraussetzung einer zweistufigen Schaltfunktion fallen, die bei der Realisierung als Programm nicht notwendig ist, sind weitere Vereinfachungen möglich.

Tabelle 2.20. Nutzung gemeinsamer Terme

$\bar{a}$	$\bar{b}$	$\bar{c}$	$\bar{d}$	e	f	$\bar{g}$
001	101	010	$\bar{a}$	0*0	$\bar{b}$	00*
100	110		111	*10	*00	111

Vergleicht man nämlich die Minterme der einzelnen Segmente miteinander, so fällt auf, daß die Minterme von $\bar{a}$ in denen von $\bar{d}$ vollständig enthalten sind. Das gleiche gilt für die Minterme von $\bar{b}$, die in denen von f enthalten sind. Die Realisierung dieser Terme erfordert nur noch 11 Konjunktionen und 7 Disjunktionen. Läßt man nun noch die Antivalenz, die bei programmierbaren Steuerungen in Form der Exklusiv-Oder-Verknüpfung zur Verfügung steht, als Basisoperation zu, lassen sich bei a und b jeweils ein Logikgatter einsparen und man benötigt nur noch 16 Verknüpfungen, wie der nachfolgende Logikplan zeigt:

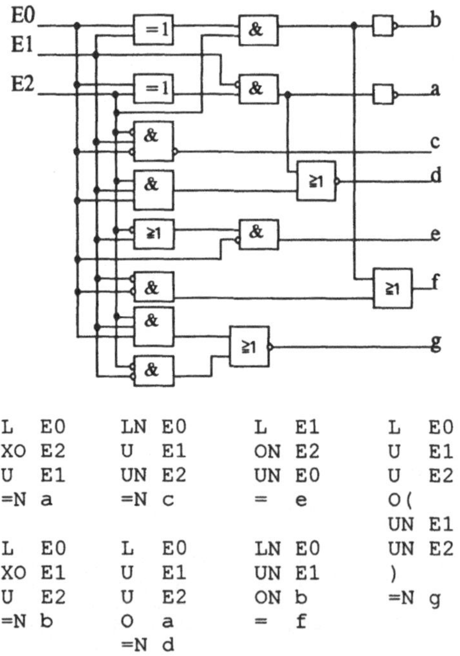

```
L   E0      LN  E0      L   E1      L   E0
XO  E2      U   E1      ON  E2      U   E1
U   E1      UN  E2      UN  E0      U   E2
=N  a       =N  c       =   e       O (
                                    UN  E1
L   E0      L   E0      LN  E0      UN  E2
XO  E1      U   E1      UN  E1      )
U   E2      U   E2      ON  b       =N  g
=N  b       O   a       =   f
            =N  d
```

Abb. 2.32. Logikplan und DIN-AWL-Programm der minimierten Anzeigesteuerung   □

Das Beispiel zeigt, daß weitgehende Vereinfachungen bereits mit einfachen Maßnahmen erreichbar ist. Wichtig sind nicht die einzelnen Maßnahmen, die im Beispiel angewendet wurden, sondern die Erkenntnis, daß mit wenigen offensichtlichen Zusammenfassungen gute Ergebnisse erzielbar sind, während der Aufwand für eine vollständige Minimierung nur selten gerechtfertigt ist. Das kürzeste Programm, das für diese Aufgabe gefunden werden konnte bestand aus 30 Anweisungen, gegenüber 33 Anweisungen für das oben dargestellte Programm - ein sehr bescheidener Gewinn angesichts des erforderlichen Zeitaufwandes.

Beispiel 2.11. Verfahrenstechnische Anlage
Im nächsten Beispiel wird die Steuerung für eine verfahrenstechnische Anlage entworfen. Die Anlage besteht aus einem Kessel, in den über eine Zuleitung eine Flüssigkeit eingefüllt werden kann. Diese soll auf eine bestimmte Mindesttemperatur erhitzt und an die nachfolgende Anlage weitergegeben werden. Der Zufluß wird über die beiden Ausgänge A1 und A2 als Zweistromventil geschaltet. Auch die Heizung kann in zwei Leistungsstufen über die beiden Ausgänge A3 und A4 geschaltet werden. Die Flüssigkeitspegel werden über die drei Eingänge E1 (leer), E2 (halb voll) und E3 (voll) erfaßt. Das Erreichen der Solltemperatur wird durch den Thermoschalter E4 gemeldet. Solange der Behälter nicht leer und die Flüssigkeit warm genug ist, kann der Ablauf A5 geöffnet werden.

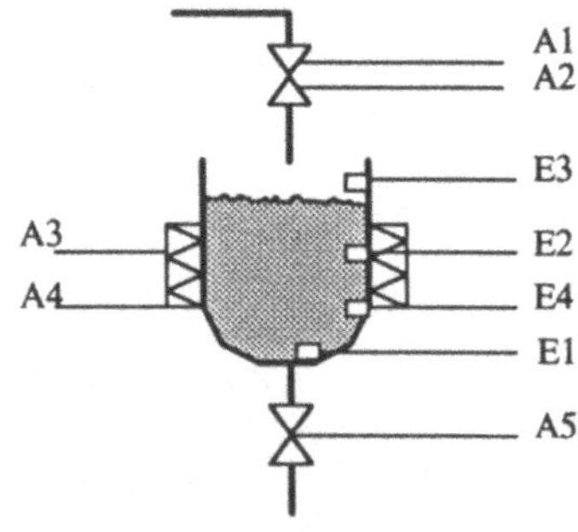

Abb. 2.33. Verfahrenstechnische Anlage

Zur Bestimmung der Steuerungs-Schaltfunktion wird für jeden möglichen Füllstand und für die beiden Temperaturfälle die zugehörige Ansteuerung der Ausgänge festgelegt.

Tabelle 2.21. Ausgangsansteuerung und Wertetabelle der Behältersteuerung

Zust.	Niveau H	Temp. < Soll	Temp. > Soll
1/2	$E3 < H$	A3, A4, A5	A5
3/4	$E2 < H < E3$	A1, A3	A1, A5
5/6	$E1 < H < E2$	A1, A2, A3	A1, A2, A5
7	$H < E1$	A1, A2	A1,A2

Z	E1	E2	E3	E4	A1	A2	A3	A4	A5
1	1	1	1	1	0	0	0	0	1
2	1	1	1	0	0	0	1	1	1
3	1	1	0	1	1	0	0	0	1
4	1	1	0	0	1	0	1	0	0
5	1	0	0	1	1	1	0	0	1
6	1	0	0	0	1	1	1	0	0
7	0	0	0	*	1	1	0	0	0

Die Wertetabelle umfaßt 8 Kombinationen der Eingangsvariablen. Bei vier Eingangsvariablen gibt es aber $2^4 = 16$ unterschiedliche Kombinationen. Die Wertetabelle ist also nicht vollständig, sondern sie enthält nur die physikalisch möglichen Kombinationen. Die anderen Kombinationen können aufgrund der physikalischen Gegebenheiten nicht auftreten. Der Flüssigkeitspegel kann z.B. nicht unter dem mittleren und gleichzeitig über dem oberen Niveauschalter sein. Da diese Kombinationen nicht auftreten können, ist es egal wie die Ausgänge angesteuert werden. Dies kann bei der Minimierung ausgenutzt werden und wird in der Wertetabelle durch einen * angedeutet, der kenntlich macht, daß die Ausgangsvariable je nach Bedarf eine "0" oder eine "1" annehmen darf.

Tabelle 2.22. Vollständige Wertetabelle

E1	E2	E3	E4	A1	A2	A3	A4	A5
1	1	1	1	0	0	0	0	1
1	1	1	0	0	0	1	1	1
1	1	0	1	1	0	0	0	1
1	1	0	0	1	0	1	0	0
1	0	0	1	1	1	0	0	1
1	0	0	0	1	1	1	0	0
0	0	0	*	1	1	0	0	0
0	*	1	*	*	*	*	*	*
1	0	1	*	*	*	*	*	*
0	1	0	*	*	*	*	*	*

Will man aus dieser Wertetabelle die Schaltfunktionen für die Ausgangsvariablen bestimmen, so kann man die mit einem * belegten Kombinationen mitberücksichtigen. Sie bilden zusätzliche Freiheitsgrade für die Minimierung.

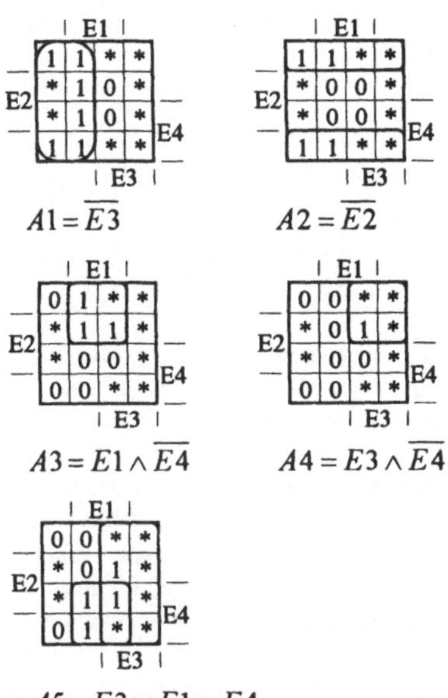

$$A1 = \overline{E3}$$

$$A2 = \overline{E2}$$

$$A3 = E1 \wedge \overline{E4}$$

$$A4 = E3 \wedge \overline{E4}$$

$$A5 = E3 \vee E1 \wedge E4$$

Abb. 2.34. KV-Diagramme der Behältersteuerung

Die Ergebnisse der Zusammenfassung sind anschaulich interpretierbar. Das Zulaufventil wird mindestens halb geöffnet (A1) solange der Behälter noch nicht voll ist. Ist der Behälter weniger als halb voll wird das Ventil ganz geöffnet (A2). Die Heizung arbeitet mindestens mit halber Leistung (A3) solange der Behälter nicht leer und die Solltemperatur nicht erreicht ist. Mit voller Leistung wird geheizt, wenn der Behälter voll und die Flüssigkeit unterhalb der Solltemperatur ist. Das Auslaßventil (A5) wird geöffnet, wenn der Behälter voll ist oder wenn die Solltemperatur erreicht und der Behälter noch nicht leer ist. Die Zusammenfassung im KV-Diagramm liefert also durchweg plausible Ergebnisse, die man auch durch genaues Nachdenken hätte finden können. Das „genaue Nachdenken" ist aber nicht ganz unproblematisch, da man nicht sicher sein kann, die richtige und vollständige Lösung gefunden zu haben. Der Weg über die Wertetabelle dagegen ist übersichtlicher und weniger fehlerträchtig, da alle möglichen Eingangskombinationen durchdacht werden. Mit Hilfe der Minimierung im KV-Diagramm wurden sehr einfache Funktionen gefunden, die sich auch in einem einfachen Programm äußern:

Tabelle 2.23. STEP5-AWL der Behältersteuerung

```
001:   UN   E3        010:   U    E3
002:   =    A1        011:   UN   E4
003:                  012:   =    A4
004:   UN   E2        013:
005:   =    A2        014:   U    E1
006:                  015:   U    E4
007:   U    E1        016:   O    E3
008:   UN   E4        017:   =    A5
009:   =    A3
```

Im vorliegenden Beispiel konnten die Ausgangswerte für einige Eingangskombinationen beliebig belegt werden, da diese physikalisch nicht möglich sind. Diese Aussage gilt aber nur solange man von einem korrekten Funktionieren aller Geber ausgeht. Läßt man diese Annahme fallen, weil man z.B. mit der in der Praxis durchaus wahrscheinlichen Möglichkeit eines Geberdefekts rechnet, können die vorher unmöglichen Kombinationen doch auftreten.

Es muß dann entschieden werden, was in den einzelnen Fällen zu tun ist. Eine Möglichkeit besteht darin, auf die technisch sichere Seite zu gehen, d.h. im Falle eines Geberfehlers alles abzuschalten und die Anlage stillzusetzen. In der Wertetabelle äußert sich das darin, daß alle Ausgangswerte für die Fehlerfälle auf "0" gesetzt werden. Die Umsetzung der daraus resultierenden Wertetabelle liefert natürlich ein anderes Ergebnis als das vorher ermittelte. Für diese Variante wird man sich immer dann entscheiden, wenn mit dem Betrieb der Anlage bei einem Geberfehler ein hohes Risiko verbunden ist.

Ist das Risiko im Fehlerfall nicht so hoch, bieten sich noch andere Möglichkeiten an. Nimmt man z.B. an, daß höchstens ein einziger Geber zu einem Zeitpunkt ausfällt, so kann man für die Fälle, in denen der Fehler eindeutig einem Geber zugeordnet werden kann, für diesen Geber den richtigen Wert annehmen und mit dieser korrigierten Eingangskombination weiterarbeiten. Nur wenn der defekte Geber nicht eindeutig zu bestimmen ist, soll die Anlage stillgesetzt werden. Die folgende Wertetabelle zeigt eine solche Zuordnung. Zusätzlich zu den bisherigen Ausgängen A1 - A5 wurde die Lampe L1 eingeführt, die dem Benutzer einen defekten Geber signalisiert.

Tabelle 2.24. Wertetabelle der erweiterten Behältersteuerung

E1	E2	E3	E4	A1	A2	A3	A4	A5	L1	
1	1	1	1	0	0	0	0	1	0	Normal
1	1	1	0	0	0	1	1	1	0	"
1	1	0	1	1	0	0	0	1	0	"
1	1	0	0	1	0	1	0	0	0	"
1	0	0	1	1	1	0	0	1	0	"
1	0	0	0	1	1	1	0	0	0	"
0	0	0	*	1	1	0	0	0	0	"
0	0	1	*	1	1	0	0	0	1	„Leer"
0	1	1	1	0	0	0	0	1	1	„Voll"
0	1	1	0	0	0	1	1	1	1	„Voll"
1	0	1	*	0	0	0	0	0	1	„Stop1"
0	1	0	*	0	0	0	0	0	1	„Stop2"

„Leer": E3 defekt, Behälter ist leer
„Voll": E1 defekt, Behälter ist voll
„Stop1": E2 oder E3 defekt, Stop
„Stop2": E1, E2 oder E3 defekt, Stop

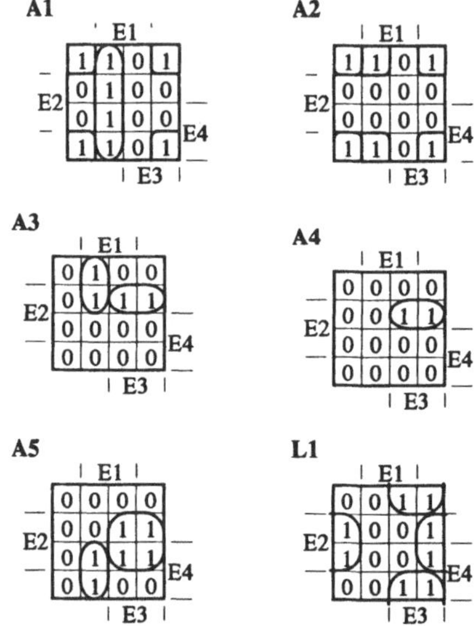

Abb. 2.35. KV-Diagramme der erweiterten Behältersteuerung

Damit ergeben sich folgende Schaltfunktionen:

$$A1 = E1\,\overline{E3} \vee \overline{E1}\,\overline{E2}$$

$$A2 = \overline{E2}\,\overline{E3} \vee \overline{E1}\,\overline{E2}$$

$$A3 = E1\,\overline{E3}\,\overline{E4} \vee E2\,E3\,\overline{E4}$$

$$A4 = E2\,E3\,\overline{E4}$$

$$A5 = E2\,E3 \vee E1\,\overline{E3}\,\overline{E4}$$
$$L1 = \overline{E1}\,E3 \vee \overline{E2}\,E3 \vee \overline{E1}\,E2$$

Sie lassen sich als Programm folgendermaßen umsetzen:

001:	UN	E3	023:	U	E2
002:	U	E1	024:	U	E3
003:	O(		025:	UN	E4
004:	UN	E1	026:	=	A4
005:	UN	E2	027:		
006:	)		028:	U	E2
007:	=	A1	029:	U	E3
008:			030:	O(	
009:	UN	E3	031:	U	E1
010:	ON	E1	032:	UN	E3
011:	UN	E2	033:	U	E4
012:	=	A2	034:	)	
013:			035:	=	A5
014:	U	E1	036:		
015:	UN	E3	037:	UN	E1
016:	O(		038:	ON	E2
017:	U	E2	039:	U	E3
018:	U	E3	040:	O(	
019:	)		041:	UN	E1
020:	UN	E4	042:	U	E2
021:	=	A3	043	)	
022:			044:	=	L1

Abb. 2.36. KV-Diagramm. Logikfunktionen und DTEP5-AWL-Programm für die erweiterte Behältersteuerung   □

Beispiel 2.12. Kransteuerung
Das nächste Beispiel behandelt den Entwurf der Steuerung einer Krananlage.

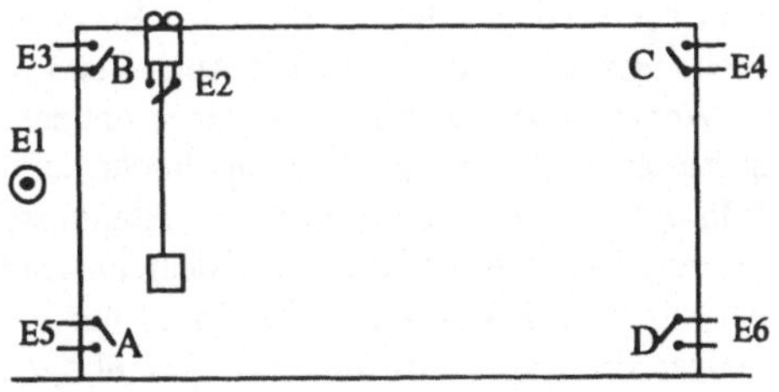

E1 Starttaster A1 Kran aufwärts
E2 Endschalter (ES) oben A2 Kran abwärts
E3 ES Oben links A3 Kran nach links
E4 ES Oben rechts A4 Kran nach rechts
E5 ES Unten links
E6 ES Unten rechts

Abb. 2.37. Krananlage

Die Anlage besteht aus einem Portalgerüst, einer Laufkatze und einem daran befestigten Elektromagneten. Die Krananlage hat die Aufgabe Objekte aus der Position A über B und C in die Postion D zu befördern und dann auf dem gleichen Weg wieder in die Ausgangslage zurückzukehren. Die Position des Krans wird durch die Endschalter E2 bis E6 erfaßt. Ein Tansportvorgang wird durch den Taster E1 gestartet. Die Motoren für die Kranbewegung (auf, ab, links, rechts) werden durch die Ausgänge A1 bis A4 angesteuert. Die ersten Überlegungen zum Entwurf der Steuerung zeigen, daß es sich hier nicht mehr um eine einfache Verknüpfungssteuerung handeln kann. Die Position wird durch Endschalter erfaßt. Während der Fahrt ist keiner dieser Schalter betätigt, so daß die Ausgänge auch nicht unmittelbar aus den Eingangswerten folgen. Zudem legen auch die Endpositionen nicht eindeutig die Werte der Ausgänge fest. In der oberen linken Position beispielsweise sind E2 und E3 betätigt, aber je nach Fahrtrichtung muß der Motor für die Rechtsfahrt oder für die Abwärtsfahrt angesteuert werden.

Wenn sich die Ausgangswerte nicht mehr alleine aus den Eingangswerten ergeben, werden zusätzliche Größen - Merker - benötigt, die für eine eindeutige Festlegung der Ausgangswerte sorgen. Um z.B. in der linken oberen Position zu entscheiden, ob nach unten oder nach rechts gefahren werden muß, kann man sich die Fahrtrichtung merken, aus der der Kran gekommen ist. Ist er von unten gekommen, muß er nach rechts weiterfahren; ist er von rechts gekommen, fährt er nach unten weiter. Für die vorliegende Aufgabenstellung genügt die Einführung eines Merkers M1, der die Hinfahrt, also die Fahrt von Position A nach D kennzeichnet.

Zur Festlegung der Verknüpfungsfunktionen muß die Wertetabelle um den Merker erweitert werden. Zusammen mit den drei Eingängen legt er zu jedem Zeitpunkt die Ausgänge eindeutig fest. Die Eingangsseite wird daher um den aktuellen Merkerwert erweitert. Bei bestimmten Konstellationen, nämlich bei der Ankunft in Position D, ändert sich der Merkerwert. Der neue Merkerwert wird deshalb auch auf der Ausgangsseite der Wertetabelle angegeben. Statt der ursprünglich 6 unabhängigen Variablen (die Eingänge) hat man jetzt 7 unabhängige Variablen (Eingänge und Merker). Die Zahl der möglichen Kombinationen steigt dadurch von 64 auf 128 an. Die bisher vorgestellten Methoden, nämlich Festlegung der Ausgangswerte für alle Eingangskombinationen und anschließende Zusammenfassung von Kombinationen lassen sich bei so vielen Kombinationen nicht mehr mit vertretbarem Aufwand anwenden. Man kann den Umfang erheblich einschränken, indem man nur die technisch möglichen Kombinationen der Eingangs- und Merkerwerte berücksichtigt und ihnen Ausgangswerte zuordnet. Führt man dies für das Beispiel der Kransteuerung durch, läßt sich folgende Wertetabelle aufstellen.

Tabelle 2.25. Wertetabelle für die Krananlage

E1	E2	E3	E4	E5	E6	M1	M1	A1	A2	A3	A4
0	0	1	0	1	0	0	0	0	0	0	0
1	0	1	0	1	0	0	1	1	0	0	0
*	0	1	0	*	0	1	1	1	0	0	0
*	1	1	0	0	0	1	1	0	0	0	0
*	1	*	0	0	0	1	1	0	0	0	1
*	1	0	1	0	0	1	1	0	1	0	0
*	*	0	*	0	0	1	1	0	1	0	0
*	0	0	0	0	1	1	0	1	0	0	0
*	0	0	0	0	*	0	0	1	0	0	0
*	1	0	1	0	0	0	0	0	0	0	0
*	1	0	*	0	0	0	0	0	0	1	0
*	1	1	0	0	0	0	0	0	1	0	0
*	*	1	0	0	0	0	0	0	1	0	0

Unterläßt man, um die Aufgabenstellung nicht noch umfangreicher zu machen, eine Fehlerbetrachtung, wie sie im vorigen Beispiel angestellt wurde, so sind alle Kombinationen, die nicht in der Wertetabelle auftauchen, für eine Zusammenfassung verfügbar. Wegen der großen Zahl der Kombinationen ist eine systematische Zusammenfassung trotz dieser Freiheitsgrade kaum durchführbar. Das KV-Diagramm ist für 7 unabhängige Variablen nicht mehr übersichtlich und auch das Verfahren von Quine und McCluskey findet hier seine praktischen Grenzen.
Es bleibt daher als einzige Möglichkeit, durch zielgerichtetes Probieren möglichst einfache Schaltfunktionen für die Ausgänge und Merker zu finden. Obwohl dieses Beispiel noch sehr einfach ist - es besitzt nur wenige Eingänge und Ausgänge, es wurden keine Fehlerbedingungen berücksichtigt - zeigt es bereits die wesentlichen Probleme, die bei realen Problemstellungen auftreten.   □

Viele Steuerungsaufgaben können nicht durch statische Schaltfunktionen gelöst werden, sondern es werden dynamische Schaltfunktionen benötigt, die vorangegangene Ereignisse speichern können. Ein zweites Problem stellt die Anzahl der Ein- und Ausgänge dar. Während man bei wenigen Eingängen noch die vollständige Wertetabelle angeben kann, wächst deren Umfang bei zusätzlichen Eingängen rapide an. Verschärft wird dieses Problem durch Merker, die als zusätzliche Eingänge und Ausgänge auftauchen.

Eine vollständige Lösung realer Problemstellungen mit Hilfe von Wertetabellen oder KV-Diagrammen ist daher nicht möglich. Diese Werkzeuge sind lediglich zur Lösung kleinerer Teilprobleme geeignet. Umfangreiche Aufgaben werden daher oft heuristisch gelöst. Es werden Merker eingeführt und logische Bedingungen für die Berechnung der Merkerwerte und der Ausgangswerte formuliert. Eine solche Vorgehensweise führt zu einem iterativen Ablauf, bei dem Programmierung, Test, Fehlersuche und Fehlerbeseitigung mehrmals nacheinader durchlaufen werden müssen. Dieses Vorgehen setzt zum einen eine gute Erfahrung im Entwurf von Steuerungen voraus, die nicht immer gegeben ist, und stößt zum anderen bei umfangreicheren Aufgaben, wie sie zunehmend anzutreffen sind, an ihre praktischen Grenzen.

Zum Entwurf von Ablaufsteuerungen werden daher andere Methoden benötigt, die es ermöglichen, Aufgaben auch ohne jahrelange Erfahrung zu lösen und umfangreiche Aufgaben in vertretbarer Zeit zu bearbeiten.

Die Grundidee eines möglichen Lösungsansatzes für das Problem der Ablaufsteuerungen ist in der Wertetabelle des einfachen Beispiels bereits erkennbar. Im zeitlichen Ablauf und in der Wertetabelle wechseln sich immer stationäre Zustände (Fahrt von einem Punkt zum nächsten) und dynamische Ereignisse (Erreichen der Position) ab. In jedem Zustand sind nur wenige Eingänge - oft ist es nur ein einziger Eingang - von Interesse. Die übrigen Eingänge brauchen in diesem Zustand nicht ausgewertet zu werden. Die Komplexität der Aufgabe wird durch diese zusammengehörenden Zustands-Ereignis- Kombinationen deutlich reduziert. Die Formulierung der Aufgabe durch Ereignisse und Zustände führt dann zu deren Lösung als Ablaufsteuerung.

2.3 SPEICHER, ZÄHLER, ZEITGEBER

2.3.1 SPEICHER

Aufgabenstellungen wie die im vorigen Kapitel beschriebene Kransteuerung werden oft heuristisch gelöst: Es werden Merker eingeführt und logische Bedingungen für die Merker und Ausgänge definiert. Bei dieser Vorgehensweise treten bei ungeübten Steuerungsprogrammierern einige typische Problemfälle auf.

Betrachtet man ein Teilproblem der Krananlage, nämlich das Starten des Krans aus der Ruhelage, kann ein logischer Ausdruck der Form

Wenn Kran links unten und Starttaster, dann Kran aufwärts.

als Startbedingung formuliert werden. Als AWL-Programm lautet diese Bedingung:

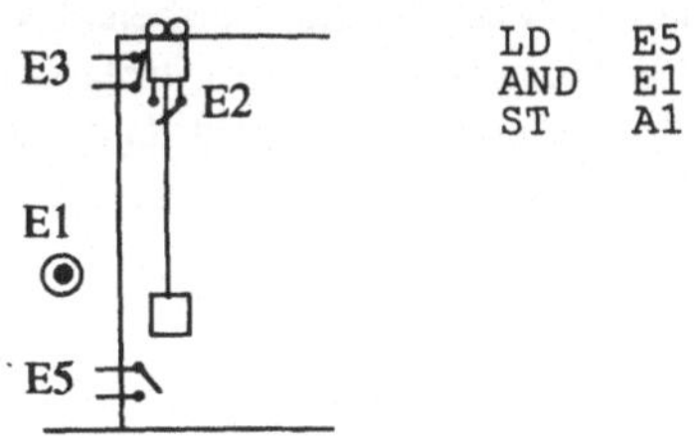

```
LD    E5
AND   E1
ST    A1
```

Abb. 2.38. Teilproblem der Krananlage

Genaueres Nachdenken oder Ausprobieren einer derartigen Befehlssequenz führt dann zur Enttäuschung. Sobald der Starttaster losgelassen wird oder sich der Kran aus der Ruhelage bewegt, bleibt er sofort wieder stehen und ist zu keiner weiteren Bewegung mehr zu veranlassen. Die logische Bedingung, die beim Start der Bewegung erfüllt war, ist es nach Beginn der Bewegung nicht mehr. Man benötigt eine Selbsthaltung:

Wenn Kran links unten und Starttaster betätigt oder Kran bereits in Aufwärtsfahrt, dann Kran aufwärts.

Tabelle 2.26. Programm mit Selbsthaltung des Ausgangs A1

$E5 \wedge E1$	A1	A1		
0	0	0	LD	E5
0	1	1	AND	E1
1	0	1	OR	A1
1	1	1	ST	A1

Der Test des neuen Programms zeigt zunächst Erfolg. Der Kran setzt seine Bewegung nach Verlassen der Startposition fort, um dann aber gleich wieder das nächste Problem zu liefern: bei Erreichen der Postion B (Oben links) stoppt der Kran seine Fahrt nicht, sondern fährt mehr oder weniger hart gegen den mechanischen Anschlag, während der Motor für die Aufwärtsfahrt weiter angesteuert bleibt. Der nächste Blick ins Programm bzw. die Wertetabelle zeigt die Ursache hierfür. Es gibt keine Bedingung, die dafür sorgt, daß der Ausgang A1 wieder von "1" auf "0" geht. Sie muß nun als Abschaltbedingung eingebaut werden.

Wenn Kran links unten und Starttaster betätigt oder Kran bereits in Aufwärtsfahrt und noch nicht oben angekommen, dann Kran aufwärts.

Tabelle 2.27. Programm mit Selbsthaltung und Abschaltung des Ausgangs A1

$E5 \wedge E1$	E2	A1	A1		
0	0	0	0	LD	E5
0	0	1	1	AND	E1
0	1	0	0	OR	A1
0	1	1	0	ANDN	E2
1	0	0	1	ST	A1
1	0	1	1		

Die beschriebene Problematik dynamischer Ereignisse, die selbst nur kurzzeitig auftreten, deren Wirkung aber bis zum Auftreten eines anderen Ereignisses erhalten bleiben soll, ist in der Steuerungstechnik sehr oft anzutreffen. Wie gesehen kann sie durch einen Merker gelöst werden, der durch das eine Ereignis (z.B.

E1) auf "1" gesetzt und durch ein anderes (E2) auf "0" zurückgesetzt wird. Zur Realisierung dieser Funktion mit den bekannten logischen Operatoren gibt es vier Varianten, die sich im Fall E1 = E2 = "1" unterscheiden:

Tabelle 2.28. Wertetabelle der Speicherfunktion

E1	E2	M1	M1 a)	M1 b)	M1 c)	M1 d)
0	0	0	0	0	0	0
0	0	1	1	1	1	1
0	1	0	0	0	0	0
0	1	1	0	0	0	0
1	0	0	1	1	1	1
1	0	1	1	1	1	1
1	1	0	1	0	1	0
1	1	1	1	0	0	1

```
         a)                      b)
     LDN   E2               LD    E1
     AND   M1               OR    M1
     OR    E1               ANDN  E2
     ST    M1               ST    M1
```

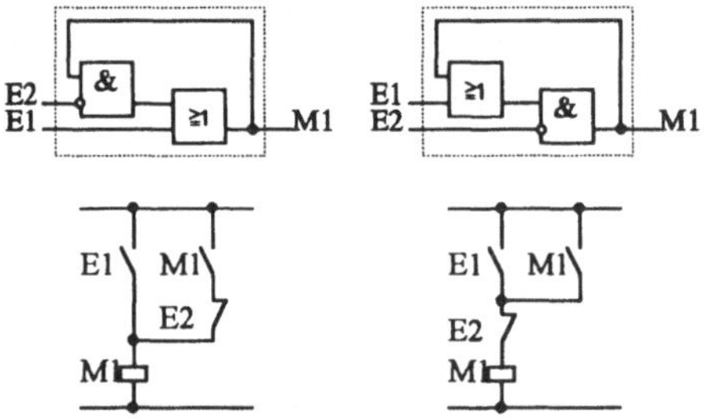

Abb. 2.39. Realisierung einer Speicherfunktion, mit binären Verknüpfungen als AWL, als LOP und als Stromlaufplan.

Der Merker M1 nimmt den Wert "1" an, wenn das Ereignis E1 eintritt (Setzbedingung). Er nimmt den Wert "0" an, das Ereignis E2 eintritt (Rücksetzbedingung). Ist keines der beiden Ereignisse aktiv, behält M1 seinen Wert (Selbsthaltung). Diese Funktion entspricht einem RS-Flip-Flop in der digitalen Schaltungstechnik. Setz- und Rücksetzbedingungen für die Änderung des Wertes von Binäroperanden sind sehr typisch für Steuerungsprogramme.

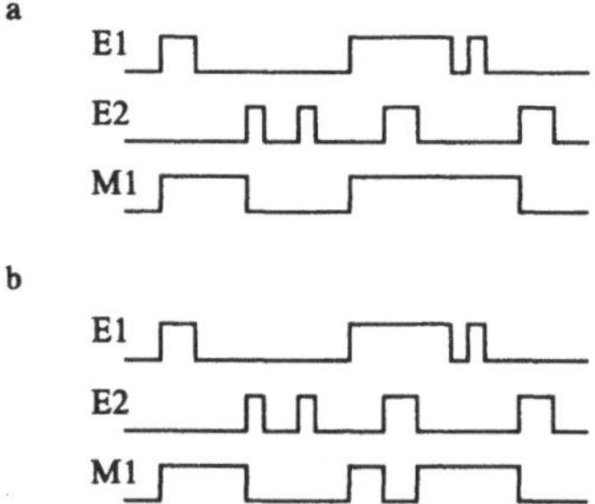

Abb. 2.40 (Logikplan/AWL-Tabelle):

LOP	Eop2 → S, Eop1 → R, Q → Aopd		
ST	Aopd:=not Eop2 and Aopd or Eop1;		
AWL	LD Eop2 R Aopd LD Eop1 S Aopd	L Eop2 R Aopd L Eop1 S Aopd	U Eop2 R Aopd U Eop1 S Aopd
	IEC 1131-3	DIN 19239	STEP 5

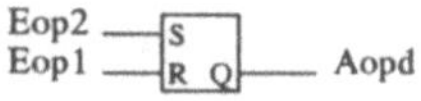

Abb. 2.40. Speichernde Befehle (Setzen dominant)

Zur Vereinfachung der Programme gibt es deshalb in Anweisungsliste spezielle Befehle und im Logikplan ein eigenes Symbol für RS-Speicher.

In AWL werden vor Ausführung des Setzbefehls und des Rücksetzbefehls die zugehörigen Bedingungen berechnet. Das Ergebnis steht im Arbeitsregister. Enthält es vor Ausführung des Setzbefehls eine "1" wird der Operand auf den Wert "1" gesetzt, unabhängig davon welchen Wert der Operand vorher hatte. Enthält das Arbeitsregister eine "0", bleibt der Operand unverändert. Auch der Rücksetzbefehl kommt nur zur Wirkung wenn das Arbeitsregister eine "1" enthält. Der Operand wird dann auf den Wert "0" rückgesetzt.

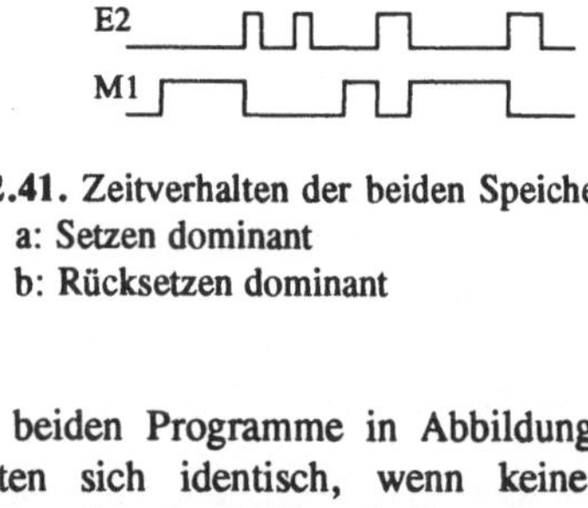

Abb. 2.41. Zeitverhalten der beiden Speicherfunktionen a: Setzen dominant
b: Rücksetzen dominant

Die beiden Programme in Abbildung 2.39 verhalten sich identisch, wenn keine oder höchstens eine der beiden Bedingungen erfüllt ist. Sind sowohl die Setz- als auch die Rücksetzbedingung erfüllt, ergibt das Programm a den Wert "1" für den Merker, es ist dominant setzend, während das Programm b den Wert "0" liefert, es ist dominant rücksetzend.

In jedem Anwendungsfall muß eindeutig festgelegt werden, ob die Setz- oder die Rücksetzbedingung dominant ist. In der Anweisungsliste legt die Reihenfolge der Befehle die Dominanz fest. Die zuletzt abgefragte Bedingung ist dominant. Im Logikplan wird die dominante Bedingung als unterer Eingang im Funktionssymbol belegt. Die Programme für dominantes Rücksetzen sehen deshalb folgendermaßen aus.

L O P	Eop1 —[S]— Eop2 —[R Q]— Aopd		
S T	Aopd:=not Eop2 and (Aopd or Eop1);		
A W L	LD Eop1 S Aopd LD Eop2 R Aopd	L Eop1 S Aopd L Eop2 R Aopd	U Eop1 S Aopd U Eop2 R Aopd
	IEC 1131-3	DIN 19239	STEP 5

Abb. 2.42. Speichernde Befehle mit dominantem Rücksetzen

Die Varianten a und b der Speicherfunktion beschreiben also das Verhalten eines RS-Flip-Flops mit dominantem Setzen (Variante a) bzw. dominantem Rücksetzen (b). Bei Variante c ändert sich der Ausgang für E1=E2="1". Ein solches Verhalten findet man in getakteter Form bei den JK-Flip-Flops. Dieses Verhalten wird aber genauso wie das Verhalten der Variante d in der Steuerungstechnik nicht benötigt.

Beispiel 2.13. Aufzugsteuerung
Ein Personenaufzug verkehrt zwischen zwei Etagen eines Gebäudes. In jeder Etage befindet sich ein Ruftaster (Eingänge E1, E2) zur Anforderung des Aufzuges und ein Positionsschalter (Eingänge E3, E4), der durch den ankommenden Aufzug betätigt wird. Im Aufzug selbst gibt es einen Taster (Eingang E5) mit dem die Fahrt gestartet werden kann. Eine Anforderung (Taste E1, E2) kann nicht in jedem Fall sofort bearbeitet werden, da der Aufzug z.B. gerade in Bewegung ist. Die Tasterbetätigung muß daher als Anforderung gespeichert werden.

Liegt eine Anforderung vor und steht der Aufzug still, kann er in Bewegung gesetzt werden (Ausgang A1 für Abwärtsfahrt, A2 für Aufwärtsfahrt). Die Fahrt wird beendet und die Anforderung gelöscht, bei Erreichen des oberen oder unteren Endschalters. Der Taster E5 wird nicht in einem Merker gespeichert, sondern nur ausgewertet, wenn der Aufzug sich in der oberen oder unteren Ruhelage befindet.

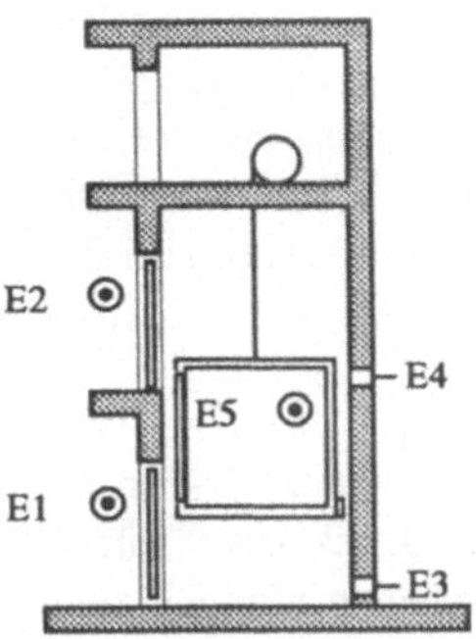

Abb. 2.43. Aufzug für zwei Etagen

Tabelle 2.29. IEC-AWL der Aufzugsteuerung

```
LD    E2    LD    E1    ;Ruftaster speichern
S     M2    S     M1
LD    M2    LD    M1    ;Anforderung ?
OR(   E5    OR(   E5
AND   E3    AND   E4
)           )
ANDN  A1    ANDN  A2    ;und Stillstand
S     A2    S     A1    ;dann starten
LD    E4    LD    E3    ;Position erreicht ?
R     A2    R     A1    ;Motor abschalten !
R     M2    R     M1    ;und Anford. löschen
```

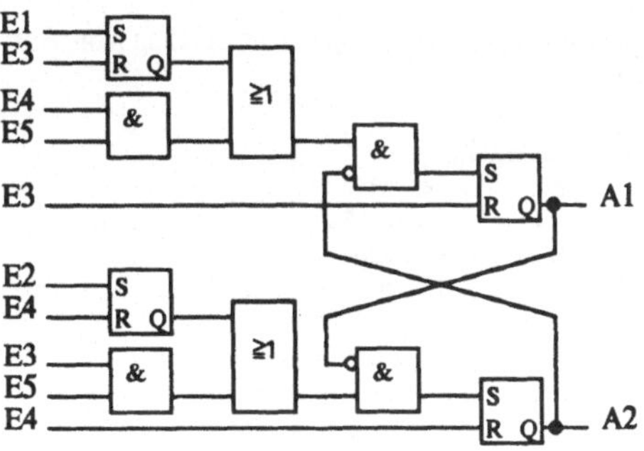

Abb. 2.44. LOP der Aufzugsteuerung

Das Programm der Aufzugsteuerung zeigt eine für Speicherfunktionen typische Konstellation. Es existieren zwei Ausgänge, die nicht gleichzeitig betätigt sein dürfen. Dies wird durch eine gegenseitige *Verriegelung* erreicht. Der eine Ausgang kann nur gesetzt werden, wenn der andere den Wert "0" hat.

Die Verriegelungsmethode kann auch auf mehrere gegeneinander gesperrte Ausgänge übertragen werden. In diesem Fall ist es vorteilhaft, mit Verriegelungsmerkern zu arbeiten. Jeder der verriegelten Ausgänge darf nur gesetzt werden, wenn der Verriegelungsmerker "0" ist. Der Verriegelungsmerker wird beim Setzen eines Ausganges ebenfalls gesetzt und beim Rücksetzen dieses Ausganges wieder freigegeben.

Der Ausgang A1 sei einer von mehreren gegenseitig verriegelten Größen, B1 seine Setzbedingung und B2 seine Rücksetzbedingung. Ohne Verriegelung wird B1 zum direkten Setzen und B2 zum Rücksetzen verwendet. Es sei nun Mg der Verriegelungsmerker für alle Ausgänge mit gleicher Priorität wie A1. Der Verriegelungsmerker ist gesetzt, sobald einer der Ausgänge gesetzt ist. Nur wenn der Verriegelungsmerker nicht gesetzt ist, darf ein Ausgang gesetzt werden. Die Setzbedingung wird deshalb über den Verriegelungsmerker gesperrt.

Gibt es weitere verriegelte Ausgänge, die eine höhere Priorität als A1 besitzen, so wird der zusätzliche Verriegelungsmerker Mh für die Ausgänge mit höherer Priorität eingeführt. Sobald Mh gesetzt ist, muß A1 wegen seiner niedrigeren Priorität zurückgesetzt werden.

Tabelle 2.30. Gegenseitige Verriegelung von Ausgängen

Ohne Verriegelung:
```
LD     B1    ;Setzbedingung?
S      A1    ;dann Ausgang setzen
LD     B2    ;Rücksetzbedingung?
R      A1    ;dann Ausgang rücksetzen
```

Verriegelung gleicher Priorität:
```
LD     B1    ;Setzbedingung?
ANDN   Mg    ;und keine Verriegelung
S      A1    ;dann Ausgang setzen und
S      Mg    ;Verriegelung setzen
```

```
LD     B2    ;Rücksetzbedingung
R      A1    ;dann Ausgang löschen
R      Mg    ;und Verrieg. löschen
```

Verriegelung gleicher und höherer Priorität:
```
LD     B1    ;Setzbedingung?
ANDN   Mg    ;und keine Verriegelung
S      A1    ;dann Ausgang setzen und
S      Mg    ;Verriegelung setzen
```

```
LD     B2    ;Rücksetzbedingung oder
OR     Mh    ;Verrieg. höherer Prior
R      A1    ;dann Ausgang löschen
R      Mg    ;und Verrieg. löschen
```

Notwendige Verriegelungen können also durch Einführung von Merkern übersichtlich und einheitlich gehandhabt werden. Auch die Berücksichtigung von Gruppen verriegelter Ausgänge mit unterschiedlicher Priorität ist damit möglich.

Die bisher vorgestellten Operationen verknüpfen die binären Werte von Operanden, unabhängig davon, wann dieser Wert aufgetreten ist oder wie lange er bereits ansteht. Man kann hier von pegelgesteuerten Aktionen sprechen, da nur der Signalpegel (der "0" oder "1" sein kann) für die Ausführung der Aktion maßgebend ist. Im Gegensatz dazu sind flankengesteuerte Aktionen bei Änderung von Signalpegeln auszuführen. Da in jedem Zyklus eines Steuerungsprogrammes nur Signalpegel zur Verfügung stehen, kann auf Signalflanken nur indirekt und verzögert durch Vergleich mit dem Pegel aus dem vorangegangenen Zyklus reagiert werden.

Die Realisierung flankengesteuerter Funktionen läßt sich im wesentlichen auf die *Flankenerkennung* zurückführen. Tritt am Eingang E1 eine positive Flanke also ein Signalwechsel von "0" nach "1" auf, soll der Ausgang A1 kurzzeitig (d.h. für die Dauer eines Zyklusintervalles) auf "1" und danach wieder auf "0" gehen.

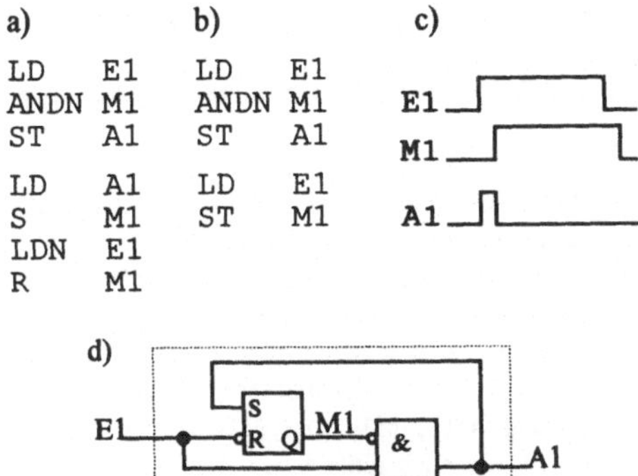

Abb. 2.45. Flankenerkennung (Wischkontakt)
   a) AWL mit Speicherglied, vertauschungssicher
   b) AWL ohne Speicherglied
   c) Zeitverlauf
   d) LOP mit Speicherglied
   e) LOP-Funktionssymbol

Wie im Zeitdiagramm dargestellt, soll bei einer positiven Flanke am Eingang ein Impuls am Ausgang erscheinen, der etwa die Dauer von einem Zyklus hat. Beide Programme verwenden einen Merker, der signalisiert, daß der Impuls als Reaktion auf die positive Flanke bereits ausgegeben wurde. Ist der Eingang "1" und der Merker noch "0", so ist seit dem letzten Durchlauf eine positive Flanke aufgetreten. Es wird deshalb der Impuls am Ausgang ausgegeben und der Impulsmerker gesetzt. Im ersten Programm wird der Merker über eine Speicherfunktion realisiert. Die Ausgabe des Impulses am Ausgang setzt den Merker. Er wird zurückgesetzt, wenn der Eingang auf "0" geht, so daß auf die nächste positive Flanke gewartet wird.

Das gleiche Verhalten erreicht man mit dem kürzeren zweiten Programm, bei dem sich der Merker durch die Zuweisung des Eingangswertes ergibt. Bei diesem Programm ist aber Vorsicht geboten, da nur die dargestellte Reihenfolge der Befehlssequenzen die korrekte Funktion gewährleistet. Bei Vertauschung der Reihenfolge nimmt der Ausgang nie den Wert "1" an. Das Programm mit dem Speicherglied

ist dagegen vertauschungssicher und sollte deshalb bevorzugt werden.

Der zu diesem Programm gehörende Logikplan zeigt die Rückkopplung der Ausgangsgröße. Schon bei einer so einfachen Aufgabe ist die positive Wirkung eines rückgekoppelten Wirkungskreises zu erkennen. Die Differenz zwischen „Sollwert" (E1) und „Istwert" (M1) verschwindet erst dann, wenn die gewünschte Wirkung (A1) tatsächlich eingetreten ist.

Im Logikplan existiert für die Flankenerkennung ein eigenes Funktionssymbol.

Die Erkennung negativer Flanken, kann mit dem gleichen Programm erfolgen, indem die Eingangsgröße invertiert wird

Als nächstes soll nun ein *Impulsschalter* realisiert werden. Tritt am Eingang des Schalters eine positive Flanke auf, soll der Ausgang seinen Wert ändern.

IEC 1131-3		DIN 19239		STEP 5	
LD	E1	L	E1	U	E1
ANDN	M1	UN	M1	UN	M1
ST	M2	=	M2	=	M2
LD	M2	L	M2	U	M2
S	M1	S	M1	S	M1
LDN	E1	LN	E1	UN	E1
R	M1	R	M1	R	M1
LD	M2	L	M2	U	M2
XOR	A1	XO	A1	UN	A1
ST	A1	=	A1	O(	
				UN	M2
				U	A1
				)	
				=	A1

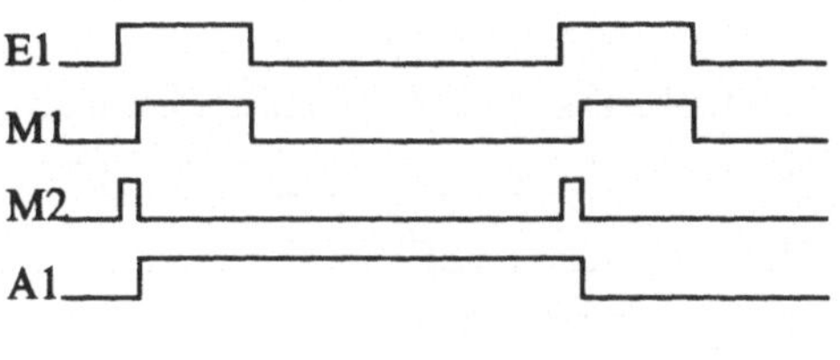

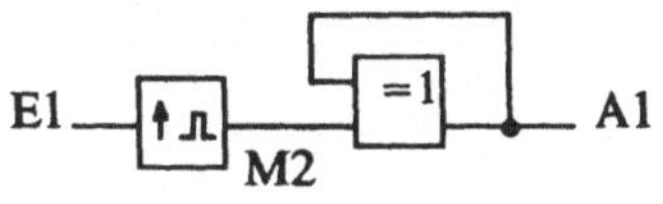

Abb. 2.46. Impulsschalter: AWL, Zeitverhalten und LOP

Die Funktion des Impulsschalters setzt sich zusammen aus der Aufgabe der Flankenerkennung und des Zustandswechsels, der z.B. mit Hilfe des EXKLUSIV-ODER-Verknüpfung realisierbar ist. Die Zusammensetzung der beiden Teilprogramme ergibt dann das Programm des Impulsschalters. Er besitzt das gleiche Verhalten wie ein T-Flip-Flop, das in der digitalen Schaltungstechnik meist mit Hilfe einer Master-Slave Kombination zweier RS-Flip-Flops realisiert wird.

2.3.2 ZÄHLER

Viele Steuerungsvorgänge enthalten Zählfunktionen als Teilaufgaben. Typische Aufgaben dieser Art sind die n-malige Wiederholung eines Vorganges oder die Auslösung einer Reaktion nach n-maligem Auftreten eines bestimmten Ereignisses. Der zur Programmierung einer solchen Aufgabe benötigte Zähler läßt sich aus den bisher bekannten Befehlen aufbauen. Dies zeigt das folgende Beispiel für einen Rückwartszähler mit drei Binärstellen.

Beispiel 2.14. 3-Bit-Rückwärtszähler
Der Ausgang einer Steuerung soll nach genau acht positiven Flanken des Eingangssignals den Wert "1" annehmen:
Die Untersuchung des Zeitverhaltens zeigt, daß an mehreren Stellen eine positive Flanke bei einem Signal einen Zustandswechsel bei einem anderen Signal auslöst.

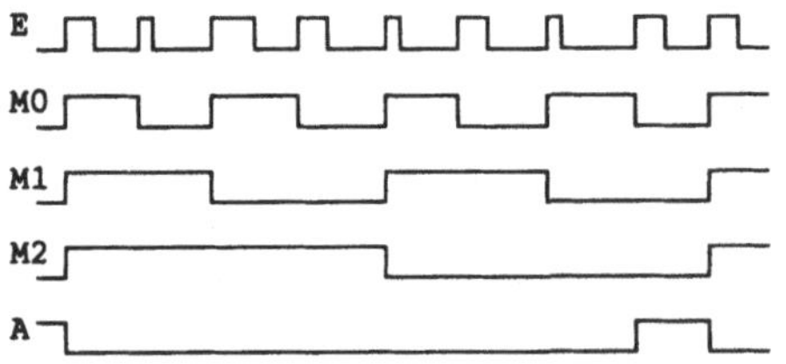

Abb. 2.47. 3-Bit-Rückwärtszähler

Wenn positive Flanke bei E, dann Zustandswechsel bei M0.

Wenn positive Flanke bei M0, dann Zustandswechsel bei M1.
Wenn positive Flanke bei M1, dann Zustandswechsel bei M2.

Zur Umsetzung dieser drei Bedingungen kann das Programm des Impulsschalters verwendet werden. Das Programm des 3-Bit-Rückwärtszählers setzt sich daher aus drei gleichartigen Programmstücken zusammen, die eine positive Flanke beim Eingang E und den Merkern M0 und M1 auswerten. Die drei Merker M12, M14 und M16 sind die Flankenmerker, die nach einer positiven Flanke für die Dauer eines Zyklus den Wert "1" annehmen. Die Ausgangsgröße A ergibt sich als UND-Verknüpfung der drei negierten Merker.

```
;Flanke aufgetreten?
LD    E         LD    M0        LD    M1
ANDN  M11       ANDN  M13       AND   M15
ST    M12       ST    M14       ST    M16

;Flankenmerker setzen
LD    M12       LD    M14       LD    M16
S     M11       S     M13       S     M15

;Flankenmerker löschen
LDN   E         LDN   M0        LDN   M1
R     M11       R     M13       R     M15

;Zustandswechsel
LD    M12       LD    M14       LD    M16
XOR   M0        XOR   M1        XOR   M2
ST    M0        ST    M1        ST    M2

;Ausgang berechnen
LDN   M0
ANDN  M1
ANDN  M2
ST    A1
```

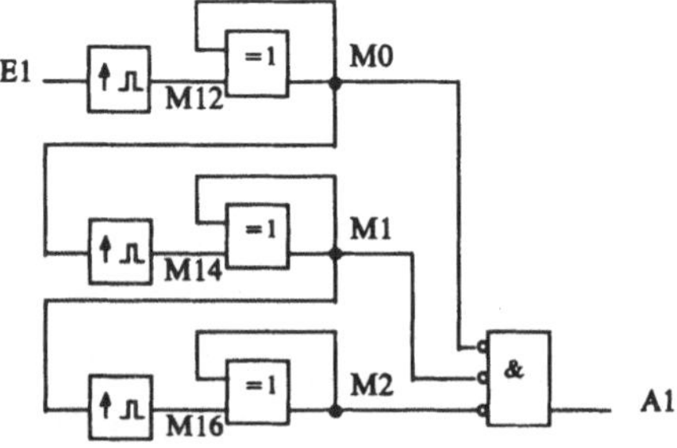

Abb. 2.48. IEC-AWL und LOP eines 3-Bit-Zählers   □

Die Basisschaltung eines Zählers bildet der Impulsschalter. Er erzeugt einen Zustandswechsel am Ausgang bei jeder positiven Flanke am Eingang. Durch Reihenschaltung mehrerer Impulsschalter wird der Wertebereich des Zählers festgelegt. Neben dem reinen (Rückwärts-) Zählen werden noch andere Funktionen im Zusammenhang mit Zählvorgängen benötigt. So ist es z.B. erforderlich, vorwärts zu zählen oder Zähler gezielt zu setzen oder rückzusetzen. Diese Funktionen können durch zusätzliche Komponenten realisiert werden.

Der Rückwärtszähler entsteht durch durch Reihenschaltung von Impulsschaltern, die bei positiver Flanke schalten. Soll vorwärts gezählt werden, muß bei negativer Flanke geschaltet werden. Der Eingang der Flankenerkennung im Impulsschalter ist dann zu invertieren. Definiert man die beiden Signale ZV (Zähle vorwärts) und ZR (Zähle rückwärts) kann zwischen Vorwärts- und Rückwärtszählung gewählt werden.

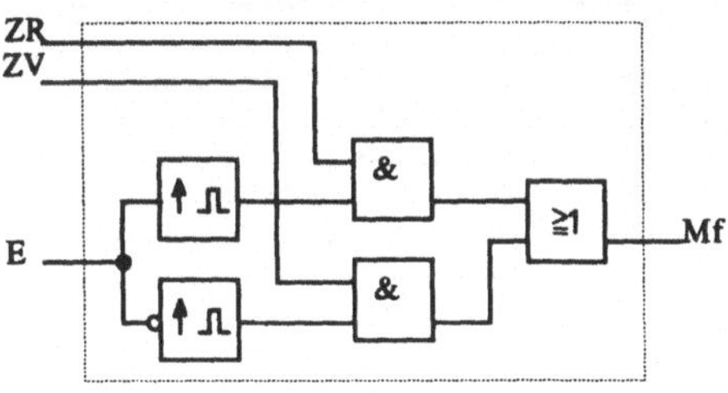

Abb. 2.49. Vorwärts- Rückwärts-Umschaltung

Ist ZV gesetzt, wird der Zählerwert bei jeder negativen Flanke von E inkrementiert; ist ZR gesetzt, wird dekrementiert.

Um einen Zähler gezielt zu setzen oder rückzusetzen, ist der Zustandswechsel zu modifizieren. Dem Zustandswechsel aufgrund einer erkannten Flanke wird der Setz- bzw. Rücksetzbefehl überlagert. Das Verhalten des

dazu erforderlichen Netzwerks kann als Wertetabelle hergeleitet werden.

Tabelle 2.31. Zählersetzen und -rücksetzen

Mf	S	R	W	A	A'
0	0	0	*	0	0
0	0	0	*	1	1
1	0	0	*	0	1
1	0	0	*	1	0
*	1	0	0	*	0
*	1	0	1	*	1
*	*	1	*	*	0

Solange kein Setzen oder Rücksetzen erfolgt, ändert der Ausgang bei jeder erkannten Flanke (Mf="1") seinen Wert. Bei einem Setzsignal wird der vorgegebene Wert W übernommen. Bei einem Rücksetzsignal geht der Zähler auf "0". Die Zusammenfassung der Wertetabelle liefert die Schaltfunktion:

$$A' = \overline{R}\left(\left(A \neq Mf\right) \wedge \overline{S} \vee \left(S \wedge W\right)\right),$$

die in folgenden LOP umgesetzt werden kann:

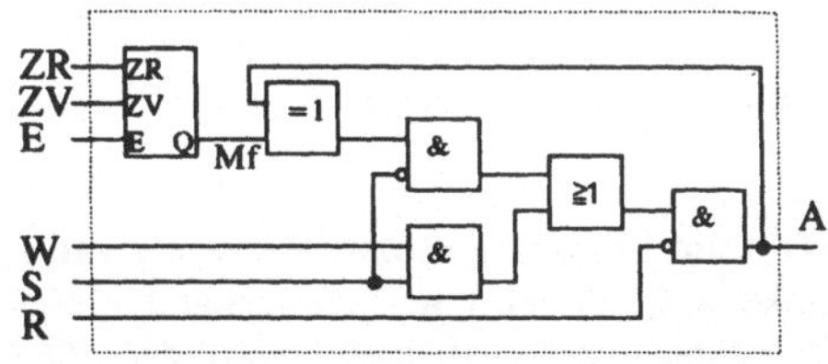

Abb. 2.50. 1-Bit- Zählerstufe

Durch Reihenschaltung mehrerer 1-Bit-Zählerstufen kann nun ein beliebiger Zähler zusammengesetzt werden.

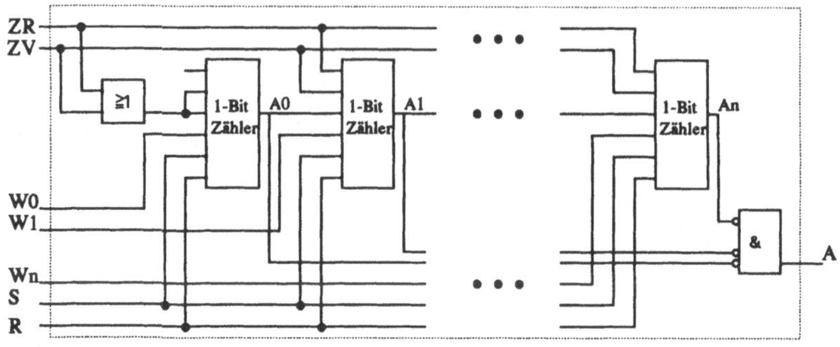

Abb. 2.51. n-Bit-Zähler

Die Realisierung eines Zählers mit Hilfe der elementaren Verknüpfungsbefehle nimmt Programmierzeit, Rechenzeit und Speicherplatz in Anspruch. Deshalb sind Zähler meist als Bestandteil der Firmware in Maschinensprache programmiert und stehen als fertige Bausteine zur Verfügung.

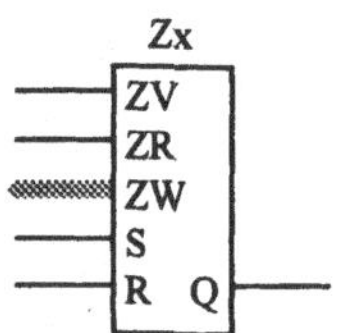

Abb. 2.52. Zähler als LOP-Symbol

Tritt am Eingang ZV bzw. ZR eine positive Flanke auf, so wird der Zählerstand erhöht (ZV Zähle vorwärts) bzw. verringert (ZR Zähle rückwärts). Der Zähler kann durch einen "1"-Pegel am Eingang S auf den Wert gesetzt werden, der am Eingang ZW anliegt. Im Unterschied zu den anderen Ein- und Ausgängen handelt es sich bei ZW nicht um eine binäre Größe, sondern um einen Zahlenwert. Dieser kann je nach Wortbreite zwischen 0 und 255 (Byte-Wert) oder zwischen 0 und 65535 (Word-Wert) liegen. Auch Zahlendarstellungen mit negativen Werten sind möglich. In Verknüpfungssteuerungen steht der Zählerausgang als Binärwert zur Verfügung. Er ist gesetzt, solange der Zählerstand ungleich Null ist. In

digitalen Steuerungen, in denen zahlenverarbeitende Funktionen realisiert werden, steht der Zählerstand darüber hinaus auch als digitaler Zahlenwert oder als binär codierte Dezimalzahl (BCD) zur Verfügung.

Auch in AWL können Zähler eingesetzt werden. Hierzu dienen folgende Befehle:

Tabelle 2.32. AWL-Zähler-Befehle

```
ZV   Zx     Zählerstand Zx inkr.
ZR   Zx     Zählerstand Zx dekr.
S    Zx,K   Zx auf Wert K setzen
R    Zx     Zx auf 0 rücksetzen
LD   Zx     Zählerausgang laden und
            verknüpfen
```

Wie im Logikplan erfolgt das Vorwärts- und Rückwärtszählen nur bei positiver Flanke. Die Firmware führt dazu folgende Prüfung durch: Hat der Inhalt des Arbeitsregisters vor dem ZV- bzw. ZR-Befehl seit dem letzten Zyklusdurchlauf von "0" nach "1" gewechselt, wird der Befehl wirksam. Im anderen Fall bleibt der Zählerstand unverändert.

Beispiel 2.15. Halbautomatische Transportanlage
An einer Transportanlage gelangen Werkstücke über ein Förderband in einen an dessen Ende bereitstehenden Behälter. Jedes ankommende Werkstück wird mit einer Lichtschranke (Eingang E1) erfaßt. Sind genau 10 Werkstücke im Behälter, ist das Förderband anzuhalten. Ein Bediener ersetzt den vollen Behälter durch einen leeren und startet

den Vorgang durch Betätigung eines Tasters (E2) von Neuem.

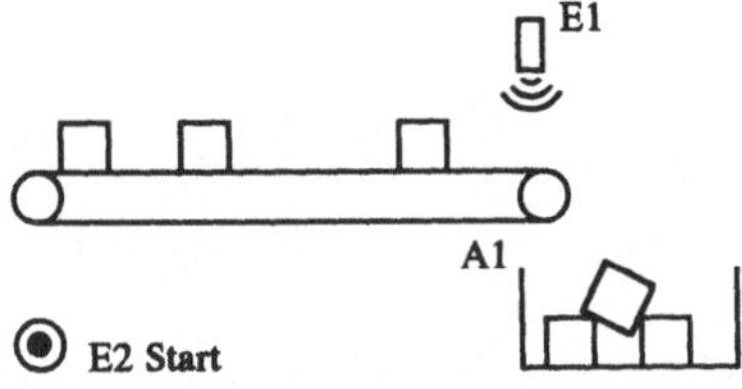

Abb. 2.53. Transportanlage

In einem Merker M1 wird die Startanforderung gespeichert. Der Taster E2 setzt diese Anforderung auf "1". Sie wird bei Beginn des Zählvorganges gelöscht und kann bei laufender Anlage auch bei Betätigung von E2 nicht mehr gesetzt werden. Durch M1 wird der Zähler auf den Wert 10 gesetzt, sein Ausgang geht auf "1" und das Band startet (A1). Mit jeder postiven Flanke der Lichtschranke (E1) wird der Zähler dekrementiert. Nach 10 Impulsen erreicht der Zähler den Wert 0, sein Ausgang geht auf "0" und das Band wird angehalten. Der ZV-Eingang und der R-Eingang des Zählers sind unbenutzt.

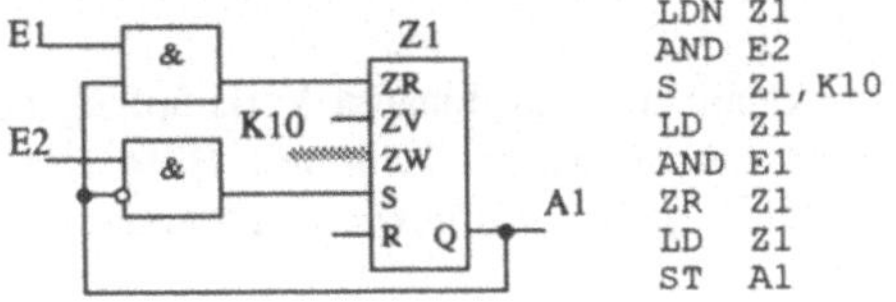


```
LDN  Z1
AND  E2
S    Z1,K10
LD   Z1
AND  E1
ZR   Z1
LD   Z1
ST   A1
```

Abb. 2.54. Steuerung der halbautomatischen Transportanlage   □

Beispiel 2.16. Parkhaussteuerung
Es soll eine Steuerung für ein Parkhaus mit zwei Etagen erstellt werden. Die Ein- und Ausfahrt des Parkhauses wird mit Induktionsschleifen überwacht, die bei Bedämpfung durch ein darüber fahrendes Auto Eingangssignale melden. Die Eingangsschranke wird nur geöffnet, wenn das Parkhaus noch nicht besetzt ist. Die Ausgangsschranke darf jederzeit geöffnet werden. In der oberen Etage befindet sich eine Doppellichtschranke mit Auswerteeinheit zur Fahrtrichtungserkennung. Die Zahl der freien Plätze auf den einzelnen Etagen wird durch die beiden Zähler Z1 und Z2 gezählt. Ist eine der beiden Etagen oder sind beide besetzt, wird dies an drei Lampen für den Autofahrer nach außen sichtbar gemeldet. Die Initialisierung der

Steuerung, d.h. die Vorbesetzung der Zähler mit der maximalen Zahl freier Plätze auf jeder Etage bei leerem Parkhaus erfolgt über den Init-Taster (E7). Obwohl auf der ersten Etage nur 107 Parkplätze vorhanden sind, wird Z1 mit 110 initialisiert. Es wird also eine Überbelegung um drei Autos zugelassen.

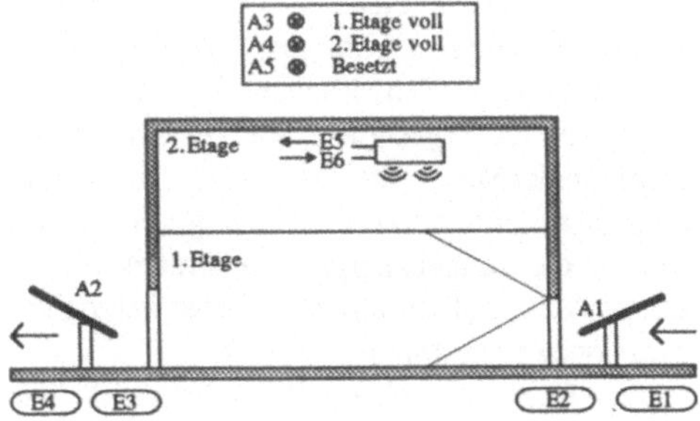

Abb. 2.55. Prinzipskizze des Parkhauses.

Zur Lösung der Aufgabenstellung werden die beiden Zähler geeignet angesteuert. Die Ansteuerung der Schranken erfolgt über die Signale der Induktionsschleifen. Ein in das Parkhaus einfahrendes Fahrzeug belegt zunächst einmal einen Platz auf der ersten Etage. Dieser wird wieder frei, wenn das Auto das Parkhaus verläßt oder zur 2.Etage weiterfährt. Der Logikplan des Programms zeigt die erforderlichen Verknüpfungen:

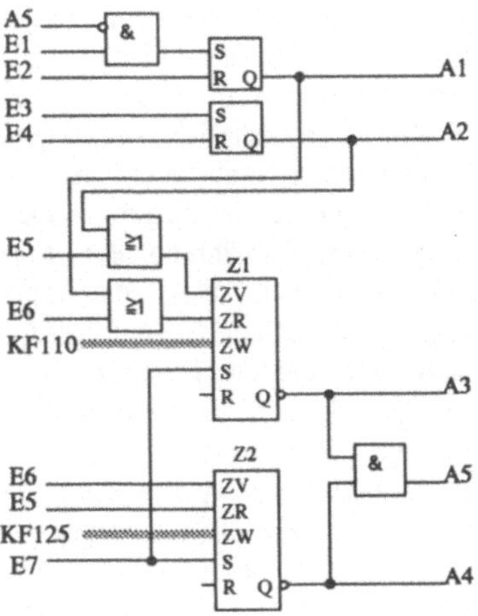

Abb. 2.56. LOP-Programm der Parkhaussteuerung   □

2.3.3 ZEITGEBER (TIMER)

Die Durchlaufzeit eines Pogrammes in einer Steuerung hängt von der Anzahl der Programmzeilen und der Art der verwendeten Befehle ab. Beim Einsatz von Sprungbefehlen kann sie auch von Verknüpfungsergebnissen abhängen. Sie ist daher nicht exakt bekannt und kann zudem schwanken. Zur Erzeugung eines definierten Zeitverhaltens ist die Zykluszeit daher nicht geeignet. Statt dessen stellen programmierbare Steuerungen einstellbare Zeitgeber (Timer) zur Verfügung. Mit diesen können die zeitabhängigen Steuerungsvorgänge, wie z.B. zeitlich begrenzte oder verzögerte Reaktionen programmiert werden.

Der Grundtyp eines Zeitgebers ist das Monoflop.

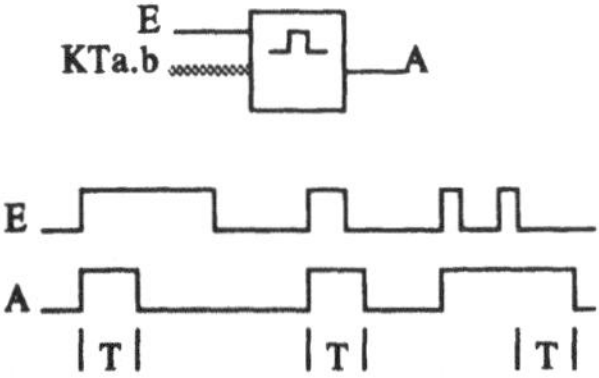

Abb. 2.57. Monoflop-Symbol und Zeitverlauf

Wie das Zeitdiagramm zeigt, reagiert das Monoflop auf eine positive Flanke am Eingang mit einem "1"-Impuls am Ausgang. Die Dauer des Impulses hängt lediglich von der eingestellten Zeitkonstanten T ab, nicht aber von der Länge des Impulses am Eingang. Auch wenn der Eingangspegel während der Monoflop-Laufzeit auf "0" geht, bleibt die Impulsdauer am Ausgang unverändert. Das Zeitdiagramm zeigt außerdem, daß das Monoflop durch weitere positive Flanken während der Laufzeit nachgetriggert werden kann.

Die Zeitkonstante T wird in Steuerungen als Konstante der Form KTa.b eingegeben. Sie setzt sich aus der Zeitbasis b und dem Zeitfaktor a zusammen. Abhängig von der verwendeten Steuerung sind unterschiedliche Zeitbereiche einstellbar und kommen unterschiedliche Codierungsformen der Zeitkonstanten zum

Einsatz. Eine typische Zuordnung für den Zeitbereich sieht folgendermaßen aus:

Tabelle 2.33. Einstellung von Zeitkonstanten

```
KTa.b
  a: Zeitfaktor (z.B. 3-stellig)
  b: Zeitbasis: 0 =   10 msec
                1 =  100 msec
                2 =    1 sec
                3 =   10 sec
```

Nachstehende Tabelle zeigt einige Beispiele von Zeitkonstanten in dieser Darstellungsweise:

Tabelle 2.34. Beispiele für Zeitkonstanten

```
KT3.0   =        30msec =  0,03sec
KT27.0  =       270msec =  0,27sec
KT117.1 =     11700msec = 11,70sec
KT4.2   =         4sec
KT84.3  =       840sec  =  14min
KT972.3 =      9720sec  = 162min
```

In Kombination mit binären Verknüpfungen, Zählern und Speichern kann mit Hilfe eines Monoflops jede Zeitfunktion programmiert werden.

Beispiel 2.17. Rücksetzbare Impulsfunktion

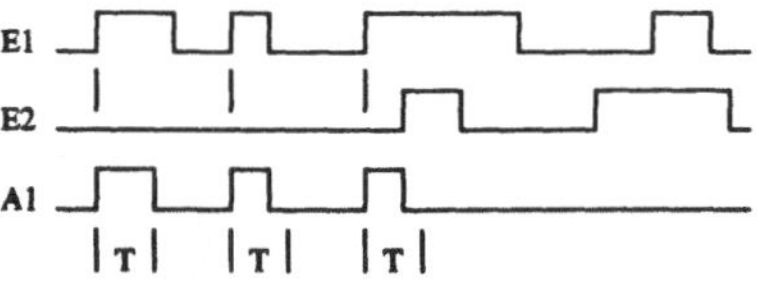

Abb. 2.58. Rücksetzbare Impuls-Funktion

Gegenüber dem Monoflop-Verhalten weist die rücksetzbare Impulsfunktion zwei Besonderheiten auf. Der Ausgangsimpuls wird, wie beim Monoflop durch eine positive Flanke am Eingang E1 gestartet und bei Ablauf des Timers gestoppt. Der Impuls kann aber durch zwei Bedingungen vorzeitig beendet werden. Entweder wenn das Eingangssignal E1 wieder auf "0" geht, oder wenn der Rücksetzeingang E2 aktiv wird. Diese Bedingungen lassen sich als Logikplan darstellen.

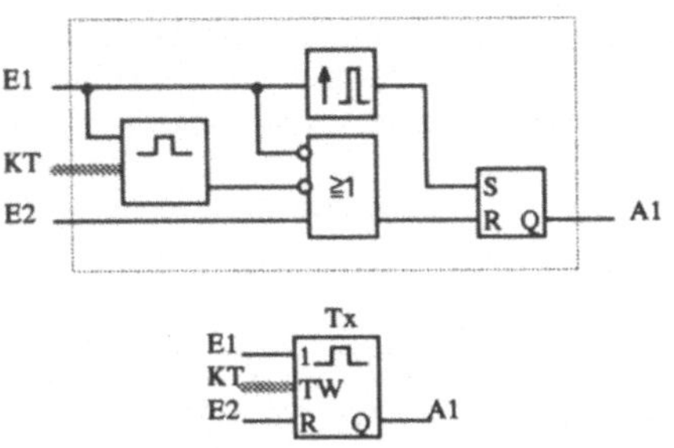

Abb. 2.59. Programm und LOP-Symbol des Impuls-Timers

Eine positive Flanke am Eingang E1 startet das Monoflop und setzt den Ausgang A1. Er bleibt solange gesetzt, bis der Eingang E1 inaktiv wird, das Monoflop abläuft oder der Rücksetzeingang E2 aktiv wird. Wenn während der Monoflop-Laufzeit und bei aktivem Eingang E1 der Rücksetzeingang kurzzeitig aktiv wird, wird der Ausgang A1 zurückgesetzt. Da das Monoflop aber noch läuft, würde A1 wieder gesetzt, sobald E2 = "0" ist. Um dies zu verhindern, wurde vor den Setzteingang des Speichergliedes eine Flankenerkennung geschaltet. Das Setzen wird dadurch nur einmalig bei einer positiven Flanke ausgeführt, nicht aber bei einem länger anstehenden positiven Signalpegel. Da die Speicherglieder pegelgesteuerte Eingänge besitzen, muß immer dann wenn flankengesteuertes Setzen oder Rücksetzen erforderlich ist, eine Flankenerkennung vorgeschaltet werden.

□

Die Impulsfunktion wird in Steuerungsprogrammen sehr oft benötigt. Sie steht daher üblicherweise als Timer-Baustein zur Verfügung. Im Logikplan besitzt der Impulstimer einen Setz- und einen Rücksetzeingang sowie einen Eingang TW zur Vorgabe der Zeitkonstanten. Der Ausgang des Timers ist eine binäre Größe, die den Wert "1" hat, solange der Timer läuft und den Wert "0", wenn er abgelaufen ist.

In der Anweisungsliste gibt es einen Setz-Befehl zum Starten des Timers und einen Rücksetzbefehl, um ihn eventuell vorzeitig zu stoppen. Der Timerausgang kann als Binäroperand Tx in allen Verknüpfungsoperationen eingesetzt werden.

Tabelle 2.35. AWL-Timer-Befehle

```
SI Tx,KTa.b
        Timer Tx mit KTa.b starten
R   Tx  Timer Tx stoppen
```

Neben der rücksetzbaren Impulsfunktion sind in den verschiedenen Steuerungstypen Zeitgeber mit unterschiedlichen Betriebsarten, wie z.B. Einschalterzögerung oder Ausschaltverzögerung realisiert. Um in jedem Anwendungsfall eine gewünschte Zeitfunktion zu realisieren, kann daher zunächst geprüft werden, ob eine entsprechende Betriebsart zur Verfügung steht. Ist dies nicht der Fall, muß die gewünschte Zeitfunktion mit den vorhandenen Zeitgebern realisiert werden. Da dies nicht immer ganz trivial ist, ist eine systematische Vorgehensweise angebracht. Der systematische Entwurf kann durch schrittweise Beantwortung der folgenden Fragen erfolgen:

1. An welcher Stelle werden Zeitfunktionen benötigt?
2. Wie müssen die vorhandenen Zeitgeber angesteuert werden, um das gewünschte Zeitverhalten zu erzeugen?
3. Wie ergeben sich die Ausgänge aus den Eingangs-, Merker und Timerwerten?

Folgt man diesen Fragen, wird das Programm von „Innen" nach „Außen", d.h. von der Zeitfunktion als Programmkern zu den Ausgängen und Eingängen hin entwickelt. Einige Beispiele sollen die Entwurfsschritte verdeutlichen.

Beispiel 2.18. Programmierung einer Einschaltverzögerung mit Hilfe eines Impulstimers.

Bei einer Einschaltverzögerung wird die positive Flanke des Setzeinganges verzögert und die negative Flanke unverzögert am Ausgang weitergegeben:

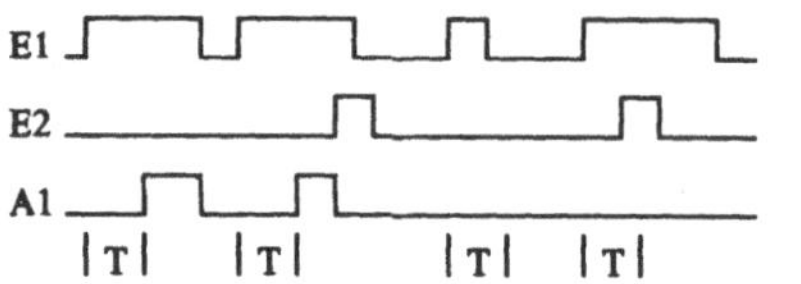

Abb. 2.60. Zeitverhalten einer Einschaltverzögerung

Die Zeitfunktion wird also an den im Bild dargestellten Stellen nach einer positiven Flanke von E1 benötigt. Der Impulstimer liefert die gewünschte Zeitfunktion, wenn er mit E1 gestartet wird.

Der Ausgang muß gesetzt werden, wenn der Timer abläuft. Dieses Setzen darf aber nur erfolgen, wenn der Setzeingang noch immer auf "1" ist und wenn kein Rücksetzsignal während der Timerlaufzeit gekommen ist. Da das Rücksetzsignal sehr kurz sein kann, muß sein Auftreten während der Timerlaufzeit gespeichert werden. Dies erfolgt mit dem Merker M5. Der Ausgang muß zurückgesetzt werden, wenn das Setzsignal weggeht oder ein Rücksetzimpuls kommt.

Das vollständige Programm lautet:

Tabelle 2.36. STEP5-AWL der Einschaltverzögerung

```
001: U   E1  ; pos. Flanke am S-Eingang
002: UN  E2  ; und kein Rücksetzen
003: L   KT7.2
004: SI  T1  ; dann Imp.timer starten
005: U   T1  ; Timeraktivierung merken
006: S   M5  ;
007:        ;
008: U   M5  ; Wenn Timer aktiviert
009: UN  T1  ; und schon abgelaufen
010: =   A1  ; dann Ausgang
011:        ;
012: U   E2  ; Wenn Rücksetzsignal
013: ON  E1  ; oder kein Setzsignal
014: R   T1  ; dann Timer rücksetzen
015: R   M5  ; und Merker rücksetzen.
```

Beispiel 2.19. Taktgeber

Im nun folgenden Beispiel werden Timer und Zähler eingesetzt, um einen einstellbaren *Taktgeber* zu programmieren. Der Ausgang des Taktgebers soll in einem einstellbaren Zyklus seinen Zustand periodisch ändern. Die Zeitbasis sowie die Dauer der "1"-Phase und der "0"-Phase als Vielfaches der Zeitbasis sollen unabhängig voneinander einstellbar sein. Ein solcher Taktgeber ist z.B. erforderlich, um blinkende Anzeigeleuchten anzusteuern.

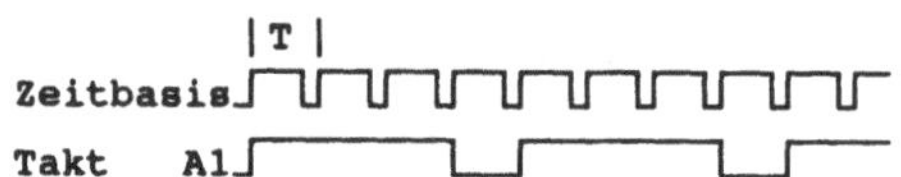

Abb. 2.61. Zeitverhalten des Taktgebers

Das Programm benötigt einen Impuls-Timer zur Erzeugung des Grundtaktes. Sobald dieser Timer abgelaufen ist, wird er sofort wieder gestartet. Jeder Neustart des Timers dekrementiert den Zähler. Erreicht dieser den Wert "0", wechselt der Zustand des Ausganges und der Zähler wird, abhängig vom Ausgangspegel, auf einen neuen Startwert gesetzt:

Tabelle 2.37. DIN-AWL des Taktgebers

```
LN  T1        ; Wenn Timer abgelaufen
SV  T1, KT1.1 ; dann neu starten
ZR  Z1        ; und Zähler dekrement.
              ;
LN  Z1        ; Wenn Zähler auf "0"
XO  A1        ; dann Zust.wechsel bei A1
=   A1        ;
              ;
LN  Z1        ; Wenn Zähler auf "0"
U   A1        ; und "1"-Phase
S   Z1,K3     ; dann Zähler auf 3 setzen
              ;
LN  Z1        ; Wenn Zähler auf "0"
UN  A1        ; und "0"-Phase
S   Z1,K1     ; dann Zähler auf 1 setzen
```

Beispiel 2.20. Motorhochlaufüberwachung
Das nächste Beispiel zeigt die Verwendung eines Timers zur zeitlichen Überwachung des Hochlaufs eines Motors.
Als Bestandteil einer Motorsteuerung soll bei Betätigung des Tasters E1 zunächst ein Motor eingeschaltet werden (A1). Sofern dieser ordnungsgemäß hochläuft, sollte er nach maximal 9 Sekunden die Nenndrehzahl erreichen, was mit Hilfe eines Drehzahlwächters (Eingang E3) erkannt wird. Erreicht der Motor innerhalb der vorgegebenen Zeit die Nenndrehzahl nicht, liegt eine Störung vor und er ist wieder stillzusetzen. Das normale Ausschalten des Motors erfolgt über einen zweiten Taster E2.

```
001: U    E1     ; Wenn Taster betätigt,
002: UN   A1     ; und Motor steht
003: S    A1     ; dann Motor einschalten
004: L    KT9.2
005: SV   T1     ; und Timer starten.
006:             ;
007: U    A1     ; Wenn Motor ein
008: UN   T1     ; und Timer abgelaufen
009: UN   E3     ; und keine Rückmeldung,
010: O    E2     ; oder Auschaltbefehl
011: R    A1     ; dann Motor aus.
```

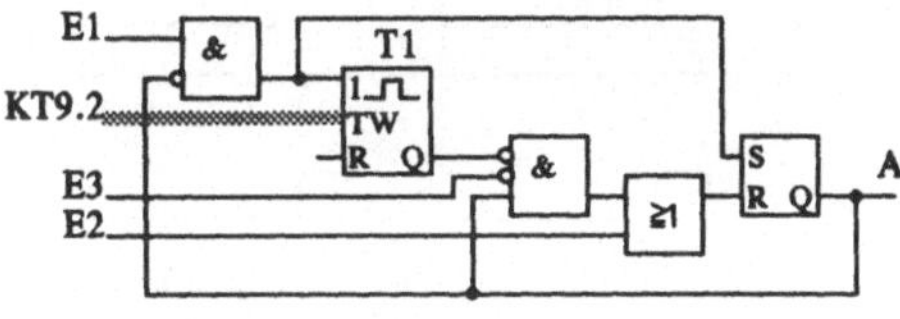

Abb. 2.62. STEP5-AWL und LOP zur Einschaltüberwachung eines Motors

Das Rücksetzen des Timers ist nicht erforderlich, da er nach 9 Sekunden von selbst abläuft. Nur wenn vor Ablauf dieser Zeit ein erneuter Start notwendig ist, wird das explizite Rücksetzen benötigt. □

Beispiel 2.21. Lokführerüberwachung
Auf den vollautomatisierten Loks hat der Lokführer nur noch die Aufgabe das korrekte Funktionieren der Steuerungssysteme zu überwachen und bei Ausnahmesituationen einzugreifen. Da im Normalfall keine Eingriffe auszuüben sind, besteht die Gefahr, daß die Aufmerksamkeit nachläßt. Um dies zu verhindern muß in regelmäßigen, kurzen Zeitabständen (z.B. 60 sec) eine Taste betätigt werden.

Falls dies nicht geschieht, wird durch die Steuerung für eine feste Zeit (z.B. 10 sec) eine Warnung ausgegeben. Erfolgt auch innerhalb dieser Zeit keine Tastenbetätigung, wird der Zug gestoppt.
Zur Realisierung einer solchen Überwachungsfunktion für den Lokführer wird eine Signalwechselerkennung für den Taster benötigt. Ist ein Signalwechsel erfolgt, wird der Timer T1 mit einer Einschaltverzögerung von 60 Sekunden gestartet. Sobald innerhalb dieser Verzögerungszeit der Taster seinen Wert ändert, wird der Timer immer wieder neu gestartet. Erst wenn am Taster während 60 Sekunden kein Signalwechsel erfolgt, geht der Timer T1 auf "1". Dadurch wird der Timer T2 mit einer Verzögerung von 10 Sekunden gestartet und gleichzeitig eine Warnung ausgegeben. Ist auch nach Ablauf der Warnzeit kein Signalwechsel beim Taster erfolgt, wird der Zug gestoppt.

```
L    E1         ; Wechsel des Tastersignals
XO   M1         ; seit dem letzten Zyklus?
=    M2
L    E1         ; Tastersignal speichern.
=    M1

L    M2         ; Falls Signalwechsel,
SS   T1, KT60.2 ; Timer neu starten.
L    T1         ; Falls Timer kommt,
SS   T2, KT10.2 ; Warnzeit starten
S    A1         ; und Warnsignal ausgeben.

L    T1         ; Falls Warnung läuft
U    M2         ; und Signalwechsel kommt,
R    T1         ; dann Timer1,
R    T2         ; Timer 2
R    A1         ; und Warnsignal rücksetzen.

L    T1         ; Falls Warnung läuft
U    T2         ; und Warnzeit abgelaufen,
=    A2         ; dann Zug bremsen.
```

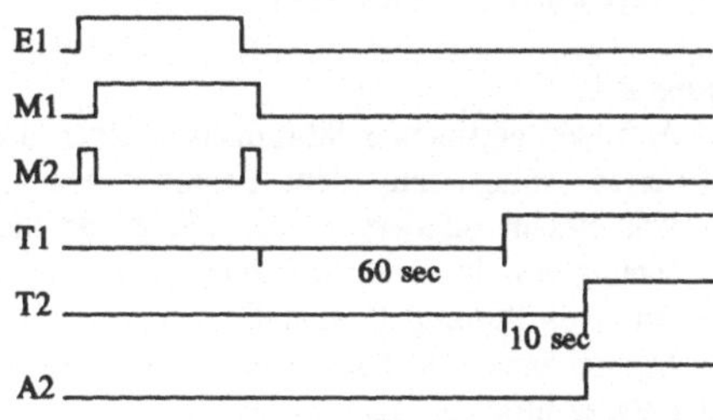

Abb. 2.63. Zeitverlauf der Lokführerüberwachung □

2.4 ÜBUNGEN

Übung 2.1.

Gegeben ist die logische Funktion

$$A = \overline{E1}(E2 \vee \overline{E4}) \vee (E1 \vee E2E3)\overline{E4} \quad .$$

Formen Sie die Funktion in die disjunktive und in die konjunktive Normalform um.
Stellen Sie Funktion als Wertetabelle dar.
Stellen Sie Funktion als KV-Diagramm dar.

Übung 2.2.

Die folgende logische Funktion ist zu minimieren.

$$A = E2\,E3\,\overline{E4} \vee \overline{E2}\,E3\,\overline{E4} \vee E1E2\,E4 \vee \overline{E1}\,\overline{E2}\,E4 \vee$$
$$\vee \overline{E2}\,E3\,E4 \vee \overline{E1}\,E3\,E4 \quad .$$

Führen Sie eine Minimierung durch, indem sie die Funktion in ein KV-Diagramm überführen und dort maximale Überdeckungen suchen.

Übung 2.3.

Der folgende Logikplan soll als AWL programmiert werden.

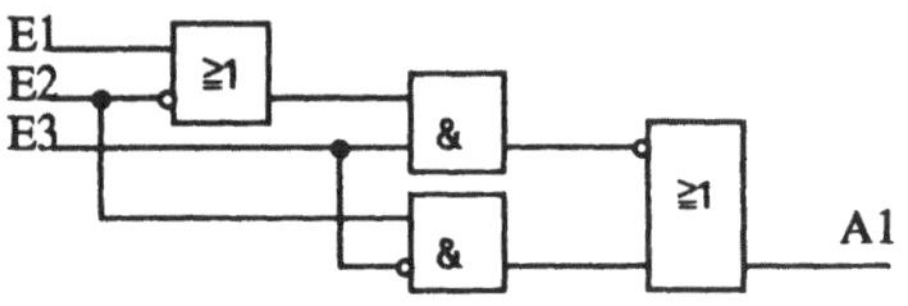

Abb. 2.64. Logikplan

Erstellen Sie ein äquivalentes AWL-Programm ohne Verwendung von Klammerbefehlen.
Erstellen Sie ein äquivalentes AWL-Programm ohne Verwendung von Merkern.

Übung 2.4.

Das Auftreten bestimmter Störungen in einer automatisierten Anlage muß dem Benutzer gemeldet und von diesem quittiert werden. Folgende Störhandhabung soll in einer SPS programmiert werden.Tritt eine Störung (Signal E1) in der Anlage auf, beginnt eine rote Lampe mit einer Frequenz von 1 Hz zu blinken. Dazu werden die Merker M1 und M2 gesetzt.
Erfolgt die Quittierung (Taster E2) solange die Störung noch ansteht, hört die Lampe auf zu blinken, bleibt aber auf Dauerlicht geschaltet (Merker M1), bis die Störquelle weggeht. Geht die Störung

bereits vor der Quittierung weg, blinkt die Lampe mit der Frequenz von 0,4 Hz. Dazu müssen die Merker M1 und M3 gesetzt sein. Ist die Störung zum Zeitpunkt der Quittierung bereits gegangen, wird die Lampe mit der Quittierung komplett ausgeschaltet.
Erstellen Sie ein Programm für diese Störhandhabung, indem Sie die Merker M1, M2 und M3 mit Speichern realisieren.

Übung 2.5.

Das Programm für die Störhandhabung ist nun mit Hilfe von Zeitgebern um die Ansteuerung der Lampe zu ergänzen.
Bei gesetzten Merkern M1 und M2 ist die Lampe A1 im Tastverhältnis 1:1 mit einer Frequenz von 1 Hz anzusteuern. Bei gesetzten Merkern ist ein Blinktakt von 0,4 Hz zu realisieren. Ist nur Merker M1 gesetzt, brennt die Lampe permanent.

Übung 2.6.

Der dargestellte Zeitverlauf soll mit einer Steuerung realisiert werden. Die Steuerung stellt nur logische Verknüpfungen, Speicher und Monoflops zur Verfügung.

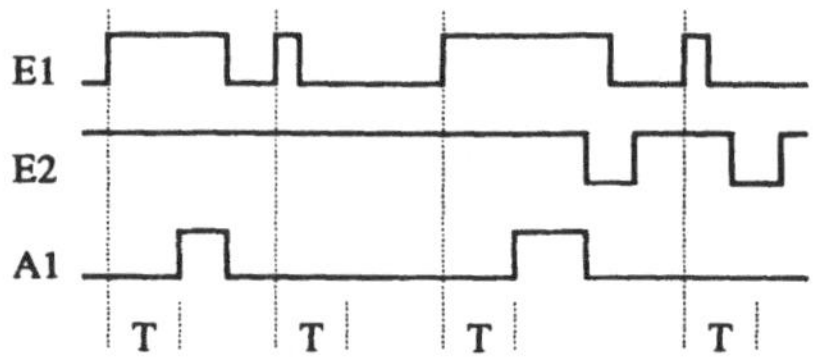

Abb. 2.65. Zeitverlauf

Erstellen Sie ein Steuerungsprogramm, das diese Zeitfunktion realisiert.

Übung 2.7.

Zur Ansteuerung einer Ampel wird das folgende Zeitverhalten benötigt. Zu Beginn ist die Ampel rot (A1). Nach dem Auftreten einer Anforderung (E1) schaltet die Ampel auf rot/gelb (A1, A2) und nach 3,5 sec auf grün (A3). Nach Ablauf der Grünphase (8 sec) geht die Ampel für 1,5 sec auf gelb und anschließend wieder auf rot. Beim erneuten Auftreten einer Anforderung darf die Ampel erst nach Ablauf einer Wartezeit von 20 sec wieder auf rot/gelb gehen.
Realisieren Sie die Ampelansteuerung mit Hilfe der Timer T1, T2, T3, T4, die als Einschaltverzögerung arbeiten können.

Übung 2.8.

In einem schienengebundenen Transportsystem müssen an einem Engpaß drei Strecken über Weichen zusammengeführt werden.

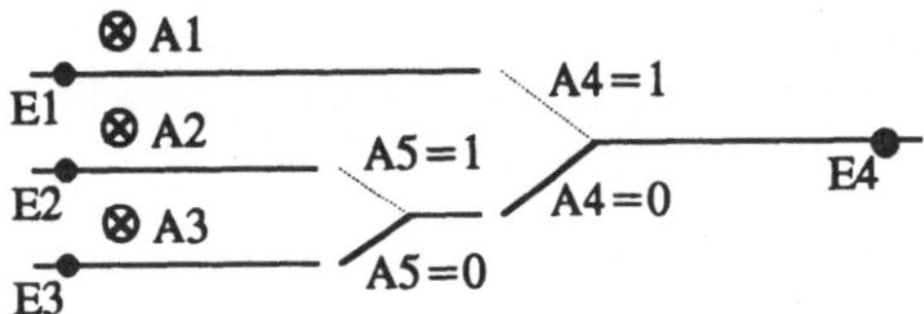

Abb. 2.66. Zusammenführung von drei Fahrstrekken

Damit sich immer nur ein Fahrzeug im Weichenbereich befindet, wird die Einfahrt und Ausfahrt über die Sensoren E1 bis E4 überwacht. Bei der Ankunft eines Fahrzeugs wird überprüft ob der Weichenbereich frei ist. Erst wenn dies der Fall ist, werden die Weichen angesteuert und das Fahrzeug erhält ein Einfahrtsignal (A1 bis A3).

Übung 2.9.

Bei der Produktion von Lebensmitteln gelten besonders hohe Qualitätsanforderungen. In einem Betrieb zur Herstellung von Fertiggerichten werden die auf einem Band transportierten Gerichte mit Hilfe eines Metalldetektors überwacht. Spricht der Detektor an, wird das Produkt automatisch aussortiert.

Wenn der Detektor innerhalb einer Charge von 1000 Produkten öfter als dreimal anspricht, muß eine Meldung ausgegeben werden.

Es ist ein Programm zu erstellen, das die ankommenden Produkte (E1) und die Aktivierungen des Detektors (E2) zählt und bei Überschreiten von drei Aktivierungen pro Charge den Ausgang A1 setzt.

Übung 2.10.

Gegeben ist der folgende Logikplan.

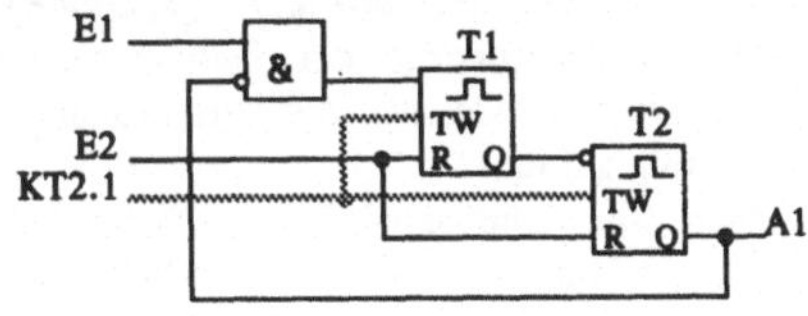

Abb. 2.67. Logiplan mit Impulstimern

Bestimmen Sie das Zeitverhalten des obigen Programmes für folgende Anregung.

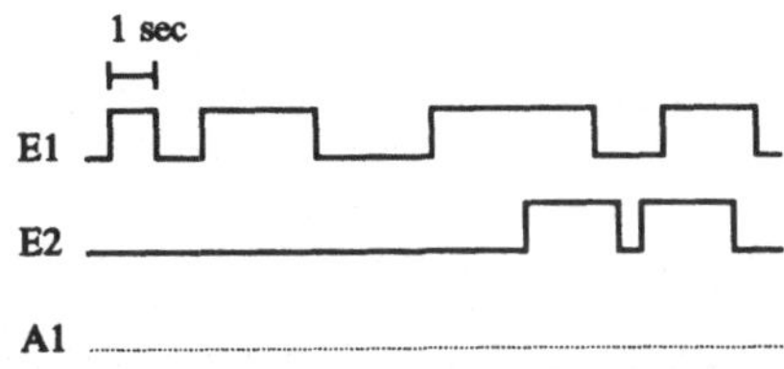

Abb. 2.68. Zeitverlauf der Eingangssignale

Übung 2.11.

Bei einem fahrerlosen Transportsystem (FTS) soll die Vorgabe der Fahrtrichtung mit Hilfe von optischen Symbolen erfolgen, die auf der Fahrbahn angeordnet sind. Zur Erkennung der Symbole befindet sich auf dem FTS ein Identifikationssystem, das aus 5 optischen Sensoren besteht. Das folgende Bild zeigt die räumliche Anordnung der Sensoren und die beiden zu erkennenden Symbole für Vorwärtsfahrt und Rückwärtsfahrt.

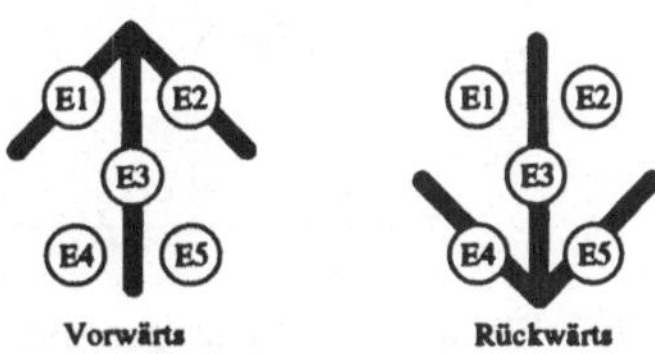

Abb. 2.69. Anordnung der Sensoren zur Symbolerkennung

Die optischen Sensoren liefern binäre Signale E1 bis E5. Befindet sich vor dem Sensor ein Markierungsteil, liefert er eine "1", sonst eine "0". Wie im Bild dargestellt ist das Symbol für Vorwärtsfahrt durch die binäre Eingangskombination 11100 gekennzeichnet und das Symbol für Rückwärtsfahrt durch die Kombination 00111.

Es soll nun eine Steuerung realisiert werden, die das Erkennen des „Vorwärts"-Symbols durch Betätigung des Ausgangs A1 und das Erkennen des „Rückwärts"-Symbols durch den Ausgang A2 meldet.

Bedingt durch Schwankungen der Ausleuchtung und durch Positionierungenauigkeiten kann es zu fehlerhaften oder unvollständigen Erkennungen der einzelnen Sensoren kommen. Die Sensoren sind so angeordnet, daß beim Auftreten eines einzigen Fehlers (z.B. Sensor E4 liefert eine "1" statt einer "0") das Symbol immer noch eindeutig erkannt werden kann. Nur bei zwei oder mehr Fehlern ist keine eindeutige Unterscheidung mehr möglich.

Die Steuerung soll nun so ausgelegt werden, daß ein Symbol auch beim Auftreten einer Kombina-

tion, die sich an einer Stelle von einer korrekten Kombination (d.h. von der 11100 oder der 00111) unterscheidet, noch erkannt und gemeldet wird. Wird z.B. die Kombination 11110 erfaßt, so handelt es sich um das „Vorwärts"-Symbol und der Ausgang A1 ist zu setzen.
Erstellen Sie eine Wertetabelle mit den Eingängen E1 bis E5 und den Ausgängen A1 und A2. A1 soll "1" sein, wenn das „Vorwärts"-Symbol (mit höchstens einem Fehler) erkannt wird; A2 ist "1" beim „Rückwärts"-Symbol.

Übung 2.12.
Zur elektrischen Versorgung eines Betriebs stehen zwei Versorgungsnetze zur Verfügung.

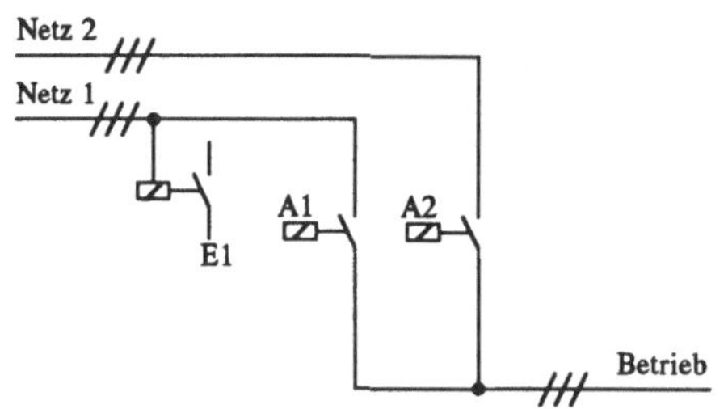

Abb. 2.70. Elektrisches Versorgungsnetz eines Betriebes

Im Normalfall erfolgt die Versorgung über Netz 1. Das Netz wird über den Kontakt E1 überwacht. Fällt Netz 1 für mehr als 5 sec aus, wird auf Netz 2 umgeschaltet (A2). Erst wenn Netz 1 seit mehr als 20 sec wieder stabil ist, erfolgt wieder die Umschaltung auf Netz 1 (A1).
Erstellen Sie das Programm zur Netzüberwachung und -umschaltung.

Übung 2.13.
Gegeben ist folgende IEC-AWL mit den Eingängen E1, E2, E3 und den Ausgängen A1 und A2.

```
LD    E1
XOR   E2
XOR   E3
ST    A1
LD    E1
AND   E2
OR (  E3
ANDN  A1
)
ST    A2
```

Ermitteln Sie die Wertetabelle der Schaltfunktion die durch das Programm realisiert wird.

Das Programm hat die Funktion eines Volladdierers. Welcher Ausgang entspricht der Summe der Eingänge, welcher dem Übertrag?
Können Sie auch die Eingänge zuordnen?

Übung 2.14.
Ein Greifer kann an einem Tisch in 6 verschiedenen Arbeitsplätzen positioniert werden.

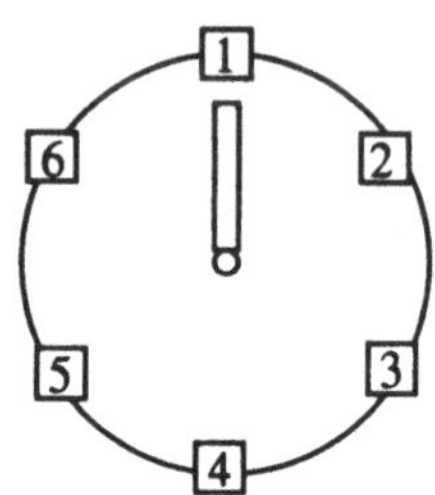

Abb. 2.71. Tisch mit 6 Arbeitsplätzen

Die aktuelle Istposition wird über die Schalter E1, E2 und E3 erfaßt. Mit Hilfe eines Drehschalters (Eingänge E4, E5, E6) kann eine gewünschte Sollposition eingegeben werden. Die Positionen an den drei Schaltern sind so codiert, daß sich zwischen zwei benachbarten Positionen immer nur ein Bit ändert.

Istpos.	Sollposition E4,E5,E6					
E1,E2,E3	000	001	011	010	110	100
1	000	–					
2	001		–				
3	011			–			
4	010				–		
5	110					–	
6	100						

Zur Bewegung des Greifers kann er über den Ausgang A1 im Uhrzeigersinn und über den Ausgang A2 gegen den Uhrzeigersinn angesteuert werden.
Erstellen Sie eine Wertetabelle, die für alle möglichen Kombinationen der Soll- und Istpositionen die erforderliche Ansteuerung der beiden Ausgänge bestimmt. Achten Sie bei der Bestimmung der Fahrtrichtung auf einen möglichst kurzen Fahrweg. Versuchen Sie, eine möglichst einfache Schaltfunktion zur Umsetzung der Wertetabelle zu finden. Fügen Sie nun die nicht möglichen Positionswerte als Don't-Care in der Wertetabelle ein, und suchen eine neue, vereinfachte Schaltfunktion.

3 ABLAUFSTEUERUNGEN

Die Arbeitsvorgänge in Anlagen der Fertigungstechnik oder der Verfahrenstechnik sind meist dadurch gekennzeichnet, daß einzelne Arbeitsschritte nacheinander ausgeführt werden und in einer festgelegten Reihenfolge aufeinander folgen. Ein Arbeitsschritt wird beendet und der nächste begonnen, wenn bestimmte Ereignisse eintreten. Solche Ereignisse können z.B. der Zustandswechsel bei einem Eingangssignal, der Ablauf einer Wartezeit oder eine Kombination solcher Bedingungen sein. Zu jedem Arbeitsschritt gehört eine derartige Weiterschaltbedingung, die festlegt, wann der vorangehende Arbeitsschritt endet und der neue beginnt.

Wesentliche Merkmale eines Ablaufs sind:

- die verschiedenen Arbeitsschritte, in denen sich die Anlage befinden kann,
- die Ereignisse, die die Anlage von einem Schritt zum nachfolgenden Schritt überführen (Weiterschaltbedingung) und
- die Aktionen, die während eines Arbeitsschrittes auszuführen sind.

Dies bringt auch die Definition einer Ablaufsteuerung zum Ausdruck /DIN 19237/:

„Eine Ablaufsteuerung ist eine Steuerung mit zwangsläufig schrittweisem Ablauf, bei der das Weiterschalten von einem Schritt auf den programmgemäß folgenden abhängig von der Weiterschaltbedingung erfolgt".

Zur Handhabung von Abläufen stellt die Automatentheorie ein geeignetes Werkzeug dar. Sie wird in Kapitel 3.1 zusammen mit den verschiedenen Darstellungsmitteln für Abläufe vorgestellt.

Die Umsetzung komplexer Abläufe in einem Steuerungsprogramm erfordert ein systematisches Vorgehen, damit die entstehenden Programme trotz der Komplexität der Abläufe handhabbar bleiben. Aus der praktischen Anwendung haben sich einige Programmiermethoden für Abläufe als brauchbar erwiesen. Sie werden in Kapitel 3.2 erläutert.

3.1 BESCHREIBUNG VON ABLÄUFEN

3.1.1 AUTOMATENTHEORIE

Interpretiert man jeden Schritt eines Ablaufs als einen möglichen Zustand des Steuerungsalgorithmus und jede Weiterschaltbedingung als Bedingung für einen Zustandsübergang, kann eine Ablaufsteuerung mathematisch als Automat modelliert werden. Die Prinzipien der Automatentheorie sind daher zur Analyse und zum Entwurf von Ablaufsteuerungen geeignet.

Bei einem Automaten hängen die Werte der Ausgangsgrößen nicht nur von den momentanen Werten der Eingangsgrößen ab, sondern auch von deren zeitlich zurückliegenden Werten. Die Informationen über den zeitlichen Verlauf müssen daher im Automaten gespeichert werden. In zahlreichen technischen Geräten sind solche speichernden Wirkungen enthalten.

Beispiel 3.1. Getränkeautomat
Bei einem einfachen Getränkeautomaten kann mit Hilfe zweier Tasten zwischen Kaffee und Tee gewählt werden. Für beide Getränke muß ein Betrag von 1 DM eingeworfen werden.

Abb. 3.1. Getränkeautomat

Der Automat besitzt zwei unterschiedliche Zustände. Wurde kein Geld eingeworfen, ist der Automat im Grundzustand. Die Betätigung der Auswahltasten bleibt ohne Wirkung. Nach dem Einwurf von 1 DM geht der Automat in den zweiten Zustand, der durch eine Lampe angezeigt wird. Es kann ein Getränk ausgewählt werden. Nach Betätigung eines Tasters erfolgt die zugehörige Getränkeausgabe, der Automat geht wieder in den Grundzustand und die Lampe erlischt.   □

Parallel zur Entwicklung technischer Automaten wurde die Automatentheorie zu deren mathematischer Behandlung entwickelt /Hackl 1972, 1973; Homuth 1977/. Sie stellt Regeln und Methoden zur Verfügung, um das Verhalten von Automaten zu analysieren und um neue Automaten zu entwerfen.

Ein Automat besitzt Eingänge und Ausgänge. Das Eingabealphabet legt die Menge möglicher Eingabewerte fest, das Ausgabealphabet die Menge der Ausgabewerte. Im allgemeinen hängen die Ausgangswerte nicht nur von den momentanen Eingangswerten ab, sondern auch von zurückliegenden Werten der Eingänge. Diese müssen daher im Automaten gespeichert werden. Unter bestimmten Bedingungen kann die Abhängigkeit von den früheren Eingangswerten in eine Abhängigkeit von momentanen Zustandswerten umformuliert werden. Dadurch muß nicht der gesamte Zeitverlauf der Eingänge gespeichert werden, sondern lediglich die momentanen Zustandswerte. Von besonderer praktischer Bedeutung sind die endlichen Automaten, die mit einer begrenzten Anzahl von Zustandsgrößen auskommen. Das Verhalten eines endlichen Automaten kann durch zwei Funktionen beschrieben werden. Die Ausgangsfunktion beschreibt, wie sich die Ausgänge $\underline{A}$ aus den momentanen Zustandswerten $\underline{Z}$ und den momentanen Eingangswerten $\underline{E}$ ergeben. Die Zustandsübergangsfunktion legt die neuen Zustände $\underline{Z}'$ fest.

$$\underline{A} = \underline{f}(\underline{Z}, \underline{E})$$

$$\underline{Z}' = \underline{g}(\underline{Z}, \underline{E}) \ .$$

Eine Einteilung der Automatentypen ist anhand der Wertebereiche und der Funktionen möglich. Die Eingangs-, Ausgangs- und Zustandsgrößen eines Automaten können diskrete oder kontinuierliche Wertebereiche besitzen.

Auch die Zeit kann diskret oder kontinuierlich sein. Im Falle diskreter Zeit können Änderungen der Zustände nur zu vorgegebenen Zeitpunkten erfolgen. Zwischen den Änderungszeitpunkten sind die Zustandswerte stabil. Da sich alle Zustandsgrößen nur gleichzeitig ändern können, erhält man ein synchrones Verhalten.

Im Gegensatz dazu sind bei kontinuierlicher Zeit die Änderungszeitpunkte nicht extern vorgegeben. Sie können jederzeit auftreten und sind von der konkreten technischen Realisierung abhängig. Sind mehrere Zustandsgrößen vorhanden, können sich diese asynchron ändern. Aufgrund von Laufzeitunterschieden bei den einzelnen Zustandsgrößen kann es zu Problemen in Form von Races oder Hazards kommen. Synchrone Automaten zeigen diese Probleme nicht und sind daher bei der Realisierung zu bevorzugen.

Sind die Ausgangswerte durch die Zustände und Eingänge jederzeit eindeutig bestimmt, besitzt der Automat deterministisches Verhalten. Kann er dagegen bei gleicher Zustands- und Eingangskombination unterschiedliche Ausgangswerte erzeugen, ist sein Verhalten stochastischer Natur. Hängen die Ausgänge ausschließlich von den aktuellen Eingangswerten ab, erhält man einen trivialen Automaten. Er besitzt keine speichernde Wirkung und somit auch keine Zustandsgrößen.

Für Automaten mit endlichen Alphabeten gibt es neben der algebraischen Darstellung auch tabellarische und graphische Beschreibungsmittel. Bei endlichen Alphabeten gibt es nur eine endliche Zahl möglicher Eingangs- und Zustandskombinationen. Die zu diesen Kombinationen gehörenden Ausgangswerte und die neuen Zustandswerte können in einer *Zustandstabelle* aufgelistet werden:

Tabelle 3.1. Zustandstabelle des Getränkeautomaten

Z	E	Z'	A
0	keine Eingabe	0	keine Ausgabe
0	1 DM	1	Lampe
1	keine Eingabe	1	Lampe
1	Taster Tee	0	Tee
1	Taster Kaffee	0	Kaffee

Wie bei den statischen Verknüpfungsfunktionen die Wertetabelle, ist bei den Automaten die Zustandstabelle für eine systematische Abarbeitung aller Kombinationen gut geeignet. Leider nimmt sie bei realen Aufgaben oft einen derart großen Umfang an, daß sie nicht mehr handhabbar ist. Die Komlexität läßt sich reduzieren, wenn in den einzelnen Zuständen nicht alle Eingangswerte von Bedeutung sind. Die Zahl der möglichen Zustandsübergänge wird dadurch geringer.

Die einzelnen Zustände und Zustandsübergänge legen die Struktur eines Automaten fest. Sie kann mit Hilfe von *Zustandsgraphen* anschaulich sichtbar gemacht werden. Spezielle Strukturmerkmale, wie z.B. persistente Zustände, die zwar erreicht, aber nie mehr verlassen werden können, oder isolierte Zustände, die weder erreicht noch verlassen werden können, sind in graphischer Form direkt erkennbar, während sie in tabellarischer Darstellung nur nach eingehender Analyse zu finden sind. Im Zustandsgraphen wird jeder Zustandswert als Knoten dargestellt. Die möglichen Zustandsübergänge werden durch gerichtete Kanten (Pfeile) zwischen Quell- und Zielzustand gekennzeichnet, an denen die für den Übergang erforderliche Bedingung angegeben wird. Zusätzlich zu den Zustandswerten und den Übergangsbedingungen können auch die Ausgangswerte im Zustandsgraphen eingetragen werden.

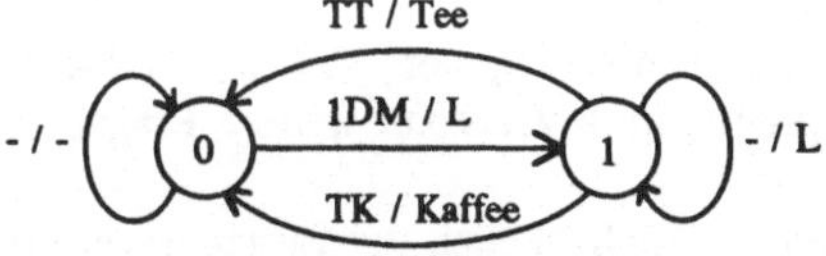

Abb. 3.2. Zustandsgraph eines Mealy-Automaten am Beispiel des Getränkeautomaten (*TT*: Taster Tee, *TK*: Taster Kaffe, *L*: Lampe)

Bei einem *Mealy-Automaten* hängen die Werte der Ausgänge von den momentanen Zuständen und den aktuellen Eingängen ab. Sie werden daher zusammen mit den Zu-

standsübergängen an den Kanten des Graphen angegeben.

Bei einem *Moore-Automaten* sind die Ausgänge unabhängig von der momentanen Eingabe. Sie sind vollständig durch die aktuellen Zustände bestimmt und können gemeinsam mit diesen in den Knoten dargestellt werden. Dynamische Ausgaben, die nur während eines Zustandsübergangs erfolgen, sind bei einem Moore-Automaten nicht darstellbar. Sie lassen sich nur mit Hilfe zusätzlicher Zustände darstellen, die schnell durchlaufen werden. Ein Moore-Automat besitzt daher bei einer gegebenen Aufgabe mindestens genauso viele, oft aber mehr Zustände wie ein Mealy-Automat.

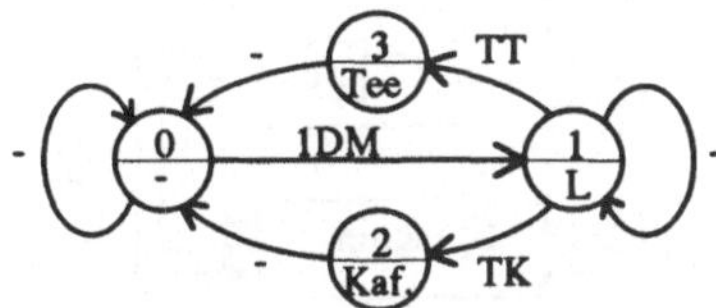

Abb. 3.3. Zustandsgraph eines Moore-Automaten

Zur Vereinfachung des Zustandsgraphen können die Pfeile für das Verharren in einem Zustand weggelassen werden. Das Zustandsdiagramm enthält dann nur Bedingungen für die Zustandswechsel. Der Zustandsgraph ist dann so zu interpretieren, daß der Automat solange in einem Zustand verharrt, wie keine der wegführenden Übergangsbedingungen erfüllt ist. Ist die Ausgabe für einen Zustandsübergang identisch mit der Ausgabe im Zielzustand, ist keine dynamische Ausgabe erforderlich. Sie kann daher zur weiteren Vereinfachung ebenfalls weggelassen werden.

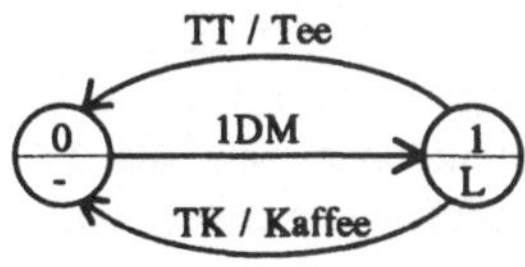

Abb. 3.4. Vereinfachte Darstellung eines Zustandsgraphen

In der Steuerungstechnik ist eine Teilgruppe der endlichen Automaten von besonderem Interesse: deterministische Automaten mit binären Größen.

Ein binärer Automat kann auf unterschiedliche Weise realisiert werden. Bei der Realisierung mit digitalen, elektronischen Schaltungen entspricht der triviale Automat einem Schaltnetz: die Ausgänge werden durch die momentanen Eingänge vollständig bestimmt. Ein vollständiger Automat entspricht einem *Schaltwerk*: einem rückgekoppelten Schaltnetz mit Speicherelementen in der Rückkopplung.

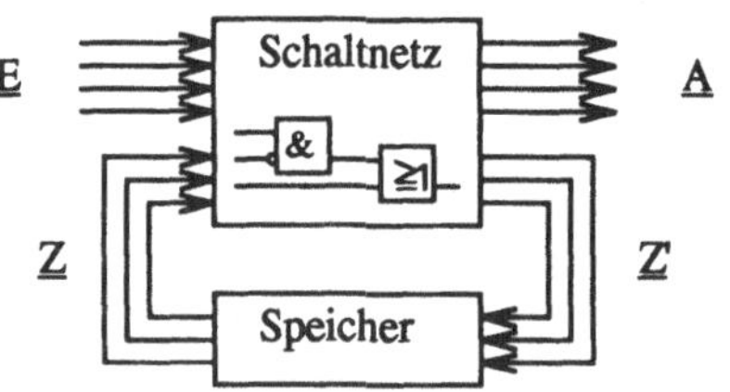

Abb. 3.5. Schaltwerk als rückgekoppeltes Schaltnetz (Mealy-Struktur)

Die Ausgänge der Speicher bilden die aktuellen Zustände $\underline{Z}$. Das Schaltnetz bestimmt aus diesen zusammen mit den Eingängen $\underline{E}$ die neuen Zustandswerte $\underline{Z}'$ und die Ausgangswerte $\underline{A}$. Als Speicherelemente kommen Flip-Flops zum Einsatz. Getaktete Flip-Flops übernehmen bei jedem Taktimpuls die Eingangsdaten und halten sie für die Dauer der Taktperiode am Ausgang konstant, auch wenn sich zwischendurch die Eigangswerte ändern.

Ein Automat kann auch als Algorithmus in einer programmierbaren Steuerung realisiert werden. Zur rechnerinternen Informationsspeicherung stehen Merker zur Verfügung. In diesen werden die möglichen Zustandswerte codiert abgelegt. Man erhält damit zwei Verknüpfungsfunktionen, die als Programm zu realisieren sind. Die Ausgangsfunktion

$$\underline{A} = \underline{f}(\underline{E}, \underline{Z})$$

kann mit Hilfe der bekannten elementaren binären Verknüpfungen realisiert werden.

Die Zustandsübergangsfunktion

$$\underline{Z}' = \underline{g}(\underline{E}, \underline{Z})$$

weist eine Besonderheit auf. Die neuen Merkerwerte werden aus den momentanen Merkerwerten und den Eingangswerten berechnet. Die Merker tauchen daher auf der Eingangs- und der Ausgangsseite auf. Natürlich kann auch diese Funktion mit den binären Verknüpfungen realisiert werden. Der Aufwand läßt sich aber durch den Einsatz von RS-Speicherelementen oft deutlich reduzieren. Die Speicherung der Zustandswerte ist durch die Merkerhandhabung im Rechner gelöst. Die in einem Durchlaufzyklus des Steuerungsprogrammes berechneten Merkerwerte $\underline{M}'$, stehen im nächsten Zyklus als aktuelle Merkerwerte $\underline{M}$ zur Verfügung.

Neben den mit dem Entwurf von Automaten grundsätzlich verbundenen Problemen wie

- Festlegung der Ein- und Ausgabealphabete,
- Festlegung der Automatenstruktur,
- Bestimmung von Anzahl und Wertebereichen der Zustandsgrößen

wirft deren praktische Handhabung zusätzliche Fragen auf:

- Wie können Ausgangs- und Zustandsübergangsfunktion übersichtlich dargestellt werden ?
- Wie lassen sich nebenläufige Ereignisse darstellen ?
- Wie können komplexe Abläufe strukturiert werden ?

Bei der Umsetzung der Abläufe als Steuerungsprogramm treten dann weitere Fragen zu Tage

- Welche Möglichkeiten der Zustandsspeicherung mit Hilfe von Merkern gibt es?
- Wie können synchrone Zustandsübergänge bei einem Programm erreicht werden?
- Wie sieht eine geeignete Programmierung der Zustandsübergänge aus?

Diese und andere Fragen werden nun behandelt.

3.1.2 SEQUENTIELLE AUTOMATEN

Ein sequentieller Automat besitzt nur eine einzige Zustandsgröße. Sie kann eine begrenzte Anzahl verschiedener Werte annehmen. Die Komplexität realer Automaten mit vielen Eingangs-, Ausgangs- und Zustandswerten kann bei vielen sequentiellen Abläufen beträchtlich reduziert werden, wenn in den einzelnen Zuständen nur ein einziges Ereignis oder eine Kombination weniger Ereignisse für Zustandsübergänge relevant sind.

Beispiel 3.2. Aufzugsteuerung.
Die Steuerung für den Aufzug aus Beispiel 2.12 kann als sequentieller Automat dargestellt werden.

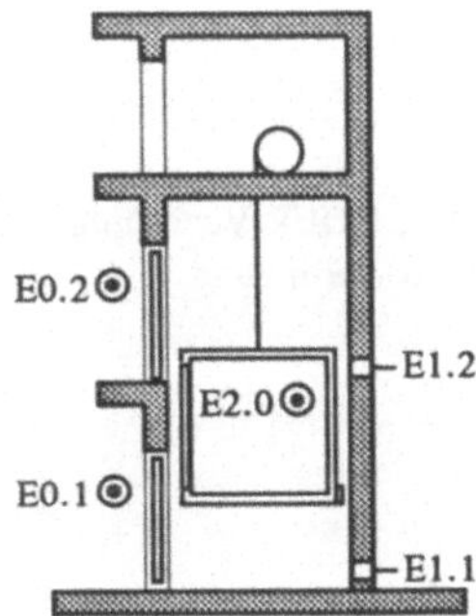

Abb. 3.6. Ein einfacher Lastenaufzug

Zur Beschreibung seines Verhaltens ist die Position des Aufzuges als Zustandsgröße geeignet. Vier Fälle können dabei unterschieden werden: die untere und die obere Ruhelage sowie die Aufwärtsfahrt und die Abwärtsfahrt. Es ergeben sich somit vier Zustandswerte, die linear aufeinanderfolgen:

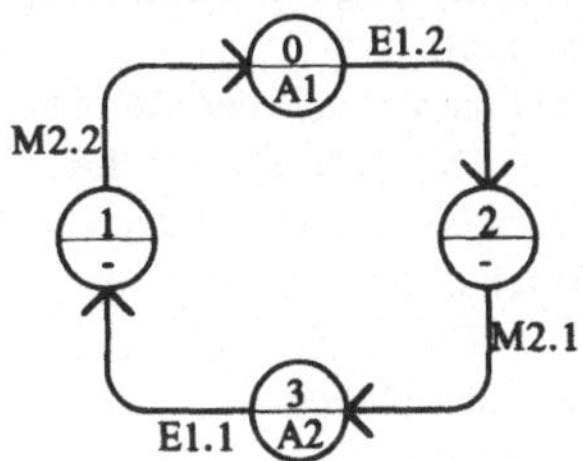

Abb. 3.7. Zustandsgraph der Aufzugsteuerung

Der Merker M2.1 sei der Anforderungsmerker für die 1.Etage. Er wird gesetzt durch den Taster E0.1 oder durch den Taster E2.0, wenn sich der Aufzug in der 2.Etage befindet. Erreicht der Aufzug die 1.Etage wird M2.1 zurückgesetzt. Das gleiche gilt für den Anforderungsmerker M2.2 der 2.Etage. □

Die Darstellung des Ablaufs als Zustandsgraph macht die lineare Ablaufstruktur deutlich sichtbar. Auch die Übergangsbedingungen sind in der Grafik gut erkennbar. Lediglich die Darstellung der Ausgangsansteuerung kann im Zustandsgraphen Probleme bereiten. Zusätzliche Informationen wie z.B. speichernde, zeitlich begrenzte oder verzögerte Ansteuerung von Ausgängen sind im Zustandsgraphen nur mit Mühe unterzubringen. In der Steuerungstechnik werden anstelle der Zustandsgraphen vielfach *Schrittketten* zur Darstellung von Abläufen verwendet. Sie enthalten im wesentlichen die gleichen Informationen wie die Zustandsgraphen, verwenden aber eine andere Symbolik, die eine ausführliche Beschreibung der Ausgangsansteuerung erlaubt, wie die folgende Schrittkette für die Aufzugsteuerung zeigt:

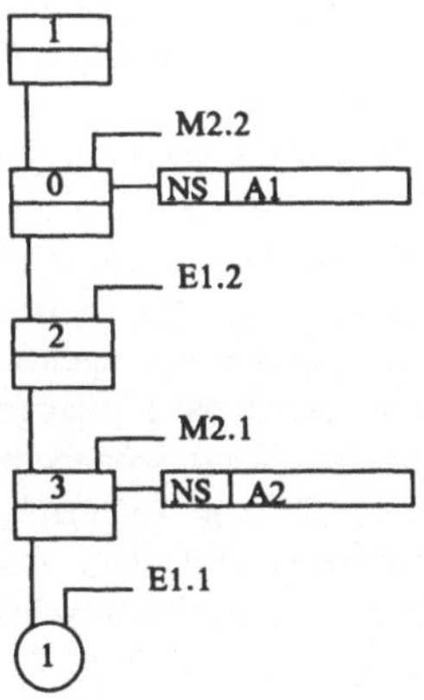

Abb. 3.8. Schrittkette für den Lastenaufzug mit 2 Etagen

Schrittketten enthalten alle Elemente die zur Beschreibung eines Ablaufs erforderlich sind. Um eine möglichst große Allgemeingültigkeit und -verständlichkeit zu erreichen, wurden die zu verwendenden Symbole für Schrittketten in einer Norm festgelegt /DIN 40719/.

Eine Schrittkette setzt sich aus vier Grundelementen zusammen: den Schritten, den zugehörigen Weiterschaltbedingungen, den auszuführenden Befehlen sowie den Verzweigungen und Zusammenführungen. Diese Bestandteile einer Schrittkette sind über Wirkungslinien miteinander verbunden.

Das Schrittsymbol besteht aus zwei Feldern und enthält in seiner einfachsten Ausführung vier Wirkungslinien:

Ausgang des vorangegangenen Schrittes

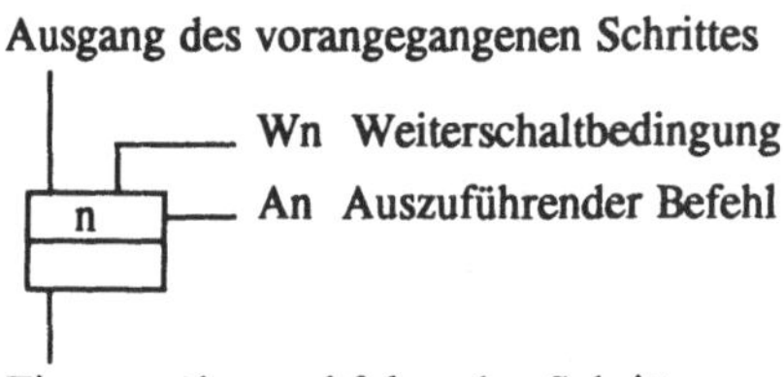

Eingang des nachfolgenden Schrittes

Abb. 3.9. Schrittsymbol

Das obere Feld enthält die Schrittnummer, das untere kann erläuternden Text enthalten. Mit Hilfe von zwei Wirkungslinien erfolgt die Verbindung zum vorangehenden und zum nachfolgenden Schritt.

An der mit Wn bezeichneten Wirkungslinie wird die Weiterschaltbedingung spezifiziert. Ist der vorangehende Schritt aktiv und tritt die Weiterschaltbedingung ein, wird der neue Schritt aktiv und der vorangehende inaktiv. Die Steuerung bleibt dann solange in diesem Schritt, bis die Weiterschaltbedingung des Nachfolgers eintritt. Die Ablaufschritte können prozeß- oder zeitgeführt sein. Bei prozeßgeführten Schritten ist die Weiterschaltbedingung ein Eingangssignal vom Prozeß. Auch logische Kombinationen mehrerer Eingangssignale sind als Weiterschaltbedingung zulässig. Hängt die Weiterschaltbedingung vom Ablauf eines Zeitgebers ab, so hat man einen zeitgeführten Schritt. Verschiedene Weiterschaltbedingungen sind im folgenden Bild dargestellt.

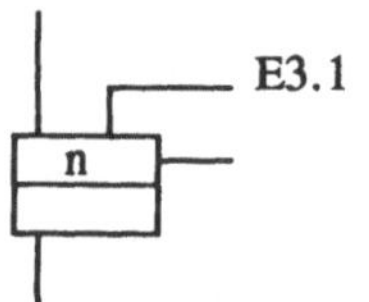

a) Prozeßgeführt, Eingangssignal als Weiterschaltbedingung

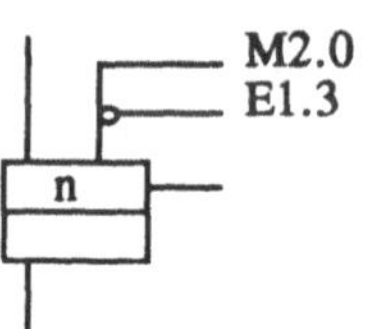

b) Prozeßgeführt, UND-Verknüpfung mit Negation als Weiterschaltbedingung

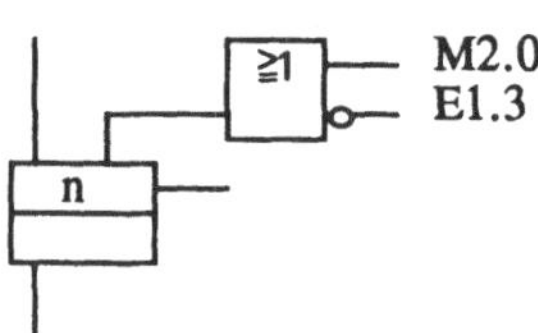

c) Prozeßgeführt, ODER-Verknüpfung mit Negation als Weiterschaltbedingung

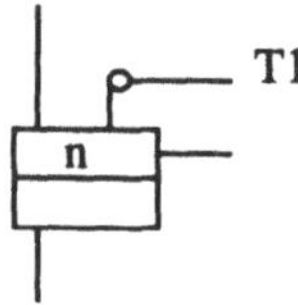

d) Zeitgeführt, Ablauf eines Timers als Weiterschaltbedingung

Abb. 3.10. Beispiele für Weiterschaltbedingungen bei Schrittketten

An der vierten, mit *An* bezeichneten Wirkungslinie wird die Aktion dargestellt, die auszuführen ist solange dieser Schritt aktiv ist. Auch die Darstellung der auszuführenden Aktion ist normiert.

Jedes Aktionssymbol besteht aus maximal drei Feldern. Das erste Feld enthält die Angabe der Befehlsart. Man unterscheidet speichernde Befehle (S) und nicht speichernde Befehle (NS). Ein nicht speichernder Befehl wirkt sich nur solange aus, wie der Schritt aktiv ist. In Anweisungsliste entspricht der nicht speichernde Befehl der Zuweisung. Die Wirkung speichernder Befehle dagegen, z.B.

das Setzen oder Rücksetzen einer Ausgangsgröße, bleibt auch nach Verlassen des Schrittes erhalten. Die Befehle können desweiteren mit einem Befehlszusatz versehen werden. Mögliche Befehlszusätze sind die verzögerte Befehlsausführung (D), die der Einschaltverzögerung entspricht, oder die zeitlich begrenzte Befehlsausführung (T), die dem Verhalten eines Impulstimers entspricht.

Im zweiten Feld des Aktionssymbols steht der Operand auf den sich die Aktion bezieht. Auch Zeitangaben bei verzögerter oder zeitlich begrenzter Befehlsausführung werden in diesem Feld angeführt. Ein optionales drittes Feld steht für die Befehlsnumerierung zur Verfügung, um Abbruchbedingungen darzustellen.

Tabelle 3.2. Darstellung des auszuführenden Befehls, AWL-Äquivalent

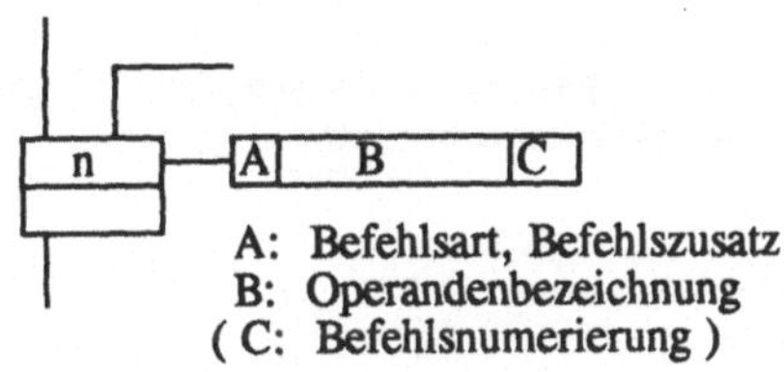

A: Befehlsart, Befehlszusatz
B: Operandenbezeichnung
(C: Befehlsnumerierung)

Befehlsarten:	Beispiele
NS nicht speichernd	NS A6 Motor ein
	NS A6 Motor aus
S speichernd	S A5 Lüfter ein
	S A5 Lüfter aus
Befehlszusätze:	
D verzögert	SD A1 Ventil ein, t=2 sec
	NSD A2 Lampe, t=1.5 sec
T zeitl. begrenzt	ST A7 Zylinder, t=4 sec

Es gibt eine Fülle von Erweiterungen, um zusätzliche Funktionen und zusätzliche Bedingungen in Schrittketten darzustellen. Einige sollen nun noch kurz angesprochen werden.

Während ein Schritt aktiv ist, kann mehr als eine Aktion ausgeführt werden. Alle auszuführenden Aktionen werden dann untereinander oder auch nebeneinander aufgelistet.

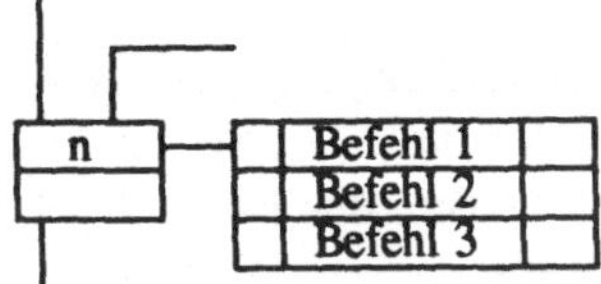

Abb. 3.11. Ausführung mehrerer Befehle in einem Schritt

Im allgemeinen legen die Eingangssignale einer Steuerung fest, wann von einem Schritt zum nächsten weitergeschaltet wird. Diese Weiterschaltbedingung wird als logische Verknüpfung an der Wirkungslinie des Schrittsymboles dargestellt. Der auszuführende Befehl wird lediglich durch den aktiven Schritt beeinflußt. Darüberhinaus ist es aber auch zulässig, Eingänge direkt an das Befehlssymbol anzuschließen. Sie können die Funktion einer Freigabe (Befehlszusatz F) oder des Rücksetzens (Befehlszusatz R) haben. Auch Ausgänge können direkt am Befehlssymbol angeschlossen werden. Dies bedeutet, daß der Ausgang gesetzt wird, wenn dieser Befehl aktiv ist. Erhält ein Ausgang den Befehlszusatz RC (Rückmeldung), so wird die erfolgreiche Ausführung des Befehls über einen Geber erfaßt und dient als Weiterschaltbedingung für einen nachfolgenden Schritt.

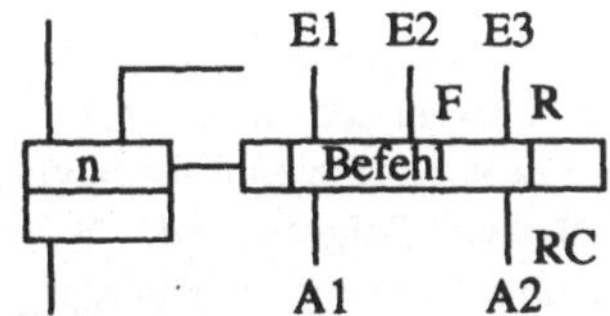

Befehlszusätze

F Freigabe
R Rücksetzen   (Löschen)
RC Rückmeldung

Abb. 3.12. Befehlszusätze

In Schrittketten wird die nicht speichernde Befehlsart (NS) am häufigsten verwendet. Aus Gründen der Übersichtlichkeit und Einfachheit wird manchmal auf die Angabe der Befehlsart verzichtet. Das Aktionssymbol enthält dann nur das Operandenfeld. Ohne Angabe der Befehlsart, geht man immer von einem nicht speichernden Befehl aus.

Aus Gründen der Übersichtlichkeit erfolgt der Ablauf in einer Schrittkette immer von oben nach unten. Rücksprünge zu bereits vorhandenen Schritten werden nicht eingezeichnet. Statt dessen wird der Schritt durch ein anderes Schrittsymbol gekennzeichnet.

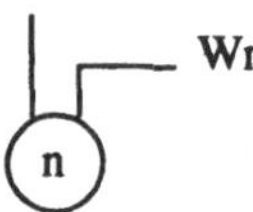

Abb. 3.13. Symbol für die Weiterschaltung zu einem bereits definierten Schritt.

Das runde Schrittsymbol steht im Ablauf stellvertretend für einen an anderer Stelle bereits definierten Schritt. Es wird lediglich die Weiterschaltbedingung angegeben. Die auszuführenden Aktionen müssen mit dem zuvor definierten identisch sein. Dieses Schrittsymbol wird z.B. benötigt, wenn am Ende einer Schrittkette wieder zum Anfang gesprungen wird oder wenn Verzweigungen und Zusammenführungen vorkommen, die nun genauer erläutert werden.

Bei einem Zustandsgraphen mit linearer Ablaufstruktur gibt es in jedem Zustand nur eine relevante Zustandsübergangsbedingung und einen möglichen Folgezustand. Sollen Zustandsgraphen mit verzweigten Übergangsbedingungen und mehreren möglichen Folgezuständen als Schrittkette dargestellt werden, so müssen diese um die Alternativverzweigung und -zusammenführung erweitert werden.

Ist der Zustand vor der Alternativverzweigung (M_i) gesetzt, und wird dann eine Weiterschaltbedingung (z.B. B_j) wahr, wird in den entsprechenden Schritt (M_j) verzweigt. Der Ablauf kann dann nicht mehr in den alternativen Schritt (M_k) verzweigen, auch wenn dessen Weiterschaltbedingung wahr wird. Der Schritt nach der Alternativzusammenführung

(M_z) wird aktiviert, sobald einer der Vorgängerschritte aktiv ist, und die Weiterschaltbedingung B_z eintritt.

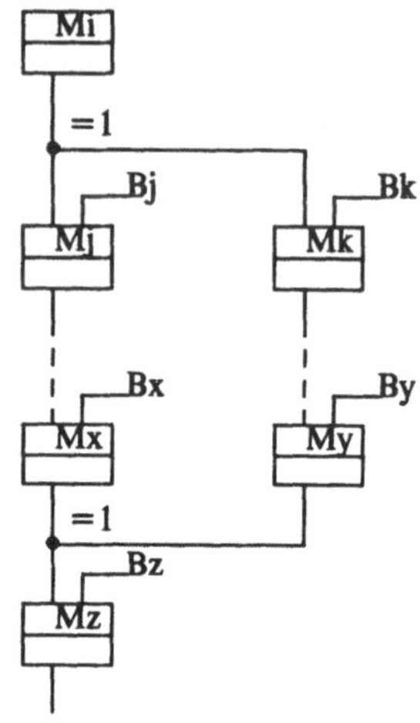

Abb. 3.14. Alternativ-Verzweigung und -Zusammenführung in einer Schrittkette

Beispiel 3.3. Aufzug mit 3 Etagen
Gegeben sei nun ein Aufzug, der zwischen drei Etagen verkehrt. Wird einer der Ruftaster betätigt, so soll der Aufzug zur entsprechenden Etage fahren.

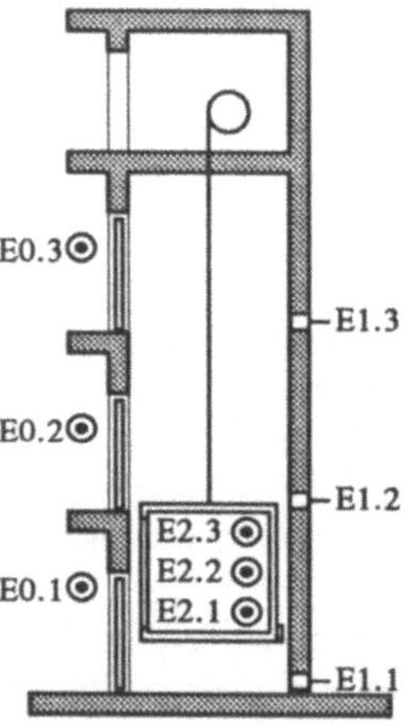

Abb. 3.15. Lastenaufzug für 3 Etagen

Befindet sich der Aufzug in Bewegung, kann auf die Betätigung eines Anforderungstasters nicht sofort reagiert werden. Sie wird in einem Merker gespeichert. Liegt eine Anforderung der mittleren Etage vor (M2.2), wenn der Aufzug dort vorbeikommt (E1.2), soll er dort anhalten, auch wenn vorher schon eine andere Anforderung vorgelegen hat. Man erhält folgenden Zustandsgraphen:

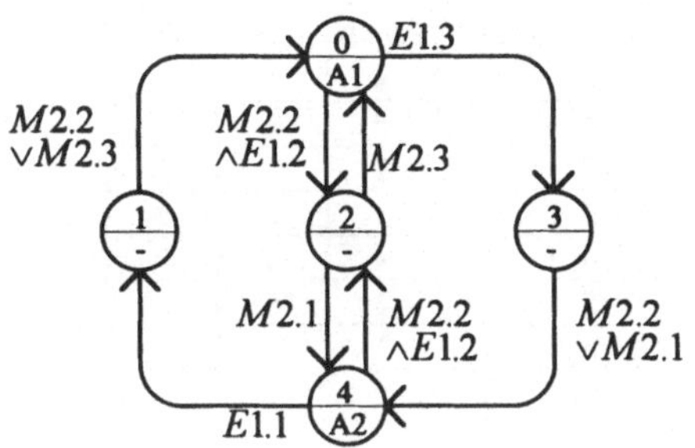

Abb. 3.16. Zustandsgraph des Aufzuges für 3 Etagen   □

Obwohl auch dieses Beispiel immer noch recht einfach ist, zeigen sich bereits die typischen Probleme einer Ablaufsteuerung. Zum einen wird die verbale Beschreibung der Aufgabenstellung bereits umständlich und unübersichtlich, woraus oft fehlerhafte oder unvollständige Programme entstehen. Zweitens sind Fallunterscheidungen und Verzweigungen bei den Schrittfolgen erforderlich.

Mit Hilfe der Alternativverzweigung kann der Ablauf für den Lastenaufzug mit 3 Etagen auch als Schrittkette dargestellt werden.

Bei der Aufwärtsfahrt (Schritt 0) und der Abwärtsfahrt (Schritt 4) sind Fallunterscheidungen erforderlich. Ist die Anforderung für die mittlere Etage gesetzt (M2.2), wird dort angehalten. Andernfalls wird zur oberen bzw. unteren Etage weitergefahren. Auch beim Verlassen der mittleren Etage (Schritt 2) ist eine Fallunterscheidung zu treffen. Es kann nach oben oder unten weitergefahren werden.

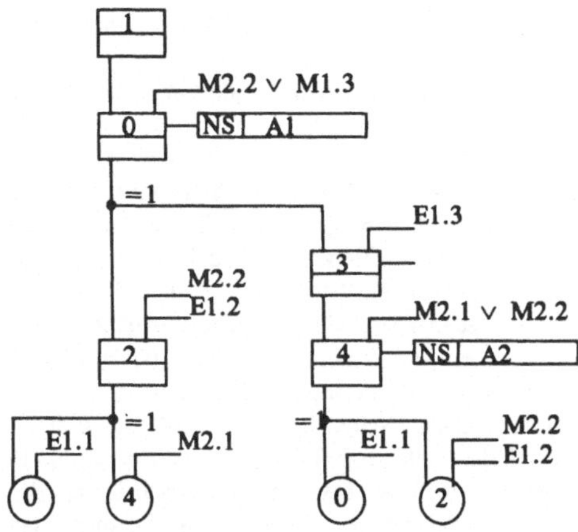

Abb. 3.17. Schrittkette für den Lastenaufzug mit 3 Etagen

Beispiel 3.4. Ein-/Ausfahrterkennung
Bei der Parkhaussteuerung wurde eine Doppellichtschranke verwendet, um die Einfahrt bzw. Ausfahrt eines Autos zu erkennen.
Die beiden Lichtschranken E1 und E2 sind so angeordnet, daß ihr Abstand kleiner ist, als die minimale Wagenlänge. Es soll nun eine Steuerung entworfen werden, welche aus der zeitlichen Folge der Signale E1 und E2 ermittelt, ob ein Auto ein- oder ausgefahren ist und daraufhin den Ausgang A1 (Einfahrt) oder den Ausgang A2 (Ausfahrt) impulsartig setzen.

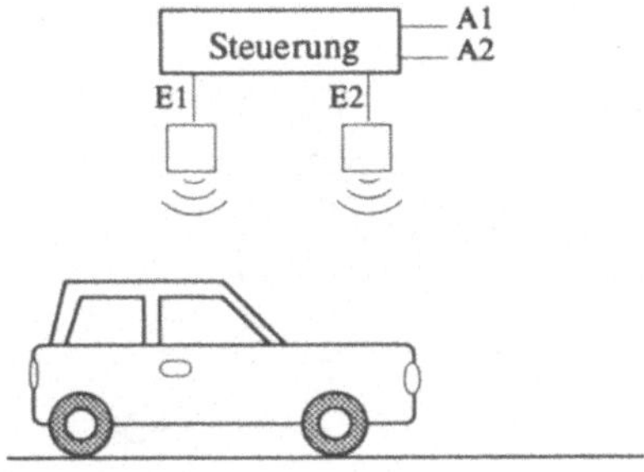

Abb. 3.18. Ein-/Ausfahrterkennung

Obwohl die Steuerung nur zwei Eingänge und zwei Ausgänge besitzt, ist die Aufgabe nicht ganz so einfach, wie dies auf den ersten Blick erscheinen mag. Zum Entwurf des Steuerungsprogramms gibt es zwei Möglichkeiten, die als heuristische Methode und als systematische Methode bezeichnet werden sollen.

Bei der heuristischen Methode werden Merker eingeführt und logische „Wenn... dann...“-Bedingungen formuliert. Diese werden dann programmiert, anschließend das Programm getestet, Fehler gesucht, korrigiert usw. Diese Vorgehensweise ist sehr fehlerträchtig, zeitaufwendig und liefert ein unübersichtliches Programm. Bei kleineren Aufgaben führt die heuristische Methode erst nach vielen Versuchen zum Ziel; bei größeren Aufgaben versagt sie meist vollständig.

Bei der systematischen Methode wird der zeitliche Ablauf der Anlage definiert, es werden Zustände eingeführt und die Bedingungen beschrieben, die zu Zustandswechseln führen. Im Beispiel der Fahrtrichtungserkennung durchlaufen die Eingänge E1 und E2 bei einer Einfahrt nacheinander 4 verschiedene Kombinationen. Nur wenn diese in der richtigen Aufeinanderfolge durchlaufen werden, liegt tatsächlich eine Einfahrt vor. Das gleiche gilt für die Ausfahrt. Da der Anfangszustand in beiden Fällen gleich ist, benötigt man insgesamt 7 unterschiedliche Zustände. Dies ist allerdings nicht die einzige Möglichkeit das Verhalten des Systems durch Zustände zu beschreiben. Für jedes System gibt es viele unterschiedliche Zustandsbeschreibungen, aber keine systematische Methode, um bestimmte Zustandsformen herzuleiten.

gende Tabelle ist für jede Kombination des Zustandes Z und der Eingänge E1, E2 der neue Wert Z´des Zustandes dargestellt.

Tabelle 3.3. Zustandstabelle der Ein-/Ausfahrterkennung. Eingetragen sind die neuen Zustandswerte Z'.

	E1=0 E2=0	E1=1 E2=0	E1=1 E2=1	E1=0 E2=1
Z=0	0	4	*	1
Z=1	0	*	2	1
Z=2	*	3	2	1
Z=3	0	3	2	*
Z=4	0	4	5	*
Z=5	*	4	5	6
Z=6	0	*	5	6

In jedem Zustand gibt es theoretisch vier Kombinationen der Eingänge. Nur drei dieser Kombinationen sind aufgrund der Bewegung des Fahrzeuges physikalisch möglich.

Die Zustandstabelle kann direkt in eine Zustandsgraphen umgesetzt werden, der die Struktur des Ablaufs sichtbar macht. Da die beiden Ausgänge A1 und A2 nur an zwei Zustandsübergängen den Wert "1" liefern, wurde sie an den übrigen Stellen weggelassen. Dort ist überall A1="0" und A2="0" zu setzen.

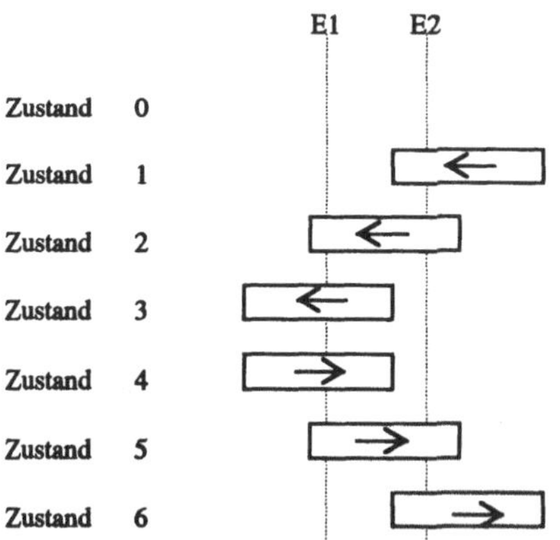

Abb. 3.19. Zustände der Ein-/Ausfahrt

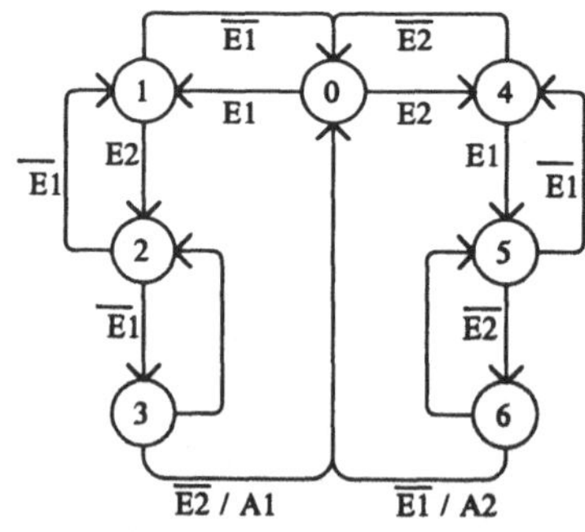

Abb. 3.20. Zustandsgraph der Ein-/Ausfahrterkennung

Indem man in jedem Zustand alle Fahrzeugbewegungsmöglichkeiten durchspielt, erhält man die möglichen Zustandsübergänge. Diese können auf verschiedene Arten dargestellt werden. In der fol-

Der gleiche Ablauf kann auch als Schrittkette dargestellt werden.

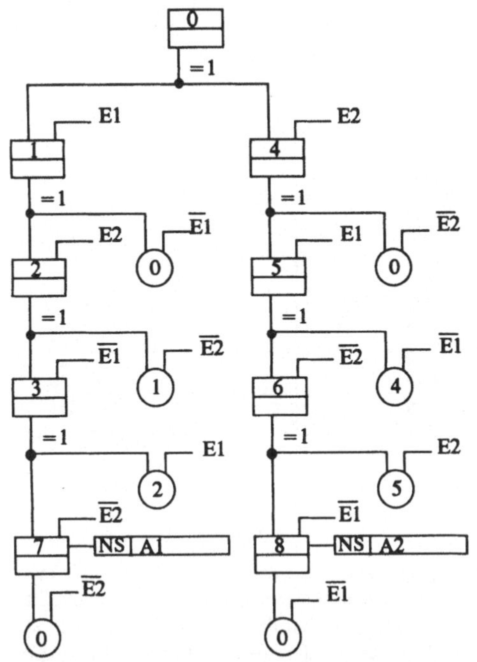

Abb. 3.21. Schrittkette der Ein-/Ausfahrterkennung

□

Schrittketten sind zur Darstellung einfacher, linearer Ablaufstrukturen gut geeignet. Sie erlauben die übersichtliche Darstellung der Schrittfolgen, der Weiterschaltbedingungen und der auszuführenden Aktionen. Auch wenn der Ablauf Verzweigungen aufweist, lassen sich diese in einer Schrittkette darstellen. Bei Abläufen mit vielen Verzweigungen geht die Übersichtlichkeit allerdings verloren, wie man an der vergleichsweise harmlosen Ein-/Ausfahrterkennung sieht. Hier sind andere Darstellungsformen, wie der Zustandsgraph besser geeignet, die Ablaufstruktur sichtbar zu machen. Dies gilt in noch stärkerem Maße für parallele Abläufe.

3.1.3 PARALLELE AUTOMATEN

Die bisher behandelten Abläufe besaßen nur eine einzige Zustandsgröße. Dies hat zur Folge, daß in der Schrittkette zu jedem Zeitpunkt genau ein Schritt bzw. im Zustandsgraphen genau ein Zustandswert aktiv ist. Die einzelnen Schritte bzw. Zustandswerte werden sequentiell in der durch die Folge der Eingangswerte festgelegten Reihenfolge durchlaufen. Komplexität entsteht in sequentellen Abläufen nur durch die Anzahl der unterschiedlichen Zustandswerte und der möglichen Zustandsübergänge.

Komplexere Abläufe besitzen im allgemeinen mehrere Zustandsgrößen. Die Ereignisse, die zu Zustandsübergängen führen, können unabhängig voneinander auftreten. Solange keine gegenseitigen Abhängigkeiten zu beachten sind, kann das Verhalten jeder Zustandsgröße durch einen eigenen Ablauf beschrieben werden. Der Gesamtablauf läßt sich dann in mehrere parallele und unabhängige Einzelabläufe auftrennen.

Sobald gegenseitige Abhängigkeiten zwischen den einzelnen Abläufen zu berücksichtigen sind, steigt die Zahl möglicher Zustände und die Komplexität stark an. Die bei parallelen, gekoppelten Abläufen neu auftretenden Probleme, erfordern damit auch neue Darstellungs und Entwurfsmethoden.

Beispiel 3.5a. Teil einer Fertigungslinie.
Gegeben ist ein Teil einer Fertigungslinie. Mit Hilfe einer Prägemaschine sollen Werkstücke gekennzeichnet werden.

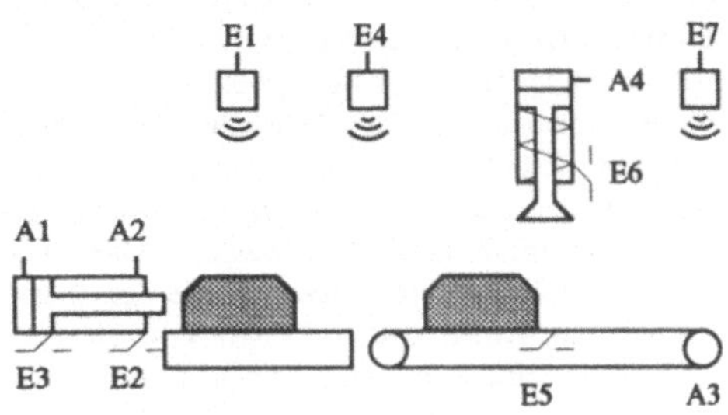

Abb. 3.22. Prägemaschine

Die Teile werden auf einem Tisch abgelegt und durch einen Schieber nach vorne bewegt. Dort werden sie von einem Band übernommen, in die Arbeitsposition gebracht, geprägt und dann an die nachfolgende Fertigungseinheit weitergegeben.

Der Ablauf des Schiebers läßt sich durch 3 Zustandswerte bzw. Schritte beschreiben:

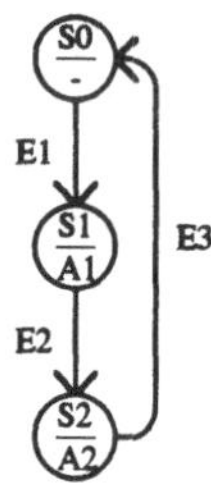

Abb. 3.23. Zustandsgraph des Schiebers

Befindet sich der Schieber in der Ruhepsoition und ein Teil wird aufgelegt (E1), bewegt er sich nach vorne (A1) bis in die Endposition (E2). Die Bewegungsrichtung des Schiebers wird dann umgekehrt (A2) bis er wieder die Ruhelage erreicht.

Der Ablauf der Prägemaschine besteht aus 4 Zustandswerten bzw. Schritten:

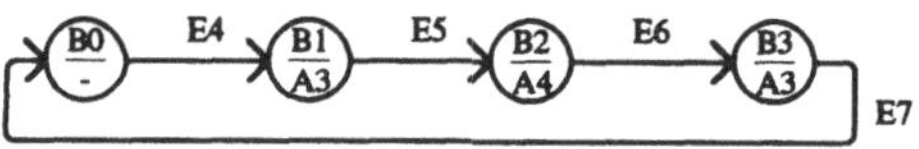

Abb. 3.24. Zustandsgraph der Prägemaschine

Wird ein ankommendes Teil erkannt (E4), läuft das Band an (A3), bis das Teil in die Arbeitsposition (E5) gelangt. Der Stempel wird aktiviert (A4). Nach Erreichen der unteren Endlage (E6) bewegt sich der Stempel durch Federkraft aufwärts und das Band läuft wieder an, bis das Werkstück an die nächste Fertigungseinheit übergeben ist (E7).

Die Beschreibung der Aufgabenstellung durch zwei getrennte Abläufe, basiert auf der Annahme, daß die beiden Einheiten unabhängig voneinander arbeiten können. Zumindest teilweise ist dies auch der Fall. Während die Prägemaschine das Werkstück in die Arbeitsposition bringt, kann sich der Schieber in seine Ruhelage bewegen. Eine Sequentialisierung dieser Vorgänge ist nicht erforderlich, sondern würde nur unnötig Zeit kosten.

Die beiden Abläufe sind aber nicht vollständig unabhängig. Zwischen den beiden Abläufen existieren physikalisch bedingte Konflikte und es gibt Schritte, die synchron ablaufen müssen. Um Konflikte und Synchronisationen zu berücksichtigen, kann die Anlage durch einen Gesamtablauf beschrieben werden.

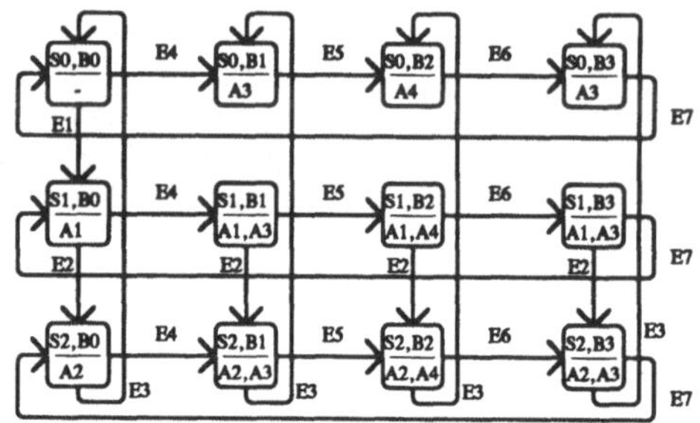

Abb. 3.25. Gesamtablauf

Der gemeinsame Zustand der Gesamtanlage kann 12 verschiedene Werte annehmen. Die Komplexität des Gesamtablaufs ist damit wesentlich größer, als die Komplexität der beiden Einzelabläufe. Ein Konflikt tritt auf, wenn die Prägemaschine noch in Bearbeitung ist, der Schieber aber schon das nächste Werkstück liefern kann. Obwohl seine Startbedingung erfüllt ist, muß der Schieber warten, bis die Prägemaschine fertig ist. Im Zustandsgraphen äußert sich das dadurch, daß die theoretisch möglichen Übergänge

von (S0, B1) nach (S1, B1),

von (S0, B2) nach (S1, B2) sowie

von (S0, B3) nach (S1, B3) nicht zugelassen sind. □

So wie in diesem einfachen Beispiel, ist es auch bei vielen anderen Steuerungsaufgaben erforderlich, Abhängigkeiten zwischen parallelen Abläufen zu berücksichtigen, um Konflikte zu vermeiden und eine Synchronisationen zu erreichen. Die Zusammenfassung der Einzelabläufe erlaubt zwar die Berücksichtigung der Abhängigkeiten, erzeugt aber sehr komplexe Gesamtabläufe. Die Anzahl möglicher Werte des Gesamtzustandes entspricht dem Produkt der möglichen Werte aller Einzelzustände. Bei realen Aufgabenstellungen sind derartige Gebilde kaum zu handhaben.

Es werden daher Methoden benötigt, die die Übersichtlichkeit der Einzelabläufe beibehalten, aber zusätzlich die Abhängigkeiten paralleler Vorgänge berücksichtigen. Ein hierfür geeignetes Werkzeug sind die *Petri-Netze*. Sie wurden in den 60er Jahren eingeführt, um komplexe Systeme der Datenverarbeitung, die aus zahlreichen Einzelkomponenten mit vielfältigen gegenseitigen Kopplungen und Abhängigkeiten bestehen, beschreiben und untersuchen zu können. Petri-Netze können mathematisch als Tupel definiert und in graphischer oder algebraischer Form dargestellt werden. Ein Petri-Netz besteht aus folgenden Elementen.

Tabelle 3.4. Elemente eines Petri-Netzes.

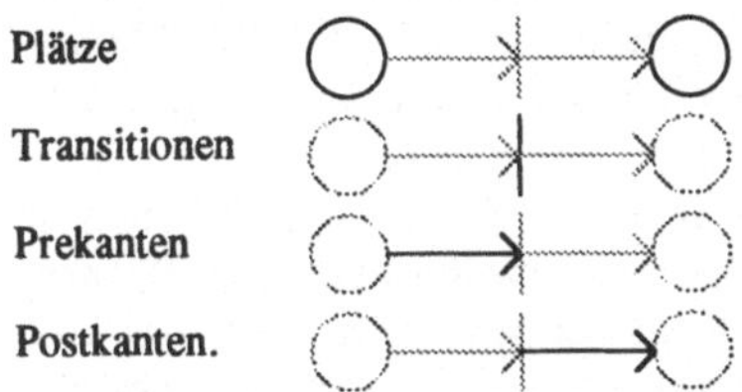

Die Verbindung von Knoten (Plätze und Transitionen) und Kanten eines Netzes beschreiben dessen (statische) Struktur. Die Plätze sind passive Elemente, während die Transitionen aktivierbar sind, wodurch es zu dynamischen Übergängen im Netz kommt. Das dynamische Verhalten eines Netzes kann mit Hilfe von Markierungen dargestellt werden. Zu jedem Zeitpunkt sind bestimmte Plätze mit Marken belegt. Bei Aktivierung einer Transition wandern die Marken von den Eingangsplätzen zu den Ausgangsplätzen der Transition.

Damit eine Transition aktivierbar ist, müssen alle zugehörigen Eingangsplätze mit Marken belegt sein. Durch das Schalten einer Transition werden die Marken von den Eingangsplätzen entfernt und die Ausgangsplätze mit Marken belegt. Die Bedingung vollständig belegter Eingangsplätze und die Wanderung der Marken bilden zusammen die *allgemeine Transitionsregel*.

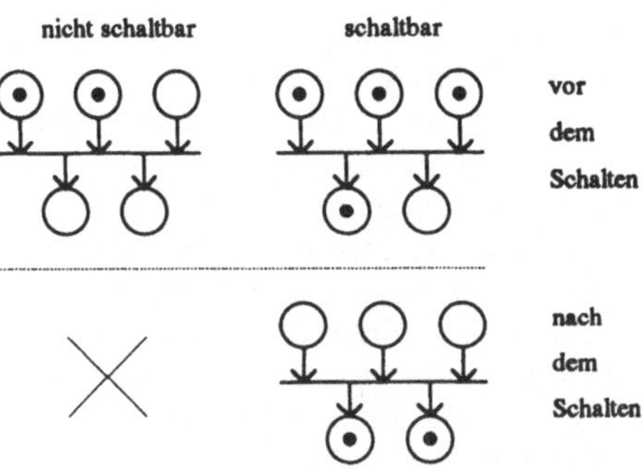

Abb. 3.26. Allgemeine Transitionsregel

In bestimmten Situationen ist eine Einschränkung dieser Regel erforderlich. Oft ist das Schalten einer Transition nur dann sinnvoll, wenn die Ausgangsplätze auch zur Aufnahme von Marken frei sind. Erweitert man die allgemeine Transitionsregel um diese zusätzliche Bedingung, erhält man die *sichere Transitionsregel*: Eine Transition kann nur schalten, wenn alle Eingangsplätze belegt und alle Ausgangsplätze frei sind.

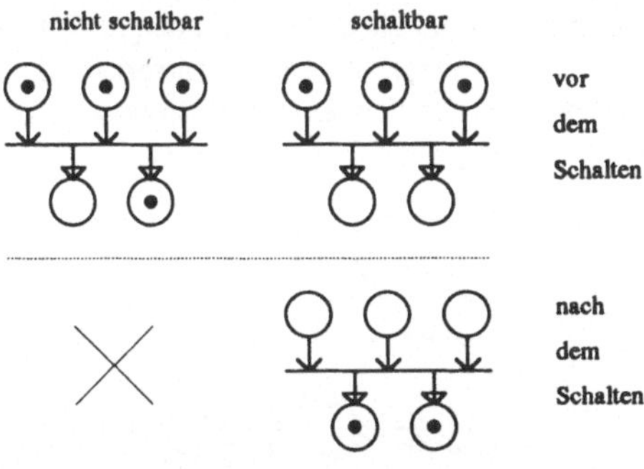

Abb. 3.27. Sichere Transitionsregel

Da beide Schaltregeln in der Steuerungstechnik sinnvoll sind, werden sie im folgenden bei Bedarf verwendet. Um sie auch in der graphischen Darstellung unmittelbar sichtbar zu machen, werden sie in Ergänzung zu der in der Literatur üblichen Darstellungsweise durch zwei unterschiedliche Pfeilsymbole bei den Postkanten gekennzeichnet. Für die allgemeine Transitionsregel wird ein offener Pfeil, für die sichere Transition ein geschlossenes Pfeilsymbol an der Postkante verwendet.

Die Problematik des sicheren Schaltens hängt sehr eng mit der Problematik kontaktbehafteter Netze zusammen. Kontaktfreie Netze sind durch die statische und dynamische Netzstruktur so ausgelegt, daß die Eingangs- und Ausgangsplätze einer Transition niemals gleichzeitig belegt sein können. Die Abfrage der sicheren Transitionsregel ist bei einem kontaktfreien Netz daher nicht erforderlich. Bei den kontaktbehafteten Netzen können Eingangs- und Ausgangsplätze einer Transition gleichzeitig belegt sein. Durch den zusätzlichen Einbau der Platzkomplemente, kann jedes kontaktbehaftete Netz kontaktfrei gemacht werden. Details hierzu findet man in /Reisig, 1985 S.32./

Die Anwendung der Petri-Netze in der Steuerungstechnik ergibt sich vollkommen zwanglos, wenn man sie ohne mathematischen Aufwand als Erweiterung der Zustandsgraphen interpretiert. Bei den steuerungstechnisch interpretierten Petri-Netzen /König, Quäck, 1988/ entspricht jeder Platz des Netzes einem Zustand des Zustandsgraphen. Jede Kante beschreibt die möglichen Zustandsübergänge und das Schalten einer Transition entspricht dem Eintreten der für den Zustandsübergang erforderlichen Ereignisse.

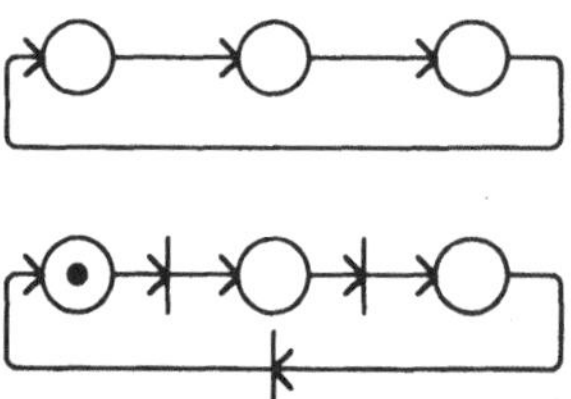

Abb. 3.28. Petri-Netz als Erweiterung des Zustandsgraphen

Da im Zustandsgraphen immer nur ein Zustand aktiv sein kann, enthält das zugehörige Petri-Netz zu jedem Zeitpunkt genau eine Marke. Verzweigungen und Zusammenführungen lassen sich in Petri-Netzen ebenfalls übersichtlich darstellen. Bei einer Alternativverzweigung führen aus einem Markenplatz zwei oder mehr Prekanten zu Transitionen.

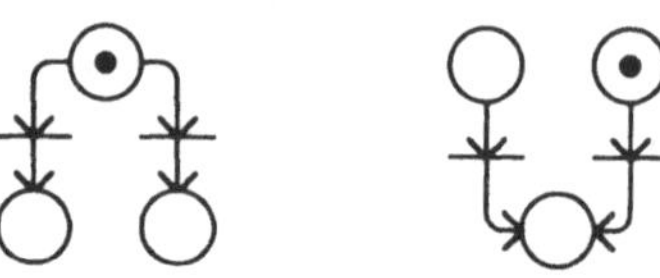

Abb. 3.29. Alternativverzweigung und Alternativzusammenführung

Ist der Platz mit einer Marke belegt und schaltet eine der beiden Transitionen, wird die Marke entfernt und die konkurrierende Transition ist nicht mehr schaltbar. Bei der Alternativzusammenführung führen zwei oder mehr Postkanten zu einem Platz hin.

Während in einem Zustandsgraphen niemals zwei Zustände gleichzeitig aktiv sein können, darf ein Petri-Netz sehr wohl mehr als eine Marke enthalten. Die Marken können entweder durch die Anfangsbelegung vorgegeben sein, oder sie entstehen bei Parallelverzweigungen:

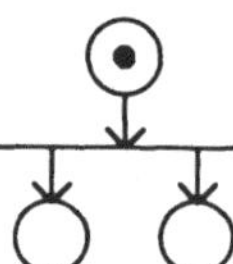

Abb. 3.30. Parallelverzweigung

Das Schalten der Transition entfernt die Marke vom Eingangsplatz und belegt die beiden Ausgangsplätze. Nach dem Schalten ist daher eine Marke mehr im Netz als vorher. Das Pendant hierzu bildet die Parallelzusammenführung:

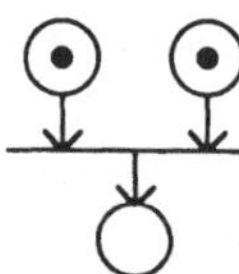

Abb. 3.31. Parallelzusammenführung

Die Transition kann erst schalten, wenn beide Eingangsplätze belegt sind. Nach dem Schalten gibt es eine Marke weniger im Netz. Die Anzahl der Marken in einem Netz ist also nicht immer konstant, sondern kann bei parallelen Abläufen variieren.

Transitionen mit mehreren Eingangs- und Ausgangsplätzen können zu einer einfachen und übersichtlichen Darstellung paralleler Zustände und nebenläufiger Ereignisse genutzt werden.

Beispiel 3.5b. Fertigungslinie
Die Transformation der beiden Einzelabläufe des Schiebers und der Prägemaschine in Petri-Netze ist trivial. Die Bedingung der Verriegelung, die in Zustandsdarstellung zu einem komplexen Gesamtablauf mit 12 möglichen Zuständen führte, erfordert bei der Netzdarstellung nur einen zusätzlichen Platz gegenüber den Einzelnetzen.

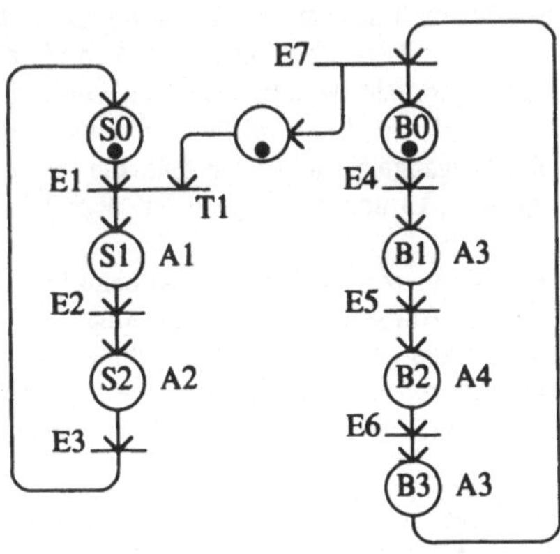

Abb. 3.32. Petri-Netz für die Fertigungslinie

Die Transition T1 kann nur schalten, wenn beide Eingangplätze belegt sind. Dies ist der Fall, wenn sich der Schieber und die Prägemaschine in Ruhestellung befinden. Die graphische Darstellung zeigt deutlich die Wirkungsrichtung der Verriegelung. Der Schieber muß auf die Grundstellung der Prägemaschine warten, bevor das nächste Teil zugeführt wird. Das Schalten von T1 aktiviert den Schieber. Die weiteren Vorgänge können dann unabhängig erfolgen, bis beide Einheiten wieder in die Ruhelage gelangt sind.   □

Wie das einfache Beispiel andeutet, sind Petri-Netze geeignet, parallele Abläufe mit gegenseitigen Abhängigkeiten übersichtlich darzustellen. Die Komplexität der Darstellung wächst nur soweit an, wie dies durch die bestehenden Kopplungen erforderlich ist.

Grundsätzlich sind auch Schrittketten zur Darstellung paralleler Abläufe geeignet, wenn die Parallelverzweigung und die Parallelzusammenführung als zusätzliche Symbole eingeführt werden. Leider existiert keine eindeutige Abbildungsvorschrift zwischen Petri-Netzen und Schrittketten, so daß immer Modifikationen erforderlich sind , um einen bestimmten Sachverhalt aus einem Petri-Netz in eine Schrittkette zu übertragen.

Der Ablauf der Fertigungslinie als Schrittkette könnte z.B. folgendermaßen aussehen:

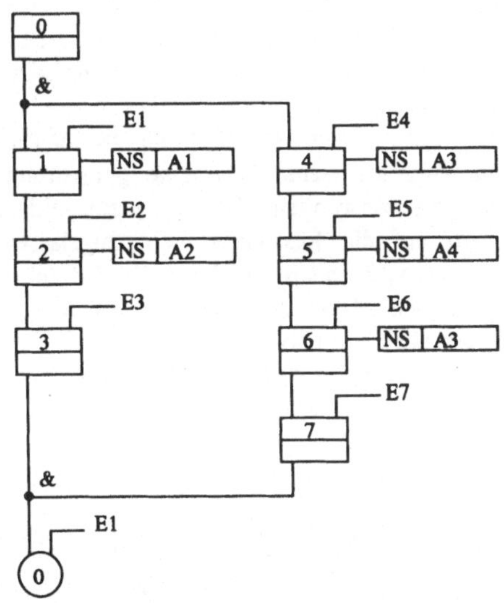

Abb. 3.33. Schrittkette mit Parallelverzweigung und -zusammenführung

Die graphische Darstellung von Abläufen ist sehr gut geeignet, charakteristische, immer wiederkehrende Grundmuster der Ablaufstruktur sichtbar zu machen. Da diese Grundmuster in vielen verschiedenen Anwendungen wiederkehren, können sie als wiederverwendbare

Software-Bausteine realisiert werden. Ein solches Grundmuster ist im Beispiel der Fertigungslinie erkennbar. Ein Teilprozess, im konkreten Fall der Schieber, darf erst bearbeitet werden, wenn die Freigabe durch einen anderen Teilprozeß, die Grundstellung der Prägemaschine, erteilt wurde. Diese Konstellation bildet das Grundmuster einer *Freigabestruktur.*

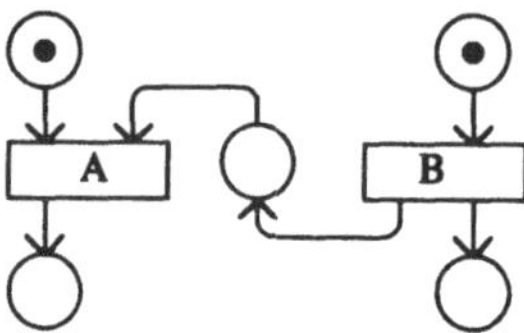

Abb. 3.34. Prozesskopplung in Form einer Freigabe

Es existieren zwei Prozesse A und B. Prozeß A darf nur gestartet werden, wenn Prozeß B zuvor vollständig durchlaufen wurde und selbst nicht mehr aktiv ist.

Eine andere Form der Kopplung zweier Prozesse entsteht, wenn diese eine gemeinsame Ressource verwenden. Ist ein gleichzeitiger Zugriff auf die Ressource nicht zugelassen, muß eine *Kollisionsvermeidung* mit Hilfe einer zusätzlichen Marke realisiert werden. Da sie wie ein Schlüssel dafür sorgt, daß nur ein Prozeß auf die Ressource zugreift, wird die Marke oft als Schlüsselmarke bezeichnet.

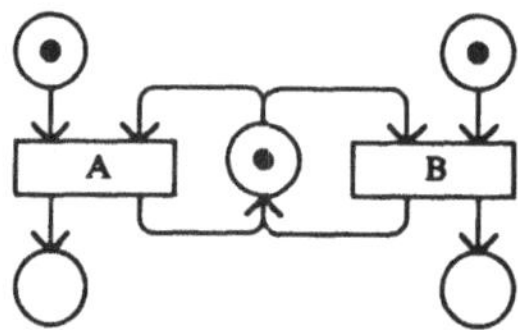

Abb. 3.35. Kollisionsvermeidung über eine Schlüsselmarke

Greift keiner der beiden Prozesse auf die Ressource zu, ist der Platz mit einer Marke belegt. So bald einer der beiden Prozesse aktiv wird, verschwindet die Marke. Der Zugriff für den anderen Prozeß ist gesperrt, bis der aktive Prozeß beendet ist.

Beispiel 3.6. Transportsystem
In einem Transportsystem werden zwei Transportlinien an einem Engpaß mit Hilfe von Weichen über eine gemeinsame Verbindung geführt. Die Verbindung kann immer nur von einem Transporter genutzt werden.

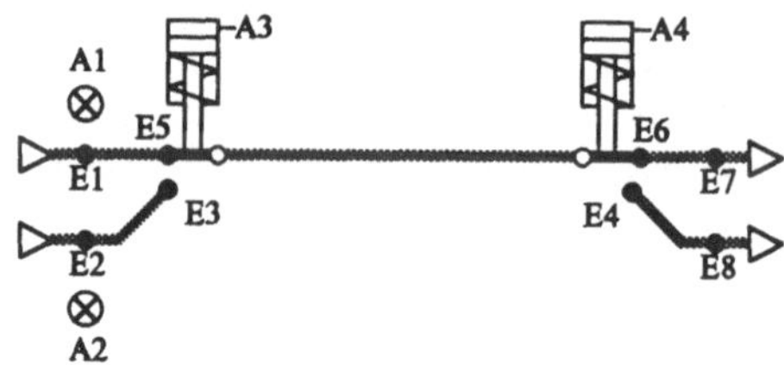

Abb. 3.36. Kollisionsgefährdetes Transportsystem

Ankommende Transporter werden über die Eingänge E1 bzw. E2 erkannt. Sie dürfen nur dann in die Strecke einfahren, wenn sie ein Freigabesignal A1 bzw. A2 erhalten. Die Ausfahrt wird über die Sensoren E7 und E8 erkannt. Damit die Freigabe erteilt wird, muß die Strecke frei sein und die beiden Weichen müssen über A3 bzw. A4 in die richtigen Lage gebracht worden sein. Die Weichenlage „Gerade"" (A3 und A4 nicht angesteuert) wird über die Eingänge E5 und E6 erfaßt, die Weichenlage Quer" (A3 und A4 angesteuert) über E3 und E4.

Das Petri-Netz zeigt für beide Fahrbahn-Prozesse den gleichen Aufbau, bestehend aus Ankunft, Weichenansteuerung, Freigabe und Durchfahrt. Die in diesem Fall wörtlich zu verstehende Kollisionsvermeidung erfolgt über eine zusätzliche Marke.

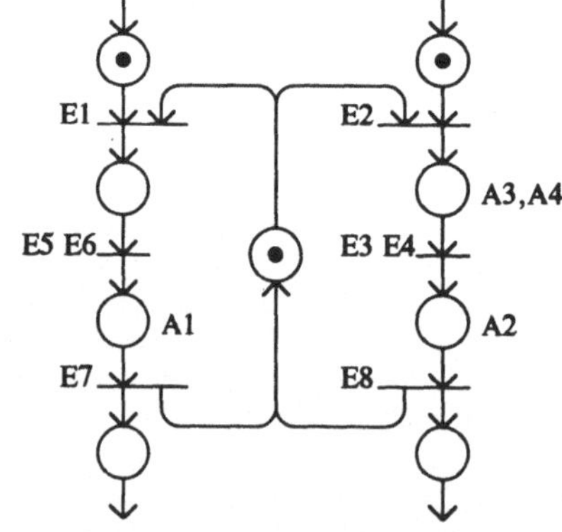

Abb. 3.37. Kollisionsvermeidung für das Transportsystem   □

Bei der Einführung der Petri-Netz-Symbole wurden die Plätze als passive Elemente bezeichnet, die z.B. den statischen Zustand eines Prozesses repräsentieren können. Transitionen sind aktive Elemente, die dynamischen Aktionen entsprechen können. Eine weitergehende Festlegung der Eigenschaften dieser Elemente wurde bewußt nicht vorgenommen. Dadurch bleibt ein genügend großer Interpretationsfreiraum.

Dieser Freiraum läßt sich z.B. nutzen, um komplexe Netze hierarchisch zu strukturieren. Mit Hilfe der Hierarchisierung kann bei einer Top-Down-Entwurfsmethode ein beliebiges, zunächst nur grob entworfenes Netz schrittweise verfeinert werden. Einzelne Plätze oder Transitionen werden bei der Verfeinerung durch Netze ersetzt. Bei der komplementären Vorgehensweise, dem Bottom-Up-Ansatz, werden Teilnetze zu einer (Makro-) Transition oder einem (Makro-) Platz zusammengefaßt. Bei dieser Vergröberung werden interne Details des Teilnetzes weggelassen, es wird abstrahiert. Damit die formalen Regeln der Petri-Netze gültig bleiben, sind bei einer Verfeinerung oder Vergröberung bestimmte Bedingungen einzuhalten.

Bei der Verfeinerung eines Platzes muß jede Verbindung des zu ersetzenden Platzes mit einer (externen) Transition nach der Verfeinerung zu einem (oder mehreren) neuen Platz des verfeinerten Netzes führen. Es dürfen weder Verbindungen hinzukommen, noch Verbindungen verschwinden. In der graphischen Darstellung kann das bei der Verfeinerung für einen Platz neu eingeführte Teilnetz durch eine gepunktete Ellipse oder Kreis gekennzeichnet werden.

Im dargestellten Petri-Netz wird Platz B aus Teilbild a) verfeinert. Er besitzt Verbindungen zur Transition T1 und T2. Dies ist auch im Teilbild b) der Fall, so daß es eine gültige Verfeinerung darstellt. Im Teilbild c) ist eine Verbindung zum Platz C hinzugekommen, die vorher nicht existierte. Hier handelt es sich daher nicht mehr um eine gültige Verfeinerung.

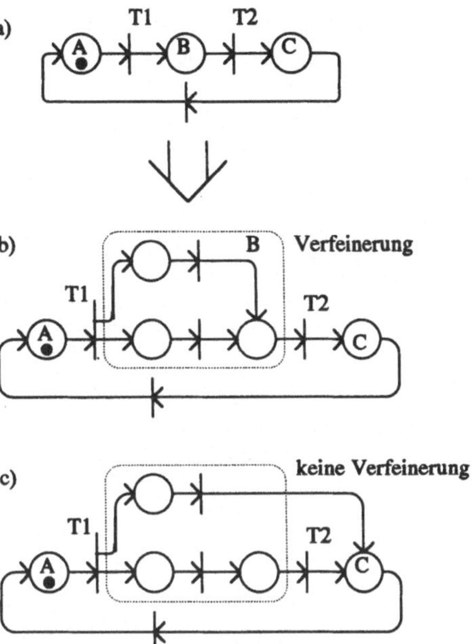

Abb. 3.38. Zulässige und unzulässige Verfeinerung eines Platzes

Bei der Verfeinerung einer Transition muß jede Verbindung zu einem (externen) Platz nach der Verfeinerung zu einer (oder mehreren) neuen Transition des verfeinerten Netzes führen. Auch hier dürfen weder Verbindungen hinzukommen, noch Verbindungen verschwinden. In der graphischen Darstellung kann das bei der Verfeinerung für die Transition neu eingeführte Teilnetz durch eine gepunktetes Rechteck gekennzeichnet werden.

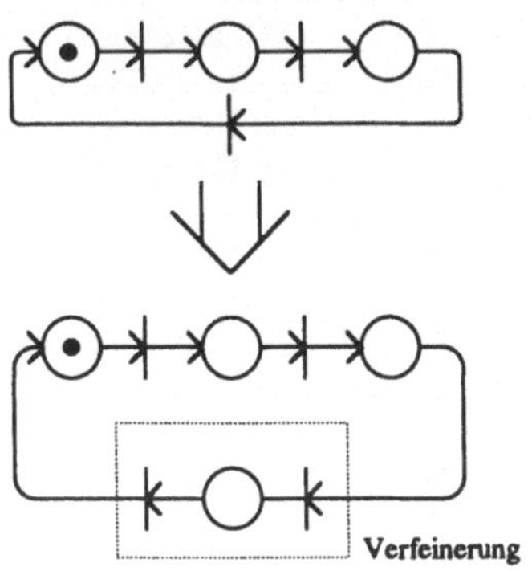

Abb. 3.39. Verfeinerung einer Transition

Diese Bedingungen für die Verfeinerung gelten sinngemäß auch für die Vergröberung.

Beispiel 3.7. Hochofen-Beschickung
Die Beschickung eines Hochofens erfolge über Skipgefäße im Tandembetrieb. /Weber, Schiefer 1976/.
Das Material gelangt aus einem Vorratsbunker über die Wägetasche (3) und die Transportbänder 4.1 und 4.2 in den Zwischenbunker (5). Von dort wird es unter Zugabe von Wasser (7) in das bereitstehende Skipgefäß (6) gefüllt. Währenddessen wird das zweite Skipgefäß in die Oberglocke (9) des Hochofens entleert. Ist das obere Skipgefäß leer und das untere gefüllt, kann getauscht werden. Das volle Gefäß fährt zur Entleerung nach oben, das leere nach unten zur Beladestelle.

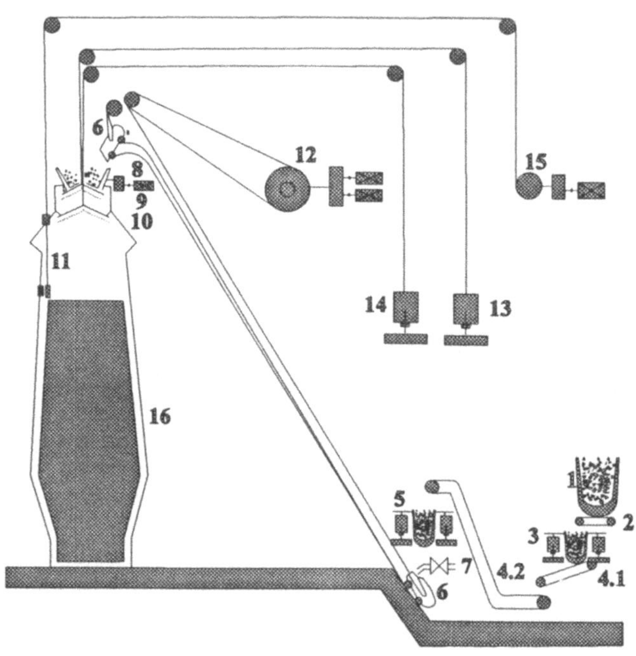

Abb. 3.40. Prinzipskizze des Hochofens

1: Vorratsbunker,	2: Austragsband,	3: Wägetasche,	4: Transportbänder,
5: Zwischenbunker,	6: Skipgefäße,	7: Wasseraufgabe,	8: Trichterdrehwerk,
9: Oberglocke,	10: Unterglocke,	11: Sonden,	12: Aufzugswinde,
13: Oberglockenzyl.,	14: Unterglockenzyl.,	15: Sondenwinden,	16: Hochofen

Der beschriebene Teil der Gesamtanlage kann durch drei Einzelabläufe dargestellt werden. In einer ersten, groben Formulierung besteht der Ablauf der Verwiegung und des Zwischenbunkers aus den drei Zuständen Ruhestellung, Füllen, Leeren. Der Ablauf für die Skipgefäße besteht aus dem Zustand Befüllung/ Entleerung und dem Zustand Gefäßtausch. Die drei Abläufe sind gegenseitig gekoppelt. Der Gefäßtausch darf erst stattfinden, wenn der Füllvorgang (und natürlich auch die Entleerung) beendet ist. Die Entleerung des Zwischenbunkers ist erst möglich, wenn ein leeres Skipgefäß bereitsteht. Auch zwischen der Verwiegung und dem Zwischenbunker besteht eine wechselseitige Abhängigkeit. Diese sind im Petri-Netz direkt erkennbar.

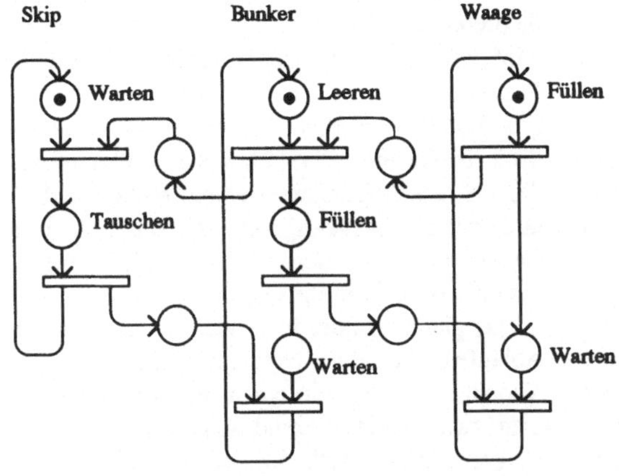

Abb. 3.41. Grobe Ablaufstruktur der Hochofenbeschickung

dosiert, indem der Bunkerabzug (2) mit hoher Geschwindigkeit betrieben wird. Kurz vor Erreichen des Sollgewichts wird auf Feinstrom und geringere Austragsgeschwindigkeit umgeschaltet, um das Endgewicht möglichst genau zu erreichen. Es folgt dann eine kurze Ruhephase, in der das tatsächlich erreichte Endgewicht erfaßt wird. Der Makrozustand „Füllen" wird also zu einem Netz mit den drei Zuständen „Grobstrom", „Feinstrom" und „Wiegen" verfeinert.

Obwohl beim Zwischenbunker keine Verwiegung mehr erforderlich ist, muß auch dessen Ablauf verfeinert werden. Wegen der Gefahr möglicher Überschüttung sind die zufördernden Bänder in geeigneter Weise ein- und auszuschalten. Beim Einschalten, muß mit Band 4.2 begonnen werden. Erst wenn dieses läuft, kann Band 4.1 zugeschaltet werden. Die Ausschaltung erfolgt in umgekehrter Reihenfolge. Zuerst wird das zufördernde Band 4.1, und dann Band 4.2 ausgeschaltet.

Wegen unterschiedlicher Drehrichtungen der Aufzugwinde, ist auch beim Ablauf der Skipgefäße eine Fallunterscheidung erforderlich. Man erhält somit den folgenden verfeinerten Gesamtablauf.

Die dargstellten Abläufe sind natürlich nur eine grobe Vereinfachung der real erforderlichen Abläufe. Sie können durch Verfeinerung modelliert werden.

Um bei der Verwiegung einen guten Kompromiß zwischen Füllgeschwindigkeit und -genauigkeit zu erreichen, erfolgt die Dosierung nach dem Zweistromprinzip. Zunächst wird mit einem Grobstrom

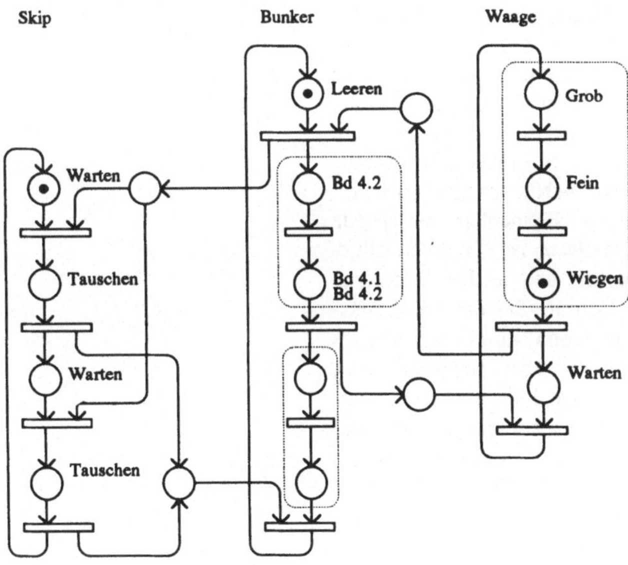

Abb. 3.42. Verfeinerter Ablauf der Hochofenbeschickung

Die Verfeinerung von Abläufen kann in mehreren aufeinander aufbauenden Hierarchieebenen erfolgen. Man erhält damit eine schrittweise Vorgehensweise, bei der mit einer groben Darstellung der wichtigsten Ablaufeigenschaften, insbesondere der gegenseitigen Kopplungen begonnen wird. Die Abläufe werden dann immer weiter verfeinert, bis die im Programm zu realisierenden Abläufe als höchste Detaillierungsstufe erreicht sind. Die Verfeinerung ist daher ein ideales Werkzeug, um komplexe Abläufe systematisch zu entwerfen.

Bei der umgekehrten Vorgehensweise, der Abstraktion, werden miteinander verknüpfte Plätze und Transitionen zu Makro-Plätzen bzw. -Transitionen zusammengefaßt. Ein geeigneter Anhaltspunkt für sinnvolle Zusammenfassungen ist die Anzahl der bestehenden Verbindungen zwischen den einzelnen Objekten. Makro-Objekte sollten immer so abgegrenzt werden, daß innerhalb eines Makros relativ starke Verbindungen bestehen, während nur wenige Verbindungen nach außen, d.h. über die Makro-Grenzen hinweg auftreten. Bei unstrukturierten, sehr stark vernetzten Abläufen ist die Abstraktion nur sehr schwer durchführbar.

Mit den Petri-Netzen steht ein mächtiges Werkzeug zur Verfügung, das für die übersichtliche graphische Darstellung von Prozessen und für die fundierte theoretische Analyse gleichermaßen gut geeignet ist. Dennoch haben sich Petri-Netze zur Zeit noch nicht in der zu erwartenden Breite in der Praxis durchgesetzt. Drei Gründe könnten hierfür maßgebend sein.

Die aus wenigen Elementen bestehende Symbolik der Petri-Netze ist für deren allgemeine Verwendbarkeit und leichte Erlernbarkeit von großem Vorteil. Bei der steuerungstechnischen Interpretation eines Petri-Netzes schafft diese Symbolik aber Engpässe bzw. erfordert unnötige Formalismen bei der Darstellung der Transitionsbedingungen und der Ausgangsansteuerung. Hier kann eine behutsame Erweiterung der Symbolik, wie sie in diesem Buch beispielsweise versucht wird, eine Verbesserung der Praxistauglichkeit bringen.

Im Überschwang der Begeisterung über die theoretischen Möglichkeiten der Petri-Netze wird oft versucht, jeden Sachverhalt durch Petri-Netze darzustellen. Auch wenn dies grundsätzlich möglich ist, bleibt vieles praktisch irrelevant. Eine einfache Verknüpfung die z.B. als Logikplan oder ein einfacher Ablauf, der als Zustandsgraph darstellbar ist, mit Gewalt auf Petri-Netz zu trimmen, verkehrt die gute Absicht in ihr Gegenteil.

Das gleiche findet man auch bei komplexen Abläufen. Ein Petri-Netz mit Hunderten von Knoten und Kanten in einem Bild darzustellen, mag zwar beeindruckend sein. Auf den Einsteiger in diese Methodik oder den Umsteiger, der an andere Darstellungsmittel gewöhnt ist, wirken solche Beispiele eher abschreckend. Daß manche dieser Entwürfe auch noch den Prinzipien der Modularisierung und Hierarchisierung, die für eine gute Strukturierung eines Prozesses ausschlaggebend sind, widersprechen, ist erstaunlich, da gerade die Petri-Netze für die Darstellung hierarchisch gegliederter Prozesse und das Erkennen des Modularisierungsgrades sehr gut geeignet sind.

3.2 PROGRAMMIERUNG VON ABLÄUFEN

3.2.1 ZUSTANDSMERKERVERFAHREN

Die Umsetzung eines Ablaufs in ein Steuerungsprogramm ist von der Darstellungsart des Ablaufs weitgehend unabhängig. Sie ist also für Zustandsgraphen, Schrittketten und Petri-Netze gleich.

Zur Erstellung eines Ablaufprogramms müssen die Zustandswerte durch Binärmerker gespeichert werden. Die einfachste Form der Speicherung der Zustandswerte erhält man, indem jedem möglichen Zustandswert genau ein Binärmerker zugeordnet wird. Im konkreten Fall wird also dem Zustandswert Z=0 der Binärmerker M0, dem Zustandswert Z=1 der Merker M1 zugeordnet usw.. Immer wenn der Zustand einen bestimmten Wert hat, ist der zugehörige Binärmerker gesetzt, während alle anderen auf "0" sind.

Tabelle 3.5. Zustandsmerker für eine Zustandsvariable mit 7 unterschiedlichen Werten

Z	M6	M5	M4	M3	M2	M1	M0
0	0	0	0	0	0	0	1
1	0	0	0	0	0	1	0
2	0	0	0	0	1	0	0
3	0	0	0	1	0	0	0
4	0	0	1	0	0	0	0
5	0	1	0	0	0	0	0
6	1	0	0	0	0	0	0

Die möglichen Zustandsübergänge können mit Hilfe der Zustandsmerker in logische Bedingungen umgesetzt werden. Befindet sich die Steuerung in einem bestimmten Zustand, und ist die Bedingung für den Übergang zum nächsten Zustandswert eingetreten, so wird der neue Zustandswert aktiv und der alte inaktiv. Die Frage ist nun, wie diese Bedingung einfach, übersichtlich und vor allem korrekt in ein Steuerungsprogramm umgesetzt werden kann. Eine sehr einfache Programmierung der Zustandsübergänge ergibt sich durch verbale Formulierung der Übergangsbedingung:

Wenn ein Zustand gesetzt und die Übergangsbedingung zum Folgezustand erfüllt ist, dann aktiviere den Folgezustand und deaktiviere den momentanen Zustand.

Übersetzt in die Sprache der Steuerung ergibt dies:

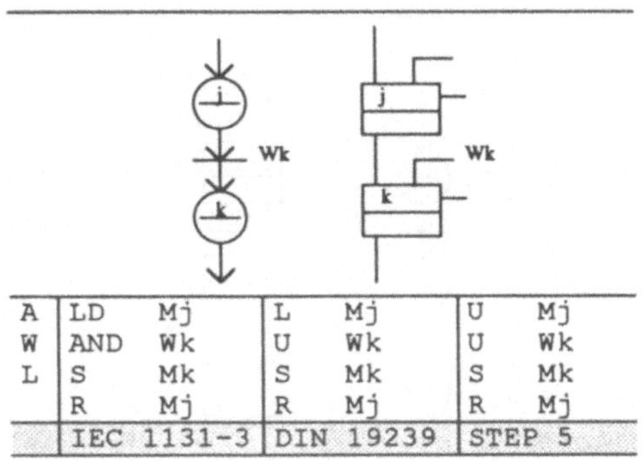

A	LD	Mj	L	Mj	U	Mj
W	AND	Wk	U	Wk	U	Wk
L	S	Mk	S	Mk	S	Mk
	R	Mj	R	Mj	R	Mj
	IEC 1131-3		DIN 19239		STEP 5	

Abb. 3.43. AWL-Programm einer einfachen Ablaufsequenz

Dies ist eine sehr einfache Umsetzung des Steuerungsablaufs. Ist ein Zustand aktiv und ist die Übergangsbedingung für den nachfolgenden Zustand erfüllt, wird dieser aktiviert. Unter bestimmten Konstellationen, verhält sich ein solches Programm aber falsch. Sind nämlich mehrere Übergangsbedingungen aufeinanderfolgender Zustände gesetzt, werden diese Zustände sehr schnell durchlaufen. Sie gehen nur kurzzeitig auf "1", so daß Aktionen, die zu diesen Zuständen gehören und an anderer Stelle des Programms codiert sind, nicht ausgeführt werden. Von außen sieht es so aus, als wären die Zustände übersprungen worden.

Eine einfache Lösung des Problems ist die Änderung der Reihenfolge der Schrittcodierungen im Programm. Fängt man mit dem letzten Zustand an, so tritt das unerwünschte Weiterschalten nicht mehr auf. Die Einhaltung einer geeigneten Reihenfolge bei der Programmierung ist aber keine zufriedenstellende Lösung, da sie sehr fehlerträchtig ist und bei Verzweigungen gar nicht funktioniert. In der Literatur und auch in der Praxis findet man andere Lösungsvorschläge, die auf dem Einbauen zusätzlicher Bedingungen beim Weiterschalten beruhen. So kann man z.B. beim Übergang von einem Zustand zum nächsten für die Dauer eines Programmzyklus beide Zustandsmerker setzen. Durch die Verknüpfung der beiden Vorgänger-Zustände kann dann ein unerwünschtes sofortiges Weiterschalten verhindert werden:

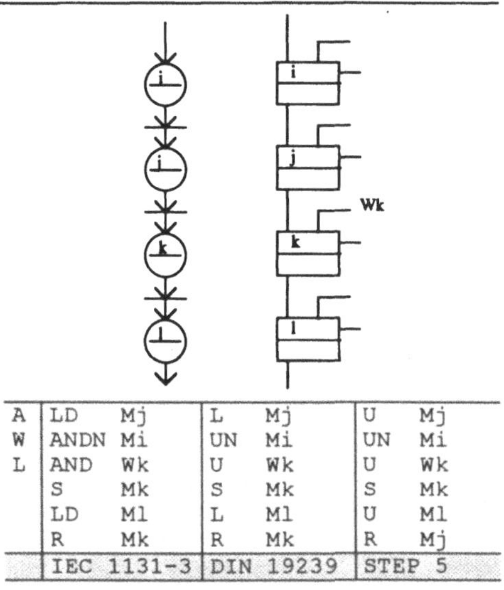

A	LD	Mj	L	Mj	U	Mj
W	ANDN	Mi	UN	Mi	UN	Mi
L	AND	Wk	U	Wk	U	Wk
	S	Mk	S	Mk	S	Mk
	LD	Ml	L	Ml	U	Ml
	R	Mk	R	Mk	R	Mj
	IEC 1131-3		DIN 19239		STEP 5	

Abb. 3.44. Erweitertes AWL-Programm einer einfachen Ablaufsequenz

Obwohl solche Methoden der Umsetzung von Abläufen besser sind, als das Programmieren in der richtigen Reihenfolge, haben auch sie Schwächen. Zum einen erfordern sie zusätzliche Verknüpfungen und verlängern dadurch das Programm und zum anderen sind auch sie unter bestimmten Bedingungen anfällig gegen die Vertauschung der Reihenfolge.

Die einzige Methode, die systematisch aufgebaut ist und sicher fehlerfrei funktioniert, macht Gebrauch von der systemtechnischen Beschreibung einer Ablaufsteuerung:

$$\underline{M}_{k+1} = \underline{g}(\underline{M}_k, \underline{E}_k) \quad .$$

Die Funktion g ist eine vektorielle Funktionen, d.h. sie ist für jeden Merker definiert. Das Problem das bei der Programmrealisierung auftritt, ist mit dem Race-Problem der unterschiedlichen Gatterlaufzeiten bei asynchronen Schaltwerken verwandt. Da die Funktionen g_1, g_2 bis g_N nacheinander berechnet werden, existieren von einigen Merkern bereits die neuen Werte, die bei der nachfolgenden Berechnung der anderen neuen Merkerwerte bereits berücksichtigt werden. Die neuen Merkerwerte werden also nicht wie gefordert vollständig aus den alten Merkerwerten berechnet, sondern teilweise aus alten und teilweise aus neuen Werten. Diese Betrachtung des Problems liefert auch dessen Lösung. Im Programm müssen alte und neue Merkerwerte unterschieden werden. Es müssen Merkervariablen für die alten Werte, sie seien mit Mi bezeichnet, und Merkervariablen für die neuen Werte, sie seien mit Ni bezeichnet, eingeführt werden. Im Programm werden dann zuerst die Ausgangswerte und alle neuen Merkerwerte aus den alten Merkerwerten und den Eingangswerten berechnet:

$$\underline{N}_{k+1} = \underline{g}(\underline{M}_k, \underline{E}_k) \quad .$$

Erst am Ende des Programms erfolgt die Zuweisung der neuen Merkerwerte zu den Variablen für die alten Werte des nächsten Zyklus:

$$\underline{M}_{k+1} = \underline{N}_{k+1} \quad .$$

Mit dieser Form der Umsetzung eines Ablaufs in ein AWL-Programm können Races nicht mehr auftreten. Faßt man die Umsetzung der Schritte in AWL-Programme zusammen, führt dies auf folgendes Ergebnis:

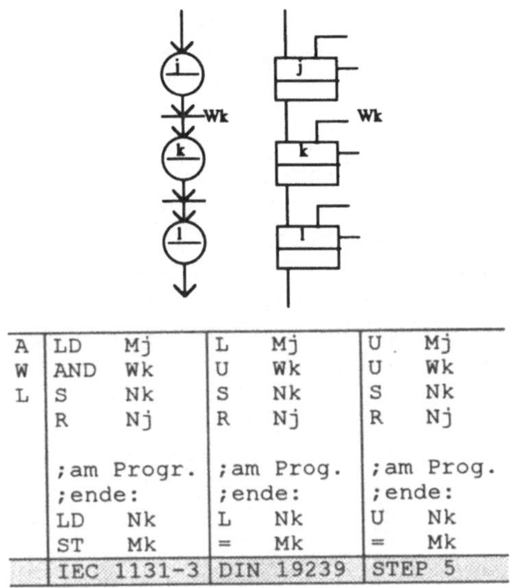

A	LD Mj	L Mj	U . Mj
W	AND Wk	U Wk	U Wk
L	S Nk	S Nk	S Nk
	R Nj	R Nj	R Nj
	;am Progr.	;am Prog.	;am Prog.
	;ende:	;ende:	;ende:
	LD Nk	L Nk	U Nk
	ST Mk	= Mk	= Mk
	IEC 1131-3	DIN 19239	STEP 5

Abb. 3.45. Race-freies, synchrones AWL-Programm für den Schritt k

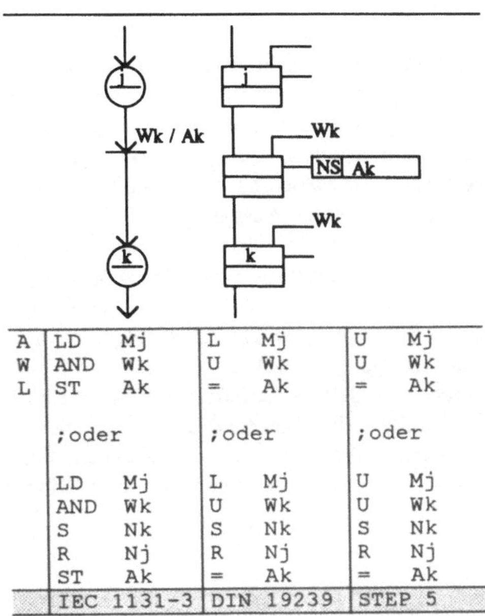

A	LD Mj	L Mj	U Mj
W	AND Wk	U Wk	U Wk
L	ST Ak	= Ak	= Ak
	;oder	;oder	;oder
	LD Mj	L Mj	U Mj
	AND Wk	U Wk	U Wk
	S Nk	S Nk	S Nk
	R Nj	R Nj	R Nj
	ST Ak	= Ak	= Ak
	IEC 1131-3	DIN 19239	STEP 5

Abb. 3.46. Programmierung dynamischer, nicht speichernder Ausgänge

Zur vollständigen Umsetzung eines Ablaufs in ein Steuerungsprogramm ist neben der Zustandsübergangsfunktion auch die Programmierung der Ausgangsfunktion erforderlich. Hier ist zwischen statischer und dynamischer Ansteuerung sowie zwischen speichernder und nicht speichernder Wirkung zu unterscheiden.

Wird ein Ausgang nur beim Übergang von einem Zustand zum nächsten angesteuert, handelt es sich um dynamische Ausgangsansteuerung. Sie kann definitionsgemäß nur bei Mealy-Automaten, nicht aber bei Moore-Automaten auftreten. Schrittketten sind Moore-Automaten. Sie sind daher zur unmittelbaren Darstellung dynamischer Ansteuerungen nicht geeignet. Da aber jede dynamische Ansteuerung mit Hilfe eines Zwischenschrittes bzw. eines Zwischenzustandes in einen statischen Ausgang verwandelt werden kann, lassen sich indirekt auch dynamische Aktionen in Schrittketten darstellen.

Da die Ausgangsbedingung bei dynamischer Ansteuerung mit der Zustandsübergangsbedingung identisch ist, können beide im Programm zu einer Abfrage zusammengefaßt werden.

Statische Ausgangsansteuerungen hängen nur von den Zustandswerten, aber nicht von den aktuellen Eingängen ab. Sie sind das charakteristische Merkmal von Moore-Automaten und können durch Abfrage der aktuellen Zustände umgesetzt werden.

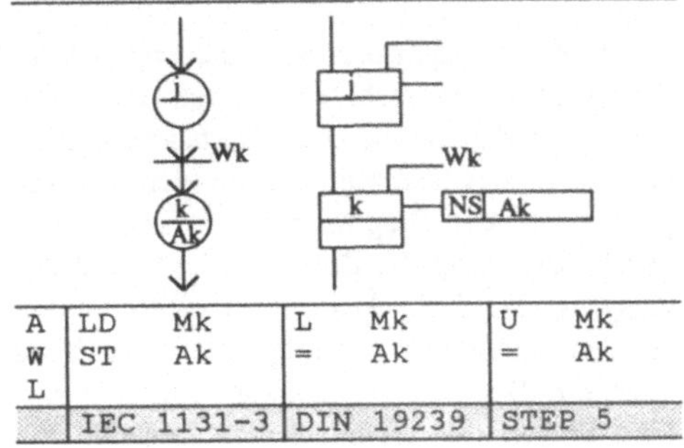

A	LD Mk	L Mk	U Mk
W	ST Ak	= Ak	= Ak
L			
	IEC 1131-3	DIN 19239	STEP 5

Abb. 3.47. Programmierung statischer, nicht speichernder Ausgänge

Bei vielen Abläufen sind Ausgänge in mehreren Zuständen nicht speichernd zu aktivieren. Programmiert man dies durch mehrfache Ausgangszuweisungen, erreicht man nicht das gewünscht Resultat. Durch die zyklische Arbeitsweise der Steuerung ist nur die im Zyklus zuletzt bearbeitete Ausgangszuweisung wirksam. Alle vorangehenden Zuweisungen auf den gleichen Ausgang bleiben ohne Wirkung. Um ein korrektes Verhalten des Programmes zu erreichen, müssen alle Zuweisungen die auf einen Ausgang wirken sollen, an einer Stelle durch eine ODER-Verknüpfung zusammengefaßt werden. Ein über Zuweisung angesteuerter Ausgang sollte außerdem im gleichen Programm nicht zusätzlich über Setz- oder Rücksetzbefehle angesteuert werden.

die Zuweisung realisiert werden, jedoch ist hier die Verwendung der Speicherbefehle übersichtlicher. Der Ausgang wird im ersten Zustand der Zustandsfolge gesetzt und im ersten Zustand, nach der Zustandsfolge zurückgesetzt. Die Disjunktion mehrer Zustände kann dann entfallen. Im Zustandsgraphen gibt es keine Symbole für speichernde Ausgangsansteuerungen. Sie sind nur indirekt daran zu erkennen, daß ein Ausgang in mehreren, aufeinanderfolgenden Zuständen (nicht speichernd) angesteuert ist.

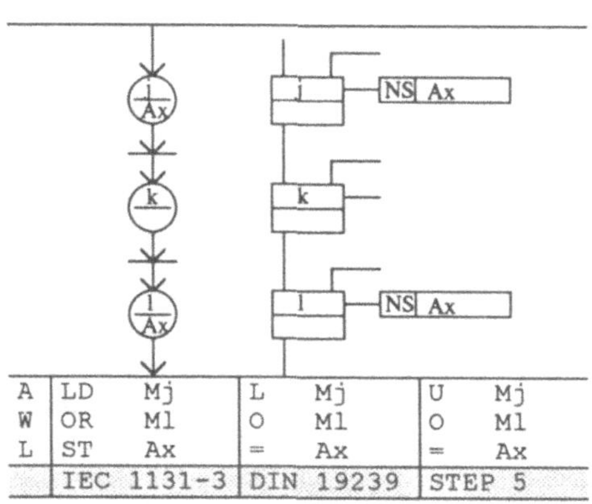

A	LD	Mj	L	Mj	U	Mj
W	OR	Ml	O	Ml	O	Ml
L	ST	Ax	=	Ax	=	Ax
	IEC 1131-3		DIN 19239		STEP 5	

Abb. 3.48. Programmierung mehrfacher Ausgangszuweisungen

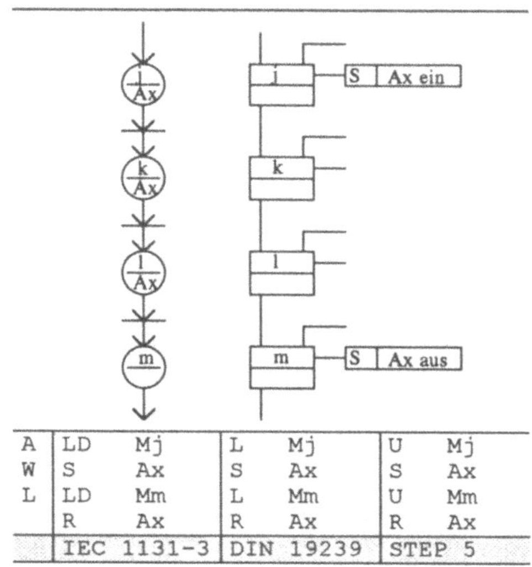

A	LD	Mj	L	Mj	U	Mj
W	S	Ax	S	Ax	S	Ax
L	LD	Mm	L	Mm	U	Mm
	R	Ax	R	Ax	R	Ax
	IEC 1131-3		DIN 19239		STEP 5	

Abb. 3.49. Programmierung statischer, speichernder Ausgänge

Die bisher beschriebenen Ansteuerungen der Ausgänge waren nicht speichernd. Der Ausgang wird dynamisch beim Zustandsübergang aktiviert, oder statisch solange der Zustand gesetzt ist. Die Programmrealisierung erfolgt durch Zuweisung des Zustandsmerkers auf den Ausgang. Wird ein Ausgang in mehreren Zuständen angesteuert, erfolgt die Zuweisung über die Disjunktion mehrerer Zustandsmerker. Folgen die verschiedenen Zustände mit gemeinsamer Ausgangsansteuerung unmittelbar hintereinander, so kann dies zwar auch über

Soll ein dynamisches Ereignis speichernde Wirkung besitzen, läßt sich dies im Zustandsgraphen durch zusätzliche Kennzeichnung der Speicherwirkung und in der Schrittkette durch einen zusätzlichen, dynamisch durchlaufenen Zwischenzustand darstellen.

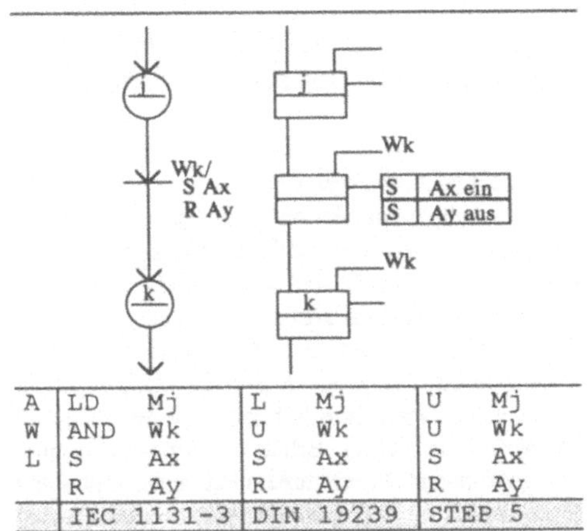

A	LD	Mj	L	Mj	U	Mj
W	AND	Wk	U	Wk	U	Wk
L	S	Ax	S	Ax	S	Ax
	R	Ay	R	Ay	R	Ay
	IEC 1131-3		DIN 19239		STEP 5	

Abb. 3.50. Programmierung dynamischer, speichernder Ausgänge

Damit stehen nun einige wichtige elementare Bausteine zur systematischen Programmierung von Ablaufsteuerungen zur Verfügung. Zur Programmierung der Zustandsübergänge wurden drei alternative Methoden vorgestellt. Bei der Programmierung der Ausgangsansteuerung muß zwischen statischer und dynamischer Ansteuerung sowie speichernder und nicht speichernder Wirkung unterschieden werden.

Beispiel 3.8. Ein-/Ausfahrterkennung
Für die Ein-/Ausfahrterkennung wurde der Ablauf in Form eines Zustandsgraphen und in Form einer Schrittkette dargestellt. Er kann nun in ein AWL-Programm übertragen werden. Für die Zustände 0 bis 6 werden die Zustandsmerker M0 bis M6 eingeführt. Alle Zustandsübergänge werden in diesem Beispiel durch Eingänge verursacht. Da sie aufgrund der physikalischen Bedingungen nicht gleichzeitig, sondern immer nur zeitlich versetzt nacheinander kommen können, besteht keine Race-Gefahr. Die Umsetzung der Zustandsübergänge kann daher nach dem einfachsten Verfahren erfolgen. Man erhält das folgende, aus 58 Anweisungen bestehende Programm.

```
L  M0    L  M2    L  M0    L  M5
U  E1    UN E2    U  E2    UN E1
S  M1    S  M1    S  M4    S  M4
R  M0    R  M2    R  M0    R  M5

L  M1    L  M3    L  M4    L  M6
```

```
U  E2    U  E1    U  E1    U  E2
S  M2    S  M2    S  M5    S  M5
R  M1    R  M3    R  M4    R  M6

L  M1    L  M3    L  M4    L  M6
UN E1    UN E2    UN E2    UN E1
S  M3    =  A1    S  M0    =  A2
R  M2    S  M0    R  M4    S  M0
         R  M3    
L  M2             L  M5
UN E1             UN E11
S  M1             S  M6
R  M2             R  M5
```

□

In einem Ablauf kommt es zu Verzweigungen, wenn in einem Zustand mehrere unterschiedliche Übergänge auftreten können. Dies wurde bei der Herleitung der Programmbausteine für die Abläufe bisher nicht berücksichtigt. Bei der Ein-/Ausfahrterkennung beispielsweise gibt es in jedem Zustand zwei mögliche Übergänge. Aufgrund der physikalischen Randbedingungen können die Übergangsbedingungen nicht gleichzeitig erfüllt sein, so daß es hier nicht zu Konflikten kommen kann. Bei der Programmierung der Ein-/Ausfahrterkennung brauchten die Verzweigungen nicht berücksichtigt zu werden.

Bei anderen Abläufen ist aber das gleichzeitige Auftreten alternativer Übergangsbedingungen sehr wohl möglich. Damit dies nicht zu einem Problem wird, sind bei der Programmierung von Verzweigungen und Zusammenführungen besondere Vorkehrungen zu berücksichtigen.

Gegeben sei folgende Verzweigung

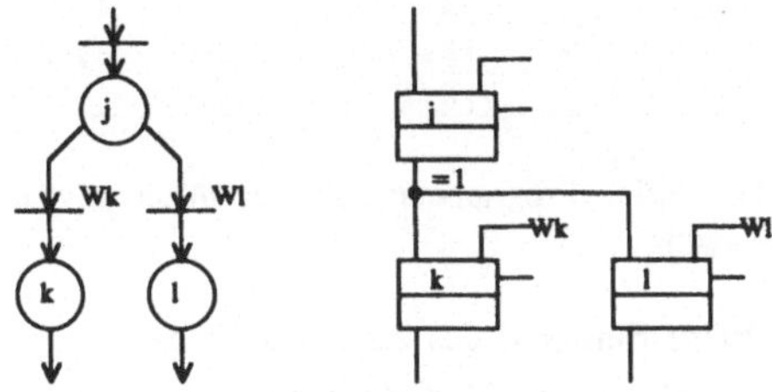

Abb. 3.51. Alternativverzweigung

Werden die beiden Schritte nach der Verzweigung mit den bisher erläuterten Methoden programmiert, erhält man beispielsweise folgende Programmsequenz

```
LD    Mj
AND   Wk
S     Nk
R     Nj

LD    Mj
AND   Wl
S     Nl
R     Nj
```

Sind in diesem Programm beide Übergangsbedingungen (Wk und Wl) erfüllt, werden bei der bisher angewandten Programmierung beide Folgezustände gesetzt, was aber bei einer Alternativverzweigung unzulässig ist. Um dieses Problem zu lösen, kann man bei den Zustandsübergängen einer Alternativverzweigung das Programm erweitern:

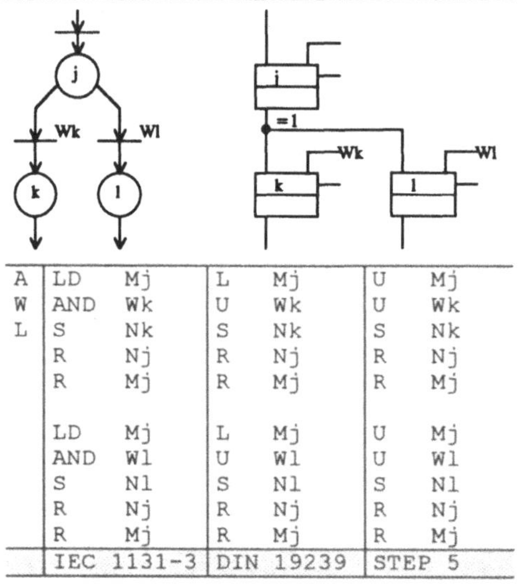

A	LD	Mj	L	Mj	U	Mj
W	AND	Wk	U	Wk	U	Wk
L	S	Nk	S	Nk	S	Nk
	R	Nj	R	Nj	R	Nj
	R	Mj	R	Mj	R	Mj
	LD	Mj	L	Mj	U	Mj
	AND	Wl	U	Wl	U	Wl
	S	Nl	S	Nl	S	Nl
	R	Nj	R	Nj	R	Nj
	R	Mj	R	Mj	R	Mj
	IEC 1131-3		DIN 19239		STEP 5	

Abb. 3.52. Programmierung der Alternativverzweigung

Beim Eintreten des Zustandsübergangs wird nicht nur der neue sondern auch der aktuelle Zustandsmerker zurückgesetzt. Die nachfolgende Abfrage wird damit blockiert. Treten also zwei Übergangsbedingungen gleichzeitig auf, ist sichergestellt, daß nur eine, und zwar die als erste im Programm abgefragte ausgeführt wird. Sie besitzt eine höhere Priorität. Ist nur eine der beiden Bedingungen erfüllt, wird ganz normal zum zugehörigen Zustand verzweigt.

Beispiel 3.9. Ampelsteuerung

Eine Verkehrsampel ist mit einer im Straßenbelag eingebauten Induktionsschleife als Detektor für Fahrzeuge ausgerüstet und soll in Abhängigkeit des Fahrzeugaufkommens gesteuert werden.

Der Detektor liefert das Eingangssignal E1.1, wenn sich ein Fahrzeug im Bereich vor der Ampel befindet. Im Normalfall befindet sich die Ampel in der Rot-Phase (A1.1). Erhält die Ampel von einer übergeordneten Programmeinheit eine Zuteilung (Merker M1.1) und befindet sich kein Fahrzeug vor der Ampel, wird die Zuteilung sofort zurückgesetzt und die Ampel bleibt bis zur nächsten Zuteilung auf Rot.

Befindet sich im Moment der Zuteilung ein Fahrzeug vor der Ampel, schaltet diese für 3 sec auf Rot/Gelb (A1.1 und A1.2) und anschließend auf Grün (A1.3). Solange der Detektor Fahrzeuge meldet bleibt die Ampel auf Grün, aber höchstens für 20 sec. Meldet der Detektor während der Grünphase für mehr als 5 sec kein Fahrzeug mehr, geht die Ampel vorzeitig auf Gelb. Nach der 4 sec dauernden Gelbphase geht die Ampel wieder auf Rot und löscht die Zuteilung.

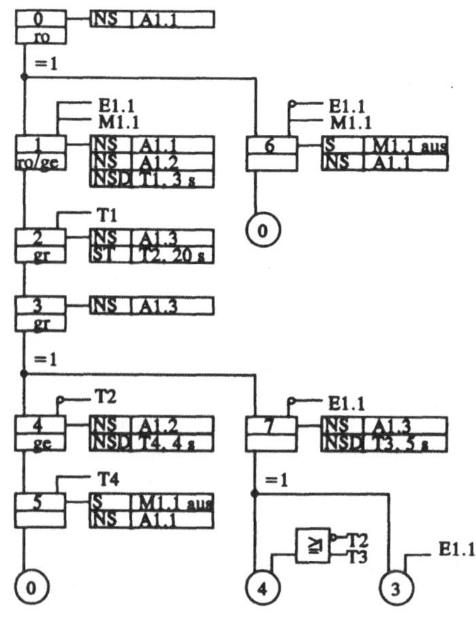

Abb. 3.53. Ablauf der Ampelsteuerung

Für die Schritte 0 bis 6 werden die Merker M0.0 bis M0.6 bzw. M2.0 bis M2.6 eingeführt. Das Steuerungsprogramm kann damit erstellt werden.

0001	:U	M0.0	0056	:S	M2.4
0002	:U	M1.1	0057	:R	M2.7
0003	:U	E1.1	0058	:R	M0.7
0004	:S	M2.1	0059	:	
0005	:R	M2.0	0060	:U	M0.6
0006	:R	M0.0	0061	:S	M2.0
0007	:		0062	:R	M2.6
0008	:U	M0.0	0063	:	
0009	:U	M1.1	0064	:U	M0.0
0010	:UN	E1.1	0065	:O	M0.1
0011	:S	M2.6	0066	:O	M0.5
0012	:R	M2.0	0067	:O	M0.6
0013	:R	M0.0	0068	:=	A1.1
0014	:		0069	:	
0015	:U	M0.1	0070	:U	M0.1
0016	:U	T1	0071	:O	M0.4
0017	:S	M2.2	0072	:=	A1.2
0018	:R	M2.1	0073	:	
0019	:		0074	:U	M0.3
0020	:U	M0.2	0075	:O	M0.7
0021	:S	M2.3	0076	:=	A1.3
0022	:R	M2.2	0077	:	
0023	:		0078	:U	M0.1
0024	:U	M0.3	0079	:L	KT3.2
0025	:UN	T2	0080	:SE	T1
0026	:S	M2.4	0081	:U	M0.2
0027	:R	M2.3	0082	:L	KT20.2
0028	:R	M0.3	0083	:SV	T2
0029	:		0084	:U	M0.7
0030	:U	M0.3	0085	:L	KT5.2
0031	:UN	E1.1	0086	:SE	T3
0032	:S	M2.7	0087	:U	M0.4
0033	:R	M2.3	0088	:L	KT4.2
0034	:R	M0.3	0089	:SE	T4
0035	:		0090	:	
0036	:U	M0.4	0091	:U	M0.5
0037	:U	T4	0092	:O	M0.6
0038	:S	M2.5	0093	:R	M1.1
0039	:R	M2.4	0094	:	
0040	:		0095	:U	M2.0
0041	:U	M0.5	0096	:=	M0.0
0042	:S	M2.0	0097	:U	M2.1
0043	:R	M2.5	0098	:=	M0.1
0044	:		0099	:U	M2.2
0045	:U	M0.7	0100	:=	M0.2
0046	:U	E1.1	0101	:U	M2.3
0047	:S	M2.3	0102	:=	M0.3
0048	:R	M2.7	0103	:U	M2.4
0049	:R	M0.7	0104	:=	M0.4
0050	:		0105	:U	M2.5
0051	:U	M0.7	0106	:=	M0.5
0052	:U(		0107	:U	M2.6
0053	:UN	T2	0108	:=	M0.6
0054	:O	T3	0109	:U	M2.7
0055	:)		0110	:=	M0.7

Eine Transition in einem Petri-Netz kann mehr als einen Eingangsplatz und auch mehrere Ausgangsplätze besitzen. Bei den Zustandsgraphen gibt es hierfür kein Gegenstück. Damit die Transition schalten kann, müssen alle Eingangsplätze mit Marken belegt sein. Beim sicheren Schalten müssen die Ausgangsplätze außerdem für die Aufnahme von Marken frei sein. Die Programmierung dieser Transitionsregeln ergibt sich als naheliegende Erweiterung der Schaltregel für Transitionen mit einem Eingangs- und einem Ausgangsplatz. Als Schaltbedingung wird die Belegung der Eingangsplätze, die Transitionsbedingung und bei sicheren Ausgangsplätzen auch deren Freiheit von Marken abgefragt. Sind diese Bedingungen erfüllt, werden die Ausgangsplätze belegt und die Eingangsplätze frei gemacht.

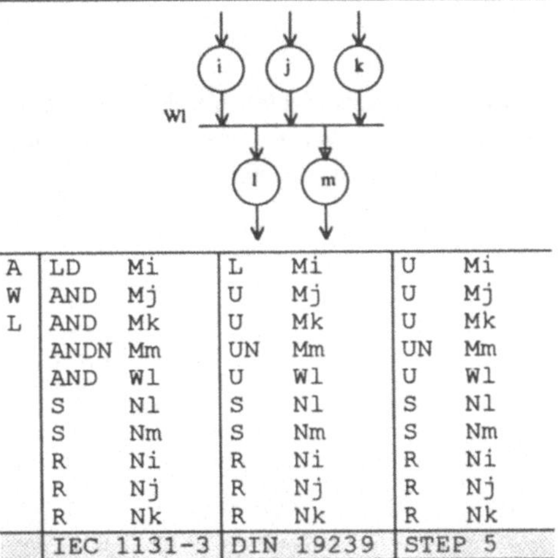

A	LD	Mi	L	Mi	U	Mi
W	AND	Mj	U	Mj	U	Mj
L	AND	Mk	U	Mk	U	Mk
	ANDN	Mm	UN	Mm	UN	Mm
	AND	Wl	U	Wl	U	Wl
	S	Nl	S	Nl	S	Nl
	S	Nm	S	Nm	S	Nm
	R	Ni	R	Ni	R	Ni
	R	Nj	R	Nj	R	Nj
	R	Nk	R	Nk	R	Nk
	IEC 1131-3		DIN 19239		STEP 5	

Abb. 3.54. Programmierung einer Parallelverzweigung im Zustandsgraphen

In dieser Programmeinheit sind die wichtigsten Transitionskonstellationen als Spezialfälle enthalten. Der aus der Beschreibung sequentieller Abläufe bekannte Fall ist durch einen einzigen Eingangs- und einen Ausgangsplatz charakterisiert.

Die Parallelverzweigung entspricht einer Transition mit einem Eingangsplatz und mehreren Ausgangsplätzen:

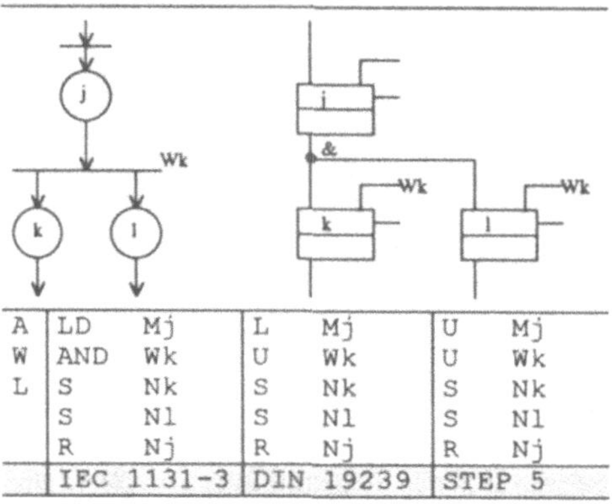

AWL	IEC 1131-3		DIN 19239		STEP 5	
A	LD	Mj	L	Mj	U	Mj
W	AND	Wk	U	Wk	U	Wk
L	S	Nk	S	Nk	S	Nk
	S	Nl	S	Nl	S	Nl
	R	Nj	R	Nj	R	Nj

Abb. 3.55. Programmierung einer Parallelverzweigung

Das Gegenstück bildet die Parallelzusammenführung mit zwei oder mehr Eingangsplätzen und einem Ausgangsplatz.

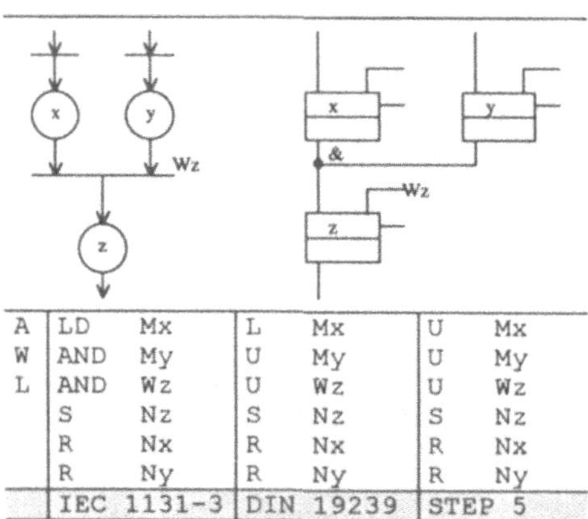

AWL	IEC 1131-3		DIN 19239		STEP 5	
A	LD	Mx	L	Mx	U	Mx
W	AND	My	U	My	U	My
L	AND	Wz	U	Wz	U	Wz
	S	Nz	S	Nz	S	Nz
	R	Nx	R	Nx	R	Nx
	R	Ny	R	Ny	R	Ny

Abb. 3.56. Programmierung einer Parallelzusammenführung

Die Programmierung der Parallelzusammenführung ist für das Petri-Netz und für die Schrittkette gleich. Dies gilt bei der Parallel-

verzweigung nicht immer. Bei den Schrittketten ist nicht immer sichergestellt, daß die Weiterschaltbedingungen für die parallelen Zweige identisch sind. Im allgemeinen werden die parallelen Weiterschaltbedingungen nicht gleichzeitig, sondern nacheinander erfüllt. Damit trotzdem ein korrektes Arbeiten des Programmes sichergestellt ist, sind Programmergänzungen erforderlich. Sobald eine der Weiterschaltbedingungen erfüllt ist, wird der zugehörige Schritt aktiviert und der vor der Verzweigung liegende Schritt wird deaktiviert.

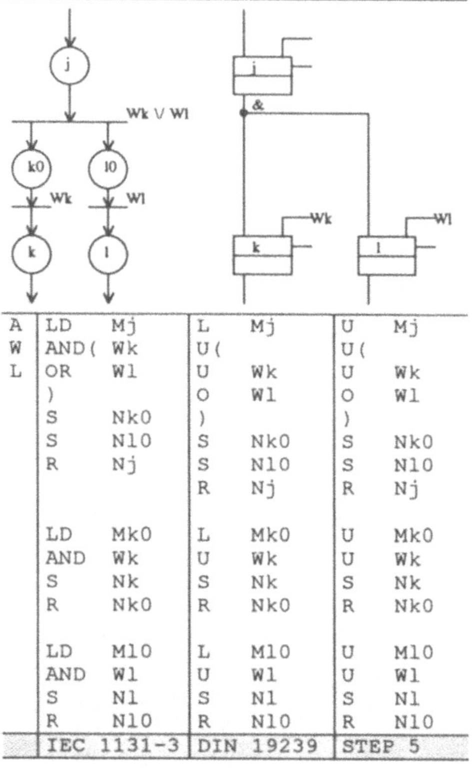

AWL	IEC 1131-3		DIN 19239		STEP 5	
A	LD	Mj	L	Mj	U	Mj
W	AND(	Wk	U(		U(	
L	OR	Wl	U	Wk	U	Wk
	)		O	Wl	O	Wl
	S	Nk0	)		)	
	S	Nl0	S	Nk0	S	Nk0
	R	Nj	S	Nl0	S	Nl0
			R	Nj	R	Nj
	LD	Mk0	L	Mk0	U	Mk0
	AND	Wk	U	Wk	U	Wk
	S	Nk	S	Nk	S	Nk
	R	Nk0	R	Nk0	R	Nk0
	LD	Ml0	L	Ml0	U	Ml0
	AND	Wl	U	Wl	U	Wl
	S	Nl	S	Nl	S	Nl
	R	Nl0	R	Nl0	R	Nl0

Abb. 3.57. Programmierung einer Parallelverzweigung mit unterschiedlichen Weiterschaltbedingungen

Da die Weiterschaltung für den parallelen Schritt noch nicht erfüllt ist, muß die Startvoraussetzung gespeichert werden, bis die zugehörige Weiterschaltbedingung eintritt. Es werden also zusätzliche Zwischenmerker benötigt.

Beispiel 3.10. Steuerungsprogramm für die Fertigungslinie.
In Beispiel 3.5. wurde der Steuerungsablauf für eine Prägemaschine mit vorgeschaltetem Schieber entworfen. Folgende Schrittkette wurde dabei erhalten.

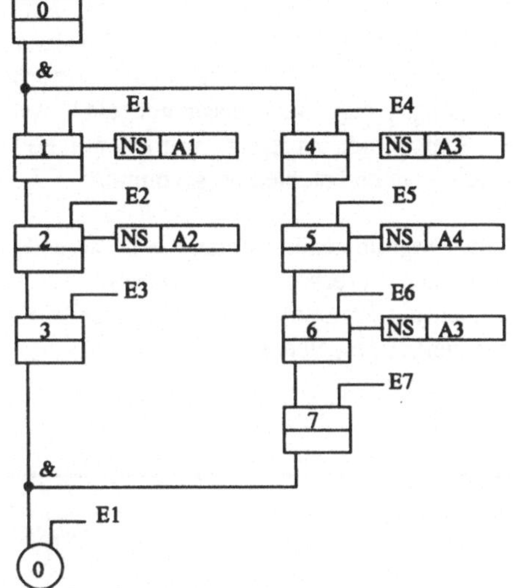

Abb. 3.58. Schrittkette der Prägemaschine mit Schieber

Für diese Schrittkette, die eine Parallelverzweigung und eine Parallelzusammenführung enthält, soll nun das Steuerungsprogramm entwickelt werden. Zunächst werden die Zustandsmerker definiert. Für die Schritte 0 bis 7 werden die Merker M0.0 bis M0.7 für die aktuellen Zustandswerte und die Merker M2.0 bis M2.7 für die neuen Zustandswerte reserviert. Die beiden Schritte nach der Parallelverzweigung besitzen unterschiedliche Weiterschaltbedingungen. Es werden deshalb je zwei Zwischenmerker benötigt. Für Schritt 1 wird M1.0 bzw. M3.0 verwendet, für Schritt 4 wird M1.1 bzw. M3.1 verwendet.
Die Weiterschaltbedingungen können dann unmittelbar aus der Schrittkette umgesetzt werden.

```
; Schritt 0          ; Schritt 3/7
; Par.-Verzw.        ; Par.-Zus.fhrg.
LD    M0.0           LD    M0.3
AND(  E1             AND   M0.7
OR    E4             AND   E1
)                    S     M2.0
S     M3.0           R     M2.3
S     M3.1           R     M2.7
R     M2.0

; Zw.-Schritt 1      ; Zw.-Schritt 4
LD    M1.0           LD    M1.1
AND   E1             AND   E2
S     M2.1           S     M2.4
R     M3.0           R     M3.1

; Schritt 1          ; Schritt 4
LD    M0.1           LD    M0.4
AND   E2             AND   E5
S     M2.2           S     M2.5
R     M2.1           R     M2.4

; Schritt 2          ; Schritt 5
LD    M0.2           LD    M0.5
AND   E3             AND   E6
S     M2.3           S     M2.6
R     M2.2           R     M2.5

                     ; Schritt 6
                     LD    M0.6
                     AND   E7
                     S     M2.7
                     R     M2.6
```

Die Ansteuerung der Ausgänge erfolgt mit folgender Befehlssequenz.

```
LD    M0.1           LD    M0.4
ST    A1             OR    M0.6
LD    M0.2           ST    A3
ST    A2             LD    M0.5
                     ST    A4
```

Am Ende des Programms wird noch eine Zuweisung der neuen Merkerwerte auf die aktuellen Merkerwerte für den nächsten Zyklus ausgeführt

```
LD    M2.0           LD    M2.5
ST    M0.0           ST    M0.5
LD    M2.1           LD    M2.6
ST    M0.1           ST    M0.6
LD    M2.2           LD    M2.7
ST    M0.2           ST    M0.7
LD    M2.3           LD    M3.0
ST    M0.3           ST    M1.0
LD    M2.4           LD    M3.1
ST    M0.4           ST    M1.1
```

Damit liegen nun Programmrealisierungen für die wichtigsten Grundkonstrukte der Petri-Netze und deren Äquivalente in Zustandsgraphen und Schrittketten vor. Aus diesen Grundelementen können beliebig komplexe binäre Ablaufsteuerungen in einer systematischen Vorgehensweise zusammengesetzt werden. Die Methodik des *Zustandsmerkerverfahrens* kann folgendermaßen zusammengefaßt werden.

Zusammenfassung
Programmierung von Abläufen mit Zustandsmerkern.

1. Zustandsmerker einführen
Jedem Platz des Petri-netzes (bzw. jedem Zustand des Ablaufs oder jedem Schritt der Schrittkette) wird ein binärer Merker Mn für die aktuelle Belegung und ein Merker Nn für die neue Belegung zugeordnet. Ist ein Platz mit einer Marke belegt, ist der zugehörige Merker gesetzt.

2. Transitionen programmieren
Jede Transition eines Petri-Netzes (bzw. jeder Zustandsübergang eines Zustandsgraphen oder jede Weiterschaltung einer Schrittkette) wird programmiert, indem die Belegung Eingangsplätze, bei sicherem Schalten auch die Unbelegtheit der Ausgangsplätze und das externe Ereignis als Transitionsbedingung abgefragt wird. Beim Schalten der Transition wird die Belegung der Eingangsplätze gelöscht und die Belegung der Ausgangsplätze gesetzt.

$$\underline{N}_{k+1} = \underline{g}(\underline{M}_k, \underline{E}_k) \quad .$$

Alternativverzweigungen müssen gesondert berücksichtigt werden, damit sichergestellt wird, daß nur eine der konkurrierenden Transitionen schaltet.

3. Ausgangsfunktion programmieren
Zu den verschiedenen Plätzen und Transitionen können Ausgangsansteuerungen gehören. Die Ansteuerung kann dynamisch, d.h beim Schalten einer Transition

$$\underline{A}_k = \underline{f}(\underline{M}_k, \underline{E}_k)$$

oder statisch, in Abhängigkeit der Markierungen

$$\underline{A}_k = \underline{f}(\underline{M}_k)$$

erfolgen.
Die Ausgangsansteuerung kann speichernde oder nicht speichernde Wirkung haben. Nicht speichernde Ausgänge werden über Zuweisungen programmiert. Dabei müssen mehrfache Zuweisungen disjunktiv zusammengefaßt werden. Speichernde Ausgänge werden mit Hilfe von RS-Speicherbefehlen programmiert.

4. Am Programmende werden die im aktuellen Zyklus neu berechneten Zustandsmerker für den nächsten Programmzyklus als aktuelle Zustandsmerker gespeichert

$$\underline{M}_{k+1} = \underline{N}_{k+1} \quad .$$

3.2.2 ZUSTANDSCODIERUNG

Das Verfahren der Zustandsmerker ist sehr einfach. Jedem möglichen Zustandswert wird ein Binärmerker zugeordnet. Die Zustandsübergänge können dann als logische Bedingungen formuliert werden. Das Steuerungsprogramm kann ohne aufwendige Zwischenschritte unmittelbar aus der graphischen oder tabellarischen Darstellung des Ablaufs hergeleitet werden.

Der einzige scheinbare Nachteil der Zustandsmerker liegt darin, daß mehr Merker verwendet werden, als theoretisch erforderlich ist und daß das Programm eventuell länger ist als nötig. Obwohl hier die gleichen Bemerkungen gelten wie bei der Minimierung von Schaltfunktionen - die Anzahl der heute verfügbaren Speicherkapazitäten ist so groß, daß eine Optimimierung in der überwiegenden Mehrzahl der Anwendungen technisch nicht notwendig und vor allem wirtschaftlich nicht sinnvoll ist - sollen dennoch die Möglichkeiten der Optimierung durch *Zustandscodierung* im folgenden erläutert werden.

Um n Zustandswerte zu speichern, werden mindestens m Binärmerker benötigt, wobei m die Bedingung

$$2^m \geq n$$

erfüllen muß. Bei der Zustandscodierung wird mit der minimalen Zahl von Zustandsmerkern gearbeitet. Es wird nicht für jeden Zustandswert ein eigener Binärmerker definiert, sondern jeder Zustandswert wird als Codewort der zusammengefaßten Merker gespeichert. Es lassen sich damit viele Merker einsparen. Die Abfrage der Weiterschaltbedingungen wird dadurch aber aufwendiger. Es genügt nicht mehr, einen einzigen Binärmerker abzufragen, sondern für jede Weiterschaltung sind alle Zustandsmerker relevant. Die Anzahl logischer Verknüpfungen steigt dadurch stark an, so daß eine Minimierung erforderlich werden kann. Die Vorgehensweise und auch die Problematik der Zustandscodierung soll nun am Beispiel der Ein-/Ausfahrterkennung erläutert werden.

Beispiel 3.11a. Zustandscodierung
Bei der Ein-/Ausfahrterkennung mit 7 Zustandswerten werden mindestens 3 Binärmerker zur Zustandscodierung benötigt. Wählt man für die Zustandswerte 0 bis 7 z.B. den Dualcode, so erhält man folgende Wertetabelle für die Zustandsübergänge.

Tabelle 3.6. Wertetabelle der Zustandscodierung

Z	M2	M1	M0	E2	E1	M2'	M1'	M0'
0	0	0	0	0	0	0	0	0
0	0	0	0	0	1	0	0	1
0	0	0	0	1	0	1	0	0
0	0	0	0	1	1	*	*	*
1	0	0	1	0	0	0	0	0
1	0	0	1	0	1	0	0	1
1	0	0	1	1	0	*	*	*
1	0	0	1	1	1	0	1	0
2	0	1	0	0	0	*	*	*
2	0	1	0	0	1	0	0	1
2	0	1	0	1	0	0	1	1
2	0	1	0	1	1	0	1	0
3	0	1	1	0	0	0	0	0
3	0	1	1	0	1	*	*	*
3	0	1	1	1	0	0	1	1
3	0	1	1	1	1	0	1	0
4	1	0	0	0	0	0	0	0
4	1	0	0	0	1	*	*	*
4	1	0	0	1	0	1	0	0
4	1	0	0	1	1	1	0	1
5	1	0	1	0	0	*	*	*
5	1	0	1	0	1	1	1	0
5	1	0	1	1	0	1	0	0
5	1	0	1	1	1	1	0	1
6	1	1	0	0	0	0	0	0
6	1	1	0	0	1	1	1	0
6	1	1	0	1	0	*	*	*
6	1	1	0	1	1	1	0	1
	1	1	1	*	*	*	*	*

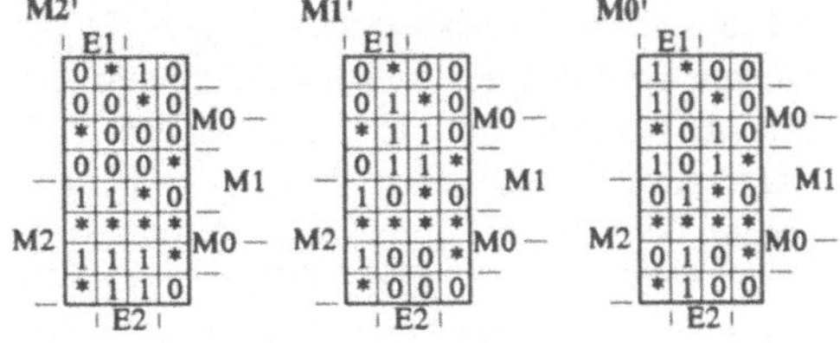

Abb. 3.59. KV-Diagramme für die Zustandscodierung

Die Zustandsübergangstabelle besitzt 5 Eingänge und 3 Ausgänge. Für 5 unabhängige Variablen ist die Minimierung im KV-Diagramm noch durchführbar. Unter Ausnutzung der Don't-Care-Plätze erhält man folgende minimierte Funktionen:

$$M2' = \overline{M1}\,\overline{M0}\,E2 \vee M2\,(E1 \vee E2)$$

$$M1' = E1\,\overline{(M2 = E2)} \vee M1\,\overline{E1}\,\dot{E2}$$

$$M0' = E1\,(M2 = E2) \vee M1\,\overline{\overline{E1}\,E2}$$

□

Die Zustands-KV-Diagramme unterscheiden sich von anderen KV-Diagramme dadurch, daß immer ein Merker gleichzeitig als abhängige und als unabhängige Variable auftaucht. Am Beispiel der Selbsthaltung hatte diese Rückkopplung des alten Wertes der abhängigen Größe zur Berechnung des neuen Wertes, zu den Setz- und Rücksetzbefehlen geführt. Ein Speicher mit der Setzbedingung S, der Rücksetzbedingung R und dem Ausgang M realisiert folgende Schaltfunktion:

$$M' = S \vee M\,\overline{S} \qquad \text{Setzen dominant,}$$
$$M' = (R \vee M)\,\overline{S} \qquad \text{Rücksetzen dominant.}$$

Vergleicht man die beiden Schaltfunktionen mit den oben gefundenen Funktionen für die Merker der Aufzugsteuerung, lassen sich für M1 und M2 die Setz- und Rücksetzbedingung sofort ablesen:

$$\text{S} \quad \text{M2} \quad \text{bei} \quad \overline{M1}\,\overline{M0}\,E2$$
$$\text{R} \quad \text{M2} \quad \text{bei} \quad \overline{E1}\,\overline{E2}$$

$$\text{S} \quad \text{M1} \quad \text{bei} \quad E1\,\overline{(M2 = E2)}$$
$$\text{R} \quad \text{M1} \quad \text{bei} \quad E1 \vee \overline{E2}$$

Die Setz- und Rücksetzbedingungen für die Merker können auch im KV-Diagramm bestimmt werden. Für alle Felder des KV-Diagramms mit aktuellem Wert M="0" und neuem Wert M'="1" muß das Setzen ausgeführt werden. Für alle Felder des KV-Diagramms mit aktuellem Wert M="1" und neuem Wert M'="0" muß das Rücksetzen ausgeführt werden. Ist alter und neuer Wert gleich "1" darf gesetzt werden, ist alter und neuer Wert gleich "0" darf zurückgesetzt wer-

den. Die mit Don't-Care ("*") belegten Felde dürfen entweder für das Setzen oder das Rücksetzen verwendet werden. Die folgende Tabelle faßt die verschiedenen Möglichkeiten zusammen:

Tabelle 3.7. Setz-/Rücksetzbedingungen für Zustandsmerker

M	M'	
1	0	R erforderlich
0	0	R möglich
0	*	R oder S möglich
1	*	R oder S möglich
1	1	S möglich
0	1	S erforderlich

Um auch bei den Bedingungen für das Setzen bzw. Rücksetzen eine Minimierung vornehmen zu können, werden die Bedingungen in das KV-Diagramm übernommen. Zusätzlich zu den "0"-, "1"- und "*"-Werten werden die Setz- und Rücksetzbedingungen gesondert gekennzeichnet. Ist das Setzen erforderlich, wird die "1" im KV-Diagramm fett dargestellt. Ein erforderliches Rücksetzen wird durch eine fette "0" kenntlich gemacht. Kombinationen mit einem "*" dürfen gesetzt oder rückgesetzt werden, alle Kombinationen mit einer nicht fetten "0", müssen nicht, dürfen aber zurückgesetzt werden und alle Kombinationen mit einer nicht fetten "1" dürfen gesetzt werden.
Eine Minimierung erfolgt nun indem man für das Setzen möglichst große zusammengefaßte Kombinationen sucht, die alle Plätze mit einer zu setzenden "1" enthalten müssen und darüber hinaus noch Kombinationen mit einer nicht fetten "1" oder einem "*" enthalten dürfen. Das gleiche führt man auch für die Rücksetzbedingungen aus, die alle Kombinationen mit einer fetten "0" enthalten müssen und Kombinationen mit einer nicht fetten "0" oder einem "*" enthalten dürfen.

Beispiel 3.11b.
Für die Ein-/Ausfahrterkennung kann man folgende KV-Diagramme aufstellen, in denen die Setz- und Rücksetzbedingungen hervorgehoben sind.

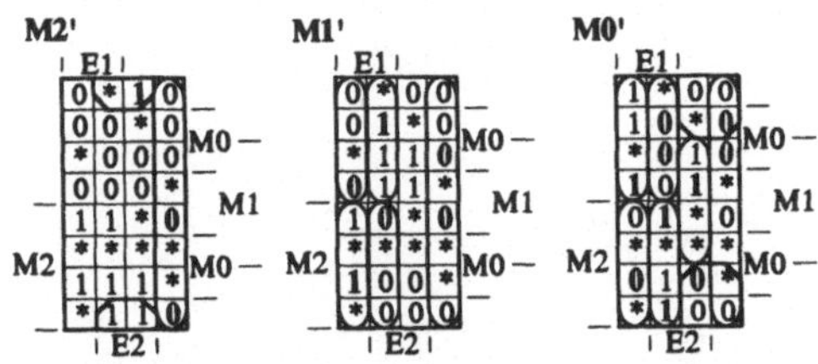

Abb. 3.60. KV-Diagramme für die Setz- und Rücksetzbedingungen

Die Setzbedingungen dürfen mit Don't-Care-Feldern und Feldern mit einer "1" zusammengefaßt werden. Die Rücksetzbedingungen können zusätzlich Felder mit einer "0" oder einem Don't-Care enthalten. Nach wenigen Arbeitsschritten erhält man die im Bild dargstellten zusammengefaßten Bedingungen für die Merker. In algebraischer Form lauten sie:

$$\text{S} \quad \text{M2} \quad \text{bei} \quad \overline{M1}\,\overline{M0}\,E2$$

$$\text{R} \quad \text{M2} \quad \text{bei} \quad \overline{E1}\,\overline{E2}$$

$$\text{S} \quad \text{M1} \quad \text{bei} \quad E1\,\overline{(M2 = E2)}$$

$$\text{R} \quad \text{M1} \quad \text{bei} \quad E1\,(M2 = E2) \vee \overline{E1}\,\overline{E2}$$

$$\text{S} \quad \text{M0} \quad \text{bei} \quad E1\,(M2 = E2) \vee M1\,\overline{E1}\,E2$$

$$\text{R} \quad \text{M0} \quad \text{bei} \quad E1\,\overline{(M2 = E2)} \vee \overline{E1}\,(\overline{M1} \vee E2)$$

Die Bedingungen für M1 und M2 stimmen mit den direkt aus der Schaltfunktion bestimmten Bedingungen überein. Bei M0 erhält man relativ umfangreiche Ausdrücke für die Setz- und Rücksetzbedingung. Die Verwendung des Zuweisungsausdrucks ist für diesen Merker kompakter.
Das einfache Beispiel zeigt, daß die Realisierung einer Schaltfunktion über speichernde Befehle dann kompakter ist, wenn der Zustandsmerker nur bei wenigen Bedingungen seinen Wert ändert. Da man beide Realisierungsformen mischen darf, kann man die Merker mit wenigen Änderungen über speichernde Befehle realisieren und die anderen über die Zuweisung. Damit läßt sich eine noch kürzere Form des Programmes finden, wie die folgende Gegenüberstellung der drei Programme mit Zuweisung, mit speichernden Befehlen und als Mischform zeigt.

Tabelle 3.8. AWL-Programme für die Ein-/Ausfahrterkennung mit Zustandscodierung
a) mit Zuweisung (38 Anweisungen),
b) mit Speicherung (39 Anweisungen),
c) als Mischform (30 Anweisungen) und
d) als Minimalversion (21 Anweisungen)

a)	b)	c)	d)
LN M1	LN M1	LN M1	LN M1
UN M0	UN M0	UN M0	UN M0
U E2	U E2	U E2	U E2
O (	S M2	S M2	S M2
U M2	LN E1	LN E1	LN E1
U (	UN E2	UN E2	UN E2
O E1	R M2	R M2	R M2
O E2	R M1	L M2	LN M2
)	R M0	XO E2	U M1
)	L M2	= M10	UN M0
= M2	XO E2	L M1	UN E2
L M2	= M10	U M10	= A1
XO E2	L E1	O M11	L M2
= M10	U M10	= M1	UN M1
L M1	S M1	L E1	U M0
UN E1	R M0	UN M10	UN E1
U E2	L E1	O M11	= A2
= M11	UN M10	= M0	L E2
L E1	R M1	LN M2	= M1
U M10	S M0	U M1	L E1
O M11	L M1	U M0	= M0
= M1	UN E1	UN E2	
L E1	U E2	UN A1	
UN M10	S M0	= A1	
O M11	LN M1	L M2	
= M0	UN E1	U M1	
LN M2	R M0	UN M0	
U M1	LN M2	UN E1	
U M0	U M1	UN A2	
UN E2	U M0	= A2	
UN A1	UN E2		
= A1	UN A1		
L M2	= A1		
U M1	L M2		
UN M0	U M1		
UN E1	UN M0		
UN A2	UN E1		
= A2	UN A2		
	= A2		

Man erkennt daß das ursprüngliche Programm mit 58 Anweisungen durch verschiedene Minimierungsmaßnahmen auf 38, 39 bzw. 30 Anweisungen gekürzt werden konnte. Obwohl dies nur ein Einzelbeispiel ist, gibt es dennoch einen guten Anhaltspunkt für potentielle Einsparungen durch Minimierung. Als realistische Faustregel, kann man davon ausgehen, daß eine Reduzierung der Programmlänge auf etwa 50% durch Minimierung möglich ist. Der dazu erforderliche Zeitaufwand ist aber um ein Mehrfaches höher, wie bei dem Zustandsmerkerverfahren. Ob ein solcher Aufwand gerechtfertigt ist, muß deshalb vor Durchführung einer Minmierung sehr genau überlegt werden. Dies gilt insbesondere bei möglichen Programmänderungen, die bei dem einfachen Verfahren sehr leicht einzubauen sind, während bei einem minimierten Programm, alle Minimierungsschritte bei jeder Änderung komplett durchlaufen werden müssen. Daß zudem auch mit systematischer Minimierung nicht zwangsläufig die absolut minimale Programmform gefunden wird, zeigen die folgenden Überlegungen.

Bei der Minimierung wurde von einer bestimmten Zustandsdefinition und einer bestimmten Zustandscodierung ausgegangen. Da es hierfür aber mehrere richtige Möglichkeiten gibt, ist es nicht unwahrscheinlich, daß andere Zustandsdefinitionen oder -codierungen noch kürzere Programme liefern. Wählt man z.B. folgende Zustandscodierung,

Tabelle 3.9. Spezielle Zustandscodierung

Z	M2	M1	M0
0	0	0	0
1	0	0	1
2	0	1	1
3	0	1	0
4	1	1	0
5	1	1	1
6	1	0	1

erhält man folgende Tabelle der Zustandsübergänge. Man erkennt, daß der neue Wert des Merkers M0 mit dem Eingang E1 und der neue Wert des Merkers M1 mit dem Eingang E2 identisch ist. Dies reduziert die zugehörigen Schaltfunktion auf eine bloße Zuweisung.

Tabelle 3.10. Zustandsübergangstabelle

M2	M1	M0	E2	E1	M2'	M1'	M0'
0	0	0	0	0	0	0	0
0	0	0	0	1	0	0	1
0	0	0	1	0	1	1	0
0	0	1	0	0	0	0	0
0	0	1	0	1	0	0	1
0	0	1	1	1	0	1	1
0	1	0	0	0	0	0	0
0	1	0	1	0	0	1	0
0	1	0	1	1	0	1	1
0	1	1	0	1	0	0	1
0	1	1	1	0	0	1	0
0	1	1	1	1	0	1	1
1	0	1	0	0	0	0	0
1	0	1	0	1	1	0	1
1	0	1	1	1	1	1	1
1	1	0	0	0	0	0	0
1	1	0	1	0	1	1	0
1	1	0	1	1	1	1	1
1	1	1	0	1	1	0	1
1	1	1	1	0	1	1	0
1	1	1	1	1	1	1	1
	sonst				*	*	*

Wie der Blick ins KV-Diagramm zeigt, läßt sich der verbleibende Merker M2 am einfachsten durch speichernde Befehle berechnen.

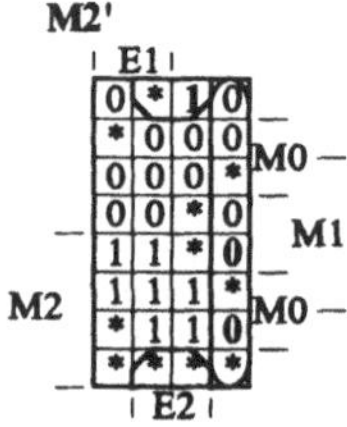

Abb. 3.61. KV-Diagramm für die spezielle Zustandscodierung

Das Programm, das sich aus dieser Zustandscodierung nach der Minimierung ergibt, besteht nur noch aus 21 Anweisungen. Ein noch kürzeres Programm konnte auch nach intensivem Probieren nicht gefunden werden (Wer findet ein kürzeres?). Obwohl damit das ursprüngliche Programm um fast 2/3 gekürzt werden konnte, läßt dieser Erfolg keine für andere Aufgaben brauchbaren Rückschlüsse zu. Die zu einer minmalen Programmlänge führende Codierung der Zustände konnte nicht auf systematischem Weg, sondern nur durch Probieren gefunden werden. Es ist weder beweisbar, daß es nicht eine andere Form der Zustandsdefinition mit noch kürzerem Programm gibt, noch kann man hoffen, daß der gefundene Code in einem anderen Anwendungsfall auch zu einem minimalen Programm führt.   □

Die in diesem Beispiel gemachten Beobachtungen, die sich mit den Erfahrungen in vielen anderen Fällen decken, zusammenfassend, kann man folgende praktischen Vorgehensweise für die Programmierung von Ablaufsteuerungen empfehlen.

Zur Umsetzung eines gegebenen Ablaufs in ein Steuerungsprogramm ist das Zustandsmerkerverfahren am besten geeignet. Jedem möglichen Wert der Zustandsvariablen wird ein Binärmerker zugeordnet. Alle Zustandsübergänge können dann direkt als logische Bedingungen formuliert und in ein Steuerungsprogramm umgesetzt werden. Zwischen dem Ablauf und dem Programm besteht dadurch ein unmittelbar erkennbarer Zusammenhang. Die Programmstruktur wird sehr übersichtlich, so daß Fehler gut zu lokalisieren und spätere Änderungen des Ablaufs im Programm leicht einzubauen sind. Die nichtminimale Länge, die ein systematisch aufgebautes Programm zur Folge hat, spielt bei ausreichendem Speicherplatz keine Rolle. Reicht der Speicherplatz einmal nicht aus, sollte zuerst geprüft werden, ob größere Speicherbausteine oder eine größere Steuerung einsetzbar sind. Angesichts der geringen Hardwarekosten im Vergleich zu den Kosten für zusätzliches Engineering ist diese Lösung immer vorteilhaft. Nur wenn zusätzliche, erschwerende Randbedingungen es erforderlich machen, sollte man andere als die Zustandsmerkermethode anwenden.

Besteht die zwingende Notwendigkeit der Minimierung, bietet sich die Methode der Zustandscodierung an. Jeder mögliche Wert der Zustandsvariablen wird durch eine Gruppe von Binärmerkern codiert. Dies liefert eine Wertetabelle und Schaltfunktionen zur Berechnung der neuen Merkerwerte aus den alten Merkerwerten und den aktuellen Eingangswerten. Die Schaltfunktionen für die Merker können minimiert und in Zuweisungs- oder Speicherungsform realisiert werden. Um für eine bestimmte Aufgabenstellung das minimale Programm zu finden, wird Erfahrung oder Glück bei der Festlegung der Zustandswerte und deren Codierung sowie Geduld und Ausdauer bei der Durchführung der Minimierung vorrausgesetzt. Das daraus resultierende Programm besitzt keinen unmittelbar erkennnbaren Zusammenhang mit dem ursprünglichen Ablauf und die Minimierungsschritte sind für jede Änderung erneut vollständig zu durchlaufen.

Als grober Richtwert für den möglichen Minimierungsspielraum kann man davon ausgehen, daß ein systematisch nach der Zustandsmerkermethode entworfenes Programm durch Zustandscodierung und Minimierung der Schaltfunktionen bis etwa zur Hälfte, bei besonders günstiger Konstellation bis auf ein Drittel gekürzt werden kann.

3.2.3 BETRIEBSARTEN

Die Inbetriebnahme eines Steuerungsprogrammes ist im allgemeinen ein iterativer Vorgang, bei dem Programmtest, Fehlersuche und Programmänderung wiederholt durchlaufen werden müssen. Zum Programmtest ist der später angestrebte vollautomatische Ablauf meist nicht so gut geeignet, da prozeß- oder zeitgeführte Weiterschaltungen für manuelle Eingriffe oft zu schnell ablaufen. Zur Inbetriebnahme eines Programmes benötigt man deshalb zusätzliche Hilfsmittel und geeignete Eingriffsmöglichkeiten. Diese werden in Form unterschiedlicher Betriebsarten des Steuerungsprogrammes bereitgestellt. Trotz vieler anwendungsabhängiger Unterschiede im Detail, lassen sich einige Gemeinsamkeiten der Betriebsarten von Steuerungen erkennen.

Der normale Betriebsablauf einer automatisierten Anlage erfolgt im *Automatikbetrieb* der Steuerung. Die Anlage läuft vollautomatisch, Weiterschaltungen erfolgen prozeß- oder zeitgeführt, manuelle Eingriffe des Benutzers sind nicht erforderlich.

Im *Einzelschrittbetrieb* wird immer nur ein Schritt des Ablaufs ausgeführt. Der Übergang zum nächsten Schritt erfolgt erst nach einer Eingabe - z.B. der Betätigung eines „Weiterschalttasters", durch den Benutzer. Durch das charakteristische manuelle Weiterschalten spricht man auch vom Handbetrieb. Oft gibt es zwei Varianten des Schrittbetriebes. Bei der einen Variante wird die manuelle Weiterschaltung mit der normalen Weiterschaltbedingung des Prozesses UND-verknüpft. Der nächste Schritt wird also nur aktiviert, wenn die manuelle Weiterschaltaufforderung und die normale Weiterschaltbedingung erfüllt ist; man spricht von einem Schrittbetrieb mit Berücksichtigung der Weiterschaltbedingung. Erfolgt die Weiterschaltung ausschließlich aufgrund der manuellen Eingabe, unabhängig von der Weiterschaltbedingung des Ablaufs, hat man einen Schrittbetrieb ohne Berücksichtigung der Weiterschaltbedingung.

Bei größeren Anlagen existiert oft eine Mischform von Automatik- und Einzelschritt-

betrieb, der Teilautomatikbetrieb. Teile des Ablaufs werden automatisch bis zu einem vorher definierten Schritt durchlaufen. In diesem verharrt der Ablauf bis zu einer manuellen Befehlseingabe des Benutzers, um dann einen weiteren Teil des Ablaufs zusammenhängend zu durchlaufen.

Im *Einrichtbetrieb* (manchmal auch als Reparaturbetrieb bezeichnet) können die Stellglieder der Anlage unabhängig vom Steuerungsablauf durch manuelle Befehlsgaben einzeln betätigt werden. Damit läßt sich die korrekte Funktion der Stellglieder und deren richtige Verbindung mit dem Steuergerät testen. Der Einrichtbetrieb ersetzt damit das fehlerträchtige direkte elektrische Ansteuern der Stellglieder.

Um eine Steuerung mit verschiedenen Betriebsarten zu versehen, sind zusätzliche Bedienelemente erforderlich. So benötigt man z.B. einen Schalter zur Einstellung der Betriebsart und Taster zur Weiterschaltung oder Aktivierung einzelner Stellglieder. Außerdem werden Leuchten zur Anzeige der Steuerungszustände, wie z.B. der eingestellten Betriebsart oder dem momentan aktiven Schritt benötigt. Diese Anzeige- und Bedienelemente werden zu Bedienfeldern zusammengefaßt. Einen typischen Aufbau eines Bedienfeldes zeigt das folgende Bild

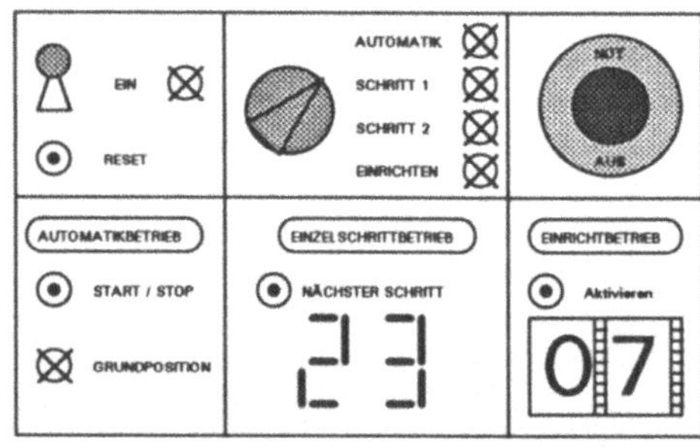

Abb. 3.62. Bedienfeld einer Steuerung

Man erkennt den Wahlschalter für die Betriebsart - im vorliegenden Fall sind Automatik-, Schritt- und Einrichtbetrieb vorgesehen - und die Taster zum Start des Automatikbetriebes und zum Weiterschalten zum nächsten Schritt im Schrittbetrieb. Im Einrichtbetrieb wird ein zweistelliger Zahlenschalter, über den ein Stellglied anwählbar ist, und ein Taster zur Aktivierung des angewählten Stellgliedes ausgewertet. Auf dem Bedienfeld ist auch der Notaus-Schalter untergebracht. Dieser wird nicht durch die Steuerung ausgewertet, sondern bewirkt ein elektrisches Trennen der Versorgungsspannung von allen Stellgliedern. Höchstens zu Kontrollzwecken kann der Notaus-Schalter durch die Steuerung zusätzlich als Eingang erfaßt werden. Neben den Schaltern und Tastern enthält das Bedienfeld Leuchten zur Anzeige der verschiedenen Zustände sowie eine Siebensegmentanzeige zur Ausgabe der momentan aktiven Schrittnummer. Im Bild ist außerdem ein Schlüsselschalter für die Einschaltung der Versorgungsspannung angedeutet, der das Einschalten der Anlage nur berechtigten Benutzern erlaubt.

In den letzten Jahren haben neben den aus Einzelkomponenten aufgebauten Bedienfeldern zunehmend auch Text- oder Graphikdisplays sowie Tastaturen ihren Eingang in der Industrieumgebung gefunden. Die auf den Displays dargestellten Bildern werden mit eigenen rechnergestützten Werkzeugen entworfen. Sie bestehen aus statischen und dynamischen Elementen. Letztere werden in Abhängigkeit des Ablaufzustandes eingeblendet. Damit lassen sich Anlagenzustände und -ereignisse übersichtlich darstellen. Über den an den Displays angebrachten Tastaturen können Benutzereingaben getätigt werden.

Eine noch weitergehende Funktionalität bieten Visualisierungssysteme auf der Basis von Industrie-PCs, die an die Steuerungen angeschlossen werden und eine komfortable und leistungsfähige Benutzerschnittstelle bilden. Sie stellen Hilfsmittel zur Visualisierung, Archivierung und Protokollierung zur Verfügung, die weit über die einfachen Bedienfelder hinausgehen.

Zur Realisierung von Betriebsarten muß das Steuerungsprogramm erweitert werden. Zum einen ist eine Auswertung und Ansteuerung des Bedienfeldes erforderlich. Zum anderen muß aber auch der Ablauf anders programmiert werden. Damit das Steuerungsprogramm gegenüber dem automatischen Ablauf aber nicht vollkommen anders aufgebaut werden muß, sondern sich als Erweiterung des Ablaufprogramms ergibt, werden drei neue Signale definiert und die Schrittkettensymbole um zusätzliche Wirkungslinien erweitert.

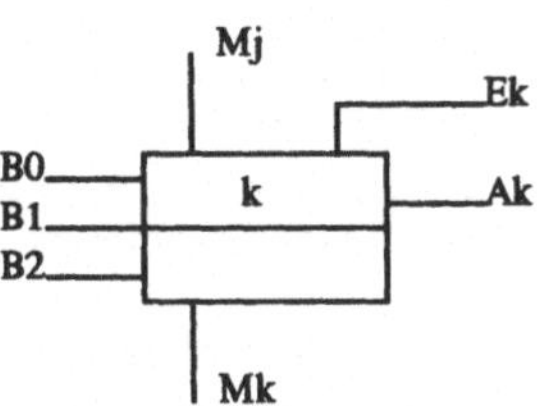

Abb. 3.63. Schritt mit Betriebsartensignalen

Das *Rücksetzsignal B0* sorgt für die Initialisierung der Schrittkette. Alle Schrittmerker werden zurückgesetzt, außer den Merkern der Startschritte, die gesetzt werden. Das *Freigabesignal B1* verhindert (B1="0") oder ermöglicht (B1="1") das Weiterschalten von einem Schritt zum folgenden, wenn die entsprechende Weiterschaltbedingung gesetzt ist. Im Automatikbetrieb ist B1 permanent gesetzt, wodurch das Weiterschalten immer freigegeben ist. Im Einzelschrittbetrieb wird B1 nur impulsartig nach Drücken des manuellen Weiterschalttasters gesetzt. Das *Weiterschaltsignal B2* erzwingt ein Weiterschalten unabhängig von der Weiterschaltbedingung des Ablaufs. Es wird im Einzelschrittbetrieb ohne Berücksichtigung der Weiterschaltbedingung verwendet.

Die Signale B0, B1 und B2 werden in Abhängigkeit der Bedienelemente der Bedientafel berechnet. Dies erfolgt in einem eigenen Programmteil, der Betriebsartenauswertung. Damit die Signale auch in jedem Schritt zur Wirkung kommen, müssen die Programmteile, die die einzelnen Schritte realisieren, um die Auswertung von B0, B1 und B2 erweitert werden. Die Auswertung des Rücksetzsignals B0 kann an einer Programmstelle zusammengefaßt werden. B0 setzt den Startschritt oder bei mehreren Abläufen die Startschritte und setzt alle anderen Schrittmerker zurück.

Die Freigabe B1 und das erzwungene Weiterschalten müssen dagegen bei jedem Schritt ausgewertet werden. Die Freigabe wird mit der Weiterschaltbedingung UND-verknüpft, das erzwungene Weiterschalten mit dem Ergebnis ODER-verknüpft. Damit erhält man folgende Umsetzung eines Schrittes:

```
LD    Mj      Wenn Vorgänger aktiv
AND(  Ek      und Weiterschaltbedingung,
AND   B1      und Freigabe
OR    B2      oder erzw. Weiterschalten
)
S     Nk      dann setze den Schritt
R     Nj      rücksetze Vorgänger
```

Mit Hilfe dieser Programmsequenz zur Programmierung einer Weiterschaltung von einem Schritt zum nächsten kann die bisherige Methodik zur Ablaufprogrammierung beibehalten werden. Neben der geänderten Weiterschaltung ist lediglich ein zusätzlicher Programmteil zur Auswertung und Ansteuerung des Bedienfeldes sowie eine Initialisierung erforderlich.

Beispiel 3.12. Bohrmaschine
Gegeben ist eine automatische Bohrmaschine mit zugehörigem Transportband. Gelangt ein zu bearbeitendes Werkstück an den Anfang des Transportbandes (E2.4), läuft das Band an (A4.0) und das Teil wird bis zur Arbeitsposition bewegt (E2.1). Der Bohrer wird eingeschaltet (A4.5) und bewegt sich abwärts (A4.3) bis zum unteren Endpunkt (E0.5) um dann wieder in seine obere Ruhelage (E0.4) zurückzukehren. Das Band läuft anschließend wieder an und übergibt das Werkstück an eine nachgeordnete Bearbeitungsmaschine. Die Meldung der Übernahme (E2.2) setzt das Band wieder still.

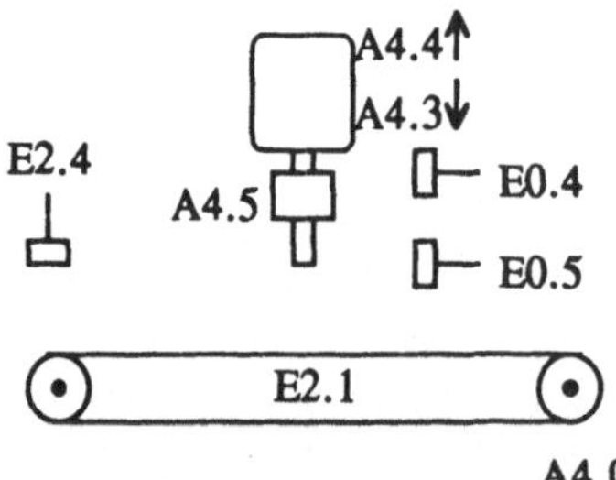

Abb. 3.64. Automatische Bohrmaschine

Dieser einfache Ablauf kann durch eine verzweigungsfreie Schrittkette mit 5 Schritten beschrieben werden

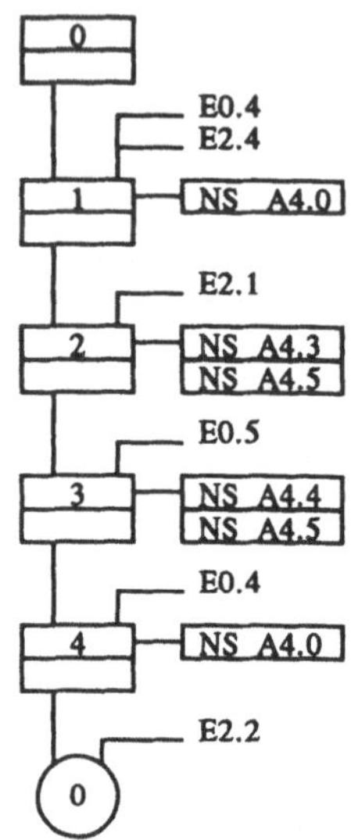

Abb. 3.65. Schrittkette der Bohrmaschinensteuerung

Um die Komponenten der Anlage einzeln testen zu können und um den Ablauf zu prüfen, wird die Steuerung mit einem Bedienfeld ausgestattet.

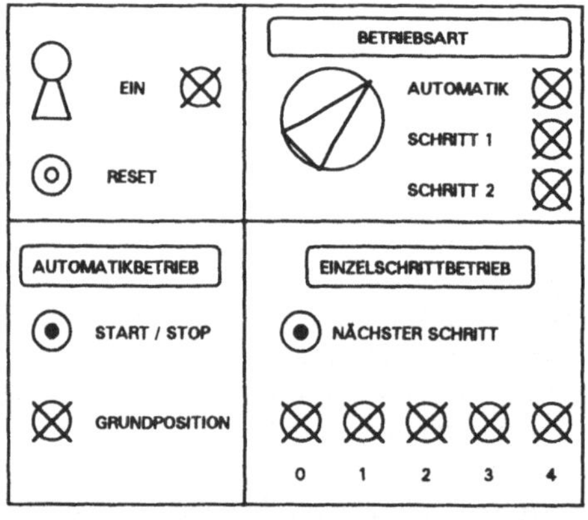

Abb. 3.66. Bedienfeld für die Bohrmaschinensteuerung

Es enthält einen Schlüsselschalter zum Einschalten der Versorgungsspannung für die Anlage und die Steuerung. Mit dem Betriebsartenwahlschalter kann eine der drei Betriebsarten eingestellt werden. Als Betriebsarten sind der Automatikbetrieb, der Schrittbetrieb mit Berücksichtigung der Weiterschaltbedingung und der Schrittbetrieb ohne Berücksichtigung der Weiterschaltbedingung vorgesehen.

Ist der Automatikbetrieb aktiv, darf die Betriebsart nur gewechselt werden, wenn zuvor der automatische Ablauf gestoppt wurde. Die aktive Betriebsart wird durch eine Leuchte angezeigt. Befindet sich die Anlage in der Grundstellung (Bohrer oben und Band nicht belegt), so kann im Automatikbetrieb der Ablauf gestartet werden. Mit dem gleichen Taster wird der automatische Ablauf wieder beendet. Im Schrittbetrieb kann von einem Schritt zum nächsten weitergeschaltet werden. Der aktive Schritt wird durch eine Leuchte angezeigt. Der auf dem Bedienfeld enthaltene Notaus-Schalter wird durch die Steuerung nicht ausgewertet, sondern schaltet die elektrische Versorgung der Motoren in der Anlage ab.

Neben den Eingangs- und Ausgangssignalen der Anlage muß auch das Bedienfeld angesteuert werden. Hierfür werden zusätzliche Eingänge und Ausgänge benötigt.

Damit kann nun das Steuerungsprogramm entworfen werden. Es enthält neben dem eigentlichen Ablauf einen Teil zur Auswertung des Bedienfeldes. Dieser Teil muß in jedem Zyklus durchlaufen werden. Verwendet man die Umsetzung der erweiterten Schrittketten, so sind die Automatik- und die Schrittbetriebsarten bereits in der Schrittkette durch geeignete Ansteuerung der Signale B0, B1 und B2 enthalten. Man erhält damit die dargestellte Programmstruktur.

Tabelle 3.11. Eingänge und Ausgänge der Steuerung für die Bohranlage mit Bedienfeld

E2.1	Werkstück in Arbeitsposition
E2.4	Werkstück am Bandanfang
E0.4	Bohrer oben
E0.5	Bohrer unten
E1.6	Schrittbetrieb (mit)
E1.7	Automatikbetrieb
E3.0	Einrichtbetrieb
E3.1	Schrittbetrieb (ohne)
E2.0	Resettaster
E2.7	Start/Stop-Taster
E0.0	Nächster Schritt
E2.2	Meldung Übernahme
E2.1	Werkstück in Arbeitsposition
E2.4	Werkstück am Bandanfang
E0.4	Bohrer oben
E0.5	Bohrer unten
A4.0	Band einschalten
A4.3	Bohrer abwärts
A4.4	Bohrer aufwärts
A4.5	Bohrer drehen
A0.0	Schritt 0
A0.1	Schritt 1
A0.2	Schritt 2
A0.3	Schritt 3
A0.4	Schritt 4
A4.7	Anzeige Grundstellung
A1.0	Automatikbetrieb eingeschaltet
A1.1	Schrittbetrieb (mit) eingeschaltet
A1.2	Schrittbetrieb (ohne) eingeschaltet

Abb. 3.67. Programmablauf mit Bedienfeldauswertung

Tabelle 3.12. STEP5-AWL der Bohranlagensteuerung mit Betriebsartenteil

```
0001        #BEDIENFELD
0002
#FLK.ERK.RESET
0003    :U    E    2.0
0004    :UN   M    0.4
0005    :=    M    0.0
0006    :S    M    0.4
0007    :UN   E    2.0
0008    :R    M    0.4
0009
#FLK.ERK.NÄ.SCHRITT
0010    :U    E    0.0
0011    :UN   M    0.5
0012    :=    M    0.3
0013    :S    M    0.5
0014    :UN   E    0.0
0015    :R    M    0.5
0016
#FLK.ERK.STARTSTOP
0017    :U    E    2.7
0018    :UN   M    0.6
0019    :=    M    0.7
0020    :S    M    0.6
0021    :UN   E    2.7
0022    :R    M    0.6
0023        #FREIGABE
0024    :U    A    1.1
0025    :U    M    0.3
0026    :O    A    1.0
0027    :=    M    0.1
0028
#WEITERSCHALTEN
0029    :U    A    1.2
0030    :U    M    0.3
0031    :=    M    0.2
0032        #ANZ.GRUNDPOS
0033    :U    E    0.4
0034    :UN   E    2.1
0035    :UN   E    2.4
0036    :=    A    4.7
0037
#AUTOMATIKBETR
0038    :U    E    1.7
0039    :U    M    0.7
0040    :UN   A    1.0
0041    :S    A    1.0
0042    :R    M    0.7

0043    :U    A    1.0
0044    :U    M    0.7
0045    :U    A    0.0
0046    :R    A    1.0
0047    #SCHRITTBETR
0048    :U    E    1.6
0049    :UN   A    1.0
0050    :=    A    1.1
0051    :U    E    3.1
0052    :UN   A    1.0
0053    :=    A    1.2
0054    #SCHRITTANZ.
0055    :U    M    2.0
0056    :=    A    0.0
0057    :U    M    2.1
0058    :=    A    0.1
0059    :U    M    2.2
0060    :=    A    0.2
0061    :U    M    2.3
0062    :=    A    0.3
0063    :U    M    2.4
0064    :=    A    0.4
0065    #ABLAUFPROG
0066    #RESET
0067    :U    M    0.0
0068    :S    M    12.0
0069    :R    M    12.1
0070    :R    M    12.2
0071    :R    M    12.3
0072    :R    M    12.4
0073    #SCHRITT0
0074    :U    M    2.0
0075    :U(
0076    :U    E    0.4
0077    :U    E    2.4
0078    :U    M    0.1
0079    :O    M    0.2
0080    :)
0081    :S    M    12.1
0082    :R    M    12.0
0083    #SCHRITT1
0084    :U    M    2.1
0085    :U(
0086    :U    E    2.1
0087    :U    M    0.1
0088    :O    M    0.2
0089    :)
0090    :S    M    12.2
0091    :R    M    12.1
0092    #SCHRITT2
0093    :U    M    2.2
0094    :U(

0095    :U    E    0.5
0096    :U    M    0.1
0097    :O    M    0.2
0098    :)
0099    :S    M    12.3
0100    :R    M    12.2
0101    #SCHRITT3
0102    :U    M    2.3
0103    :U(
0104    :U    E    0.4
0105    :U    M    0.1
0106    :O    M    0.2
0107    :)
0108    :S    M    12.4
0109    :R    M    12.3
0110    #SCHRITT4
0111    :U    M    2.4
0112    :U(
0113    :U    E    0.4
0114    :U    M    0.1
0115    :O    M    0.2
0116    :)
0117    :S    M    12.0
0118    :R    M    12.4
0119    #AKTIONEN
0120    :U    M    2.1
0121    :O    M    2.4
0122    :=    A    4.0
0123    :U    M    2.2
0124    :=    A    4.3
0125    :U    M    2.3
0126    :=    A    4.4
0127    :U    M    2.2
0128    :O    M    2.3
0129    :=    A    4.5
0130
#ZUSTAND AKTUAL
0131    :U         12.0
0132    :=         2.0
0133    :U    M    12.1
0134    :=    M    2.1
0135    :U    M    12.2
0136    :=    M    2.2
0137    :U    M    12.3
0138    :=    M    2.3
0139    :U    M    12.4
0140    :=    M    2.4
```

3.3 ÜBUNGEN

Übung 3.1.
Der Ablauf der Ampelsteuerung aus Beispiel 3.9. kann unmittelbar in einen Moore-Automaten mit 7 Zustandswerten umgeformt werden. Erstellen Sie den Zustandsgraphen dieses Automaten.
Modellieren Sie nun den gleichen Ablauf als Mealy-Automat. Wieviel Zustandswerte werden dabei benötigt?

Übung 3.2.
Ein Motor ist für Rechts- und Linkslauf ausgelegt. Das Einschalten und die Auswahl der Drehrichtung erfolgt über zwei Taster. Nach dem Einschaltbefehl läuft der Motor in Sternschaltung hoch und wird, sofern er die Nenndrehzahl innerhalb von 7 sec erreicht, auf Dreieckschaltung umgeschaltet. Über den Aus-Taster kann der Motor stillgesetzt werden. Erst nach Ablauf von 10 sec kann der Motor erneut gestartet werden. Der folgende Zustandsgraph zeigt den Steuerungsablauf.

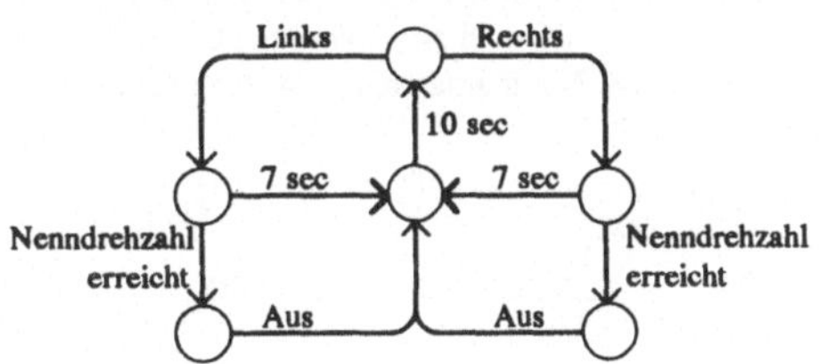

Abb. 3.68. Ablauf der Motorsteuerung

Legen Sie die benötigten Steuerungsein- und -ausgänge fest.
Realisieren Sie den Ablauf als AWL.

Übung 3.3.
Bei der Galvanisierung sollen Metallgegenstände mit einer dünnen Schicht eines bestimmten Materials beschichtet werden . Die Gegenstände werden dazu in einen Behälter getaucht, in dem sich eine leitfähige wässrige Lösung, das Elektrolyt befindet. Wird an die Metallgegenstände als Kathode eine Spannung angelegt, findet ein Stromfluß statt. Er erzeugt im Elektrolyt Kationen, die sich aufgrund ihrer positiven elektrischen Ladung zur Kathode bewegen und sich dort absetzen.
Gegeben sei nun folgende Galvanisieranlage, die aus 5 hintereinanderliegenden Bädern und einer darüberliegenden Transporteinheit besteht.
Am Transportsystem werden die zu galvanisierenden Teile an einem Träger befestigt. Zu Beginn des Vorganges befindet sich über jedem Bad eine Charge. Das Transportsystem wird als Ganzes abgesenkt (A0.0) bis sich die Teile komplett in den Bädern befinden (E0.0). Für eine feste Zeit von 80 sec wird für jedes Bad eine Spannung aufgeschaltet (A0.1 bis A0.5). Dadurch findet ein Stromfluß über die Teile und damit eine Galvanisierung statt. Nach Ablauf der Zeit werden die Spannungen wieder abgeschaltet, die Transporteinheit wird angehoben (A0.6), bis sie die obere Ruhelage erreicht (E0.1). Anschließend wird der Vorschub gestartet (A0.7), so daß die Chargen um ein Bad weiterwandern. Das Erreichen der nächsten Sollposition wird über den Eingang E0.2 detektiert und der nächste Galvanisierschritt kann beginnen.
Der gesamte Ablauf wird über den Taster E0.3 gestartet und durch erneute Betätigung gestoppt. Der Stopp des Ablaufs darf aber erst am Ende eines Galvanisierschrittes ausgeführt werden.
Stellen Sie den Ablauf zur Steuerung der Galvanisieranlage graphisch dar.

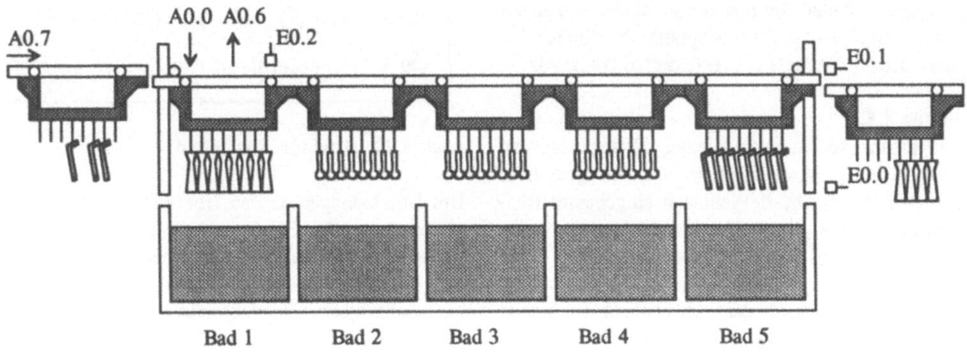

Abb. 3.69. Galvanisieranlage

Übung 3.4.
Es soll ein Steuerungsprogramm für eine Waschmaschine entworfen werden. Der Entwurf soll hierarchisch strukturiert erfolgen. In einer stark abstrahierten Betrachtung besteht der Waschvorgang aus 5 aufeinanderfolgenden Zuständen: Ruhe-Füllen-Waschen-Spülen -Schleudern.
Die meisten dieser Zustände bestehen wiederum aus Abläufen mit teilweise nebenläufigen Aktionen. Ein mehrfach benötigter Unterablauf ist das Wenden, bei dem die Trommel mit langsamer Drehzahl abwechselnd in beide Drehrichtung mit dazwischenliegenden Pausen angesteuert wird. Der gleiche Ablauf, aber mit hoher Drehzahl wird beim Schleudern benötigt. Den dritten Unterablauf stellt das Pumpen dar. Hier wird zunächst für eine definierte Zeit Schmutzwasser abgepumpt und dann nach einer Pause Frischwasser geladen. Nach einer weiteren Pause beginnt der Ablauf von vorne.
Mit diesen Unterabläufen kann der Gesamtablauf festgelegt werden. Beim Füllen wird Frischwasser geladen, bis die Trommel gefüllt ist. Gleichzeitig wird bis zur maximalen Temperatur geheizt. Parallel hierzu erfolgt das zuvor definierte Wenden.
Beim Waschen wird zunächst Waschpulver über ein Ventil zugemischt. Dann erfolgt für eine einstellbare Zeit permanentes Wenden. Gleichzeitig wird die Temperatur in etwa konstant gehalten, indem die Heizung bei Unterschreiten eines unteren Grenzwertes eingeschaltet und bei Überschreiten des oberen Grenzwertes wieder abgeschaltet wird.
Beim Spülen werden gleichzeitig die Abläufe Wenden und Pumpen ausgeführt. Nach achtmaliger Ausführung des Pump-Ablaufs wird das Wasser komplett abgepumpt und das Spülen ist beendet. Abschließend erfolgt für eine definierte Zeit das Schleudern.
Erstellen Sie eine Liste aller benötigten Ein- und Ausgänge. Stellen Sie den Gesamtablauf bestehend aus 5 Zuständen als Zustandsgraph dar. Stellen Sie jeden dieser Zustände als verfeinerten Ablauf dar.

Übung 3.5.
Bei einem schienengebundenen Transportsystem gebe es zwei unterschiedlich lange Wagentypen. Mit Hilfe zweier in die Schienen eingebauter Radsensoren sollen die beiden Wagentypen erkannt werden. Sie sind dazu so angeordnet, daß ihr Abstand größer ist, als der Achsabstand der kurzen Wagen und kürzer als der Achsabstand der langen Wagen. Bei Überfahrt der beiden Wagentypen werden die Radsensoren in unterschiedlicher Reihenfolge aktiviert.

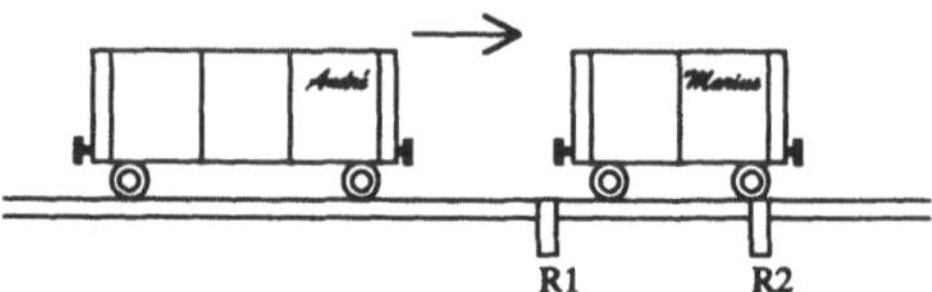

Abb. 3.70. Wagenerkennung

Entwerfen Sie das Zeitdiagramm für die Überfahrt eines langen Wagens und eines kurzen Wagens.
Erstellen Sie ein Programm zur Erkennung der beiden Wagentypen anhand der Signale der Radsensoren.
Sie können davon ausgehen, daß die Radsensoren fehlerfrei und ohne Prellen arbeiten. Die Wagen überqueren die Meßstelle immer von links nach rechts. Ein Anhalten der Wagen oder eine Richtungsumkehr kann nicht auftreten.

Übung 3.6.
Der Steuerungsablauf für ein Förderband, das Bestandteil einer Bandstraße ist, soll entworfen werden. Das Band wird über einen Motor angetrieben und läuft im Normalbetrieb mit konstanter Geschwindigkeit.

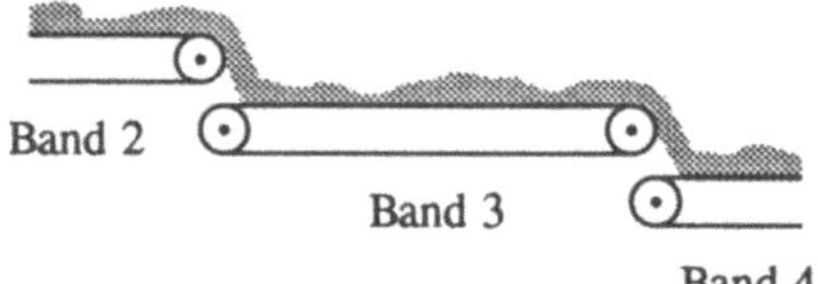

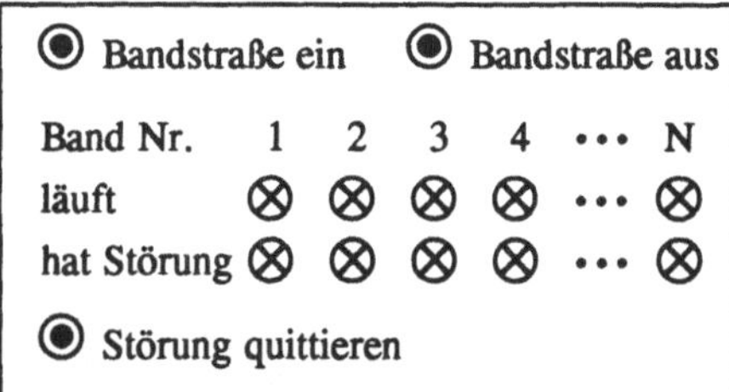

Abb. 3.71. Band mit Bedienfeld

Um Überladungen an den Übergabestellen zu verhindern, ist beim Ein- und Ausschalten der Bandstraße eine bestimmte Schaltreihenfolge einzuhalten. Ein Band darf erst eingeschaltet werden, wenn das nachfolgende Band bereits läuft; es darf erst ausgeschaltet werden, wenn das vorangehende Band stillgesetzt ist.

Es soll nun der Steuerungsablauf für Band 3 erstellt werden. Es wird eingeschaltet (A0.3), wenn der Einschaltbefehl (E0.0) kommt und Band 4 bereits läuft (M2.4). Das Erreichen der Nenngeschwindigkeit wird durch einen Drehzahlwächter (E1.3) erfaßt und durch Einschalten einer Lampe (A1.3) gemeldet. Kommt der Ausschaltbefehl (E0.1), wird Band 3 stillgesetzt, sobald Band 2 steht (M0.2). Auch der Bandstillstand wird durch den Drehzahlwächter gemeldet (E2.3); die Laufmeldung erlischt. Tritt am Band eine Störung auf (E3.3), wird es sofort ausgeschaltet. Die Störung wird über eine weitere Lampe (A2.3) gemeldet. Ein Wiederanlauf des Bandes nach einer Störung ist erst nach einer Störungsquittierung über den Taster E0.2 zugelassen.

Stellen Sie den Steuerungsablauf für Band 3 als Petri-Netz mit je einem Platz für die Zustände Stillstand, Anlauf, Normalbetrieb, Stillsetzung, Störung dar.

Codieren Sie den Ablauf als AWL-Programm. Verwenden Sie die Merker M0.3, M1.3, M2.3, M3.3 und M4.3 für die Speicherung der Zustände.

Übung 3.7.

Die folgende Anlage dient zur Abwasserneutralisation. Das Abwasser gelangt über den Zulauf in einen Mischbehälter. In diesem wird der pH-Wert gemessen. Solange dieser im neutralen Bereich liegt, ist der Behälterablauf geöffnet, so daß das Abwasser durch den Behälter lediglich durchläuft.

Verläßt das Abwasser den neutralen Bereich, kann entweder Lauge oder Säure dosiert dazugegeben werden. Die beiden Ventile für Lauge und Säure besitzen zwei Schaltstellungen, so daß die Dosierung im Feinstrom oder im Grobstrom möglich ist.

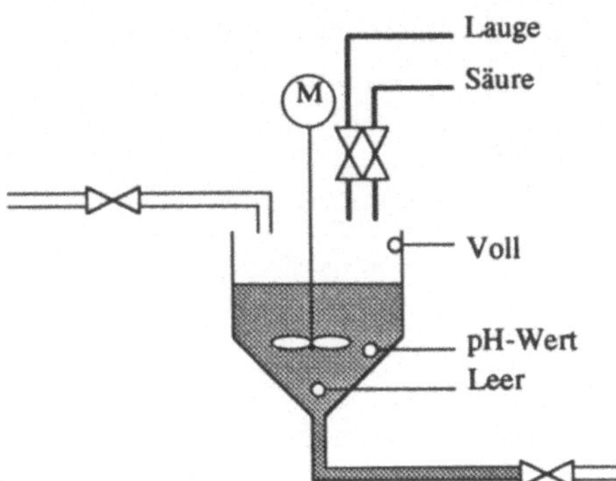

Abb. 3.72. Anlage zur Abwasserneutralisation

Ist das Abwasser schwach sauer, wird Lauge im Feinstrom dazugegeben. Der Ablauf bleibt geöffnet. Steigt der pH-Wert weiter an, so daß ein starker Säuregehalt auftritt, wird die Lauge im Grobstrom dazudosiert. Der Ablauf wird so lange geschlossen, bis das Abwasser wieder im neutralen Bereich liegt.

Im basischen Bereich des Abwassers wird mit den entsprechenden Bedingungen Säure dosiert zugegeben. Das Rührwerk ist immer dann aktiv, wenn eine Zugabe von Lauge oder Säure stattfindet.

Zusätzlich zur pH-Wert-Messung wird auch der Behälterfüllstand überwacht. Bei vollem Behälter wird der Zulauf geschlossen. Die Neutralisation bleibt dabei eingeschaltet. Bei leerem Behälter wird der Ablauf geschlossen und die Neutralisation ist inaktiv.

Über folgende Ein- und Ausgänge ist die Anlage mit einer Steuerung verbunden:

E0.0	Behälter leer
E0.1	Behälter voll
E0.2	Abwasser ist schwach sauer
E0.3	Abwasser ist stark sauer
E0.4	Abwasser ist schwach basisch
E0.5	Abwasser ist stark basisch
A0.0	Zulauf öffnen
A0.1	Ablauf öffnen
A0.2	Rührwerk ein
A0.3	Feinstrom Lauge
A0.4	Grobstrom Lauge
A0.5	Feinstrom Säure
A0.6	Grobstrom Säure

Stellen Sie den Ablauf der Abwasserneutralisation graphisch dar.

Erstellen Sie das AWL-Programm für die Steuerungsaufgabe.

Übung 3.8.

Mit Hilfe einer aus drei Förderbändern bestehenden Bandanlage können abwechselnd zwei unterschiedliche Stoffe transportiert werden.

Wird der Taster E1 betätigt, soll Stoff 1 gefördert werden. Dazu wird Band 3 eingeschaltet (A3) und sobald dies seine Nenndrehzahl erreicht (E3), folgt Band 1 (A1). Die Förderung von Stoff 1 wird durch erneute Betätigung von Taster E1 wieder gestoppt. Die beiden Bänder müssen vor dem Ausschalten erst komplett leerlaufen. Dazu müssen Bandlänge und Bandgeschwindigkeit in Form von Ausschaltverzögerungen berücksichtigt werden. Der sinngemäß gleiche Ablauf ergibt sich für Stoff 2.

Die beiden Stoffe dürfen keinesfalls gleichzeitig gefördert werden. Der Einschaltbefehl darf daher nur ausgeführt werden, wenn die Anlage im Grundzustand ist. Zur Anzeige einer laufenden Förderung dienen die beiden Lampen L1 und L2. L1 leuchtet, wenn Stoff 1 gefördert wird; L2 leuchtet bei Förderung von Stoff 2.

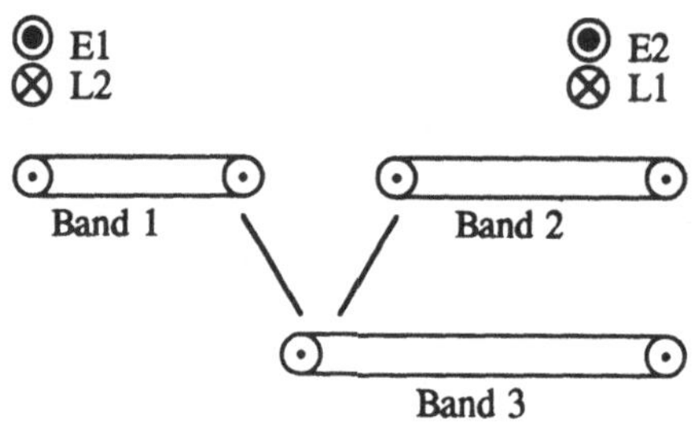

Abb. 3.73. 3-Band-Anlage

Bestimmen Sie die Ausschaltverzögerungen für die Bänder, wenn alle Bänder mit einer Geschwindigkeit von 5 m/sec betrieben werden und Band 1 eine Länge von 200 m, Band 2 eine Länge von 320 m und Band 3 eine Länge von 870 m besitzt.
Formulieren Sie die beiden Abläufe zur Förderung von Stoff 1 und von Stoff 2 als unabhängige Petri-Netze.
Modellieren Sie nun den vollständigen Ablauf indem Sie die gegenseitige Abhängigkeit der beiden Abläufe in Form einer Kollisionsvermeidung berücksichtigen.

Übung 3.9.

Die Ampelsteuerung für einen Fußgängerüberweg soll erstellt werden. Nach der Betätigung des Anforderungstasters durch einen Fußgänger wird der folgende Zeitablauf benötigt.

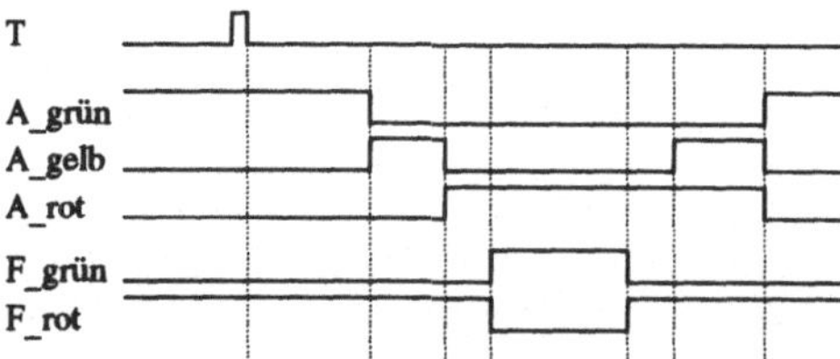

Abb. 3.74. Zeitablauf der Ampelansteuerung (*A*: Autoampel, *F*: Fußgängerampel, T: Anforderungstaster)

Stellen Sie den Zeitverlauf als Schrittkette dar.
Realisieren Sie den Ablauf als AWL-Programm.

Übung 3.10.

Mit Hilfe einer Transporteinrichtung sollen Werkstücke von einem Ablagetisch auf ein Förderband gesetzt werden. Die Transporteinrichtung kann in zwei Achsen verfahren werden und besitzt einen Elektromagneten zur Aufnahme der Werkstücke.

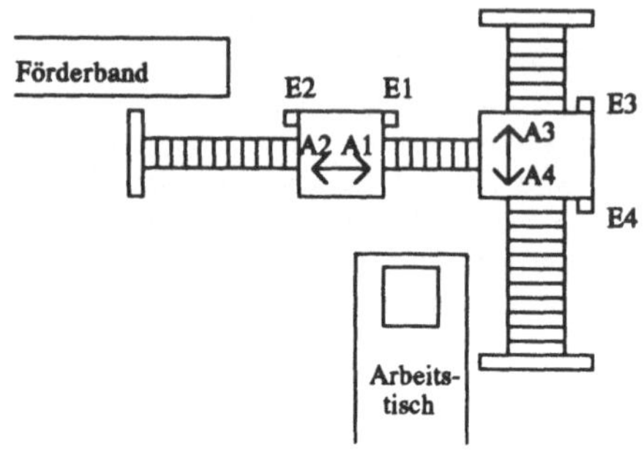

Abb. 3.75. Transporteinrichtung

Die Transporteinrichtung befindet sich normalerweise in seiner Ruheposition (E1 und E3 betätigt). Wird ein Werkstück auf dem Arbeitstisch erkannt (E0), fährt die Einrichtung in x-Richtung (A4) bis zum Arbeitstisch (E4), nimmt das Werkstück auf (A0), um dann auf dem kürzesten Weg zum Förderband zu fahren (A3, A2). Die Bewegung in beiden Achsen erfolgt dabei unabhängig voneinander. Die jeweiligen Endlagen (E3 und E2) werden im allgemeinen in unterschiedlicher Zeit erreicht. Befindet sich das Werkstück über dem Förderband, wird der Elektromagnet wieder ausgeschaltet, und die Transporteinrichtung bewegt sich wieder in ihre Ruhelage (A1).
Stellen Sie den Ablauf für den Transportvorgang graphisch dar.
Realisieren Sie den Ablauf als AWL-Programm.

4 STRUKTURIERTE PROGRAMME

Der Erfolg der speicherprogrammierbaren Steuerungen beruht auf einem sehr einfachen Programmodell. Das Programm besteht aus einer Liste von Anweisungen, die logische Verknüpfungen realisieren. Die Anweisungen werden sehr schnell nacheinander, ständig wiederholt abgearbeitet, so daß sich die SPS, wie eine verbindungsprogrammierte Steuerung verhält, deren Verknüpfungen permanent und gleichzeitig wirksam sind. Der Umstieg von einer VPS zu einer SPS wurde durch diese Kompatibilität wesentlich erleichtert. Zudem ermöglicht dieses Modell die Echtzeitfähigkeit der Steuerung, ohne den Aufwand eines Echtzeitbetriebssystems.

Mit zunehmenden Anforderungen an die Steuerungen und zunehmender Komplexität der Programme zeigt das einfache Modell aber Schwächen. Enthält das Programm Fallunterscheidungen, so werden viele Befehle unnötigerweise ausgeführt und es sind zusätzliche Bedingungsabfragen erforderlich, die bei verzweigten Programmen an einer Stelle zusammengefaßt werden können. Die Initialisierungsmaßnahmen beispielsweise brauchen nur ein einziges Mal, im ersten Zyklus nach dem Programmstart ausgeführt zu werden. In einem unstrukturierten Programm muß die Initialisierung durch logische Verknüpfung mit Hilfe eines Initialisierungsmerkers realisiert werden. Alle für die Initialisierung erforderlichen Verknüpfungen werden in jedem Zyklus bearbeitet, obwohl sie nur im ersten Zyklus erforderlich sind. In einem strukturierten Programm können alle Initialisierungsmaßnahmen in einem Programmteil zusammengefaßt werden, der nur ein einziges Mal zu durchlaufen ist.

Durch einen systematischen Einsatz der Sprachmittel zur Programmstrukturierung kann die Effizienz des Programmes, unter Beibehaltung der Echtzeitfähigkeit, gesteigert werden. Zudem gestatten sie einen übersichtlichen Aufbau auch großer Steuerungsprogramme.

4.1 PROGRAMMSTRUKTURIERUNG

4.1.1 SPRÜNGE

Das Programm eines Mikroprozessors besteht aus einer Liste von Anweisungen. Die Anweisungen werden linear aufeinanderfolgend abgearbeitet. Die einzige Möglichkeit, auf der Maschinenebene von der linearen Abarbeitung abzuweichen, ist die Ausführung von Sprüngen innerhalb des Programms. Bei einem Sprung wird nicht die nächste, in der Liste auf den Sprungbefehl folgende Anweisung bearbeitet, sondern die Anweisung, deren Adresse als Sprungziel angegeben ist.

Ein Sprungbefehl besteht aus der Sprungbedingung und dem Sprungziel. Das Sprungziel kann entweder als absolute Adresse („Springe zu Adresse x"), als relative Sprungweite („Springe um y Speicherstellen nach vorne") oder als Sprungmarke („Springe zu Programmstelle z") angegeben werden, die zur Kennzeichnung einer bestimmten Programmstelle eingebaut ist.

Die Bedingung unter der ein Sprung ausgeführt werden soll, hängt von den vorangegangen Verknüpfungen ab. Die Ergebnisse werden als Flags im Zustandsregister gespeichert. Da logische Verknüpfungen nur zwei unterschiedliche Ergebnisse liefern können, ist die Palette der Sprungbedingungen hier stark eingeschränkt. In den Programmiersprachen hat man sich auf den bedingten Sprung festgelegt, der ausgeführt wird, wenn die vorangegangene logische Verknüpfung den Wert "1" ergeben hat. Für das Ergebnis "0" existiert kein eigener Sprungbefehl. Es kann durch Negation oder durch Verwendung des absoluten Sprunges ausgewertet werden.

Deutlich größer ist die Palette möglicher Sprungbedingungen nach arithmetischen Verknüpfungen. Je nach Prozessortyp und Programmiersprache werden unterschiedliche Ergebniskonstellationen ausgewertet und als Flags zur Verfügung gestellt. Auf diese Befehle wird im Rahmen der Zahlenverarbeitung eingegangen.

Tabelle 4.1. Sprungbefehle bei binären Verknüpfungen

IEC	DIN	STEP5	Bez.	Sprungbedingg.
JMP	SPA	SPA	Absolut	Springe immer
JMPC	SPB	SPB	Bedingt	bei Ergebnis "1"

Durch geeignete Kombination mehrerer Sprunganweisungen können sehr unterschiedliche Programmstrukturen erzeugt werden. In der Frühzeit der Programmierung wurde von diesen Möglichkeiten auch heftig Gebrauch gemacht, so daß individuelle, schwer zu überblickende und zu pflegende Programmstrukturen entstanden. Aufgrund der vielfältig verschlungenen Ablauflinien entstand für solche Programme die sehr anschauliche Bezeichnung des „Spaghetti-Code". Der uneingeschränkte Gebrauch von Sprüngen innerhalb von Programmen wurde Ende der 60er Jahre als eine wesentliche Ursache der Software-Krise erkannt. Die daraufhin entwickelte Methodik der strukturierten Programmierung schränkte die Zahl zugelassener Programmkonstrukte erheblich ein. Es wurde nachgewiesen, daß mit den drei Grundkonstrukten Sequenz, Verzweigung und Schleife jede beliebige algorithmische Struktur realisierbar ist. Diese Konstrukte wurden daher als Grundbausteine eines strukturierten Programmes gewählt. Alle anderen Konstrukte, insbesondere die Verwendung von Sprüngen, wurden nicht mehr als Strukturierungsmittel zugelassen. Da die Grundkonstrukte genau einen Eintrittspunkt und genau einen Austrittspunkt besitzen, erleichtert deren Einsatz die Nachvollziehbarkeit des Programmverhaltens ganz erheblich.

Im Gegensatz zu den höheren Programmiersprachen enthalten die bis heute existierenden Steuerungssprachen keine eigenen Sprachmittel für Verzweigungen und Schleifen. Lediglich der strukturierte Text (ST) der neuen Norm

IEC 1131-3 stellt Anweisungen zur Programmstrukturierung zur Verfügung. Bisher ist ST aber nur für wenige Steuerungen als Programmiersprache verfügbar. In der Praxis muß der Programmierer Strukturierungskonstrukte aus Sprungbefehlen zusammensetzen. Damit dies nicht unnötige Entwicklungszeit in Anspruch nimmt, empfiehlt sich eine systematische Umsetzung von Verzweigungen und Schleifen. Dies vermeidet Fehler durch besonders „raffinierte" Lösungen und erhöht die Wiedererkennbarkeit der Konstrukte bei der späteren Programmdurchsicht. Auch wenn strukturierter Text nicht als Programmiersprache zur Verfügung steht, kann er sehr gut als Pseudocode eingesetzt werden. Er unterstützt eine gute Programmstrukturierung und kann unmittelbar in AWL übertragen werden.

4.1.2 ALTERNATIVEN

Einer der häufigsten Einsatzfälle von Sprungbefehlen sind bedingte Verarbeitungen. Ein Programmteil, bestehend aus einer oder mehreren Anweisungen soll nur dann bearbeitet werden, wenn eine bestimmte logische Bedingung erfüllt ist.

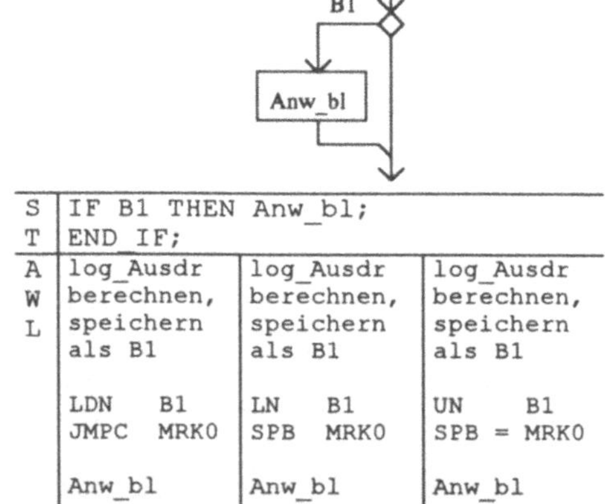

	IEC 1131	DIN 19239	STEP 5
S T	IF B1 THEN Anw_bl; END_IF;		
A W L	log_Ausdr berechnen, speichern als B1 LDN B1 JMPC MRK0 Anw_bl MRK0:	log_Ausdr berechnen, speichern als B1 LN B1 SPB MRK0 Anw_bl MRK0:	log_Ausdr berechnen, speichern als B1 UN B1 SPB = MRK0 Anw_bl MRK0:

Abb. 4.1. Bedingte Verarbeitung

Ist die logische Bedingung nicht erfüllt, wird der Programmteil übersprungen. In strukturiertem Text dient die IF-Anweisung zur bedingten Verarbeitung. Sie enthält die logische Bedingung und den gegebenenfalls auszuführenden Anweisungsblock. Soll die bedingte Verarbeitung in AWL nachgebildet werden, wird zuerst der logische Ausdruck berechnet. Da der Anweisungsblock übersprungen werden muß, wenn der Ausdruck falsch ist, es aber nur einen Sprungbefehl für "1" gibt, muß vor dem Sprung das Berechnungsergebnis invertiert werden.

Beispiel 4.1. Initialisierung
Um einen Ablauf, der in einer Steuerung realisiert wird, nach deren Einschalten im richtigen Zustand zu starten, ist eine Initialisierung erforderlich. Ein bestimmter Zustand bzw. Schritt muß gesetzt, alle anderen gelöscht sein. Nicht alle Steuerungen stellen Initialisierungsbausteine zur Verfügung. Man kann sich in diesem Fall mit einem selbstdefinierten Initialisierungsmerker helfen.
Als Initialisierungsmerker wird einer der nicht nullspannungssicheren Merker verwendet. Diese werden normalerweise nach dem Einschalten der Steuerung und vor dem ersten Durchlauf des Steuerungsprogrammes durch die Firmware auf "0" gesetzt.
Zur Durchführung der Initialisierung wird der Merker abgefragt. Hat er den Wert "0", werden alle Schrittmerker gelöscht, mit Ausnahme des Startschrittes, der gesetzt wird. Auch alle anderen Initialisierungsmaßnahmen werden ausgeführt. Schließlich wird der Initialisierungsmerker auf "1" gesetzt. Danach folgt das eigentliche Steuerungsprogramm. Da der Initialisierungsmerker an keiner anderen Programmstelle mehr verändert wird, bleibt er anschließend permanent auf "1". Er führt also nur im ersten Zyklus den Wert "0", so daß auch die Initialisierung nur im ersten Zyklus ausgeführt wird.
Sei nun der Merker M32.0 ein nicht nullspannungssicherer Merker. Es soll eine Schrittkette mit 5 Schritten (Schrittmerker M0.0 bis M0.4) programmiert werden. Schritt 0 (M0.0) sei der Startschritt. Die erforderliche Initialisierung kann in diesem Fall sehr einfach als logische Abfrage realisiert werden, wie das folgende Programmstück zeigt.

```
LDN   M32.0
S     M0.0
R     M0.1
R     M0.3
R     M0.4
S     M32.0
```

Bei umfangreicheren Initialisierungsmaßnahmen ist aber die Verwendung der bedingten Programmausführung übersichtlicher. Es wird zum einen die mehrfache Abfrage des Initialisierungsmerkers eingespart. Zum anderen wird der Initialisierungsteil nur ein einziges Mal ausgeführt, so daß in allen nachfolgenden Zyklen Durchlaufzeit eingespart wird.

```
LD     M32.0
JMPC   MRK0
;  Initialisierungs-
;  anweisungen
S      M32.0
MRK0:
;  sonstige
;  Ablauf-
;  anweisungen
```

□

B1

Anw_bl_1   Anw_bl_2

S
T
	IF B1 THEN Anw_bl_1
	   ELSE Anw_bl_2;
	   END IF;		

A W L	log_Ausdr berechnen, speichern als B1	log_Ausdr berechnen, speichern als B1	log_Ausdr berechnen, speichern als B1
	LDN B1 JMPC MRK2	LN B1 SPB MRK2	UN B1 SPB = MRK2
	Anw_bl_1	Anw_bl_1	Anw_bl_1
	JMP MRK0	SPA MRK0	SPA = MRK0
	MRK2: Anw_bl_2	MRK2: Anw_bl_2	MRK2: Anw_bl_2
	MRK0:	MRK0:	MRK0:
	IEC 1131	DIN 19239	STEP 5

Abb. 4.2. Einfache Alternative

Oft dient eine logische Bedingung zur Auswahl zwischen zwei alternativen Programmteilen. Ist die Bedingung erfüllt, wird Anweisungsblock 1 ausgeführt, im anderen Fall Anweisungsblock 2.

Auch für die einfache Alternative wird in ST der IF-Befehl verwendet. Er wird dazu um einen ELSE-Zweig erweitert. Zur Umsetzung der einfachen Alternative in AWL ist eine Umformung der graphischen Darstellung hilfreich.

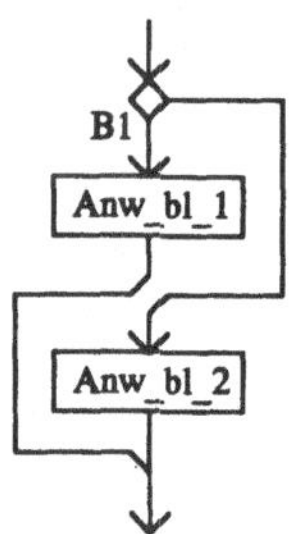

Abb. 4.3. Umformung der einfachen Alternative

Da es parallele Anweisungen im Programm nicht gibt, werden die alternativen Anweisungsblöcke hintereinander dargestellt. Durch entsprechendes Überspringen der Anweisungsblöcke entsteht die einfache Alternative, die in dieser Darstellungsform unmittelbar in AWL umsetzbar ist.

Eine naheliegende Erweiterung der einfachen Alternative ist die mehrfache Alternative. An einer Programmstelle soll in Abhängigkeit mehrerer logischer Bedingungen genau eine von mehreren möglichen Programmsequenzen ausgeführt werden.

Am graphisch dargestellten Ablauf erkennt man, daß die mehrfache Alternative aus der verschachtelten Reihenschaltung einfacher Alternativen entsteht. Dieser Zusammenhang liefert auch schon einen Hinweis für die Realisierung in ST und in AWL.

In ST wird für die Kombination ELSE IF der neue Bezeichner ELSIF eingeführt.

Die mehrfache Alternative wird auch bei digitalen Steuerungen benötigt. Hier werden nicht logische Bedingungen, sondern arithmetische Werte abgefragt. Hier bietet die CASE-Anweisung Vorteile gegenüber der mehrfachen IF-Abfrage. Sie wird später zusammen mit der Zahlenverarbeitung bei digitalen Steuerungen erläutert.

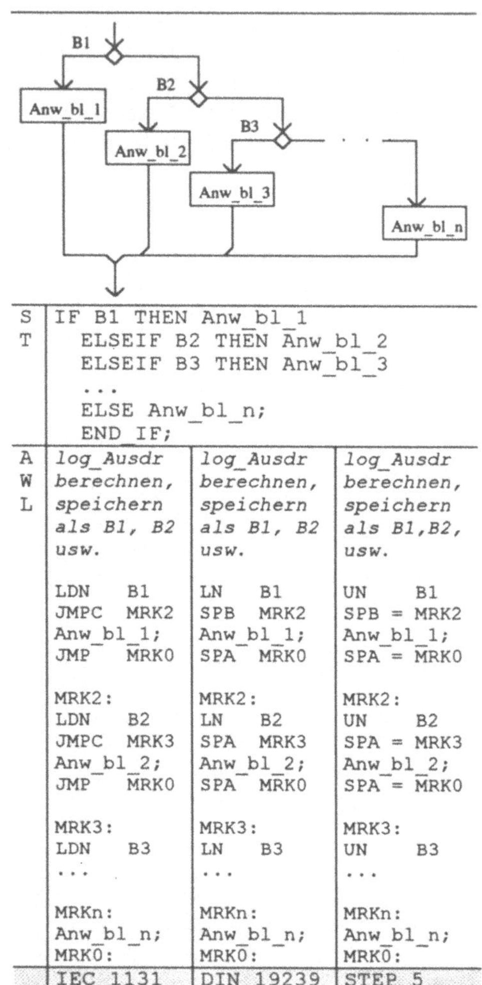

```
S   IF B1 THEN Anw_bl_1
T      ELSEIF B2 THEN Anw_bl_2
       ELSEIF B3 THEN Anw_bl_3
       ...
       ELSE Anw_bl_n;
       END_IF;
```

A W L	log_Ausdr berechnen, speichern als B1, B2 usw.	log_Ausdr berechnen, speichern als B1, B2 usw.	log_Ausdr berechnen, speichern als B1,B2, usw.
	LDN B1 JMPC MRK2 Anw_bl_1; JMP MRK0	LN B1 SPB MRK2 Anw_bl_1; SPA MRK0	UN B1 SPB = MRK2 Anw_bl_1; SPA = MRK0
	MRK2: LDN B2 JMPC MRK3 Anw_bl_2; JMP MRK0	MRK2: LN B2 SPA MRK3 Anw_bl_2; SPA MRK0	MRK2: UN B2 SPA = MRK3 Anw_bl_2; SPA = MRK0
	MRK3: LDN B3 ...	MRK3: LN B3 ...	MRK3: UN B3 ...
	MRKn: Anw_bl_n; MRK0:	MRKn: Anw_bl_n; MRK0:	MRKn: Anw_bl_n; MRK0:
	IEC 1131	DIN 19239	STEP 5

Abb. 4.4. Mehrfache Alternative

Bei der Programmierung von Abläufen wurde für jeden Zustandswert ein Binärmerker vergeben. Die Zustandsübergänge werden dann realisiert durch Abfrage dieser Binärmerker und der zugehörigen Übergangsbedingungen.

Da ein Zustand zu einem Zeitpunkt immer nur einen Wert besitzen kann, im Programm aber alle Werte abgefragt werden, werden große Teile des Programmes unnötigerweise ausgeführt. Im allgemeinen ist die Zykluszeit trotzdem klein genug, so daß diese Verschwendung von Rechenzeit keine Probleme bereitet. Sollte bei einem umfangreichen Steuerungsprogramm die Zykluszeit zu lang werden, bietet die Verwendung der mehrfachen Alternative bei der Programmierung von Abläufen eine gute Hilfe zur Verkürzung der Zykluszeit.

Beispiel 4.2. Schrittkettenprogrammierung
Der Ablauf der Ampelsteuerung aus Beispiel 3.9. soll in ST unter Verwendung der mehrfachen Alternative programmiert werden.

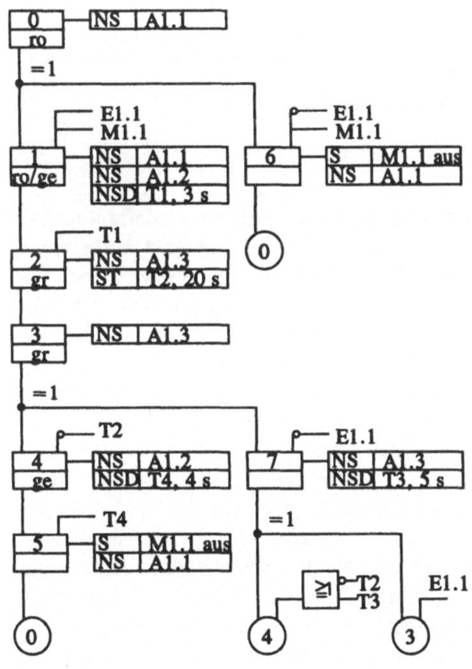

Abb. 4.5. Schrittkette der Ampelsteuerung

Zur Kennzeichnung der Schritte werden die Binärmerker M0.0 bis M0.7 verwendet.
Die Weiterschaltungen können unmittelbar aus der Schrittkette umgesetzt werden.

```
IF M0.0 and M1.1 and E1.1 THEN
   M0.0:=0; M0.1:=1;
ELSIF M0.0 and M1.1 and not E1.1 THEN
   M0.0:=0; M0.6:=1;
ELSIF M0.1 and T1 THEN
   M0.1:=0; M0.2:=1;
ELSIF M0.2 THEN
   M0.2:=0; M0.3:=1;
ELSIF M0.3 and not T2 THEN
   M0.3:=0; M0.4:=1;
ELSIF M0.3 and not E1.1 THEN
   M0.3:=0; M0.7:=1;
ELSIF M0.4 and T4 THEN
   M0.4:=0; M0.5:=1;
ELSIF M0,5 THEN
   M0.5:=0; M0.0:=1;
ELSIF M0.7 and E1.1 THEN
   M0.7:=0; M0.3:=1;
ELSIF M0.7 and (T3 or not T2) THEN
   M0.7:=0; M0.4:=1;
END_IF;
```

Da in der mehrfachen Alternative nicht mehr als ein Anweisungblock ausgeführt wird, können Races nicht auftreten. Ein Durchlaufen mehrerer Schritte innerhalb eines Zyklus kann somit nicht auftreten, so daß auch eine Unterscheidung zwischen aktuellen und neuen Zustandsmerkern nicht erforderlich ist.
Durch Abfrage der Zustandsmerker können als nächstes die erforderlichen Aktionen programmiert werden. Auch hier ist darauf zu achten, daß mehrfache Zuweisungen durch eine Disjunktion zusammengefaßt werden müssen.

```
A1.1:=M0.0 or M0.1 or M0.5 or M0.6;
A1.2:=M0.1 or M0.4;
A1.3:=M0.2 or M0.3 or M0.7;
IF M0.5 or M0.6 THEN M1.1:=0;
Timer1(IN:M0.1,PT:T#3s,  Q:T1);
Timer2(IN:M0.2,PT:T#20s, Q:T2);
Timer3(IN:M0.7,PT:T#3.5s, Q:T3);
Timer4(IN:M0.4,PT:T#4s,  Q:T4);
```

□

Wie das Beispiel zeigt, können Schrittketten mit Hilfe der mehrfachen Alternative zeitsparend umgesetzt werden. Daß sich die Zykluszeit oft erheblich verringern läßt, zeigt die folgende Überlegung. Ein Steuerungsprogramm setzt sich etwa je zur Hälfte aus den Zustandsübergängen und den auszuführenden Aktionen zusammen. Geht man von einem exemplarischen Ablauf mit 10 Zuständen aus, können 45 % der Zykluszeit eingespart werden.

4.1.3 WIEDERHOLUNGEN

In fast allen Algorithmen der Datenverarbeitung und allen höheren Programmiersprachen stellen Schleifen neben den Verzweigungen ein wesentliches Konstruktionselement dar. Obwohl sie in der Steuerungstechnik keine so dominierende Rolle spielen, gibt es vor allem bei digitalen Steuerungen viele sinnvolle Anwendungsfälle für Schleifen.

Es existieren zwei Arten von Schleifen. Bei einer abweisenden Schleife wird ein Anweisungsblock so lange wiederholt ausgeführt, wie eine bestimmte logische Bedingung erfüllt ist. Ist die Bedingung gleich bei der ersten Abfrage nicht erfüllt, wird der Anweisungsblock gar nicht ausgeführt.

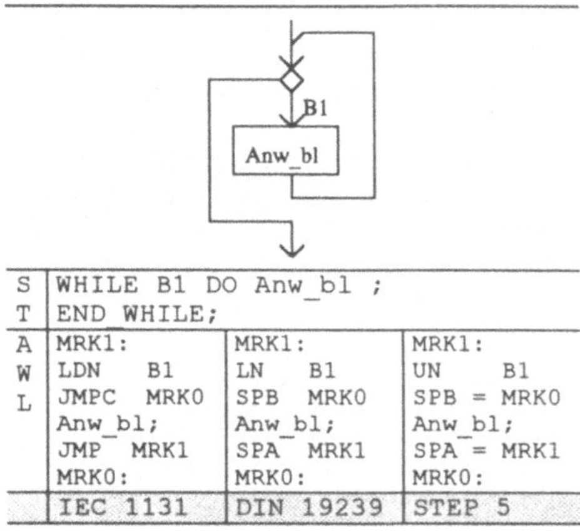

S T	WHILE B1 DO Anw_bl ; END_WHILE;		
A W L	MRK1: LDN B1 JMPC MRK0 Anw_bl; JMP MRK1 MRK0:	MRK1: LN B1 SPB MRK0 Anw_bl; SPA MRK1 MRK0:	MRK1: UN B1 SPB = MRK0 Anw_bl; SPA = MRK1 MRK0:
	IEC 1131	DIN 19239	STEP 5

Abb. 4.6. WHILE-Schleife

Bei der nicht abweisenden Schleife dagegen wird zuerst der Anweisungsblock ausgeführt und dann die logische Bedingung abgefragt. Der Anweisungsblock wird wiederholt, bis die logische Bedingung erfüllt ist. Ist die Bedingung von vornherein erfüllt, wird der Anweisungsblock trotzdem einmal ausgeführt.

Die beiden Schleifenkonstrukte werden bei binären Steuerungen nur sehr selten eingesetzt. Erst bei digitalen Steuerungen kommen ihre Vorteile zum Tragen, wo sich Binärfelder oder auch digitale Zahlenwerte mit Schleifen kom-

pakt und übersichtlich verarbeiten lassen. Auch die FOR-Schleife findet dort viele sinnvolle Anwendungen. Da sie von vornherein mit Zahlenwerten operiert, wird sie später bei den digitalen Steuerungen erläutert.

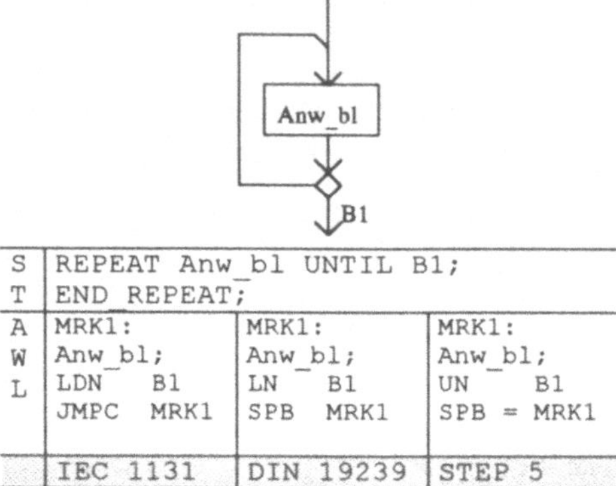

S T	REPEAT Anw_bl UNTIL B1; END_REPEAT;		
A W L	MRK1: Anw_bl; LDN B1 JMPC MRK1	MRK1: Anw_bl; LN B1 SPB MRK1	MRK1: Anw_bl; UN B1 SPB = MRK1
	IEC 1131	DIN 19239	STEP 5

Abb. 4.7. REPEAT-Schleife

Die Echtzeitfähigkeit einer Steuerung wird durch die schnelle, zyklisch wiederholte Abarbeitung des gesamten Steuerungsprogramms sichergestellt. Durch die Verwendung von Schleifen hängt die Zykluszeit nicht mehr nur von der Programmlänge, sondern auch von der Anzahl der Schleifendurchläufe ab. Bei der While-Schleife und der Repeat-Schleife hängt die Anzahl der Durchläufe im allgemeinen von bestimmten Prozeßgrößen ab, deren Werte bei der Programmerstellung nicht bekannt sind. Damit läßt sich weder ein Schätzwert für die Zykluszeit noch eine Obergrenze für die maximale Anzahl der Schleifendurchläufe angeben. Ein definiertes Zeitverhalten der Steuerung kann unter diesen Bedingungen nicht mehr sichergestellt werden. Dies ist aber für eine Steuerung riskant, so daß nur dann Verwendung von Schleifen geraten werden kann, wenn eine Obergrenze für die Anzahl der Durchläufe bestimmbar ist.

Grundsätzlich läßt sich feststellen, daß bei der Verwendung von Rückwärtssprüngen in Steuerungsprogrammen Vorsicht angebracht ist.

4.2 PROGRAMMORGANISATION

4.2.1 UNTERPROGRAMMTECHNIK

Ein Mikroprozessor arbeitet die Anweisungen des Programms sequentiell in der vorgegebenen Reihenfolge ab. Mit Hilfe von Sprüngen kann von der linearen Abarbeitung abgewichen werden. Es können damit entweder Anweisungen übersprungen oder aber wiederholt ausgeführt werden. Die Programme lassen sich damit in Form bedingter Verarbeitungen oder von Schleifen strukturieren.

Das zweite wesentliche Hilfsmittel, das Mikroprozessoren zur Programmorganisation zur Verfügung stellen sind Unterprogrammaufrufe. Kommt ein Mikroprozessor während der Bearbeitung des (Haupt-)Programms zu einem Unterprogrammaufruf, wird die Bearbeitung des Hauptprogramms vorübergehend unterbrochen. Die aktuellen Inhalte der Register werden auf einem Stapelspeicher sichergestellt und dann wird zu einem anderen Programmteil, dem Unterprogramm gesprungen. Nach dessen Bearbeitung lädt der Mikroprozessor die geretteten Registerinhalte wieder zurück und kehrt zur Bearbeitung des Hauptprogrammes zurück.

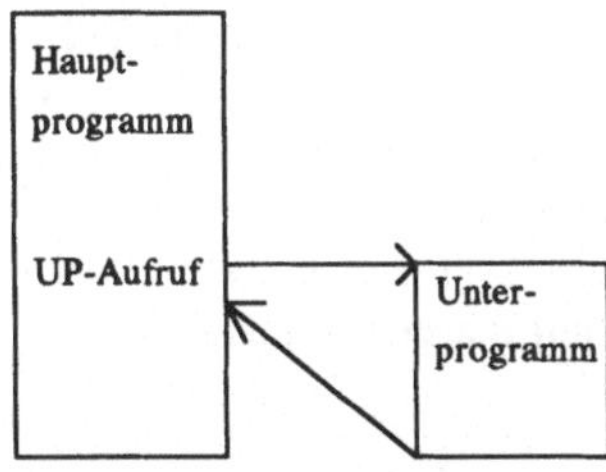

Abb. 4.8. Unterprogrammaufruf

Unterprogramme stellen ein ideales Werkzeug dar, um Berechnungen zu realisieren, die in sich abgeschlossen sind und eventuell sogar mehrfach durchgeführt werden müssen. Das Hauptprogramm kann an jeder beliebigen Stelle unterbrochen und nach Ausführung des Unterprogramms fehlerfrei wieder fortgesetzt werden.

Die Unterprogrammtechnik der Mikroprozessoren wird in den verschiedenen Programmiersprachen in unterschiedlichem Umfang und auf unterschiedliche Weise unterstützt. Grundsätzlich kann man zwischen Unterprogrammen mit Parameterübergabe und Unterprogrammen ohne Parameterübergabe unterscheiden.

Beim Unterprogrammaufruf ohne Parameterübergabe wird die Anweisungssequenz des Unterprogrammes bei jedem Aufruf mit den gleichen Daten ausgeführt. Sollen die Berechnungen mit unterschiedlichen Daten erfolgen, müssen diese beim Aufruf als Parameter übergeben werden. Das Unterprogramm liefert das Berechnungsergebnis dann ebenfalls als Parameter zurück.

Beispiel 4.3. 3-aus-4-Erkennung
In einem Steuerungsprogramm muß an mehreren Stellen überprüft werden, ob genau drei der vier Merker M1, M2 M3 und M4 gesetzt sind. Die 3-aus-4-Erkennung wird durch folgende Wertetabelle beschrieben:

Tabelle 4.2. 3-aus-4-Entscheidung

M1	M2	M3	M4	M0
1	1	1	0	1
1	1	0	1	1
1	0	1	1	1
0	1	1	1	1
		sonst		0

Diese Funktion kann auf verschiedene Weise realisiert werden. Eine mögliche Variante der Schaltfunktion verwendet die Antivalenz:

$$M0 = M1 \cdot M2 \cdot (M3 \neq M4) \vee (M1 \neq M2) \cdot M3 \cdot M4$$

dargestellt als AWL:

```
LD    M1
AND   M2
AND ( M3
XOR   M4
)
OR (  M1
XOR   M2
AND   M3
AND   M4
)
ST    M0
```

Wird diese Befehlssequenz als Unterprogramm definiert, kann sie an mehreren Programmstellen aufgerufen werden. Dies hat die gleiche Wirkung, als würde die Befehlssequenz selbst mehrmals im Programm stehen. Das so definierte Unterprogramm arbeitet immer mit den gleichen Daten M0 bis M4.

Soll die 3-aus-4-Auswertung mit unterschiedlichen Daten, also z.B. einmal mit den Merkern M0 bis M4 und ein anderes Mal mit den Eingängen E1 bis E4 als Prüfdaten und mit dem Ausgang A0 als Ergebnis erfolgen, muß das Unterprogramm mit Platzhaltern, z.B. den formalen Parametern P1 bis P4 sowie P0 definiert werden:

```
LD     P1
AND    P2
AND(   P3
XOR    P4
)
OR(    P1
XOR    P2
AND    P3
AND    P4
)
ST     P0
```

Damit die Bearbeitung beim Aufruf mit den richtigen Daten erfolgt, müssen diese aktuellen Parameter beim Aufruf an die formalen Parameter übergeben werden.   □

Zum Einsatz von Unterprogrammen sind drei Maßnahmen erforderlich. Zuerst ist zu entscheiden, ob das Unterprogramm Parameter besitzt. Gegebenenfalls ist deren Datentyp und der formale Name festzulegen. Als nächstes sind die Verarbeitungschritte zu definieren, die im Unterprogramm ausgeführt werden sollen. Schließlich muß der Aufruf-Mechanismus festgelegt werden. Hierzu muß das Unterprogramm einen Namen, eventuell auch eine Nummer besitzen. Die formalen Arbeitsschritte zur Realisierung dieser drei Maßnahmen sind sehr stark von der verwendeten Programmiersprache abhängig. In der Steuerungstechnik werden Unterprogramme in Form von Bausteinen realisiert. Hierauf wird nun näher eingegangen.

4.2.2 BAUSTEINTECHNIK

In Steuerungsprogrammen werden alle Programmteile als Bausteine realisiert. Das Hauptprogramm wird durch einen Organisationsbaustein gebildet. Programmbausteine sind Unterprogramme ohne Parameterübergabe, Funktionsbausteine sind Unterprogramme mit Parameterübergabe. Durch Einsatz der Unterprogrammtechnik mit Hilfe der Bausteine können Programme hierarchisch aufgebaut werden. Zusammengehörende abgegrenzte Verarbeitungsfunktionen werden in einem Baustein zusammengefaßt. Das Hauptprogramm enthält nur noch den Aufruf des Bausteins und wird dadurch kürzer und übersichtlicher.

Alle Bausteine besitzen die gleiche Struktur. Der Bausteinkopf enthält die Kennzeichnung des Bausteintyps (OB, PB oder FB) und die Nummer des Bausteins. Es folgen die zum Baustein gehörenden Anweisungen und schließlich das Bausteinende. Das physikalische Ende eines Bausteins wird durch die Anweisung BE markiert. Die Bearbeitung des Bausteins kann aber auch innerhalb der Befehlssequenz (vorzeitig) beendet werden. Dies kann absolut (BEA) oder bedingt erfolgen (BEB).

Der Aufruf eines Bausteins erfolgt mit Hilfe der bereits definierten Sprungbefehle. Anstelle des Sprungzieles wird der Bausteinname angegeben. Damit ist entweder ein absoluter oder ein bedingter Aufruf der Bausteine möglich.

Folgende AWL-Befehle werden also für den Umgang mit Bausteinen benötigt.

Tabelle 4.3. Sprungbefehle bei binären Verknüpfungen

STEP5	Bedeutung
SPA	absoluter Bausteinaufruf
SPB	bedingter Bausteinaufruf
BE	physikalisches Bausteinende
BEA	absolutes Ende der Bausteinbearbeitung
BEB	absolutes Ende der Bausteinbearbeitung

Organisationsbausteine (OB). Während die Programm- und Funktionsbausteinaufrufe durch den Benutzer im Programm beliebig erfolgen dürfen, ist der Aufruf der Organisationsbausteine durch das Betriebssystem der Steuerung, die Firmware, festgelegt. Lediglich der Inhalt eines Organisationsbausteins, also die beim Aufruf auszuführenden Aktionen werden durch den Programmierer festgelegt.

Der Organisationsbaustein OB1 enthält das Hauptprogramm. Er wird nach der Initialisierung zyklisch wiederholt durchlaufen. Zur Initialisierung dienen die Organisationsbausteine OB21 und OB22. Der OB22 wird nach dem Einschalten der Steuerung, dem automatischen Neustart, und der OB21 nach dem Betätigen des Reset-Tasters, dem manuellen Neustart, aufgerufen und ein einziges Mal bearbeitet. In diese beiden Programmteilen können alle Initialisierungsfunktionen, wie das Vorbelegen der Startmerker etc., ausgeführt werden. Es ergibt sich damit die dargestellte Ablaufstruktur für diese Organisationsbausteine.

Gibt es in einer Aufgabenstellung Ereignisse, die eine extrem schnelle Reaktion erfordern, die durch die zyklische Berabeitung im OB1 nicht sichergestellt werden kann, so kann eine ereignisgesteuerte Bearbeitung erfolgen. Hierzu dienen die Bausteine OB2 bis OB9. Sie sind bestimmten Ereignissen fest zugeordnet, wie z.B. dem Zustandswechsel des Einganges E0.0. Tritt eines dieser Ereignisse ein, wird die momentane Bearbeitung des OB1 unterbrochen, der zum Ereignis gehörende Baustein aufgerufen und genau einmal durchlaufen. Anschließend wird die unterbrochene Bearbeitung des OB1 fortgesetzt.

Auch für die Bearbeitung in einem festen, kurzen Zeitraster ist die zyklische Bearbeitung im OB1 ungeeignet. Sie kann aber mit Hilfe der zeitgesteuerten Bearbeitung in den Bausteinen OB10 bis OB18 erzeugt werden. Sie werden in einstellbaren Zeitabständen aufgerufen und unterbrechen ebenfalls den OB1.

Darüber hinaus existieren Organisationsbausteine, die als Reaktion auf bestimmte Fehlersituationen programmierbar sind. Damit kann z.B. auf Adressierungsfehler, auf Zeitüberschreitungen etc. reagiert werden.

Tabelle 4.4. Organisationsbausteine

OB1	zyklische Bearbeitung
OB2..OB9	Ereignisgesteuerte Bearbeitung
OB10..OB18	Zeitgesteuerte Bearbeitung
OB20..OB22	Initialisierung
OB19..OB34	Fehlergesteuerte Bearbeitung

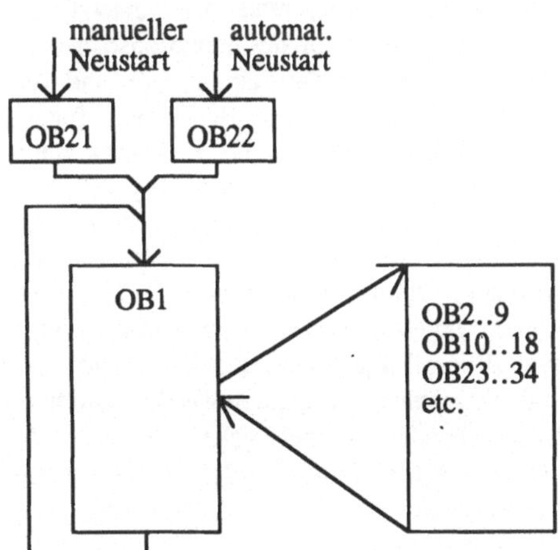

Abb. 4.9. Aktivierung der Organisationsbausteine

Neben diesen drei Organsiationsbausteinen, die in fast jedem Steuerungsprogramm benötigt werden, gibt es eine Reihe weiterer Organisationsbausteine, die je nach Anwendungsfall hilfreich sind.

Programmbausteine (PB). Ein Programmbaustein entspricht einem Unterprogramm ohne Parameterübergabe. Er besteht aus einer
Bearbeitungssequenz, die bei jedem Aufruf mit
den gleichen Daten arbeitet.

Zur Definition eines Programmbausteines
muß die Bausteinnummer festgelegt und die
Bearbeitungssequenz programmiert werden.
Die Programmierung kann in jeder durch das
verwendete Programmiersystem unterstützten
Sprache erfolgen.

Da ein Programmbaustein immer mit den
gleichen Daten arbeitet, ist ein mehrfacher
Aufruf innerhalb eines Zyklus nur dann sinnvoll, wenn sich die zu verarbeitenden Daten
zwischen den aufeinanderfolgenden Aufrufen
auch verändern können. Programmbausteine
dienen im wesentlichen dazu, die Anweisungen
einer abgeschlossenen Verarbeitungsfunktion
zusammenzufassen und als Einheit zur Verfügung zu stellen.

Beispiel 4.4. 3-aus-4-Erkennung
Es soll nun ein Programmbaustein erstellt werden,
der überprüft, ob genau drei der vier Eingänge
E0.0 bis E0.3 gesetzt sind. Das Ergebnis soll als
A0.0 ausgegeben werden.
Die folgende STEP5-AWL zeigt eine mögliche
Implementierung.

```
PB1     STRPRG
0001        :U      E      0.0
0002        :U      E      0.1
0003        :U(
0004        :U      E      0.2
0005        :UN     E      0.3
0006        :O(
0007        :UN     E      0.2
0008        :U      E      0.3
0009        :)
0010        :)
0011        :O(
0012        :U      E      0.0
0013        :UN     E      0.1
0014        :O(
0015        :UN     E      0.0
0016        :U      E      0.1
0017        :)
0018        :U      E      0.2
0019        :U      E      0.3
0020        :)
0021        :=      A      0.0
0022        :BE
```

Der Programmbaustein besitzt einen Namen und
eine Nummer. Die Anweisungen werden wie in
jedem anderen Programmteil erstellt und durch die
Anweisung BE (Baustein-Ende) abgeschlossen.
Der so definierte Baustein kann nun in jeder anderen Programmeinheit aufgerufen werden.

```
OB1     STRPRG
0001        :U      E      0.5
0002        :SPB    PB     1
0003        :BE
```

Der Aufruf kann absolut, d.h. unabhängig vom
Inhalt des Arbeitsregisters, oder wie im vorliegenden Fall bedingt erfolgen.   □

Funktionsbausteine (FB). Funktionsbausteine
unterscheiden sich von den Programmbausteinen durch die Verwendung von Parametern.
Statt konkreter Daten in Form physikalisch
vorhandener Speicherstellen, werden in der
Definition der Funktionsbausteine Parameter
als Platzhalter verwendet. Sie werden beim
späteren Aufruf durch reale Daten ersetzt.

Der Programmkopf des Funktionsbausteines
enthält neben der Bausteinnummer und dem
Bausteinnamen auch die Bezeichner für die
formalen Parameter. Damit die Verwendung
der Parameters eindeutig festgelegt ist, wird
mit dem Namen auch Parameterart und -typ
spezifiziert. Als Parameterarten sind Eingang,
Ausgang, Datum, Bausteinaufruf, Timer und
Zähler zugelassen. Mögliche Parametertypen
sind **BI**när, **BY**te, Wort und Doppelwort. Art
und Typ eines Parameters werden durch die
entsprechenden Kürzel gekennzeichnet. Auf
die Parameterdefinition folgt das Programm
des Bausteins, das durch das Bausteinende abgeschlossen wird.

Ein Funktionsbaustein kann in jedem anderen Programmteil durch einen absoluten oder
bedingten Sprung aufgerufen werden. Das
Programmiersystem baut nach dem Bausteinaufruf den Namen des Bausteines und die Liste
der Formalparameter ein, denen für diesen
Aufruf Aktualparameter zugewiesen werden
müssen.

Beispiel 4.5. Flankenerkennung
Es soll ein Funktionsbaustein für die Flankenerkennung erstellt werden. Das Programm der Flankenerkennung wurde bereits mehrfach eingesetzt. Es findet auch hier Verwendung. Anstelle von konkreten Operanden werden aber hier formale Operanden als Platzhalter für die beim späteren Aufruf übergebenen aktuellen Werte eingesetzt. Für die Flankenerkennung werden drei Formaloperanden benötigt: das Eingangssignal (EING), dessen positive Flanke erkannt werden soll, der Flankenmerker (FLKM) sowie der Ausgangsoperand (IMP), der das Auftreten einer positiven Flanke durch einen Impuls meldet.

```
FB1   FLKERK
0001  NAME:FLKERK
0002  BEZ :EING           E    BI
0003  BEZ :FLKM           A    BI
0004  BEZ :IMP            A    BI
0005      :U    =   EING
0006      :UN   =   FLKM
0007      :=    =   IMP
0008      :U    =   IMP
0009      :S    =   FLKM
0010      :UN   =   EING
0011      :RB   =   FLKM
0012      :BE
```

Beim Aufruf dieses Funktionsbausteins müssen Parameter übergeben werden. Im konkreten Fall soll eine Flanke beim Eingang E1.0 erkannt und auf den Ausgang A1.0 ausgegeben werden. Der Merker M1.0 wird als Flankenmerker verwendet.

```
OB1   FLKERK

0001      :SPA FB  1
0002  NAME:FLKERK
0003  EING:E1.0           E    BI
0004  FLKM:M1.0           A    BI
0005  IMP :A1.0           A    BI
0006      :BE
```

Die Organisation eines Steuerungsprogrammes mit Hilfe von Bausteinen soll nun an einem ausführlicheren Beispiel demonstriert werden.

Beispiel 4.6. Taktstraße
Gegeben sei die unten dargestellte Taktstraße. Sie besteht aus drei Bearbeitungsmaschinen:
- einem Bohrer,
- einem Revolverbohrer mit drei drehbaren Werkzeugen,
- einem Fräser.

Zu jeder Bearbeitungsmaschine gehört ein Förderband, welches die Werkstücke weitertransportiert. Am Anfang der Taktstraße befindet sich ein Schieber, auf den die Werkstücke aufgelegt und dann automatisch zum ersten Band weitertransportiert werden.

In der Taktstraße sind verschiedene Schalter, Lichtschranken und Näherungsinitiatoren eingesetzt, mit Hilfe derer die Position der Werkstücke und der Bearbeitungsmaschinen erkannt werden kann. Alle Sensoren stehen als Eingänge der Steuerung zur Verfügung. Zur Bedienung der automatisierten Anlage existiert ein Bedienfeld mit verschiedenen Tastern und Schaltern zur Eingabe von Daten und Lampen zur Informationsausgabe.

Die Zuordnung der Sensoren der Anlage und der Schalter des Bedienfeldes zu den Steuerungseingängen, sowie die Zuordnung der Ausgänge zu den verschiedenen Motoren der Anlage und den Lampen des Bedienfeldes ist in nachfolgender Tabelle aufgelistet:

Eingänge von der Anlage:
E0.1   Schieber belegt.
E0.2   Schieber vorne.
E0.3   Schieber hinten.
E0.4   Bohrkopf oben.
E0.5   Bohrkopf unten.
E0.6   Revolver oben.
E0.7   Revolver unten.
E1.0   Revolver in Arbeitsposition.
E1.1   Fräser oben.
E1.2   Fräser unten.
E1.3   Fräser vorne.
E1.4   Fräser hinten.
E2.1   Näherungsschalter 1.

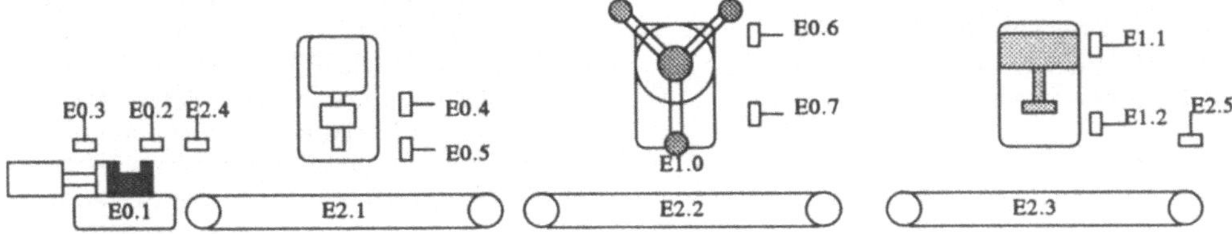

Abb. 4.10. Taktstraße

(Arbeitsposition von Maschine 1)
E2.2   Näherungsschalter 2.
(Arbeitsposition von Maschine 2)
E2.3   Näherungsschalter 3.
(Arbeitsposition von Maschine 3)
E2.4   Lichtschranke 1.
E2.5   Lichtschranke 2.
E4.1   Schrittbetrieb Schieber
E4.2   Schrittbetrieb Bohrer
E4.3   Schrittbtrieb Revolverbohrer
E4.4   Schrittbetrieb Fräser

Eingänge vom Bedienfeld
E0.0   Nächster Schritt
E1.6   Schrittbetrieb (mit)
E1.7   Automatikbetrieb
E2.0   Reset-Taster
E2.7   Start-/Stop-Taster
E3.0   Einrichtbetrieb
E3.1   Schrittbetrieb (ohne)

Ausgänge zur Anlage:
A4.0   Band 1.
A4.1   Schieber vor.
A4.2   Schieber zurück.
A4.3   Bohrkopf ab.
A4.4   Bohrkopf auf.
A4.5   Bohrkopf drehen.
A5.0   Band 2.
A5.1   Revolver ab.
A5.2   Revolver auf.
A5.3   Revolver drehen.
A5.4   Werkzeug drehen.
A6.0   Band 3.
A6.1   Fräser ab.
A6.2   Fräser auf.
A6.3   Fräser zurück.
A6.4   Fräser vor.

Ausgänge zum Bedienfeld
A0.0   Schritt0
A0.1   Schritt1
A0.2   Schritt2
A0.3   Schritt3
A0.4   Schritt4
A0.5   Schritt5
A1.0   Automatikbetrieb
A1.1   Schrittbetrieb (mit)
A1.2   Schrittbetrieb (ohne)

Da diese Anlage wesentlich umfangreicher ist, als die vorher behandelte Bohranlage, ist zu erwarten, daß auch das Steuerungsprogramm wesentlich um-fangreicher ist. Um den Aufwand für Programmentwurf, -realisierung und -test sowie für spätere Änderungen möglichst gering zu halten, ist es erforderlich, das Programm übersichtlich zu strukturieren.

Bei der Taktstraße können mehrere Maschinen gleichzeitig arbeiten, so daß sich im Steuerungsprogramm parallele Abläufe ergeben. Ein möglicher Ansatz für das Programm wäre daher, einen Gesamtablauf für die Taktstraße zu definieren, der mehrere, parallel auszuführende Zweige enthält. Da aber viele Arbeitsschritte der Maschinen unabhängig vom Zustand der anderen Maschinen ausführbar sind und nur an wenigen Stellen, z.B. beim Weitertransport eines Werkstückes von einer Maschine zur nächsten gegenseitige Abhängigkeiten bestehen, kann der Gesamtablauf besser in mehrere kleine Abläufe aufgeteilt werden, die weitgehend unabhängig arbeiten und nur an den kritischen Stellen untereinander synchronisiert sind. Man erhält überschaubare Abläufe mit wenigen Schritten, die relativ leicht zu programmieren und zu testen sind. Wenn jeder Ablauf alleinstehend funktioniert, können die Synchronisationen eingebaut und getestet werden.

Im vorliegenden Beispiel existieren die Bearbeitungseinheiten Schieber, Bohrer, Revolverbohrer und Fräser, so daß eine Definition von 4 Abläufen naheliegend ist. Zur Programmstrukturierung wird jeder Ablauf in einem Programmbaustein realisiert:

PB1   Schieber
PB2   Bohrer
PB3   Revolverbohrer
PB4   Fräser.

Die vier Programmbausteine enthalten die Maschinenabläufe. Verwendet man zur Programmierung die erweiterten Schrittketten, so sind Automatik- und Schrittbetriebsarten bereits realisiert. Lediglich der Einrichtbetrieb muß noch programmiert werden. Dies erfolgt im Programmbaustein PB7. Die Auswertung des Bedienfeldes ist unabhängig von den einzelnen Abläufen und erfolgt deshalb in einem eigenen Programmbaustein (PB5). Man erhält damit folgende Struktur für das zyklisch auszuführende Programm des OB1.

Der Programmbaustein PB5 wertet die Eingaben am Bedienfeld aus und ermittelt daraus die Betriebsartensignale B0, B1 und B2. Diese werden im Merkerwort MW0 gespeichert. Daneben wird im PB5 die Anzeige der eingestellten Betriebsart und des aktuellen Schrittes angesteuert. Im PB5 sind zur Auswertung der Tasterbetätigungen mehrere

Flankenerkennungen erforderlich. Diese werden
mit Hilfe des vorher definierten Funktionsbausteines FB1 realisiert.

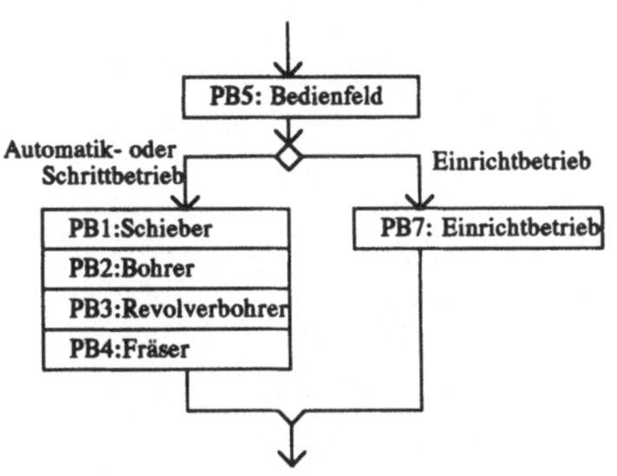

Abb. 4.11. Aufrufe der Programmbausteine

Da es bei parallelen Abläufen immer mehrere
gleichzeitig aktive Schritte gibt, muß das Bedienfeld für den Einzelschrittbetrieb und die Schrittanzeige geändert werden.

Abb. 4.12. Bedienfeld für den Schrittbetrieb

Es wird ein zusätzlicher Schalter vorgesehen, mit
dem zwischen den vier Abläufen gewählt werden
kann. Der Schalter bezeichnet den
Ablauf, dessen aktiver Schritt angezeigt wird und der manuell weitergeschaltet werden kann. Die
gesamte Anlage enthält eine Vielzahl von Stellgliedern, die im Einrichtbetrieb angesteuert werden
müssen. Um nicht für jedes Stellglied einen eigenen Taster auf dem
Bedienfeld vorzusehen, wird statt
dessen ein zweistelliger Dezimalschalter eingesetzt, so daß über die
angewählte Nummer jeder Aus-

gang aktivierbar ist.

Abb. 4.13. Bedienfeldteil für den Einrichtbetrieb

Die Merker werden folgendermaßen aufgeteilt:

MW0	Betriebsartensignale
MW1	Ablauf PB1, alte Zustandsmerker
MW11	Ablauf PB1, neue Zustandsmerker
MW2	Ablauf PB2, alte Zustandsmerker
MW12	Ablauf PB2, neue Zustandsmerker
MW3	Ablauf PB3, alte Zustandsmerker
MW13	Ablauf PB3, neue Zustandsmerker
MW4	Ablauf PB4, alte Zustandsmerker
MW14	Ablauf PB4, neue Zustandsmerker
MW20	Synchronisierungsmerker

Das Merkerwort MW20 wird zur gegenseitigen
Synchronisierung der Maschinenabläufe verwendet.
Eine Bearbeitungsmaschine darf das Werkstück nur
dann weitertransportieren, wenn die nachfolgende
Bearbeitungsmaschine frei ist. Im Gegenzug startet
der Weitertransport des Werkstücks den Ablauf der
nachfolgenden Maschine. Die Synchronisierung
der Abläufe erfolgt über Merker, wie das Beispiel
der Synchronisierung von Schieber und Bohrer
zeigt. Wird ein Teil auf den Schieber aufgelegt und
ist der Bohrer frei (M20.0 = "1"), transportiert
der Schieber das Teil weiter.

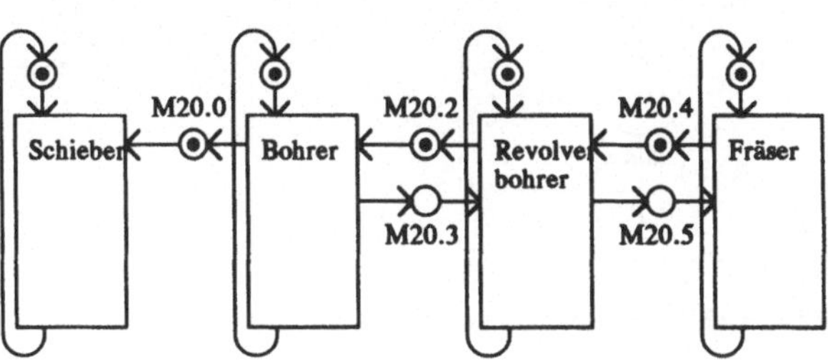

Abb. 4.14. Synchronisation über Freigabeplätze

Das Transportband des Bohrers setzt sich dadurch
in Bewegung, übernimmt das ankommende Werkstück und setzt den Freigabemerker zurück.
Gleichzeitig kehrt der Schieber in seine Ruhelage
zurück und setzt den Übergabemerker zurück.

```
OB1   TAKTSTR

0001      :SPA PB   5
0002      :U   A    1.3
0003      :SPB PB   7
0004      :UN  A    1.3
0005      :SPB PB   1
0006      :SPB PB   2
0007      :SPB PB   3
0008      :SPB PB   4
0009      :SPB PB   5
0010      :BE


OB21  TAKTSTR

0001      :U   E    0.0
0002      :ON  E    0.0
0003      :S   M    11.0
0004      :R   M    11.1
0005      :R   M    11.2
0006      :S   M    12.0
0007      :R   M    12.1
0008      :R   M    12.2
0009      :R   M    12.3
0010      :R   M    12.4
0011      :R   M    12.5
0012      :BE
```

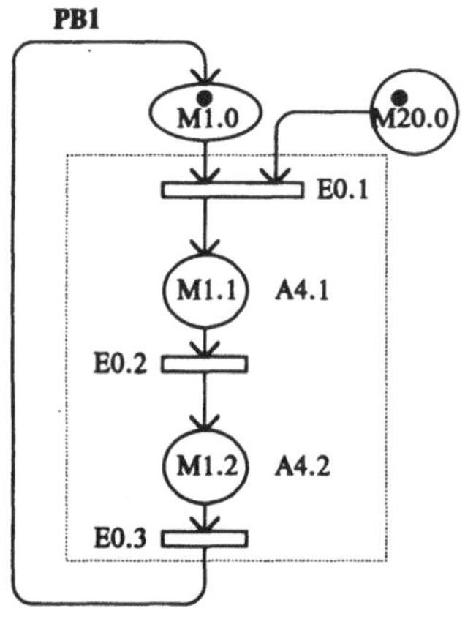

Abb. 4.15. Petri-Netz für den Schieber (PB1)

```
PB1   TAKTSTR

0001      #RESET?
0002      :U   M    0.0
0003      :S   M    11.0
0004      #FREIGABE
0005      :U   A    1.1
0006      :U   M    0.3
0007      :U   E    4.1
0008      :O   A    1.0
0009      :=   M    1.6
0010      #WEITERSCHALTEN?
0011      :U   M    0.2
0012      :U   E    4.1
0013      :=   M    1.7
0014      #SCHRITT 0
0015      :U   M    1.0
0016      :U (
0017      :U   E    0.1
0018      :U   M    20.0
0019      :U   M    1.6
0020      :O   M    1.7
0021      :)
0022      :S   M    11.1
0023      :R   M    11.0
0024      :R   M    20.0
0025      #SCHRITT 1
0026      :U   M    1.1
0027      :U (
0028      :U   E    0.2
0029      :U   M    1.6
0030      :O   M    1.7
0031      :)
0032      :S   M    11.2
0033      :R   M    11.1
0034      #SCHRITT 2
0035      :U   M    1.2
0036      :U (
0037      :U   E    0.3
0038      :U   M    1.6
0039      :O   M    1.7
0040      :)
0041      :S   M    11.0
0042      :R   M    11.2
0043      #AUSG. ANST.
0044      :U   M    1.1
0045      :=   A    4.1
0046      :U   M    1.2
0047      :=   A    4.2
0048      #ZUST.AKTUAL.
0049      :L   MB   11
0050      :T   MB   1
0051      :BE
```

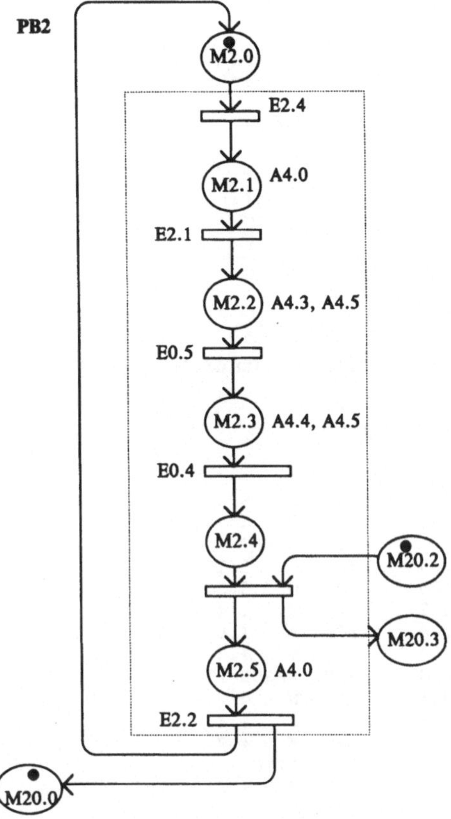

Abb. 4.16. Petri-Netz für den Bohrer (PB2)

```
PB2   TAKTSTR

0001        #RESET?
0002        :U    M     0.0
0003        :S    M    12.0
0004        #FREIGABE ?
0005        :U    A     1.1
0006        :U    M     0.3
0007        :U    E     4.2
0008        :O    A     1.0
0009        :=    M     2.6
0010        #WEITERSCHALTEN ?
0011        :U    M     0.2
0012        :U    E     4.2
0013        :=    M     2.7
0014        #SCHRITT 0
0015        :U    M     2.0
0016        :U(
0017        :U    E     2.4
0018        :U    M     2.6
0019        :O    M     2.7
0020        :)
0021        :S    M    12.1
0022        :R    M    12.0
0023        #SCHRITT 1
```

```
0024        :U    M     2.1
0025        :U(
0026        :U    E     2.1
0027        :U    M     2.6
0028        :O    M     2.7
0029        :)
0030        :S    M    12.2
0031        :R    M    12.1
0032        #SCHRITT 2
0033        :U    M     2.2
0034        :U(
0035        :U    E     0.5
0036        :U    M     2.6
0037        :O    M     2.7
0038        :)
0039        :S    M    12.3
0040        :R    M    12.2
0041        #SCHRITT 3
0042        :U    M     2.3
0043        :U(
0044        :U    E     0.4
0045        :U    M     2.6
0046        :O    M     2.7
0047        :)
0048        :S    M    12.4
0049        :R    M    12.3
0050        #SCHRITT 4
0051        :U    M     2.4
0052        :U(
0053        :U    M    20.2
0054        :U    M     2.6
0055        :O    M     2.7
0056        :)
0057        :S    M    12.5
0058        :S    M    20.3
0059        :R    M    12.4
0060        :R    M    20.2
0061        #SCHRITT 5
0062        :U    M     2.5
0063        :U(
0064        :U    E     2.2
0065        :U    M     2.6
0066        :O    M     2.7
0067        :)
0068        :S    M    12.0
0069        :S    M    20.0
0070        :R    M    12.5
0071        #AUSG.ANST.
0072        :U    M     2.1
0073        :O    M     2.5
0074        :=    A     4.0
0075        :U    M     2.2
0076        :=    A     4.3
0077        :U    M     2.3
0078        :=    A     4.4
0079        :U    M     2.2
0080        :O    M     2.3
0081        :=    A     4.5
0082        #ZUST.AKTUAL.
0083        :L    MW   12
0084        :T    MW    2
0085        :BE
```

PB3

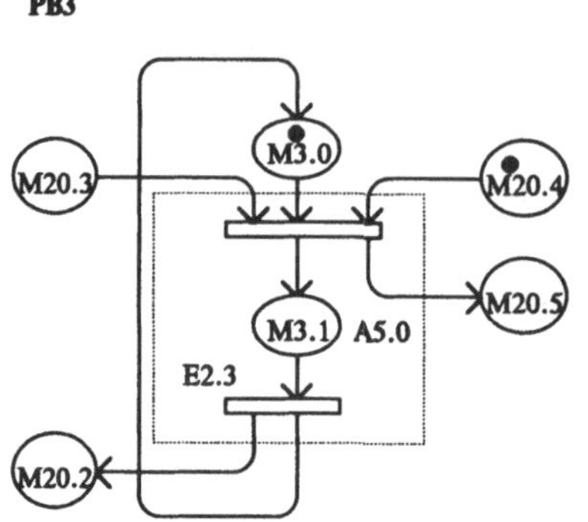

Abb. 4.17. Petri-Netz für den Revolverbohrer (PB3)

PB4

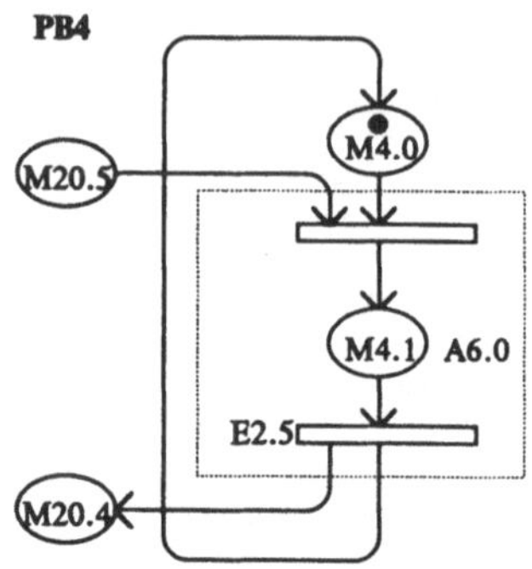

Abb. 4.18. Petri-Netz für den Fräser (PB4)

```
PB3    TAKTSTR

0001        #RESET?
0002        :U    M    0.0
0003        :S    M   13.0
0004        #FREIGABE?
0005        :U    A    1.1
0006        :U    M    0.3
0007        :U    E    4.3
0008        :O    A    1.0
0009        :=    M    3.6
0010        #WEITERSCHALTEN?
0011        :U    M    0.2
0012        :U    E    4.3
0013        :=    M    3.7
0014        #SCHRITT0
0015        :U    M    3.0
0016        :U(
0017        :U    M   20.3
0018        :U    M   20.4
0019        :U    M    3.6
0020        :O    M    3.7
0021        :)
0022        :S    M   13.1
0023        :S    M   20.5
0024        :R    M   13.0
0025        :R    M   20.3
0026        :R    M   20.4
0027        #SCHRITT1
0028        :U    M    3.1
0029        :U(
0030        :U    E    2.3
0031        :U    M    3.6
0032        :O    M    3.7
0033        :)
0034        :S    M   13.0
0035        :R    M   13.1
0036        #AKTION
0037        :U    M    3.1
0038        :=    A    5.0
0039        #ZUST.AKTUAL.
0040        :L    MB   13
0041        :T    MB    3
0042        :BE
```

```
PB4    TAKTSTR

0001        #RESET?
0002        :U    M    0.0
0003        :S    M   14.0
0004        #FREIGABE?
0005        :U    A    1.1
0006        :U    M    0.3
0007        :U    E    4.4
0008        :O    A    1.0
0009        :=    M    4.6
0010        #WEITERSCHALTEN?
0011        :U    M    0.2
0012        :U    E    4.4
0013        :=    M    4.7
0014        #SCHRITT0
0015        :U    M    4.0
0016        :U(
0017        :U    M   20.5
0018        :U    M    4.6
0019        :O    M    4.7
0020        :)
0021        :S    M   14.1
0022        :R    M   14.0
0023        :R    M   20.5
0024        #SCHRITT1
0025        :U    M    4.1
0026        :U(
0027        :U    E    2.5
0028        :U    M    4.6
0029        :O    M    4.7
0030        :)
0031        :S    M   14.0
0032        :S    M   20.4
0033        :R    M   14.1
0034        #AKTION
0035        :U    M    4.1
0036        :=    A    6.0
0037        #ZUST.AKTUAL.
0038        :L    MB   14
0039        :T    MB    4
0040        :BE
```

PB5   TAKTSTR

```
0001        #Flk.erk. Reset
0002      :SPA FB  1
0003 NAME:FLKERK
0004 EING:E2.0      E    BI
0005 FLKM:M0.4      A    BI
0006 IMP :M0.0      A    BI
0007        #Flkerk Nä. Schr.
0008      :SPA FB  1
0009 NAME:FLKERK
0010 EING:E0.0      E    BI
0011 FLKM:M0.5      A    BI
0012 IMP :M0.3      A    BI
0013        #Flk.erk. StaSto
0014      :SPA FB  1
0015 NAME:FLKERK
0016 EING:E2.7      E    BI
0017 FLKM:M0.6      A    BI
0018 IMP :M0.7      A    BI
0019        #Freigabe Signal
0020      :U   A   1.1
0021      :U   M   0.3
0022      :O   A   1.0
0023      :=   M   0.1
0024        #Weiterschaltsignal
0025      :U   A   1.2
0026      :U   M   0.3
0027      :=   M   0.2
0028        #Anzeige Grundpos
0029      :U   E   0.3
0030      :U   E   0.4
0031      :U   E   0.6
0032      :U   E   1.1
0033      :U   E   1.4
0034      :U   M   1.0
0035      :U   M   2.0
0036      :U   M   3.0
0037      :U   M   4.0
0038      :=   A   4.7
0039        #Ausw. Aut.betr
0040      :U   E   1.7
0041      :U   M   0.7
0042      :UN  A   1.0
0043      :S   A   1.0
0044      :U   A   1.0
0045      :U   M   0.7
0046      :R   A   1.0
0047        #Ausw. Schrittb.
0048      :U   E   1.6
0049      :UN  A   1.0
0050      :=   A   1.1
0051      :U   E   3.1
0052      :UN  A   1.0
0053      :=   A   1.2
0054        #Ausw. Einr.betr.
0055      :U   E   3.0
0056      :UN  A   1.0
0057      :=   A   1.3
0058        #SCHRITTANZEIGE
0059      :BE
```

PB7   TAKTSTR

```
0001      :U   E   3.2
0002      :=   A   4.4
0003      :U   E   3.3
0004      :=   A   4.3
0005      :U   E   3.4
0006      :=   A   4.5
0007      :U   E   3.5
0008      :=   A   4.0
0009      :BE
```

FB1   TAKTSTR

```
0001 NAME:FLKERK
0002 BEZ :EING      E    BI
0003 BEZ :FLKM    A   BI
0004 BEZ :IMP       A    BI
0005      :U   =   EING
0006      :UN  =   FLKM
0007      :=   =   IMP
0008      :U   =   IMP
0009      :S   =   IMP
0010      :UN  =   EING
0011      :RB  =   FLKM
0012      :BE
```

Wie das Beispiel zeigt, wird ein Programm durch die Verwendung von Programmbausteinen im allgemeinen nicht unbedingt kürzer. Es wird aber in kleinere und dadurch übersichtlichere Teile zerlegt. Die Komplexität des Gesamtprogrammes wird durch diese Strukturierung, die sich über mehrere Hierarchieebenen erstrecken kann, reduziert, so daß auch bei gleichbleibender Gesamtlänge eine bessere Übersicht erreicht wird. Noch deutlicher sind die Vorteile, die der Einsatz von Funktionsbausteinen mit sich bringt. Sie erlauben wie die Programmbausteine eine Zerlegung in kleinere Programmteile. Darüber hinaus sind sie aber mehrfach mit unterschiedlichen Parametern verwendbar, so daß sich nicht nur ein strukturiertes, sondern auch ein insgesamt kürzeres Programm ergibt.

4.2.3 PROGRAMMORGANISATIONS-EINHEITEN

Der Einsatz von Bausteinen ist die zur Zeit dominierende Technik zur Organisation von Steuerungsprogrammen. Sie ermöglicht es, Programme übersichtlich zu gestalten, indem abgeschlossene Funktionen auch als zusammengefaßte Programmteile realisiert werden. Durch die Schaffung parametrierbarer Bausteine lassen sich gleichartige, für unterschiedliche Daten benötigte Verarbeitungsfunktionen einheitlich bearbeiten. Werden die Bausteine darüber hinaus standardisiert, können sie eventuell in verschiedenen Anwendungen mehrfach verwendet werden, wodurch sich erhebliche Entwicklungszeiten einsparen lassen.

Im Vergleich zu den heute zur Verfügung stehenden höheren Programmiersprachen weist die Bausteintechnik aber auch einige Nachteile auf, die sich gerade bei den immer umfangreicher werdenden Programmen deutlich bemerkbar machen.

Ein gravierender Nachteil ist das fehlende oder nur in Bruchstücken vorhandene Variablenkonzept. In der Bausteintechnik sind alle Daten, also alle Eingänge, Ausgänge und Merker global verfügbar. Sie können daher in allen Programmteilen gelesen oder verändert werden. Der Zugriff auf die Daten liegt daher vollständig in der Verantwortung des Programmierers. Dieser Freiraum trägt oft nicht zur Übersichtlichkeit und Nachvollziehbarkeit der Programme bei. Zudem werden die Daten nicht über Namen adressiert, sondern über ihre (symbolische) Speicheradresse. Besonders bei der Umbelegung von Ein- oder Ausgängen ist diese Adressierungsart zeitraubend und fehlerträchtig.

Ein weiterer erheblicher Nachteil ist das fehlende Modulkonzept. Die Bausteine sind zwar vom Ablauf her in sich geschlossen. Sie besitzen aber keine abgeschlossene Schnittstelle und sie besitzen vor allem kein eigenes Gedächtnis, so daß die bei späteren Aufrufen benötigten Daten extern gespeichert werden müssen. Auch diese Aufgabe fällt somit unnötigerweise in die Verantwortung des Programmierers.

Bei der Festlegung des neuen Programmiersprachenstandards IEC 1131 wurden die beschriebenen Nachteile der Bausteintechnik berücksichtigt und in Form der Programmorganisationseinheiten (POE) behoben. Programmorganisationseinheiten sind die Teile aus denen ein Steuerungsprogramm zusammengesetzt wird. In der Norm wurden drei unterschiedliche Einheiten festgelegt.

- Das Programm (program) bildet das Hauptprogramm der Steuerung. Es enthält die Aufrufe der übrigen Programmteile.
- Der Funktionsbaustein (function block) stellt ein Programmodul dar. Er besitzt eine eindeutige Datenschnittstelle und ein eigenes Gedächtnis.
- Die Funktion (function) ist mit den bisherigen Programm- und Funktionsbausteinen vergleichbar. Sie wird wie ein Unterprogramm aufgerufen, sie kann Übergabeparameter besitzen, hat aber kein Gedächtnis.

Das Variablenkonzept

Eine wesentliche Neuerung der IEC-Norm ist die Einführung des Variablenkonzepts. Jede im Steuerungsprogramm verwendete Dateneinheit muß als Variable definiert werden. Die Definition besteht aus der Vergabe eines Variablennamens und eines Datentyps. Bei der Definition einer Variablen wird ihr rechnerintern eine bestimmte Speicherstelle oder ein Speicherbereich zugeordnet. Diese Zuordnung ist für den Programmierer nicht relevant, da er auf die Variable ausschließlich über ihren Namen zugreift. Er wird daher von der internen Speicherverwaltung entlastet.

Die Deklaration der Variablen erfolgt immer am Beginn einer Programmorganisationseinheit. Sie wird eingeleitet durch den reservierten Bezeichner VAR und abgeschlossen durch END_VAR. Die eigentliche Deklaration besteht aus dem Variablennamen und dem zugehörigen Datentyp. Sind mehrere Variablen vom gleichen Typ, können sie in Form einer Variablenliste zu einer Deklaration zusammengefaßt werden. Außerdem lassen sich mehrere aufeinanderfolgende Variablendeklarationen zu einem Deklarationsblock zusammenfassen.

formale Definition:[1]
VAR: Varname , *Varname* : Typ; END_VAR

Beispiele
```
VAR Band_ein: BOOL; END_VAR
VAR Temp_ok, Anforderung: BOOL;
    Ventil_auf: BOOL;
    END_VAR
```

Variablen, die in einer Programmorgansiationseinheit definiert werden, gelten im allgemeinen nur innerhalb der POE und sind auch nur während deren Laufzeit verfügbar. Um Daten von anderen Einheiten zu verwenden, oder Daten nach außen zur Verfügung zu stellen, muß dies bei der Deklaration festgelegt werden. Dies erfolgt mit Hilfe des Bezeichners VAR_INPUT für Daten die von außen eingelesen werden. Mit Hilfe von VAR_OUTPUT lassen sich intern berechnete Daten nach außen übergeben und Variablen, die mit VAR_IN_OUT definiert sind, werden zu Beginn von außen eingelesen und am Ende der POE-Laufzeit nach außen zurück übergeben. Mit Hilfe dieser Deklarationsmechanismen lassen sich eindeutige Schnittstellen für alle Programmorganisationseinheiten definieren. Im Kopf des Programmteils ist erkennbar welche Daten von außen gelesen oder nach außen übergeben werden. Die Auswirkung einer solchen Programmeinheit ist damit jederzeit eindeutig nachvollziehbar. Andere Zugriffsmechanismen, wie die Verwendung externer Daten (VAR_EXTERNAL), die Verwendung global verfügbarer Daten (VAR_GLOBAL) oder von Daten mit bestimmten Zugriffspfaden (VAR_ACCESS) sind zwar in der IEC-Norm definiert, sollten aber in eingeschränktem Maße und mit Vorsicht eingesetzt werden, da sie dem Grundgedanken der übersichtlichen modularen Programmierung widersprechen.

Bei den Eingängen und Ausgängen ist eine automatische Speicherzuordnung nicht möglich. Sie muß durch den Programmierer erfolgen. Er kann dies durch *direkte Adressierung* tun, indem er die Klemmenbezeichnung im

Programm als Variablennamen verwendet. Damit sie sich von den übrigen Variablennamen unterscheiden läßt, wird sie durch ein gesondertes Zeichen (%) eingeleitet. Die direkte Adressierung ist auch für Merker zugelassen. Obwohl dies dem Variablenkonzept widerspricht, stellt die Möglickeit der direkten Adressierung für Merker ein Entgegenkommen zur herkömmlichen, ausschließlich direkt adressierenden Programmierpraxis dar. Auch eine Mischform von direkter und indirekter Adressierung wird durch die Norm erlaubt: eine Variable erhält einen Namen und einen Datentyp und wird gleichzeitig einer direkten Adresse zugeordnet. Dies erfolgt durch den Bezeichner AT:

VAR Varname AT %Adr: Typ; END_VAR

Beispiele
```
VAR taster AT %I2.0 : BOOL;
    ventil AT %Q0.7 : BOOL;
    Band_ein AT %M2.5 : BOOL;
    END_VAR
```

Alle in einem Programm verwendeten Variablen sollten zu Beginn eindeutige Werte besitzen, damit das Verhalten der Steuerung nach dem Einschalten definiert ist. Die Initialisierung der Variablen wird nach einem von drei möglichen Verfahren durchgeführt.

Alle Variablen, die ohne weitere Zusätze mittels Namen und Typ deklariert werden, erhalten nach dem Einschalten bzw. nach dem Reset der Steuerung einen vom Datentyp abhängigen Wert zugewiesen. Variablen vom Typ BOOL beispielsweise werden auf "0" initialisiert.

Soll eine Variable einen anderen, vom Benutzer vorgegebenen Wert erhalten, muß dieser bei der Deklaration zugewiesen werden.

VAR Varname: Typ : = Wert; END_VAR

Beispiele
```
VAR Temp_ok : BOOL :=1; END_VAR
```

Soll eine Variable in der Initialisierung keinen neuen Wert zugewiesen bekommen, wird

---

[1] Kursiv gesetzte Teil sind optional. Sie werden nur bei Bedarf verwendet und können sonst weggelassen werden.

sie als RETAIN definiert. Sie behält nach einem Warmstart den Wert bei.

VAR RETAIN Varname : Typ; END_VAR

Beispiele
```
VAR RETAIN Blinken: BOOL;
    END_VAR
```

In den vorangehenden Beispielen wurde ausschließlich der binäre Datentyp (BOOL) verwendet, da bisher keine anderen Datentypen erläutert wurden. Natürlich gibt es neben dem binären Datentyp eine Reihe weiterer vordefinierter Datentypen. Darüber hinaus können auch selbstdefinierte, strukturierte Datentypen verwendet werden. Hierauf wird im Rahmen der digitalen Steuerungen genauer eingegangen.

Programme (program)
Ein Programm als Organisationseinheit stellt das Hauptprogramm einer Steuerung dar. Es legt fest welche anderen Einheiten aufgerufen werden. Das (Haupt-)Programm sollte so gegliedert sein, daß seine Struktur den groben Ablauf und die Teilfunktionen einer Steuerungsaufgabe möglichst gut wiedergibt.

Ein Programm besteht, wie jede andere Programmorganisationseinheit auch aus drei Teilen: dem Kopf, dem Deklarationsteil und dem Anweisungsteil.

Der Programmkopf besteht aus dem reservierten Bezeichner PROGRAM und dem Programmnamen.

```
PROGRAM Progname
Deklarationen
Anweisungen
END_PROGRAM
```

Der Programmname faßt die Bestandteile des Programms zusammen und dient zur eindeutigen Identifizierung.

Der Deklarationsteil enthält alle Variablendeklarationen, wie zuvor beschrieben. Auch die später noch zu erläuternden Deklarationen von Datentypen und Konstanten sind hier enthalten.

Art und Reihenfolge der Datenverarbeitungsfunktionen des Programms werden im Anweisungsteil festgelegt. Er kann in jeder der durch die IEC-Norm enthaltenen Sprachen formuliert werden. Der Anweisungsteil wird abgeschlossen durch die END_PROGRAM-Anweisung.

Funktionsbausteine (function_block)
Funktionsbausteine stellen die nächst niedrigere Form einer Programmorganisationseinheit unterhalb der Programme dar. Funktionsbausteine sind Programmmodule. Sie besitzen eine definierte Schnittstelle in Form von Eingabe- und Ausgabevariablen. Diese werden zusammen mit den lokalen Variablen im Deklarationsteil des Funktionsbausteins festgelegt.

```
FUNCTION_BLOCK FBname
Deklarationen
Anweisungen
END_FUNCTION_BLOCK
```

Ein derart deklarierter Funktionsbaustein stellt noch keine aufrufbare Programmeinheit dar, sondern ist ein abstrakter Typ. Erst durch die sogenannte Instanziierung entsteht aus dem Typ eine aufrufbare Einheit. Dies ist mit der Variabelndeklaration vergleichbar: zunächst muß ein Datentyp existieren. Dann können eine oder mehrere Variablen des gleichen Typs deklariert werden. Durch die Deklaration eines Funktionsbausteines wird ein neuer abstrakter Typ geschaffen. Es können danach eine oder mehrere Instanzen dieses Typs kreiert werden. Obwohl die Instanzen aus dem gleichen Typ entstanden sind, handelt es sich um physikalisch getrennte Objekte. Dies hat eine wichtige Konsequenz. Die Variablen aller einzelnen Instanzen sind im Speicher physikalisch vorhanden. Dadurch entsteht ein Gedächtnis. Nach dem Aufruf eines Funktionsbausteins bleiben die Werte seiner Variablen erhalten; sie können beim nächsten Aufruf wieder verwendet werden.

Beispiel 4.7. Flip-Flop-Funktion
Es ein Funktionsbaustein für ein RS-Flip-Flop mit dominantem Rücksetzen geschaffen werden. Er soll die beiden Eingänge R und S sowie den Ausgang Q besitzen.

```
FUNCTION_BLOCK RS
VAR_INPUT  R, S: BOOL; END_VAR
VAR_OUTPUT Q:BOOL; END_VAR
Q:=not R and (S or Q);
END_FUNCTION_BLOCK
```

Das Gegenstück mit dominantem Setzen lautet:

```
FUNCTION_BLOCK SR
VAR_INPUT  R, S: BOOL; END_VAR
VAR_OUTPUT Q:BOOL; END_VAR
Q:= S or (not R and Q);
END_FUNCTION_BLOCK
```

Die beiden Flip-Flops können in einem Programm beliebig oft instanziiert

```
PROGRAM Flip_flop_test
VAR anf1, anf2: RS;
    Bd_run: SR; END_VAR
...
VAR Et1_Ruf: BOOL; END_VAR
```

und dann aufgerufen werden. Beim Aufruf von

```
anf1(R:%I0.2, S:%I0.1, Q:Et1_Ruf);
```

beispielsweise wird die binäre Variable Et1_Ruf durch den Eingang I0.1 gesetzt und durch I0.2 zurückgesetzt.   □

Beispiel 4.8. Flankenerkennung
Es soll ein Funktionsbaustein zur Flankenerkennung deklariert werden. Er benötigt einen binären Eingang, einen binären Ausgang und einen Flankenspeicher:

```
FUNCTION_BLOCK Flkerk
VAR_INPUT Eing: BOOL;  END_VAR
VAR_OUTPUT Imp: BOOL;  END_VAR
VAR Flkmrk: BOOL :=0;  END_VAR
LD   Eing
ANDN Flkmrk
ST   Imp
LD   Imp
S    Flkmrk
LDN  Eing
R    Flkmrk
END_FUNCTION_BLOCK
```

Mit dieser Deklaration eines Funktionsbausteins liegt dessen Schnittstelle und dessen Verarbeitungsfunktion fest. Es können anschließend eine oder mehrere Instanzen geschaffen werden. Dies erfolgt, indem Variablen des Typs definiert werden:

```
VAR Flk1, Flk2, Flk3: Flkerk;
    END_VAR
```

Als Folge der Instanziierung sind drei Flankenerkennungsbausteine entstanden. Jeder besitzt seinen eigenen Flankenmerker, der zwischen den Aufrufen seinen Wert behält.
Beim Aufruf eines Bausteines werden die Eingabe- und Ausgabevariablen als Parameter übergeben. Dies könnte folgendermaßen aussehen:

```
Flk1(Eing:=%I0.1, Imp:=%Q2.0);
Flk2(Eing:=%M2.1, Imp:=%M2.2);
```

Die erste Anweisung ermittelt eine positive Flanke beim Eingang I0.1 und gibt sie als Impuls auf dem Ausgang Q2.0 aus. Die zweite Anweisung gibt eine Flanke bei M2.1 auf M2.2 aus.   □

Beim Aufruf des Funktionsbausteins werden die Input-Variablen übergeben, es werden dann die Anweisungen des Anweisungteils bearbeitet. Am Ende werden die Werte der Output-Variablen ans aufrufende Programm zurückgegeben.

Funktionsblöcke bieten dem Programmierer die Möglichkeit, wiederverwendbare Module zu schaffen. Sie werden bei der Erstellung getestet und können anschließend ohne großen Aufwand beliebig oft verwendet werden. Realisierungsdetails werden im Modulinneren versteckt. Der Programmierer wird dadurch entlastet und benötigt nur noch die Kenntnisse der Modulschnittstelle. Neben den benutzerdefinierten Funktionsbausteinen werden durch den Hersteller einer Steuerung bzw. eines Programmiersystems Standard-Funktionsbausteine zur Verfügung gestellt. Diese lassen sich wie Makro-Anweisungen im Programm einsetzen.

Beispiel 4.9. Zeitgeber
Es sollen Funktionsbausteine für die Zeitfunktionen Impulstimer (TP), Einschaltverzögerung (TON) und Ausschaltverzögerung (TOFF) zur Verfügung gestellt werden. Sie sollen alle die gleiche Schnittstelle besitzen: den binären Eingang IN, den binären Ausgang Q und einen Eingang für den Zeitwert PT.
Die Schnittstellendeklaration der Bausteine sehe folgendermaßen aus:

```
VAR_INPUT IN:BOOL;
          PT:TIME; END_VAR
VAR_OUTPUT Q:BOOL; END_VAR
```

Die Implementierung der drei Bausteine hängt sehr stark von der verwendeten Steuerungshardware ab. Sie ist für den Programmierer irrelevant. Zur Verwendung der Standard-Funktionsbausteine benötigt er nur den Baustein-Namen und die Schnittstellendefinition. Im Deklarationsteil des Programmes werden zunächst Instanzen der Funktionsbausteine geschaffen:

```
PROGRAM Timertest
VAR T1, T2: TP; END_VAR
VAR T3 : TOFF; END_VAR
VAR T4, T5 : TON; END_VAR
...
VAR B1_ein, Ventil :BOOL;
    END_VAR
...
```

Anschließend können die Timer aufgerufen werden. Dabei müssen entsprechende Parameter übergeben werden. Der Aufruf

```
T4(IN:%I1.5, PT:T#3.5s, Q:B1_ein);
```

gibt eine positiven Flanke beim Eingang I1.5 mit einer Einschaltverzögerung von 3,5 Sekunden auf die binäre Variable B1_ein weiter.
Der Aufruf

```
T1(IN:Ventil, PT:T#7s, Q:%Q2.1);
```

erzeugt nach einer positiven Flanke der Variablen Ventil einen Impuls der Länge 7 Sekunden auf den Ausgang Q2.1. □

Funktionen (function)
Die einfachste Form einer Programmorganisationsheit sind Funktionen. Sie unterscheiden sich hinsichtlich des Schnittstellenverhaltens von den Funktionsblöcken dadurch, daß sie nur einen einzigen Rückgabewert besitzen. Er wird nicht als Output-Variable übergeben, sondern über den Namen der Funktion, der dazu einem Datentyp zugeordnet werden muß.

```
FUNCTION Funame: Typ
Deklarationen
Anweisungen
END_FUNCTION
```

Der Deklarationsteil einer Funktion kann daher keine VAR_OUTPUT-Variablen besitzen.

Beispiel 4.10. Paritäts-Funktion
Mit Hilfe einer Funktion soll die Parität für 4 binäre Eingabewerte bestimmt werden. Die Parität soll gesetzt werden, wenn eine ungerade Anzahl von Eingabewerten gesetzt ist. Die Funktion wird durch folgende Wertetabelle bestimmt:

Tabelle 4.5. Ungerade Parität

in1	in2	in3	in4	P
1	1	1	0	1
1	1	0	1	1
1	0	1	1	1
0	1	1	1	1
0	0	0	1	1
0	0	1	0	1
0	1	0	0	1
1	0	0	0	1
sonst				0

Die Paritätsfunktion kann durch folgende Schaltfunktion realisiert werden.

$$P = \overline{(in1 \neq in2)}(in3 \neq in4) \vee (in1 \neq in2)\overline{(in3 \neq in4)}$$

Man erkennt, daß die beiden Antivalenzen mehrfach benötigt werden. Sie werden deshalb zuerst berechnet, zwischengespeichert und dann verarbeitet. Die Parität kann mit einer Funktion bestimmt werden. Sie besitzt 4 binäre Eingänge und einen binären Ausgang, den Funktionswert. Außerdem werden zwei binäre lokale Variablen zur Zwischenspeicherung benötigt. Man erhält damit folgenden Aufbau der Funktion:

```
FUNCTION Parity: BOOL
VAR_INPUT
    in1, in2, in3, in4 :BOOL;
    END_VAR
VAR
    aval1, aval2: BOOL;
    END_VAR
aval1:=in1 xor in2;
aval2:=in3 xor in4;
Parity:=(not aval1 and aval2) or
        (aval1 and not aval2);
END_FUNCTION
```

□

Beispiel 4.11. Taktstraße als ST-Programm
Das Steuerungsprogramm der Taktstraße, das in Beispiel 4.6. als AWL realisiert wurde, soll nun in ST programmiert werden.
Da in ST mit Variablen gearbeitet werden kann, müssen die verschiedenen Merker nicht mehr direkt adressiert werden. Es werden folgende Variablen eingeführt

Tabelle 4.6. Binärvariablen der Taktstraße

Name	Bedeutung	Bsp 4.6
Reset	Reset-Taster betätigt	M0.0
N_Schr	Taster Nächster Schritt	M0.3
StaSto	Taster Start/Stop betät.	M0.7
Freigb	Freigabe-Signal	M0.1
Weiter	Weiterschalt-Signal	M0.2
B_frei	Bohrer frei	M20.0
R_frei	Revolver frei	M20.2
F_frei	Fräser frei	M20.4
R_start	Revolver starten	M20.3
F_start	Fräser starten	M20.5
SS0..SS2	Schrittmerker Schieber	M1.0..M1.2
S_F	Schieber-Freigabe-Signal	M1.6
S_W	Scheiber-Weiterschaltung	M1.7
SB0..SB5	Schrittmerker Bohrer	M2.0..M2.5
B_F	Bohrer-Freigabe-Signal	M2.6
B_W	Bohrer-Weiterschaltung	M2.7
SR0..SR1	Schrittmerker Revolver	M3.0..M3.1
R_F	Revolver-Freigabe-Signal	M3.6
R_W	Revolver-Weiterschaltung	M3.7
SF0..SF1	Schrittmerker Fräser	M4.0..M4.1
F_F	Fräser-Freigabe-Signal	M4.6
F_W	Fräser-Weiterschaltung	M4.7

```
PROGRAM Taktstr

VAR Reset, Weiter, Freigb
    N_Schr, StaSto: BOOL;
VAR B_frei, R_frei, F_frei
    R_start, F_start: BOOL;
VAR SS0, SB0, SR0, SF0: BOOL:= 1;
VAR SS1, SS2, S_F, S_W: BOOL;
VAR SB1, SB2, SB3, SB4, SB5,
    B_F, B_W: BOOL;
VAR SR1, R_F, R_W: BOOL;
VAR SF1, F_F, F_W: BOOL;
VAR Flk1, Flk2, Flk3:Flkerk;
END_VAR;


(* PB1 *)
IF Reset THEN
    SS0:=1; SS1:=0; SS2:=0;
    END_IF
S_F:=%Q1.1 and N_Schr
     and %I4.1 or %Q1.0;
S_W:=Weiter and %I4.1;
if SS0 and (%I0.1 and B_frei
                and S_F or S_W)
    THEN SS0:=0; SS1:=1;
ELSIF
    SS1 and (%I0.2 and S_F or S_W)
    THEN SS1:=0; SS2:=1;
ELSIF
    SS2 and (%I0.3 and S_F or S_W)
    THEN SS2:=0; SS0:=1;
END_IF
%Q4.1:=SS1;
%Q4.2:=SS2;
END_FUNCTION_BLOCK

(* PB2 *)
IF Reset THEN
    SB0:=1; SB1:=0; SB2:=0;
    SB3:=0; SB4:=0; SB5:=0;
    END_IF
B_F:=%Q1.1 and N_Schr
     and %I4.2 or %Q1.0;
B_W:=Weiter and %I4.2;
if SB0 and (%I2.4 and B_F or B_W)
    THEN SB0:=0; SB1:=1;
ELSIF
    SB1 and (%I2.1 and B_F or B_W)
    THEN SB1:=0; SB2:=1;
ELSIF
    SB2 and (%I0.5 and B_F or B_W)
    THEN SB2:=0; SB3:=1;
ELSIF
    SB3 and (%I0.4 and B_F or B_W)
    THEN SB3:=0; SB4:=1;
ELSIF
    SB4 and (R_frei and B_F or B_W)
    THEN SB4:=0; SB5:=1;
        R_start:=1; R_frei:=0;
```

```
ELSIF
   SB5 and (%I2.2 and B_F or B_W)
   THEN SB5:=0; SB0:=1;
END_IF
%Q4.0:=SB1 or SB5;
%Q4.3:=SB2;
%Q4.4:=SB3;
%Q4.5:=SB2 or SB3;


(* PB3 *)
IF Reset THEN
   SR0:=1; SR1:=0;
   END_IF
R_F:=%Q1.1 and N_Schr
     and %I4.3 or %Q1.0;
R_W:=Weiter and %I4.3;
if SR0 and (R_start and F_frei
            and R_F or R_W)
   THEN SR0:=0; SR1:=1;
        F_start:=1; R_start:=0;
        F_frei:=0;
ELSIF
   SR1 and (%I2.3 and R_F or R_W)
   THEN SR1:=0; SR0:=1;
END_IF
%Q5.0:=SR1;


(* PB4 *)
IF Reset THEN
   SF0:=1; SF1:=0;
   END_IF
F_F:=%Q1.1 and N_Schr
     and %I4.4 or %Q1.0;
F_W:=Weiter and %I4.4;
if SF0 and (F_start
            and F_F or F_W)
   THEN SF0:=0; SF1:=1;
        F_start:=0;
ELSIF
   SF1 and (%I2.5 and F_F or F_W)
   THEN SF1:=0; SF0:=1;
        F_frei:=1;
END_IF
%Q6.0:=SF1;

(* PB5 *)
Flk1(Eing: %I2.0, Imp: Reset);
Flk2(Eing: %I0.0, Imp: N_Schr);
Flk3(Eing: %I2.7, Imp: StaSto);
Freigb:=%Q1.1 and N_Schr or %Q1.0;
Weiter:=%Q1.2 and N_Schr;
%Q4.7:=%I0.3 and %I0.4 and %I0.6
       and %I1.1 and %I1.4 and SS0
       and SB0 and SR0 and SF0;
(* Auswertung Automatikbetrieb*)
if %I1.7 and StaSto and not %Q1.0
   then %Q1.0:=1;
if StaSto and %Q1.0
   then %Q1.0:=0;
(* Auswertung Schrittbetrieb*)
%Q1.1:=%I1.6 and not %Q1.0;
%Q1.2:=%I3.1 and not %Q1.0;
(* Auswertung Einrichtbetrieb*)
%Q1.3:=%I3.0 and not %Q1.0;


(* PB 7 *)
IF %Q1.3 THEN
   %Q4.4:=%I3.2;
   %Q4.3:=%I3.3;
   %Q4.5:=%I3.4;
   %Q4.0:=%I3.5;
   END_IF

END_PROGRAM
```

4.3 ÜBUNGEN

Übung 4.1

Erstellen Sie einen Funktionsbaustein in AWL, der eine lineare Schrittkette mit vier aufeinanderfolgenden Schritten und je einem binären Weiterschaltmerker pro Schritt realisiert. Definieren Sie die Schrittmerker und die Weiterschaltmerker als Übergabeparameter für den Baustein.

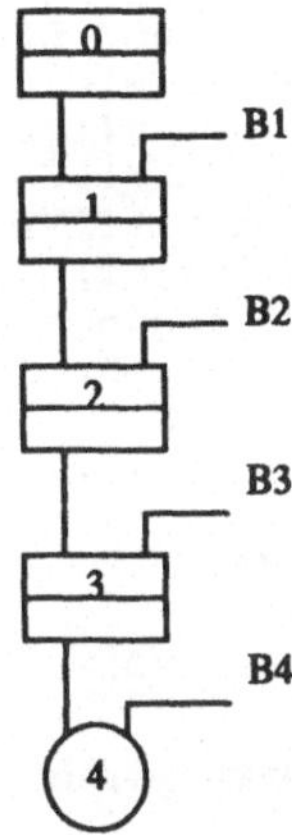

Abb. 4.19. Sequentieller Ablauf

Übung 4.2.

Übertragen Sie das folgende ST-Programmstück in AWL.

```
IF %M0.0 and %I1.0 THEN
    %M0.1:=1; %M0.0:=0;
ELSE %Q2.2:=%I0.0;
END_IF
%Q2.3:=%M0.0 or %M0.1;
```

Übung 4.3.

Im Beispiel der Taktstraße wurde der Fräser nicht benötigt. Ein ankommendes Teil wurde lediglich an die nachfolgende Bearbeitungseinheit weitergegeben. Dies wurde im Programmbaustein PB4 realisiert. Dieser soll nun so modifiziert werden, daß folgender Ablauf entsteht.

Kommt ein Teil von der vorgeordneten Bearbeitungsmaschine an, so wird es bis zur Arbeitsposition des Fräsers bewegt. Der Fräser wird dann eingeschaltet und nach unten bewegt. Erreicht er die untere Endlage, bewegt er sich nach vorne, anschließend zurück und wieder nach oben. Nach Erreichen der oberen Ruhelage wird der Fräser ausgeschaltet und das bearbeitete Teil weitertransportiert.

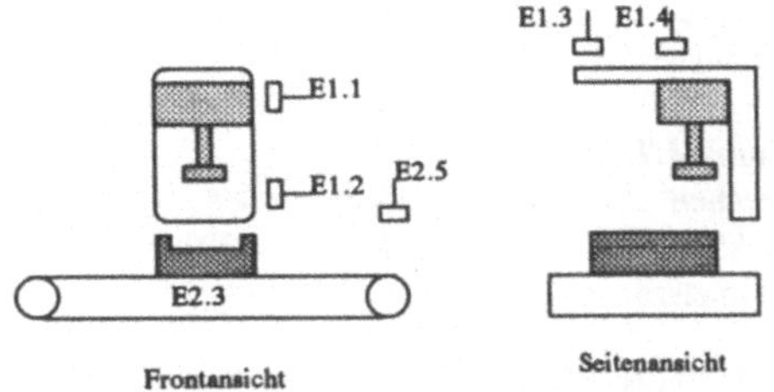

Abb. 4.20. Fräsmaschine

Übung 4.4.

Das folgende AWL-Programm interpretiert die Eingangswerte E1.1 bis E1.3 sowie E2.1 bis E2.3 als positive ganze Zahlen. Es wird ein Vergleich ausgeführt und als A0.0 ausgegeben.

```
      LD    E1.3
      ANDN  E2.3
      JMPC  GRT
      LD    E1.3
      XORN  E2.3
      AND   E1.2
      ANDN  E2.2
      JMPC  GRT
      LD    E1.2
      XORN  E2.2
      AND   E1.1
      ANDN  E2.1
      JMPC  GRT
      R     A0.0
      JMP   LET
GRT:  S     A0.0
LET:
```

Stellen Sie den Programmablauf graphisch dar.
Übertragen Sie das AWL-Programm in ST unter Verwendung der IF-Anweisung

Übung 4.5.

Programmieren Sie einen Impulsschalter als Funktionsbaustein (function block) in ST. Er besitzt einen Eingang und einen Ausgang. Tritt am Eingang eine positive Flanke auf, soll der Ausgang seinen Wert ändern.

Übung 4.6.

Ein sequentieller Ablauf mit 6 unterschiedlichen Zustandswerten werde mit Hilfe der Binärmerker M0.0 bis M0.5 für die aktuellen und M1.0 bis M1.5 für die neuen Zustandswerte realisiert. Sorgen Sie dafür, daß der sich Ablauf nach Einschalten der Steuerung im Zustand 0 (M0.0 bzw. M1.0) befindet. Tun Sie das einmal mit Hilfe eines Organisationsbausteines und einmal mit Hilfe eines Initialisierungsmerkers.

Übung 4.7.

Gegeben sei ein Monoflop als Standard-Funktionsbaustein TP mit folgenden Schnittstellenparametern.

```
FUNCTION_BLOCK TP
VAR_INPUT IN:BOOL;
          PT:TIME; END_VAR
VAR_OUTPUT Q:BOOL; END_VAR
```

Erstellen Sie unter Verwendung des Funktionsbausteins ein ST-Programm mit zwei Eingängen und einem Ausgang, das folgendes Zeitverhalten erzeugt.

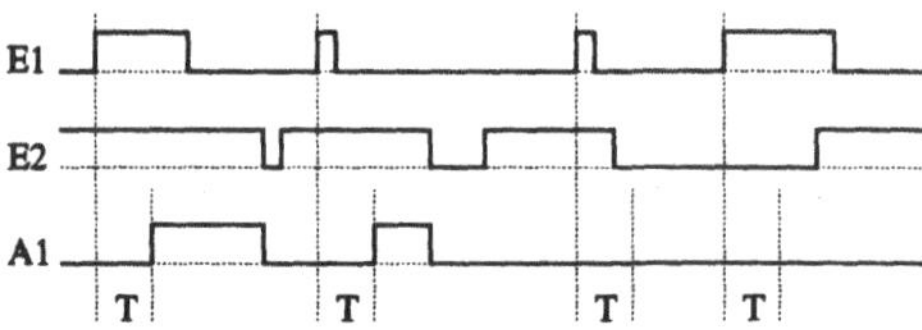

Abb. 4.21. Zeitdiagramm

Übung 4.8.

Die folgende Wertetabelle mit den Eingängen U1, B1 und A1 enthält die Funktion eines Halbaddierers (Ausgänge T1 und V1) bzw. eines Volladdierers (Ausgänge S1 und U2).

Tabelle 4.7. Halb- und Volladdierer

U1	B1	A1	T1	V1	S1	U2
0	0	0	0	0	0	0
0	0	1	1	0	1	0
0	1	0	1	0	1	0
0	1	1	0	1	0	1
1	0	0	0	0	1	0
1	0	1	1	0	0	1
1	1	0	1	0	0	1
1	1	1	0	1	1	1

Erstellen Sie einen STEP5-Funktionsbaustein, der die Funktion des Halbaddierers realisiert.
Der Volladdierer kann aus zwei Halbaddierern und einer Disjunktion zusammengesetzt werden. Programmieren Sie den Volladdierer mit Hilfe zweier Aufrufe des zuvor erstellten Halbaddierer-Funktionsbausteins.

Übung 4.9.

Die folgende Programmsequenz realisiert einen linearen Ablauf mit 5 unterschiedlichen Zustandswerten.

```
IF Reset THEN
    S0:=1; S1:=0; S2:=0;
    S3:=0; S4:=0;
END_IF
IF S0 and (%I1.1 and %I1.2)
    THEN S0:=0; S1:=1; %Q0.3:=1;
ELSIF S1 and (not %I1.1 and %I0.1)
    THEN S0:=0; S2:=1;
ELSIF S1 and (not %I1.1 and %I0.2)
    THEN S0:=0; S3:=1;
ELSIF S2 or S3 and not %I0.2
    THEN S2:=0; S3:=0; S4:=1;
ELSIF S4 and %I0.5
    THEN S4:=0; S0:=1;
END_IF
%Q0.1:=S0 or S4;
%Q0.2:=S2;
IF S3 THEN %Q0.3:=0;
```

Stellen Sie den Ablauf graphisch als Schrittkette dar.

5 Digitale Steuerungen

Verknüpfungs- und Ablaufsteuerungen stellen umfangreiche Segmente der Steuerungstechnik dar. Beiden Teilgebieten ist die ausschließliche Verwendung binärer Daten gemeinsam. Sie werden daher oft zusammengefaßt als binäre Steuerungen bezeichnet /Fasol 1988/. Der geringe Aufwand bei den theoretischen Grundlagen als auch bei der praktischen Umsetzung binärer Algorithmen ist maßgebend für die große Bedeutung binärer Steuerungen.

Die steigende Leistungsfähigkeit der Steuerungsrechner macht diesen Vorteil aber zunehmend unwichtiger und läßt die Bedeutung der digitalen Datenverarbeitung in der Steuerungstechnik ansteigen. In diesem Buch werden digitale Daten auf der einen Seite, übereinstimmend mit der Theorie, zu den kontinuierlichen Daten hin abgegrenzt und auf der anderen Seite, übereinstimmend mit der praktischen Handhabung, zu den binären Daten, obwohl diese streng genommen eine Untermenge der digitalen Daten bilden. Als digitale Steuerungen werden hier alle Steuerungen bezeichnet, die über die reine Binärwertverarbeitung hinausgehen.

Zunächst werden in Kapitel 5.1 die Grundlagen der Zahlenverarbeitung in digitalen Rechnern erläutert. Hierzu gehört die rechnerinterne Speicherung und Codierung nichtbinärer Daten sowie die Beschreibung der Operatoren zur Zahlenverknüpfung.

In Kapitel 5.2 wird dann das Konzept der Binärfelder vorgestellt. Sie bieten die Möglichkeit, geordnete Gruppen binärer Daten zusammenhängend zu handhaben und zu verknüpfen. Basierend auf den elementaren Datenkonstrukten der Stapel und Warteschlangen zeigen die umfangreichen Beispiele, daß die Algorithmen zur Verarbeitung von Binärfeldern ein leistungsfähiges Werkzeug zur übersichtlichen Lösung komplexer praktischer Problemstellungen sind.

5.1 Zahlendarstellung

5.1.1 Datenspeicherung

In digitalen Rechnern können nur binäre Daten gespeichert und verarbeitet werden. Für die Belange der Binärwertverarbeitung genügt es, den gesamten Datenspeicher der Steuerung und damit auch den gesamten Operandenvorrat als eine Sammlung binärer Speicherstellen anzusehen, die in eindeutiger Weise adressierbar sind. Eine genauere Kenntnis der tatsächlichen rechnerinternen Anordnung der Speicherstellen ist nicht erforderlich.

Für jede nichtbinäre Form der Datenverarbeitung ist das einfache Speichermodell nicht mehr ausreichend. Nichtbinäre Daten werden in Digitalrechnern codiert, d.h. mit Hilfe mehrerer zusammengefaßter binärer Speicherstellen dargestellt. Für den Umgang mit solchen Daten muß die Art der rechnerinteren Codierung bekannt sein und die zusammengehörenden Speicherstellen müssen als Einheit adressierbar sein.

In höheren Programmiersprachen wird das Problem der Handhabung beliebiger Daten durch das Variablenkonzept gelöst. Jede im Programm zu verarbeitende Dateneinheit wird als Variable oder Konstante deklariert, die einen Namen und einen Datentyp besitzt. Der Datentyp legt fest, wieviel Binärstellen für die Variable benötigt werden und wie deren Inhalt zu interpretieren ist. Durch den Datentyp wird der zulässige Bereich der Werte bestimmt, die die Variable annehmen darf. Mit Hilfe des Namens kann die Variable jederzeit eindeutig im Programm symbolisch adressiert werden, ohne daß die tatsächliche physikalische Adresse bekannt ist.

Jede Programmiersprache unterstützt einen Grundvorrat an elementaren Datentypen. Hierzu gehören Datentypen für Wahrheitswerte, für ganze Zahlen und reelle Zahlen, für Textzeichen und Zeichenketten sowie für Zeit- und Datumswerte. Meist gibt es innerhalb der einzelnen Kategorien noch unterschiedliche Speicherlängen und damit auch unterschiedliche Wertebereiche.

Tabelle 5.1. Elementare Datentypen nach DIN IEC 1131. (b: Boolesche Größen, g: ganze Zahlen, gu: ganze vorzeichenlose Zahlen, r: reelle Zahlen, s: Zeichen und Zeichenketten, t: Zeit, Datum etc.)

Typ	1 Bit	8 Bit	16 Bit	32 Bit	64 Bit
b	BOOL	BYTE	WORD	DWORD	LWORD
g		SINT	INT	DINT	LINT
gu		USINT	UINT	UDINT	ULINT
r				REAL	LREAL
s		STRING			
t		TIME, DATE, TOD, DT			

Tabelle 5.2. Konstanten-Formate nach DIN IEC 1131. (b: Boolesche Größen, g: ganze Zahlen, gu: ganze vorzeichenlose Zahlen, r: reelle Zahlen, s: Zeichen und Zeichenketten, t: Zeit, Datum etc.)

Typ	Beispiele

b	`0, 1`
	`2# 1101_0011`
	`16#D3`

g	`0, +986, -12, 123_456`
r	`-12.0, 0.0, 3.14159` `1.0E+6, -1.34E-12`
s	`´A´, ´Abcde´, ´´`
t	`T#4ms, T#5d14h12m18.3s` `D#1984-06-25`

Bei der Programmierung in strukturiertem Text müssen alle verwendeten Variablen explizit deklariert werden. Dies erfolgt am Beginn der entsprechenden Programmeinheit. Für jede Variable wird ein Name und ein Datentyp festgelegt:

```
VAR Variablenliste:Typ; END_VAR;
```

Eine Variable kann während des Programmlaufs unterschiedliche Werte aus dem durch den Datentyp festgelegten Wertebereich annehmen. Soll eine Dateneinheit während des gesamten Programmlaufs einen festen Wert besitzen, kann sie als Konstante definiert werden.

In den AWL-Programmiersprachen von Steuerungen steht kein ausgeprägtes Variablenkonzept zur Verfügung. Die Verwaltung der Speicherstellen obliegt dem Programmierer. In AWL werden nur binäre Speicherelemente unterstützt, die entweder einzeln (als Bit), in Gruppen von 8 Bit (als Byte) oder in Gruppen zu 16 Bit (als Wort) adressierbar sind. Die Adressierung der Speicherstellen einer programmierbaren Steuerung erfolgt in Form von Klemmenbezeichnungen. Die Klemmenbezeichnung bezieht sich bei den Eingängen und Ausgängen auf die externe Klemme, an der der Ein- oder Ausgang angeschlossen wird. Auch bei den rechnerinternen Merkern wird diese Klemmenbezeichnung aus Gründen der Einheitlichkeit verwendet, obwohl diese nicht über Klemmen nach außen geführt sind.

Die Klemmenbezeichnung setzt sich aus einem oder zwei Kennbuchstaben zusammen. Der erste Buchstabe dient zur Kennzeichnung der Operandenart (im Deutschen E: Eingang, A: Ausgang, M: Merker, im Englischen I: Input, Q: Output, M: Memory). Der zweite Buchstabe definiert den Operandentyp. Auf die beiden Buchstaben folgt die dezimale Wortadresse und bei binären Operanden auch die Bitadresse.

Tabelle 5.3. Darstellung der Operanden in Anweisungslisten (b: Boolesche Größen, g: ganze Zahlen, r: reelle Zahlen; $: Operandenart (E/A/M); x,y: Dezimalzahlen)

Typ	1 Bit	8 Bit	16 Bit	32 Bit	64 Bit
b	$x.y	$Bx	$Wx	$Dx	-
g	-	-	$Fx	$Dx	-
r	-	-	-	$Gx	-

Leider ist weder die Vergabe der Namen, noch die Zuordnung zu den physikalischen Speicherstellen bei verschiedenen Steuerungstypen einheitlich festgelegt. Sie unterscheiden sich von Hersteller zu Hersteller teilweise erheblich, so daß die Kenntnis der Operandenadressierung ein wichtiger Bestandteil der Einarbeitung in das Programmiersystem eines Steuerungsherstellers ist. Die Syntax der Klemmenbezeichnung und deren Zuordnung zu den physikalischen Speicherstellen kann daher nur exemplarisch erläutert werden.

Bei allen Steuerungstypen werden je 8 Bit zu einem Byte und je 16 Bit zu einem Wort zusammengefaßt. Die einzelnen Bits können über die Angabe der Wortadresse und der Bitadresse innerhalb des Wortes adressiert werden. Die Bitadresse kann von 0 oder von 1 an aufwärts gezählt werden. In vielen Fällen ist auch die Adressierung über die Byteadresse möglich. Für den Umgang mit den Daten ist wichtig, daß der Zugriff auf einen Wortoperanden immer auch einen Zugriff auf die entsprechenden Bitoperanden bedeutet. Wird z.B. ein Wert im Merkerwort MW0 gespeichert, ändert sich damit auch der Wert des Bitoperanden M0.0. Darüber hinaus kann es weitere Überlappungen geben. Der Speicher der SIMATIC-Steuerungen beispielsweise ist Byteweise organisiert. Das i. Merkerwort MWi setzt sich aus dem i. und dem i+1. Merkerbyte zusammen. Aufeinanderfolgende Merkerwörter überlappen sich dadurch je zur Hälfte. Änderungen im Merkerwort MW1 beeinflußen damit zwangsläufig die Merkerwörter MW0 und MW2. Um ungewollte Beeinflussungen zu vermeiden, empfiehlt sich bei dieser Art der Programmierung, nur Wortoperanden mit geraden Wortadressen zu verwenden.

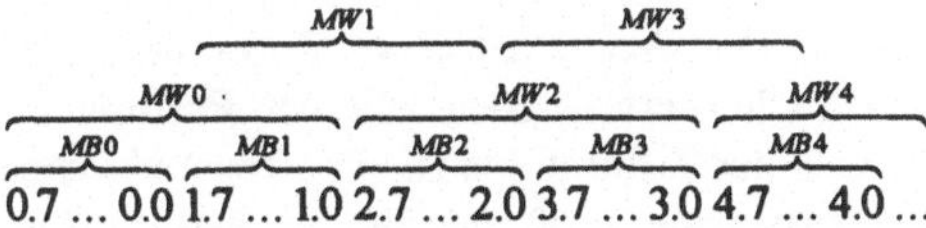

Abb. 5.1. Zuordnung zwischen Klemmenbezeichnung und Speicherplatz bei der SIMATIC S5

Die Überlappungen werden vermieden, wenn der Speicher Wortweise organisiert ist. Die Bitadressen können dann von 0 bis 15 rangieren.

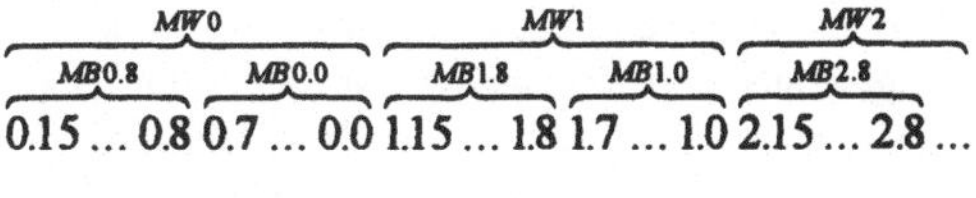

Abb. 5.2. Zuordnung zwischen Klemmenbezeichnung und Speicherplatz bei der PS3

Auch in AWL-Programmen werden neben den variablen Merkeroperanden Konstanten benötigt. Sie werden im Programm wie normale Operanden gehandhabt und sind durch den Buchstaben 'K' gekennzeichnet. Ein darauf folgender zweiter Buchstabe legt den Datentyp der Konstanten fest. Die folgende Tabelle gibt eine Übersicht über einige in AWL verfügbaren Konstantentypen.

Tabelle 5.4. Konstantenformate in AWL (STEP 5)

Typ	Art	Wertebereich	Beispiel
KM	Bitmuster	16 bit	KM 00111011 00100101
KH	Hex.-muster	16 bit	KH F107
KB	Byte	0..255	KB27
KF	Festpunkt-zahl	-32768.. ..+32767	KF-15212 KF+7
KT	Zeitwert	Basis 0..3, Faktor 0..999	KT10.1 KT999.2
KZ	Zählwert	0..999	KZ 732

5.1.2 ZAHLENCODIERUNG

Bei der Verarbeitung von Informationen mit Hilfe von Rechenwerkzeugen oder Rechenmaschinen werden die Informationen auf physikalische Größen abgebildet. Die Verknüpfung der Informationen entspricht dann bestimmten Transformationen der physikalischen Größen. Beim Rechenschieber beispielsweise werden Zahlen durch geometrische Abstände dargestellt und die Multiplikation zweier Zahlen entspricht dem Zusammensetzen der räumlichen Längen. Elektronische Analogrechner stellen Zahlenwerte als elektrische Spannungen dar.

Die Abbildung einer (abstrakten) Information auf eine physikalische Größe stellt eine Codierung dar. Der Urbildmenge der Informationen werden eindeutig Zeichen oder Zeichenfolgen aus dem Zeichenvorrat der Bildmenge zugeordnet. Die Abbildung der Urbildmenge auf die Bildmenge wird als Codierung, der umgekehrte Vorgang als Decodierung und die Abbildungsvorschrift als Code bezeichnet. Besteht die Bildmenge aus einzelnen Zeichen, muß sie mindestens so viele Elemente enthalten, wie die Urbildmenge. Zur Codierung großer Informationsmengen sind daher Bildmengen, die aus zusammengesetzten Zeichenfolgen bestehen, besser geeignet. Sie kommen mit einem geringeren Symbolvorrat aus. In den heutigen digitalen Rechnern beispielsweise werden Binärcodes verwendet. Der Symbolvorrat besteht aus nur zwei Elementen, aus denen die Zeichenfolgen der Bildmenge zusammengesetzt werden.

Zwei einfache Beispiele sollen die Zusammenhänge verdeutlichen. Die Urbildmenge der Buchstaben kann auf sehr viele Arten abgebildet, d.h. codiert werden. Die bekannteste Bildmenge zur Abbildung von Buchstaben ist ein Satz graphischer Zeichen, der als lateinische Schrift bekannt ist. Andere Vorschriften zur Codierung von Buchstaben sind z.B. der Morse-Code, die Blindenschrift, das Winkeralphabet oder der der ASCII-Code.

"c"	c	lateinische Schrift
"c"	▬ • ▬ •	Morse-Alphabet
"c"		Winkeralphabet
"c"		Blindenschrift
"c"	0100 0011	ASCII-Code

Abb. 5.3. Codes für den Buchstaben ´c´

Die Bildmenge der lateinischen Schrift enthält einzelne Zeichen: Jeder Buchstabe der Urbildmenge wird durch ein eigenes graphisches Zeichen repräsentiert. Bei den anderen Codes besteht die Bildmenge aus Zeichenfolgen, die sich aus elementaren Symbolen zusammensetzen. Das Morsealphabet verwendet zweiwertige (binäre) Symbole (Strich und

Punkt, bzw. langes und kurzes akkustisches Signal) und bildet daraus Zeichenfolgen unterschiedlicher Länge. Die Blindenschrift verwendet ebenfalls binäre Symbole (Erhebung, keine Erhebung), wobei sich eine Zeichenfolge aber immer aus 6 Symbolen zusammensetzt, die zudem in einer festen räumlichen Anordnung stehen müssen. Eine Zeichenfolge des Winkeralphabets besteht aus zwei oktalen (achtwertigen) Symbolen, und der ASCII-Code aus 8 binären Symbolen.

Auch zur Codierung von Zahlenwerten gibt es eine Reihe unterschiedlicher Codierungsarten, wie das folgende Beispiel zeigt:

"13"	13	dezimale Darstellung
"13"		Strichliste
"13"	XIIV	römischer Zahlencode
"13"	0000 1101	Dualcode

Abb. 5.4. Codes für den Zahlenwert 13

Die Urbildmenge der Zahlen ist im allgemeinen unbegrenzt. Zur Zahlendarstellung kommen daher nur Zeichenfolgen in Frage. Sie bestehen aus einer Folge von Ziffern, wobei jede Ziffer einen der zugelassenen Symbolwerten annehmen kann. Die Anzahl unterschiedlicher Symbole bildet die Basis des Zahlensystems. Das Dualzahlensystem bespielsweise besitzt die Basis 2, das Dezimalsystem die Basis 10. Die Wertigkeit einer Ziffer hängt bei den Stellenwertsystemen von der Position innerhalb der Ziffernfolge ab. Die heute üblichen Zahlensysteme gehören alle zu den Stellenwertsystemen. Das römische Zahlensystem dagegen ist kein Stellenwertsystem, da die Wertigkeit auch von benachbarten Ziffern abhängt.

Bei den Digitalrechnern werden binäre Symbole zur Informationsdarstellung verwendet. Sie werden zur effizienteren Handhabung zu Worten zusammengefaßt:

$$B = b_{N-1} \ldots b_2 b_1 b_0 \quad .$$

Ein Wort ist also ein Feld binärer Elemente. Abhängig vom Rechnertyp sind heute verschiedene Wortlängen im Einsatz. Da die gesamte Architektur eines Rechners auf eine bestimmte Wortlänge zugeschnitten ist, wird sie als ein wesentliches Leistungsmerkmal herangezogen. Die ersten Mikroprozessoren besaßen eine 4-Bit Architektur. Die heutige Palette der Wortbreiten reicht von 8 Bit bei einfachen und mittleren Steuerungsaufgaben über 16 oder 32 Bit bei den Prozeßrechnern bis zu 64 Bit bei Großrechnern.

Für den Menschen ist der Umgang mit längeren Binärfeldern unübersichtlich und fehlerträchtig. Die Handhabung längerer binärer Zeichenfolgen kann durch Zusammenfassung mehrerer Binärstellen vereinfacht werden. Da die Wortbreiten Vielfache von 4 sind, bietet es sich an, je vier Binärstellen zu einem Zeichen zusammenzufassen. Zur Darstellung der Zeichen werden dann $2^4 = 16$ unterschiedliche Symbole benötigt, weshalb man vom *Hexadezimalcode* spricht. Zur Darstellung der 16 Symbole werden die Ziffern 0 bis 9 für die Werte 0 bis 9 und die Buchstaben A bis F für die Werte von 10 bis 15 verwendet.

Beispiel 5.1. Hexadezimalwert
Gegeben sei ein aus 16 Bit bestehender Inhalt einer Speicherstelle. Je 4 Bit werden zusammengefaßt und als hexadezimales Zeichen dargestellt. Der durch ein vorangestelltes Zeichen „$" gekennzeichnete Hexadezimalwert besteht also aus 4 Stellen:

$$B = 0110\,0101\,0001\,1010 = \$651A \quad .$$

□

Es soll noch einmal betont werden, daß es sich beim Hexadezimalcode nicht um eine spezielle Form der rechnerinternen Zahlendarstellung handelt, sondern um eine für den Menschen einfacher zu handhabende Darstellung von Binärfeldern.

Um nichtbinäre Zeichen in einem Rechner darstellen und verarbeiten zu können, ist eine Codierung erforderlich. Jedem Zeichen muß eine bestimmte Binärkombination zugeordnet werden. Bei der Darstellung von Zahlen erhält jede Stelle des Binärfeldes eine bestimmte

Wertigkeit. Beim *Dualcode* besitzt jede Binärstelle die Wertigkeit einer positiven Zweierpotenz. Die Ziffernfolge $b_{N-1}...b_2 b_1 b_0$ entspricht im Dualcode dem Zahlenwert

$$B_D = b_{N-1}2^{N-1} + b_{N-2}2^{N-2} + ... + b_1 2^1 + b_0 2^0 \quad .$$

Da es weder negative Wertigkeiten noch ein negatives Vorzeichen gibt, sind nur positive Zahlen darstellbar. Um auch negative Zahlen darstellen zu können wird bei der *Vorzeichen-Betrags-Darstellung* das Vorzeichen durch die höchstwertige Binärstelle (MSB: Most Significant Bit) ausgedrückt. Enthält diese Stelle den Wert "0" ist das Vorzeichen positiv, andernfalls negativ. Die restlichen Zahlen enthalten den Betrag der Zahl im Dualcode. In Vorzeichen-Betrags-Darstellung entspricht die Ziffernfolge also dem Wert:

$$B_V = (-1)^{b_{N-1}} * \left\{ b_{N-2}2^{N-2} + ... + b_1 2^1 + b_0 2^0 \right\} \quad .$$

Durch die getrennte Codierung von Vorzeichen und Betrag sind die Zahlen für den Menschen relativ leicht zu interpretieren. Bei der rechnerinternen Zahlenverarbeitung bereitet diese Darstellung aber Probleme, da bei jeder Operation Fallunterscheidungen erforderlich sind. Eine einfache Überlegung kann das Problem verdeutlichen.

Es sollen zwei Zahlen in Vorzeichen-/Betragsdarstellung addiert werden. Es müssen zwei Fälle unterschieden werden. Sind die Vorzeichen beider Zahlen gleich, werden die Beträge addiert und das Ergebnis erhält das gemeinsame Vorzeichen. Unterscheiden sich die Vorzeichen der zu addierenden Zahlen, muß der kleinere Betrag vom größeren Betrag subtrahiert werden. Das Ergebnis erhält das Vorzeichen der Zahl mit dem größeren Betrag.

Beispiel 5.2. Addition von Vorzeichen-/Betragszahlen.
Die beiden Zahlen +7 und -26 sollen addiert werden. Da sich die beiden Vorzeichen unterscheiden, wird der kleinere Betrag vom größeren subtrahiert. Das Ergebnis erhält dann negatives Vorzeichen, da die negative Zahl den größeren Betrag besitzt. Bei der Addition von +26 und -7 wird ebenfalls der

kleinere Betrag vom größeren subtrahiert. Die betragsmäßig größere Zahl ist hier positiv, so daß auch das Ergebnis positives Vorzeichen besitzt.

```
-26  1 001 1010     +26  0 001 1010
 +7  0 000 0111      -7  1 000 1111
─────────────────   ─────────────────
-19  1 001 0011     +19  0 001 0011
```
□

Um nicht bei jeder Operation Fallunterscheidungen durchführen zu müssen, wurde die *Zweierkomplementdarstellung* entwickelt. Sie ist zwar für den Menschen nicht so übersichtlich wie die Vorzeichen-Betrags-Darstellung, erlaubt aber eine einfache rechnerinterne Handhabung. Bei der Zweierkomplementdarstellung besitzt die höchstwertige Binärstelle die Wertigkeit -2^{N-1}, alle anderen Stellen haben wie beim Dualcode eine positive Wertigkeit. Die N Binärzeichen $b_{N-1}...b_2 b_1 b_0$ entsprechen im Zweierkomplementcode dem Wert:

$$B_Z = -b_{N-1} 2^{N-1} + b_{N-2} 2^{N-2} + ... + b_1 2^1 + b_0 2^0 \ .$$

Der Vorteil der Zweierkomplementdarstellung liegt darin, daß die Addition und die Subtraktion ohne Fallunterscheidung als binäre Addition bzw. Subtraktion vorzeichenrichtig ausführbar sind. Dies erleichtert die Programmierung dieser Operationen und verkürzt die Rechenzeit. Der Nachteil dieser Darstellung liegt darin, daß bei negativen Zahlen der Betrag nicht direkt ablesbar ist.

Beispiel 5.3. Zweierkomplementaddition.
Die beiden Zahlenpaare aus dem vorigen Beispiel sollen nun in Zweierkomplementdarstellung addiert werden. Die beiden positiven Zahlen sind in Vorzeichen-/Betrags-Darstellung und in Zweierkomplementdarstellung gleich. Die negativen Zahlen unterscheiden sich.

```
-26  1110 0110     +26  0001 1010
 +7  0000 0111      -7  1111 1001
─────────────────  ─────────────────
-19  1110 1101     +19  0001 0011
```

In Zweierkomplementdarstellung ist keine Fallunterscheidung erforderlich. Unabhängig vom Vorzeichen kann die Addition stellenweise binär durchgeführt werden. □

Die Subtraktion einer Zahl kann in beiden Darstellungsarten auf die Kombination einer Vorzeichenumkehr und einer anschließenden Addition zurückgeführt werden. Die Vorzeichenumkehr entspricht in Vorzeichen-/Betragsdarstellung der Invertierung des höchstwertigen Bits. Bei der Zweierkomplementdarstellung setzt sie sich aus einer stellenweisen binären Invertierung (Einerkomplement) und einer Addition von 1 zusammen.

Beispiel 5.4. Vorzeichenumkehr
Das Vorzeichen der Zahl -26 in Zweierkomplementdarstellung soll invertiert werden.

```
-26=         11100110   -128+102
Inversion    00011001   255-(-128+102)
+1           00000001   256-(-128+102)
Ergebnis     00011010   26
```
□

Die Aufteilung der möglichen Binärkombinationen auf die dezimalen Zahlenwerte läßt sich am Zahlenkreis verdeutlichen. Für eine Wortbreite von 4 Bit hat er folgendes Aussehen:

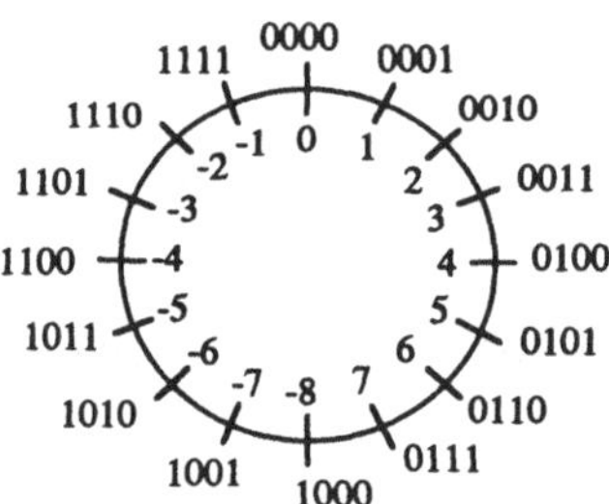

Abb. 5.5. Zahlenkreis der Zweierkomplemente

Man erkennt, daß auch beim Zweierkomplement das Vorzeichen am höchstwertigen Bit ablesbar ist. Außerdem ist der Übergang zwischen positiven und negativen Zahlen am Zahlenkreis gut nachvollziehbar.

Wie die vorangehenden Beispiele gezeigt haben, hängt der Wertebereich der rechnerinternen Zahlendarstellung von der Codierungsart und von der Anzahl der Binärstellen ab. Die folgende Tabelle faßt die verfügbaren Zahlenbereiche als Funktion der Wortbreite für die beschriebenen Codierungsarten für ganze Zahlen zusammen.

Tabelle 5.5. Wertebereiche verschiedener Zahlencodes für Binärkombinationen der Breite N.

	Dual-code	Vorzeichen-/Betrag	Zweier-komplement
max. Zahl	$2^N - 1$	$2^{N-1} - 1$	$2^{N-1} - 1$
min. Zahl	0	$-\left(2^{N-1} - 1\right)$	-2^{N-1}
Auflösung	1	1	1

Im Bereich der Steuerungstechnik haben sich bestimmte Standards für die Zahlendarstellung durchgesetzt. Die kleinste, heute aber nur noch selten verwendete Wortbreite ist die Tetrade (4 Bit). Am häufigsten wird eine Zahlenbreite von einem Byte (8 Bit) oder einem Wort (16 Bit) eingesetzt. Bei besonders großem Zahlenbereich findet das Doppelwort (32 Bit) Verwendung. Im Steuerungsprogramm wird die Breite der Zahlendarstellung durch einen Kennbuchstaben gekennzeichnet, der an den Operandennamen angehängt wird. Die folgende Tabelle zeigt die Wertebereiche für verschiedene Zahlenbreiten und Zahlencodes.

Tabelle 5.6. Wertebereiche für verschiedene Wortbreiten

Zahlen-bereich	Dual-code	Vorzeichen-/Betrag	Zweier-komplement
Tetrade	0..15	-7..+7	-8..+7
Byte	0..255	-127..+127	-128..+127
Wort	0..65535	-32.767.. ..+32.767	-32.768.. ..+32.767
Doppel-wort	$0..4*10^9$	$-2*10^9$.. ..$+2*10^9$	$-2*10^9$.. ..$+2*10^9$

Die beschriebenen Zahlencodes dienen zur Darstellung ganzer Zahlen. Bei der Analogwertverarbeitung ist die Verwendung reeller Zahlen wünschenswert. Um auch reelle Zahlen darstellen zu können, müssen Binärstellen definiert werden, deren Wertigkeit eine negative

Zweierpotenz ist. Eine einfache Maßnahme hierzu ist die Einführung einer gedachten Kommaposition. Liegt die Kommaposition immer an der gleichen Stelle, erhält man eine *Festkommazahl*. Führt man in einer Binärsequenz z.B. folgende Kommaposition ein:

$$b_{N-1} \ldots b_k , b_{k-1} b_2 b_1 b_0 ,$$

so ergibt sich im Zweierkomplement-Festkommacode der Wert:

$$B_F = -b_{N-1} 2^{N-1-k} + \ldots + b_k 2^0 + b_{k-1} 2^{-1} + \ldots + b_0 2^{-k}$$

Beispiel 5.5. Festkommazahl
Gegeben sei die 8-stellige Binärkombination mit 1011 0110. Als Zweierkomplement interpretiert entspricht die Kombination der Dezimalzahl -74.
Es sollen nun $k=5$ Stellen als Nachkommastellen interpretiert werden. Das Codewort 101,10110 entspricht dann dem Wert

$$B_F = -2^2 + 2^0 + 2^{-1} + 2^{-3} + 2^{-4}$$
$$= -4 + 1 + 0,5 + 0,125 + 0,0625$$
$$= -2,3125 = -74/32$$

□

Der darstellbare Zahlenbereich hängt bei Festkommazahlen neben der Wortbreite N auch von der Anzahl der Nachkommastellen k ab. Bei fester Wortbreite ist ein Austausch zwischen der Größe des Zahlenbereichs und der Auflösung möglich. Die Auflösung steigt mit der Anzahl der Nachkommastellen, der verfügbare Wertebereich geht zurück.

Tabelle 5.7. Wertebereiche bei Festkommazahlen. (N Stellen, k Nachkommastellen)

	allgemein	N=8, k=5	N=8, k=2
max. Zahl	$2^{N-1-k} - 2^{-k}$	3,96875	31,75
min. Zahl	-2^{N-1-k}	-4,0	-32,0
Auflösung	2^{-k}	0,03125	0,125

Um eine gegebene Wortbreite optimal ausnutzen zu können, wäre es erforderlich, die

Kommaposition nach Bedarf zu verschieben. Dies würde bei Festkommazahlen einen sehr großen organisatorischen Aufwand zur Programmierung von Zahlenverarbeitungen mit sich bringen. Zur einfachen Verarbeitung von Zahlen mit variabler Kommaposition wurden Formate für *Gleitkommazahlen* definiert. Bei einer binär codierten Gleitkommazahl enthält ein Teil der Binärstellen die Mantisse, der Rest den Exponenten. Das Codewort

$$e_{P-1}e_{P-2}...e_1 e_0 m_0 m_1 ... m_{Q-2} m_{Q-1}$$

entspricht dem Wert:

$$B_G = M \cdot 2^E$$
$$M = -m_0 2^0 + m_1 2^{-1} + ... + m_{Q-1} 2^{-Q-1}$$
$$E = -e_{P-1} * 2^{P-1} + e_{P-2} * 2^{P-2} + ... + e_1 * 2^1 + e_0 * 2^0$$

Mantisse und Exponent werden als Zweierkomplementzahl dargestellt, so daß sowohl positive (Mantisse positiv) und negative (Mantisse negativ) Zahlen darstellbar sind, als auch sehr große (Exponent positiv) und sehr kleine Zahlen (Exponent negativ).

Die Zahlen werden normalisiert, d.h. die Darstellung wird durch Veränderung des Exponenten immer so gewählt, daß der Betrag der Mantisse zwischen 0,5 und 1 liegt.

Beispiel 5.6. Normalisierung
Gegeben sei eine Gleitkommazahl mit einem Exponenten der Länge $P=8$ und einer Mantisse der Länge $Q=24$. Die Länge des Binärvektors ist daher $N=P+Q=32$
Dem Codewort:

$$\underbrace{0001.0101.}_{E}\underbrace{1011.0000.0000.0000.0000.0000}_{M}$$

entspricht daher die reelle Zahl:

$$E = 2^4 + 2^2 + 2^0 = 16 + 4 + 1 = 21$$
$$M = -2^0 + 2^{-2} + 2^{-3} = -1 + 0,25 + 0,125 = -0,625$$
$$B_G = -0,625 * 2^{21} = -0,625 * 2 * 10^6 * 1.024^2$$
$$= -1,31072 * 10^6 = -1310720 \quad .$$

□

Die Verarbeitung von Gleitkommazahlen wird in der Steuerungstechnik oft als „Analogwertverarbeitung" bezeichnet. Dies ist irreführend, da zwar eine sehr hohe, für praktische Anwendung ausreichende Auflösung erreicht wird (z.B. $0,147*10^{-38}$ bei $P=7$), aber die Zahlenwerte bleiben digital. Eine wirkliche Analogwertverarbeitung ist nur im Analogrechner möglich, wo Zahlen durch analoge Größen (z.B. elektrische Spannungen) dargestellt werden.

Die Interpretation längerer Binärvektoren als dezimale Zahlenwerte ist für den Menschen meist problematisch. Es wurden deshalb spezielle Codes geschaffen, die für eine anschauliche Interpretation besser geeignet sind. Bei den binär codierten Dezimalzahlen (BCD-Code) werden dezimale Zahlen stellenweise in Binärkombinationen umgesetzt. Jede dezimale Stelle kann die 10 Werte 0 bis 9 annehmen. Zur Codierung jeder Dezimalstelle werden 4 Bit (eine Tetrade) benötigt. Beim 8-4-2-1-Code besitzt jedes Bit innerhalb der Tetrade die Wertigkeit einer Zweierpotenz. Die Tetrade darf die Werte 0000 bis 1001 annehmen. Die Werte 1010 bis 1111 entsprechen den Zahlenwerten 10 bis 15, die bei einstelligen Dezimalzahlen nicht benötigt werden und daher im 8-4-2-1-BCD-Code nicht zulässig sind.

Beispiel 5.7. BCD-Code
a) Zur Darstellung der dezimalen Zahl 77 werden 8 Bit benötigt: $77 = 0111\ 0111_{BCD}$
b) Das Codewort 0111 1011 ist als BCD-Code unzulässig, da der Wert 1011 keiner einstelligen Dezimalzahl entspricht.
c) Der BCD-Code der Zahl 25883 lautet

$$\underbrace{0010}_{2}\underbrace{0101}_{5}\underbrace{1000}_{8}\underbrace{1000}_{8}\underbrace{0011}_{3}$$

□

Da nicht alle Kombinationen zugelassen sind, benötigt der BCD-Code für den gleichen darzustellenden Zahlenbereich mehr Binärstellen als der Dualcode. Im Dualcode können mit $N=4*L$ Stellen Zahlen bis $2^N - 1 = 2^{4L} - 1 \approx 10^{1,2L}$ dargestellt werden. Mit der gleichen Anzahl von Binärstellen sind im BCD-Code nur Zahlen bis $10^L - 1$ darstellbar.

Neben dem beschriebenen 8-4-2-1-Code gibt es eine Reihe weiterer BCD-Codes, die für unterschiedliche Anwendungsfälle angepaßt sind. Eine zusammenfassende Übersicht findet man z.B. in /Borucki 1977, S.21/.

Da ein und dieselbe Bitkombination sehr unterschiedlichen Zahlen entsprechen kann, ist bei der Zahlenverarbeitung sehr genau auf das richtige Zahlenformat zu achten. Dies gilt für die Verarbeitung von Zahlenoperanden, die vom gleichen Typ sein müssen und für die Verwendung von Konstanten.

Um Zahlen aus einem Format in ein anderes umzuwandeln sind bitorientierte Umformungen erforderlich. Sie setzen eine exakte Kenntnis der rechnerinternen Codierung voraus. Diese Art der Verarbeitung ist oft sehr fehlerträchtig. Wenn möglich sollte sie deshalb vermieden werden. Dem kommt entgegen, daß Zahlenumformatierungen nur selten benötigt werden. In den verschiedenen Steuerungen stehen zum Teil fertige Umwandlungsbefehle oder Umwandlungsbausteine zur Verfügung.

5.2 ZAHLENVERARBEITUNG

5.2.1 ZAHLENVERGLEICH

Die einfachste Art Zahlen zu verarbeiten ist der Zahlenvergleich. Bei der Durchführung von Zahlenvergleichen in Rechnern ist es zwingend erforderlich, daß die zu vergleichenden Zahlen im gleichen Format vorliegen. Das Ergebnis des Vergleichs ist ein Binärwert, der mit anderen Binärwerten logisch verknüpft werden kann.

Tabelle 5.8. Vergleichsoperationen

Operation	IEC	AWL DIN	STEP5	ST IEC
Gleich	EQ	GL	! =	=
Ungleich	NE		> <	< >
Größer	GT	GR	>	>
Größer gleich	GE	GRG	> =	> =
Kleiner	LT	KL	<	<
Kleiner gleich	LE	KLG	< =	> =

Jede zahlenverarbeitende SPS stellt Vergleichs-operanden zur Verfügung, aber nicht alle Steuerungen bieten den vollständigen Satz von Vergleichsoperatoren. Sind aber mindestens drei Vergleichsoperatoren vorhanden, können die übrigen aus diesen mit Hilfe binärer Verknüpfungen zusammengesetzt werden.

Die Anwendung der Vergleichsoperatoren ermöglicht den Aufbau einfacher Zahlenverarbeitungsfunktionen, wie z.B. Regler mit schaltenden Kennlinien, Grenzwertüberwachungen etc.

Beispiel 5.8. Funktionsanwahl im Einrichtbetrieb.
Zur Realisierung eines Einrichtbetriebes sollen die Stellglieder über Nummern angewählt werden. Diese werden an einem dezimalen Rändelschalter eingegeben.
Die am Rändelschalter eingegebene Zahl steht binär codiert als EW12 zur Verfügung. Wird der Start-Taster (E0.3) betätigt, soll das entsprechende Stellglied aktiviert werden. Es ist daher ein Zahlenvergleich für jedes Stellglied erforderlich.

Abb. 5.6. Bedienelemente für den Einrichtbetrieb

Ist beispielsweise der Ausgang A1.12 dem Zahlenwert 27 zugeordnet, lautet das zugehörige Programmstück:

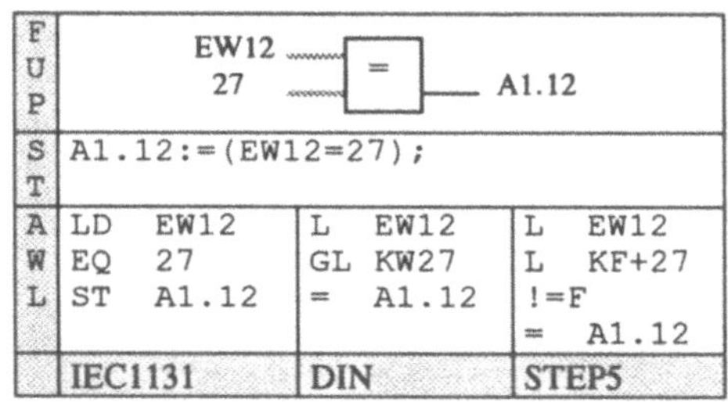

F U P	EW12 27 = A1.12		
S T	A1.12:=(EW12=27);		
A W L	LD EW12 EQ 27 ST A1.12	L EW12 GL KW27 = A1.12	L EW12 L KF+27 !=F = A1.12
	IEC1131	DIN	STEP5

Abb. 5.7. Programme zum Zahlenvergleich

Beispiel 5.9. Temperaturregler mit Hysterese,
Mit Hilfe eines schaltenden Ventils soll die Temperatur in einem Raum geregelt werden.

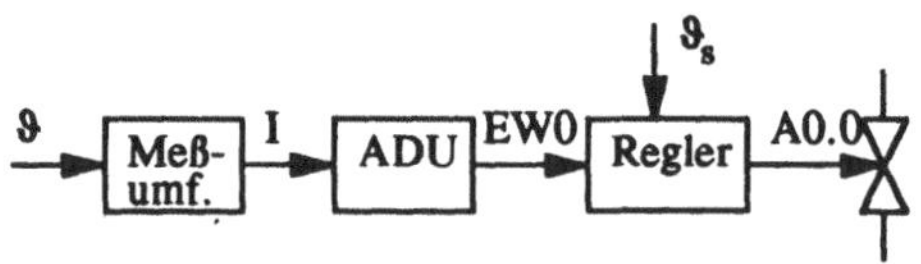

Abb. 5.8. Schaltende Temperaturregelung

Die Temperatur wird dazu mit Hilfe eines Sensors aufgenommen und in einem Meßumformer in ein elektrisches Signal gewandelt. In einer Steuerung wird das Signal in einen Zahlenwert gewandelt und mit dem Sollwert verglichen. Liegt die Temperatur unterhalb des Sollwertes wird das Ventil geöffnet. Liegt sie darüber, wird das Ventil geschlossen. Für den Soll-/Istwertvergleich in der Steuerung muß der Zusammenhang zwischen der physikalischen

Größe, also der Temperatur und dem zugehörigen rechnerinternen Zahlenwert bekannt sein. Im gegebenen Beispiel liege der Temperaturwert zwischen 10°C und 50°C. Der Meßumformer liefert ein Stromsignal zwischen 0 und 20 mA, das dann in einen Zahlenwert von 0-200 gewandelt wird. Der Zusammenhang wird durch folgendes Bild verdeutlicht.

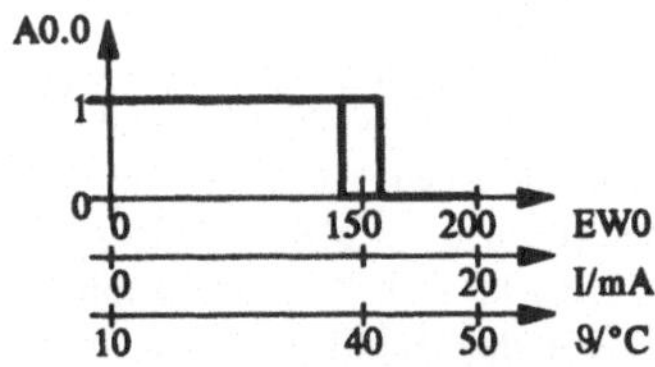

Abb. 5.9. Schaltkennlinie mit Hysterese

Der zu einer bestimmten Temperatur gehörende Zahlenwert ergibt sich also aus:

$$EW0 = \frac{\vartheta - 10°C}{50°C - 10°C} \cdot 200$$

Die Temperatur soll auf den Wert von 40°C geregelt werden. Damit in der Nähe des Sollwertes nicht ständig Schaltvorgänge auftreten, soll die Schaltkennlinie eine Hysterese von +/-2°C besitzen. Ein Temperatursollwert von 40°C entspricht dem Zahlenwert 150. Die Hysterese von +/-2°C entspricht dem Zahlenwert +/-10. Nach dieser Umrechnung kann der schaltende Regler mit Hilfe eines einfachen Zahlenvergleichs realisiert werden.

FUP				

	EW0
	140
	
	160
		`<`
		
		`>`
			
			S
			R Q
				
				A0.0

ST	`if EW0<140 then A0.0:=true;` `if EW0>160 then A0.0:=false;`			

AWL	`LD   EW0`
	`LT   140`
	`S    A0.0`
	
	`LD   EW0`
	`GT   160`
	`R    A0.0`
		`L    EW0`
		`KL   KW140`
		`A    A0.0`
		
		`L    EW0`
		`GR   KW160`
		`R    A0.0`
			`L    EW0`
			`L    KF+140`
			`<F`
			`S    A0.0`
			`L    EW0`
			`L    KF+160`
			`>F`
			`R    A0.0`	

	IEC1131	DIN	STEP5	

Abb. 5.10. Schaltender Regler mit Hysterese

5.2.2 Arithmetische Operatoren

Zur Realisierung weitergehender Zahlenverarbeitungsfunktionen werden arithmetische Verknüpfungen benötigt. Diese stehen als elementare Befehle oder als Funktionsbausteine zur Verfügung.

Tabelle 5.9. Arithmetische Operationen

Operation	AWL			ST
	IEC	DIN	STEP5	IEC
Addition	ADD	ADD	+F	+
Subtraktion	SUB	SUB	-F	-
Multiplikation	MUL	MUL	*F	*
Division	DIV	DIV	/F	/

Arithmetische Verknüpfungen liefern einen Zahlenwert als Ergebnis. Neben dem Fehlerfall einer Zahlenbereichsüberschreitung kann es noch zu anderen Ergebniskonstellationen kommen, die für eine Auswertung im Programm von Interesse sind. Es stehen dazu verschiedene Flags zur Verfügung.

Bei jeder arithmetischen Verknüpfung zweier digitaler Zahlenwerte kann es zu einem Überlauf kommen, wenn nämlich das Ergebnis größer ist, als die maximal darstellbare Zahl oder wenn es kleiner ist, als die minimal darstellbare Zahl. Der Überlauf wird durch das Carry-Flag signalisiert. Wenn ein Überlauf nicht durch andere Maßnahmen ausgeschlossen wird, muß nach einer arithmetischen Verarbeitung auf Überlauf geprüft werden. Weitere Flags signalisieren negative oder positive Ergebnisse oder den Wert 0 als Ergebnis.

Tabelle 5.10. Sprungbefehle

Bedingung	AWL			ST
	IEC	DIN	STEP5	IEC
gleich 0	-	-	SPZ	-
ungleich 0	-	-	SPN	-
positiv	-	-	SPP	-
negativ	-	-	SPM	-
Überlauf	-	-	SPO	-

Die Auswertung der Flags erfolgt im allgemeinen mit Hilfe der Sprungbefehle. Die Sprünge werden bei gesetzten zugehörigen Flags ausgeführt.Besondere Vorsicht ist bei der Multiplikation und Division von Festkommazahlen angebracht. Bei der Multiplikation zweier Festkommazahlen tritt eine Zahlenbereichsüberschreitung mit großer Wahrscheinlichkeit auf. Um diese abzufangen, hat das Ergebnis hier grundsätzlich die doppelte Breite, wie die beiden Ausgangswerte. Damit bei weiteren Multiplikationen die Wortbreite nicht weiter anwächst, ist nach der Multiplikation eine Rundung erforderlich, indem die untere Ergebnishälfte separat ausgewertet wird.

Bei der Division von Festkommazahlen besteht das Ergebnis aus zwei Teilen: dem Quotienten und dem Rest. Der Akkumulator 1 enthält den Quotienten, der Akkumulator 2 oder das Hilfsregister den Rest. Um bei einer Division keine unnötig hohen Rundungsfehler zu produzieren, sollte der Rest nicht vernachlässigt, sondern weiter verarbeitet werden. Ein Beispiel soll diese Möglichkeit demonstrieren.

Beispiel 5.10. Mittelwertbildung von Festkommazahlen mit Restberücksichtigung
An den drei Eingangsbyte EB1, EB2 und EB3 liegen Zahlenwerte zwischen 0 und 255 an. Die Werte sollen gemittelt werden. Im allgemeinen werden die drei Werte dazu aufaddiert und durch die Anzahl, also durch 3, dividiert. Sofern mit Registern einer Breite von 8 Bit gearbeitet wird, kann es bei der Addition aber zu einem Überlauf kommen. Dieser wird vermieden, wenn jeder Wert zuerst durch 3 dividiert und die Quotienten dann addiert werden. Wegen der Vernachlässigung des Divisionsrestes kann es dabei aber zu vermeidbaren Fehlern kommen. Haben die Eingangsbytes z.B. die Werte 100, 101 und 103, so lauten die Quotienten 33, 33 und 34. Deren Summe ergibt 100 und weicht unnötig stark vom tatsächlichen Mittelwert (101,33) ab. Der Fehler kann durch Berücksichtigung der Divisionsreste auf das durch die Quantisierung vorgegebene Maß reduziert werden. Die Mittelwertberechnung mit Restberücksichtigung erfolgt nach folgender Formel:

$$M := \big(\!\left(EB1 \, div \, 3\right) + \left(EB2 \, div \, 3\right) + \left(EB3 \, div \, 3\right)\big) +$$
$$+ \big(\!\left(EB1 \, mod \, 3\right) + \left(EB2 \, mod \, 3\right) + \left(EB3 \, mod \, 3\right) + 1\big) \, div \, 3$$

Dabei bezeichnet *div* den ganzzahligen Anteil der Division und *mod* den Divisionsrest. Die Addition von 1 bei den Resten dient zur Rundung des Ergebnisses. Das Gesamtergebnis wird dadurch nach oben oder unten gerundet, so daß der maximale Fehler nur 0,33 beträgt.
Das folgende Programm zeigt die Umsetzung dieser Berechnung. Nach der Division steht das Divisionsergebnis im Akku1. Es wird im MB3 zwischengespeichert und im MB1 aufaddiert. Der Divisionsrest steht im Akku2. Er wird mit Hilfe des Befehls TAK in den Akku1 getauscht und im MB2 aufaddiert.

```
0001   NAME:Mittelwert mit Rest
0002        :L     EB    1     # 1.Wert
0003        :L     KF    +3
0004        :/F
0005        :T     MB    1
0006        :TAK
0007        :T     MB    2
0008        :L     EB    2     # 2.Wert
0009        :L     KF    +3
0010        :/F
0011        :T     MB    3
0012        :TAK
0013        :L     MB    2
0014        :+F
0015        :T     MB    2
0016        :L     MB    1
0017        :L     MB    3
0018        :+F
0019        :T     MB    1
0020        :L     EB    3     # 3.Wert
0021        :L     KF    +3
0022        :/F
0023        :T     MB    3
0024        :TAK
0025        :L     MB    2
0026        :+F
0027        :T     MB    2
0028        :L     MB    1
0029        :L     MB    3
0030        :+F
0031        :T     MB    1
0032        :L     MB    2     # Rest
0033        :L     KF    +1    # Rundung
0034        :+F
0035        :L     KF    +3
0036        :/F
0037        :L     MB    1
0038        :+F
0039        :T     MB    1
```

□

Sollen in einer Steuerung mit Festkommaarithmetik reelle Zahlenkonstanten verarbeitet werden, müssen diese als Brüche ganzer Zahler approximiert werden. Bei der Multiplikation mit dem Zähler muß dann auf eine mögliche Zahlenbereichsüberschreitung und bei der Division durch den Nenner auf einen möglichst kleinen Rundungsfehler geachtet werden. Zähler und Nenner des Bruchs werden dazu in geeigneter Weise faktorisiert, so daß sich die Gesamtverarbeitung aus einer Sequenz abwechselnder Multiplikationen und Divisionen zusammensetzt.

Beispiel 5.11. Volumenberechnung
Mit Hilfe einer Steuerung wird die Füllhöhe zylindrischer Behälter erfaßt. Aus der momentanen Füllhöhe h und dem als Parameter r eingebenen Radius soll das Füllvolumen V berechnet und auf einer Anzeige ausgegeben werden.

$$V = \pi \cdot r^2 \cdot h \quad .$$

Der Radius liege im Bereich von 0,3 m bis 0,5 m. Er wird im Merkerwort MW10 in cm als Parameter fest eingestellt. Die zeitveränderliche Füllhöhe wird als Eingangswort EW0 ebenfalls in cm erfaßt. Das Volumen soll in Litern berechnet und als AW0 ausgegeben werden. Die Berechnungsformel mit Angabe der richtigen Einheiten lautet daher:

$$AW0 = \pi \cdot \left(\frac{MW10}{100}\right)^2 \cdot \left(\frac{EW0}{100}\right) \cdot 1000 \quad .$$

Die reelle Konstante π wird als Bruch ganzer Zahlen angenähert: $\pi \approx 3{,}15 = (9 \cdot 7) / (20)$.
Die Berechnungsvorschrift zur Bestimmung des Volumens kann damit folgendermaßen für die Programmierung in Festkommaarithmetik umgesetzt werden:

$$AW0 = MW10 \cdot \frac{MW10}{10} \cdot \frac{EW0}{10} \cdot \frac{9}{10} \cdot \frac{7}{20} \quad .$$

Die erforderlichen Rechenschritte im Programm und die dabei auftretenden Zahlenwerte zeigt die folgende Tabelle

Tabelle 5.11. Programm und Zahlenbeispiele zur Volumenberechnung

Programm			Zahlenbeispiele	
			r=0,50 m h=1,00 m V=785,4 L	r=0,30 m h=0,01 m V=2,8 L
001	:L	MW10	50	30
002	:L	MW10	50	30
003	:*F		2500	900
004	:L	KF10	10	10
005	:/F		250	90
006	:L	EW0	100	1
007	:*F		25000	90
008	:L	KF10	10	10
009	:/F		2500	9
010	:L	KF9	9	9
011	:*F		22500	81
012	:L	KF10	10	10
013	:/F		2250	8
014	:L	KF7	7	7
015	:*F		15750	56
016	:L	KF20	20	20
017	:/F		787	2
018	:T	AW0		

Wie die Ergebnisse zeigen, kann durch die Faktorisierung der Zahlenwerte sowohl eine Bereichsüberschreitung als auch eine zu starke Verfälschung der Ergebnisse infolge Rundung vermieden werden.   □

5.2.3 ARITHMETISCHE ALTERNATIVE

Mit Hilfe der Zahlenverarbeitung läßt sich ein weiteres Sprachelement der strukturierten Programmierung einführen, die arithmetische Alternative. Bei ihr gibt es mehrere Anweisungsblöcke, von denen genau einer ausgeführt werden soll. Die Auswahl des auszuführenden Blockes erfolgt über eine Zahlenvariable.

Zu jedem Anweisungsblock gehört entweder ein einziger Zahlenwert, oder mehrere Zahlenwerte oder ein Zahlenbereich. Jeder Zahlenwert darf höchstens einem Anweisungsblock zugeordnet sein. Bei der Ausführung der arithmetischen Alternative wird der aktuelle Zahlenwert der abgefragten Zahlenvariablen ermittelt und der zu diesem Wert gehörende Anweisungblock ausgeführt.

In strukturiertem Text dient die Case-Anweisung zur Realisierung der arithmetischen Alternative.

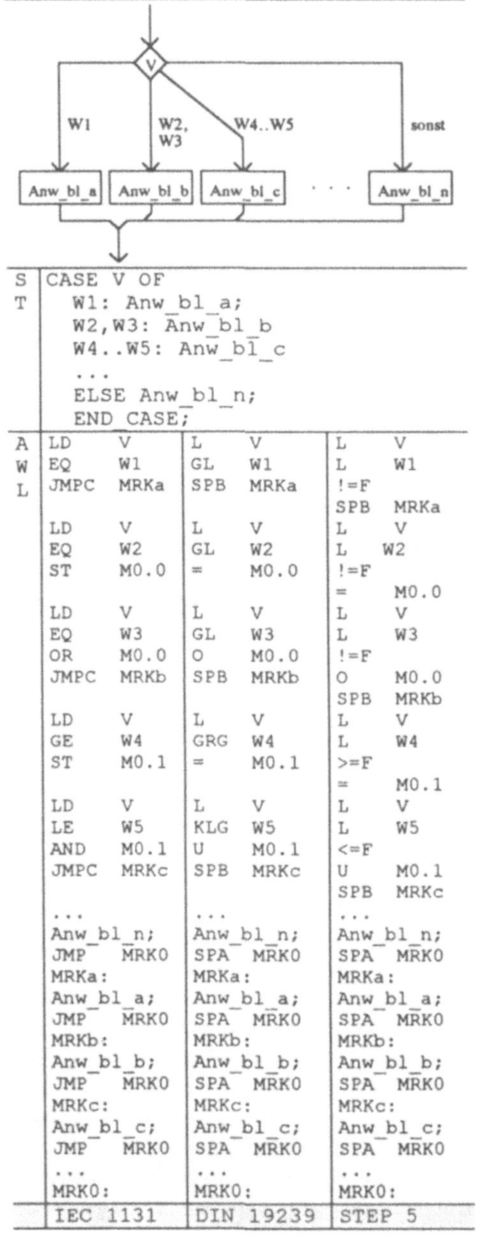

S T	CASE V OF
	  W1: Anw_bl_a;
	  W2,W3: Anw_bl_b
	  W4..W5: Anw_bl_c
	  ...
	  ELSE Anw_bl_n;
	  END_CASE;		

A W L			
LD V	L V	L V
EQ W1	GL W1	L W1
JMPC MRKa	SPB MRKa	!=F
		SPB MRKa
LD V	L V	L V
EQ W2	GL W2	L W2
ST M0.0	= M0.0	!=F
		= M0.0
LD V	L V	L V
EQ W3	GL W3	L W3
OR M0.0	O M0.0	!=F
JMPC MRKb	SPB MRKb	O M0.0
		SPB MRKb
LD V	L V	L V
GE W4	GRG W4	L W4
ST M0.1	= M0.1	>=F
		= M0.1
LD V	L V	L V
LE W5	KLG W5	L W5
AND M0.1	U M0.1	<=F
JMPC MRKc	SPB MRKc	U M0.1
		SPB MRKc
...	...	...
Anw_bl_n;	Anw_bl_n;	Anw_bl_n;
JMP MRK0	SPA MRK0	SPA MRK0
MRKa:	MRKa:	MRKa:
Anw_bl_a;	Anw_bl_a;	Anw_bl_a;
JMP MRK0	SPA MRK0	SPA MRK0
MRKb:	MRKb:	MRKb:
Anw_bl_b;	Anw_bl_b;	Anw_bl_b;
JMP MRK0	SPA MRK0	SPA MRK0
MRKc:	MRKc:	MRKc:
Anw_bl_c;	Anw_bl_c;	Anw_bl_c;
JMP MRK0	SPA MRK0	SPA MRK0
...	...	...
MRK0:	MRK0:	MRK0:
IEC 1131	DIN 19239	STEP 5

Abb. 5.11. Arithmetische Alternative

Beispiel 5.12. Realisierung einer Schrittkette mit der Case-Anweisung

Der folgende Ablauf zur Steuerung einer Bohrmaschine (Beispiel 3.12) soll mit Hilfe der Case-Anweisung programmiert werden.

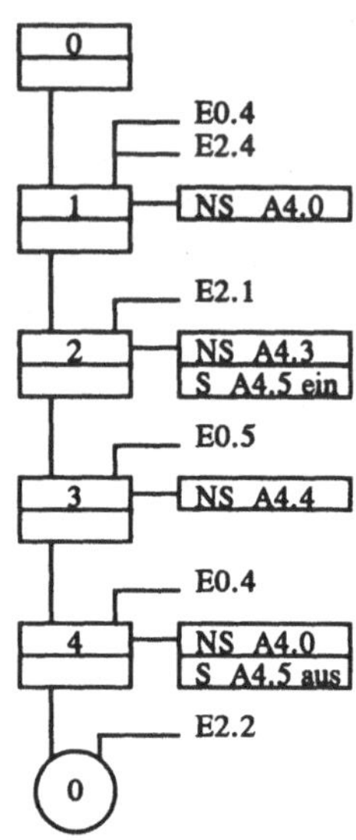

Abb. 5.12. Schrittkette der Bohrmaschinensteuerung

Statt jedem Schritt einen binären Merker zuzuordnen wird nun eine Zustandsvariable eingeführt, die die Werte von 0 bis 4 annehmen kann. Mit Hilfe der Case-Anweisung wird dann nur die Weiterschaltbedingung abgefragt, die zu dem momentan aktiven Schritt gehört. Man erhält folgendes Programm.

```
PROGRAM Bohrmaschine
VAR Z: Int :=0 ; END_VAR
CASE z OF
  0: IF E0.4 and E2.4 THEN Z:=1;
     END_IF
  1: IF E2.1 THEN Z:=2; A4.5:=1;
     END_IF
  2: IF E0.5 THEN Z:=3;
     END_IF
  3: IF E0.4 THEN Z:=4; A4.5:=0;
     END_IF
  4: IF E2.2 THEN Z:=0;
     END_IF
END_CASE
A4.0:=(Z=1) or (Z=4);
A4.3:=(Z=2);
```

```
A4.4:=(Z=3);
END_PROGRAM
```

Bei der Ansteuerung der Ausgänge A4.0, A4.3 und A4.4 wird der Zustand mit bestimmten Werten verglichen. Das Vergleichsergebnis ist ein Wahrheitswert, der entweder logisch verknüpft oder einer binären Variablen, im vorliegenden Fall einem Ausgang, zugewiesen werden kann.

Der Ausgang A4.5 wird laut Schrittkette speichernd angesteuert. Im Programm wird dies erreicht, indem für das Setzen eine "1" und für das Rücksetzen eine "0" zugewiesen wird. Diese Zuweisung bleibt so lange gültig, bis ein neuer Wert zugewiesen wird, hat also speichernde Wirkung. □

Beispiel 5.13. Programmierung eines parallelen Ablaufs.
Es soll nun der Ablauf der Fertigungslinie (Beispiel 3.5b) programmiert werden.

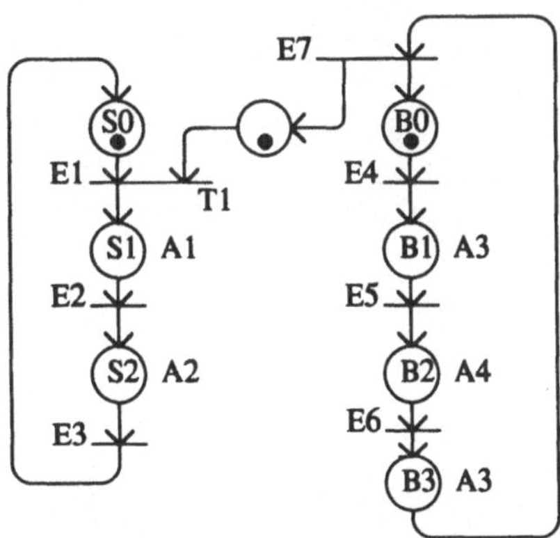

Abb. 5.13. Petri-Netz für die Fertigungslinie

Der linke Teil des Ablaufs steuert den Schieber, der rechte die Prägemaschine. Der Ablauf enthält parallele Aktionen. Für jeden parallelen Zweig wird eine Zustandsvariable benötigt. Die Synchronisation der beiden Abläufe erfolgt über den binären Merker Syn.
Man erhält folgendes Programm.

```
PROGRAM Prägemaschine
VAR Z_s,Z_b: Int :=0 ;
    Syn: BOOL:=1; END_VAR
CASE z_s OF
  0: IF E1 and Syn THEN
```

```
         Z_s:=1; Syn:=0; END_IF
  1: IF E2 THEN Z_s:=2; END_IF
  2: IF E3 THEN Z_s:=0; END_IF
  END_CASE
A1:=(Z_s=1);
A2:=(Z_s=2);
CASE z_b OF
  0: IF E4 THEN Z_b:=1; END_IF
  1: IF E5 THEN Z_b:=2; END_IF
  2: IF E6 THEN Z_b:=3; END_IF
  3: IF E7 THEN Z_b:=0;
                Syn:=1; END_IF
  END_CASE
A3:=(Z_b=1) or (Z_b=3);
A4:=(Z_b=2);
END_PROGRAM
```

□

5.2.4 ARITHMETISCHE SCHLEIFE

Ein weiteres bei der Zahlenverarbeitung benötigtes Sprachelement der strukturierten Programmierung ist die arithmetische Schleife. Mit ihrer Hilfe wird ein Anweisungblock für eine genau festgelegte Anzahl von Durchläufen wiederholt ausgeführt. Die arithmetische Schleife wird in strukturiertem Text durch die FOR-Anweisung realisiert.

```
FOR L_Var:=W0 TO W1 BY W2 DO
  Anweisungsblock;
  END_FOR;
```

Die Laufvariable L_Var wird zunächst auf den Startwert W0 initialisiert. Liegt die Laufvariable nicht über dem Endwert W1, wird der Anweisungsblock ausgeführt und die Laufvariable um die Schrittweite W2 erhöht. Die Ausführung des Anweisungsblocks und die anschließende Erhöhung der Laufvariablen um die Schrittweite wird so lange wiederholt, bis der Endwert W1 überschritten ist.

Damit die FOR-Anweisung ausführbar ist, müssen die Laufvariable sowie Startwert, Endwert und Schrittweite vom gleichen Datentyp sein. Wenn außerdem sichergestellt ist, daß die Laufvariable, Startwert, Endwert und Schrittweite im Anweisungsblock nicht verändert werden, liegt die Anzahl der Durchläufe durch die Schleife von vornherein fest.

Die Angabe einer Schrittweite kann entfallen, wenn mit einer Schrittweite von 1 gearbeitet werden soll.

Steht strukturierter Text nicht als Programmiersprache zur Verfügung, kann die arithmetische Schleife auch in AWL nachgebildet werden. Die folgende Tabelle enthält eine entsprechende Programmsequenz.

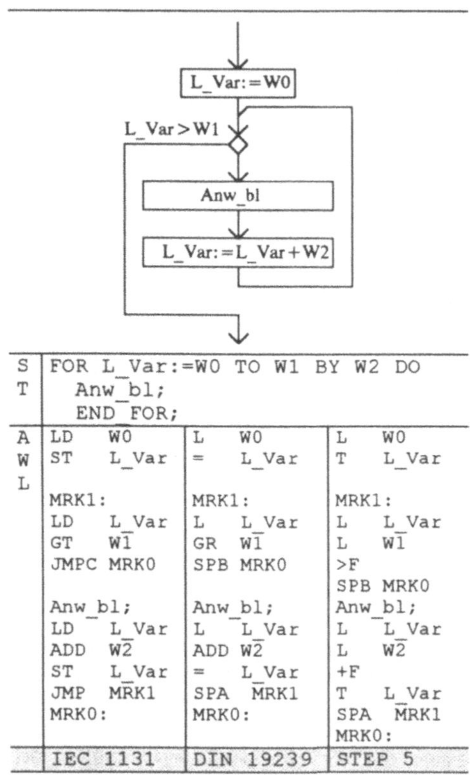

S T	FOR L_Var:=W0 TO W1 BY W2 DO
	  Anw_bl;
	  END_FOR;		

A W L	`LD    W0`
	`ST    L_Var`
	
	`MRK1:`
	`LD    L_Var`
	`GT    W1`
	`JMPC  MRK0`
	
	`Anw_bl;`
	`LD    L_Var`
	`ADD   W2`
	`ST    L_Var`
	`JMP   MRK1`
	`MRK0:`
		`L     W0`
		`=     L_Var`
		
		`MRK1:`
		`L     L_Var`
		`GR    W1`
		`SPB   MRK0`
		
		`Anw_bl;`
		`L     L_Var`
		`ADD   W2`
		`=     L_Var`
		`SPA   MRK1`
		`MRK0:`
			`L     W0`
			`T     L_Var`
			
			`MRK1:`
			`L     L_Var`
			`L     W1`
			`>F`
			`SPB   MRK0`
			
			`Anw_bl;`
			`L     L_Var`
			`L     W2`
			`+F`
			`T     L_Var`
			`SPA   MRK1`
			`MRK0:`

	IEC 1131	DIN 19239	STEP 5

Abb. 5.14. FOR-Schleife

5.3 BINÄRFELDSTEUERUNGEN

5.3.1 BINÄRFELDER

Durch die Zusammenfassung binärer Speicherstellen zu Gruppen können auch nichtbinäre Daten in Digitalrechnern dargestellt und verarbeitet werden. Die Gruppierung von Binärdaten zu Bytes oder Wörtern kann aber auch für die Verarbeitung geordneter binärer Daten vorteilhaft angewendet werden. Jedes Byte oder Wort läßt sich als ein Feld von Binärwerten interpretieren. Ein Byte ist ein Feld mit 8 Binärwerten (z.B. durchnumeriert von 0 bis 7); ein Wort ist ein Feld mit 16 Binärwerten:

```
Byte : array[0..7] of bool;
Word : array[0..15] of bool;
```

Der Mechanismus der Speicherung und Verarbeitung der Datenworte legt eine Ordnungsbeziehung zwischen den Binärinformationen fest. Diese Ordnungsbeziehung bleibt auch bei den Verarbeitungs- und Transferoperationen erhalten.

In vielen praktischen Aufgabenstellungen werden binäre Informationen vearbeitet, zwischen denen ebenfalls Ordnungsbeziehungen bestehen. Solche Beziehungen können räumlicher Natur sein, z.B. in Form von nebeneinander angeordneten Schaltern, oder zeitlicher Natur, z.B. in Form von nacheinander aufgenommenen Binärdaten.

Bildet man die Ordnungsbeziehung der externen, zeitlich oder räumlich geordneten Binärdaten auf die rechnerinternen Datenwörter ab, können die Daten als zusammenhängende Felder verarbeitet werden. Statt z.B. 16 einzelne binäre Verknüpfungen vorzunehmen, lassen sich diese durch einen einzigen wortverarbeitenden Befehl ausführen. Neben der beträchtlichen Steigerung der Rechengeschwindigkeit kann dadurch ein hohes Maß an Ordnung bei der Formulierung der Aufgaben und deren Umsetzung im Programm erreicht werden.

Die Äquivalente zu den (skalaren) logischen Verknüpfungen sind die logischen Verknüpfungen für Binärfelder. Sie werden jeweils auf zwei gleich lange Binärfelder angewendet. Je-

des Binärelement des Ergebnisfeldes ergibt sich als logische Verknüpfung.

Die Feldverknüpfung

```
AB0:= MB0 and MB2;
```

ist daher gleichbedeutend mit 8 einzelnen logischen Verknüpfungen:

```
for i:=0 to 7 do
    A0.i:=M0.i and M2.i;
```

In AWL stehen die Befehle UW, OW, XOW für die Verknüpfung binärer Felder zur Verfügung. Sie wirken auf die beiden wortbreiten Akkumulatoren 1 und 2. Sie werden stellenweise verknüpft und das Ergebnis wird wieder im Akkumulator 1 abgelegt. Die zu verarbeitenden Wörter müssen daher vorher in die Akkumulatoren geladen und das Ergebnis anschließend zu einem Merker oder Ausgang transferiert werden.

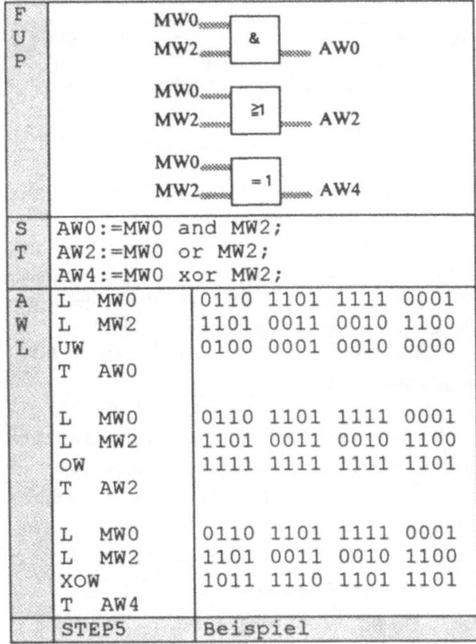

ST	AW0:=MW0 and MW2;	
	AW2:=MW0 or MW2;	
	AW4:=MW0 xor MW2;	

AWL	L	MW0	0110 1101 1111 0001
	L	MW2	1101 0011 0010 1100
	UW		0100 0001 0010 0000
	T	AW0	
	L	MW0	0110 1101 1111 0001
	L	MW2	1101 0011 0010 1100
	OW		1111 1111 1111 1101
	T	AW2	
	L	MW0	0110 1101 1111 0001
	L	MW2	1101 0011 0010 1100
	XOW		1011 1110 1101 1101
	T	AW4	
STEP5		Beispiel	

Abb. 5.15. Logische Verknüpfung von Binärfeldern

Beispiel 5.14. Rezeptanwahl über ein Bedienfeld
An einer verfahrenstechnischen Anlage kann mit Hilfe eines Bedienfeldes ein Rezept aus einer Liste von 16 Rezepten (R0 bis R15) ausgewählt werden.

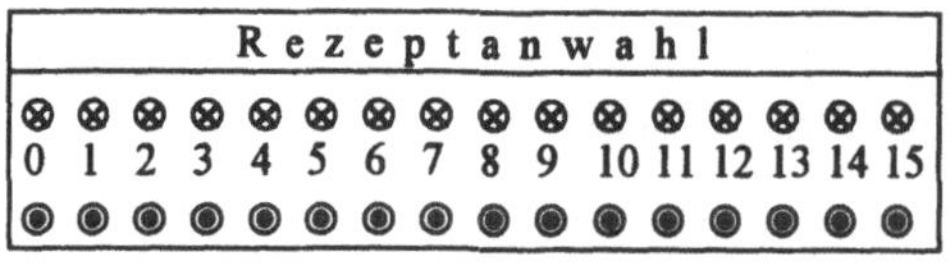

```
┌─────────────────────────────────────────┐
│            R e z e p t a n w a h l        │
│  ⊗  ⊗  ⊗  ⊗  ⊗  ⊗  ⊗  ⊗  ⊗  ⊗  ⊗  ⊗  ⊗  ⊗  ⊗  ⊗  │
│  0  1  2  3  4  5  6  7  8  9 10 11 12 13 14 15 │
│  ◉  ◉  ◉  ◉  ◉  ◉  ◉  ◉  ◉  ◉  ◉  ◉  ◉  ◉  ◉  ◉  │
└─────────────────────────────────────────┘
```

Abb. 5.16. Bedienfeld zur Rezeptanwahl

Abhängig vom Betriebszustand der Anlage, sind zu jedem Zeitpunkt nur bestimmte Rezepte für die Anwahl freigegeben. Sie werden dem Benutzer durch Leuchtdioden (LED) auf dem Bedienfeld angezeigt. Die Anwahl eines Rezeptes erfolgt nur dann, wenn der zugehörige Taster (E0.0 bis E1.7) betätigt wird und die LED leuchtet (A0.0 bis A1.7). Eine gültige Anwahl wird in den Merkern M0.0 bis M1.7 signalisiert. Die Anwahlmerker können durch 16 UND-Verknüpfungen berechnet werden.

Bit-Befehle				Wort-Befehle	
U	E0.0	U	E1.7	L	EW0
U	A0.0 . . .	U	A1.7	L	AW0
=	M0.0	=	M1.7	UW	
				T	MW0

Da alle Verknüpfungen die gleiche Struktur besitzen und die Operanden geordnet in Feldern vorliegen, können sie mit Hilfe der Wortverarbeitung zusammengefaßt werden. Dazu muß jede Binärstelle des Eingangswortes EW0 mit der zugehörigen Binärstelle des Ausgangswortes AW0 UND-verknüpft und das Ergebnis dem Merkerwort MW0 zugewiesen werden. □

Bei der Verarbeitung von Binärwertfeldern müssen oft Daten verschoben werden. Dies ist zum Beispiel der Fall, wenn die Binärfelder räumlich angeordneten Gegenständen entsprechen, die auf einem Transportsystem bewegt werden. Damit das Verschieben der Binärdaten nicht aufwendig bitweise erfolgen muß, gibt es auch hierfür Wortbefehle: das Schieben eines Wortes um eine Binärstelle nach links erfolgt mit dem Befehl SLW (Schiebe links Wort), das Schieben nach rechts mit SRW (Schiebe rechts Wort). Als zusätzlicher Parameter kann auch die Anzahl der Positionen, um die geschoben werden soll, mit angegeben werden.

Der Aufruf des Schiebebefehls in AWL bezieht sich immer auf den Akkumulator 1, in dem auch das Ergebnis gespeichert wird. Beim Schieben wird die frei werdende Binärstelle mit einer "0" aufgefüllt. Die herausgeschobene Binärstelle verfällt. Falls sie benötigt wird, muß sie vor dem Schieben gespeichert werden.

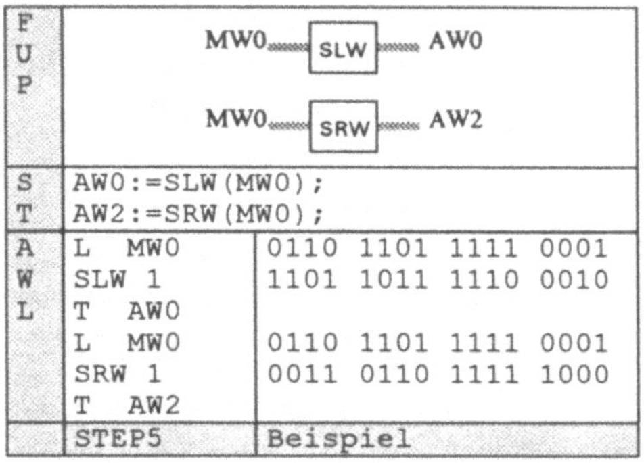

```
┌───┬─────────────────────────────────────────┐
│ F │                                           │
│ U │      MW0 ──▥ SLW ▥── AW0                   │
│ P │                                           │
│   │      MW0 ──▥ SRW ▥── AW2                   │
├───┼─────────────────────────────────────────┤
│ S │  AW0:=SLW(MW0);                            │
│ T │  AW2:=SRW(MW0);                            │
├───┼──────────────┬──────────────────────────┤
│ A │  L   MW0      │  0110 1101 1111 0001       │
│ W │  SLW 1        │  1101 1011 1110 0010       │
│ L │  T   AW0      │                            │
│   │  L   MW0      │  0110 1101 1111 0001       │
│   │  SRW 1        │  0011 0110 1111 1000       │
│   │  T   AW2      │                            │
├───┼──────────────┼──────────────────────────┤
│   │  STEP5        │  Beispiel                  │
└───┴──────────────┴──────────────────────────┘
```

Abb. 5.17. Anwendung der Schiebebefehle

Die Wort-Befehle zur Binärwertverarbeitung eröffnen viele sinnvolle Anwendungsmöglichkeiten. So wie bei der skalaren Binärwertverarbeitung aus den elementaren Verknüpfungen neue umfangreichere Verknüpfungsfunktionen, wie z.B. RS-Speicher, Flankenerkennung zusammengesetzt werden können, lassen sich auch bei den vektoriellen Befehlen Makrofunktionen einführen.

Viele Anwendungsfälle erfordern das gemeinsame Lesen oder Verändern mehrerer (aber nicht aller) Binärstellen innerhalb eines Wortes. Statt die erforderlichen Operationen einzeln auszuführen, können sie auch „auf einen Schlag" mit Hilfe einer Maske ausgeführt werden. Die Maske dient zur Ausblendung unbenötigter Informationen. Die interessierenden Binärstellen werden im Maskierungswort mit einer "1" belegt, die übrigen mit einer "0". Je nach Verknüpfungsfunktion können dann verschiedene Verarbeitungen mit Hilfe der Maske erfolgen.

Beim *maskierten Invertieren* werden bestimmte Binärstellen innerhalb eines Wortes invertiert, die anderen behalten ihren Wert bei. Die Maske wird an den zu invertierenden Stellen mit einer "1" belegt. Dann wird das zu verarbeitende Wort mit der Maske XOW-verknüpft.

FUP	MW0 / 16#0FF0 — [=1] — MW10	
ST	MW10:=MW10 xor 16#0FF0;	
AWL	L MW0	0110 1101 1111 0001
	L KH0FF0	0000 1111 1111 0000
	XOW	0110 0010 0000 0001
	T MW10	
	STEP5	Beispiel

Abb. 5.18. Maskiertes Invertieren

Ein Spezialfall des maskierten Invertierens ist die Invertierung eines kompletten Wortes. Die Maske enthält dann nur Einsen; das Ergebnis ist das Einserkomplement.

FUP	MW0 / 16#FFFF — [=1] — MW10	
ST	MW12:=MW0 xor 16#FFFF;	
AWL	L MW0	0110 1101 1111 0001
	L KHFFFF	1111 1111 1111 1111
	XOW	1001 0010 0000 1110
	T MW10	
	STEP5	Beispiel

FUP	MW0 — [▷o] — MW10	
ST	MW12:=not MW10;	
AWL	L MW0	0110 1101 1111 0001
	KEW	1001 0010 0000 1110
	T MW10	
	STEP5	Beispiel

Abb. 5.19. Bildung des Einserkomplements durch Maskierung oder durch einen eigenen Befehl

Die Bildung des Einserkomplements ist eine oft benötigte Funktion. Viele Steuerungssprachen stellen daher einen eigenen Befehl (z.B. KEW) für diese Operation zur Verfügung.

Beim *maskierten Lesen* wird überprüft, ob bestimmte Binärstellen eine "1" enthalten. Die Maske wird an den zu prüfenden Stellen mit einer "1" belegt. Wird das zu prüfende Wort mit der Maske bitweise UND-verknüpft, enthält das Ergebnis nur noch die Einsen der interessierenden Binärstellen. Der Vergleich des Ergebnisses mit dem Wert 0 liefert dann das gleiche Ergebnis, wie die ODER-Verknüpfung der zu überprüfenden Binärstellen.

FUP	MW0 / 16#0F50 — [&] — AW14	
ST	MW14:=MW0 and 16#0F50;	
AWL	L MW0	0110 1101 1111 0001
	L KH0F50	0000 1111 0101 0000
	UW	0000 1101 0101 0000
	T MW14	
	STEP5	Beispiel

Abb. 5.20. Prüfung der Bits 4, 6, 8-11 auf "1"

Sollen nicht die "1"-Werte bestimmter Binärstellen geprüft werden sondern die "0"-Werte, kann dies auf die gleiche Art erfolgen. Das zu prüfende Wort wird zuerst vollständig invertiert. Das daraus entstehende Einserkomplement wird dann auf "1"-Werte überprüft. Das Ergebniswort enthält überall dort eine "1", wo das zu prüfende Wort eine "0" enthielt. Enthält keine der zu prüfenden Binärstellen eine "0", so enthält das Ergebniswort keine "1".

FUP	MW0 — [▷o] / 16#0F50 — [&] — AW16	
ST	MW14:=not MW0 and 16#0F50;	
AWL	L MW0	0110 1101 1111 0001
	KEW	1001 0010 0000 1110
	L KH0F50	0000 1111 0101 0000
	UW	0000 0010 0000 0000
	T MW16	
	STEP5	Beispiel

Abb. 5.21. Prüfung der Bits 4, 6, 8-11 auf "0"

Ein weiterer Anwendungsfall ist das *maskierte Setzen oder Rücksetzen* von Binärstellen. Beim maskierten Setzen werden die zu setzenden Binärstellen in der Maske mit einer "1" belegt und das Datenwort mit der Maske bitweise ODER-verknüpft. Beim maskierten Rücksetzen wird das Wort mit einer Maske bitweise UND-verknüpft, die an den rückzusetzenden Stellen eine "0" enthält:

FUP		
	16#0048 ──── S	
	16#03C0 ──── R Q ──── MW0	
ST	MW0:=MW0 or 16#0048;	
	MW0:=MW0 and not 16#03C0;	
AWL	L MW0	0110 1101 1111 0001
	L KH0048	0000 0000 0100 1000
	OW	0110 1101 1111 1010
	T MW0	
	L MW0	0110 1101 1111 1010
	L KH03C0	0000 0011 1100 0000
	KEW	1111 1100 0011 1111
	UW	0110 1100 0011 0000
	T MW0	
STEP5	Beispiel	

Abb. 5.22. Maskiertes Setzen von Bit 3 und 6, maskiertes Rücksetzen von Bit 6-9.

Das maskierte Setzen und Rücksetzen kann als eine Erweiterung des skalaren RS-Speichers angesehen werden. Auch bei diesem Wort-RS-Speicher ist die zuletzt ausgeführte Operation, in diesem Fall, das Rücksetzen dominant.

Mit Hilfe der logischen Verknüpfung binärer Felder lassen sich auch *Signalwechsel* in Datenwörtern erkennen. Dazu muß das Datenwort zwischengespeichert werden. Das gespeicherte alte Wort wird dann mit dem neuen Datenwort wortweise Exklusiv-ODER-verknüpft. Das Ergebnis enthält überall dort eine "1", wo seit dem letzten Durchlauf ein Signalwechsel aufgetreten ist.

Sollen nur positive Flanken, also Signalwechsel von "0" nach "1" erkannt werden, wird das alte Datenwort zuerst negiert und dann mit dem neuen Datenwort UND-verknüpft. Diese Verknüpfung ist mit der skalaren positiven Flankenerkennung identisch:

eine positive Flanke ist aufgetreten, wenn der alte Wert "0" und der neue "1" ist.

Negative Flanken sind Signalwechsel von "1" nach "0". Sie werden erkannt, indem das neue Datenwort negiert und mit dem alten UND-verknüpft wird. Auch diese Verknüpfung deckt sich mit der skalaren Erkennung einer negativen Flanke.

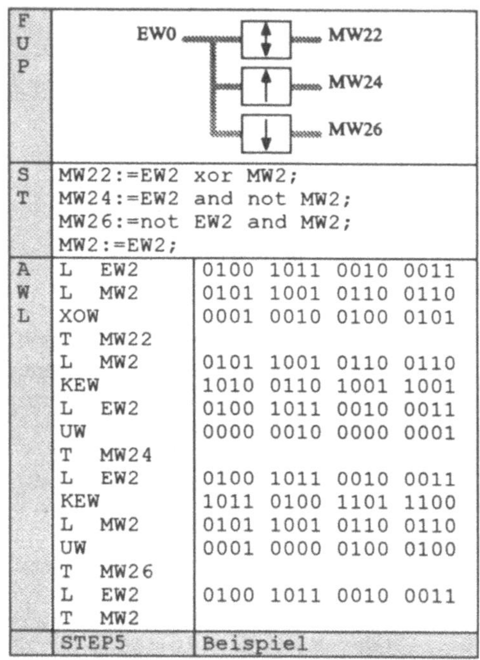

ST	MW22:=EW2 xor MW2;	
	MW24:=EW2 and not MW2;	
	MW26:=not EW2 and MW2;	
	MW2:=EW2;	
AWL	L EW2	0100 1011 0010 0011
	L MW2	0101 1001 0110 0110
	XOW	0001 0010 0100 0101
	T MW22	
	L MW2	0101 1001 0110 0110
	KEW	1010 0110 1001 1001
	L EW2	0100 1011 0010 0011
	UW	0000 0010 0000 0001
	T MW24	
	L EW2	0100 1011 0010 0011
	KEW	1011 0100 1101 1100
	L MW2	0101 1001 0110 0110
	UW	0001 0000 0100 0100
	T MW26	
	L EW2	0100 1011 0010 0011
	T MW2	
STEP5	Beispiel	

Abb. 5.23. Erkennung von Signalwechseln und Erkennung positiver und negativer Flanken.

Beispiel 5.15. Transportsystem mit 8 Arbeitspositionen.
Gegeben sei ein Transportsystem, das entlang einer Achse in zwei Fahrtrichtungen bewegt werden kann.
Über ein Tastenfeld kann eine der 8 Sollpositionen angewählt werden. Nach einer Anwahl soll sich der Transporter in die gewünschte Position bewegen und dort verharren, bis eine neue Anwahl erfolgt.

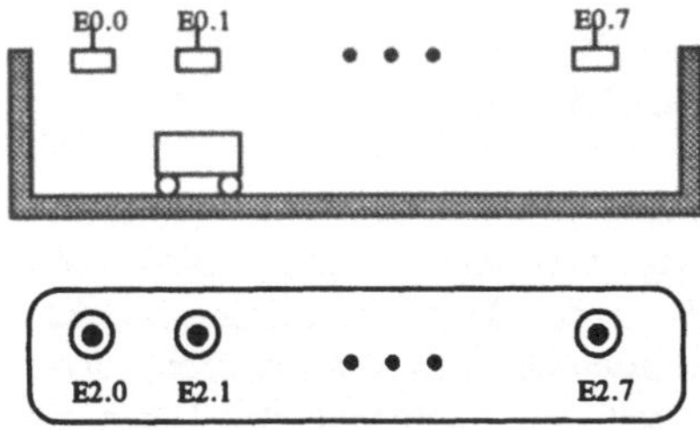

Abb. 5.24. Transportsystem mit 8 Arbeitspositionen

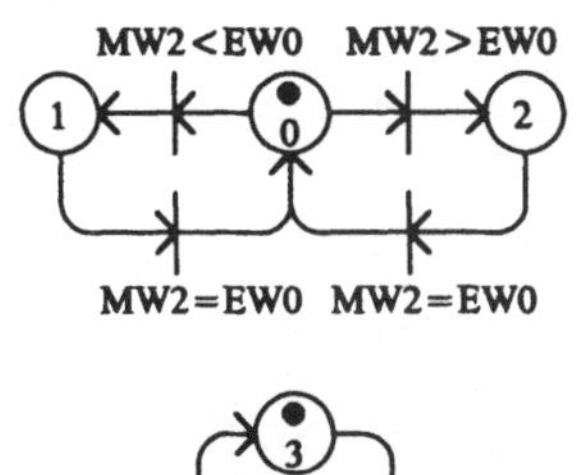

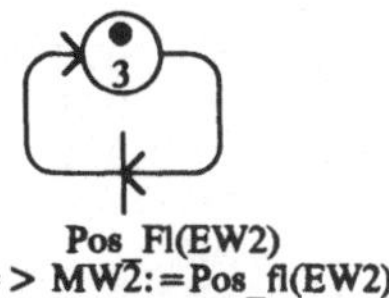

Abb. 5.25. Petri-Netz für das Transportsystem

Zur Vereinfachung der Aufgabenstellung wird zunächst davon ausgegangen, daß zu einem bestimmten Zeitpunkt höchstens eine Anforderung vorliegen kann. Erst wenn diese bearbeitet ist, darf die nächste Anforderung eingegeben werden. Diese Einschränkung ist in der Praxis für den Bediener natürlich sehr unkomfortabel. Sie wird deshalb später aufgehoben und durch praxisgerechtere Bedingungen ersetzt.

Die feste räumliche Anordnung der Positionssensoren kann bei der Verteilung der Soll- und Isteingänge an den Anschlußklemmen der Steuerung beibehalten werden. Die Solltaster werden deshalb als E2.0 bis E2.7 erfaßt. Die Istposition des Fahrzeugs wird über Näherungsschalter erfaßt, die an den Eingängen E0.0 bis E0.7 angeschlossen sind.

Damit steht die Sollposition im EW2 und die Istposition im EW0 zur Verfügung. Die Sollwerteingabe erfolgt mit Tastern. Deren Betätigung muß erkannt und als Sollwert gespeichert werden. Dies erfolgt im Merkerwort MW2. Liegt die angewählte Position links von der aktuellen Position, ist MW2 < EW0. Es erfolgt eine Linksfahrt (A0.0). Liegt die Sollposition rechts, ist MW2 > EW0 und es folgt Rechtsfahrt (A0.1). Die Fahrt wird gestoppt bei Erreichen der Sollposition (MW2 = EW0). Mit Hilfe der Zahlenvergleichsoperationen kann der Ablauf als einfaches Petri-Netz beschrieben werden.

Das Petri-Netz zeigt zwei unabhängige Abläufe. Der linke Ablauf dient zur Bearbeitung einer anstehenden Anforderung. Liegt keine Anforderung vor, ist die Anlage im Grundzustand 0. Der rechte Teil des Petri-Netzes überprüft das Auftreten einer Anforderung. Wird einer der Anforderungstaster betätigt, tritt im EW2 eine positive Flanke auf. Sie wird erkannt und im Merkerwort MW2 gespeichert. Dies führt dann entweder zu einer Linksfahrt (Zustand 1) oder einer Rechtsfahrt (Zustand 2) bis die gewünschte Position erreicht wird.

Zur Programmierung dieses Ablaufs sind die von den binären Ablaufsteuerungen bekannten Methoden direkt geeignet. Die Transitionsbedingungen ergeben sich hier aus Zahlenvergleichsoperationen. Man erhält folgendes Programm als strukturierter Text (ST):

```
FUNCTION_BLOCK FB1_Transport;
VAR zustand:Int; END_VAR;
(*Flk.erkennung und -speicherung*)
IF (EW2 and not MW10)<>0
   then MW2:= EW2 and not MW10;
   END_IF
MW10:=EW2;
(* Auswertung einer Anforderung *)
CASE zustand OF
   0: IF (MW2<EW0) THEN zustand:=1;
      IF (MW2>EW0) THEN zustand:=2;
   1,2: IF MW2=EW0 THEN zustand:=0;
   END_CASE;
A0.0:=(Zustand=1);
A0.1:=(Zustand=2);
END_FUNCTION_BLOCK;
```

Die ersten drei Befehle dienen zur Erkennung einer neuen Anforderung. Sie wird im Merkerwort MW2 gespeichert. In der Case-Anweisung erfolgt die Programmierung der Übergänge zwischen den Zuständen 0, 1 und 2. Die Ausgänge werden zustandsabhängig angesteuert.

Die Umsetzung dieses Programms als Anweisungsliste lautet:

```
FB1   TRANSPOR
0001  NAME:TRANS
0002      #FLKERK.EW2
0003      :L   EW   2
0004      :L   MW   10
0005      :KEW
0006      :UW
```

```
0007      :SPZ =     MRK1
0008      :T    MW   2
0009 MRK1:L    EW   2
0010      :T    MW   10
0011      #ZUSTAND0
0012      :L    MW   2
0013      :L    EW   0
0014      :<F
0015      :U    M    0.0
0016      :S    M    0.1
0017      :R    M    0.0
0018      #ZUSTAND0
0019      :L    MW   2
0020      :L    EW   0
0021      :>F
0022      :U    M    0.0
0023      :S    M    0.2
0024      :R    M    0.0
0025      #ZUSTAND1/2
0026      :L    MW   2
0027      :L    EW   0
0028      :!=F
0029      :U(
0030      :U    M    0.1
0031      :O    M    0.2
0032      :)
0033      :S    M    0.0
0034      :R    M    0.1
0035      :R    M    0.2
0036      :
0037      :U    M    0.1
0038      :=    A    0.0
0039      :U    M    0.2
0040      :=    A    0.1
0041      :BE
```

Damit sich das dargestellte Programm richtig verhält, darf zu jedem Zeitpunkt höchstens eine Anwahl vorliegen. Erst wenn diese vollständig ausgeführt wurde, darf eine neue Positionsanwahl erfolgen. Diese Einschränkung wird später in zweifacher Hinsicht aufgehoben: es wird zugelassen, mehrere Positionen anzuwählen, die dann nacheinander angefahren werden und es werden Zwischenstopps zugelassen. □

5.3.2 Binärstapel und -Warteschlangen

Sollen Daten in einer bestimmten zeitlichen Reihenfolge verarbeitet werden, muß diese zusätzlich zu den Daten gespeichert werden. Am einfachsten läßt sich dies erreichen, indem man die zeitliche Anordnung der Daten auf eine räumliche Anordnung im Speicher abbildet. Zeitlich aufeinanderfolgende Daten stehen dann im Speicher nebeneinander. Für eine korrekte Verarbeitung der Daten ist dann nur noch die Kennntnis des ersten und des letzten Elements der Datenreihe erforderlich.

Zur zeitrichtigen Verarbeitung von Datenreihen gibt es im wesentlichen zwei Grundprinzipien: die Warteschlange und den Stapel. Bei einer *Warteschlange* werden die Daten in der Reihenfolge des Eintreffens verarbeitet. Das zuerst eingetroffene Element wird auch als erstes verarbeitet. Die Speicherung der Daten erfolgt in einem FIFO-Speicher (First-In-First-Out). Zur Handhabung der Warteschlange im Speicher muß deren Kopf und Schwanz bekannt sein. Es werden dann zwei Grundoperationen benötigt:

- das Lesen eines Elements (am Kopf)
- das Schreiben eines Elements (am Schwanz)

Bei einem *Stapel* erfolgt die Bearbeitung in umgekehrter Reihenfolge. Das zuletzt eingetroffene Datenelement wird als erstes verarbeitet. Ein Stapelspeicher besitzt daher eine LIFO-Struktur (Last-In, First-Out). Das Einfügen und das Entfernen von Elementen erfolgt beim Stapel immer am Kopf. Beim Stapel sind die beiden Grundoperationen:

- das Lesen eines Elements (am Kopf)
- das Schreiben eines Elements (am Kopf)

In der Steuerungstechnik werden sowohl Stapel als auch Warteschlangen benötigt. Das Lesen eines Elements erfolgt bei beiden Strukturen am Kopf, so daß insgesamt drei verschiedene Datenoperationen benötigt werden. Für das Lesen am Kopf hat sich die Bezeichnung „Pop", für das Schreiben am Kopf die

Bezeichnung „Push" eingebürgert. Das Schreiben eines Elements am Schwanz soll hier im weiteren als „Queue" bezeichnet werden. Legt man den Kopf eines Stapels bzw. einer Warteschlange an eine feste Speicherstelle, wird lediglich ein Zeiger für das unterste Element des Stapels bzw. den Schwanz der Warteschlange benötigt.

Die drei Speicheroperationen Push, Pop und Queue setzen sich damit aus folgenden Verarbeitungsschritten zusammen:

Push:
- vorhandene Elemente nach unten schieben,
- Zeiger nach unten verschieben,
- Datenelement am Kopf anfügen.

Pop:
- Datenelement am Kopf entfernen,
- vorhandene Elemente nach oben schieben,
- Zeiger nach oben schieben.

Queue:
- Datenelement am Schwanz anfügen,
- Zeiger nach unten verschieben.

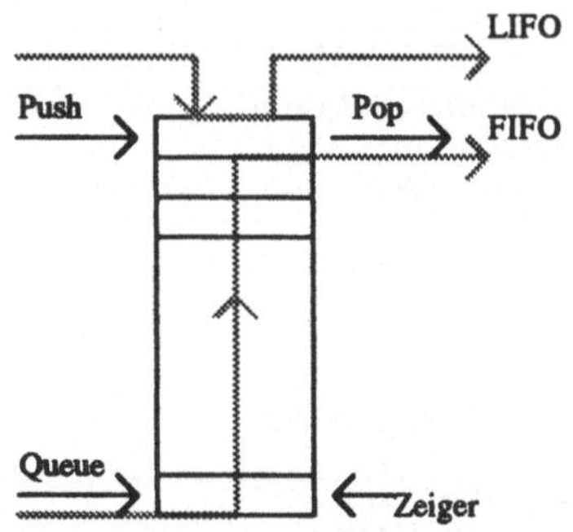

Abb. 5.26. Funktionsweise eines Stapels (LIFO) und einer Warteschlange (FIFO)

Stapel und Warteschlangen können auch ohne das Verschieben von Daten realisiert werden. Dies wird erreicht, durch Einführung von zwei Zeigern. Im Falle binärer Datenstrukturen ist dies aber nicht erforderlich, da Schiebeoperationen zur Verfügung stehen.

Zur Realisierung von Stapeln oder Warteschlangen bieten sich die Speichereinheiten der Rechner, also Bytes, Wörter oder Doppelwörter an. Sie können 8, 16 oder 32 Binärdaten

aufnehmen. Größere Datenstrukturen müssen aus mehreren Einheiten zusammengesetzt werden, was aber zusätzlichen Programmieraufwand erfordert.

Beispiel 5.16. Stapel und Warteschlange für 16 Binärwerte.
Es soll eine Warteschlange bzw. ein Stapel für maximal 16 Binärwerte realisiert werden. Die Daten werden im Merkerwort MWd abgelegt. Der Kopf der Datenstruktur befinde sich (ganz rechts) im Bit 0 des Merkerwortes. Als Zeiger für das Ende der Datenstruktur wird ein zweites Merkerwort MWz verwendet. In diesem soll immer genau ein Bit gesetzt sein, das die nächste freie Position (von rechts) kennzeichnet.

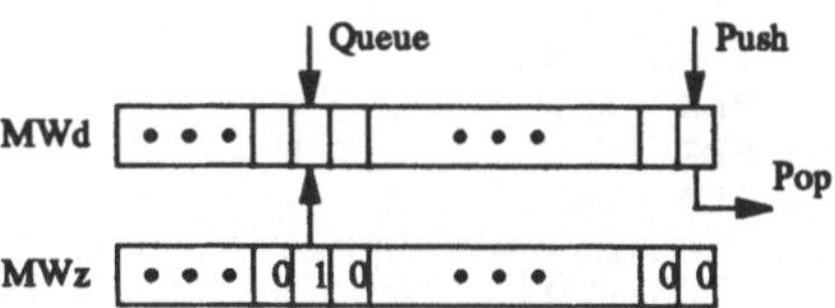

Abb. 5.27. Stapel und Warteschlange für 16 Binärwerte

Für ein korrektes Funktionieren des Stapels bzw. der Warteschlange muß das Datenwort MWd und das Zeigerwort MWz geeignet initialisiert werden (MWd: = 16#0000; MWz: = 16#0001).   □

Das Verschieben der Daten und des Zeigers kann im Programm sehr einfach mit Hilfe der Schiebebefehle (SLW, SRW) erfolgen. Stapel und Warteschlangen werden in Steuerungsprogrammen öfter benötigt. Es ist daher sinnvoll die Zugriffsoperationen Push, Pop und Queue als Unterprogramme (function_block oder function bzw. Funktionsbaustein) zu programmieren. Als Aufrufparameter wird das Datenwort (MWD) und das Zeigerwort (MWZ) benötigt. Der zu schreibenden Binärwert wird bei Push und Queue als Binäreingang (INP) übergeben, der gelesene Wert bei Pop als Binärausgang (OUT) zurückgeliefert.

Bei der Push-Operation wird das Datenwort und das Zeigerwort zunächst um eine Stelle nach links verschoben. Das obere Ende des

Stapels wird dadurch frei. Der neue Binärwert wird dort eingetragen.

Tabelle 5.12. Realisierung der Push-Operation in strukturiertem Text und als STEP5-AWL.

```
FUNCTION_BLOCK Push;
VAR_INPUT Inp: BOOL;
VAR_IN_OUT MWD, MWZ : WORD;
END_VAR;

MWD:=SLW(MWD,1);
MWZ:=SLW(MWZ,1);
IF Inp THEN MWD:=MWD or 16#0001
ELSE MWD:=MWD and 16#FFFE;
END_IF
END_FUNCTION_BLOCK;
```

```
FB20    BINSTAPL
0001 NAME:PUSH
0002 BEZ :INP        E     BI
0003 BEZ :MWD        A     W
0004 BEZ :MWZ        A     W
0005      :L     =    MWD
0006      :SLW        1
0007      :T     =    MWD
0008      :L     =    MWZ
0009      :SLW        1
0010      :T     =    MWZ
0011      :L     =    MWD
0012      :U     =    INP
0013      :SPB   =    MRK1
0014      :L     KH   FFFE
0015      :UW
0016      :SPA   =    MRK2
0017 MRK1:L     KH   0001
0018      :OW
0019 MRK2:T     =    MWD
0020      :BE
```

Die Verarbeitungsschritte der Pop-Operation erfolgen in umgekehrter Richtung. Zuerst wird der Binärausgang gelesen. Der restliche Inhalt des Datenwortes und die Zeigerposition werden dann um jeweils eine Stelle nach rechts verschoben.

Das Eintragen eines neuen Elements bei einer Warteschlange erfolgt an der aktuellen Zeigerposition. Ist der einzutragende Wert "1" wird die Datenposition mit Hilfe des Zeigers gesetzt, andernfalls wird sie rückgesetzt. Anschließend wird der Zeiger um eine Position nach links geschoben.

Tabelle 5.13. Realisierung der Pop- und Queue-Operationen in strukturiertem Text und als AWL.

```
FUNCTION_BLOCK Pop;
VAR_OUTPUT Out:Bool;
VAR_IN_OUT MWD, MWZ : Word;
END_VAR;
Out:=((MWD and 16#0001)<>0);
MWD:=SLW(MWD,1);
MWZ:=SLW(MWZ,1);
END_FUNCTION_BLOCK;
```

```
FB21    BINSTAPL
0001 NAME:POP
0002 BEZ :OUT        A     BI
0003 BEZ :MWD        A     W
0004 BEZ :MWZ        A     W
0005      :L     =    MWD
0006      :L     KH   0001
0007      :UW
0008      :L     KF   0
0009      :><F
0010      :=     =    OUT
0011      :L     =    MWD
0012      :SRW        1
0013      :T     =    MWD
0014      :L     =    MWZ
0015      :SRW        1
0016      :T     =    MWZ
0017      :BE
```

```
FUNCTION_BLOCK Queue;
VAR_INPUT Inp:Bool;
VAR_IN_OUT MWD, MWZ : Word;
END_VAR;
IF Inp THEN MWD:=MWD or MWZ;
  ELSE MWD:=MWD and not MWZ;
END_IF;
MWZ:=SLW(MWZ,1);
END_FUNCTION_BLOCK;
```

```
FB22    BINSTAPL
0001 NAME:QUEUE
0002 BEZ :INP        E     BI
0003 BEZ :MWD        A     W
0004 BEZ :MWZ        A     W
0005      :L     =    MWZ
0006      :U     =    INP
0007      :SPB   =    MRK1
0008      :KEW
0009      :L     =    MWD
0010      :UW
0011      :SPA   =    MRK2
0012 MRK1:L     =    MWD
0013      :OW
0014 MRK2:T     =    MWD
0015      :L     =    MWZ
0016      :SLW        1
0017      :T     =    MWZ
0018      :BE
```

Beispiel 5.17. Dosieranlage mit Kontrollwaage
In einer verfahrenstechnischen Fertigungslinie wird ein Produkt mit Hilfe eines Dosiersystems abgefüllt. Aufgrund zufälliger Schwankungen der Materialdichte und geringfügiger Toleranz der Reaktonszeiten des Dosierorgans weist das erreichte Endgewicht statistische Schwankungen um den Sollwert auf. Das Gewicht einer ausgelieferten Charge darf einen Mindestwert auf keinen Fall unterschreiten. Das bei jedem Dosiervorgang erreichte Endgewicht wird deshalb ermittelt und mit dem Mindestwert verglichen. Ist das Mindestgewicht unterschritten, gibt die Dosiersteuerung zusammen mit der Fertigmeldung eine Meldung „Mindergewicht" an die Steuerung des nachgeordneten Transportsystems. Diese muß die fehlerhafte Charge am Ende der Transportstrecke aussortieren.

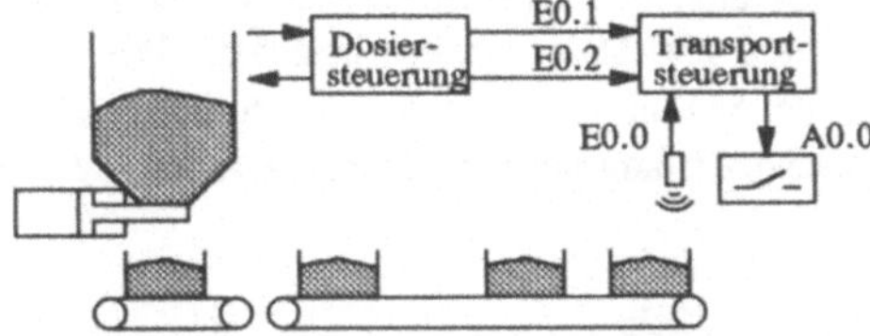

E0.0:   Ankunft ein Charge am Bandende
E0.1:   neue Charge gefüllt
E0.2:   neue Charge hat Mindergewicht
A0.0:   ankommende Charge entfernen

Abb. 5.28. Dosieranlage mit Transportsystem

Die Chargen kommen in der Reihenfolge der Befüllung durch das Dosiersystem am Bandende an. Mit Hilfe zweier Merkerwörter wird eine Warteschlange gebildet. Für jede auf dem Transportband befindliche Charge wird ein Bit in der Warteschlange verwendet, um eine korrekte Füllung ("0") oder eine mindergewichtige Füllung ("1") zu kennzeichnen. Mit jedem beendeten Füllvorgang wird ein Element in die Warteschlange eingereiht; mit jeder am Bandende ankommenden Charge wird ein Element entfernt. Zur Programmierung der Transportsteuerung sind zwei Flankenerkennungen erforderlich. Bei einer positiven Flanke am Eingang E0.1 (neue Charge gefüllt) wird die Gewichtsmeldung E0.2 in die Warteschlange eingereiht. Die positive Flanke am Eingang E0.0 meldet die Ankunft der nächsten Charge am Bandende. Die zugehörige Gewichtsmeldung wird aus der Warteschlange ausgelesen und auf den Ausgang A0.0 gegeben.

In strukturiertem Text läßt sich das Programm durch zwei Anweisungen darstellen:

```
FUNCTION_BLOCK OB1_Binstapl;
VAR Flk1,Flk2: Flkerk;
    Neue_ch, Ende_ch: BOOL;
    END_VAR
Flk1(Eing:=E0.1, Imp:=Neu_ch);
IF Neue_ch THEN
   Queue(INP:=E0.2,MWD:=MW2,MWZ:=MW4);
   END_IF;
Flk1(Eing:=E0.1, Imp:=Neu_ch);
IF Ende_ch THEN
   Pop(Inp:=A0.0,MWD:=MW2,MWZ:=MW4);
   END_IF;
END_FUNCTION_BLOCK;
```

Zur Realisierung in AWL wird das Merkerwort MW2 als binäre Warteschlange und das Merkerwort MW4 als Zeiger verwendet.

```
OB1    BINSTAPL
0001        :U    E    0.1
0002        :UN   M    0.1
0003        :=    M    0.0
0004        :U    E    0.1
0005        :=    M    0.1
0006        :U    M    0.0
0007        :SPB  FB   22
0008   NAME:QUEUE
0009   OUT :E0.2       E    BI
0010   MWD :MW2        A    W
0011   MWZ :MW4        A    W
0012        :
0013        :U    E    0.0
0014        :UN   M    0.3
0015        :=    M    0.2
0016        :U    E    0.0
0017        :=    M    0.3
0018        :U    M    0.2
0019        :SPB  FB   21
0020   NAME:POP
0021   OUT :A0.0       A    BI
0022   MWD :MW2        A    W
0023   MWZ :MW4        A    W
0024        :BE
```

Die Initialisierung der Warteschlange erfolgt im Organisationsbaustein OB21:

```
OB21   BINSTAPL
0001        :L    KH   0001
0002        :T    MW   4
0003        :L    KH   0000
0004        :T    MW   2
0005        :BE
```

5.3.3 WORTFELDER

Ein wesentliches Merkmal höherer Programmiersprachen ist die Möglichkeit, strukturierte Datentypen zu verwenden. Dies wird durch die Programmiersprachen der Norm IEC 1131 unterstützt.

Ein Beispiel strukturierter Datentypen sind Felder. Ein Feld besteht aus einer festen Zahl von Elementen, die alle vom gleichen Datentyp sind. Felder können entweder als Datentyp

```
TYPE
TypName : ARRAY[a..b] OF BasisTyp;
END_TYPE
```

oder als Variable definiert werden:

```
VAR
VarName : ARRAY[a..b] OF BasisTyp;
END_VAR
```

Zur Definition eines Feldes gehört die Nummer des ersten Elements (a) die Nummer des letzten Elements (b). Die Elemente des Feldes werden von a bis b durchnumeriert und sind vom gleichen Basistyp. Als Basistyp kann entweder ein vordefinierter Datentyp oder ein selbstdefinierter Datentyp verwendet werden.

Die Adressierung der einzelnen Feldelemente erfolgt über die Angabe des Feldnamens und der Feldnummer. Die Feldnummer muß natürlich zwischen den Werten a und b liegen.

Beispiel 5.18.
Zwei Zahlenfelder A und B sollen elementweise auf Gleichheit überprüft werden. Die Ergebnisse sollen in einem Binärfeld C gespeichert werden. Bei Gleichheit zweier Elemente enthält das Ergebnisfeld eine 1 sonst eine 0.

```
PROGRAM Gleichheit
TYPE Intvek:ARRAY[1..10] OF INT;
END_TYPE
VAR A,B: Intvek;
  C: ARRAY[1..10] of BOOL;
  I: Int;
END_VAR
FOR I:=1 TO 10 DO
  C[I]:=(A[I]=B[I]);
  END_FOR;
END_PROGRAM
```

Die Verwendung von Datenfeldern ist in herkömmlichen AWL-Programmiersprachen nur in stark eingeschränkter Form möglich. Der elementare Datentyp einer Steuerung ist der Binärwert. Mehrere Binärwerte können zu Bytes und Wörtern zusammengefaßt werden. Durch entsprechende Interpretation der Bitkombinationen ist auch die Darstellung von Zahlen und Textzeichen möglich. Darüber hinausgehende, durch den Benutzer frei definierbare Datentypen gibt es (noch) nicht. Lediglich die Zusammenfassung von Datenwörtern zu Feldern wird bei manchen Steuerungen unterstützt. Die Datenfelder werden in der Steuerungstechnik als Datenbausteine bezeichnet.

Ein Datenbaustein ist ein zusammenhängender Bereich des Datenspeichers. Er kann aus maximal 256 Datenwörtern bestehen. Die maximale Anzahl von Datenbausteinen hängt vom Speicherumfang der jeweiligen Steuerung ab.

DBx

DW0
DW1
DW2
..
..
DWn

```
DBx : array[0..n] of word;
```

Abb. 5.29. Datenbaustein als Realisierung eines Datenfeldes

Soll ein Datenbaustein in einem Steuerungsprogramm verwendet werden, muß er zuvor definiert werden. Dies erfolgt mit der Befehlssequenz

```
L    KFn
E    DBx    .
```

Sie erzeugt den Datenbaustein mit der Nummer x und legt die Länge n des neuen Bausteins fest. Der Datenbaustein DBx besteht dann aus den Datenwörtern DW0 bis DWn.

Wird ein Datenbaustein nur vorübergehend benötigt, sollte der dafür erforderliche Speicherplatz nicht unnötig belegt werden. Der

Speicherplatz kann wieder freigegeben werden. Dazu wird der nicht mehr benötigte Baustein mit der Länge 0 erzeugt:

```
L   KF+0
E   DBx    .
```

Jedes Datenwort eines Datenbausteines kann eindeutig adressiert werden durch Angabe der Bausteinnummer und der Datenwortnummer. Damit keine Verwechslung mit Datenwörtern anderer Bausteine möglich ist, muß vor dem Zugriff auf das Datenwort immer der richtige Datenbaustein aktiviert werden. Dies erfolgt mit dem Befehl

```
A   DBx    .
```

Alle nachfolgenden Zugriffe auf Datenwörter beziehen sich dann immer auf diesen Datenbaustein. Die Aktivierung ist solange gültig, bis ein anderer Baustein aktiviert wird.

Beispiel 5.19. Umgang mit Datenbausteinen.
Es soll ein Datenbaustein DB7 mit 12 Datenworten und ein Datenbaustein DB8 mit 36 Datenworten erzeugt werden. Im Datenwort DW0 von DB8 soll dann die Summe der ersten drei Datenwörter von DB7 gespeichert werden.

DB8[0]:=DB7[0]+DB7[1]+DB7[2]   .

Die Erzeugung der Bausteine kann z.B. im OB21 erfolgen. Im OB1 erfolgt dann die Berechnung

```
OB21                    OB1
0000:  L   KF+11        0000:  A   DB7
0001:  E   DB7          0001:  L   DW0
0002:  L   KF+35        0002:  L   DW1
0003:  E   DB8          0003:  +F
   :  ...               0004:  L   DW2
zzzz:  BE               0005:  +F
                        0006:  A   DB8
                        0007:  T   DW0
                           :  ...
                        zzzz:  BE
                                              □
```

Die Definition von Datenfeldern in Form von Datenbausteinen ist zunächst nicht mehr als eine Zusammenfassung mehrerer Datenwörter unter einem Namen. Um die Datenwörter

auch zusammenhängend verarbeiten zu können, ist eine indizierte Adressierung erforderlich.

Diese erfolgt mit Hilfe des Bearbeitungsbefehls

```
B   OpdW    .
```

Der Wortoperand des Bearbeitungsbefehls enthält die Adresse des Operanden der durch den folgenden Befehl verwendet werden soll. Eine indizierte Adressierung ist bei digitalen, binären und organisatorischen Operationen möglich.

Tabelle 5.14. Indizierte Adressierung

B DW20 L EW0	DW20	0	x
	wirkt wie L		EWx
B DW22 U E0.0	DW22	y	x
	wirkt wie U		Ex.y
B DW24 SPA PB0	DW24	0	x
	wirkt wie SPA		PBx

Die direkt angegebene Adresse nach der Bearbeitungsfunktion muß immer 0 sein (also z.B. EW0, E0.0, PB0). Bei der indizierten Adressierung digitaler und organisatorischer Operanden muß das höhere Byte der indizierten Adresse immer gleich 0 sein.

Beispiel 5.20. Bohrautomat
Mit Hilfe eines Bohrautomaten sollen Bohrungen in rechteckige Werkstücke angebracht werden.

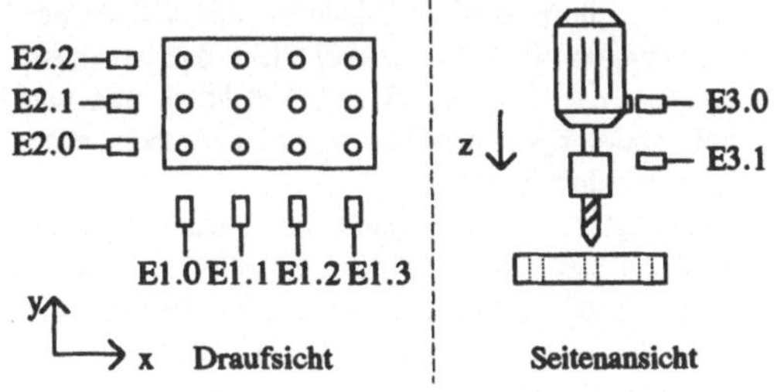

Abb. 5.30. Anlagenskizze des Bohrautomaten

Es gibt insgesamt 12 mögliche Bohrpositionen die über die Schalter E1.0 - E1.3 und E2.0 - E2.2 erfaßt werden. Über 4 Ausgänge wird die Bohrspindel in x-Richtung (A1.0: links, A1.1: rechts) und in y-Richtung (A1.2: zurück, A1.3: vor) verfahren. Der Ausgang A1.6 schaltet den Bohrer ein. Der Ausgang A1.4 bewegt die Spindel abwärts, A1.5 bewegt sie aufwärts. Die obere und untere Endlage der Bohrspindel wird über die Schalter E3.0 und E3.1 gemeldet. Je nach Auftrag sind unterschiedliche Bohrmuster anzufertigen. Jedes Bohrmuster besteht aus mindestens einer und maximal 10 Bohrungen an den zugelassenen Bohrpositionen.

Beispiele für mögliche Bohrmuster zeigt das folgende Bild.

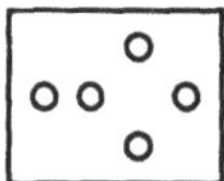 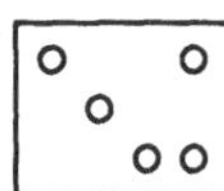 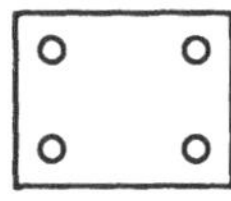

Abb. 5.31. Beispiele für mögliche Bohrmuster

Es soll ein Programm erstellt werden, das den Ablauf zur Anfertigung beliebiger Bohrmuster ansteuert. Zur Änderung bestehender Bohrmuster oder zur Definition neuer Bohrmuster soll keine Programmänderung erforderlich sein. Vielmehr sollen die Bohrmuster durch Parametrierung von Datenbausteinen festgelegt werden. Die Auswahl eines Bohrmusters, das im nächsten Arbeitsgang erstellt werden soll, erfolge über Eingabe der Bohrmuster-Nummer im Eingangswort EW4.

Die Erstellung eines Steuerungsprogrammes für ein festes Bohrmuster ist eine triviale Aufgabe, die zu einem klassischen Ablaufprogramm führt. Auch die Programmierung der Steuerung für eine fest vorgegebene Menge von Bohrmustern ist noch relativ einfach, führt aber zu Abläufen mit vielen Verzweigungen /Friedrich 1992/. Ein daraus entstehendes Programm ist oft unübersichtlich und muß bei Änderungen des Bohrmustersortiments ebenfalls geändert werden.

Überträgt man das Problem auf Binärfelder, läßt sich die gestellte Aufgabe übersichtlich und mit vertretbarem Aufwand lösen. Durch die Beschreibung der Aufgabe mit Hilfe von Binärfeldern wird der Ablauf wesentlich vereinfacht. Er kann unabhängig von speziellen Bohrmustern formuliert werden, so daß bei Änderungen der Bohrmuster keine Programmänderungen mehr erforderlich sind.

Zunächst wird der Ablauf in seiner Grobstruktur definiert. Er besteht aus drei Zuständen:
- der Grundstellung,
- dem Anfahren einer Bohrposition und
- dem Bohren

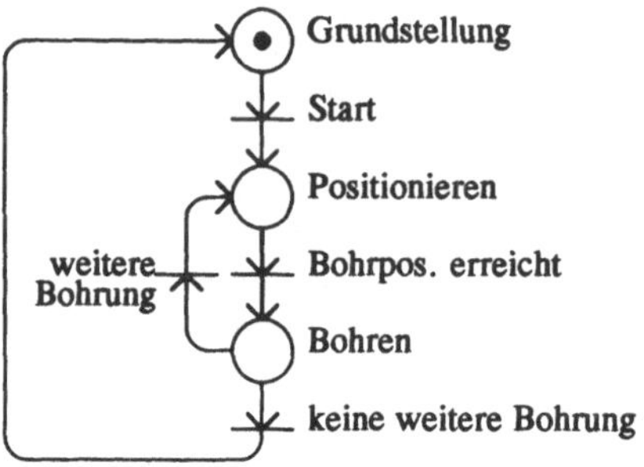

Abb. 5.32. Grobstruktur des Ablaufs

Durch genauere Betrachtung läßt sich dieser Ablauf verfeinern und konkretisieren. Beim Anfahren der Bohrposition kann die Ansteuerung in x- und y-Richtung unabhängig voneinander erfolgen. Jede Bohrposition ist durch die x-Koordinate und die y-Koordinate bestimmt. Die Positionen werden über die räumlich angeordneten Schalter erfaßt. Sie lassen sich als Binärfelder zusammenfassen. Die aktuelle x-Position wird als Binärfeld MW14 und die y-Position als Binärfeld MW16 gespeichert. Sie werden aus den Eingängen durch Maskierung ermittelt:

```
function_block FB6_Bohranlage;
MW14:=EW0 and 16#000F;
MW16:=EW1 and 16#0007;
end_function_block;
```

Die Sollpositionen werden im Funktionsbaustein FB10 und FB11 aus den Datenbausteinen DB1 und DB2 bestimmt und in den Binärfeldern MW10 (x-Koordinate) und MW12 (y-Koordinate) gespeichert. Der Vergleich von Soll- und Istposition für jede Achse liefert die erforderliche Fahrtrichtung. Im Programmbaustein PB5 werden die erforderlichen Ausgänge für die Ansteuerung der Bohrspindelbewegung in x- und y-Richtung gesetzt:

```
function_block PB5_Bohranlage;
if MW10<MW14 then A1.0:=1;
if MW10>MW14 then A1.1:=1;
if MW12<MW16 then A1.2:=1;
if MW12>MW16 then A1.3:=1;
end_function_block;
```

Die Ausgänge werden für beide Achsen getrennt zurückgesetzt, sobald die zugehörige Sollposition erreicht wird.

Sind die Sollpositionen in beiden Achsen erreicht, kann mit der Bohrung begonnen werden. Dieser Arbeitsgang besteht aus der Abwärts- und der Aufwärtsbewegung der Bohrspindel. Ordnet man den Ereignissen und Aktionen die zugehörigen Eingänge und Ausgänge zu, erhält man den verfeinerten Ablauf.

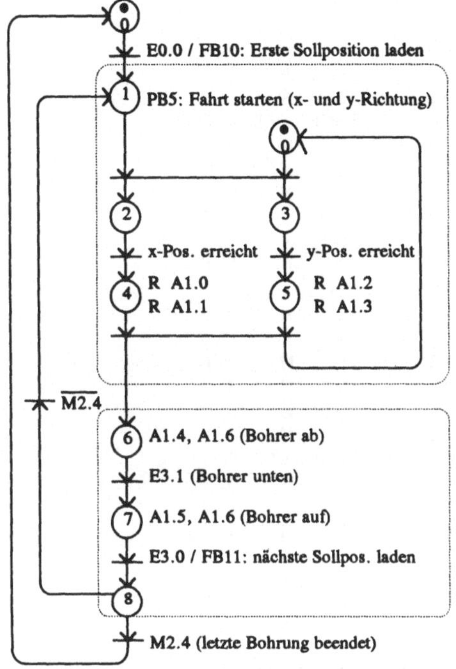

Abb. 5.33. Verfeinerter Ablauf für die Bohranlage

Nachdem damit der Ablauf für den Bohrvorgang eindeutig festgelegt ist, fehlt lediglich die Parametrierung der Bohrpositionen. Hierfür werden zwei Datenbausteine verwendet. Im Datenbaustein DB1 werden die x-Positionen und im Datenbaustein DB2 die y-Positionen gespeichert. Ein Bohrmuster besteht aus maximal 10 Bohrpositionen. Für jedes Bohrmuster werden deshalb 10 Datenwörter reserviert. Die Anwahl des gewünschten Bohrmusters erfolge über das Eingangswort EW2. Dieses kann z.B. mit Hilfe eines Wahlschalters durch den Benutzer eingegeben werden oder im Falle der Vernetzung der Steuerung über Datenkommunikation

von einem übergeordneten Leitrechner übergeben werden. Mit Hilfe des Eingangswortes EW2 wird der zugehörige Bereich der Datenbausteine aktiviert, der die entsprechenden Bohrpositionen enthält.

	DB1	DB2
DW0	Zeiger	Zeiger
DW1	1.Muster, 1.x-Pos.	1.Muster, 1.y-Pos.
DW2	1.Muster, 2.x-Pos.	1.Muster, 2.y-Pos.
..	..	..
..	..	..
DW10	1.Muster, 10.x-Pos.	1.Muster, 10.y-Pos.
DW11	2.Muster, 1.x-Pos.	2.Muster, 1.y-Pos.
DW12	2.Muster, 2.x-Pos.	2.Muster, 2.y-Pos.
..	..	..

Abb. 5.34. Speicherung der Bohrmusterdaten in den Datenbausteinen DB1 und DB2

Die Bestimmung der Bohrpositionen aus den beiden Datenfeldern kann mit Hilfe der Bohrmusteranwahl (EW2) und eines Zeigers DW0 innerhalb des Bohrmusters bestimmt werden. Zusätzlich wird geprüft, ob die letzte Bohrung erreicht wurde (M2.4).

```
FUNCTION_BLOCK FB10_Bohranlage;
DB1[0]:=10*EW4+1;
DB2[0]:=10*EW4+1;
MW10:=DB1[DB1[0]];
MW12:=DB2[DB2[0]];
END_FUNCTION_BLOCK;


FUNCTION_BLOCK FB11_Bohranlage;
DB1[0]:=DB1[0]+1;
DB2[0]:=DB2[0]+1;
MW10:=DB1[DB1[0]];
MW12:=DB2[DB2[0]];
M2.4:=MW10=0 or MW12=0
          or DB1[0]>10*EW4+1;
END_FUNCTION_BLOCK;
```

Der Zeiger wird zu Beginn des Ablaufs mit Hilfe der Bohrmusteranwahl EW4 auf den richtigen Wert gesetzt und dann vor jeder Bohrung inkrementiert.

```
FUNCTION_BLOCK OB1_Bohranlage;
VAR Z1,Z2 :Int; end_var;
CASE Z1 OF
   0:IF E0.0 THEN
```

```
    Zust1:=1;
    FB10_Bohranlage;
    END_IF;
 1:Z1:=2;
   Z2:=3;
   PB5_Bohranlage;
 2:IF (MW10=MW14) THEN
      Z1:=4;
      A1.0:=0;
      A1.1:=0;
      END_IF;
 4:IF z2=5 THEN
      z1:=6;
      z2:=0;
      END_IF;
 6:IF E3.1 THEN z1:=7;
 7:IF E3.0 THEN
     z1:=8;
     FB11_Bohranlage;
     END_IF;
 8:IF M2.4 THEN z1:=0;
    ELSE z1:=1; END_IF;
   END_CASE;

FB6_Bohranlage;
A1.4:=(z1=6);
A1.5:=(z1=7);
A1.6:=(z1=6)or(z1=7);

CASE Z2 OF
  0:;
  3:IF (MW12=MW16) THEN
      Z2:=5;
      A1.2:=0;
      A1.3:=0;
      END_IF;
  5:;
  END_CASE;

END_FUNCTION_BLOCK;
```

Umgesetzt in STEP5-AWL erhält man folgendes Programm.

```
OB1   BOHRANL
0001       #SCHRITT0
0002       :U    M    0.0
0003       :U    E    0.0
0004       :S    M    0.1
0005       :R    M    0.0
0006       :SPB  FB   10
0007 NAME:SOLLSTART
0008       #SCHRITT 1
0009       :U    M    0.1
0010       :S    M    0.2
0011       :S    M    0.3
0012       :R    M    0.1
0013       :SPB  PB   5
0014       #SCHRITT 2
0015       :L    MW   10
0016       :L    MW   14
0017       :!=F
0018       :U    M    0.2
0019       :S    M    0.4
0020       :R    M    0.2
0021       :R    A    1.0
0022       :R    A    1.1
0023       #SCHRITT 3
0024       :L    MW   12
0025       :L    MW   16
0026       :!=F
0027       :U    M    0.3
0028       :S    M    0.5
0029       :R    M    0.3
0030       :R    A    1.2
0031       :R    A    1.3
0032       #SCHRITT 4/5
0033       :U    M    0.4
0034       :U    M    0.5
0035       :S    M    0.6
0036       :R    M    0.4
0037       :R    M    0.5
0038       :S    A    1.6
0039       #SCHRITT6
0040       :U    M    0.6
0041       :=    A    1.4
0042       :U    M    0.6
0043       :U    E    3.1
0044       :S    M    0.7
0045       :R    M    0.6
0046       #SCHRITT 7
0047       :U    M    0.7
0048       :=    A    1.5
0049       :U    M    0.7
0050       :U    E    3.0
0051       :S    M    1.0
0052       :R    M    0.7
0053       :R    A    1.6
0054       :SPB  FB   11
0055 NAME:SOLLPOSITION
0056       #SCHRITT 8
0057       :U    M    1.0
0058       :U    M    2.4
0059       :S    M    0.0
0060       :R    M    1.0
0061       :U    M    1.0
0062       :UN   M    2.4
0063       :S    M    0.1
0064       :R    M    1.0
0065       :SPA  FB   6
0066 NAME:MASKIERUNG
0067       :L    MB   0
0068       :T    AB   4
0069       :BE
```

```
OB21    BOHRANL
0001       #STARTSCHRITT
0002       :L    KF    +0
0003       :T    MW    0
0004       :U    E     0.0
0005       :ON   E     0.0
0006       :=    M     0.0
0007       :BE


FB6    BOHRANL
0001 NAME:MASKIERUNG
0002       #E1.X MASKIEREN
0003       :L    EW    0
0004       :L    KH    000F
0005       :UW
0006       :T    MW    14
0007       #E2.X MASKIEREN
0008       :L    EW    1
0009       :L    KH    0007
0010       :UW
0011       :T    MW    16
0012       :BE


FB10    BOHRANL
0001 NAME:SOLLSTART
0002       #DW0:=10*EW4
0003       :A    DB    1
0004       :L    EW    4
0005       :L    KF    +10
0006       :*F
0007       :L    KF    +1
0008       :+F
0009       :T    DW    0
0010       :A    DB    2
0011       :T    DW    0
0012       #MW10=X[DW0]
0013       :A    DB    1
0014       :B    DW    0
0015       :L    DW    0
0016       :T    MW    10
0017       #MW12:=Y[DW0]
0018       :A    DB    2
0019       :B    DW    0
0020       :L    DW    0
0021       :T    MW    12
0022       :BE


FB11    BOHRANL
0001 NAME:SOLLPOSITION
0002       #INC(DW0)
0003       :A    DB    1
0004       :L    DW    0
0005       :L    KF    +1
0006       :+F
0007       :T    DW    0
0008       :A    DB    2
0009       :L    DW    0
```

```
0010       :L    KF    +1
0011       :+F
0012       :T    DW    0
0013       #MW10=X[DW0]
0014       :A    DB    1
0015       :B    DW    0
0016       :L    DW    0
0017       :T    MW    10
0018       #MW12:=Y[DW0]
0019       :A    DB    2
0020       :B    DW    0
0021       :L    DW    0
0022       :T    MW    12
0023       #MW10=0?
0024       :L    MW    10
0025       :L    KF    0
0026       :!=F
0027       :=    M     2.5
0028       #MW12=0?
0029       :L    MW    12
0030       :L    KF    0
0031       :!=F
0032       :=    M     2.6
0033       #DW0>10  ?
0034       :A    DB    1
0035       :L    DW    0
0036       :L    KF    +10
0037       :>=F
0038       :O    M     2.5
0039       :O    M     2.6
0040       :=    M     2.4
0041       :BE


PB5    BOHRANL
0001       :L    MW    10
0002       :L    MW    14
0003       :<F
0004       :S    A     1.0
0005       :L    MW    10
0006       :L    MW    14
0007       :>F
0008       :S    A     1.1
0009       :L    MW    12
0010       :L    MW    16
0011       :<F
0012       :S    A     1.2
0013       :L    MW    12
0014       :L    MW    16
0015       :>F
0016       :S    A     1.3
0017       :BE
```

5.3.4 WORTSTAPEL UND - WARTESCHLANGEN

Datenbausteine und die zugehörigen Befehle zur indirekten Adressierung sind die geeigneten Werkzeuge, um auch in programmierbaren Steuerungen lineare Datenfelder zu handhaben. Mit ihrer Hilfe lassen sich zwei wichtige Datenstrukturen, der Stapel und die Warteschlange, auch für Datenworte realisieren. Für die Verwendung von Stapeln oder Warteschlangen werden die drei Operationen Pop, Push und Queue benötigt.

Liegt der Kopf der Datenstruktur auf einer festen Speicherstelle, ist bei jeder Pop-Operation und jeder Push-Operation ein Verschieben aller Datenelemente um eine Speicherstelle erforderlich. Bei Binärstapeln oder -warteschlangen war dies belanglos, da für das Schieben von Binärwerten innerhalb eines Wortes eigene Befehle zur Verfügung stehen. Bei Wortstapeln und -warteschlangen ist das Schieben aufwendiger, so daß man versuchen sollte, mit möglichst wenigen Schiebeoperationen auszukommen.

Wird Kopf und Schwanz der Datenstruktur variabel gemacht, kommt man komplett ohne Schiebeoperationen aus. Es sind aber dann zusätzliche Maßnahmen beim Erreichen der Grenzen des Speicherbereichs erforderlich, der für die Datenstruktur zur Verfügung steht. Er muß in Form eines Ringspeichers organisiert werden. Da die Adressen des physikalischen Speichers nicht ringförmig sondern linear angeordnet sind, muß beim Erreichen des physikalischen Bereichsendes wieder am Anfang des Speicherbereichs fortgefahren werden. Das Inkrementieren der Zeiger muß daher Modulo N erfolgen, wenn N die maximale Länge des Speicherbereichs ist.

Einen guten Kompromiß hinsichtlich des organisatorischen Aufwandes stellen Datenstrukturen mit variabler Kopf- und fester Schwanzposition dar. Der Schwanz wird auf das untere Ende des Speichers, also auf das Datenwort 1 eines Datenbausteins gelegt. Als Zeiger für die Kopfposition bietet sich das Datenwort DW0 des Datenbausteines an, damit die Daten und die organisatorischen Informationen im gleichen Speicherbereich zusammengefaßt sind.

Soll ein Element vom Stapel oder der Warteschlange gelesen werden, wird das oberste Datenwort des Bausteins gelesen und der Zeiger dekrementiert.

```
FUNCTION_BLOCK Pop_W;
VAR_IN_OUT Dbx:ARRAY[0..255] OF WORD;
VAR_OUTPUT Wert:WORD; END_VAR
IF DBX[0]>0 THEN
   DBX[0]:=DBX[0]-1;
   Wert:=DBX[DBX[0]];
   END_IF;
END_FUNCTION_BLOCK;
```

Wird ein Element auf den Stapel gelegt, muß der Zeiger anschließend erhöht werden.

```
FUNCTION_BLOCK Push_W;
VAR_IN_OUT DBX:ARRAY[0..255] OF WORD;
VAR_INPUT Wert:WORD; END_VAR
DBx[DBX[0]]:=Wert;
DBX[0]:=DBX[0]+1;
END_FUNCTION_BLOCK;
```

Für das bei der Warteschlange erforderliche Einfügen eines Elements am Schwanz müssen alle im Speicher befindlichen Elemente um eine Stelle nach oben geschoben werden. Auf dem dadurch frei gewordenen untersten Platz wird dann das neue Element gespeichert.

```
FUNCTION_BLOCK Queue_W;
VAR_IN_OUT DBX:ARRAY[0..255] OF WORD;
VAR_INPUT Wert:WORD;
VAR i:WORD; END_VAR
FOR i:=DBX[0] TO 2 BY -1 DO
   DBX[i]:=DBx[i-1];
   END_FOR;
DBX[1]:=Wert;
DBX[0]:=DBX[0]+1;
END_FUNCTION_BLOCK;
```

Bei Anwendungen von Stapeln und Warteschlangen in der Steuerungstechnik, gibt es einige weitere sehr hilfreiche Operationen. Hierzu zählt die Prüfung, ob ein bestimmter Suchwert im Speicher vorhanden ist, oder das gezielte Entfernen eines Elements an beliebiger Stelle des Speichers.

```
FUNCTION Exist: BOOL;
VAR_INPUT DBX:ARRAY[0..255] of WORD;
          Suchwert:WORD;
VAR i: WORD; END_VAR
i:=1;
Exist:=0;
REPEAT
  IF DBX[i]=Suchwert THEN
    Exist:=1;
    i:=DBX[0];
    END_IF;
  i:=i+1;
  UNTIL i>=DBX[0];
END_FUNCTION;


FUNCTION_BLOCK Delete;
VAR_IN_OUT DBX:ARRAY[0..255] of WORD;
VAR_INPUT Suchwert:WORD;
VAR i:WORD; END_VAR
i:=1;
REPEAT
  IF DBX[i]=Suchwert THEN
    FOR j:=i TO DBX[0]-2 DO
      DBX[j]:=DBX[j+1]; END_FOR;
    DBX[0]:=DBX[0]-1;
    END_IF;
  i:=i+1;
  UNTIL i>=DBX[0];
END_FUNCTION_BLOCK;
```

Beispiel 5.21. Transportsystem mit mehrfachen Anforderungen.

Die Aufgabenstellung für das Transportsystem aus Beispiel 5.15. wird nun erweitert. Damit das Programm FB1_Transport richtig funktioniert, darf immer nur eine Anforderung gesetzt sein. Eine neue Anforderung darf erst dann durch den Benutzer eingegeben werden, wenn sich das Transportsystem in Ruhe befindet und keine andere Anforderung vorliegt. Diese Einschränkung wird nun eliminiert. Der Benutzer darf zu jedem Zeitpunkt Anforderungen eingeben. Sie werden in der Reihenfolge der Eingabe gespeichert und nacheinander bearbeitet.

Zur Auswertung einer Anforderung muß die gewünschte Zielposition bekannt sein. Sie wird daher bei Erkennen der Anforderung in einer Warteschlange gespeichert. Eine neue Anforderung liegt vor, wenn im Eingangswort EW2 eine positive Flanke aufgetreten ist. Die Bitposition der positiven Flanke kennzeichnet den gewünschten Zielort. Sie wird daher als Wort in der Warteschlange abgelegt. Damit keine Mehrfachanforderungen der gleichen Zielposition in die Warteschlange gelangen,

wird vor der Speicherung geprüft, ob diese Anforderung bereits vorliegt.

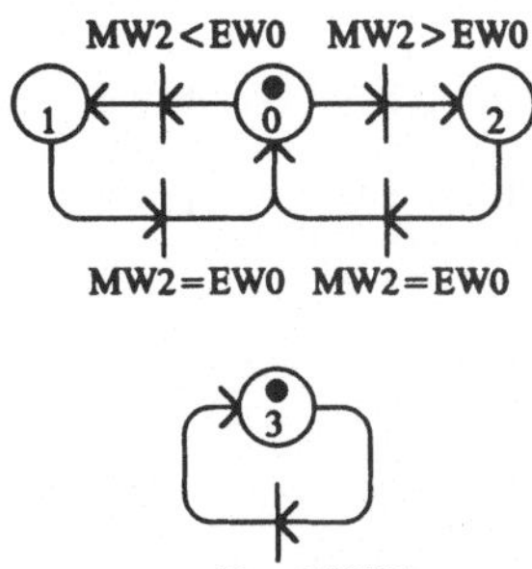

Abb. 5.35. Ablauf des erweiterten Transportsystems

```
FUNCTION_BLOCK FB2_Transport;
VAR zustand: WORD; END_VAR
MW0:=EW2 and not MW10;
MW10:=EW2;
IF (MW0<>0) and
  not(Exist(DB1, MW0))
  THEN Queue_W(DB1, MW0);
  END_IF;
CASE zustand OF
  0:IF Timer1=0 and DB1[0]<>0 THEN
    Pop_W(DB1,MW2);
    if (MW2<>0) THEN
      IF (MW2<EW0) THEN zustand:=1;
      IF (MW2>EW0) THEN zustand:=2;
      END_IF;
    END_IF;
  1,2: IF (MW2=EW0) THEN
    Set(Timer1,5sec);
    zustand:=0;
    END_IF;
  END_CASE;
A0.0:=(Zustand=1);
A0.1:=(Zustand=2);
  END_FUNCTION_BLOCK;
```

In bestimmten Anwendungsfällen kann es sinnvoll sein, daß das Transportsystem auch Zwischenstopps ausführt. Fährt der Transporter z.B. von Position 1 nach Position 7 und es liegt gleichzeitig eine später gekommene Anforderung von Position 4 vor, ist es denkbar, bei der Vorbeifahrt an Position 4 zunächst zu stoppen und erst dann nach Position 7 weiterzufahren. Um anstehende Anforderungen ohne Durchsuchung des gesamten Stapels zu erkennen, werden sie in einem eigenen Merkerwort (z.B. MW4) zusammengefaßt. Bei der Vorbeifahrt an einer Position wird geprüft, ob eine

Anforderung vorliegt. Ist dies der Fall, wird gestoppt und die entsprechende Anforderung aus der Warteschlange und aus dem Merkerwort MW4 entfernt. Nach Ablauf einer Wartezeit wird dann die Fahrt fortgesetzt.

Man erhält den folgenden erweiterten Ablauf

```
FUNCTION_BLOCK FB3_Transport;
VAR zustand:INT; END_VAR;
MW0:=EW2 and not MW10;   (* Pos. Fl. *)
MW10:=EW2;
IF (MW0<>0) and not(Exist(DB1,MW0))
  THEN
    Queue_W(DB1, MW0));
    MW4:=MW4 or MW0;      (* S MW4 *)
  END_IF;
CASE zustand OF
  0:IF Timer1=0 THEN
    IF (MW2=0) and DB1[0]<>0 THEN
        Pop_W(DB1, MW2); END_IF;
    IF (MW2<>0) THEN
      IF (MW2<EW0) THEN
          zustand:=1 END_IF;
      IF (MW2>EW0) THEN
          zustand:=2 END_IF;
      END_IF;
    END_IF;
  1,2: IF (MW2=EW0) THEN
      zustand:=0;
      Set(Timer1, 5sec);
      END_IF;
    IF ((EW0 and MW4)<>0) THEN
      MW4:=MW4 and not EW0;(* R MW4 *)
      Delete(DB1, EW0);
      zustand:=0;
      Set(Timer1, 5sec);
      END_IF;
  END_CASE;
A0.0:=(Zustand=1);
A0.1:=(Zustand=2);
  END_FUNCTION_BLOCK;
```

5.3.5 PETRI-NETZ-FELDER

Wie die vorangehenden Untersuchungen gezeigt haben, lassen sich Binärwertfelder in Form von Bytes oder Wörtern und die wortverarbeitenden Befehle einsetzen, um Daten, die eine räumliche oder zeitliche Ordnung besitzen, sehr übersichtlich rechnerintern zu verarbeiten. Dazu ist es erforderlich, die vorhandene räumliche oder zeitliche Ordnungsbeziehung der Daten auch bei deren rechnerinternen Darstellung beizubehalten. Dies kann geschehen, indem die Ordnungsbeziehung der Prozeßdaten beim Anschluß der Sensoren und Aktoren an den Klemmen der Steuerung übernommen wird. Falls das nicht möglich ist, läßt sich die Ordnungsbeziehung auch durch geeignete Abbildung der Eingangsdaten in Merkerwörter herstellen.

In manchen Anwendungen lassen sich Binärwertfelder aber auch dann einsetzen, wenn die Prozeßdaten keine Ordnungsbeziehungen aufweisen. Dies ist dann der Fall, wenn eine Aufgabenstellung mehrere strukturell identische Teilaufgaben enthält.

Beispiel 5.22. Paketverteilanlage /Schnieder 1986/. Bei einer Paketverteilanlage sollen die an einem Eingangskanal ankommenden Pakete entsprechend der zugehörigen Adressierung auf einen der 8 Zielkanäle weitergegeben werden. Die Anlage enthält dazu 7 Verteilstationen. Durch geeignete Ansteuerung der Verteilstationen kann jeder Zielpunkt erreicht werden.

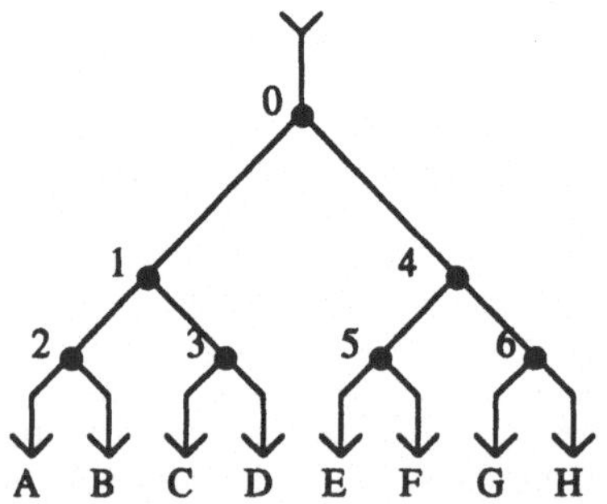

Abb. 5.36. Paketverteilanlage

Jede Verteilstation ist gleich aufgebaut. Sie besteht aus einer Haltevorrichtung für die Pakete und einer nachgeschalteteten Weiche

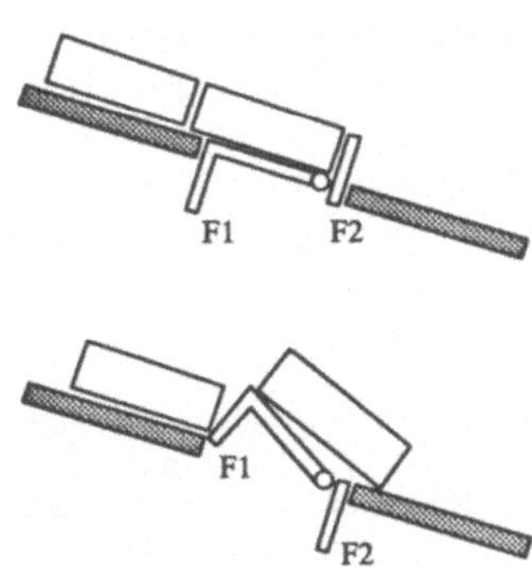

Abb. 5.37. Aufbau einer Verteilstation

Die Verteilstation enthält einen Eingangsdetektor (DE) zur Erkennung eines ankommenden und einen Ausgangsdetektor (DA) zur Erkennung eines weitergeleiteten Pakets. Mit Hilfe der beiden Sperren (F1, F2) kann jedes ankommende Paket gehalten und einzeln weitergeleitet werden. Vor der Weiterleitung des Paketes muß die Weiche der Verteilstation gemäß der Zieladresse des Paketes (ML oder MR) in die linke (WL) oder rechte Position (WR) gebracht werden.
Der Ablauf für jede Verteilstation ist gleich aufgebaut.
Kommt ein Paket an (DE), wird geprüft, ob es links oder rechts weitergeleitet werden muß. Nach Ansteuerung der Weiche und Vorliegen der zugehörigen Rückmeldung (RMWL oder RMWR) wird das Paket mit F1 angehoben und F2 wird abgesenkt. Das Paket verläßt dadurch die Station. F2 wird wieder aktiviert, F1 abgesenkt und der Ablauf kann wieder von vorne beginnen.
Die Formulierung der gesamten Aufgabenstellung führt auf 7 Petri-Netze mit identischer Struktur. Sie unterscheiden sich lediglich durch die Nummern der abzufragenden Sensoren und der anzusteuernden Stellglieder.

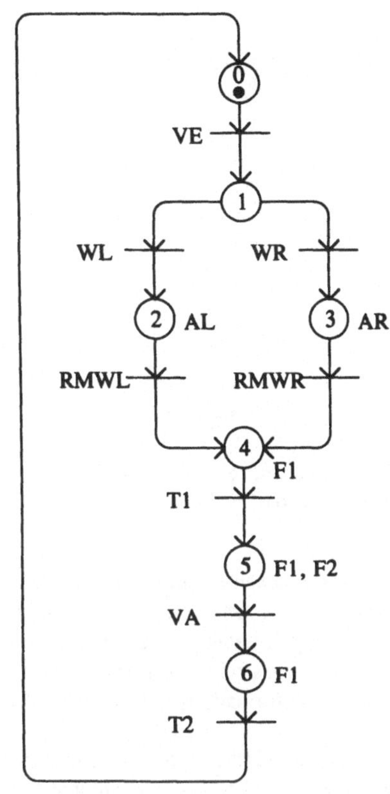

Abb. 5.38. Ablauf an einer Verteilstation □

Die räumliche Ordnungsbeziehung der Sensoren und Aktoren im vorangehenden Beispiel ist für den Ablauf an jeder Verteilstation irrelevant. Trotzdem ist die Aufgabenstellung für eine Verarbeitung mit Binärwertfeldern prädestiniert. Es wird dazu das Konzept eines Petri-Netz-Feldes benötigt.

Als Feld von Petri-Netzen kann ein Netz verstanden werden, daß aus mehreren strukturell identischen Netzen aufgebaut ist. Um die Handhabung einer solchen Anordnung zu vereinfachen, wird eine neue Darstellungssymbolik für Petri-Netz-Felder benötigt.

Die Grundelemente eines Petri-Netzes sind in einer Transition mit vor- und nachgeschalteter Stelle enthalten. Die parallele und ungekoppelte Anordnung solcher Sequenzen kann graphisch zu einem neuen Symbol zusammengefaßt werden.

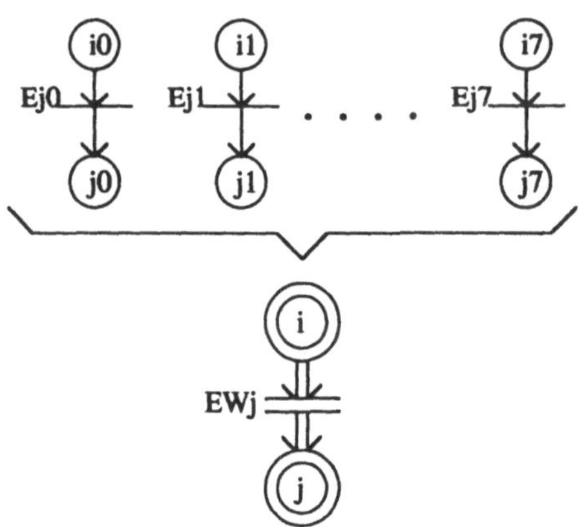

Abb. 5.39. Zusammengefaßte Darstellung strukturell identischer paralleler Abläufe

Läßt man die neuen Symbole zur Kennzeichnung von Feldern von Stellen, Transitionen und Verbindungskannten zu, läßt sich jede parallele Anordnung strukturell identischer Petri-Netze ohne Informationsverlust vereinfacht darstellen.

Nach der Vereinfachung der Darstellung kann im nächsten Schritt die Vereinfachung der Programmierung eines Petri-Netz-Feldes unternommen werden. Das Grundmuster jedes Ablaufs Stelle-Transition-Stelle wird bei der Programmierung durch einheitliche Programmsequenzen realisiert. Zur Erinnerung sind nochmals zwei Realisierungsvarianten für die Ablaufsequenz gegenübergestellt.

```
U    Mi.0          U    Mi.0
U    Ej.0          U    Ej.0
S    Mj.0'         S    Mj.0'
R    Mi.0'         U    Mk.0
                   R    Mj.0
```

Soll nun nicht nur eine einzelne Sequenz sondern ein Feld solcher Sequenzen programmiert werden, kann man dies mit Hilfe der Binärwertfelder sehr übersichtlich machen, wenn die binären Stellenmerker, die Weiterschalteingänge und die Aktionsausgänge geeignet numeriert werden.

Für jede Stelle des Petri-Netz-Feldes wird ein Merkerbyte (oder ein Merkerwort) verge-

ben. Für jede Weiterschaltung wird ein Eingangsbyte verwendet. Alle Operanden mit der gleichen Bitadresse werden dann dem gleichen Petri-Netz zugeordnet. Alle Operanden mit der Bitadresse .0 beispielsweise gehören zum nullten Petri-Netz, alle Operanden mit der Bitadresse .1 zum ersten Petri-Netz usw. Durch diese Art der Operandenzuordnung können die Programme aller Weiterschaltungen und aller Ausgangsansteuerungen zusammengefaßt werden.

Die 8 Anweisungen

```
Mj.0':=(Mj.0 or (Mi.0 and Ej.0))
                and not Mk.0;
Mj.1':=(Mj.1 or (Mi.1 and Ej.1))
                and not Mk.1;
..
..
Mj.7':=(Mj.7 or (Mi.7 and Ej.7))
                and not Mk.7;
```

für die 8 einzelnen Weiterschaltungen lassen sich durch die Feldanweisung

```
MWj':=(MWj or (MWi and EWj))
                and not MWk;
```

für die parallele Anordnung ersetzen.

Die Programmierung von Petri-Netz-Feldern ist damit genauso einfach möglich, wie die Programmierung einfacher (skalarer) Petri-Netze.

Beispiel 5.23. Paketverteilanlage
Um die 7 Abläufe der Paketverteilanlage mit Binärfeldern programmieren zu können, ist die geeignete Zuordnung der Eingänge, Ausgänge und Merker erforderlich. Diese wird folgendermaßen durchgeführt.

AB0	Weichenansteuerung W[i] li(0)/re(1)
AB1	Sperre F1[i] unten(0)/oben(1)
AB2	Sperre F2[i] oben(0)/unten(1)
EB0	W.rückmeldung RMW[i] li(0)/re(1)
EB1	Detektor am Eingang DE[i]
EB2	Detektor am Ausgang DA[i]
MB0	Anforderung Weiche li(0)/re(1)
MB2	Timer-Eingänge T1
MB3	Timer-Ausgänge T1
MB4	Timer-Eingänge T2
MB5	Timer-Ausgänge T2

MB10   Schritt 0 aktuelle Merker
...MB16   ... Schritt 6 aktuelle Merker
MB20   Schritt 0 neue Merker
...MB26   ... Schritt 6 neue Merker

Das Petri-Netz-Feld für die 7 Verteilstationen sieht damit folgendermaßen aus:

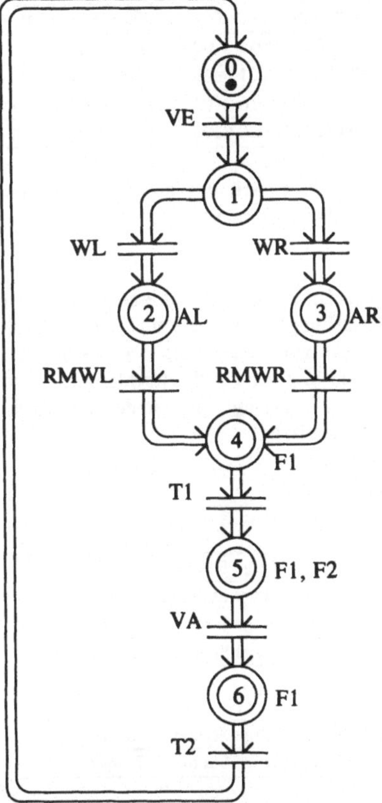

Abb. 5.40. Petri-Netz-Feld zur Steuerung aller Verteilstationen

Auf der Basis dieser Zuordnung kann nun folgendes Programm für die Weiterschaltung und die Ausgangsansteuerung erstellt werden.

```
FUNCTION_BLOCK FB1_Paketanlage;
MB20:=(MB10 or (MB16 and MB5))
         and not MB11;
MB21:=(MB11 or (MB10 and EB1))
         and not (MB12 or MB13);
MB22:=(MB12 or (MB11 and MB0))
         and not MB14;
MB23:=(MB13 or (MB11 and MB1))
         and not MB14;
MB24:=(MB14 or (MB12 and not EB0))
         or (MB13 and EB0)
         and not MB15;
MB25:=(MB15 or (MB14 and MB3))
         and not MB16;
MB26:=(MB16 or (MB15 and EB2))
         and not MB10;
(* Ausgänge ansteuern **********)
AB0:=(AB0 or MB3) and not MB2;
AB1:=MB14 or MB15 or MB16;
AB2:=MB15;
(* Timer starten ***************)
MB2:=MB14;
MB4:=MB16;
(* Zustandsmerker aktualisieren *)
MB10:=MB20;
MB11:=MB21;
MB12:=MB22;
MB13:=MB23;
MB14:=MB24;
MB15:=MB25;
MB16:=MB26;
END_FUNCTION_BLOCK;
```

Bei der Ansteuerung der Timer kann nicht mit Binärfeldern gearbeitet werden. Sie müssen daher einzeln binär durch die Merker M2.0 bis M2.6 bzw. M4.0 bis M4.6 angesteuert werden. Die Timerausgänge stehen dann als M3.0 bis M3.7 bzw. M5.0 bis M5.7 zur Verfügung.

Der function_block FB1_Paketanlage dient zur Steuerung des Ablaufs an allen Verteilstationen. Bei seiner Programmierung wurde vorausgesetzt, daß die für ein ankommendes Paket erforderliche Weichenansteuerung im Merkerbyte MB0 vorliegt. Die erforderliche Weichenstellung ergibt sich aus der Zieladresse des ankommenden Paketes. Diese kann z.B. als Barcode auf dem Paket angebracht sein und automatisch gelesen werden. Das Installieren eines Barcode-Lesers an jeder Verteilstation ist sehr aufwendig. Besser ist es, die Paketadresse nur einmal bei der Ankunft am Eingang der Verteilanlage zu lesen und dann in der Steuerung zu speichern.
Eine sehr elegante Möglichkeit hierzu ist die Verwendung einer binären Warteschlange für jede Verteilstation. Nach dem Lesen der Zieladresse

eines ankommenden Paketes wird geprüft, welche Weichen für den erforderlichen Weg zu stellen sind. In die Warteschlangen der betroffenen Stationen wird eine "0" (Weiche links) oder eine "1" (Weiche rechts) eingetragen. In den Warteschlangen der nicht betroffenen Stationen erfolgt kein Eintrag. Wird nun an einer Verteilstation ein ankommendes Paket detektiert (DE[i]) kann die erforderliche Weichenstellung durch Lesen (Pop) des obersten Elementes der Warteschlange ermittelt werden.

Durch das Speichern der erforderlichen Weichenstellungen in der Reihenfolge der nacheinander ankomenden Pakete an jeder Verteilstation sind keine Einschränkungen an die Anzahl der in der Verteilanlage befindlichen Pakete erforderlich. Der technisch verfügbare Spielraum für den Paketdurchsatz wird durch das Steuerungskonzept optimal ausgenutzt.

Zur Programmierung des Steuerungskonzeptes werden die erforderlichen Weichenstellungen für die 8 verschiedenen Zielpositionen in Form von Listen abgelegt. Dadurch ist das Programm für sehr unterschiedliche Konfigurationen von Verteilanlagen ohne Programmänderung einsetzbar. Die Weichenstellung „Links" wird in Datenbaustein DB1 und die Stellung „Rechts" im Datenbaustein DB2 gespeichert.

vorbei; die Weichenstellung ist für diesen Weg irrelevant.

Für die konkrete Anlage des vorliegenden Beispiels heben die beiden Datenbausteine folgende Inhalte:

		DB1	DB2
A	0	0000 0000 0000 0111	0000 0000 0000 0000
B	1	0000 0000 0000 0011	0000 0000 0000 0100
C	2	0000 0000 0000 1001	0000 0000 0000 0010
D	3	0000 0000 0000 0001	0000 0000 0000 1010
E	4	0000 0000 0011 0000	0000 0000 0000 0001
F	5	0000 0000 0001 0000	0000 0000 0010 0001
G	6	0000 0000 0010 0000	0000 0000 0001 0001
H	7	0000 0000 0000 0000	0000 0000 0101 0001

Abb. 5.42. Parametrierung der Weichenstellungen für das konkrete Beispiel

Nach dem Lesen einer Zieladresse können nun die Weichenstellungen aus DB1 und DB2 ausgelesen werden. Die zur Speicherung der Weichenstellungen werden insgesamt 7 Warteschlangen - eine für jede Station - benötigt. Sie werden im Datenbaustein DB3 realisiert.
DB2 gespeichert.

DW	DB1	DB2
0	Weg A, Weiche links	Weg A, Weiche rechts
1	Weg B, Weiche links	Weg B, Weiche rechts
..		
..		
7	Weg H, Weiche links	Weg H, Weiche rechts

Abb. 5.41. Speicherung der erforderlichen Weichenstellungen in den Datenbausteinen DB1 und DB2

	DB3
DW0	Warteschlange Station 0, Daten
DW1	Warteschlange Station 0, Zeiger
DW2	Warteschlange Station 1, Daten
DW3	Warteschlange Station 1, Zeiger
..	
..	
DW14	Warteschlange Station 7, Daten
DW15	Warteschlange Station 7, Zeiger

Abb. 5.43. Warteschlangen zur Speicherung der Weichenstellungen

Zu jeder Zieladresse eines Paketes gehört genau ein Datenwort im DB1 und ein Datenwort im DB2. Jede Station ist zu einer Bitposition zugeordnet. Ist ein Bit in einem Datenwort des DB1 gesetzt, so muß die zugehörige Weiche für diesen Weg links stehen. Ist ein Bit in einem Datenwort des DB2 gesetzt, so muß die zugehörige Weiche für diesen Weg rechts stehen. Ist für einen bestimmten Weg das Bit der Weiche weder im DB1 noch im DB2 gesetzt, kommt das Paket an dieser Weiche nicht

Kommt ein Paket am Eingang der Verteilanlage, also am Detektor der Station 0 an (DE[0]=E1.0), wird die Zieladresse als EB3 gelesen. Die zu diesem Ziel gehörenden Weichenstellungen werden aus den Listen DB1 und DB2 ausgelesen und in den Warteschlangen gespeichert. Dort werden sie wieder ausgelesen, wenn die Ankunft des Paketes an der entsprechenden Station detektiert wird (DE[i]=E1.i).

Ausgedrückt als Programm lautet dieser Algorithmus:

```
FUNCTION_BLOCK FB2_Paketanlage;
(*Paketankunft an der Anlage ****)
VAR i:INT;
    Ankunft: BOOL;
    Flk1: Flkerk; END_VAR
Flk1(Inp:=E1.0, Imp:=Ankunft)
IF Ankunft THEN
   FOR i:=0 TO 6 DO
     IF DB1[EB3,i]=1 THEN
        Queue(0,DB3[2*i],DB3[2*i+1];
        END_IF;
     IF DB2[EB3,i]=1 THEN
        Queue(1,DB3[2*i],DB3[2*i+1];
        END_IF;
     END_FOR;
   END_IF;
END_FUNCTION_BLOCK;


FUNCTION_BLOCK FB3_Paketanlage;
(*Paketankunft an den Stationen *)
VAR i:INT;
    Ankunft: BOOL;
    Flk1: Flkerk; END_VAR
FOR i:=0 TO 6 DO
  Flk1(Inp:=E1.i, Imp:=Ankunft);
  IF Ankunft THEN
    Pop(M0.i,DB3[2*i],DB3[2*i+1]),
    END_IF;
  END_FOR;
END_FUNCTION_BLOCK;
```

□

5.4 ÜBUNGEN

Übung 5.1.
Gegeben sind die folgenden Binärkombinationen

1011 1100 0011 0111
0011 0000 0011 1001
0100 1101 0010 0000
1111 0111 0011 1000

Stellen Sie die Werte hexadezimal dar.
Interpretieren Sie die Werte als dual codierte ganze, positive Zahlen.
Interpretieren Sie die Werte als Zweierkomplementzahlen.
Interpretieren Sie die Werte als Festkommazahlen mit 5 binären Nachkommastellen.
Welche Binärkombinationen lassen sich als binär codierte Dezimalzahl interpretieren?
Stellen Sie nun die Zahl -7232 als Zweierkomplement-Binärkombination mit 16 Stellen dar.
Stellen Sie die Zahl 3,5 als Festkomma-Binärkombination mit insgesamt 16 Stellen, davon 8 Nachkommastellen dar.

Übung 5.2.
Die Temperatur in einem Behälter wird mit Hilfe eines Sensors gemessen und durch eine Steuerung überwacht. Übersteigt die Temperatur einen Wert von 85°C wird eine Warnlampe eingeschaltet (A0.0). Sinkt die Temperatur wieder unter 80°C erlischt die Lampe. Steigt die Temperatur über 95°C wird ein Alarm gesetzt (A0.1). Dieser bleibt auch bei Absinken der Temperatur anstehen, bis er durch den Benutzer über einen Taster (E0.0) quittiert wurde.
Der analoge Temperaturwert im Bereich von 20°C bis 100°C wird durch die Steuerung gewandelt und steht als EW10 als Zahlenwert zwischen 0 und 160 zur Verfügung.
Erstellen Sie ein Steuerungsprogramm zur Ansteuerung der Warnlampe und des Alarms.

Übung 5.3.
In einem konischen Behälter wird der Füllstand gemessen. Aus dem Meßwert und den bekannten geometrischen Daten des Behälters soll das Füllvolumen berechnet und ausgegeben werden.
Die Füllhöhe wird gemessen und steht als Zahlenwert zwischen 0 und 200 im Eingangswort EW10 zur Verfügung.

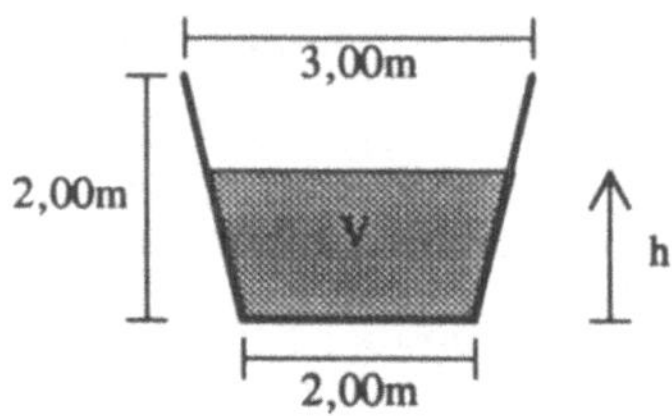

Abb. 5.44. Flüssigkeitsbehälter

Bestimmen Sie das Füllvolumen als Funktion der Füllhöhe.
Erstellen Sie ein Programm, das aus der Füllhöhe (EW10) das Füllvolumen in Litern berechnet und dual codiert als Ausgangswort AW0 ausgibt.
Welches ist die kleinste Füllmenge, die mit dem Programm darstellbar ist?

Übung 5.4.
Gegeben sei eine Anordnung mit 10 Tastern und 10 Lampen. Jeder Taster soll zunächst genau einer Lampe zugeordnet sein und als Impulsschalter dienen. Ist eine Lampe dunkel, wenn der zugehörige Taster betätigt wird, soll die Lampe angehen. Wird der Taster erneut betätigt, erlischt die Lampe wieder. Legen Sie eine geeignete Klemmenbelegung für die Taster-Eingänge und die Lampen-Ausgänge fest.
Erstellen Sie nun ein wortverarbeitendes Programm, das die Auswertung der Eingänge und die Ansteuerung der Ausgänge als Binärfelder vornimmt.
Die Aufgabe wird nun so geändert, daß die Lampen immer gemeinsam brennen. Sie können von einem beliebigen Taster ein- und ausgeschaltet werden. Wie sieht nun das Steuerungsprogramm aus?

Übung 5.5.
In einer Fertigung für elektronische Geräte werden die Baugruppen, die einen Bestückungsautomaten verlassen, durch ein automatisches Testsystem geprüft. Verläßt eine Baugruppe den Testautomaten, wird dies als Impuls auf Eingang E0.0 einer nachgeschalteten Steuerung gemeldet. Gleichzeitig wird das Ergebnis der Prüfung auf die beiden Eingänge E0.1 und E0.2 gelegt. Weist die Baugruppe zu viele Fehler auf, wird sie verschrottet (E0.1 gesetzt). Sind nur wenige Fehler vorhanden (E0.2 gesetzt), wandert die Baugruppe zu einem Reparaturplatz. Ist sie fehlerfrei (weder E0.1 noch E0.2 gesetzt), kann sie zur Montage weitergeleitet werden.

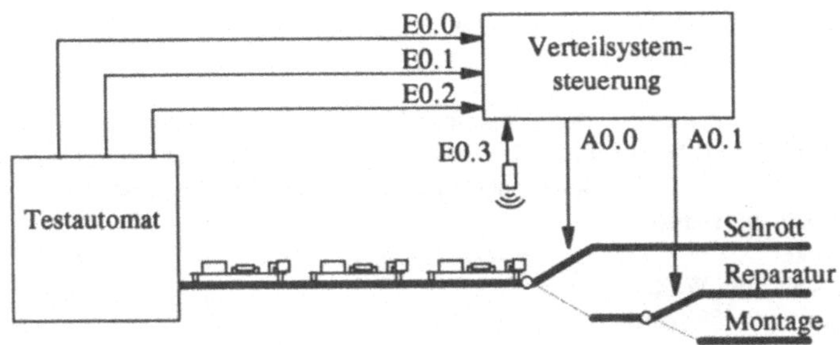

Abb. 5.45. Testautomat mit Verteilsystem

Die Aufgabe der Steuerung ist es nun, die Meldungen des Testautomaten in einer binären Warteschlange zu speichern, bis die Baugruppen an der Verteilstation ankommen. Jede ankommende Baugruppe wird über den Eingang E0.3 erfaßt und soll durch Betätigung der beiden Weichen richtig weitergeleitet werden.

Erstellen Sie das gesuchte Steuerungsprogramm.

Übung 5.6.

Mit Hilfe eines Fräsautomaten können verschiedene Muster in rechteckigen Metallplatten angebracht werden.

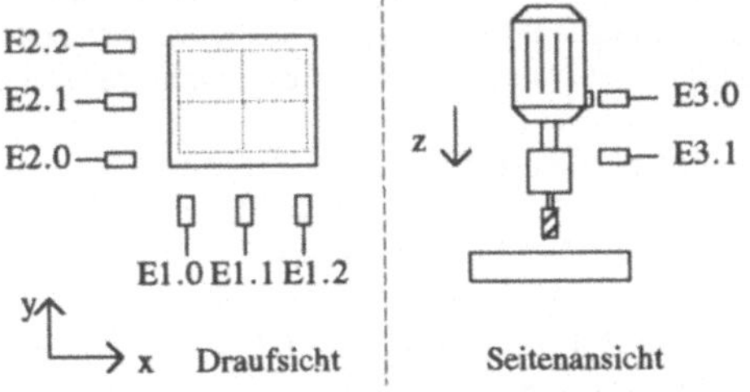

Abb. 5.46. Anlagenskizze des Fräsautomaten

Jedes Fräsmuster setzt sich aus einer oder mehreren Fräslinien zusammen. Diese beginnen und enden in einem der 9 möglichen Punkte. Jede Fräslinie kann entweder horizontal oder vertikal verlaufen. Die folgende Skizze zeigt mögliche Fräsmuster.

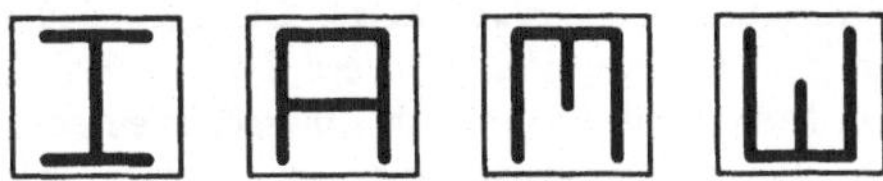

Abb. 5.47. Mögliche Fräsmuster

Es soll nun ein Programm erstellt werden, das die Anfertigung beliebiger Fräsmuster nach dem beschriebenen Schema gestattet. Die verschiedenen Fräsmuster sollen dabei in einem Datenbaustein parametriert werden. Das gewünschte Bohrmuster soll dabei über das Eingangswort EW4 wählbar sein.

Legen Sie das Format der Parametrierung im Datenbaustein fest.

Programmieren Sie einen Funktionsbaustein, dem Start- und Zielpunkt für eine Fräslinie übergeben wird und der diese Linie dann erstellt.

Erstellen Sie ein Programm für den Gesamtablauf der Fräsanlage.

Übung 5.7.

Mit Hilfe des Datenbausteins DB1 soll eine Wortstapel (bzw. eine Warteschlange) aufgebaut werden. Verwenden Sie das Datenwort DW0 als Zeiger auf das obere Stapelende. Das untere Ende sei fest und liege im Datenwort DW1. Erstellen Sie drei Funktionsbausteine in STEP5-AWL, die die Zugriffsfunktionen Pop, Push und Queue realisieren.

Übung 5.8.

Es soll eine Steuerung für den dargestellten Aufzug programmiert werden. Das Gebäude besitzt insgesamt 9 Etagen, von denen im Bild nur die unteren drei Etagen dargestellt sind.

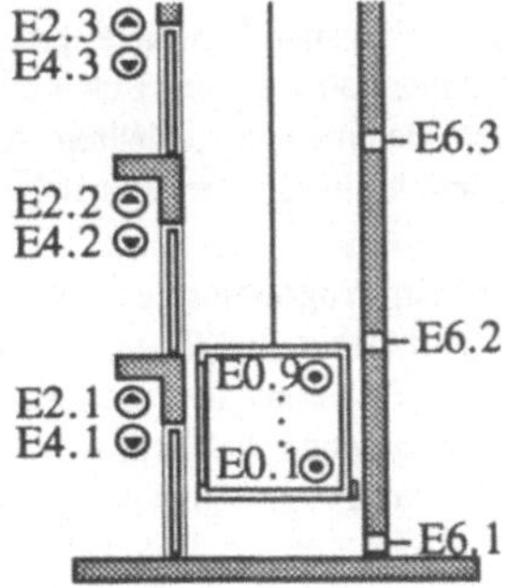

Abb. 5.48. Aufzug

Auf jeder Etage befindet sich ein Ruftaster für Aufwärtsfahrt (E2.1 bis E2.9) und ein Ruftaster für Abwärtsfahrt (E4.1 bis E4.9). Im Aufzug kann die gewünschte Zieletage mit Hilfe der Zieltaster E0.1 bis E0.9 eingegeben werden. Die aktuelle Position des Aufzuges wird über die Kontakte E6.1 bis E6.9 erfaßt.

Das Steuerungsprogramm soll so erstellt werden, daß folgende Bedingungen erfüllt sind.

Wenn der Aufzug auf einer Etage steht, die Wartezeit abgelaufen ist und ein Fahrtwunsch für eine Etage vorliegt, soll zur entsprechenden Etage gefahren werden.

Wenn der Aufzug während der Fahrt eine Etage passiert, für die ein Fahrtwunsch für die gleiche Fahrtrichtung vorliegt, soll der Aufzug an dieser Etage halten.

Wenn der Aufzug die gewünschte Etage erreicht, soll er dort halten. Liegt kein anderer Fahrtwunsch vor, bleibt der Aufzug auf der aktuellen Etage. Liegt ein Fahrtwunsch vor, bleibt der Aufzug für genau 7 sec auf der gerade erreichten Etage, um danach zur nächsten Zielposition zu fahren.

Bei Betätigung eines Ruftasters wird die entsprechende Etage als Fahrziel gespeichert. Die Reihenfolge der Betätigungen soll bei der Auswertung berücksichtigt werden. Bei Betätigung eines Zieltasters (im Aufzug) wird die Zieletage als nächstes Fahrziel gespeichert.

Der Ablauf für den Aufzug besteht aus drei Zuständen („Aufzug steht", Aufzug fährt aufwärts" und „Aufzug fährt abwärts"). Die Handhabung der Anforderungen und der Fahrziele soll mit Hilfe von Binärfeldern erfolgen:

MW0: Ruf aufwärts, pro Etage ein Bit.
MW2: Ruf abwärts, pro Etage ein Bit.
DB1: vorliegende Fahrziele
  DW0: als Zeiger verwenden
  DW1: alle vorliegende Fahrziele, pro Et. ein Bit.
  DW2: nächstes Fahrziel, pro Etage ein Bit.
Die weiteren Datenwörter enthalten die darauffolgenden Fahrziele in der erforderlichen zeitlichen Reihenfolge.

Erstellen Sie ein Programmstück, mit dem die Abwärts-Rufe im Merker MW0 und die Aufwärtsrufe im Merker MW2 gespeichert und nach erfolgreicher Ausführung wieder gelöscht werden.

Erstellen Sie eine Programmeinheit, die die Handhabung der Zieletagen im Datenbaustein DB1 ermöglicht. Hierzu gehören: die Eintragung eines Fahrzieles bei Betätigung eines Ruftasters, die Eintragung eines Fahrzieles bei Betätigung eines Zieltasters und die Austragung eines Fahrzieles bei Erreichen der Etage.

Erstellen Sie eine Programmeinheit, welche den Steuerungsablauf realisiert.

Übung 5.9.
Der Steuerungsablauf für eine Bandstraße soll als Petri-Netz-Feld modelliert werden. Die Bandstraße besteht aus 8 hintereinandergeschalteten Bändern.

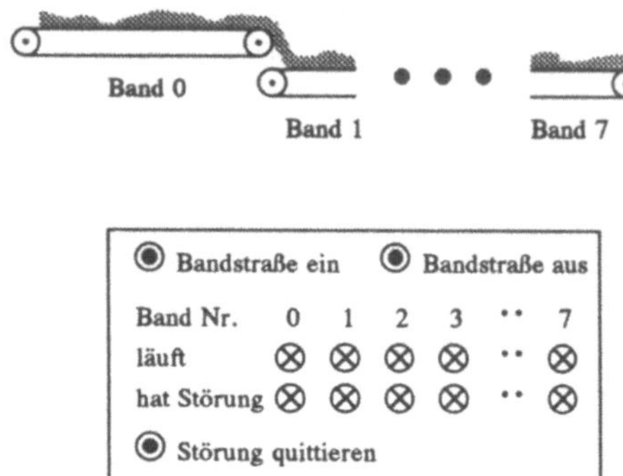

Abb. 5.49. Bandstraße mit Bedienfeld

Um Überladungen an den Übergabestellen zu verhindern, ist beim ein- und ausschalten der Bandstraße eine bestimmte Schaltreihenfolge einzuhalten. Ein Band darf erst eingeschaltet werden, wenn das nachfolgende Band bereits läuft; es darf erst ausgeschaltet werden, wenn das vorangehende Band stillgesetzt ist.

Der Einschaltbefehl für die Bandstraße kommt über den Taster E0.0, der Ausschaltbefehl über den Taster E0.1. Der Steuerungsablauf für jedes Band ist identisch mit Übung 3.6. Die Bänder werden über die Ausgänge A0.0 bis A0.7 eingeschaltet, die Laufmeldungen über A1.0 bis A1.7 und die Störmeldungen über A2.0 bis A2.7 ausgegeben. Die Nenndrehzahlen werden als E1.0 bis E1.7, die Stillstände als E2.0 bis E2.7 und die Störungen als E3.0 bis E3.7 erfaßt. Die Störungsquittierung erfolgt über den Taster E0.2.

Modellieren Sie den Steuerungsablauf für die Bandstraße als Petri-Netz-Feld mit 8 gleichartigen Abläufen.

Verwenden Sie die Merkerbytes MB0 bis MB4 zur Speicherung der Zustandswerte. Die Laufmeldungen der nachfolgenden Bändern können Sie aus dem Merkerbyte MB2 durch Linksschieben erzeugen. Die Stillstandsmeldung der vorangehenden Bänder ergibt sich aus dem Merkerbyte MB0 durch Rechtsschieben. Achten Sie dabei besonders auf die Handhabung des ersten und letzten Bandes.

6 ABTASTSYSTEME

6.1 BESCHREIBUNG

6.1.1 STRUKTUR VON ABTASTSYSTEMEN

Alle dynamischen Vorgänge in der Natur oder der Technik beruhen auf dem Austausch und der Speicherung von Materie oder Energie. Da Materie- und Energieflüsse zwar sehr große Werte annehmen können, aber immer endlich bleiben, ist auch die Änderungsgeschwindigkeit der Größen begrenzt. Sie besitzen einen kontinuierlichen, sprungfreien Verlauf.

Bei einer bestimmten Kategorie von Größen treten in bestimmten Zeitbereichen schnelle Änderungen auf, während sie ansonsten konstant sind. Obwohl auch diese Größen ein kontinuierliches Verhalten aufweisen, können sie in zeitlich geringer auflösender Betrachtung als sprungartig veränderlich angesehen werden. Da die Änderungen mehr oder weniger zufällig z.B. durch externe Ereignisse auftreten, handelt es sich um ereignisdiskrete Signale.

Diskrete Größen können auch entstehen, wenn nur zu bestimmten Zeitpunkten Stichproben oder Abtastwerte einer kontinuierlichen Größe genommen werden. Obwohl die analoge Größe auch zwischen den Abtastwerten existiert, sind diese Werte nicht bekannt. Die durch Abtastung entstandene Größe ist daher nur zu den diskreten Abtastzeitpunkten definiert; sie bildet ein zeitdiskretes Signal.

Die Verarbeitung diskreter Signale war früher mit einem großen gerätetechnischen Aufwand verbunden. Analoge Verarbeitungseinrichtungen waren daher bis auf wenige Ausnahmen dominierend. Mit dem Aufkommen digitaler Rechner hat sich diese Situation grundlegend geändert. Sie können nicht nur die früher analog realisierten Verarbeitungsalgorithmen mit ausreichender Genauigkeit und Schnelligkeit zu einem günstigen Preis realisieren, sondern die große Leistungsfähigkeit erlaubt auch den Aufbau neuer, analog nicht zu realisierender Algorithmen.

Um analoge Signale mit einem digitalen Rechner verarbeiten zu können, sind Komponenten zur Signalwandlung erforderlich.

Ein analoges Signal ist durch kontinuierlich verteilte Amplitudenwerte und durch kontinuierliche Zeitwerte gekennzeichnet. Im allgemeinen enthält es höherfrequente Störanteile. Sie wirken bei der Abtastung störend und müssen vorher eliminiert werden. Dies erfolgt mit einem am Eingang des digitalen signalverarbeitenden Systems liegenden analogen Tiefpaß (TP1).

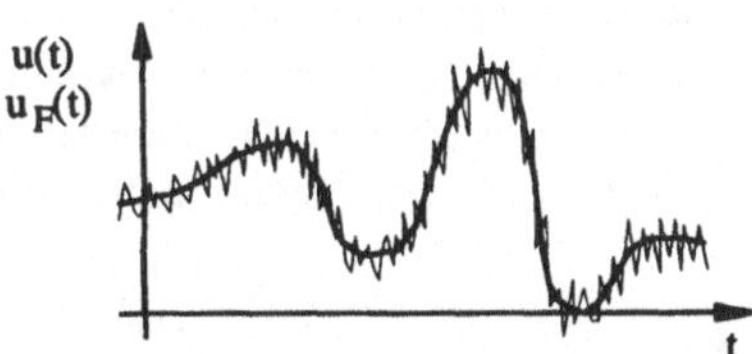

Abb. 6.2. Gemessenes Signal *u(t)* und geglättetes Signal *u_F(t)*

Zur Verarbeitung in einem digital arbeitenden Rechner wird das geglättete analoge Signal zunächst abgetastet. Der ideale Abtaster nimmt Funktionswerte des Analogsignals zu den dis

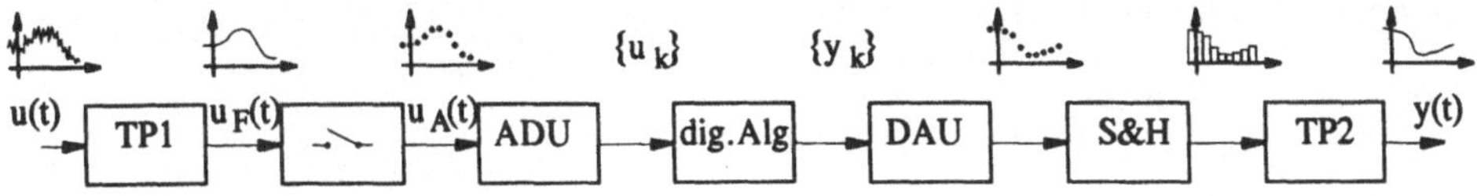

Abb. 6.1. Struktur eines Abtastsystems

kreten Zeitpunkten t_k auf. Das abgetastete Signal ist zwischen diesen Zeitpunkten nicht definiert. Für viele Betrachtungen kann es dort zu Null gesetzt werden. Am Ausgang des Abtasters erscheint ein zeitdiskretes, amplitudenkontinuierliches Signal.

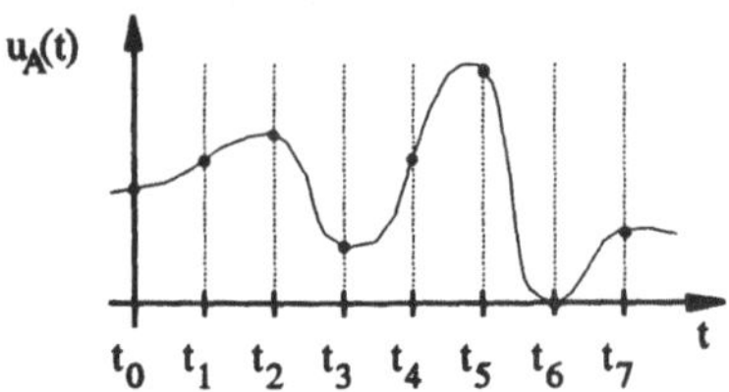

Abb. 6.3. Abgetastetes Signal

Jeder Abtastwert ist eine dimensionsbehaftete physikalische Größe, zum Beispiel eine elektrische Spannung. Zur Verarbeitung dieser Werte in einem Rechner werden die physikalischen Abtastwerte in Zahlenwerte gewandelt. Dies erfolgt im Analog-/Digital-Wandler (ADU). Die kontinuierlichen Amplitudenwerte werden auf digitale Amplitudenwerte abgebildet, indem die zwischen zwei digitalen Werten liegenden Bereiche dem nächst höheren oder nächst niedrigeren Digitalwert zugeordnet werden. Die Auflösung des A/D-Wandlers, also die Anzahl der Quantisierungsstufen, sowie die maximale Wandlungsgeschwindigkeit sind die beiden wichtigsten Kriterien zur Einordnung der Leistungsfähigkeit eines Wandlers.

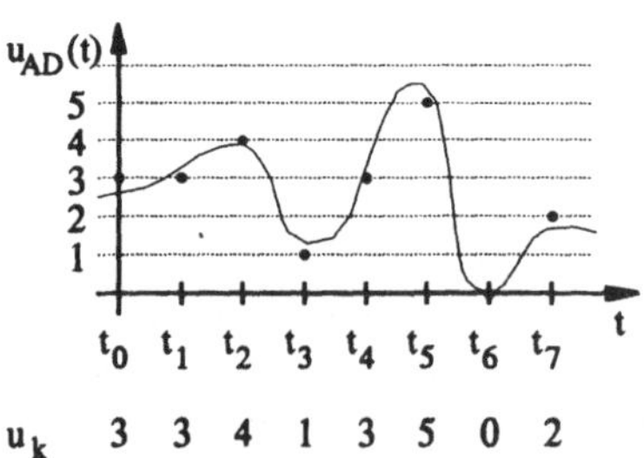

Abb. 6.4. Abgetastetes und digitalisiertes Signal

Der Ausgang des Analog-/Digital-Wandlers ist eine Zahlenfolge $\{u_k\}$. Sie wird durch einen per Programm realisierten Algorithmus in eine Ausgangszahlenfolge $\{y_k\}$ umgesetzt. Sie wird dann mit Hilfe eines Digital-/Analog-Umsetzers (DAU) wieder in ein physikalisches Signal gewandelt. Es ist amplituden- und zeitdiskret.

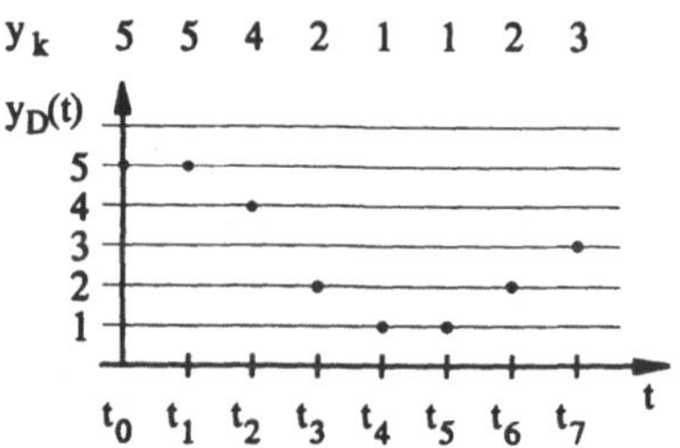

Abb. 6.5. Digitales Ausgangssignal

Das Halteglied verlängert den Abtastwert in die zwischen den Abtastzeitpunkten liegenden Zeitbereiche. In der einfachsten Form wird der Abtastwert für das folgende Zeitintervall konstant gehalten. Es entsteht ein treppenförmiges Ausgangssignal.

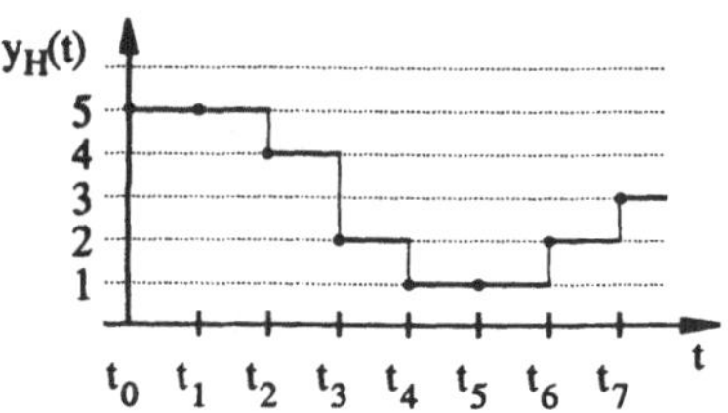

Abb. 6.6. Ausgangssignal des Haltegliedes

Zur Eliminierung der durch die sprungartigen Übergänge verursachten hochfrequenten Signalanteile muß ein analoger Tiefpaß nachgeschaltet werden. Er glättet das Signal an den Sprungstellen, so daß wieder ein amplituden- und zeitkontinuierliches Signal entsteht.

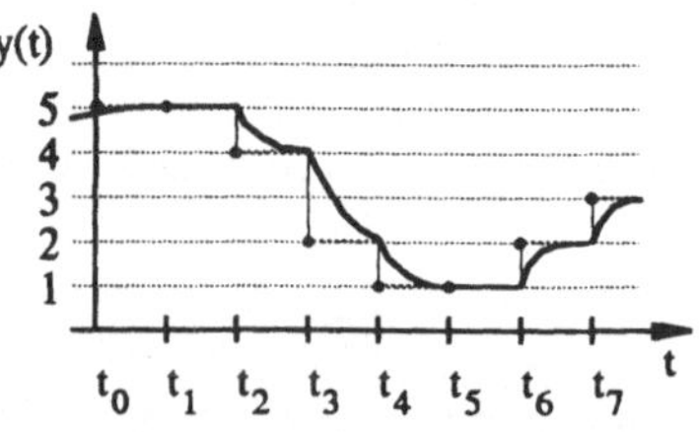

Abb. 6.7. Ausgangssignal des Tiefpasses TP2 am Ende der Signalverarbeitungskette

6.1.2 DIGITALE SIGNALE

Bei der Abtastung eines kontinuierlichen Signales $h(t)$ werden die Funktionswerte zu den diskreten Zeitpunkten t_k mit Hilfe eines Schalters für eine kurze Zeit auf einen Wandler durchgeschaltet. Er formt den Funktionswert in einen Zahlenwert um. Zwischen den Abtastzeitpunkten ist der Schalter geöffnet; das Signal wird nicht auf den Wandler gegeben. Mathematisch läßt sich dieser reale Abtastvorgang als Multiplikation des Originalsignals mit einer Folge von schmalen Rechteckimpulsen darstellen.

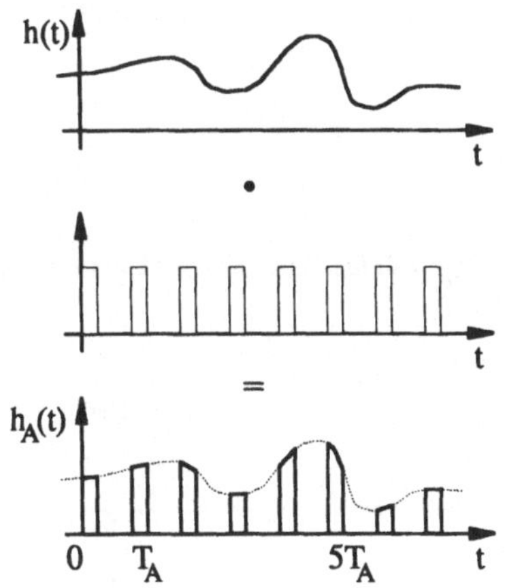

Abb. 6.8. Zeitverhalten eines realen Abtasters

Im Grenzübergang geht die Breite der Rechteckimpulse gegen Null und deren Höhe gegen den Funktionswert zum Abtastzeitpunkt t_k. Für eine übersichtliche mathematische Handhabung ist weder das reale Abtastsignal mit Rechtecken endlicher Breite, noch das idealisierte Signal mit unendlich schmalen aber endlich hohen Impulsen geeignet. Statt dessen wird der ideale Abtastvorgang dargestellt als ein Grenzübergang, bei dem die Höhe der Rechtecke anwächst, während die Breite geringer wird, so daß die Rechteckfläche konstant bleibt. Dieser ideale Abtastvorgang bildet das kontinuierliche Signal auf eine Folge von Dirac-Impulsen ab. Die Fläche der Dirac-Impulse entspricht dem Funktionswert des abgetasteten Signals.

Der ideale Abtaster kann nicht als Grenzfall eines sehr schnellen Schalters angesehen werden. Er wird vielmehr so definiert, daß eine mathematisch durchgängige Handhabung der Größen eines Abtastsystems als Zeitsignale möglich wird.

Die Funktionsweise des idealen Abtasters läßt sich als eine Multiplikation des Eingangssignals mit einem Impulskamm beschreiben.

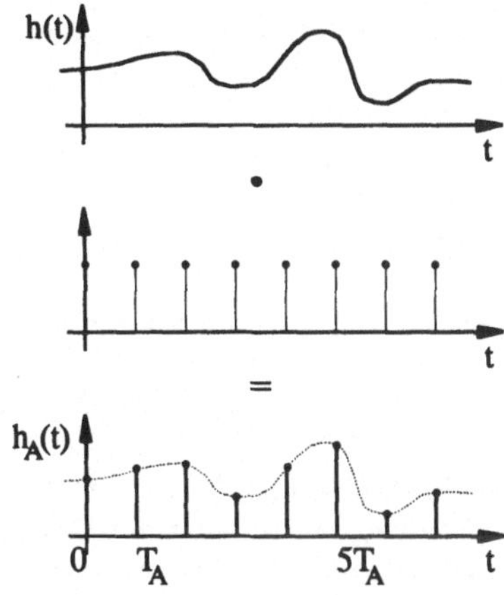

Abb. 6.9. Zeitverhalten eines idealen Abtasters

Das ideale Abtastsignal ist dann ebenfalls ein Impulskamm, bei dem die Fläche der Impulse den Abtastwerten entspricht. In der Praxis ist von den vielen möglichen Abtastarten nur die äquidistante Abtastung von Bedeutung. Bei ihr haben die Abtastzeitpunkte den gleichen Abstand T_A und das abgetastete Zeitsignal ist mathematisch darstellbar als

$$h_A(t) = \sum_{k=-\infty}^{\infty} h(t) \cdot \delta(t - kT_A) = \sum_{k=-\infty}^{\infty} h_k \delta\left(t - kT_A\right) \ .$$

Da die abgetastete Funktion $h_A(t)$ nur zu den Abtastzeitpunkten ungleich Null ist, wird sie durch die Abtastwerte $h_k = h(kT_A)$ vollständig beschrieben. Die Zahlenfolge

$$\{h_k\} = \{...,h_{-1},h_0,h_1,h_2,...\}$$

ist bezüglich des Informationsgehaltes mit der abgetasteten Zeitfunktion äquivalent. Mit Hilfe dieser Äquivalenz läßt sich die Verarbeitung periodisch abgetasteter Signale in einem digitalen System auf die Verarbeitung von Zahlenfolgen zurückführen.

Bei der Abtastung eines kontinuierlichen Signales werden die Werte zwischen den Abtastzeitpunkten nicht berücksichtigt. Erfolgt die Abtastung in sehr kurzen Zeitabständen, bleiben die im Signal enthaltenen Informationen fast vollständig erhalten. Liegen die Abtastzeitpunkte dagegen weiter auseinander, können zum Teil erhebliche Informationsmengen verlorengehen. Die Fragen des Informationsverlustes wurden im Zusammenhang mit der Signalübertragung durch Nyquist (1928) und Shannon (1947) untersucht und durch das dabei formulierte *Abtasttheorem* beantwortet:

Ein bandbegrenztes Signal mit der Grenzfrequenz f_G kann ohne Informationsverlust abgetastet werden, wenn die Abtastfrequenz f_A mindestens doppelt so groß ist, wie die Signalgrenzfrequenz: $f_A \geq 2 \cdot f_G$. Wird diese Bedingung eingehalten, kann das Originalsignal aus den Abtastwerten vollständig rekonstruiert werden.

Um den Informationsverlust bei Nichteinhaltung des Abtasttheorems abzuschätzen und um die Abtastrate geeignet festzulegen, ist es erforderlich, den Abtastvorgang etwas eingehender zu untersuchen.

Ausgangspunkt der Betrachtungen ist ein analoges Signal $h(t)$, dessen Frequenzgang durch Fouriertransformation bestimmbar ist:

$$H(f) = \int_{-\infty}^{\infty} h(t) \cdot e^{-j2\pi ft} dt = \mathcal{F}\{h(t)\} \quad .$$

Durch die Abtastung des Signals $h(t)$ entsteht das Signal $h_A(t)$, das aus Impulsen mit der Fläche $h(kT_A)$ an den Abtastzeitpunkten besteht

$$h_A(t) = \sum_{k=-\infty}^{\infty} h(t) \cdot \delta(t - kT_A) = \sum_{k=-\infty}^{\infty} h_k \delta(t - kT_A) \quad .$$

Das Spektrum des abgetasteten Signals kann ebenfalls durch Fouriertransformation bestimmt werden /Achilles 1985/:

$$H_A(f) = \mathcal{F}\{h_A(t)\} = \cdots = \sum_{k=-\infty}^{\infty} h_k \, e^{-j2\pi ft} \quad .$$

Die Multiplikation des analogen Signals mit einem Impulskamm entspricht im Frequenzbereich der Faltung des analogen Spektrums mit der Fouriertransformierten des Impulskamms. Die Fouriertransformation eines zeitlichen Impulskammes liefert auch im Frequenzbereich einen Impulskamm /Papoulis 1962, S.44/. Die Faltung des kontinuierlichen Spektrums mit diesem Frequenz-Impulskamm führt zu einer periodischen Fortsetzung des Spektrums:

$$H_A(f) = \cdots = \frac{1}{T_A} \sum_{k=-\infty}^{\infty} H(f - \frac{k}{T_A}) \quad .$$

Ein abgetastetes Signal besitzt also ein periodisches Spektrum.

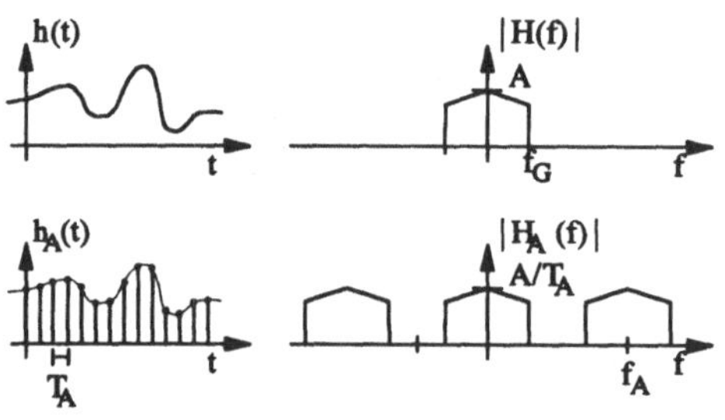

Abb. 6.10. Wirkung des idealen Abtasters im Zeitbereich und im Frequenzbereich bei einem bandbegrenzten Signal.

Die periodische Fortsetzung des Spektrums erlaubt eine anschauliche Erläuterung des Abtasttheorems im Frequenzbereich. Ist das analoge Spektrum bandbegrenzt und die Abtastfrequenz mindestens doppelt so groß wie die Grenzfrequenz, tritt im Frequenzbereich bei der periodischen Fortsetzung keine Überlappung auf. Das ursprüngliche Spektrum kann durch eine Tiefpaßfilterung wiedergewonnen und damit das analoge Signal rekonstruiert werden.

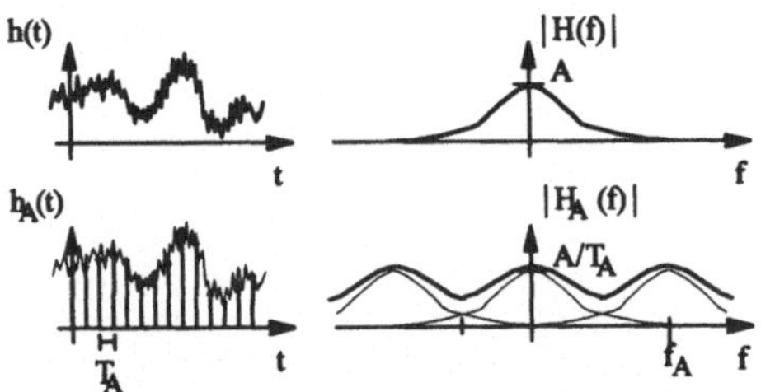

Abb. 6.11. Wirkung des idealen Abtasters im Zeitbereich und im Frequenzbereich bei einem nicht bandbegrenzten Signal.

Ist dagegen das Signal nicht bandbegrenzt oder ist die Abtastfrequenz zu klein, überlappen sich die periodisch fortgesetzten Spektralanteile. Das ursprüngliche Spektrum ist dann nicht mehr von den übrigen Anteilen zu trennen; es ist aus den Abtastwerten nicht mehr vollständig rekonstruierbar.

Das Abtasttheorem hat für das Verständnis des Abtastvorganges große Bedeutung und zeigt gleichzeitig die praktischen Grenzen auf. Viele Signale sind nicht bandbegrenzt oder können nicht genügend schnell abgetastet werden. Es entsteht dadurch ein Informationsverlust. Weitere Informationen gehen verloren, wenn ein Signal, das sich über die gesamte Zeitachse erstreckt, nur über einen endlichen Zeitbereich erfaßt werden kann.

In der praktischen Anwendung kann ein Signal nicht über den gesamten Zeitbereich erfaßt und verarbeitet werden, sondern es steht nur ein zeitlicher Ausschnitt zur Verfügung. Die Bildung eines zeitlichen Ausschnitts entspricht mathematisch der Multiplikation mit einem Rechteckfenster. Aus dem abgetasteten Signal $h_A(t)$ wird das abgetastete und gefensterte Signal $h_{AF}(t)$

$$h_{AF}(t) = h_A(t) \cdot r_N(t) = \sum_{k=0}^{N-1} h_k \delta(t - kT_A)$$

$$\text{mit} \quad r_N(t) = \begin{cases} 1 & 0 \leq t < NT_A \\ 0 & \text{sonst} \end{cases}$$

Die Fouriertransformation dieses Signals liefert den Frequenzgang

$$H_{AF}(f) = \mathcal{F}\{h_{AF}(t)\} = \cdots = \sum_{k=0}^{N} h_k \, e^{-j2\pi f k T_A} \quad .$$

Da die zeitliche Multiplikation mit dem Rechteckfenster im Frequenzbereich einer Faltung mit der Fouriertransformierten des Rechteckfensters entspricht, kann das gleiche Spektrum auch dargestellt werden als:

$$H_{AF}(f) = H_A(f) * \mathcal{F}\{r_N(t)\} =$$

$$= H_A(f) * NT_A e^{-j2\pi f NT_A/2} \cdot \frac{\sin(2\pi f NT_A/2)}{2\pi f NT_A/2}$$

Das so entstehende Spektrum hat bei genügend großer Fensterbreite im wesentlichen die Form des ursprünglichen Spektrums.

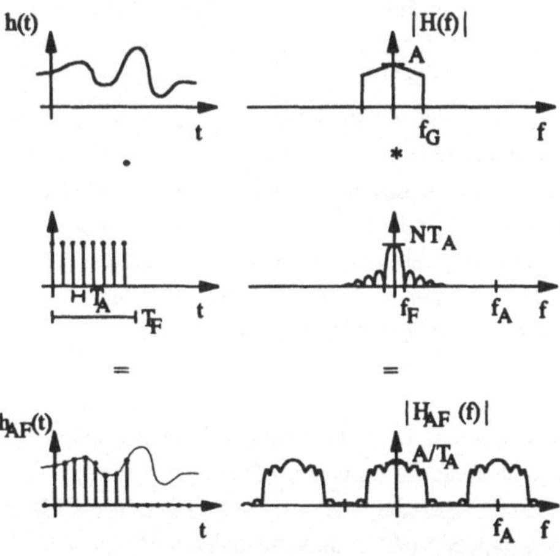

Abb. 6.12. Wirkung der Abtastung in einem endlichen Zeitfenster (Fensterung) im Frequenzbereich

Durch die Faltung mit der sinx/x-Funktion entsteht an den Unstetigkeitsstellen im Frequenzbereich eine Welligkeit. Die Amplitude dieser Welligkeit ist unabhängig von der Fensterbreite N (Gibbs'sches Phänomen). Die Frequenz der Welligkeit nimmt mit wachsendem N zu, wodurch der quadrierte Fehler zwischen dem neuen und dem alten Spektrum zurückgeht.

Will man bei gegebener Zahlenfolge $\{h_k\}$, die durch Abtastung und Fensterung aus einem analogen Signal entstanden ist, das zugehörige Spektrum berechnen, so wird man im Frequenzbereich nur endliche viele, diskrete Stützstellen berechnen. Legt man die Stützstellen an die Frequenzen $f = n/T_F$, mit $T_F = NT_A$, so gilt:

$$H_{AF}(f)\Big|_{f=\frac{n}{NT_A}} = \sum_{k=0}^{N-1} h_k e^{-j2\pi kn/N} = H_D(n) \quad .$$

Dies ist die diskrete Fouriertransformierte (DFT) des Signales $h(t)$. Die DFT liefert exakte Frequenzstützstellen des Spektrums der abgetasteten und gefensterten Zeitfunktion. Dieses Spektrum stimmt aufgrund der Verformungen bei der Abtastung und Fensterung im allgemeinen nicht exakt mit dem Spektrum des kontinuierlichen Signals überein. Eine exakte Übereinstimmung wird nur dann erreicht, wenn das analoge Signal periodisch und bandbegrenzt ist, unter Einhaltung des Abtasttheorems abgetastet wird und die Fensterbreite mit der Periodendauer übereinstimmt. In allen anderen Fällen stellt $T_A H_D(n)$ bei genügend schneller Abtastung und genügend großer Fensterbreite N eine brauchbare Approximation des analogen Spektrums $H(f)$ dar.

Beispiel 6.1. Diskrete Fourier-Transformation
Gegeben ist die Funktion $h(t) = e^{-t/T_1} \cdot \sigma(t)$.
Sie verschwindet für $t < 0$ und besitzt für $t > 0$ einen exponentiell abklingenden Verlauf.

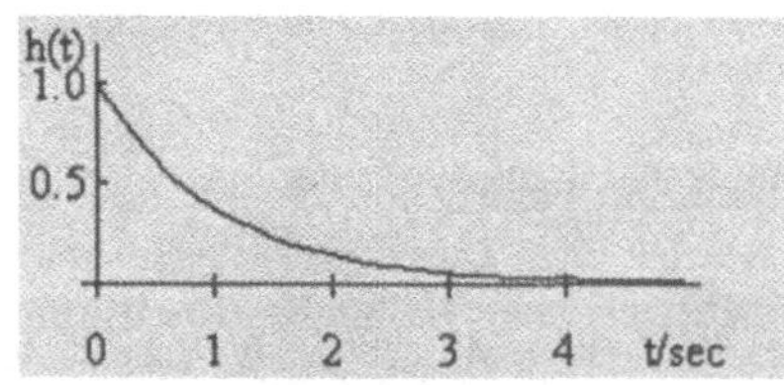

Abb. 6.13. Exponentialfunktion $h(t) = e^{-t/T_1} \cdot \sigma(t)$ mit $T_1 = 1$ sec.

Durch Fouriertransformation kann das Spektrum des Signals berechnet werden.

$$H(f) = \frac{T_1}{1 + j2\pi f T_1} \quad \cdot$$

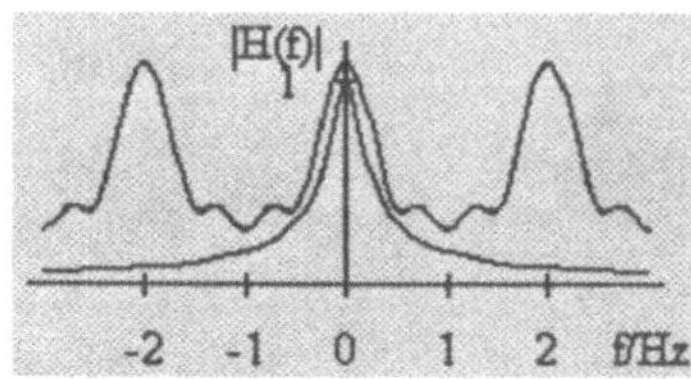

Abb. 6.14. Kontinuierliches und diskretes Spektrum der Funktion $h(t) = e^{-t/T_1} \cdot \sigma(t)$ mit $T_1 = 1$ sec, $T_A = 0,5$ sec .

Die spektrale Amplitude wird zwar mit wachsender Frequenz immer kleiner, das Spektrum ist aber nicht bandbegrenzt. Tastet man das Zeitsignal ab, findet daher immer eine spektrale Überlappung statt. Diese Überlappung wird mit wachsender Abtastzeit immer größer. Eine weitere Verformung des Spektrums durch die Fensterung des Zeitsignals macht sich als Welligkeit bemerkbar. Sie ist bei geringer Fensterbreite deutlich erkennbar. Die Berechnung der diskreten Fouriertransformierten

$$H_D(n) = \sum_{k=0}^{N-1} h_k \cdot e^{-j2\pi kn/N}$$

für dieses Signal liefert für $N = 4$ folgende Werte:

Tabelle 6.1. Zeitliche Abtastwerte und DFT der Funktion $h(t) = e^{-t/T_1} \cdot \sigma(t)$, mit $T_1 = 1$ sec, $T_A = 0,5$ sec.

Zeitbereich			Frequenzbereich			
k	kT_A	h_k	n	f	$|H(f)|$	$T_A H_D(n)$
0	0,0	1,000	0	0,0	1,000	1,099
1	0,5	0,607	1	0,5	0,303	0,370
2	1,0	0,368	2	1,0	0,157	0,269
3	1,5	0,223	3	1,5	0,105	0,370
4	2,0	0,135	4	2,0	0,079	1,099

□

6.1.3 DIGITALE SYSTEME

Ein System mit digitaler Eingangs- und digitaler Ausgangsgröße führt aus mathematischer Sicht eine Abbildung der Eingangszahlenfolge $\{u_k\}$ auf die Ausgangszahlenfolge $\{y_k\}$ aus.

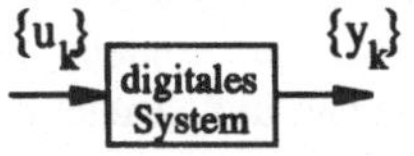

Abb. 6.15. Digitales System mit Eingangszahlenfolge *{u_k}* und Ausgangszahlenfolge *{y_k}*.

Bei einem statischen System ergibt sich der Ausgangswert y_k aus dem aktuellen Eingangswert u_k. Handelt es sich um ein dynamisches System, hängt der Ausgangswert auch von zurückliegenden Eingangsgrößen, den zurückliegenden Ausgangswerten und eventuell vom Zeitindex k ab

$$y_k = f(y_{k-1}, y_{k-2}, .., u_k, u_{k-1}, .., k) \quad .$$

Für den Spezialfall eines linearen und zeitinvarianten Systems nimmt die Abbildungsfunktion die Form einer linearen Differenzengleichung an

$$y_k = -a_1 y_{k-1} - a_2 y_{k-2} - ..... + b_0 u_k + b_1 u_{k-1} + ...$$

$$= -\sum_{i=1}^{N} a_i y_{k-i} + \sum_{i=0}^{N} b_i u_{k-i} \quad .$$

Da der neue Wert der Ausgangsgröße auch von zurückliegenden Werten der Ausgangsgröße abhängt, handelt es sich hierbei um eine rekursive Differenzengleichung. Durch Einführung des Verschiebeoperators q^{-1}

$$q^{-1} y_k = y_{k-1}$$

bzw.

$$q^{-1}\{y_k\} = \{y_{k-1}\}$$

kann die Darstellung vereinfacht werden:

$$y_k = -a_1 q^{-1} y_k - a_2 q^{-2} y_k - ... + b_0 q^{-0} u_k + b_1 q^{-1} u_k + ...$$

$$= \left(-\sum_{i=1}^{N} a_i q^{-i}\right) y_k + \left(\sum_{i=0}^{N} b_i q^{-i}\right) u_k \quad .$$

Die Auflösung nach y_k liefert dann

$$y_k = \frac{\sum\limits_{i=0}^{N} b_i q^{-1}}{\sum\limits_{i=0}^{N} a_i q^{-1}} u_k = \frac{B(q^{-1})}{A(q^{-1})} u_k \quad ,$$

wobei $a_0 = 1$ ist. Diese Darstellung der Beziehung zwischen y_k und u_k enthält den Quotienten der beiden Polynome $B(q^{-1})$ und $A(q^{-1})$. Führt man eine Polynomdivision durch, erhält man ein Polynom, das im allgemeinen unendlicher Ordnung ist:

$$\frac{B(q^{-1})}{A(q^{-1})} = g_{D0} + g_{D1} \cdot q^{-1} + g_{D2} \cdot q^{-2} + ..$$

$$= G_D(q^{-1}) \quad .$$

Mit Hilfe dieses Polynoms kann die Beziehung zwischen u_k und y_k auch als Faltungssumme dargestellt werden:

$$y_k = \frac{B(q^{-1})}{A(q^{-1})} \cdot u_k$$

$$= G_D(q^{-1}) \cdot u_k$$

$$= \sum_{i=0}^{\infty} g_{Di} \cdot u_{k-i}$$

$$= g_{D0} \cdot u_k + g_{D1} \cdot u_{k-1} + g_{D2} \cdot u_{k-2} + ... \quad .$$

Beispiel 6.2. Digitales System 1. Ordnung
Gegeben sei folgende lineare Differenzengleichung 1. Ordnung

$$y_k = 0{,}8 \cdot y_{k-1} + 0{,}2 \cdot u_k \quad .$$

Sie ist in der allgemeinen linearen Differenzengleichung enthalten mit den Koeffizientenwerten $b_0 = 0{,}2$; $a_0 = 1{,}0$ und $a_1 = 0{,}8$. Es gilt also

$$B\!\left(q^{-1}\right) = 0,2$$

$$A\!\left(q^{-1}\right) = 1 - 0,8 \cdot q^{-1}$$

Führt man eine Polynomdivision durch, erhält man folgende Koeffizienten g_{Di}.

Tabelle 6.2. Koeffizienten g_{Di} der digitalen Übertragungsfunktion.

i	0	1	2	3	4	5
g_{Di}	0,200	0,160	0,128	0,102	0,082	0,065

Regt man das System mit einem Einheitsimpuls an, erhält man die in der folgenden Tabelle dargestellte Antwort y_k.

Tabelle 6.3. Reaktion y_k des digitalen Systems auf die Anregung durch einen Einheitsimpuls

k	0	1	2	3	4	5
u_k	1,000	0,000	0,000	0,000	0,000	0,000
y_k	0,200	0,160	0,128	0,102	0,082	0,065

Der Vergleich zeigt, daß die Koeffizienten g_{Di} der digitalen Übertragungsfunktion mit den Werten der Einheitsimpulsantwort identisch sind.   □

Der ausschließlich aus Gründen einer vereinfachten Handhabung der Differenzengleichungen eingeführte Verschiebeoperator q ist dem z-Operator der z-Transformation äquivalent. Da der Umgang mit der z-Transformation aber einen nicht zu vernachlässigenden Aufwand erfordert und für das Verständnis digitaler Systeme im Rahmen dieses Buches nicht unbedingt erforderlich ist, wird hier auf die Verwendung der z-Transformation verzichtet. Dennoch kann sie für eine vertiefte Untersuchung (z.B. für die Stabilitätsanalyse) einen weitergehenden Einblick und vor allem methematisch abgesicherte Methoden liefern. Es wird deshalb auf die weiterführende Literatur verwiesen, wie z.B. /Föllinger 1986/.

Ein digitales System verarbeitet Eingangszahlenfolgen, indem es sie auf Ausgangszahlenfolgen abbildet. Der Verarbeitungsalgorithmus erfordert keine feste zeitliche Zuordnung der Zahlenwerte, sondern lediglich eine bestimmte Reihenfolge. Bei einem Abtastsystem sind die Eingangszahlenfolgen aber aus einem kontinuierlichen zeitlichen Signal durch Abtastung entstanden und die Ausgangszahlenfolgen werden durch Speicherglieder wieder in Zeitsignale umgeformt. Durch den Abtastvorgang existiert also eine eindeutige Zuordnung zwischen Zeitsignal und Zahlenfolge; Zeitsignal und Zahlenfolge sind informationell äquivalent. Es stellt sich deshalb die Frage, wie ein zahlenverarbeitender Algorithmus als digitales System zusammen mit einem vorgeschalteten Abtaster und einem nachgeschalteten Halteglied als dynamisches System im Zeitbereich beschrieben werden kann. Da Zeitsignale auch im Frequenzbereich darstellbar sind, stellt sich weiter die Frage, ob eine Darstellung im Frequenzbereich auch für digitale Systeme möglich ist, und ob sich unter bestimmten Bedingungen die Übertragungsfunktion eines digitalen Systems bestimmen läßt.

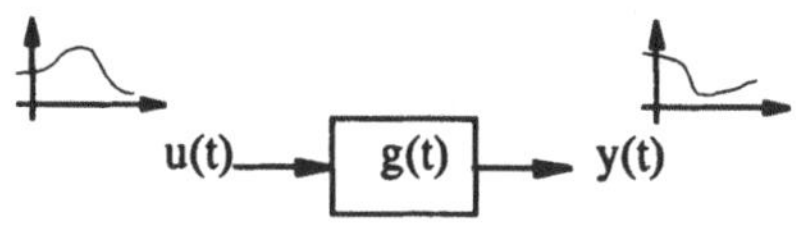

Abb. 6.16. Kontinuierliches lineares System mit Eingangsgöße $u(t)$, Ausgangsgröße $y(t)$ und Impulsantwort $g(t)$.

Bei einem kontinuierlichen linearen System ergibt sich die Ausgangsgröße durch Faltung der Eingangsgröße mit der Impulsantwort

$$y(t) = g(t) * u(t) \quad .$$

Im Frequenzbereich entspricht die Faltung einer Multiplikation, so daß die Fouriertransformierte der Impulsantwort das Verhältnis von Ausgangsspektrum zu Eingangsspektrum beschreibt. Sie wird als Übertragungsfunktion bezeichnet

$$Y(f) = G(f) \cdot U(f) \quad .$$

Das Verhalten eines linearen, zeitinvarianten Systems ist also im Zeitbereich durch die Impulsantwort und im Frequenzbereich durch deren Fouriertransformierte, die Übertragungsfunktion, vollständig beschrieben.

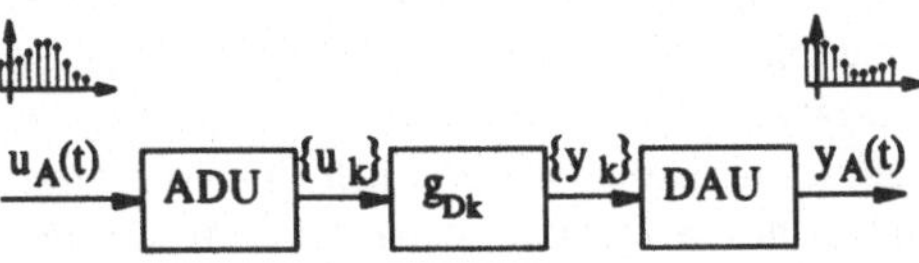

Abb. 6.17. Lineares digitales System mit Eingangsgöße u_k, Ausgangsgröße y_k und Impulsantwort g_{Dk}.

Auch für digitale Systeme lassen sich die Impulsantwort und die Übertragungsfunktion als Beschreibungsmittel verwenden. Ein digitales System besitzt je ein impulsmoduliertes Zeitsignal am Eingang und am Ausgang.

Wie bei einem kontinuierlichen System lassen sich auch hier Ein- und Ausgangssignal fouriertransformieren

$$Y_A(f) = \mathcal{F}\{y_A(t)\} = \sum_{k=-\infty}^{\infty} y_k \cdot e^{-j\omega k T_A}$$

$$U_A(f) = \mathcal{F}\{u_A(t)\} = \sum_{k=-\infty}^{\infty} u_k \cdot e^{-j\omega k T_A} \quad .$$

Der Zusammenhang zwischen Eingangssignal und Ausgangssignal des digitalen Systems ist durch eine Differenzengleichung festgelegt, die die Zahlenfolge der Eingangsabtastwerte auf die Zahlenfolge der Ausgangsabtastwerte abbildet. Bei einem linearen und zeitinvarianten System läßt sich die Abbildung der Eingangs- auf die Ausgangszahlenfolge durch eine Faltungssumme beschreiben. Das Verhalten des digitalen Systems ist durch die Zahlenfolge $\{g_{Dk}\}$ eindeutig definiert. Die Impulsantwort des digitalen Systems und die Übertragungsfunktion müssen sich daher aus diesen Koeffizienten berechnen lassen. Setzt man die durch die Faltungssumme bestimmten Abtastwerte des Ausgangssignals in dessen Fouriertransformierten ein, so folgt:

$$Y_A(f) = \sum_{k=-\infty}^{\infty} y_k \cdot e^{-j\omega k T_A}$$

$$= \sum_{k=-\infty}^{\infty} \sum_{i=0}^{\infty} g_{Di} \cdot u_{k-i} \cdot e^{-j\omega k T_A}$$

Vertauschung der Summationsreihenfolge liefert folgende Beziehung

$$Y_A(f) = \sum_{i=0}^{\infty} g_{Di} \sum_{k=-\infty}^{\infty} u_{k-i} \cdot e^{-j\omega(k-i)T_A} \cdot e^{-j\omega i T_A}$$

$$= \sum_{i=0}^{\infty} g_{Di} \cdot e^{-j\omega i T_A} \cdot U_A(f)$$

$$= G_D(f) \cdot U_A(f) \quad .$$

Wie bei einem kontinuierlichen System ist im Frequenzgang des Ausgangssignals der Frequenzgang des Eingangssignals multiplikativ enthalten. Man kann daher auch bei einem digitalen System die Übertragungsfunktion als das Verhältnis von Ausgangs- zu Eingangsspektrum definieren.

$$G_D(f) = \frac{Y_A(f)}{U_A(f)} = \sum_{i=0}^{\infty} g_{Di} \cdot e^{-j\omega i T_A} \quad .$$

Diese digitale Übertragungsfunktion $G_D(f)$ beschreibt das Verhalten eines linearen, zeitinvarianten digitalen Systems mit impulsmoduliertem Eingangs- und Ausgangssignal.

Wegen der Verschiebungsregel der Fouriertransformation

$$\mathcal{F}\{\{y_{k-1}\}\} = \mathcal{F}\{q^{-1}\{y_k\}\} = e^{-j2\pi f T_A} \mathcal{F}\{\{y_k\}\}$$

entspricht die Anwendung des Verschiebeoperators q^{-1} im Zeitbereich der Multplikation mit $e^{-j2\pi f T_A}$ im Frequenzbereich. Die im Zeitbereich definierte Funktion

$$G_D(q^{-1}) = \frac{B(q^{-1})}{A(q^{-1})} = \sum_{i=0}^{\infty} g_{Di} \cdot q^{-i}$$

ist daher zur digitalen Übertragungsfunktion äquivalent. Sie kann ebenfalls als digitale Übertragungsfunktion bezeichnet werden.

Beispiel 6.3. Digitale Übertragungsfunktion
Für die lineare Differenzengleichung aus dem vorangehenden Beispiel kann nun die digitale Übertragungsfunktion bestimmt werden.
Werden die Eingangswerte u_k periodisch im Abstand T_A abgetastet und die Ausgangswerte im gleichen Abstand periodisch ausgegeben, lautet die digitale Übertragungsfunktion in q^{-1}:

$$G_D\left(q^{-1}\right) = \frac{B\left(q^{-1}\right)}{A\left(q^{-1}\right)} = \frac{0{,}2}{1 - 0{,}8 \cdot q^{-1}} \quad .$$

Die digitale Übertragungsfunktion im Frequenzbereich erhält man unmittelbar, indem q^{-1} durch $e^{-j\omega T_A}$ ersetzt wird:

$$G_D(f) = \frac{0{,}2}{1 - 0{,}8 \cdot e^{-j\omega T_A}} \quad .$$

□

Systeme zur digitalen Signalverarbeitung bestehen im allgemeinen aus digitalen und analogen Verarbeitungskomponenten. Nachdem nun ein Weg zur Bestimmung der Übertragungsfunktion eines rein digitalen Systems existiert, ist als nächstes zu klären, wie Systeme zu behandeln sind, in denen sowohl analoge als auch digitale Signalformen existieren. Die in solchen Systemen zwangsläufig enthaltenen Abtaster weisen ein zeitvariantes Verhalten auf. Sie können nicht durch eine Übertragungsfunktion beschrieben werden. Will man trotzdem Übertragungsfunktionen zur Systembeschreibung verwenden, kann dies nur in Form von Näherungen erfolgen.

Ein digitales System mit vorgeschaltetem Abtaster und einem nachfolgenden Halteglied liefert als Antwort auf ein kontinuierliches Signal am Eingang ein anderes kontinuierliches, aber treppenförmiges Signal am Ausgang.

Es existiert kein lineares, zeitinvariantes kontinuierliches System, welches das gleiche Ausgangssignal liefern könnte. Im günstigsten Fall kann man erwarten, daß das Ausgangssignal des kontinuierlichen Systems zu den Abtastzeitpunkten mit dem digitalen Ausgangssignal übereinstimmt. Legt man diese Forderung zugrunde, kann die gesuchte Aproximationsbedingung folgendermaßen formuliert werden: Die näherungsweise Übereinstimmung zwischen dem kontinuierlichen System $G(f)$ und dem digitalen System $G_D(q^{-1})$ wird in kontinuierlicher Zeit so durchgeführt, daß die Antwort $y(t)$ des kontinuierlichen Systems auf die Anregung $u(t)$ zu den Abtastzeitpunkten mit den Abtastwerten y_k des digitalen Systems auf die gleiche abgetastete Anregung $u_A(t)$ identisch ist:

$$y(kT_A) \overset{!}{=} y_k$$

Da eine exakte Übereinstimmung bestenfalls zu den Abtastzeitpunkten erreichbar ist, kann man ein System mit zeitdiskreten und zeitkontinuierlichen Komponenten auch von vorneherein in diskreter Zeit betrachten.

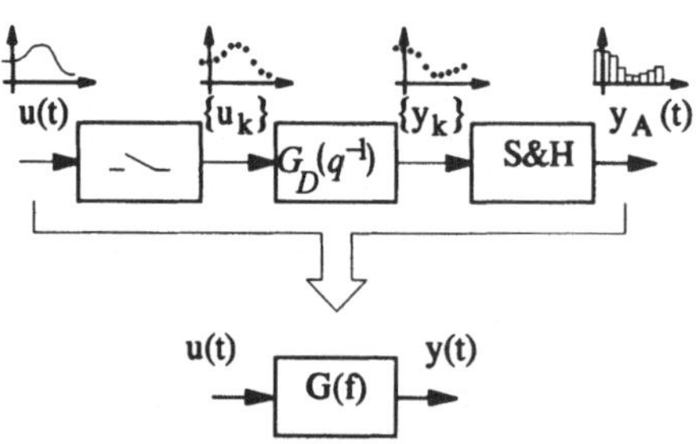

Abb. 6.18. Näherungsweise Beschreibung eines digitalen Systems durch eine kontinuierliche Übertragungsfunktion

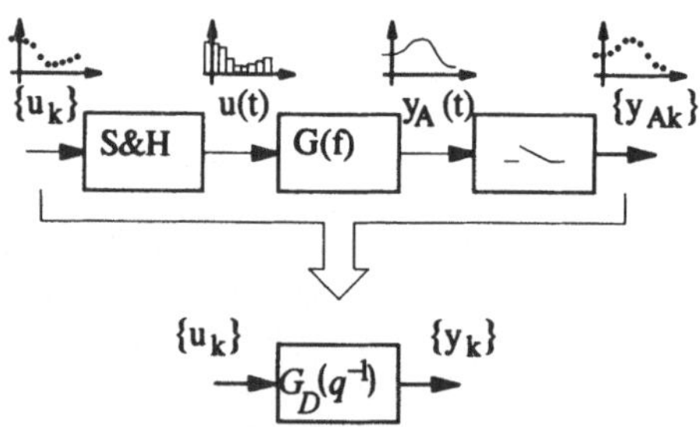

Abb. 6.19. Näherungsweise Beschreibung eines kontinuierlichen Systems durch eine digitale Übertragungsfunktion

Ein kontinuierliches System mit vorgeschaltetem Halteglied und nachfolgendem Abtaster besitzt ein digitales Eingangssignal und ein digitales Ausgangssignal. Es kann daher durch ein diskretes System approximiert werden. Die Approximationsbedingung im diskreten Zeitbereich lautet: Zur Approximation eines kontinuierlichen Systems mit Halteglied und Abtaster durch ein diskretes System müssen dessen Koeffizienten g_{Di} so bestimmt werden, daß gilt

$$y_k = \sum_{i=0}^{\infty} g_{Di} \cdot u_{k-i} \overset{!}{=} y_{Ak} \quad .$$

Neben der Approximation in digitaler oder kontinuierlicher Zeit ist eine Approximation auch im Frequenzbereich durchführbar. Ein lineares und zeitinvariantes digitales System besitzt die Übertragungsfunktion

$$G_D(f) = \sum_{i=0}^{\infty} g_{Di} \cdot e^{-j\omega T_A} \quad .$$

Sein Verhalten ist also im Frequenzbereich eindeutig durch die Koeffizienten g_{Di} bestimmt. Ein vorgegebenes Verhalten $G(f)$ im Frequenzbereich läßt sich also zumindest näherungsweise erreichen, wenn die Koeffizienten geeignet gewählt werden.

Die verschiedenen Approximationsmethoden werden nun im einzelnen betrachtet.

Beim *Ansatz im kontinuierlichen Zeitbereich* werden die Koeffizienten der digitalen Übertragungsfunktion so festgelegt, daß die Ausgangsgrößen des kontinuierlichen und des digitalen Systems zu den Abtastzeitpunkten möglichst gut übereinstimmen. Man erhält folgende Bedingung, die zu jedem Abtastzeitpunkt kT_A erfüllt sein muß

$$\sum_{i=-\infty}^{\infty} g_{Di} \cdot u_{k-i} = \int_{-\infty}^{\infty} g(\tau) \cdot u(kT_A - \tau) d\tau \quad .$$

Für jeden beliebigen Verlauf des Eingangssignals kann diese Bedingung durch Festlegung geeigneter Koeffizienten g_{Dk} erfüllt werden. Die mathematische Struktur dieser Bedingung läßt aber nicht zu, daß die Gewichtungskoeffi-

zienten des digitalen Systems nur von der Impulsantwort des kontinuierlichen Systems abhängen, sondern die Bedingung kann nur in Abhängigkeit des Eingangssignals aufgelöst werden. Man erhält also für jedes Eingangssignal eine andere, die Approximationsbedingung erfüllende digitale Impulsantwort. Man spricht daher von einer anregungsinvarianten Approximation. Besteht das Eingangssignal z.B. aus einem oder mehreren Impulsen, erhält man die impulsinvariante Approximation. Mit der digitalen Impulsfunktion

$$u_{k-i} = \delta_{k-i} = \begin{cases} 0 & i \neq k \\ 1/T_A & i = k \end{cases}$$

erhält man folgende Bestimmungsgleichung für die Gewichtungskoeffizienten:

$$g_{Dk} = T_A \cdot g(kT_A) \quad .$$

Setzt sich das Eingangssignal aus einem oder mehreren Sprüngen zusammen, wird eine sprunginvariante Approximation benötigt. Sie führt auf folgende Bedingung für die Koeffizienten:

$$g_{Dk} = \int_{(k-1)T_A}^{kT_A} g(\tau) d\tau \quad .$$

Beispiel 6.4. Anregungsinvariante Approximation eines kontinuierlichen Systems
Gegeben sei ein kontinuierliches Verzögerungssystem 1. Ordnung mit der Zeitkonstanten $T_1 = 2\,\text{sec}$. Seine Übertragungsfunktion lautet

$$G(f) = \frac{1}{1 + j2\pi f T_1} \quad .$$

Es besitzt die Impulsantwort

$$g(t) = \frac{1}{T_1} e^{-t/T_1} \quad .$$

Es soll digital approximiert werden. Die Abtastzeit T_A betrage $0{,}4\,\text{sec}$. Die Auflösung der beiden Bedingungen für die impulsinvariante Approximation liefert die Koeffizienten

$$g_{Dk} = T_A \cdot g(kT_A) = \frac{T_A}{T_1} e^{-kT_A/T_1}$$

und für die sprunginvariante Approximation

$$g_{Dk} = \int\limits_{(k-1)T_A}^{kT_A} g(\tau)d\tau = e^{-kT_A/T_1}\left(e^{T_A/T_1} - 1\right) \quad .$$

Einsetzen der Zahlenwerte für T_a und T_1 liefert dann folgende Koeffizienten.

Tabelle 6.4. Impulsinvariant und sprunginvariant berechnete Gewichtungskoeffizienten g_{Di} eines Verzögerungssystems 1.Ordnung.

			Impulsinv.	Sprunginv.
k	$g(kT_A)$	$h(kT_A)$	g_{Dk}	g_{Dk}
0	0,500/sec	0,000	0,200	0,000
1	0,409/sec	0,181	0,164	0,181
2	0,335/sec	0,329	0,134	0,148
3	0,275/sec	0,451	0,109	0,121
4	0,224/sec	0,551	0,090	0,099
5	0,184/sec	0,632	0,074	0,081

□

Jede anregungsinvariante Approximation ist geeignet, für eine spezielle Kategorie von Eingangssignalen in den Abtastzeitpunkten eine exakte Übereinstimmung zwischen dem analogen und dem digitalen Systemverhalten zu erzeugen. Ein schwerwiegender praktischer Nachteil dieser Approximationen liegt darin, daß sie die digitale Übertragungsfunktion nur in Form der Gewichtungskoeffizienten g_{Dk} liefern. Zur Realisierung eines derart dargestellten digitalen Systems ist zu jedem Zeitpunkt eine Faltungssumme zu berechnen, die sich über die gesamte Zeitachse erstrecken kann. Eine digitale Übertragungsfunktion, die als Verhältnis zweier endlicher Polynome $B(q^{-1})$ und $A(q^{-1})$ dargestellt werden kann, ist wesentlich einfacher zu realisieren. Sie führt im Zeitbereich auf eine Differenzengleichung endlicher Ordnung.

Erfreulicherweise können zumindest die Gewichtungskoeffizienten, die sich aus der Impulsinvarianten Approximation ergeben, in eine rationale Übertragungsfunktion umgerechnet werden.

Beispiel 6.5. Rationale Übertragungsfunktion
Für das Verzögerungssystem 1. Ordnung aus dem vorangegangenen Beispiel haben sich bei Anwendung der impulsinvarianten Approximation folgende Koeffizienten ergeben:

$$g_{Dk} = \frac{T_A}{T_1} e^{-kT_A/T_1} \quad .$$

Die digitale Übertragungsfunktion lautet daher

$$G_D(q^{-1}) = \sum_{k=0}^{\infty} g_{Dk} q^{-k} = \sum_{k=0}^{\infty} \frac{T_A}{T_1} e^{-kT_A/T_1} q^{-k} \quad .$$

Bei der Realisierung im Zeitbereich führt diese Übertragungsfunktion zu einer unendlich ausgedehnten Faltungssumme:

$$y_k = G_D(q^{-1}) \cdot u_k$$

$$= \sum_{i=0}^{\infty} g_{Di} \cdot u_{k-i}$$

$$= g_{D0} \cdot u_k + g_{D1} \cdot u_{k-1} + g_{D2} \cdot u_{k-2} + \ldots$$

Durch einige einfache Umformungen, kann aber eine rationale digitale Übertragungsfunktion 1. Ordnung gewonnen werden:

$$G_D(q^{-1}) = \sum_{k=0}^{\infty} \frac{T_A}{T_1} e^{-kT_A/T_1} q^{-k}$$

$$= \frac{T_A}{T_1} + \sum_{k=1}^{\infty} \frac{T_A}{T_1} e^{-kT_A/T_1} q^{-k}$$

$$= \frac{T_A}{T_1} + \sum_{i=0}^{\infty} \frac{T_A}{T_1} e^{-iT_A/T_1} q^{-i} \cdot e^{-T_A/T_1} q^{-1}$$

$$= \frac{T_A}{T_1} + G_D(q^{-1}) \cdot e^{-T_A/T_1} q^{-1} \quad .$$

Auflösung nach $G_D(q^{-1})$ ergibt die gesuchte Übertragungsfunktion:

$$G_D(q^{-1}) = \frac{T_A}{T_1} \frac{1}{1 - e^{-T_A/T_1} q^{-1}} \quad .$$

Sie Läßt sich als Differenzengleichung 1. Ordnung realisieren:

$$y_k = T_A / T_1 \cdot u_k - e^{-T_A/T_1} \cdot y_{k-1} \quad .$$

□

So wie in diesem Beispiel kann jede durch impulsinvariante Approximation berechnete digitale Übertragungsfunktion als Quotient zweier endlicher Polynome dargestellt werden. Für Systeme höherer Ordnung werden die dazu erforderlichen Umformungen und die entstehenden Ausdrücke relativ umfangreich. Für einige Systeme niedriger Ordnung sind die impulsinvarianten Approximationen in der folgenden Tabelle zusammengefaßt. Sie sind bis auf den Faktor T_A mit der z-Transformierten der Systeme identisch.

Tabelle 6.5. Impulsinvariante Approximation einiger Übertragungsfunktionen 0., 1. und 2. Ordnung

$G(j\omega)$	$G_D(q^{-1})$
K	K
$\dfrac{1}{j\omega T_I}$	$\dfrac{T_A}{T_I}\dfrac{1}{1-q^{-1}}$
$K\dfrac{1}{1+j\omega T}$	$\dfrac{K}{T}\dfrac{T_A}{1-\alpha q^{-1}}$
$\dfrac{1}{j\omega T_I(1+j\omega T)}$	$\dfrac{T_A}{T_I}\dfrac{(1-\alpha)q^{-1}}{(1-q^{-1})(1-\alpha q^{-1})}$
$K\dfrac{1}{(1+j\omega T_1)(1+j\omega T_2)}$	$\dfrac{K}{T_1-T_2}\dfrac{T_A(\alpha_1-\alpha_2)q^{-1}}{(1-\alpha_1 q^{-1})(1-\alpha_2 q^{-1})}$
$K\dfrac{j\omega}{(1+j\omega T_1)(1+j\omega T_2)}$	$\dfrac{K}{T_1 T_2}\dfrac{T_A}{T_1-T_2}\dfrac{T_1-T_2-(\alpha_1 T_1-\alpha_2 T_2)q^{-1}}{(1-\alpha_1 q^{-1})(1-\alpha_2 q^{-1})}$
$K\dfrac{1}{1+j\omega 2dT+j\omega^2 T^2}$	$\dfrac{K}{T}\dfrac{T_A\alpha_s q^{-1}}{1-2\alpha_c q^{-1}+\alpha_d^2 q^{-2}}$
$K\dfrac{j\omega}{1+j\omega 2dT+j\omega^2 T^2}$	$\dfrac{KT_A}{T^2}\dfrac{1-(\alpha_c+d\alpha_s)q^{-1}}{1-2\alpha_c q^{-1}+\alpha_d^2 q^{-2}}$

$$\alpha=e^{-T_A/T};\quad \alpha_1=e^{-T_A/T_1};\quad \alpha_2=e^{-T_A/T_2}$$

$$\alpha_d=e^{-dT_A/T}$$

$$\alpha_C=e^{-dT_A/T}\cos\!\left(\sqrt{1-d^2}\,T_A/T\right)$$

$$\alpha_s=e^{-dT_A/T}\sin\!\left(\sqrt{1-d^2}\,T_A/T\right)/\sqrt{1-d^2}$$

Ein kontinuierliches System kann immer nur dann exakt nachgebildet werden, wenn die Koeffizienten der digitalen Übertragungsfunktion für das jeweilige Eingangssignal berechnet werden. Man erhält eine Bestimmungsgleichung für die Gewichtungskoeffizienten der folgenden Form:

$$g_{Dk}=f(g(t),u(t),T_A)$$

Diese Art der Nachbildung ist immer nur für eine Kategorie von Eingangssignalen exakt. Für alle anderen Signale treten mehr oder weniger große Fehler auf. Eine anregungsinvariante Transformation ist daher immer dann zu empfehlen, wenn die Form der Eingangssignale bekannt ist. Diese Einschränkung entfällt bei der Approximation in diskreter Zeit. Für den Ansatz im diskreten Zeitbereich wird ein kontinuierliches System mit vorgeschaltetem Halteglied und nachgeschaltetem Abtaster betrachtet.

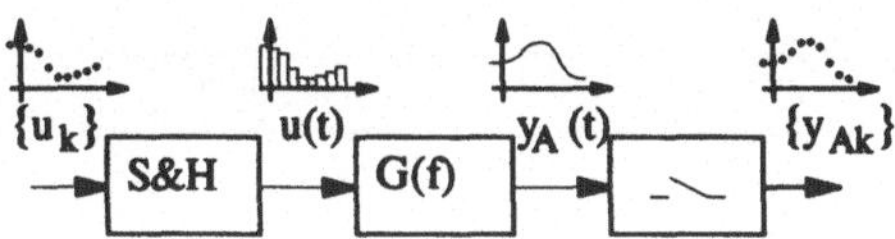

Abb. 6.20. Kontinuierliches System mit Halteglied und Abtaster.

Diese Systemkombination ist für Abtastsignale am Eingang und am Ausgang definiert. Viele Halteglieder sind linear und zeitinvariant und können durch eine Übertragungsfunktion beschrieben werden. Ein Halteglied 0.Ordnung besitzt z.B. die Übertragungsfunktion

$$G_H(f)=\frac{1-e^{-j2\pi f}}{j2\pi f}\quad.$$

Sie kann mit der Übertragungsfunktion des kontinuierlichen Systems zusammengefaßt werden. Durch Fourier-Rücktransformation läßt sich die Impulsantwort $g(t)$ der Kombination aus Halteglied und kontinuierlichem System bestimmen. Die Reaktion des Gesamtsystem auf das Abtastsignal am Eingang ist damit eindeutig bestimmt.

$$y_{Ak}=\sum_{i=0}^{\infty}u_i g(kT_A-iT_A)\quad.$$

Berechnet man nun die diskrete Fouriertransformation von y_{Ak} und u_k und bildet deren Quotienten, erhält man die gesuchte digitale Übertragungsfunktion des kontinuierlichen Systems mit Halteglied und Abtaster.

$$G_D(q^{-1}) = \frac{\displaystyle\sum_{i=0}^{\infty} y_{Ai} \cdot e^{-j\omega T_A}}{\displaystyle\sum_{i=0}^{\infty} u_i \cdot e^{-j\omega T_A}}$$

Die folgende Tabelle faßt die derart berechneten digitalen Approximationen verschiedener Systeme mit vorgeschaltetem Halteglied 0. Ordnung zusammen.

Tabelle 6.6. Approximation kontinuierlicher Systeme mit Halteglied 0. Ordnung

$G(j\omega)$	$G_D(q^{-1})$
K	K
$\dfrac{1}{j\omega T_I}$	$\dfrac{T_A}{T_I}\dfrac{q^{-1}1}{1-q^{-1}}$
$K\dfrac{j\omega}{1+j\omega T}$	$\dfrac{K}{T}\dfrac{1-q^{-1}}{1-\alpha q^{-1}}$
$K\dfrac{1}{1+j\omega T}$	$K\dfrac{(1-\alpha)q^{-1}}{1-\alpha q^{-1}}$
$\dfrac{1}{j\omega T_I(1+j\omega T)}$	$\dfrac{T_A}{T_I}\dfrac{(1+\beta)q^{-1}-(\alpha+\beta)q^{-2}}{(1-q^{-1})(1-\alpha q^{-1})}$
$K\dfrac{1}{(1+j\omega T_1)(1+j\omega T_2)}$	$\dfrac{K}{T_1-T_2}\dfrac{(\gamma_1-\gamma_2)q^{-1}-(\gamma_1\beta-\gamma_2\alpha)q^{-1}}{(1-\alpha_1 q^{-1})(1-\alpha_2 q^{-1})}$
$K\dfrac{j\omega}{(1+j\omega T_1)(1+j\omega T_2)}$	$\dfrac{K}{T_1-T_2}\dfrac{(\alpha_1-\alpha_2)(q^{-1}-q^{-2})}{(1-\alpha_1 q^{-1})(1-\alpha_2 q^{-1})}$
$K\dfrac{1}{1+j\omega 2dT+j\omega^2 T^2}$	$K\dfrac{(1-\alpha_c-\alpha_s)q^{-1}+(\alpha_d^2-\alpha_c+\alpha_s)q}{1-2\alpha_c q^{-1}+\alpha_d^2 q^{-2}}$
$K\dfrac{j\omega}{1+j\omega 2dT+j\omega^2 T^2}$	$\dfrac{K}{T}\dfrac{\alpha_s(q^{-1}-q^{-2})}{1-2\alpha_c q^{-1}+\alpha_d^2 q^{-2}}$

$$\alpha = e^{-T_A/T}; \quad \alpha_1 = e^{-T_A/T_1}; \quad \alpha_2 = e^{-T_A/T_2}$$
$$\beta = (\alpha-1)T_1/T_A$$
$$\gamma_1 = T_1(1-\alpha); \quad \gamma_2 = T_2(1-\beta)$$
$$\alpha_d = e^{-dT_A/T}$$
$$\alpha_c = e^{-dT_A/T}\cos\left(\sqrt{1-d^2}\,T_A/T\right)$$
$$\alpha_s = e^{-dT_A/T}\sin\left(\sqrt{1-d^2}\,T_A/T\right)\cdot d/\sqrt{1-d^2}$$

Die Berechnung approximierender digitaler Übertragungsfunktionen höherer Ordnung im Zeitbereich ist sehr aufwendig. Für Systeme höherer Ordnung, vor allem für die Approximation digitaler Filter werden deshalb Verfahren verwendet, die vorwiegend im Frequenzbereich arbeiten. Sie sind unabhängig vom anregenden Signal.

Eine der einfachsten Approximationsverfahren beim *Ansatz im Frequenzbereich* ist die Rückwärtsdifferenzenapproximation. Sie verwendet nicht die Impulsantwort des kontinuierlichen Systems, sondern dessen Übertragungsfunktion, die z.B. als rationale Übertragungsfunktion in geschlossener Form gegeben sein kann. Sie wird in eine digitale Übertragungsfunktion transformiert. Die in der digitalen Übertragungsfunktion benötigte Exponentialfunktion wird als Reihe entwickelt:

$$e^{-j\omega T_A} = 1 - j\omega T_A + \frac{(j\omega T_A)^2}{2!} + \frac{(j\omega T_A)^3}{3!} + \cdots \quad.$$

Vernachlässigt man alle Terme ab der 2.Ordnung aufwärts und stellt nach $j\omega$ um, erhält man:

$$j\omega = \frac{1-e^{-j\omega T_A}}{T_A} \quad.$$

Da aus der Herleitung der digitalen Übertragungsfunktion bekannt ist, daß die Multiplikation mit $e^{-j\omega T_A}$ im Frequenzbereich mit der Anwendung des Verschiebeoperators q^{-1} im Zeitbereich identisch ist, kann die Approximation auch direkt aus dem kontinuierlichen Frequenzbereich in den digitalen Zeitbereich erfolgen. Die entsprechende Transformationsbedingung der Rückwärtsdifferenzenapproximation lautet:

$$j\omega \to \frac{1-q^{-1}}{T_A} \quad.$$

Im Zeitbereich kann diese Approximation anschaulich interpretiert werden. Die Multiplikation mit $j\omega$ entspricht einer Differentiation im Zeitbereich. Die Multiplikation mit q^{-1} bewirkt eine Verschiebung um ein Abtastintervall, so daß bei der obigen Approximation ein Differential durch den Differenzenquotienten ersetzt wird.

Es existieren andere Approximationsverfahren, die bei gleicher Abtastrate kleinere Fehler verursachen als die Rückwärtsdifferenzen-approximation. Sie erfordern aber meist einen etwas größeren Herleitungs- oder Rechenaufwand. Die drei wichtigsten Verfahren sind in der folgenden Tabelle zusammengefaßt.

Tabelle 6.7. Approximationen im Frequenzbereich

Approximationsverfahren	Transformation
Rückwärtsdifferenz	$j\omega \to \dfrac{1-q^{-1}}{T_A}$
Vorwärtsdifferenz	$j\omega \to \dfrac{1-q^{-1}}{T_A q^{-1}}$
Bilineare Approximation	$j\omega \to \dfrac{2}{T_A}\cdot\dfrac{1-q^{-1}}{1+q^{-1}}$

Beispiel 6.6. Digitale Approximation im Frequenzbereich
Das kontinuierliche Verzögerungssystem 1. Ordnung

$$G(f) = \frac{1}{1+j2\pi f T_1}$$

soll nun digital nachgebildet werden. Das Einsetzen der Approximationsbeziehungen ergibt die digitale Übertragungsfunktion. Für die drei Approximationsarten erhält man:

$$G_D(q^{-1}) = G\left(j\omega \to \frac{1-q^{-1}}{T_A}\right) = \frac{1}{1+\dfrac{1-q^{-1}}{T_A}T_1}$$

$$G_D(q^{-1}) = G\left(j\omega \to \frac{1-q^{-1}}{T_A q^{-1}}\right) = \frac{1}{1+\dfrac{1-q^{-1}}{T_A q^{-1}}T_1}$$

$$G_D(q^{-1}) = G\left(j\omega \to \frac{2}{T_A}\cdot\frac{1-q^{-1}}{1+q^{-1}}\right) = \frac{1}{1+\dfrac{2}{T_A}\cdot\dfrac{1-q^{-1}}{1+q^{-1}}T_1}$$

Umformung nach gleichen Potenzen von q^{-1} und Einsetzen der Zeitkonstanten $T_1 = 2$ sec und $T_A = 0{,}4$ sec ergibt:

$$G_D(q^{-1}) = \frac{T_A}{T_1+T_A}\frac{1}{1-\dfrac{T_1}{T_1+T_A}q^{-1}} = \frac{0{,}167}{1-0{,}833\cdot q^{-1}},$$

$$G_D(q^{-1}) = \frac{T_A}{T_1}\frac{q^{-1}}{1-\dfrac{T_1-T_A}{T_1}q^{-1}} = \frac{0{,}200 q^{-1}}{1-0{,}800 q^{-1}}$$

$$G_D(q^{-1}) = \frac{T_A}{T_A+2T_1}\frac{1+q^{-1}}{1-\dfrac{2T_1-T_A}{2T_1+T_A}q^{-1}}$$

$$= \frac{0{,}182}{2}\frac{1+q^{-1}}{1-0{,}818 q^{-1}}.$$

Regt man diese digitalen Übertragungsfunktionen mit der Sprungfunktion an, erhält man folgende Abtastwerte der Ausgangsgrößen.

Tabelle 6.8. Vergleich der kontinuierlichen Sprungantworten mit den Ergebnissen der Approximationen Rückwärtsdifferenz (RWD), Vorwärtsdifferenz (VWD) und Bilinear (BIL).

	kont.		RWD	VWD	BIL
k	$h(kT_A)$	u_k	y_k	y_k	y_k
-1	0,000	0,000	0,000	0,000	0,000
0	0,000	1,000	0,167	0,000	0,091
1	0,181	1,000	0,306	0,200	0,256
2	0,329	1,000	0,422	0,360	0,392
3	0,451	1,000	0,518	0,488	0,502
4	0,551	1,000	0,598	0,590	0,593
5	0,632	1,000	0,666	0,672	0,667

□

Wie das einfache Beispiel zeigt, entstehen bei jeder Approximationsart Fehler. Die Rückwärtsdifferenzenapproximation ist sehr einfach, liefert aber im allgemeinen den größeren Fehler. Der Approximationsfehler nimmt bei allen Verfahren mit kleiner werdender Abtastzeit ab. Eine Verbesserung der Ergebnisse kann daher durch Verringerung der Abtastzeit oder durch Verwendung einer aufwendigeren Approximationsmethode erzielt werden.

Der wesentliche Vorteil der Approximationsverfahren im Frequenzbereich ist deren Unabhängigkeit vom anregenden Signal. Ein weiterer Vorteil kommt besonders bei Systemen höherer Ordnung zum Tragen. Deren Approximation kann auf Systeme 1. und 2. Ordnung zurückgeführt werden. Die Übertragungsfunktion wird dazu in Produktform gebracht:

$$G(j\omega) = \prod_{i=1}^{m} \frac{b_{0i} + b_{1i}\,j\omega + b_{2i}\,j\omega^2}{a_{0i} + a_{1i}\,j\omega + a_{2i}\,j\omega^2} \quad .$$

Jeder Faktor kann einzeln für sich digital approximiert werden. Die Gesamtapproximation ergibt sich dann als Produkt der Einzelapproximationsterme

$$G_D(q^{-1}) = \prod_{i=1}^{m} \frac{B_{0i} + B_{1i}q^{-1} + B_{2i}q^{-2}}{A_{0i} + A_{1i}q^{-1} + A_{2i}q^{-2}} \quad .$$

Um also eine Übertragungsfunktion höherer Ordnung digital zu approximieren, genügt die Kenntnis der Approximation für einen Term 2. Ordnung:

$$\frac{b_0 + b_1 j\omega + b_2 j\omega^2}{a_0 + a_1 j\omega + a_2 j\omega^2} \rightarrow \frac{B_0 + B_1 q^{-1} + B_2 q^{-2}}{A_0 + A_1 q^{-1} + A_2 q^{-2}} \quad .$$

Die Koeffizienten A_0, A_1, A_2, B_0, B_1 und B_2 können für die drei Approximationsarten aus folgender Tabelle entnommen werden:

Tabelle 6.9. Berechnung der digitalen Koeffizienten für die Approximationen *RWD*, *VWD* und *BIL*.

RWD	$B_0 = b_0 T_A^2 + b_1 T_A + b_2$
	$B_1 = -b_1 T_A - 2b_2$
	$B_2 = b_2$
RWD	$A_0 = a_0 T_A^2 + a_1 T_A + a_2$
	$A_1 = -a_1 T_A - 2a_2$
	$A_2 = a_2$
VWD	$B_0 = b_2$
	$B_1 = b_1 T_A - 2b_2$
	$B_2 = b_0 T_A^2 - b_1 T_A + b_2$
VWD	$A_0 = a_2$
	$A_1 = a_1 T_A - 2a_2$
	$A_2 = a_0 T_A^2 - a_1 T_A + a_2$
BIL	$B_0 = b_0 T_A^2 + 2b_1 T_A + 4b_2$
	$B_1 = 2b_0 T_A^2 - 8b_2$
	$B_2 = b_0 T_A^2 - 2b_1 T_A + 4b_2$
BIL	$A_0 = a_0 T_A^2 + 2a_1 T_A + 4a_2$
	$A_1 = 2a_0 T_A^2 - 8a_2$
	$A_2 = a_0 T_A^2 - 2a_1 T_A + 4a_2$

Beispiel 6.7. Digitale Approximation
Das folgende kontinuierliche System mit Verzögerungsverhalten 2. Ordnung soll digital nachgebildet werden:

$$G(j\omega) = K\,\frac{1}{1 + j\omega \cdot 2dT + \left(j\omega\right)^2 \cdot T^2} \quad .$$

Ein Vergleich mit dem allgemeinen Ansatz ergibt folgende Werte für die analogen Koeffizienten:

$$\begin{aligned} b_0 &= K & a_0 &= 1 \\ b_1 &= 0 & a_1 &= 2dT \\ b_2 &= 0 & a_2 &= T^2 \quad . \end{aligned}$$

Führt man nun eine bilineare Transformation durch, ergeben sich gemäß der obigen Umformungstabelle folgende digitalen Koeffizienten

$$\begin{aligned} B_0 &= b_2 = 0 \\ B_1 &= b_1 T_A - 2b_2 = 0 \\ B_2 &= b_0 T_A^2 - b_1 T_A + b_2 = K T_A^2 \\ A_0 &= a_2 = T^2 \\ A_1 &= a_1 T_A - 2a_2 = 2dT T_A - 2T^2 \\ A_2 &= a_0 T_A^2 - a_1 T_A + a_2 = T_A^2 - 4dT T_A + 4T^2 \quad . \end{aligned}$$

Die digitale Übertragungsfunktion lautet daher

$$G_D(q^{-1}) = \frac{K T_A^2 q^{-2}}{1 + \left(2dT T_A - 2T^2\right)q^{-1} + \left(T_A^2 - 4dT T_A + 4T^2\right)q^{-2}}$$

$\square$

Auf die gleiche Weise kann für jede beliebige analoge Übertragungsfunktion eine digitale Approximation gefunden werden. Zur einfacheren Handhabung sind für einige Übertragungsfunktionen niedriger Ordnung die digitalen Übertragungsfunktionen im Anhang tabellarisch zusammengestellt.

6.2 REALISIERUNG

6.2.1 WAHL DER ABTASTRATE

Ein ganz wesentlicher Parameter für den Betrieb eines Abtastsystems ist die Wahl der Abtastrate. Eine theoretische Grenze für die minimale Abtastrate wird durch das Abtasttheorem festgelegt: bei der Abtastung eines bandbegrenzten Signals muß die Abtastfrequenz mindestens doppelt so hoch sein wie die Signalgrenzfrequenz, damit das ursprüngliche Signal aus den Abtastwerten rekonstruiert werden kann.

Aus praktischer Sicht hilft das Abtasttheorem allerdings nur wenig bei der Wahl der Abtastrate. Viele Signale sind nicht bandbegrenzt, so daß eine Verletzung des Abtasttheorems unvermeidbar ist. Die Abtastung führt in diesem Fall zu einer Signalverfälschung. Die Abtastrate muß dann so gewählt werden, daß die maximal zugelassene Verfälschung nicht überschritten wird.

Die Anforderung an die Reproduzierbarkeit eines abgetasteten Signals ist vom Anwendungsfall abhängig. Daher gibt es mehrere Vorgehensweisen und Faustformeln zur Bestimmung der erforderlichen Abtastrate. Grundsätzlich muß man zwischen den beiden Anwendungsfeldern der digitalen Signalverarbeitung und der digitalen Regelung unterscheiden.

Bei der digitalen Signalverarbeitung steht die Anforderung der exakten Signalrekonstruktion im Vordergrund. Als Maß für die Güte der Signalrekonstruktion in einem Abtastsystem, kann die maximale Abweichung zwischen einem sinusförmigen Eingangssignal und dem entstehenden Ausgangssignal verwendet werden, wenn das digitale System die Eingangszahlenfolge identisch auf den Ausgang abbildet ($y_k = u_k$). Leider hängt die Signalrekonstruktion nicht nur von der Abtastperiode T_A, sondern auch von den übrigen Komponenten des Abtastsystems, wie Tiefpässe und Halteglied ab. Trotzdem existieren Erfahrungswerte, die einen Zusammenhang zwischen der Abtastperiode und dem maximal auftretenden Rekonstruktionsfehler herstellen.

Tabelle 6.10. Fehler bei der Abtastung und Rekonstruktion eines Sinus-Signals für verschiedene Verhältnisse der Sinusperiode T_P zur Abtastzeit T_A. bei Verwendung eines Haltegliedes 0. und 1. Ordnung (*H0, H1*). /Aström, Wittenmark 1984, S.31/

Fehler (H0)	Fehler (H1)	Abtastzeit
30%	19%	$T_P / T_A = 10$
15%	5%	$T_P / T_A = 20$
6%	0,8%	$T_P / T_A = 50$
3%	0,2%	$T_P / T_A = 100$

Obwohl diese Tabelle nur einen groben Anhaltspunkt darstellt, zeigt sie dennoch, daß in der Signalverarbeitung durchaus sehr hohe Abtastraten erforderlich sein können.

Bei der digitalen Regelung sieht das ganz anders aus. Hier ist nicht die exakte Signalrekonstruktion das eigentliche Ziel der Verarbeitung, sondern die Erzielung eines brauchbaren dynamischen Verhaltens des geregelten Systems. Die Abtastzeit kann hier als Funktion der Zeit- oder Frequenzkennwerte des geregelten Systems festgelegt werden.

Tabelle 6.11. Wahl der Abtastzeit für digitale Regler

Systemcharakter	Abtastzeit
Verzögerungssysteme /Astrom, Wittenmark 1984 S.244/	$\dfrac{T_g}{T_A} \approx (2\cdots)\, 4\cdots 6$
Totzeit-System /Isermann 1987, S.159/	$\dfrac{T_t}{T_A} \approx (2\cdots)\, 4\cdots 8$
Totzeit- & Verzögerungs-System /Klein, Walter, Pandit 1992/	$\dfrac{T_u + T_g}{T_A} \approx 3\cdots 10$
bandbegrenzte Systeme $\omega_R = 1/\left(2\cdot T_R\right)$ /Franklin u.a. 1990, S. 485/	$\dfrac{T_R}{T_A} \approx 3\cdots 20$
periodische Systeme /Astrom, Wittenmark 1984 S.244/	$\dfrac{T_P}{T_A} \approx 8\cdots 16$

Je nach Anwendungsgebiet liegen die Zeitkennwerte in unterschiedlichen Bereichen. Die

Größenordnung der erforderlichen Abtastzeit zeigt die folgende Tabelle.

Tabelle 6.12. Abtastzeiten für typische Anwendungsfälle.

zu regelnde Größe	Abtastzeit
Durchfluß	1 sec … 3 sec
Druck	1 sec … 5 sec
Niveau	5 sec … 10 sec
Temperatur	10 sec … 20 sec

Da die Abtastzeiten überwiegend im Bereich mehrerer Sekunden liegen, können viele gängige Regelungsaufgaben ohne Rechenzeitprobleme mit den heute verfügbaren Rechnern digital verwirklicht werden.

6.2.2 Normierung und Skalierung

Bei der Verarbeitung analoger Signale mit Digitalrechnern werden physikalische Größen mit Meßfühlern erfaßt, in standardisierte elektrische Signale umgeformt und mittels Analog-/Digitalumsetzer in rechnerinterne Zahlenwerte gewandelt.

u : physikalische Größe
u$_1$: elektrische Größe
u$_2$: standardisiertes und verstärktes Signal
u' : (normierter) Zahlenwert

Abb. 6.21. Digitale Meßwerterfassung

Der umgekehrte Weg wird bei der Ausgabe durchlaufen. Ein Zahlenwert wird in ein elektrisches Signal gewandelt das zur Ansteuerung eines Stellgliedes dient.

Jede physikalische Größe, die durch einen dimensionsbehafteten Zahlenwert dargestellt werden kann, entspricht daher einem dimen-

sionslosen, rechnerinternen Zahlenwert. Bei der Arbeit mit Zahlenformaten, die durch den Rechner vorgegeben sind und begrenzte Wertebereiche besitzen, kann der dimensionsbehaftete physikalische Zahlenwert und dimensionslose rechnerinterne Zahlenwert im allgemeinen nicht identisch sein. Bei einer Wortbreite von 16 bit kann z.B. eine Kraft von 95.000 N nicht unmittelbar als Zahlenwert dargestellt werden. Oder bei Verwendung ganzer Zahlen ist ein Druck von 1016,7 mbar ebenfalls nicht unmittelbar darstellbar. Die rechnerinternen Zahlenformate und deren begrenzte Wertebereiche machen daher eine Normierung, d.h. eine Zuordnung zwischen physikalischer Größe und rechnerinternem Zahlenwert erforderlich.

Die Normierung eines Signals $u(t)$ kann mathematisch als Funktion dargestellt werden, die jedem Amplitudenwert u einen Zahlenwert u' zuordnet. In praktischen Aufgabenstellungen versucht man immer eine lineare Normierungsfunktion zu verwenden. Physikalisch bedingte Nichtlinearitäten des Meßaufnehmers werden deshalb im Meßumformer oder durch eine rechnerinterne Vorverarbeitung kompensiert. Praktisch jede physikalische Größe ist begrenzt, so daß eine lineare Normierung über Maximal- und Minimalwert naheliegt. Der maximalen und minimalen physikalischen Größe u_{max} und u_{min} wird ein maximaler und minmaler Zahlenwert u'_{max} und u'_{min} zugeordnet:

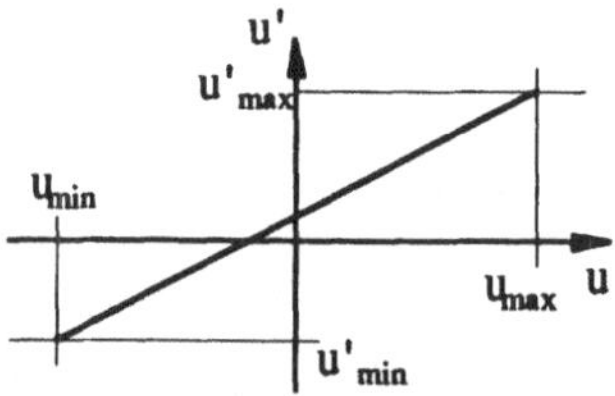

Abb. 6.22. Lineare Normierung

Der Zusammenhang zwischen den beiden Größen nimmt die Form einer Geradengleichung an:

$$u' = \frac{\left(\left(u'_{max} - u'_{min}\right)u + u'_{min}\,u_{max} - u'_{max}\,u_{min}\right)}{u_{max} - u_{min}}$$

bzw. bei der Ausgabe

$$u = \frac{\left(\left(u_{max} - u_{min}\right)u' + u_{min}\,u'_{max} - u_{max}\,u'_{min}\right)}{u'_{max} - u'_{min}} \; .$$

Beispiel 6.8. Temperaturmessung
Mit Hilfe eines Temperaturfühlers wird eine Temperatur im Bereich von -20°C bis +160°C gemessen. Ein Meßwandler setzt das Fühlersignal in einen Stromwert von 4mA bis 20mA um, der für die Übertragung des Meßwertes über eine größere Entfernung zwischen Meßfühler und Auswerterechner geeignet ist. Das Stromsignal wird durch den A/D-Wandler des Rechners in einen Zahlenwert zwischen 6000 und 28500 umgesetzt.

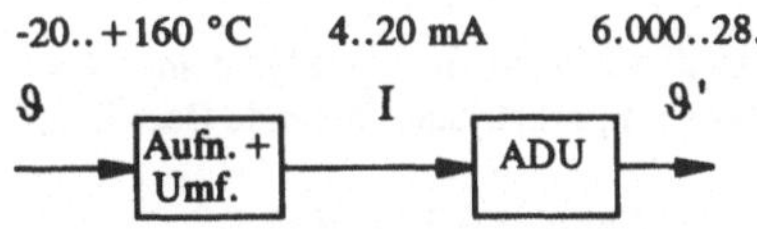

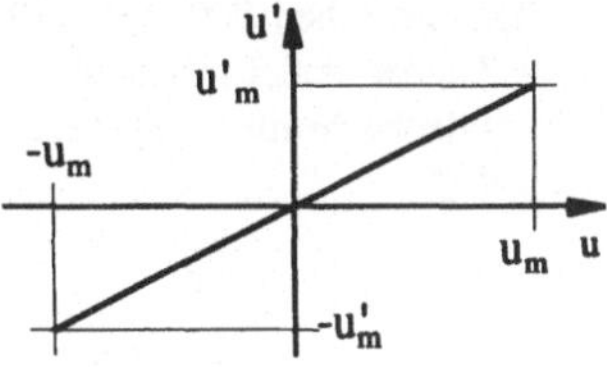

Abb. 6.23. Temperaturmessung

Um das Temperatursignal im Rechner zu verarbeiten, muß der Zusammenhang zwischen Signalwert und Zahlenwert bekannt sein. Um z.B. einen Schwellwertvergleich durchzuführen und bei 27°C eine Heizung einzuschalten, muß man wissen, welchem Zahlenwert eine Temperatur von 27°C entspricht. Durch die Beschreibung der Normierungsgeraden durch die Maximal- und Minimalwerte genügt die Kenntnis des Meßbereichs und des Zahlenbereichs für die Normierung:

$$\vartheta_{min} = -20°C \qquad \vartheta'_{min} = 6.000$$
$$\vartheta_{max} = +160°C \qquad \vartheta'_{max} = 28.500$$

Einsetzen dieser Werte in die allgemeinen Normierungsgleichungen ergibt dann:

$$\vartheta' = 125/°C \cdot \vartheta + 8.500$$
$$\vartheta = 0,008°C \cdot \vartheta' - 68°C$$

Der Zusammenhang zwischen der Temperatur und den rechnerinternen Zahlenwerten ist damit be-

kannt. Die Temperatur von 27°C kann in den äquivalenten Zahlenwert umgerechnet werden:

$$\vartheta' = 125/°C \cdot 27°C + 8.500 = 11.875$$

Genausogut kann auch der Temperaturwert ermittelt werden, der einer bestimmten Zahl entspricht. Der Zahlenwert 15875 beispielsweise entspricht einer Temperatur von

$$\vartheta = 0,008°C \cdot 15.875 - 68°C = 59°C$$

$\square$

Die Steigung der Normierungsgeraden legt die Auflösung fest:

$$\frac{du}{du'} = \frac{u_{max} - u_{min}}{u'_{max} - u'_{min}}$$

Ändert sich der Zahlenwert u' um den Wert 1, entspricht dies einer Änderung der physikalischen Größe um einen Betrag der durch die Steigung der Normierungsgeraden festgelegt ist. Im konkreten Beispiel ist $du/du' = 125/°C$. Ändert sich der Zahlenwert um 1, ist dies einer Temperaturänderung um 0,008 °C äquivalent. Dies ist die kleinste Temperaturänderung, die bei der gegebenen Normierung auflösbar ist.

Zwei Spezialfälle der allgemeinen linearen Normierung führen auf vereinfachte Zusammenhänge. Sie werden daher in der Praxis bevorzugt verwendet. Der erste Spezialfall ergibt sich für symetrische Wertebereiche der physikalische Größe und der Zahlenwerte.

Abb. 6.24. Normierung bei symetrischen Wertebereichen

$\square$

Maximum und Minimum haben dadurch den gleichen Betrag und unterscheiden sich nur im Vorzeichen. Der Offset der Normierungsgeraden wird dadurch zu null und die Gerade läuft durch den Ursprung.

$$u' = \frac{u'_m}{u_m} \cdot u' \quad \text{und} \quad u = \frac{u_m}{u'_m} \cdot u'$$

Das gleiche Resultat ergibt sich für den zweiten Spezialfall, bei dem physikalische Größe und Zahlenwerte ausschließlich positive Werte annehmen. Auch hier läuft die Normierungsgerade durch den Ursprung.

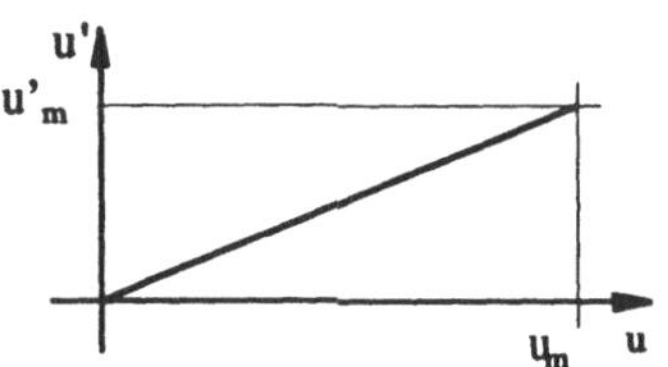

Abb. 6.25. Normierung bei positiven Wertebereichen

Da sich die Normierung in diesen beiden Fällen wesentlich vereinfachen läßt, bietet es sich an, die Maximal- und Minimalwerte im Sinne der beiden Spezialfälle festzulegen, auch wenn der Wertebereich nicht ganz ausgenutzt wird. Dadurch wird zwar Auflösung verschenkt, man erhält aber dafür eine sehr einfache Normierungsbeziehung.

Beispiel 6.9. Druckmessung
Mit Hilfe eines Sensors wird der Luftdruck gemessen. Dieser liegt zwischen 900 und 1100hPa (1 hektoPascal = 1 mbar = 0,1 mN/mm^2)
Für eine sehr einfache Normierung werden folgende Werte festgelegt:

$$p_{min} = 0\,hPa \qquad p'_{min} = 0$$
$$p_{max} = 2000\,hPa \qquad p'_{max} = 20.000 \quad .$$

Es ist auf den ersten Blick erkennbar, daß nur ein geringer Anteil des so festgelegten Bereichs ausgenutzt wird. Dafür hat man aber eine sehr einfache Normierungsfunktion:

$$p' = \frac{20000}{2000hPa} \cdot p = \frac{10}{hPa} \cdot p \quad .$$

Den rechnerinternen Zahlenwert erhält man aus der physiaklischen Größe durch Multiplikation mit 10. Der Druckwert von 1016,7hPa beispielsweise entspricht daher dem Zahlenwert 10167. Ein solcher Zusammenhang ist so einfach, daß er jederzeit ohne Rechner nachvollzogen werden kann. Die Auflösung dieser Normierung beträgt 1/10 hPa = 0,1 hPa. Diese entspricht der Genauigkeit der gängigen Drucksensoren, ist also für normale Anwendungen ausreichend.

Will man bei vorgegebenem physikalischen Wertebereich eine möglichst hohe Auflösung erreichen, muß der rechnerintern verwendete Zahlenbereich möglichst groß sein. Nutzt man den gesamten bei einer Wortbreite von 16 bit darstellbaren Zahlenbereich aus, erhält man folgende Normierung:

$$p_{min} = 900\,hPa \qquad p'_{min} = -32.768$$
$$p_{max} = 1100\,hPa \qquad p'_{max} = +32.767 \quad .$$

Setzt man diese Werte in die allgemeine Normierungsgerade ein, erhält man folgende Beziehung:

$$p' = 327{,}675\,/\,hPa \cdot p - 327.675{,}5 \quad .$$

Der Druck von 1016,7 hPa entspricht jetzt der Zahl

$$p' = 327{,}675\,/\,hPa \cdot 1.016{,}7hPa - 327.675{,}5$$
$$= 5.472 \quad .$$

Dieser Zusammenhang ist zwar nicht mehr so einfach. Die Auflösung ist aber dafür wesentlich größer. Sie liegt bei 0,003 hPa. Bezogen auf den Meßbereich von 200 hPa ist dies eine Auflösung von 0,0015%. Dies ist die maximale Auflösung, die mit einer Wortbreite von 16 bit erzielbar ist. Die Grenzen der Auflösung sind also durch die Wortbreite und den daraus folgenden Zahlenbereich festgelegt. Eine noch höhere Auflösung kann nicht durch eine andere Normierung, sondern nur durch eine größere Wortbreite erreicht werden.   □

Mit der wachsenden Wortbreite der Rechner ist das Problem der Auflösung heute nicht mehr so gravierend, wie die folgende Aufstellung gängiger Wortbreiten zeigt.

Tabelle 6.13. Auflösung und Wertebereich bei unterschiedlicher Wortbreite

Worbreite	Quant.stufen	max. Auflösung
4 bit	16	6,7 %
8 bit	256	0,39 %
10 bit	1024	0,1 %
12 bit	4096	0,025 %
14 bit	16384	0,006 %
16 bit	65536	0,0015 %

Bei genügend großer Wortbreite ist man nicht unbedingt darauf angewiesen, den gesamten Zahlenbereich durch entsprechende Normierung auszunutzen, sondern man kann die Normierung so festlegen, daß sich möglichst einfache Zusammenhänge und Umrechnungsfaktoren ergeben.

In der Praxis wird die Normierungsfunktion nicht durch den Programmierer festgelegt, sondern ist durch die verwendeten Aufnehmer, Umformer und Wandler bestimmt. Das Verhalten dieser Komponenten und damit die Normierungsbeziehung muß dem Programmierer bekannt sein, um die Verarbeitungsalgorithmen, die sich auf die physikalischen Größen beziehen, auf deren steuerungsinterne Zahlendarstellung umrechnen zu können.

6.2.3 LINEARISIERUNG UND KOMPENSATION

Ein Meßwertaufnehmer setzt eine physikalische Größe, die Meßgröße, in ein elektrisches (Meß-)Signal um. Verschiedene physikalische Prinzipien werden dabei ausgenutzt. Beispiele hierfür sind der Halleffekt, der piezoelektrische Effekt, der photovoltaische Effekt oder die Temperaturabhängigkeit des elektrischen Widerstandes.

In den meisten Fällen ist der Zusammenhang zwischen der zu messenden physikalischen Größe und dem entstehenden elektrischen Signal nichtlinear. Außerdem hängt das Signal nicht nur von der zu messenden Größe sondern

auch von anderen (Stör-)Größen, wie z.B. der Temperatur ab.

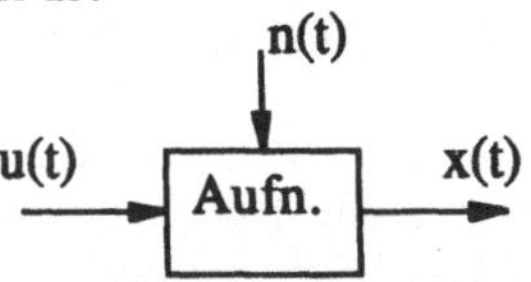

Abb. 6.26. Aufnahme der Meßgröße *u(t)* unter Einwirkung einer Störgröße *n(t)*

Sowohl die Nichtlinearität als auch Fremdeinflüsse sind für die Verarbeitung der Meßsignale sehr störend. Es ist daher eine Linearisierung und eine Kompensation erforderlich.

Bei der *Linearisierung* wird versucht, die Nichtlinearität durch eine inverse Funktion auszugleichen, so daß der Zusammenhang zwischen physikalischer Größe und ausgewertetem Signal linear ist.

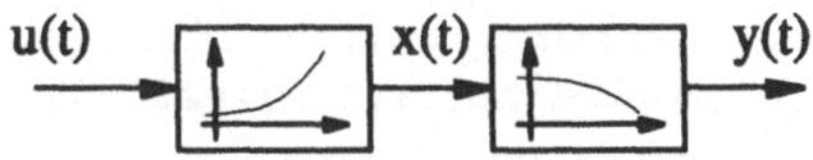

Abb. 6.27. Erzeugung eines linearisierten Meßsignals *y(t)*

Bei der *Kompensation* wird die Störgröße durch einen zusätzlichen Aufnehmer erfaßt. Das Zusatzsignal wird dann zur Korrektur des eigentlichen Meßsignals verwendet.

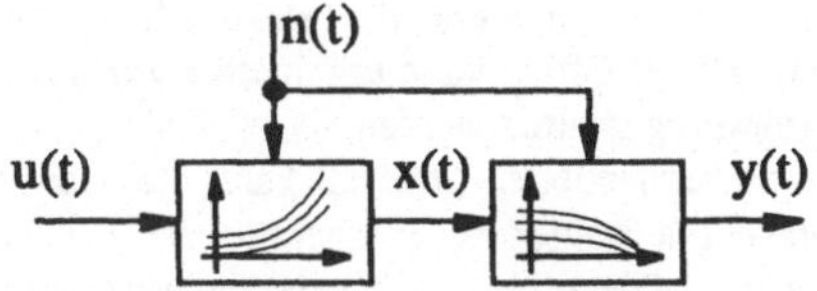

Abb. 6.28. Kompensation durch zusätzliche Störgrößenerfassung

Der nichtlineare Zusammenhang zwischen Meßgröße, Störgröße und Meßsignal ist nur selten durch eine geschlossene mathematische Funktion darstellbar. Im allgemeinen wird er lediglich durch eine Reihe experimentell ermittelter Meßpunkte definiert. Die Linearisierung ist dann nur näherungsweise durchführbar. Hierzu gibt es verschiedene Ansätze.

Man kann versuchen, die Kennlinie durch eine nichtlineare Reihenentwicklung zu approximieren. Damit läßt sich zwar eine beliebig hohe Genauigkeit erreichen. Der Ansatz wird wegen des beträchtlichen numerischen Aufwandes hier aber nicht weiter verfolgt.

Einfacher ist die Linearisierung mit Hilfe einer Geraden oder mit Hilfe mehrerer Geradenstücke. Bewegt sich ein Signal in einer schmalen Umgebung um einen Arbeitspunkt, kann die Kennlinie im Arbeitspunkt durch eine Gerade angenähert werden. Bei größeren Auslenkungen aus dem Arbeitspunkt kann die Linearisierungsgerade beträchtliche Fehler liefern. Es empfiehlt sich dann, den Arbeitsbereich der Kennlinie in Intervalle aufzuteilen und durch mehrere zusammengesetzte Geradenstücke anzunähern. Durch Erhöhung der Anzahl der Geradenstücke kann der Approximationsfehler beliebig klein gemacht werden.

Im allgemeinen wird man versuchen, die Linearisierung und die Kompensation bereits im Meßumformer durchzuführen. Die Meßeinrichtung, bestehend aus einem oder mehreren Aufnehmern und dem Umformer liefert dann ein linearisiertes und kompensiertes Meßsignal. Ist eine solche Meßeinrichtung aber nicht verfügbar, muß die Linearisierung und Kompensation im Auswerterechner erfolgen.

Beispiel 6.10. Nichtlinearer Temperaturaufnehmer
Bei vielen Materialien führt eine Temperaturänderung zu einer Änderung des elektrischen Widerstands. Dieser Effekt kann unmittelbar zur Temperaturmessung genutzt werden.
Je nach verwendetem Material kann sich der Widerstand mit steigender Temperatur erhöhen oder verringern. Die Widerstandsänderung ist praktisch nie proportional zur Temperaturänderung, sondern verläuft entlang einer nichtlinearen Kennlinie.
Gegeben sei die dargestellte Kennlinie eines Temperaturaufnehmers. Zum Ausgleich der Nichtlinearität soll das Meßsignal linearisiert werden. Überstreicht die Temperatur den gesamten Meßbereich, ist die Verwendung einer einzigen Linearisierungsgeraden zu ungenau.

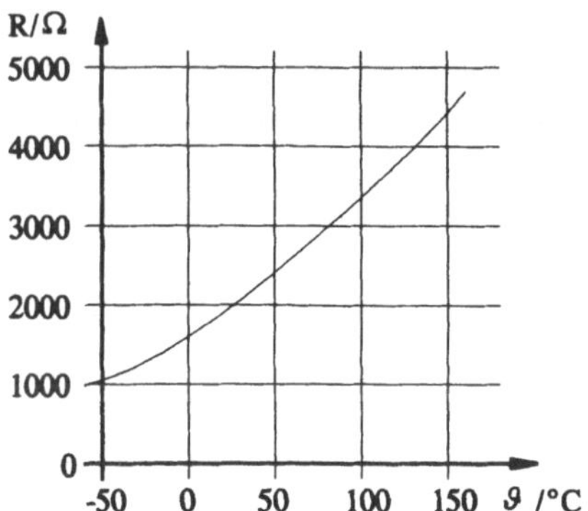

Abb. 6.29. Kennlinie des Temperaturaufnehmers

Statt dessen wird der Meßbereich in vier Intervalle aufgeteilt. In jedem Intervall soll die Kennlinie durch ein Geradenstück interpoliert werden. Folgende Werte für die Intervallgrenzen werden aus dem Kennliniendiagramm abgelesen.

Temp./°C	-50	0	50	100	150
Widerstd./Ohm	1050	1600	2400	3350	4450

Verwendet man je zwei Nachbarpunkte als Stützpunkte für eine Gerade, können die zugehörigen Gleichungen leicht bestimmt werden. Für die vier Intervalle erhält man folgende Gleichungen, die den Verlauf der Kennlinie invertieren.

$$\vartheta_1' = \frac{50}{1600-1050}\frac{°C}{\Omega}R + \frac{-50\cdot1600-0\cdot1050}{1600-1050}°C$$
$$= \frac{1}{11}(R-1600°C)R$$

$$\vartheta_2' = \frac{50}{2400-1600}\frac{°C}{\Omega}R + \frac{0\cdot2400-50\cdot1600}{2400-1600}°C$$
$$= \frac{1}{16}(R-1600°C)$$

$$\vartheta_3' = \frac{50}{3350-2400}\frac{°C}{\Omega}R + \frac{50\cdot3350-100\cdot2400}{3350-2400}°C$$
$$= \frac{1}{19}(R-1450°C)$$

$$\vartheta_4' = \frac{50}{4450-3350}\frac{°C}{\Omega}R + \frac{100\cdot4450-150\cdot3350}{4450-3350}°C$$
$$= \frac{1}{22}(R-1150°C)$$

6.2.4 PROGRAMMIERUNG

Ein Abtastsystem arbeitet zyklisch in einem festen Zeitraster. In jedem Abtastintervall werden Eingangswerte erfaßt, neue Ausgangswerte berechnet und nach einer durch die Rechenzeit bedingten Verzögerung ausgegeben.

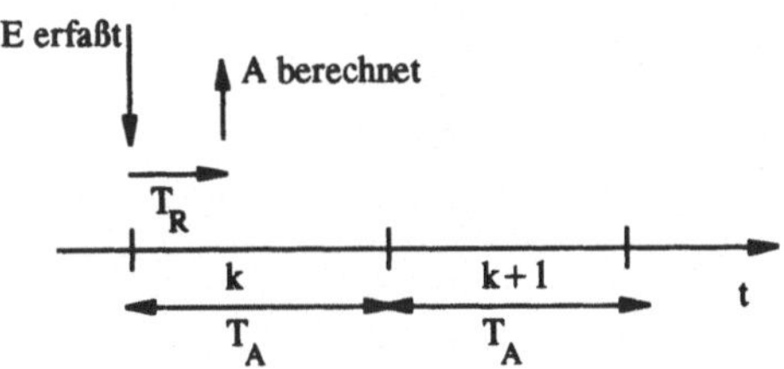

Abb. 6.30. Zeitlicher Ablauf bei der Abtastung

Zwar arbeitet jede programmierbare Steuerung ebenfalls zyklisch, doch die Zykluszeit ist nicht als Basis für die Abtastung geeignet. Die Zykluszeit ist meist nicht exakt bekannt und kann zudem schwanken. Außerdem ist die Zykluszeit möglicherweise länger als die benötigte Abtastzeit, so daß auch aus diesem Grund eine gesonderte Handhabung der Abtastzeit erforderlich ist.

Um exakte und reproduzierbare Abtastintervalle zu erzeugen, muß mit einstellbaren Zeitgebern gearbeitet werden. Hierzu gibt es, abhängig vom Steuerungstyp, meist zwei Möglichkeiten.

Die komfortablere Variante ist die Verwendung der Funktion von Zeitinterrupts. Diese basieren auf einstellbaren Zeitgebern, die das Programm zyklisch unterbrechen, ein Interrupt-Programm ausführen und dann die Kontrolle an das Steuerungsprogramm zurückgeben. Das Interrupt-Programm enthält die Verarbeitungsschritte, die in jedem Zyklus auszuführen sind. Die Verwendung der Zeitinterrupts ermöglicht eine einfache aber leistungsfähige Handhabung des Abtastvorganges. Beim Start des Steuerungsrechners wird die gewünschte Abtastzeit als Interrupt-Zeit eingestellt. Das Interrupt-Programm enthält die im Abtastintervall auszuführenden Berechnungen

und arbeitet unabhängig vom übrigen Steuerungsprogramm. Der Programmierer ist daher von Hardwarespezifischen Aufgaben entlastet.

Beispiel 6.11. Zeitgesteuerte Organisationsbausteine in STEP5 /Berger 1992/.
Bei der SIMATIC S5-155U stehen 9 zeitgesteuerte Organisationsbausteine OB10 bis OB18 zur Verfügung. Jedem Baustein ist ein fester Zeitfaktor zugeordnet.

Tabelle 6.14. Zeitfaktoren (ZF) der zeitgesteuerten Organisationsbausteine

Baustein	ZF
OB10	1
OB11	2
OB12	5
OB13	10
OB14	20
OB15	50
OB16	100
OB17	200
OB18	500

Die Bausteine werden in einem durch den jeweiligen Zeitfaktor festgelegten Zeitraster als Vielfache des einstellbaren Grundtaktes aufgerufen. Der Grundtakt (GT) ist zwischen 10 msec und 2550msec in Schritten von 10 msec einstellbar. Die Abtastzeit für jeden Baustein ergibt sich somit als Produkt des zugehörigen Zeitfaktors und des Grundtaktes

$$T_{Ai} = ZF_i \cdot GT \quad .$$

Die kleinste einstellbare Zeit beträgt 10 msec, die größte ergibt sich zu $500 \cdot 2,55 \,\text{sec} = 1275 \,\text{sec}$.
Werden in einer Steuerung z.B. drei verschiedene Abtastzeiten $T_{A1} = 50 \text{msec}$, $T_{A2} = 250 \text{msec}$ und $T_{A3} = 5 \text{sec}$ benötigt, kann man den Grundtakt auf 50 msec einstellen und dann folgende Bausteine verwenden:

OB10: $1 \cdot 50m \,\text{sec} = 50m \,\text{sec}$
OB12: $5 \cdot 50m \,\text{sec} = 250m \,\text{sec}$
OB16: $100 \cdot 50m \,\text{sec} = 5 \,\text{sec}$

□

Beispiel 6.12. Zeitgesteuerte Filterung
In einem Abtastsystem soll folgende Differenzengleichung realisiert werden

$$y_k = 0{,}8 \cdot y_{k-1} + 0{,}2 \cdot u_k \quad .$$

Die Abtastwerte u_k stehen als Eingangswort EW0 zur Verfügung. Die berechneten Werte y_k werden als Ausgangswort AW0 ausgegeben.
Es wird angenommen, daß Ein- und Ausgang im Zahlenbereich von 0 bis +100 liegen. Da beide Wertebereiche gleich sind, verändert die Normierung die Differenzengleichung nicht.
Zur Umsetzung der Differenzengleichung als Programm müssen die reellen Koeffizienten mit Hilfe ganzer Zahlen dargestellt werden. Folgende Darstellung ist daher naheliegend

$$y_k = \left(8 \cdot y_{k-1} + 2 \cdot u_k\right) / 10 \quad .$$

Bei der Programmierung werden zuerst die beiden Multiplikationen in der Klammer ausgeführt und dann die Division durch 10. Wird der bei dieser Division anfallende Rest nicht berücksichtigt, kommt es zu Rundungsfehlern. Diese wirken sich bei rekursiven Gleichungen besonders ungünstig aus. Ein Zahlenbeispiel kann dies verdeutlichen. Hat in der obigen Gleichung der Eingang u_k den Wert 10, muß der exakte Wert für y_k auch gegen 10 streben. Dies ist aber durch die Rundung nicht der Fall. Jeder Wert zwischen 6 und 11 stellt eine stationäre Lösung der gerundeten Gleichung dar und kann, abhängig vom Startwert von y_k auch angenommen werden. Eine mögliche Lösung für dieses Problem ist die Mitberücksichtigung des Restes. Eine andere Lösungsmöglichkeit für das Problem der Rundung besteht darin, rechnerintern mit einer höheren Auflösung zu arbeiten und erst bei der Ausgabe zu runden.
Im vorliegenden Fall wird die Zwischengröße $z_k = 10 \cdot y_k$ eingeführt. Man erhält die beiden Gleichungen

$$z_k = \frac{8}{10} \cdot z_{k-1} + 2 \cdot u_k$$
$$y_k = z_k / 10 \quad .$$

Da y_k zwischen 0 und 100 liegt, deckt z_k den Bereich zwischen 0 und 1000 ab. Dieser Wert kann ohne Zahlenbereichsüberschreitung zuerst mit 8 multipliziert werden. Der Rundungsfehler wird dadurch wesentlich geringer. Für einen Eingang

$u_k = 10$ sind nur noch die Werte 9 und 10 stationäre Lösungen für y_k.
Zur Realisierung der beiden Gleichungen wird das Programm im Organsiationsbaustein OB11 erstellt. Durch geeignete Parametrierung wird der OB11 im gewünschten Zeitraster aufgerufen. Als Zwischenspeicher für die Größe z_k wird das Merkerwort MW0 verwendet. Man erhält das folgende Programm.

```
OB11    ABTSY1
0001      :L    MW    0
0002      :L    KF    +8
0003      :*F
0004      :L    KF    +10
0005      :/F
0006      :T    MW    0
0007      :L    EW    0
0008      :L    KF    +2
0009      :*F
0010      :L    MW    0
0011      :+F
0012      :T    MW    0
0013      :L    KF    +10
0014      :/F
0015      :T    AW    0
0016      :BE
```

Stehen bei einer Steuerung keine Zeit-Interrupts zur Verfügung, muß das Abtastintervall mit Hilfe der Zeitgeber erzeugt werden. Der Zeitgeber wird zu Beginn z.B. als Impulstimer gestartet und dann zyklisch abgefragt. Sobald die Zeit abgelaufen ist, wird ein Programmteil aufgerufen, der die Berechnungen für das Abtastintervall enthält. Dann wird der Timer neu gestartet. Anschließend wird wieder auf den Ablauf des Timers gewartet.

Beispiel 6.13. Mittelwertbildner als Abtastsystem
Es soll nun ein Abtastsystem programmiert werden, das den Mittelwert dreier aufeinanderfolgender Abtastwerte einer Eingangsgröße berechnet und ausgibt.

$$y_k = \frac{1}{3}\left(u_k + u_{k-1} + u_{k-2}\right)$$

Es wird angenommen, daß die Werte von u_k, die als Eingang EW0 erfaßt werden, zwischen -1000 und +1000 liegen. Der Mittelwert y_k wird als AW0 ausgegeben und besitzt den gleichen Wertebereich. Da die Gleichung keine reellen Koeffizienten besitzt, kann sie direkt in ein Programm umgesetzt werden. Es wird im Funktionsbaustein FB1 eingegeben.

Zur Speicherung der zurückliegenden Abtastwerte dienen die beiden Merkerwörter MW2 und MW4.

deutlich kürzer ist, als die gewünschte Abtastzeit.

```
FB1    ABTSYS
0001  NAME:MWB
0002       :L    MW   4
0003       :L    MW   2
0004       :+F
0005       :L    EW   0
0006       :+F
0007       :L    KF   +3
0008       :/F
0009       :T    AW   0
0010       :L    MW   2
0011       :T    MW   4
0012       :L    EW   0
0013       :T    MW   2
0014       :BE
```

Die Berechnungen des FB1 müssen in einem definierten Zeitabstand (z.B. alle 500 msec) ausgeführt werden. Da hier davon ausgegangen wird, daß keine zeitgesteuerten Organisationsbausteine zur Verfügung stehen, muß der Programmierer selbst für den zeitgesteuerten Aufruf des FB1 sorgen. Im OB1 wird dazu der Timer T1 verwendet.

```
OB1    ABTSYS
0001       :UN   T    1
0002       :L    KT   5.1
0003       :SV   T    1
0004       :SPB  FB   1
0005  NAME:MWB
0006       :BE
```

Er wird als verlängerter Impulstimer betrieben. Als Starteingang des Timers dient der eigene negierte Ausgang. Bei jedem Ablauf des Timers wird der FB1 aufgerufen und der Timer neu gestartet.

□

Bei Realisierung der Abtastzeit durch Aufruf von Timern liegt die Verantwortung für die korrekte Abtastzeit beim Programmierer. Er muß sicherstellen, daß der Timer immer wieder neu gestartet wird, sobald er abgelaufen ist. Da der Timerablauf nur durch zyklische Abfrage erkannt wird, entsteht eine zufällige Schwankung der Abtastperiode. Die Schwankungsbreite wird durch die Zykluszeit der Steuerung bestimmt, so daß dieses Verfahren nur dann durchführbar ist, wenn die Zykluszeit

6.3 ÜBUNGEN

Übung 6.1.
Stellen Sie die Auswirkungen der zeitlichen Abtastung und Ausschnittbildung für das folgende Signal im Zeit- und Frequenzbereich qualitativ dar. Unterscheiden Sie dabei die beiden Fälle $2f_2 < f_A$ und $2f_1 < f_A < 2f_2$.

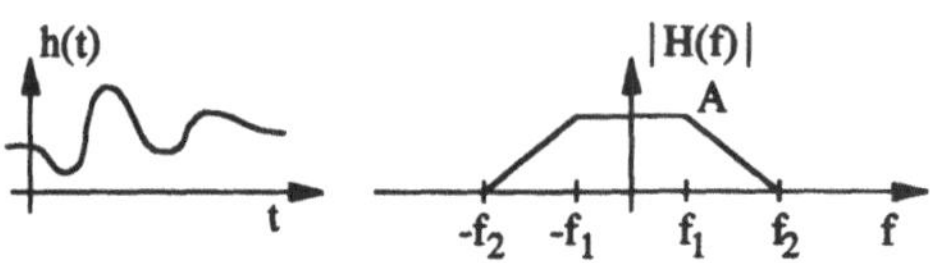

Abb. 6.31. Signal $h(t)$ und zugehöriges Spektrum $H(f)$.

Übung 6.2.
Bestimmen Sie die diskrete Fouriertransformierte des folgenden Signals für eine Abtastzeit $T_A = 1$ sec

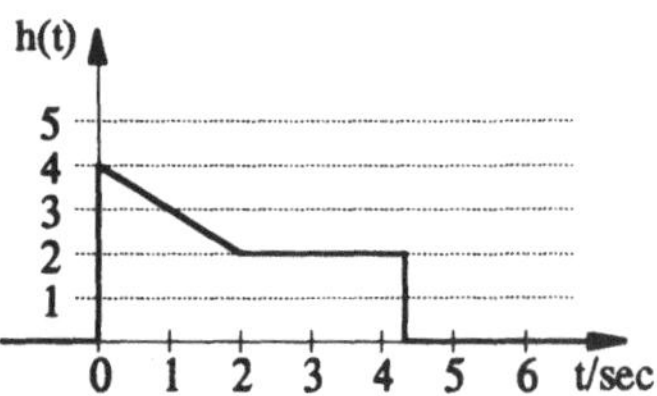

Abb. 6.32. Signal $h(t)$

Übung 6.3.
Gegeben sei die folgende Übertragungsfunktion eines digitalen Systems.

$$G(q^{-1}) = 0,02 \cdot \frac{1 + q^{-1}}{1 - 1,8 \cdot q^{-1} + 0,8 \cdot q^{-2}} \quad .$$

Bestimmen Sie die Impulsantwort des Systems. Bestimmen Sie die Reaktion des Systems auf folgende Anregung $\{u_k\}$

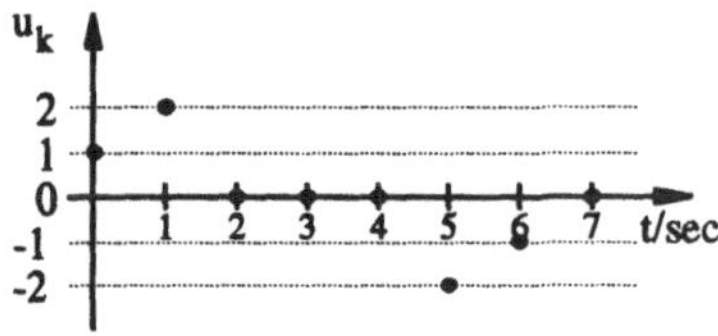

Abb. 6.33. Digitales Signal

Übung 6.4.
Das kontinuierliche System

$$G(f) = \frac{1}{\left(1 + j\omega \cdot T\right)^2}$$

besitzt die Impulsantwort

$$g(t) = \frac{t}{T^2}\, e^{-t/T}$$

Bestimmen Sie die impulsinvariante digitale Approximation des Systems.

Übung 6.5.
Bestimmen Sie die impulsinvariante Approximation für eine Abtastzeit von $T_A = 0,5$ sec mit Hilfe der Tabelle 6.6 für das schwingungsfähige System 2. Ordnung

$$G(f) = \frac{10}{1 + j\omega \cdot 2,4\,\text{sec} + j\omega^2 \cdot 9,0\,\text{sec}^2}$$

Übung 6.6.
Das kontinuierliche System

$$G(f) = \frac{1}{\left(1 + j\omega \cdot T\right)^2}$$

aus Übung 6.4. soll nun durch eine Rückwärtsdifferenzenapproximation, eine Vorwärtsdifferenzenapproximation und eine bilineare Transformation digital approximiert werden. Vergleichen Sie die Sprungantworten der drei Approximationen.

Übung 6.7.
Gegeben sei das folgende System 6. Ordnung

$$G(j\omega) = \prod_{i=1}^{3} \frac{b_{0i} + b_{1i}\,j\omega + b_{2i}\,j\omega^2}{a_{0i} + a_{1i}\,j\omega + a_{2i}\,j\omega^2}$$

mit den Koeffizienten

$b_{00} = 1,00$	$b_{10} = 0,90$ sec	$b_{20} = 0,08$ sec²
$a_{00} = 1,00$	$a_{10} = 0,60$ sec	$a_{20} = 0,08$ sec²
$b_{01} = 1,00$	$b_{11} = 0,00$ sec	$b_{21} = 0,00$ sec²
$a_{01} = 1,00$	$a_{11} = 1,12$ sec	$a_{21} = 0,64$ sec²
$b_{02} = 1,00$	$b_{12} = 0,00$ sec	$b_{22} = 0,00$ sec²
$a_{02} = 1,00$	$a_{12} = 0,04$ sec	$a_{22} = 0,00$ sec² .

Bestimmen Sie eine digitale Approximation des Systems mit Hilfe der bilinearen Transformation. Verwenden Sie dabei die Tabelle 6.9.

Übung 6.8.

Mit Hilfe eines Sensors wird der Druck in einer Vulkanisationspresse für Autoreifen gemessen. Dieser liegt während des Preßvorgangs zwischen 25 und 30 bar. Mit Hilfe eines Drucktransmitters wird der Druck in ein Spannungssignal von 0 bis 10 V umgesetzt.

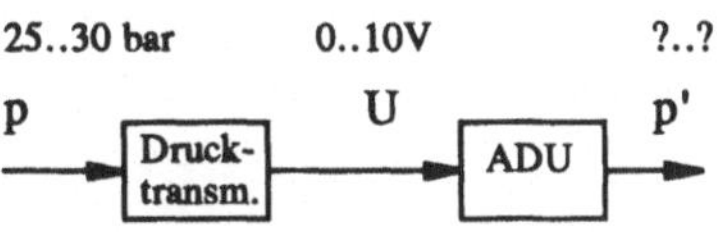

Abb. 6.34. Druckmessung

Durch die externe Beschaltung des A/D-Wandlers können Sie die Normierung festlegen. Rechnerintern stehen Wortwerte für die Zahlendarstellung zur Verfügung.

Führen Sie zunächst eine Normierung so durch, daß eine Druckänderung von 1 bar einer Änderung des Zahlenwertes um 1000 entspricht.

Führen Sie nun eine Normierung mit maximal möglicher Auflösung durch. Welcher Druckänderung entspricht die Änderung des Zahlenwertes um eine Einheit?

Übung 6.9.

Die Differenzengleichung

$$y_k = 0{,}25 \cdot u_k + 0{,}5 \cdot u_{k-1} + 0{,}25 \cdot u_{k-2}$$

stellt einen gewichteten Mittelwertbildner für das Eingangssignal u_k dar. Der Eingang wird als EW0 erfaßt; der Ausgang y_k soll als AW0 ausgegeben werden. Beide Werte liegen im Bereich von -1000 bis +1000. Programmieren Sie den Mittelwertbildner als Funktionsbaustein FB2.

Sorgen Sie im OB1 dafür, daß der FB2 im Zeitabstand von 1 sec regelmäßig aufgerufen wird.

Übung 6.10.

Die Drehzahl eines Motors wird mit Hilfe eines Initiators gemessen. Dieser liefert pro Umdrehung des Motors 10 Impulse. Die Impulse werden durch einen Hardware-Zähler erfaßt. Er zählt die pro Sekunde ankommenden Impulse und stellt sie der Steuerung als Eingangswort EW10 zur Verfügung. Die Steuerung soll aus der gemessenen Impulszahl

die Drehzahl des Motors als Umdrehungen pro Minute berechnen und als AW10 ausgeben.

Führen Sie eine Normierung durch und erstellen Sie ein Programm für die erforderliche Berechnung.

Übung 6.11.

Die Position eines Portalkrans soll digital geregelt werden. Die Position des Krans wird mit Hilfe eines Ultraschallsensors erfaßt und gelangt als Spannungssignal m zur Steuerung. Die Sollposition w wird ebenfalls als Spannungssignal eingegeben.

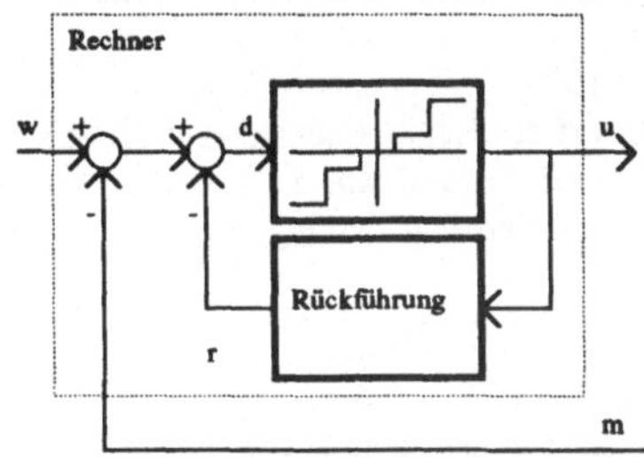

Abb. 6.35. Schaltender Regler mit Rückführung

Der Antrieb des Krans erfolgt mit einem Elektromotor, der in zwei Fahrtrichtungen und mit zwei unterschiedlichen, konstanten Geschwindigkeiten betrieben werden kann. Die Regelung erfolgt mit einem (schaltenden) Fünfpunktregler mit nachgebender interner Rückführung. Die Fünfpunktkennlinie des Reglers ist im folgenden Bild genauer dargestellt.

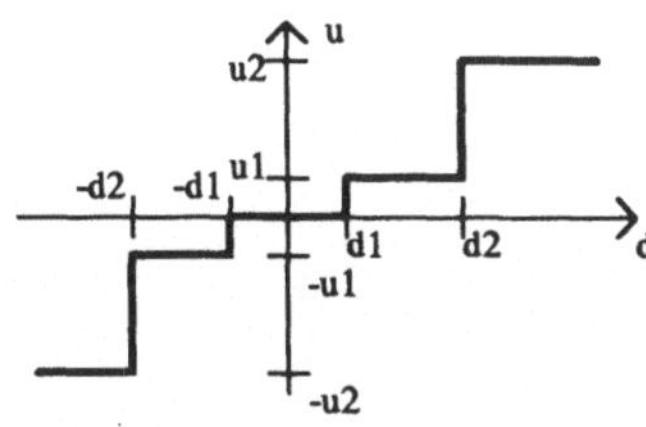

d1 = 0,2 m	u1 = 1500 U/min
d2 = 2,4 m	u2 = 300 U/min

Abb. 6.36. 5-Punkt-Kennlinie

Die Rückführung wird durch die folgende Differenzengleichung realisiert:

$$r_k = \left(\frac{1}{K_p} u_k - \frac{1}{1-q^{-1}} \frac{T_A}{T_n} r_{k-1} \right)$$

Führen Sie eine Normierung derart durch, daß die Positionen mit einer Auflösung von 1 cm dargestellt werden (bei einem maximalen Weg von 100 m) und die Motordrehzahl von 1500 U/min dem rechnerinternen Wert 15000 entspricht.
Welchem Zahlenwert entsprechen dann die Wege 0,2 m und 2,4 m ?
Wie lautet die normierte Gleichung der Rückführung ? (Das Rückführsignal entspricht einem Weg)

Übung 6.12.
Der Entwurf des Reglers der vorigen Übung liefert die Parameter Tn und Kp. Es habe sich dabei die folgende Differenzengleichung ergeben

$$r_k = \left(0{,}022\, u_k + 0{,}75\, r_{k-1} \right)$$

Realisieren Sie nun den kompletten Regler (d.h. Soll-/Istwert-Vergleich, Rückführung und Fünfpunktkennlinie) im Programmbaustein PB1. Da es sich (trotz der internen Rückführung um einen schaltenden Regler handelt, wird die Stellgröße u nicht als Analogwert ausgegeben, sondern mit Hilfe der binären Ausgänge A0.1 (entspricht dem Wert u1), A0.2 (u2), A0.3 (-u1), A0.4 (-u2). Der Sollwert w steht als EW0 zur Verfügung und der Meßwert m als EW2.

7 DIGITALE SIGNALVERARBEITUNG

Informationen werden mit Hilfe von Signalen physikalisch dargestellt. Bei der Erzeugung, Übertragung und Erfassung der Signale kommt es zur Überlagerung von Störungen. Der Einfluß der Störungen kann durch geeignete Codierungsverfahren bei der Signalerzeugung und durch störsichere Übertragungsverfahren reduziert werden. Die Aufgabe der Signalverarbeitung ist es, die in einem empfangenen Signal enthaltenen Störanteile auszublenden und die (Nutz-) Daten wiederzugewinnen.

Der Entwurf signalverarbeitender Algorithmen setzt Kenntnisse über die Entstehung und Zusammensetzung des Signals voraus. Form und Codierung der Nutzdaten müssen bekannt sein sowie die Charakteristik der Störungen und des Übertragungs- und Erfassungssystems. Die Kenntnisse können in Form von Aussagen über die spektrale Verteilung der Nutz- und Störanteile vorliegen oder in Form von Aussagen über Signalmuster und Signalamplituden im Zeitbereich. Die verschiedenen Entwurfsverfahren setzen die Vorkenntnisse in die gesuchten Algorithmen um.

An einem einführenden Beispiel werden die grundlegenden Aufgaben der Signalverarbeitung in Kapitel 7.1 vorgestellt.

Für eine Reihe von Aufgaben gibt es Algorithmen, die anhand von Überlegungen im Zeitbereich hergeleitet werden können. Hierzu gehören die Algorithmen zur numerischen Glättung und Differentiation sowie die Algorithmen der Interpolation und der Ausgleichsrechnung, die in Kapitel 7.2 beschrieben werden.

Filter führen eine spektrale Trennung von Nutz- und Störsignal aus. Sie werden auf der Basis von Aussagen im Frequenzbereich entworfen. Die wichtigsten Entwurfsverfahren für digitale Filter basieren auf der Approximation einer vorgegebenen analogen Übertragungsfunktion. Sie werden in Kapitel 7.3 erläutert.

7.1 AUFGABENSTELLUNG

Abtastsignale sind nur zu bestimmten Zeitpunkten definiert. Über die Werte des Signals zwischen diesen Zeitpunkten kann keine Aussage gemacht werden; sie sind zeitdiskret. Für die Verarbeitung in einem Rechner muß der kontinuierliche Amplitudenwert auf eine digitale Zahlengröße abgebildet werden. Dies geschieht durch eine Quantisierung, wodurch man ein amplitudendiskretes Signal erhält. Obwohl es durchaus eine Reihe von Abweichungen hiervon gibt, kann ein digitales Signal im allgemeinen als amplituden- und zeitdiskret angesehen werden.

Statt der unabhängigen Variablen „Zeit" kann auch die unabhängige Variable „Ort" auftreten, so daß es auch digitale räumliche Signale gibt. Abgesehen davon, daß es nur eine Zeitkoordinate aber drei Ortskoordinaten gibt, ist die Behandlung zeitlicher und räumlicher Signale vergleichbar. Ohne Einschränkung der Allgemeingültigkeit kann man sich auf zeitliche Signale beschränken. Die für Zeitsignale geltenden Beschreibungs- und Verarbeitungsmethoden können ohne weiteres auf Raumsignale übertragen werden, müssen aber dort oft, z.B. in der Bildverarbeitung, auf zwei oder drei Dimensionen erweitert werden /Wahl 1984/.

Bei der digitalen Signalverarbeitung wird ein Signal durch einen Rechner erfaßt und verarbeitet. Die Art der Verarbeitung hängt einerseits vom Signal und andererseits vom Ziel der Verarbeitung ab.

Das gemessene Signal setzt sich aus einem Nutzsignal und einem Störsignal zusammen. In der überwiegenden Zahl der Anwendungen geht man von einer additiven Überlagerung aus. Obwohl wesentlich seltener, kommen aber auch andere Überlagerungsarten wie multiplikative oder andere nichtlineare Überlagerungen vor. Das Nutzsignal wiederum enthält bestimmte Nutzinformationen, wie z.B. den Gleichanteil, die Signaländerung pro Zeiteinheit oder bestimmte Muster, deren Bestimmung bzw. Erkennung das eigentliche Ziel der Signalverarbeitung ist. Die Signalverarbeitung umfaßt damit zwei wesentliche Aufgaben, die zum Teil getrennt voneinander lösbar sind: die Filterung und die Identifikation.

Abb. 7.1. Signalverarbeitung. Zusammensetzung des Meßsignals u aus Nutzanteil *s* und Störanteil *n*. Gewinnung des gefilterten Signals *y* und des Nutzdatenschätzwertes *z*.

Die *Filterung* umfaßt die Trennung des Meßsignals in Nutzanteil und Störanteil. Kriterium für die Trennung der beiden Anteile sind meist Aussagen über deren Spektren. Hat man z.B. eine hochfrequente Störung und ein niederfrequentes Nutzsignal, ist ein Tiefpaßfilter zur Signaltrennung geeignet. Andere Kriterien zur Trennung von Nutz- und Störanteilen können Ausagen über die Amplitudenverteilungen oder über zeitliche Signalformen sein. Je nach Art der Vorkenntnisse über Nutz- und Störsignal gibt es unterschiedliche Entwurfsmethoden für signaltrennende Algorithmen. Das Ergebnis der Signaltrennung ist ein gefiltertes Meßsignal. Da es möglichst wenig Anteile des Störsignales enthalten sollte, kann das gefilterte Meßsignal auch als Nutzsignalschätzwert bezeichnet werden.

Die *Identifikation* besteht aus der Bestimmung der Nutzinformationen aus dem Nutzsignalschätzwert. Hier werden meist Aussagen aus dem Zeitbereich über die Zusammensetzung des Nutzsignals verwendet. Typische Operationen zur Bestimmung von Nutzinformationen sind z.B. die Differentiation oder Integration des Nutzsignals. Die Bestimmung von Nutzinformationen ist praktisch identisch mit einer Datenreduktion. Die im Zeitverlauf

eines Signals enthaltenen Informationen werden auf einen oder wenige Parameter komprimiert, die alle wesentlichen Informationen enthalten. Diese Interpretation zeigt die starke Verwandtschaft zwischen der Signalfilterung und der Systemidentifikation.

Obwohl die Filterung und die Identifikation nicht immer getrennt voneinander ausgeführt werden, ist deren begriffliche und methodische Unterscheidung zu beachten, da sich die Art der Vorkenntnisse und die der zu verwendenden Operationen für beide Aufgaben stark unterscheiden.

Der grundsätzliche Weg zur Formulierung und Lösung der beiden Aufgaben wird nun an einem einfachen Anwendungsbeispiel erläutert.

Gegeben sei ein Kraftfahrzeug dessen Drehmomentkennlinie ermittelt werden soll. Es wird dazu ein Experiment durchgeführt, bei dem das Auto mit maximaler Beschleunigung und konstanter Übersetzung hochgefahren wird. Während der Fahrt wird die Geschwindigkeit gemessen, indem die von der Tachowelle kommenden Impulse erfaßt werden. Die pro Zeiteinheit gezählten Impulse sind proportional zur Geschwindigkeit. Diese Art der Erfassung liefert direkt ein digitales Signal; eine Analog-Digital-Wandlung ist nicht erforderlich.

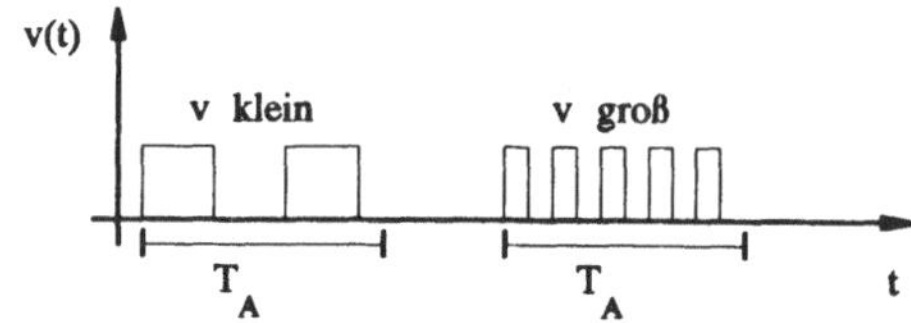

Abb. 7.2. Gemessenes Geschwindigkeitssignal *v(t)*.

Bedingt durch verschiedene Einflüsse (schwankende Phasenlage der Impulse, Geschwindigkeitsschwankungen des Autos, Vibrationen der Tachowelle) ist das Meßsignal zufälligen Schwankungen unterworfen. Diese Störungen müssen zuerst eliminiert werden, um einen Schätzwert für den Geschwindigkeitsverlauf zu erhalten. Eine einfache Möglichkeit zur Dämpfung der Schwankungen ist die Mittelung aufeinanderfolgender Impulszählwerte. Hierbei muß immer ein Kompromiß zwischen guter Dämpfung und schneller Reaktion bei Signaländerungen gefunden werden. Im vorliegenden Fall werden je 4 aufeinanderfolgende Zählwerte y_i gemittelt:

$$v_i = (y_i + y_{i-1} + y_{i-2} + y_{i-3}) / 4 \quad .$$

Man erhält damit den dargestellten Verlauf des Geschwindigkeitsschätzwertes.

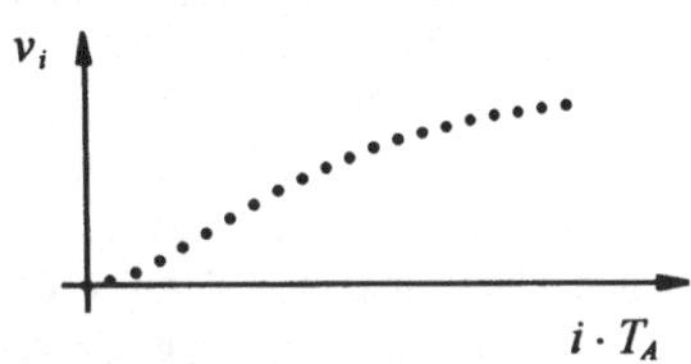

Abb. 7.3. Gemessene und gemittelte Abtastwerte v_i der Geschwindigkeit.

Zur Bestimmung der Drehmomentkennlinie müssen aus dem Geschwindigkeitsverlauf das Drehmoment und die Drehzahl für jeden Zeitpunkt ermittelt werden. Der Rechengang hierzu ergibt sich aus den physikalischen Zusammenhängen. Das Drehmoment $M(t)$ des Motors ist über die Masse m und die Übersetzung r proportional zur Beschleunigung. Deren Verlauf ergibt sich durch Differentiation der Geschwindigkeit. Die Drehzahl $n(t)$ des Motors ist über die Übersetzung r proportional zur Fahrzeuggeschwindigkeit

$$M(t) = m \cdot r \cdot a(t) = m \cdot r \cdot \frac{dv(t)}{dt}$$
$$n(t) = v(t) / r \quad .$$

Die gesuchten Größen ergeben sich also durch Multiplikation bzw. Differentiation aus dem Nutzsignalschätzwert. Da die Differentiation eines digitalen Signals nicht möglich ist, kann das Differential durch den Differenzenquotienten aufeinanderfolgender Geschwindigkeitswerte ersetzt werden. Man erhält folgende

Bestimmungsgleichungen für die Beschleunigung, das Drehmoment und die Drehzahl.

$$a_i = \frac{v_i - v_{i-1}}{T_A}$$
$$M_i = m \cdot r \cdot a_i$$
$$n_i = v_i / r \quad .$$

Das folgende Bild zeigt schematisch den Zeitverlauf der berechneten Beschleunigung.

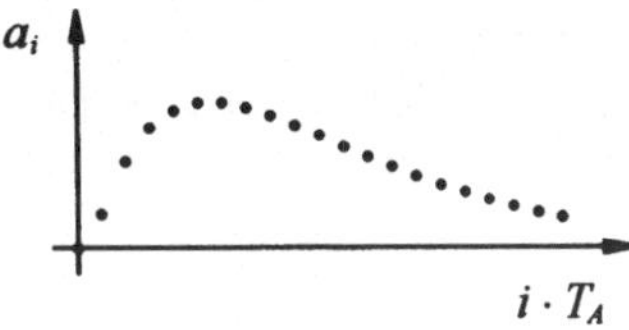

Abb. 7.4. Berechnete Abtastwerte a_i der Beschleunigung.

Trägt man die ermittelten Wertepaare n_i und M_i in einem gemeinsamen Diagramm auf, ergibt sich die gesuchte Drehmomentkennlinie:

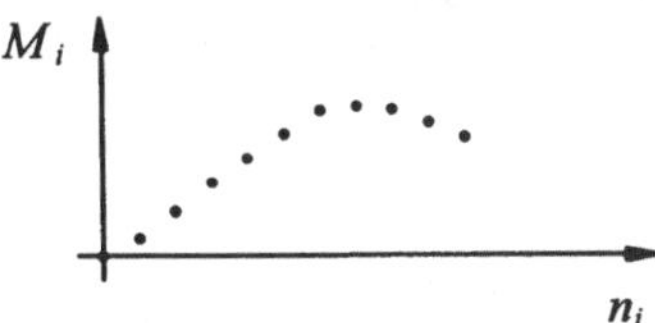

Abb. 7.5. Berechnete Drehmomentkennlinie.

Trotz starker Vereinfachung der realen Problematik zeigt das Beispiel die beiden wesentlichen Aufgaben der Signalverarbeitung: die Eliminierung eines Störanteils in der Filterung und die Extraktion der Nutzdaten durch die Identifikation.

7.2 FILTERENTWURF IM ZEITBEREICH

7.2.1 NUMERISCHE GLÄTTUNG

Mittelwertbildner. In einer Vielzahl von Anwendungsfällen enthalten die auszuwertenden Signale Nutzinformationen, die durch einfache, naheliegende Algorithmen zu berechnen sind. Beispiele hierfür sind die Bestimmung des Signalgleichanteils oder der Signalsteigung. Die Anwendung theoretischer Methoden wie der Schätztheorie oder Betrachtungen im Frequenzbereich sind für viele einfache Aufgaben nicht unbedingt erforderlich und werden deshalb zunächst zurückgestellt.

Eine sehr oft benötigte Information ist der Gleichanteil eines Signals. Geht man von einem konstanten Nutzsignal und einem überlagerten gleichanteilfreien, zufällig schwankenden Störsignal aus, ist der Mittelwert ein geeigneter Schätzwert für den Gleichanteil. Er wird gebildet durch Summation aller seit Beginn der Messung erfaßten Meßwerte und Division durch die Anzahl der Meßwerte. Legt man die Zeitachse so, daß bei $t=T_A$ der erste Meßwert aufgenommen wird, ergibt sich der Mittelwert der Meßwerte als:

$$y_k = \frac{1}{k}\sum_{i=0}^{k-1}u_{k-i} \quad .$$

Mit jedem neu ankommenden Meßwert kann der Mittelwert nach dieser Gleichung neu berechnet werden. Der Rechenaufwand läßt sich deutlich reduzieren, wenn man die Summe in eine rekursive Form bringt:

$$\begin{aligned}
y_k &= \frac{1}{k}\sum_{i=0}^{k-1}u_{k-i} \\
&= \frac{k-1}{k}\frac{1}{k-1}\sum_{i=0}^{k-2}u_{k-i} + \frac{1}{k}u_k \\
&= \frac{k-1}{k}y_{k-1} + \frac{1}{k}u_k \\
&= y_{k-1} + \frac{1}{k}\left(u_k - y_{k-1}\right) \quad .
\end{aligned}$$

Mit jedem neu ankommenden Meßwert u_k wird der neue Mittelwert y_k berechnet aus dem alten Mittelwert y_{k-1}, korrigiert um die gewichtete Differenz zwischen Meßwert und altem Mittelwert. Zu jedem Abtastzeitpunkt ist nur eine einzige Multiplikation erforderlich, so daß die Berechnung nur wenig Rechenzeit in Anspruch nimmt.

Ist der Mittelwert des Nutzsignals konstant und ist die im Meßsignal enthaltene Störung gleichanteilfrei, wird der Fehler zwischen dem gesuchten konstanten Nutzsignal und dem berechneten Mittelwert mit wachsender Anzahl von Meßwerten immer kleiner. Anders sieht es aus, wenn sich das Nutzsignal schleichend oder sprungartig ändert. Die Verwendung aller, auch lange zurückliegender Meßwerte kann zu beträchtlichen Abweichungen zwischen dem tatsächlichen Nutzsignal und dem berechneten Mittelwert führen. Eine Lösung dieses Problems bietet das gezielte Vergessen alter, nicht mehr gültiger Meßwerte. Dieses Vergessen kann durch ein exponentiell mit der Zeit nachlassendes oder durch ein zeitlich begrenztes Gedächtnis realisiert werden. Beim nachlassenden Gedächtnis werden die Meßwerte in der Summation um so schwächer gewichtet, je weiter der Erfassungszeitpunkt zurückliegt:

$$\begin{aligned}
y_k &= \frac{1}{M}u_k + \frac{M-1}{M^2}u_{k-1} + \frac{(M-1)^2}{M^3}u_{k-2} + \cdots \\
&= \sum_{i=0}^{k}\frac{(M-1)^i}{M^{i+1}}u_{k-i} \quad .
\end{aligned}$$

Der Parameter M hat in dieser Summe die Funktion der Gedächtniszeitkonstante. Bei kleinem M ($M \geq 1$) wird schnell vergessen. Je größer M ist ($M \gg 1$), desto größer ist auch die Gedächtniszeitkonstante.

Auch die Mittelwertberechnung mit exponentiell nachlassendem Gedächtnis kann man in eine rekursive Form bringen:

$$y_k = y_{k-1} + \frac{1}{M}\left(u_k - y_{k-1}\right) \quad .$$

Diese Rekursion besitzt die gleiche Struktur wie der Mittelwertbildner. Lediglich der anwachsende Zeitindex k als Gewichtungsfaktor ist durch den konstanten Gedächtnisparameter M ersetzt.

Eine zweite Möglichkeit, gezielt zu vergessen, ist die Verwendung eines konstanten aber endlichen Gedächtnisses. Summiert man zur Mittelwertberechnung nur die letzten N Meßwerte auf, erhält man ein konstantes Gedächtnis der Länge N:

$$y_k = \frac{1}{N}\sum_{i=0}^{N-1} u_{k-i} \ .$$

Durch das zeitlich begrenzte Gedächtnis fallen länger zurückliegende Meßwerte aus der Mittelwertberechnung heraus. Dieser Mittelwert ist daher besonders für sprungartig veränderliche Gleichanteile geeignet, da der bei Änderungen des Gleichanteils auftretende Fehler nach der endlichen Zeit NT_A vollständig verschwindet.

Unabhängig von der Darstellungs- und Realisierungsform setzt sich bei den drei Mittelwertbildnern der Ausgang als gewichtete Summe der Eingangsabtastwerte zusammen. Beim exponentiell vergessenden Mittelwertbildner werden alle vorliegenden Meßwerte berücksichtigt. Er besitzt also ein unbegrenztes Gedächtnis:

$$y_k = \sum_{i=0}^{\infty} \frac{(M-1)^i}{M^{i+1}} u_{k-i} = \sum_{i=0}^{\infty} g_i u_{k-i} \ .$$

Beim Mittelwertbildner mit endlichem Gedächtnis werden nur die letzten N Meßwerte berücksichtigt

$$y_k = \sum_{i=0}^{N-1} \frac{1}{N} u_{k-i} = \sum_{i=0}^{N-1} g_i u_{k-i} \ .$$

Wird ein Impuls als Eingangssignal auf einen Mittelwertbildner gegeben, so ist $u_0=1$, während alle anderen Abtastwerte verschwinden. Einsetzen dieser Werte in den Gleichungen der Mittelwertbildner zeigt, daß die Impulsantwort mit den Gewichtungskoeffizienten identisch ist. Man unterscheidet daher zwischen Infinte-Impuls-Response- (IIR) und Finite-Impulse-Response- (FIR-) Algorithmen.

Die unterschiedlichen Gedächtnisformen der drei Mittelwertbildner zeigt der folgende Vergleich:

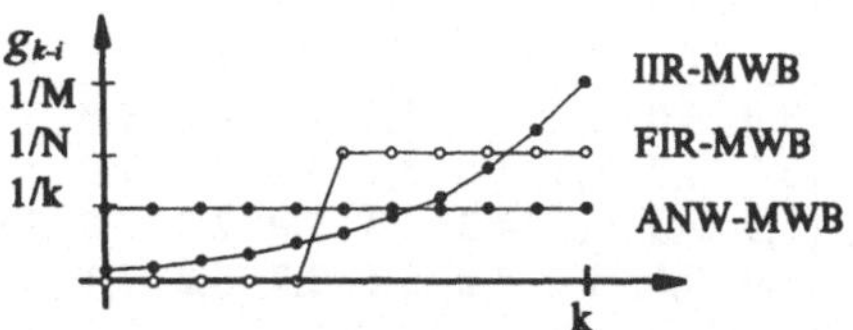

Abb. 7.6. Gewichtungsfaktoren für zurückliegende Meßwerte bei einem anwachsenden Mittelwertbildner (ANW-*MWB*), einem Mittelwertbildner mit nachlassendem Gedächtnis (*IIR-MWB*) und einem Mittelwertbildner mit endlichem Gedächtnis (*FIR-MWB*).

Der Mittelwertbildner mit anwachsendem Gedächtnis (ANW-MWB) berücksichtigt alle Meßwerte. Er ist nur zur Schätzung von Geichanteilen geeignet, die über den gesamten Zeitraum wirklich konstant sind. Für solche Signale liefert er den kleinsten Fehler aller Mittelwertbildner. Die beiden Algorithmen mit nachlassendem (IIR-MWB) bzw. mit endlichem Gedächtnis (FIR-MWB) sind für langsam veränderliche Gleichanteile geeignet. Ist die Änderungsrate des Nutzsignals bekannt, kann die Gedächtniszeitkonstante MT_A bzw. NT_A daran angepaßt werden.

Beispiel 7.1. Numerische Glättung
Die durch Abtastung eines Meßsignals entstandene Zahlenfolge $\{u_k\}$ wird mit anwachsendem Mittelwertbildner, einem FIR-Mittelwertbildner und einem IIR-Mittelwertbildner verarbeitet.
Das erste Signal besitze einen Gleichanteil um den die Abtastwerte zufällig schwanken. Alle drei Mittelwertbildner liefern ein gefiltertes Signal in der Nähe des Gleichanteils. Sie unterscheiden sich bei dem gegebenen Signal in der Stärke der Schwankung. Die Schwankungen des gefilterten Ausgangswertes des ANW-MWB werden mit wachsender Anzahl der Meßwerte immer geringer. Beim FIR-MWB und dem IIR-MWB sind die Schwankungen größer. Sie nehmen mit wachsender Zahl der Meßwerte auch nicht ab. Dafür sind diese

Filter aber in der Lage, eventuellen Änderungen des Gleichanteils besser zu folgen, als der ANW-MWB. Dies ist beim zweiten Meßsignal erkennbar.

Tabelle 7.1. Gemessene und gefilterte Abtastwerte eines Signalverlaufs mit konstantem Nutzanteil

k	0	1	2	3	4	5	6	7	8
u_k	3,0	4,0	3,0	6,0	1,0	2,0	4,0	0,0	5,0
y_{1k}	3,0	3,5	3,3	4,0	3,4	3,2	3,3	2,9	3,1
y_{2k}	3,0	3,5	3,3	4,3	3,3	3,0	2,3	2,0	3,0
y_{3k}	3,0	3,5	3,2	4,2	3,1	2,7	3,2	2,1	3,1

Die Abtastfolge des zweiten Meßsignals weise bei $k=4$ eine sprungartige Änderung des Gleichanteils auf. Der ANW-MWB reagiert relativ träge auf die Änderung des Gleichanteils und kann nur langsam folgen. Der IIR-MWB reagiert deutlich schneller und der FIR-MWB ist nach 3 Werten in der Nähe des neuen Gleichanteils.

Tabelle 7.2. Gemessene und gefilterte Abtastwerte eines Signalverlaufs mit sprungartig geändertem Nutzanteil

k	0	1	2	3	4	5	6	7	8
u_k	2,0	2,2	1,9	1,9	5,1	4,8	5,2	5,1	4,9
y_{1k}	2,0	2,1	2,0	2,0	2,6	3,0	3,3	3,5	3,7
y_{2k}	2,0	2,1	2,0	2,0	3,0	3,9	5,0	5,0	5,1
y_{3k}	2,0	2,1	2,0	2,0	3,0	3,6	4,1	4,5	4,6

□

Kombination mehrerer Mittelwertbildner

Der FIR-MWB ist ein Filter, bei dem die letzten N Meßwerte mit einem Gewichtungsfaktor $1/N$ multipliziert und aufsummiert werden.

Bei der Wahl der Filterlänge N muß ein Kompromiß zwischen möglichst großem N für eine gute Störunterdrückung und möglichst kleinem N für eine schnelle Reaktion auf Änderungen des Gleichanteils gefunden werden. Da dies bei nur einem Freiheitsgrad keine leichte Aufgabe ist, kann man zusätzliche Freiheitsgrade schaffen. Man erreicht dies z.B. durch Reihenschaltung mehrerer FIR-MWB unterschiedlicher Länge. Durch die unabhängige Einstellung der Einzelfilterlängen kann das Verhalten des Gesamtfilters variiert werden.

Die Reihenschaltung zweier FIR-MWB der Längen $N1$ und $N2$ entspricht einem Filter der Länge $N=N1+N2$ dessen Koeffizienten g_k einen trapezförmigen Verlauf besitzen. Die Reihenschaltung weiterer Filter ergibt immer ein FIR-Filter dessen Gesamtlänge zunimmt und dessen Gewichtungskoeffizienten am Rand einen immer glatteren Übergang zeigen.

Grundsätzlich lassen sich durch Kaskadierung mehrerer FIR-MWB unterschiedlicher Länge sehr unterschiedliche Filterfunktionen realisieren. Je nach Zusammensetzung des zu verarbeitenden Signals lassen sich mit solchen Reihenschaltungen wesentlich bessere Ergebnisse erzielen als mit einem einfachen FIR-MWB. Für die Einstellung der Einzelfilterlängen gibt es aber kaum systematische Methoden, so daß der Filterentwurf im konkreten Fall in ein mehr oder weniger gezieltes Probieren ausartet.

Da sich durch Reihenschaltung von FIR-MWB's viele unterschiedliche Filterfunktionen realisieren lassen, kann man auch von vorneherein Gewichtungskoeffizienten g_k ansetzen, die dann für eine gegebene Aufgabenstellung nach einem geeigneten Entwurfsverfahren eingestellt werden. Die hierfür existierenden systematischen Entwurfsverfahren werden später vorgestellt.

Eine andere Möglichkeit zur Verbesserung der Eigenschaften der Mittelwertbildner besteht darin, den anwachsenden Mittelwertbildner und den Mittelwertbildner mit endlichem Gedächtnis zu kombinieren. Zu Beginn einer Messung oder nach der Änderung des Nutzsignals wird ein anwachsender Mittelwertbildner neu gestartet. Erreicht die Anzahl der Meßwerte die Breite des FIR-MWB wird auf diesen umgeschaltet. Die Vorteile beider Algorithmen werden dadurch kombiniert. Nach dem Start liefert der anwachsende Mittelwertbildner relativ schnell gute Resultate. Anschließend wird auf endliches Gedächtnis umgeschaltet um langsame Änderungen des Nutzsignals mitzumachen.

Ausreißer- und Sprungerkennung. Reine Mittelwertbildner oder Tiefpässe sind für höherfrequente Störungen mit normalverteilter Amplitude sehr gut geeignet. Normalverteilte Amplituden treten immer dann auf, wenn eine Vielzahl von unabhängigen, etwa gleich starken Ursachen die Störung erzeugen. Dominieren einzelne Fehlerquellen, können starke Abweichungen von einer Normalverteilung auftreten. In diesen Fällen sind Modifikationen der Filteralgorithmen angebracht. Ein solcher Fall ist das Auftreten von Ausreißern infolge von Meßgeräte- oder Übertragungsfehlern. Eine weitere Problematik, die in diesem Zusammenhang auch behandelt werden kann, ist die plötzliche, sprungartige Änderung des Nutzsignals. Das folgende Bild zeigt ein typisches Meßsignal mit Ausreißern und Nutzsignalsprüngen:

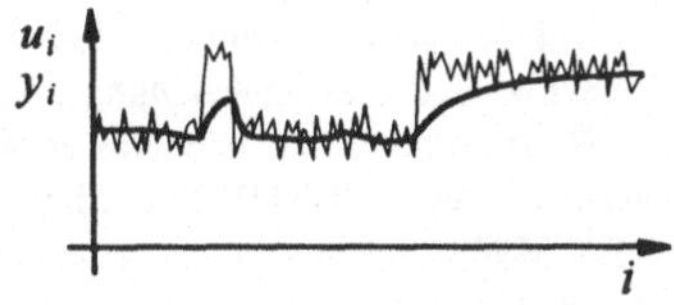

Abb. 7.7. Meßsignal u_i mit Ausreißern und sprungartigen Änderungen. Mit IIR-MWB gefiltertes Signal y_i (T_A kleiner als die graphische Auflösung).

Wird dieses Signal mit einem IIR-MWB oder einem FIR-MWB gefiltert, so zeigt das gefilterte Signal bei einem Ausreißer eine je nach Gedächtnislänge kürzer oder länger anhaltende Störung und bei einem Sprung eine Übergangszeit bis zum Einschwingen auf den neuen Wert. Um diese beiden Fehler zu verringern, muß man Ausreißer und Sprünge erkennen. Sie unterscheiden sich von einer „normalen" Störung vor allem im Betrag der Abweichung vom Mittelwert. Dieser kann als Erkennungskriterium verwendet werden. Ist die Abweichung zwischen ungefiltertem Meßwert und gefiltertem Wert größer als ein einstellbarer Betrag, liegt ein Ausreißer oder ein Sprung vor. Parallel zum eigentlichen Filter wird ein zusätzlicher anwachsender Mittelwertbildner mit den geänderten Werten gestar-

tet. Das gefilterte Signal dagegen wird vorübergehend eingefroren.

Verschwindet die Abweichung nach einer kurzen Zeit wieder, handelt es sich um einen Ausreißer. Nach dessen Abklingen wird wieder ganz normal weitergefiltert und das parallel mitgelaufene Filter gestoppt. Der Ausreißer hat sich dadurch nicht auf das gefilterte Signal ausgewirkt. Hält die Abweichung länger an, handelt es sich um einen Sprung. Sobald er als solcher erkannt wurde, wird das gefilterte Signal auf den Wert des Parallelfilters umgeschaltet. Der Sprung wird dadurch verzögert, aber ohne Übergangsfehler am Ausgang weitergegeben.

Das folgende Bild zeigt die Struktur des modifizierten Mittelwertbildners mit Ausreißereliminierung und Sprungerkennung

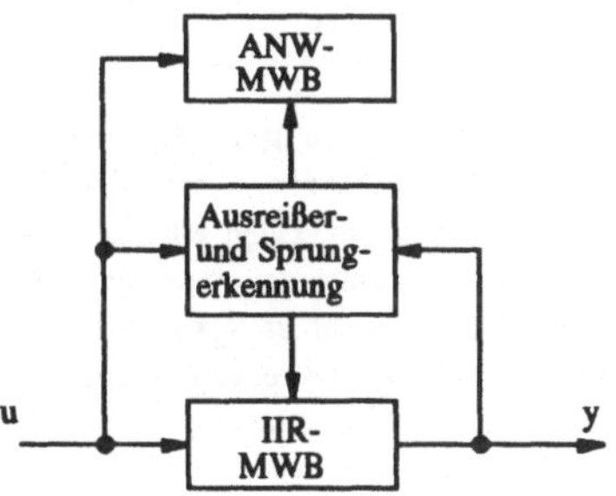

Abb. 7.8. Filter zur Signalglättung mit Ausreißer- und Sprungerkennung.

Das Verhalten dieses Filters für ein typisches Meßsignal zeigt das folgende Bild.

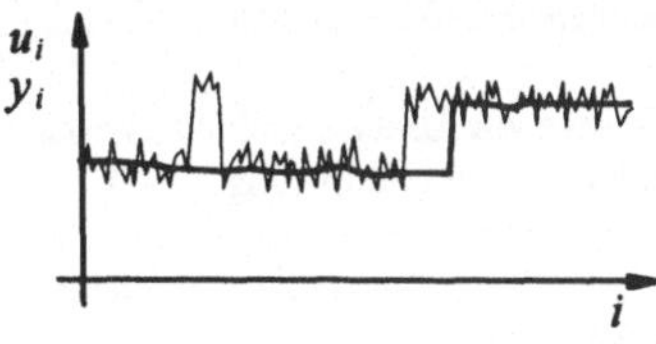

Abb. 7.9. Filterung mit Ausreißer- und Sprungerkennung. (Meßsignal u_i , gefiltertes Signal y_i).

Der Ausreißer wirkt sich nicht negativ auf das gefilterte Signal aus. Der Sprung wird nach seiner Erkennung verzögert weitergegeben.

Beispiel 7.2. Ausreißer- und Sprungfilter
Es soll ein glättendes Filter realisiert werden, welches in der Lage ist, Ausreißer und Sprünge zu unterscheiden. Ausreißer sollen durch das Filter ausgeblendet, Sprünge möglichst gut weitergegeben werden. Zur Signalglättung im stationären Fall soll ein IIR-Mittelwertbildner dienen:

$$y_k = y_{k-1} + \frac{1}{M}(u_k - y_{k-1}) \ .$$

Um einem Sprung möglichst gut folgen zu können, wird zusätzlich ein anwachsender Mittelwertbildner eingesetzt:

$$v_k = v_{k-1} + \frac{1}{k}\left(u_k - v_{k-1}\right) \ .$$

Die Erkennung von Ausreißern oder Sprüngen soll mit Hilfe einer Toleranzzone um den aktuellen gefilterten Wert erfolgen. Liegt ein neuer Meßwert außerhalb der Toleranzzone, muß entweder von einem Ausreißer oder einer sprungartigen Änderung des Nutzsignals ausgegangen werden. Eine Unterscheidung zwischen Sprung und Ausreißer ist anhand eines einzigen, außerhalb der Toleranz liegenden Meßwertes noch nicht möglich. Erst wenn mehrere aufeinanderfolgender Meßwerte außerhalb der Toleranz liegen, kann von einem Sprung ausgegangen werden. Er wird, sobald er erkannt ist, auf den Filterausgang weitergeschaltet. Tauchen die Meßwerte dagegen nach kurzer Zeit wieder ins Toleranzband ein, hat es sich um einen Ausreißer gehandelt. Er wird ausgeblendet. Zur Formulierung dieses Verhaltens als Algorithmus werden folgende Größen definiert:

N	Grenze zur Unterscheidung zwischen Ausreißer ($< N$) und Sprung ($\geq N$)
ABW	Halbe Breite der Toleranzzone
Zl	Zähler für aufgetretene Abweichungen
u_i	Meßwerte
y_i	Ausgang des IIR-MWB
v_i	Ausgang des ANW-MWB
k_0	Zeitpunkt der ersten Abweichung

Der Algorithmus kann durch folgenden Ablauf beschrieben werden.

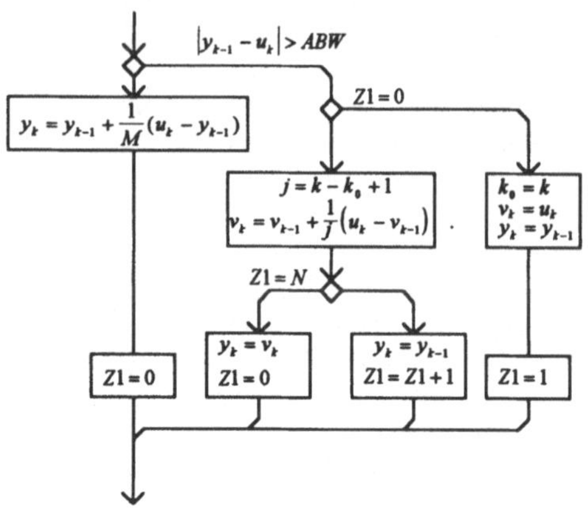

Abb. 7.10. Ablauf der Signalglättung mit Sprungerkennung und Ausreißereliminierung

Solange keine Abweichung auftritt, arbeitet der IIR-MWB. Tritt die Abweichung zum erstenmal auf, wird der ANW-MWB gestartet und der IIR-MWB zunächst auf seinem aktuellen Wert eingefroren. Verschwindet die Abweichung vor dem Ablauf von N Abtastperioden, handelte es sich um einen Ausreißer. Der ANW-MWB wird gesstoppt und der IIR-MWB arbeitet vom eingefrorenen Wert aus normal weiter. Treten mehr als N aufeinanderfolgende Abweichungen auf, handelt es sich um einen Sprung. Er wird weitergegeben, indem der IIR-MWB den Ausgangswert des ANW-MWB übernimmt und mit diesem neuen Wert weiterarbeitet.

□

Die Herleitung der Mittelwertbildner hat gezeigt, daß für einfache Aufgabenstellungen auch ohne theoretisches Werkzeug brauchbare Algorithmen zu erhalten sind. Stellt man an die Qualität der Ergebnisse höhere Anforderungen, kann man versuchen, durch Modifikationen oder Erweiterungen Verbesserungen zu erzielen. Da dies aber schnell zu einem unsystmatischen Probieren ausartet, stößt die heuristische Vorgehensweise bei höheren Anforderungen schnell an ihre Grenze. Es werden dann theoretisch fundierte Methoden benötigt, die ein systematisches Umsetzen des Vorwissens und der Anforderungen in einen Verarbeitungsalgorithmus ermöglichen. Diese werden später vorgestellt.

7.2.2 NUMERISCHE DIFFERENTIATION

Die Signalglättung, also die Bestimmung eines konstanten Nutzanteils in einem gestörten Meßsignal ist die am häufigsten auftretende Aufgabe der Signalverarbeitung. Eine weitere, oft benötigte Verarbeitungsaufgabe ist die Differentiation. Sie wurde z.B. benötigt, um im einführenden Beispiel aus dem Geschwindigkeitssignal die Beschleunigung zu ermitteln.

Die Differentiation kann bei einer digitalen Realisierung nur näherungsweise durchgeführt werden. Wie bei der Erläuterung des Abtastvorganges gezeigt, gibt es verschiedene Approximationsmethoden. Eine sehr einfache Methode ist der Rückwärtsdifferenzenquotient. Das kontinuierliche Differential wird durch die Differenz zwischen zwei aufeinanderfolgenden Abtastwerten des Signals angenähert:

$$y_k = \frac{1}{T_A}\left(u_k - u_{k-1}\right) \quad .$$

Die Differentiation ist ein sehr empfindlicher Verarbeitungsvorgang. Die in einem Signal enthaltenen Frequenzanteile werden proportional zu ihrer Frequenz verstärkt. Hochfrequente Signalanteile werden dadurch hevorgehoben, niederfrequente Anteile unterdrückt. Dies wird besonders problematisch, wenn dem zu differenzierenden niederfrequenten Nutzsignal höherfrequente Störanteile überlagert sind. Das differenzierte Meßsignal kann durch die Störungen total verfälscht werden. Vor jeder Differentiation ist daher eine Unterdrückung der hochfrequenten Anteile durch einen Tiefpaß oder einen Mittelwertbildner erforderlich.

Einen einfachen und praktisch brauchbaren Differenzierer erhält man durch Reihenschaltung einer Glättung und des Differenzenbildners.

Beispiel 7.3. Digitale Differentiation eines Sinussignals

Ein Eingangssignal, das eine sinusförmige Schwingung der Frequenz $f=0{,}2$ Hz und einen stochastischen Störanteil enthält, soll digital differenziert werden. Dazu wird es mit einer Frequenz

von $f_A=6$ Hz abgetastet. Man erhält folgenden Verlauf der Abtastwerte.

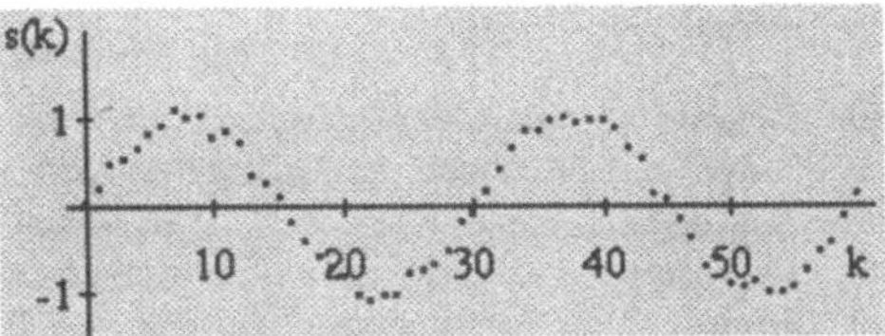

Abb. 7.11. Sinusförmiges Eingangssignal $s(k)$. (Frequenz $f=0{,}2$ Hz; $f_A=6$ Hz)

Nähert man das Differential durch den Differenzenquotienten an, erhält man sehr stark schwankende Werte. Die Schwankungen werden durch den stochastischen Störanteil verursacht. Sie sind so stark, daß die Ableitung der Sinusfunktion nur andeutungsweise erkennbar ist.

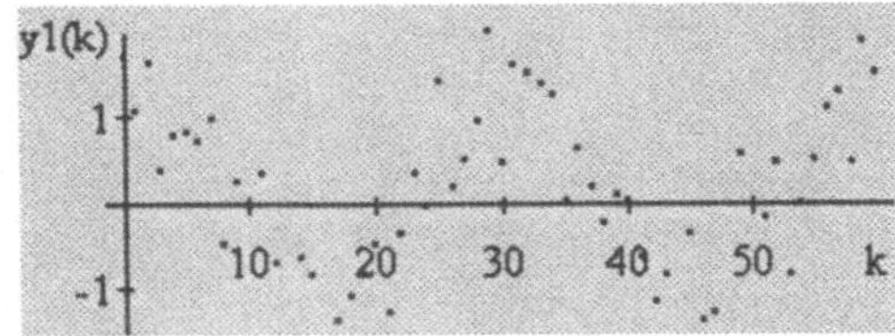

Abb. 7.12. Approximierte Differentiation des gestörten Sinussignals durch Differenzenquotient ohne Glättung.

Unterwirft man das abgetastete Eingangssignal $s(k)$ zunächst einer Glättung und bildet dann den Differenzenquotienten aufeinanderfolgender gemittelter Werte, sind die Schwankungen wesentlich geringer. Es wurde ein FIR-MWB der Länge $N=8$ verwendet.

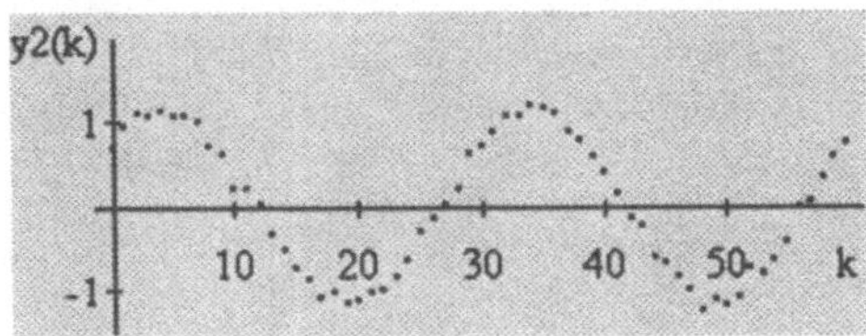

Abb. 7.13. Approximierte Differentiation des gestörten Sinussignals durch Differenzenquotient mit vorgschaltetem FIR-MWB der Länge $N=8$.

Die Ableitung der Sinusfunktion ist nun deutlich zu erkennen. Ebenfalls deutlich erkennbar ist die zeitliche Verzögerung des Ausgangssignals um die Fensterbreite des FIR-MWB.

Ein zweites Eingangssignal setzt sich aus stückweise linearen Verläufen und zusätzlicher stochastischer Störung zusammen. Ohne eine Glättung sind auch bei diesem Signal sehr starke Schwankungen zu erkennen. Die Vorschaltung eines FIR-MWB der Länge $N=6$ bringt auch hier eine deutliche Verbesserung.

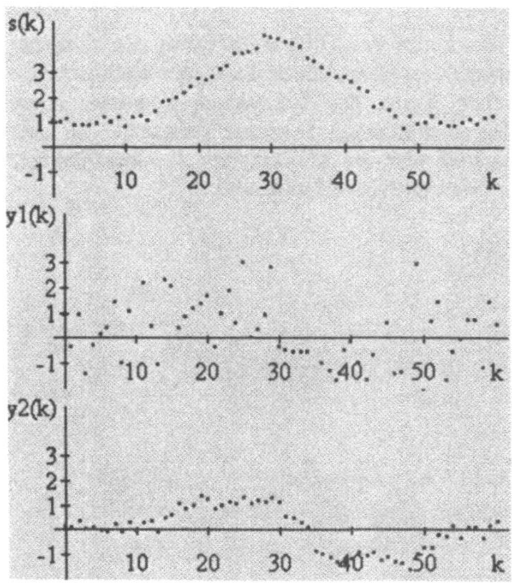

Abb. 7.14. Differentiation eines stückweise linearen, gestörten Eingangssignals $s(k)$. Approximation des Differentials durch Differenzenquotient ohne Glättung ($y1(k)$) und mit vorgeschaltetem FIR-MWB der Länge $N=6$ ($y2(k)$).

In den Knickpunkten des Eingangssignals (bei $k=12$, $k=30$ und $k=48$) ändert sich die Ableitung sprungartig. Das geglättete und differenzierte Signal $y2(k)$ kann dieser sprungartigen Änderung nur verzögert folgen. □

Die Glättung und die Differentiation stellen widersprüchliche Anforderungen an die Signalverarbeitung. Die Glättung unterdrückt hohe Frequenzen und läßt den Gleichanteil des Signals durch. Die Differentiation blendet den Gleichanteil aus und verstärkt Signale proportional zu ihrer Frequenz. Die Kombination beider Verarbeitungen ist also nur dann möglich, wenn ein geeigneter Kompromiß gefunden werden kann. Leider beeinträchtigt ein solcher Kompromiß oft die Qualität der Ergebnisse. Das differenzierte Signal weist z.B zu starke Schwankungen aufgrund ungenügender Störunterdrückung auf, oder aber die Nutzsignaländerungen werden durch zu starke Glättung nicht vollständig erfaßt. Ein Beispiel hierfür ist die im obigen Beispiel erkennbare Verzögerung des differenzierten Signals gegenüber dem Nutzsignal.

Die Beeinträchtigung der Differentiationsergebnisse kann deutlich reduziert werden, wenn zusätzliche Kenntnisse über Nutz- und Störsignale in den Entwurf des Differenzierers mit einfließen. Kenntnisse im Zeitbereich lassen sich mit Hilfe der nachfolgend vorgestellten Algorithmen der Interpolation und der Ausgleichsrechnung umsetzen. Kenntnisse im Frequenzbereich können mit Hilfe der Schätztheorie in konkrete Algorithmen umgesetzt werden.

7.2.3 INTERPOLATION

Die Bestimmung des Signalgleichanteils bei der Glättung oder der Signaländerung beim Differenzierer können als Spezialfälle einer allgemeineren Aufgabenstellung angesehen werden, bei der bestimmte Kennwerte eines Signals aus einem Satz von Meßwerten bestimmt werden sollen. Die Lösung der Aufgabe ist in allgemeingültiger Form möglich und führt zu einer großen Klasse signalverarbeitender Algorithmen.

Ausgangspunkt der Herleitung ist ein Satz von k Meßwertpaaren $\{(u_i, x_i); i=1..k\}$, bei denen x die unabhängige Größe und u die abhängige gemessene Größe ist. Für den wichtigen Spezialfall einer zeitabhängigen Messung ist x die Zeit und es gilt $x_i = i \cdot T_A$.

Um den in den Meßwerten u_i enthaltenen Informationsgehalt handhabbar zu machen, soll der Nutzsignalschätzwert y_i als parametrische

Funktion der unabhängigen Größen x_i ausgedrückt werden.

$$y_i = f\!\left(\underline{p}, x_i\right) \quad .$$

Diese funktionale Beschreibung der Nutzsignalschätzwerte bietet mehrere Vorteile. Es können Funktionswerte bestimmt werden für die keine Meßpunkte vorliegen. Damit lassen sich zum Beispiel Funktionswerte zwischen zwei Stützstellen (Interpolation) oder außerhalb des Meßbereichs (Extrapolation) berechnen. Aus der Funktionsdarstellung können auch abgeleitete Größen wie die Steigung oder die Steigungsänderung an beliebigen Stellen bestimmt werden.

Die Funktion f und die Parameter $\underline{p} = [p_0,\ p_1,\ \dots\ p_N]$ sollen so bestimmt werden, daß die Meßwerte und die Nutzsignalschätzwerte exakt übereinstimmen.

$$y_i = f\!\left(\underline{p}, x_i\right) \overset{!}{=} u_i \quad i = 1 \dots k \quad .$$

Dazu müssen im allgemeinen mindestens so viele Parameter vorhanden sein, wie Meßwerte. Außerdem müssen die Meßwerte und die Funktion f bestimmte Bedingungen erfüllen; sie müssen zueinander passen.

Beispiel 7.4. Interpolation von 4 Meßwerten
Gegeben seien folgende 4 Meßwerte, die im Abstand von $T_A = 1$ sec aufgenommen wurden.

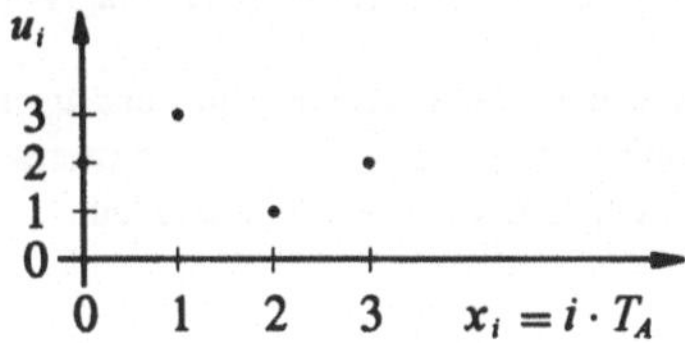

Abb. 7.15. Zu interpolierende Meßwerte

Es ist offensichtlich, daß diese Werte nicht durch eine Gerade oder eine Parabel interpoliert werden können. Bei 4 Meßwerten wird ein Polynom 3. Ordnung benötigt:

$$y_i = p_0 + p_1 \cdot i + p_2 \cdot i^2 + p_3 \cdot i^3 \quad .$$

Durch Einsetzen der 4 Meßwertpaare ergeben sich die Bestimmungsgleichungen

$$y_0 = p_0 = 2$$
$$y_1 = p_0 + p_1 + p_2 + p_3 = 3$$
$$y_2 = p_0 + 2p_1 + 4p_2 + 8p_3 = 1$$
$$y_3 = p_0 + 3p_1 + 9p_2 + 27p_3 = 2$$

aus denen sich die Parameter nach kurzer Zwischenrechnung bestimmen lassen:

$$p_0 = 2{,}0; \quad p_1 = 1{,}5; \quad p_2 = -1{,}5; \quad p_3 = 1{,}0. \qquad \square$$

Beispiel 7.5. Interpolation periodischer Meßwerte
Gegeben seien folgende Meßwerte, die sich periodisch wiederholen.

Tabelle 7.3. Periodische Meßwertfolge

k	1	2	3	4	5	6	...
x_k	0,1	0,3	0,5	0,7	0,9	1,1	...
u_k	2,414	0,414	-0,414	-2,414	2,414	0,414	...

Polynome sind nicht zur Darstellung periodisch wiederholter Meßwerte geeignet. Statt dessen kann man hier Fourierreihen verwenden.
Der allgemeine Ansatz der Fourierreihe lautet

$$y_k = \frac{p_0}{2} + \sum_{i=1}^{M} p_{ci} \cdot \cos\!\left(i\omega_0 x_k\right) + \sum_{i=1}^{M} p_{si} \cdot \sin\!\left(i\omega_0 x_k\right).$$

Die Koeffizienten können dabei direkt aus den N Meßwerten einer Signalperiode bestimmt werden:

$$p_{ci} = \frac{2}{N} \cdot \sum_{j=1}^{N} u_j \cdot \cos\!\left(i\omega_0 x_j\right) \quad i = 0,1,\dots M$$

$$p_{si} = \frac{2}{N} \cdot \sum_{j=1}^{N} u_j \cdot \sin\!\left(i\omega_0 x_j\right) \quad i = 1,2,\dots M \quad .$$

Für die obige Meßreihe erhält man die Fourierkoeffizienten $p_{s1} = 2$, $p_{s2} = 1$, während alle anderen verschwinden. $\qquad \square$

Die beiden Beispiele lassen erahnen, daß nicht jede Meßwertreihe durch eine parametrische Funktion endlicher Ordnung interpoliert werden kann. Wenn ein geeigneter Funktionsansatz für eine Meßreihe gefunden wurde, müssen die Interpolationsbedingungen gelöst werden, das heißt die unbekannten Parameter müssen bestimmt werden. Dies erfordert im allgemeinen den Einsatz numerischer Verfahren. Nur in Spezialfällen ist eine vereinfachte, geschlossene Lösung möglich. Ist f nämlich, wie in den beiden Beispielen der Fall, eine lineare Funktion der Parameter:

$$y_i = f_0(x_i) \cdot p_0 + \ldots + f_N(x_i) \cdot p_N = \underline{f}^T(x_i) \cdot \underline{p} \quad ,$$

lassen sich die Interpolationsbedingungen als lineares Gleichungssystem darstellen

$$\begin{bmatrix} y_k \\ y_{k-1} \\ \\ y_1 \end{bmatrix} = \begin{bmatrix} \underline{f}^T(x_k) \\ \underline{f}^T(x_{k-1}) \\ \\ \underline{f}^T(x_1) \end{bmatrix} \cdot \underline{p} \;\overset{!}{=}\; \begin{bmatrix} u_k \\ u_{k-1} \\ \\ u_1 \end{bmatrix}$$

$$\Rightarrow \underline{F}_k \cdot \underline{p} = \underline{u}_k \quad .$$

Sind die Gleichungen linear unabhängig, lassen sie sich nach p auflösen

$$\underline{p} = \underline{F}_k^{-1} \cdot \underline{u}_k \quad .$$

Die Interpolationsfunktion lautet dann:

$$y_k = \underline{f}^T(x_k) \cdot \underline{p} = \underline{f}^T(x_k) \cdot \underline{F}_k^{-1} \cdot \underline{u}_k = \underline{g}^T(x_k) \cdot \underline{u}_k \quad .$$

Wenn eine parametrische Funktion zur Darstellung der Meßwertpaare gefunden werden kann, läßt sich die gesuchte Größe y_k als gewichtete Summe der Meßwerte u_k berechnen. Diese Darstellung der Interpolationsfunktion stellt den Zusammenhang zur Filterung her. Die Werte für y_k ergeben sich als gewichtete Summe der Meßwerte. Die Gewichtungskoeffizienten sind im allgemeinen eine Funktion der Meßgrößen, so daß der Verarbeitungsalgorithmus nichtlinear und zeitvariant sein kann

$$\underline{g}^T(x_k) = \underline{f}^T(x_k) \cdot \underline{F}_k^{-1} \quad .$$

Für viele Fälle sind die Gewichtungskoeffizienten aber konstant und man erhält einen linearen und zeitinvarianten Algorithmus:

$$y_k = \underline{g}^T \cdot \underline{u}_k = \sum_{j=0}^{k} g_j \cdot u_{k-j} \quad .$$

In diesem Algorithmus werden alle Meßwerte seit Beginn der Messung berücksichtigt. Er gehört daher zu den IIR-Algorithmen. Auf dem gleichen Herleitungsweg läßt sich auch ein FIR-Algorithmus bestimmen, wenn nur die letzten N Meßwertpaare berücksichtigt werden:

$$\begin{bmatrix} y_k \\ y_{k-1} \\ \\ y_{k-N+1} \end{bmatrix} = \begin{bmatrix} \underline{f}^T(x_k) \\ \underline{f}^T(x_{k-1}) \\ \\ \underline{f}^T(x_{k-N+1}) \end{bmatrix} \cdot \underline{p} \;\overset{!}{=}\; \begin{bmatrix} u_k \\ u_{k-1} \\ \\ u_{k-N+1} \end{bmatrix}$$

$$\Rightarrow \underline{F}_{k,N} \cdot \underline{p} = \underline{u}_{k,N} \quad .$$

Die Gewichtungskoeffizienten lauten dann:

$$\underline{g}^T(x_k) = \underline{f}^T(x_k) \cdot \underline{F}_{k,N}^{-1} \quad .$$

Beispiel 7.6. Steigungsbestimmung und Vorhersage
Gegeben seien 3 Meßwerte u_{k-2}, u_{k-1} und u_k. Es soll die Steigung im Punkt k und der Vorhersagewert für den Zeitpunkt $k+2$ bestimmt werden.

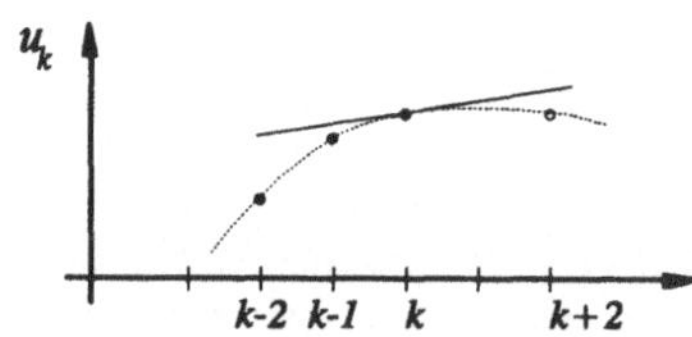

Abb. 7.16. Steigungsbestimmung und Vorhersage

Die drei Meßpunkte können durch ein Polynom 2. Ordnung interpoliert werden

$$y_k = p_0 + p_1 \cdot k + p_2 \cdot k^2 \quad .$$

Die drei Parameter p_0, p_1 und p_2 ergeben sich aus der Interpolationsbedingung

$$\begin{bmatrix} y_k \\ y_{k-1} \\ y_{k-2} \end{bmatrix} = \begin{bmatrix} 1 & k & k^2 \\ 1 & k-1 & (k-1)^2 \\ 1 & k-2 & (k-2)^2 \end{bmatrix} \cdot \begin{bmatrix} p_0 \\ p_1 \\ p_2 \end{bmatrix} \overset{!}{=} \begin{bmatrix} u_k \\ u_{k-1} \\ u_{k-2} \end{bmatrix} \quad .$$

Auflösung nach den Parametern ergibt dann

$$p_2 = (u_k - u_{k-1} - u_{k-2})/2$$
$$p_1 = u_k - u_{k-1} - (2k-1)p_2$$
$$p_0 = u_k - kp_1 - k^2 p_2 \quad .$$

Zur Bestimmung der Steigung wird das Polynom abgeleitet:

$$\dot{y}_k = p_1 + 2p_2 \cdot k \quad .$$

Setzt man die beiden Parameter p_1 und p_2 ein, ergibt sich die Steigung in jedem Punkt k als gewichtete Summe der drei Meßwerte:

$$\dot{y}_k = u_k - u_{k-1} - (2k-1)p_2 + 2p_2 k$$
$$= 1,5u_k - 2,0u_{k-1} + u_{k-2} \quad .$$

Wird nun zu jedem Zeitpunkt k ein neuer Meßwert aufgenommen, kann mit diesem Algorithmus aus den drei aktuellen Meßwerten u_k, u_{k-1} und u_{k-2} ein Steigungswert berechnet werden. Man erhält also ein FIR-Filter der Länge $N=3$ zur Steigungsberechnung.
Auf die gleiche Weise kann aus den Meßwerten eine Vorhersage für einen späteren Meßwert als gewichtete Summe abgeleitet werden. Aus der Interpolationsfunktion ergibt sich der Vorhersagewert für den Zeitpunkt $k+n$ als

$$y_{k+n} = p_0 + p_1 \cdot (k+n) + p_2 \cdot (k+n)^2 \quad .$$

Einsetzen der Parameterwerte ergibt

$$y_{k+n} = (1 + 5n/2 + n^2/2)u_k - (2n + n^2)u_{k-1}$$
$$+ 0,5(n + n^2)u_{k-2} \quad .$$

Für $n=2$ erhält man z.B.

$$y_{k+2} = 6u_k - 8u_{k-1} + 3u_{k-2} \quad .$$

Auch hier läßt sich der gesuchte Wert als gewichtete Summe der vorhandenen Meßwerte berechnen. □

7.2.4 AUSGLEICHSRECHNUNG

Eine Interpolationsfunktion wird so bestimmt, daß sie genau durch die Meßwerte verläuft; die Meßwerte werden durch die Funktion exakt beschrieben. Damit dies gelingt, muß der Funktionsansatz zu den Meßwerten „passen", was bei realen, gestörten Meßwerten alles andere als einfach ist. Außerdem muß die Funktion von genügend hoher Ordnung sein. Eine Interpolation ist daher im allgemeinen nur für hinreichend glatte Meßwertverläufe mit relativ wenigen Meßwertpaaren durchführbar. In allen anderen Fällen, insbesondere bei umfangreichen Meßreihen und dem Vorhandensein stochastischer Störungen kann die Forderung einer exakten Übereinstimmung zwischen der Funktion und den Meßwerten nicht erfüllt werden. Statt einer exakten Übereinstimmung wird nur noch eine möglichst gute Übereinstimmung angestrebt; man gelangt dadurch von einer Interpolation zu einer Approximation.
Die Approximationsforderung einer möglichst guten Übereinstimmung kann allgemein als Summenkriterium formuliert werden. Die Nutzsignalschätzwerte sollen so bestimmt werden, daß sie mit den Meßwerten nicht mehr unbedingt exakt, sondern möglichst gut übereinstimmen

$$J = \sum_{i=1}^{k} l(y_i - u_i) = \sum_{i=1}^{k} l\big(f(\underline{p}, x_i) - u_i\big) \quad .$$

Dabei ist l eine Kostenfunktion, die das Ausmaß der Abweichung zwischen dem Meßwert u_i und dem Funktionswert y_i bewertet. Die Parameter $\underline{p}$ sollen nun anhand eines Meßwertsatzes so bestimmt werden, daß das Kriterium J minimal wird. Die Meßwerte werden dann durch die Funktion bestmöglich angenähert. Die Lösung der Minimierungsbedingung erfordert im allgemeinen den Einsatz numerischer Verfahren. Eine geschlossene Lösung ist nur für den Spezialfall einer linearen Approximationsfunktion f und einer quadratischen Kostenfunktion l möglich:

$$J = \sum_{i=1}^{k} \frac{1}{2}\left(\underline{f}^T(x_i) \cdot \underline{p} - u_i\right)^2$$

$$= \frac{1}{2}\left(\underline{F}_k \cdot \underline{p} - \underline{u}_k\right)^T \cdot \left(\underline{F}_k \cdot \underline{p} - \underline{u}_k\right) \quad .$$

Damit das Kriterium minimal wird, muß die erste Ableitung nach $\underline{p}$ verschwinden:

$$\frac{dJ}{d\underline{p}} = \underline{F}_k^T\left(\underline{F}_k \cdot \underline{p} - \underline{u}_k\right) = 0 \quad .$$

Die Auflösung der inneren Klammer ergibt:

$$\underline{F}_k^T \cdot \underline{F}_k \cdot \underline{p} = \underline{F}_k^T \cdot \underline{u}_k \quad .$$

Aufgelöst nach $\underline{p}$ lautet die Bestimmungsgleichung

$$\underline{p} = \left(\underline{F}_k^T \cdot \underline{F}_k\right)^{-1} \cdot \underline{F}_k^T \cdot \underline{u}_k$$

$$= \left(\sum_{i=1}^{k} \underline{f}(x_i)\underline{f}^T(x_i)\right)^{-1} \sum_{i=1}^{k} \underline{f}(x_i) \cdot u_i$$

Die Approximationsfunktion lautet dann:

$$y_k = \underline{f}^T(x_k) \cdot \underline{p}$$

$$= \underline{f}^T(x_k) \cdot \left(\sum_{i=1}^{k} \underline{f}(x_i)\underline{f}^T(x_i)\right)^{-1} \sum_{i=1}^{k} \underline{f}(x_i) \cdot u_i$$

$$= \sum_{i=1}^{k} g_{k-i}(x_i) \cdot u_i \quad .$$

Der gesuchte Wert y_k ergibt sich also auch beim Ansatz der Ausgleichsrechnung als gewichtete Summe der Meßwerte u_i. Im allgemeinen Fall hängen die Gewichtungskoeffizienten von x_i ab. Aber auch hier gibt es viele wichtige Spezialfälle, in denen die Gewichtungskoeffizienten konstante Werte annehmen.

Beispiel 7.7. Regressionsfilter
Gegeben seien Abtastwerte u_i, die sich aus einem zeitlinearem Nutzanteil und einer höherfrequenten Störung zusammensetzen.

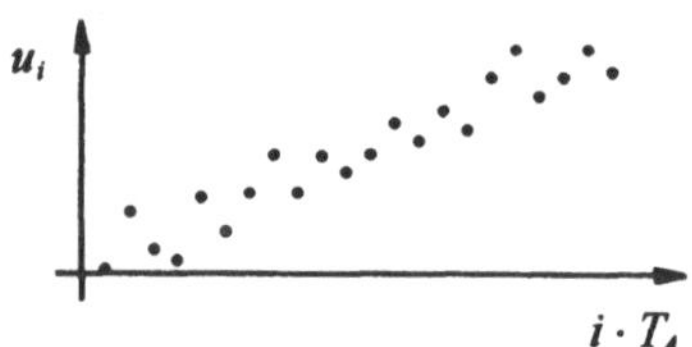

Abb. 7.17. Abtastwerte eines gestörten zeitlinearen Nutzsignals.

Die Meßwerte können mit Hilfe einer Regressionsgeraden approximiert werden. Um eine möglichst gute Approximation zu erreichen, muß die Steigung der Geraden und der Gleichanteil geeignet bestimmt werden.
Die Abtastwerte der Regressionsgeraden lassen sich durch folgendes parametrische Modell beschreiben:

$$y_j = p_0 + p_1 \cdot \left(j - k/2\right) \cdot T_A \quad .$$

Die Parametrierung wurde so gewählt, daß p_0 dem Mittelwert der Meßwerte entspricht. Die Gegenüberstellung der Gleichung der Regressionsgeraden mit dem allgemeinen parametrischen Signalansatz der Ausgleichsrechnung zeigt:

$$\underline{f}^T(k) = \begin{bmatrix} 1 & (j - k/2) \cdot T_A \end{bmatrix}^T$$

$$\underline{p}^T = \begin{bmatrix} p_0 & p_1 \end{bmatrix}^T \quad .$$

Die Parameter p_0 und p_1, die die vorliegenden Meßwerte u_i im quadratisch optimalen Sinne approximieren, ergeben sich aus:

$$\begin{bmatrix} p_0 \\ p_1 \end{bmatrix} = \left\{\sum_{j=0}^{k} \underline{f}(k) \cdot \underline{f}^T(k)\right\}^{-1} \sum_{j=0}^{k} \underline{f}(k) \cdot s_j \quad .$$

Die Berechnung dieses Ausdrucks ergibt:

$$\begin{bmatrix} p_0 \\ p_1 \end{bmatrix} =$$

$$= \begin{bmatrix} \displaystyle\sum_{j=0}^{k} 1 & \displaystyle\sum_{j=0}^{k}\left(j-\frac{k}{2}\right)T_A \\ \displaystyle\sum_{j=0}^{k}\left(j-\frac{k}{2}\right)T_A & \displaystyle\sum_{j=0}^{k}\left(j-\frac{k}{2}\right)^2 T_A^2 \end{bmatrix}^{-1} \begin{bmatrix} \displaystyle\sum_{j=0}^{k} u_j \\ \displaystyle\sum_{j=0}^{k}\left(j-\frac{k}{2}\right)T_A u_j \end{bmatrix}$$

$$= \begin{bmatrix} k+1 & 0 \\ 0 & \dfrac{k^3+3k^2+2k}{12}T_A^2 \end{bmatrix}^{-1} \cdot \begin{bmatrix} \displaystyle\sum_{j=0}^{k} u_j \\ \displaystyle\sum_{j=0}^{k}\left(j-\frac{k}{2}\right)T_A u_j \end{bmatrix}$$

$$= \begin{bmatrix} \dfrac{1}{k+1} & 0 \\ 0 & \dfrac{1}{T_A^2}\dfrac{12}{k^3+3k^2+2k} \end{bmatrix} \cdot \begin{bmatrix} \displaystyle\sum_{j=0}^{k} u_j \\ \displaystyle\sum_{j=0}^{k}\left(j-\frac{k}{2}\right)T_A u_j \end{bmatrix}$$

$$= \begin{bmatrix} \dfrac{1}{k+1}\displaystyle\sum_{j=0}^{k} u_j \\ \dfrac{1}{T_A}\dfrac{12}{k^3+3k^2+2k}\displaystyle\sum_{j=0}^{k}\left(j-\frac{k}{2}\right)u_j \end{bmatrix} .$$

Mit jedem neu aufgenommenen Meßwert u_{k+1}, müssen die Parameter neu berechnet werden. Dies erfordert eine Vielzahl von Rechenoperationen, was bei zeitkritischen Aufgaben zu Problemen führen kann. Der Rechenaufwand kann deutlich reduziert werden, wenn man die Bestimmungsgleichungen in eine rekursive Form bringt. Für den Mittelwert p_0 ist dies sehr einfach.

$$p_{0k} = \frac{1}{k+1}\sum_{j=0}^{k} u_j$$

$$= p_{0k-1} + \frac{1}{k+1}\left(u_k - p_{0k-1}\right) .$$

Bei der Steigung p_1 ergibt sich nach längerer Zwischenrechnung die rekursive Gleichung:

$$p_{1k} = \frac{1}{T_A}\frac{12}{k^3+3k^2+2k}\sum_{j=0}^{k}\left(j-\frac{k}{2}\right)u_j$$

$$= p_{1k-1} + \frac{6}{k(k+2)T_A}\left(u_k - \left(p_{0k}+p_{1k-1}\cdot T_A \frac{k}{2}\right)\right) .$$

Als nächstes soll nun ein Algorithmus hergeleitet werden, der nur durch die letzten N Meßwerte eine Regressionsgerade legt. Folgender Ansatz wird für die FIR-Regressionsgerade verwendet:

$$y_j = p_0 + p_1 \cdot \left(j - k + (N-1)/2\right)\cdot T_A .$$

Auch dieser Ansatz wurde so gewählt, daß p_0 dem Mittelwert der zu verarbeitenden Meßwerte entspricht.

Für einen Ausgleich über die letzten N Meßwerte lauten die Parametergleichungen:

$$\underline{p} = \left(\sum_{i=k-N+1}^{k} \underline{f}(u_i)\underline{f}^T(u_i)\right)^{-1}\sum_{i=k-N+1}^{k}\underline{f}(u_i)\cdot u_i .$$

Einsetzen des Vektors $\underline{f}(k)$

$$\underline{f}^T(k) = \begin{bmatrix} 1 & \left(j-k+(n-1)/2\right)\cdot T_A \end{bmatrix}^T$$

ergibt nach einigen Umformungsschritten die Bestimmungsgleichung für die gesuchten Parameter:

$$\begin{bmatrix} p_0 \\ p_1 \end{bmatrix} = \begin{bmatrix} \dfrac{1}{N}\displaystyle\sum_{j=k-N+1}^{k} u_j \\ \dfrac{12/T_A}{(N-1)N(N+1)}\displaystyle\sum_{j=k-N+1}^{k}\left(j-k+\frac{N-1}{2}\right)u_j \end{bmatrix} .$$

Bei den beiden Bestimmungsgleichungen handelt es sich um gewichtete Summen der letzten N Meßwerte, wie die Umformung der Summationsvariablen zeigt:

$$\begin{bmatrix} p_0 \\ p_1 \end{bmatrix} = \begin{bmatrix} \displaystyle\sum_{i=0}^{N-1}\dfrac{1}{N}u_{k-i} \\ \displaystyle\sum_{i=0}^{N-1}\dfrac{12/T_A}{(N-1)N(N+1)}\left(i-\frac{N-1}{2}\right)u_{k-i} \end{bmatrix} .$$

Die Gewichtungskoeffizienten für die Mittelwertberechnung stimmen mit dem FIR-MWB überein. Die Koeffizienten für die Steigungsbestimmung lauten

$$g_i = \frac{12/T_A}{(N-1)N(N+1)}\left(i-\frac{N-1}{2}\right) .$$

Für ein FIR-Regressionsfilter der Länge $N=9$ und eine Abtastfrequenz $f_A=6$ Hz erhält man beispielsweise folgende Koeffizienten:

Tabelle 7.4. Koeffizienten für die Steigungsbestimmung mit einem Regressionsfilter der Länge $N=9$

i	0	1	2	3	4	5	6	7	8
g_i	-0,4	-0,3	-0,2	-0,1	0,0	0,1	0,2	0,3	0,4

Verwendet man dieses Filter zur Bestimmung der Steigung für das stückweise lineare Signal aus Beispiel 7.3, erhält man folgenden Verlauf

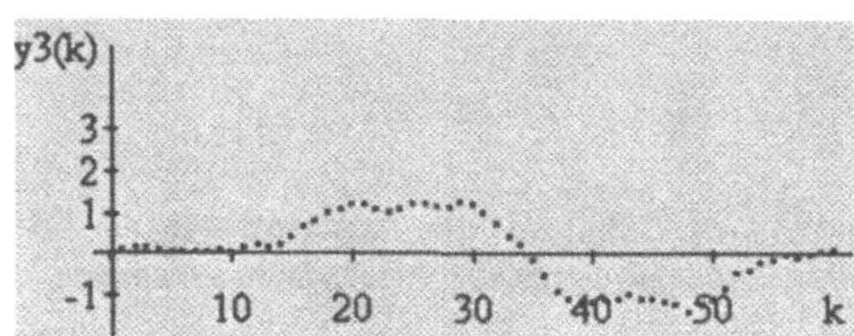

Abb. 7.18. Bestimmung der Steigung für das Signal aus Beispiel mit einem FIR-Regressionsfilter der Länge $N=9$

Das FIR-Regressionsfilter liefert Steigungswerte, die mit der Kombination aus Signalglättung und Differenzenquotient vergleichbar sind. Das Regressionsfilter ist also für eine direkt geglättete Steigungsbestimmung geeignet.   □

**Zusammenfassung
Interpolation und Ausgleichsrechnung**

1. Beim Entwurf signalverarbeitender Algorithmen im Zeitbereich werden Meßwertpaare $\{u_i, x_i\}$ zu den Zeitpunkten $i=1..k$ gemessen.

2. Die als Ergebnis der Signalverarbeitung gesuchte Funktion y_i wird als lineare parametrische Funktion angesetzt:

$$y_i = f_0(x_i) \cdot p_0 + \ldots + f_N(x_i) \cdot p_N = \underline{f}^T(x_i) \cdot \underline{p} \ .$$

In vektorieller Schreibweise lautet sie

$$\underline{y}_k = \underline{F}_k \cdot \underline{p} \ .$$

Bei den IIR-Algorithmen enthält $\underline{y}_k$ alle Meßwerte y_1 bis y_k seit Beginn der Messung. Bei den FIR-Algorithmen sind in $\underline{y}_k$ nur die letzten N Meßwerte y_{k-N+1} bis y_k enthalten. Dementsprechend bestimmt sich auch der Inhalt der Matrix $\underline{F}_k$.

3. Bei der Interpolation sollen alle y_i exakt mit den s_i übereinstimmen

$$\underline{y}_k = \underline{u}_k \ .$$

Nur unter bestimmten Bedingungen ist eine exakte Übereinstimmung erreichbar. Der Parametersatz $\underline{p}$ ergibt sich dann aus

$$\underline{p} = \underline{F}_k^{-1} \cdot \underline{u}_k \ .$$

4. Bei der Approximation wird keine exakte, sondern eine möglichst gute Übereinstimmung gesucht gemäß dem Kriterium

$$J = \frac{1}{2}\left(\underline{F}_k \cdot \underline{p} - \underline{u}_k\right)^T \cdot \left(\underline{F}_k \cdot \underline{p} - \underline{u}_k\right) \ .$$

Die Minimierung liefert den Parametersatz

$$\underline{p} = \left(\underline{F}_k^T \cdot \underline{F}_k\right)^{-1} \cdot \underline{F}_k^T \cdot \underline{u}_k \ .$$

7.3 Filterentwurf im Frequenzbereich

7.3.1 Analoge Filter

Aufgabenstellung. Jedes digitale System besitzt einen periodischen Frequenzgang. Anforderungen an den Frequenzgang können sich daher nur auf den Bereich unterhalb der Nyquist-Frequenz, also der halben Abtastfrequenz beziehen. Der darüber liegende Bereich ergibt sich zwangsläufig aus der digitalen Realisierung als periodische Fortsetzung. Bei einem digitalen Filter wird eine Übertragungsfunktion $H_D(q^{-1})$ gesucht, so daß deren Frequenzgang die gestellten Anforderungen erfüllt. Zur Bestimmung der digitalen Übertragungsfunktion gibt es zwei Wege. Man kann $H_D(q^{-1})$ als rationale Funktion n.Ordnung ansetzen

$$H_D\left(q^{-1}\right) = \frac{\sum_{i=0}^{n} B_i q^{-i}}{\sum_{i=0}^{n} A_i q^{-i}}$$

und die Koeffizienten A_i und B_i so einstellen, daß die Forderungen im Frequenzbereich optimal erfüllt werden. Dieser direkte digitale Ansatz kann mit Hilfe numerischer Optimierungsverfahren gelöst werden. Er ist aber sehr aufwendig und wird seltener verwendet.

Der zweite Ansatz macht Gebrauch von den ausgiebigen Erfahrungen, die für den Entwurf analoger Filter existieren. Für das gewünschte Filterverhalten wird zunächst eine analoge Übertragungsfunktion bestimmt, die dann digital approximiert wird

$$H(j\omega) = \frac{\sum_{i=0}^{n} b_i (j\omega)^i}{\sum_{i=0}^{n} a_i (j\omega)^i} \rightarrow H_D\left(q^{-1}\right) = \frac{\sum_{i=0}^{n} B_i q^{-i}}{\sum_{i=0}^{n} B_i q^{-i}} \ .$$

Der Entwurf frequenzselektiver digitaler Filter durch Verwendung analoger Entwurfsmethoden hat sich in der Praxis bewährt und wird nun in seinen Grundzügen erläutert.

Analoge Prototyp-Tiefpässe. Die Aufgabe eines Filters besteht darin, bestimmte Frequenzanteile des Eingangssignals zu unterdrücken und die übrigen Frequenzanteile ungedämpft durchzulassen. Das Ausgangssignal enthält dadurch nur noch Frequenzanteile aus dem Durchlaßbereich des Filters. Je nach Lage der Sperr- und Durchlaßbereiche ergeben sich unterschiedliche Filterformen, wie Tiefpaß, Hochpaß, Bandpaß oder Bandsperre. Da die übrigen Charakteristiken durch eine Frequenztransformation aus einem Tiefpaß gewonnen werden können, läßt sich das Filterentwurfsproblem auf den Entwurf eines Prototyp-Tiefpasses mit vorgegebenen Eigenschaften zurückführen.

Ein idealer Tiefpaß läßt alle Signalanteile im Bereich unterhalb der Grenzfrequenz ungehindert durch, während die Frequenzen oberhalb vollständig unterdrückt werden. Ein solches Verhalten ist praktisch nicht erreichbar, sondern es muß durch einen realen Tiefpaß angenähert werden, der im Durchlaß- und Sperrbereich Schwankungen der Dämpfung zuläßt und der einen fließenden Übergang zwischen Durchlaß- und Sperrbereich besitzt.

Um eine möglichst gute Annäherung an einen idealen Tiefpaß zu erreichen, wird für den realen Tiefpaß im Durchlaßbereich ($f < f_D$) eine Welligkeit δ_D und im Sperrbereich ($f > f_S$) eine Welligkeit δ_S zugelassen. Der Frequenzbereich $f_D < f < f_S$ bildet den Übergangsbereich.

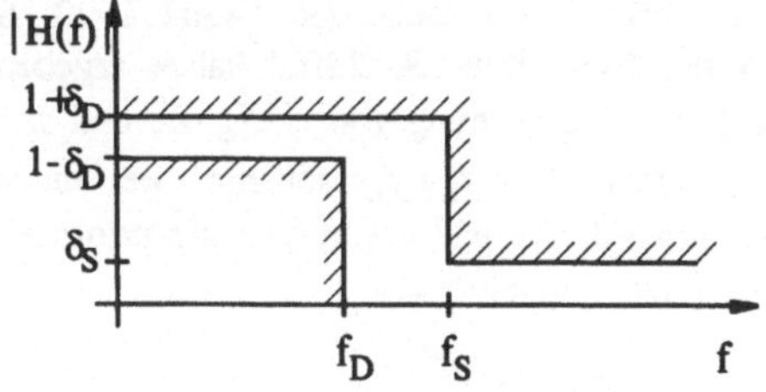

Abb. 7.19. Toleranzbereiche für einen realen Tiefpaß. Durchlaßfrequenz f_D, Sperrfrequenz f_S, Dämpfungstoleranz

im Durchlaßbereich $\quad 20\log\left((1+\delta_D)/(1-\delta_D)\right)$,

im Sperrbereich $\quad 20\log(1+\delta_s)$

Zu diesen Anforderungen an den Amplitudengang können Forderungen an den Phasengang hinzukommen, die sich aus Anforderungen an das Zeitverhalten der Signale ergeben. Besonders zu nennen ist hier die Forderung einer linear mit der Frequenz zunehmenden Phasenverschiebung.

Der Realisierungsaufwand für ein Filter steigt mit den Anforderungen. Je schmaler der Übergangsbereich sein soll und je geringer die Dämpfungsschwankungen innerhalb eines Frequenzbereiches sein dürfen, um so aufwendiger muß das Filter sein. Dies bedeutet auch, daß bei gleichbleibendem Realisierungsaufwand ein Austausch zwischen den sich widersprechenden Forderungen möglich ist. Bei gegebener Filterordnung kann die Flankensteilheit im Übergangsbereich gegen Dämpfungskonstanz im Durchlaß- oder Sperrbereich ausgetauscht werden. Die gleichzeitige Steigerung der Flankensteilheit und Verringerung der Welligkeit ist nur durch Erhöhung der Filterordnung, also durch Mehraufwand erreichbar.

Unabhängig von der Filtercharakteristik werden die Anforderungen mit wachsender Filterordnung immer besser erfüllt. Unter praktischem Gesichtspunkt gibt es aber Grenzen für die realisierbare Filterordnung. Bei analogen Filtern sind diese durch den Aufwand an Bauteilen bestimmt, bei digitalen Filtern durch die erforderliche Rechenzeit. Bei vorgegebener maximaler Welligkeit und vorgegebener maximaler Breite des Übergangsbereichs kann die erforderliche Filterordnung abgeschätzt werden. Theoretische Untersuchungen und praktische Erfahrungen /Azizi 1990, S. 151ff.; Saal 1979, S. 28ff./ haben ergeben, daß die Filterordnung von $\sqrt{2\delta_D} \cdot \delta_s$ und vom Verhältnis $\Omega_s = f_s / f_D$ abhängt. Bei einem Butterworth Tiefpaß ergibt sich die erforderliche Filterordnung N aus

$$\sqrt{2\delta_D} \cdot \delta_s = \Omega_s^{-N}$$

und bei einem Tschebyscheff-Filter aus

$$\sqrt{2\delta_D} \cdot \delta_s = 2\left(2\Omega_s - \frac{1}{2\Omega_s}\right)^{-N} \ .$$

Die folgende Grafik zeigt die Abhängigkeit der Dämpfungen von der Breite des Übergangsbereichs für verschiedene Filter.

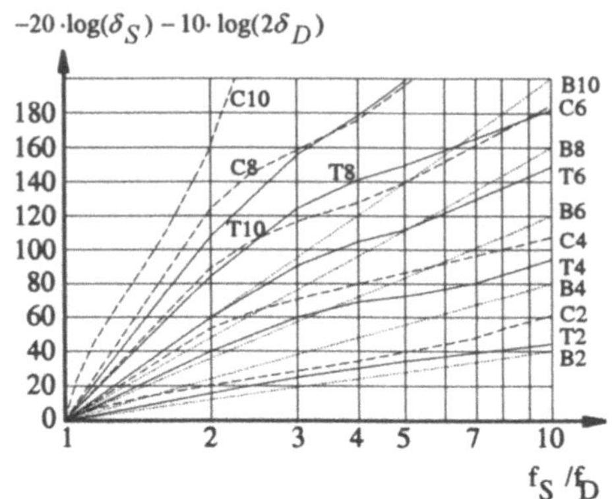

Abb. 7.20. Abhängigkeit der Dämpfungskonstanz von der Breite des Übergangsbereichs für Tschebyscheff-, Butterworth- und Cauer Filter der Ordnungen 2, 4, 6, 8 und 10.

Der Entwurf eines analogen Filters besteht aus der Bestimmung der Koeffizienten a_i und b_i der Übertragungsfunktion. Aus der Vielzahl möglicher Entwurfswege und Filterformen haben sich einige Standardentwürfe als besonders geeignet herausgestellt. Sie besitzen charakteristische Merkmale und decken einen Großteil der Aufgabenstellungen ab. Um den Entwurf eines konkreten Filters so weit wie möglich zu vereinfachen, wurden Filterkataloge erstellt, mit deren Hilfe aus den vorgegebenen Anforderungen die Filterkoeffizienten abgelesen werden können. Um die Standardfilter möglichst allgemeingültig zu halten, werden sie auf die stationäre Verstärkung und die Durchtrittsfrequenz f_D normiert. Die normierte Übertragungsfunktion lautet dann:

$$H_{TN}(j\Omega) = \frac{1 + b_1\Omega + \ldots + b_n\Omega^n}{1 + a_1\Omega + \ldots + a_n\Omega^n} =$$

$$= \frac{1}{A_0} H_T(j\omega \to \Omega \cdot \omega_D) \ .$$

$$mit \quad \Omega = f / f_D$$

Sowohl für die Realisierung eines Filters mit analogen elektronischen Bauteilen als auch für die digitale Filterrealisierung ist die in Produktform dargestellte Übertragungsfunktion besser geeignet, da sie eine stufenweise Realisierung als Reihenschaltung unterstützt.

$$H_{TN}(j\Omega) = \prod_{i=1}^{m} \frac{1 + b_{1i}\Omega + b_{2i}\Omega^2}{1 + a_{1i}\Omega + a_{2i}\Omega^2} \quad .$$

Die Ordnung des Filters beträgt $n=2m$. Bei ungerader Filterordnung verschwinden die beiden Koeffizienten b_{2m} und a_{2m}, so daß $n = 2 \cdot m - 1$ ist. Bei vielen Standardtiefpässen besitzt die Übertragungsfunktion nur Pole aber keine Nullstellen. Sie nimmt dann folgende Form an:

$$H_{TN}(j\Omega) = \prod_{i=1}^{m} \frac{1}{1 + a_{1i}\Omega + a_{2i}\Omega^2} \quad .$$

Die verschiedenen Typen von Tiefpässen unterscheiden sich hinsichtlich der Dämpfungskonstanz im Durchlaß- und Sperrbereich, der Flankensteilheit und hinsichtlich des Phasenganges.

Ein erster Ansatz zur Bestimmung der Koeffizienten eines Tiefpaßfilters höherer Ordnung ist die Reihenschaltung von n Filtern 1. Ordnung

$$H_{KDN}(j\Omega) = \frac{1}{(1 + a \cdot j\Omega)^n}, \quad \text{mit } a = \sqrt{\sqrt[n]{2} - 1}.$$

Die Reihenschaltung liefert ein *Filter mit kritischer Dämpfung*. Da die Reihenschaltung von Tiefpässen eine Absenkung der Grenzfrequenz des Gesamtfilters bewirkt, wird die Grenzfrequenz der Einzel-Tiefpässe um den Faktor a höher angesetzt als die gewünschte Gesamtgrenzfrequenz. Kritisch gedämpfte Filter sind in Entwurf und Realisierung sehr einfach, zeigen aber weder im Dämpfungsverlauf noch bei der Flankensteilheit ausgeprägt gute Resultate.

Butterworth-Filter besitzen einen Amplitudengang mit großer Dämpfungskonstanz im Durchlaß- und Sperrbereich. Sie werden so

entworfen, daß sich folgende Verstärkung ergibt:

$$\left|H_{BWN}(\Omega)\right|^2 = \frac{1}{1 + \Omega^{2n}} \quad .$$

Die gute Dämpfungskonstanz im Durchlaß- und Sperrbereich wird durch eine geringe Flankensteilheit im Übergangsbereich erkauft. Diese kann man wesentlich verbessern, indem man eine begrenzte Welligkeit der Dämpfung zuläßt. Tschebyscheff-Polynome sind ein geeignetes Hilfsmittel, um Welligkeit einer vorgegebenen Amplitude zu erzeugen. Läßt man Welligkeit im Durchlaßbereich zu, erhält man *Tschebyscheff-Filter* mit folgender Verstärkung:

$$\left|H_{TN}(\Omega)\right|^2 = \frac{1}{1 + \varepsilon^2 Ch_n(\Omega)} \quad .$$

Dabei sind Ch_n Tschebyscheff-Polynome n. Ordnung. Die Amplitude der Welligkeit kann durch ε^2 beeinflußt werden.

Beispiel 7.8.: Tschebyscheff-Tiefpaß 2. Ordnung
Es soll ein Tschebyscheff-Tiefpaß entworfen werden, der im Durchlaßbereich eine Welligkeit von $\delta_D = 1{,}2 \cdot 10^{-3}$ und im Sperrbereich eine maximale Welligkeit $\delta_s = 10^{-1}$ besitzt. Die Durchtrittsfrequenz f_D soll bei 100 Hz liegen. Statt die Sperrfrequenz vorzugeben, wird die Filterordnung 2 vorgegeben. Aus dem Filterkatalog kann man mit diesen Vorgaben die Filterkoeffizienten entnehmen /Saal 1979, Typ T02/. Man erhält folgende normierte Übertragungsfunktion:

$$H_N(j\Omega) = \frac{1}{0{,}100125 \cdot \left(10 + 0{,}4359 \cdot (j\Omega) + (j\Omega)^2\right)} \quad .$$

Einsetzen der gewünschten Durchtrittsfrequenz ($f_D = 100$ Hz) liefert dann den nicht normierten Tiefpaß

$$H(j\omega) = H_N(j\Omega \to j\omega / \omega_D) =$$

$$= \frac{1}{1{,}00125 + 6{,}94961 \cdot 10^{-4} s \cdot j\omega + 2{,}53878 \cdot 10^{-7} s^2 \cdot (j\omega)^2}$$

Die Sperrfrequenz für diesen Tiefpaß liegt bei $f_S = 1000$ Hz. Alle Signalanteile oberhalb dieser

Frequenz werden also mit mindestens 20 dB bedämpft.

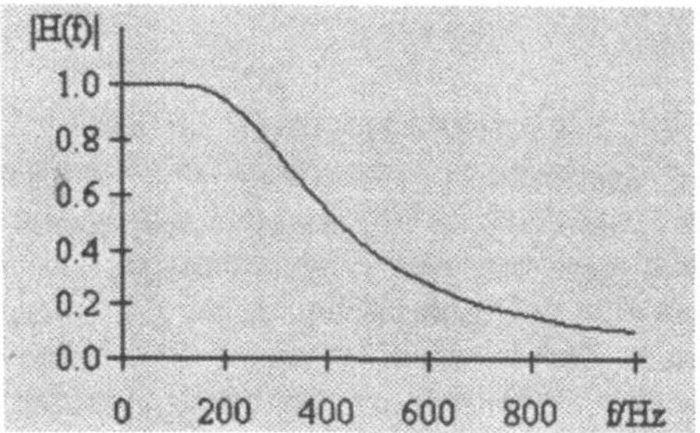

Abb. 7.21. Amplitudengang des Tschebyscheff-Tiefpasses 2. Ordnung.

□

Bei vorgegebener Filterordnung und vorgegebener maximal zulässiger Welligkeit kann die Breite des Übergangsbereichs und damit die Sperrfrequenz noch weiter reduziert werden, wenn eine Welligkeit sowohl im Durchlaß- als auch im Sperrbereich zugelassen wird. Dies ist bei den *Cauer-Filtern* der Fall. Sie besitzen im Frequenzgang Nullstellen, die oberhalb der Grenzfrequenz liegen. Dadurch enthält auch der Zähler der Übertragungsfunktion Koeffizienten b_i. Auf den recht umfangreichen Rechengang zur Bestimmung der Koeffizienten von Cauer-Filtern wird hier nicht eingegangen. Einzelheiten zur Herleitung und Koeffiziententabellen findet man z.B. in /Saal 1979/.

Beispiel 7.9. Cauer Tiefpaß 3. und 5. Ordnung.
Für die gleichen Vorgabewerte wie im vorigen Beispiel, also $\delta_D = 1{,}2 \cdot 10^{-3}$ und $\delta_s = 10^{-1}$ soll nun ein Cauer-Filter entworfen werden.
Wählt man z.B. ein Cauer-Filter 3. Ordnung, bietet der Typ C0305 /Saal 1979, S.11/ die geforderte maximale Welligkeit im Durchlaßbereich. Für eine Dämpfung von mindestens 20dB im Sperrbereich kann man den Tabellen folgende normierte Übertragungsfunktion entnehmen.

$$H_N(j\Omega) = \frac{0{,}677}{j\Omega + 1{,}839} \cdot \frac{(j\Omega)^2 + 7{,}884}{(j\Omega)^2 + 1{,}162 \cdot j\Omega + 2{,}903}$$

Bei einer gewünschten Durchtrittsfrequenz $f_D = 100$ Hz ergibt die Entnormierung $\Omega = \omega / 2\pi 100\,\text{Hz}$ die gesuchte Übertragungsfunktion:

$$H(j\omega) = \frac{4{,}252 \cdot 10^2}{j\omega + 1{,}145 \cdot 10^3 / s} \cdot$$

$$\cdot \frac{(j\omega)^2 + 3{,}110 \cdot 10^6}{(j\omega)^2 + 7{,}296 \cdot 10^2 / s \cdot j\omega + 1{,}154 \cdot 10^6 / s^2}$$

Der Amplitudengang zeigt einen wesentlich schmaleren Übergangsbereich.

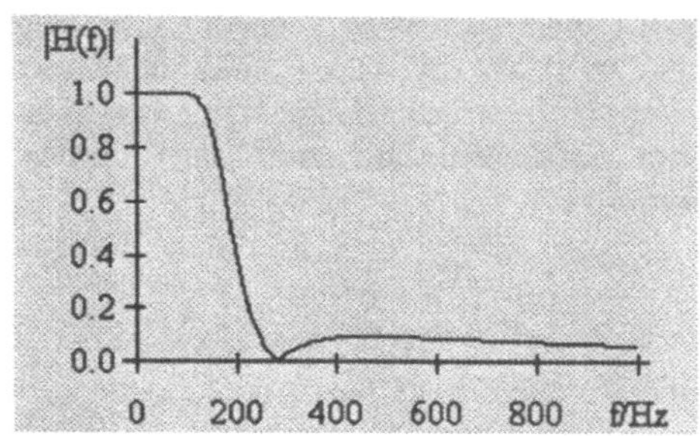

Abb. 7.22. Amplitudengang des Cauer-Filters 3.Ordnung

Man erreicht damit eine Sperrfrequenz von $f_s = 246$ Hz. Erhöht man die Filterordnung weiter, kann bei gleichen Dämpfungswerten die Sperrfrequenz noch weiter verringert werden. Bei einem Cauer-Filter 5. Ordnung (Typ C0505) erreicht man $f_S = 122$ Hz und für ein Filter 10. Ordnung (Typ C1005) $f_S = 100{,}7$ Hz. Die Breite des Übergangsbereichs kann also bei einem Cauer-Filter 10.Ordnung auf weniger als 1% der Grenzfrequenz verringert werden.

□

Bei den bisher behandelten Filtern wurde nur der Amplitudengang betrachtet. Leider weist die Sprungantwort der Filter einen mit der Flankensteilheit im Frequenzbereich ansteigendes Überschwingen auf. Im Phasengang ist dies an der nicht konstanten Gruppenlaufzeit

$$T_{Gr} = -\frac{d\varphi(\Omega)}{d\Omega}$$

erkennbar. Ein optimales Zeitverhalten ergibt sich für konstante Gruppenlaufzeit, also für eine mit der Frequenz linear zunehmende Phasenverschiebung. In einem umfangreichen Rechengang kann man aus dieser Bedingung geeignete Koeffizienten a_i herleiten. Bestimmt man die Koeffizienten so, daß die ersten $2n-1$ Ableitungen der Gruppenlaufzeit bei $f=0$ verschwinden, erhält man ein *Bessel-Filter*. Die Koeffizienten für ein Bessel Filter n. Ordnung ergeben sich nach /Johnson 1991, S. 248/ aus

$$a_i = \frac{(2n-i)!}{2^{n-i} \cdot (n-i)! \cdot i!} \quad i = 0..n \quad .$$

Die beschriebenen Filtercharakteristiken erfüllen die wichtigsten Anforderungen, die an das Filterverhalten gestellt werden. Es lassen sich damit Filter hoher Flankensteilheit (Tschebyscheff, Cauer), geringer Welligkeit (Butterworth) oder möglichst linearer Phase (Bessel) entwerfen. Die nachfolgende Tabelle enthält eine Zusammenfassung der Koeffizienten für Prototyp-Tiefpässe der beschriebenen Charakteristiken.

Tabelle 7.5. Koeffizienten für Prototyp-Tiefpässe (normiert auf die 3dB-Grenzfrequenz) 1. bis 4. Ordnung für kritisch gedämpfte (*KD*), Bessel- (*BE*), Butterworth- (*BU*) und Tschebyscheff-Filter (mit 1 dB sowie 1,5 dB Welligkeit) (*TH*). /Seifart 1994, S. 387; Tietze, Schenk 1985, S. 391f/

n	Typ	a_{11}	a_{21}	a_{12}	a_{22}
1		1,000			
2	KD	1,287	0,414		
	BE	1,362	0,618		
	BU	1,414	1,000		
	TH 1dB	1,302	1,551		
	TH 1,5dB	0,987	1,663		
3	KD	1,020	0,260	0,510	
	BE	1,000	0,477	0,756	
	BU	1,000	1,000	1,000	
	TH 1dB	0,544	1,206	2,216	
	TH 1,5dB	0,369	1,283	3,480	
4	KD	0,870	0,189	0,870	0,189
	BE	0,774	0,389	1,340	0,489
	BU	1,848	1,000	0,765	1,000
	TH 1dB	2,590	4,130	0,304	1,170
	TH 1,5dB	2,140	5,323	0,192	1,154

Beispiel 7.10. Bessel Tiefpaß 3. Ordnung.
Es soll ein Bessel-Tiefpaß 3. Ordnung entworfen werden mit einer Grenzfrequenz von 25 Hz. Die Prototyp-Tiefpaß-Übertragungsfunktion kann aus der Tabelle 7.5. entnommen werden

$$H_N(j\Omega) = \frac{1}{1+1{,}000\cdot(j\Omega)+0{,}477\cdot(j\Omega)^2}\cdot\frac{1}{1+0{,}756\cdot(j\Omega)} \quad .$$

Einsetzen der gewünschten Grenzfrequenz $\Omega = \omega/2\pi 25Hz$ liefert dann die entnormierte Übertragungsfunktion

$$H(j\omega) = H_N(j\Omega \to j\omega/\omega_g) =$$
$$= \frac{1}{1+6{,}37\cdot10^{-3}s\cdot j\omega+19{,}33\cdot10^{-6}s^2\cdot(j\omega)^2}\cdot\frac{1}{1+4{,}81\cdot10^{-3}s\cdot j\omega}$$

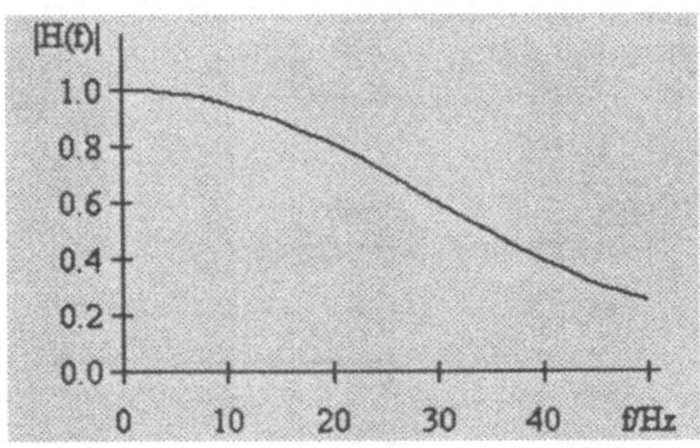

Abb. 7.23. Amplitudengang des Bessel-Filters.

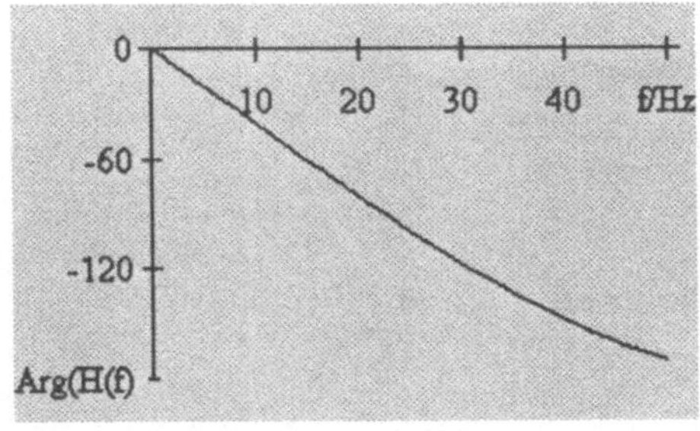

Abb. 7.24. Phasengang des Bessel-Filters

□

Analoge Frequenztransformation. Will man ein konkretes Filter entwerfen, so kann es durch Frequenztransformation aus dem Prototyp-Tiefpaß berechnet werden. Dazu muß zunächst die Filtercharakteristik festgelegt werden. Hierbei kann zwischen Tiefpaß und Hochpaß sowie zwischen Bandpaß oder Bandsperre gewählt werden. Für Tiefpaß und Hochpaß muß die Grenzfrequenz f_G festgelegt werden. Bei einem Bandpaß oder einer Bandsperre benötigt man die Mittenfrequenz f_0 sowie die untere und obere Grenzfrequenz f_1 und f_2. Folgende Transformationen werden dann zur Bestimmung der gesuchten Übertragungsfunktion verwendet.

Tabelle 7.6. Frequenztransformation zur Bestimmung von Tief-, Hochpaß, Bandsperre und Bandpaß beliebiger Grenzfrequenz aus dem Prototyp-Tiefpaß

Tiefpaß:

$$\Omega = \frac{\omega}{\omega_G}$$

Hochpaß:

$$\Omega = \frac{\omega_G}{\omega}$$

Bandpaß:

$$\Omega = \frac{\omega^2 + \omega_1\omega_2}{(\omega_2 - \omega_1)\cdot\omega}$$

Bandsperre:

$$\Omega = \frac{(\omega_2 - \omega_1)\cdot\omega}{\omega^2 + \omega_1\omega_2}$$

Da sich bei der Frequenztransformation für einen Bandpaß die Ordnung verdoppelt, wird ein Prototyp-Tiefpaß 2. Ordnung mit Butterworth-Charakteristik gewählt. Tabelle 7.5. liefert folgende normierte Übertragungsfunktion

$$H_N(j\Omega) = \frac{1}{1 + 1{,}414\cdot(j\Omega) + 1{,}000\cdot(j\Omega)^2} \ .$$

Dieser Tiefpaß kann im Frequenzbereich in einen Bandpaß transformiert werden. Dabei erfolgt gleichzeitig die Entnormierung.

$$H(j\omega) = H_N\left(j\Omega \to \frac{(j\omega)^2 + \omega_1\omega_2}{(\omega_2 - \omega_1)j\omega}\right) =$$

$$= \frac{(j\omega)^2}{(j\omega)^2 + 1{,}414\cdot\left((j\omega)^2 + \omega_1\omega_2\right)\dfrac{j\omega}{\omega_2 - \omega_1} + \left(\dfrac{(j\omega)^2 + \omega_1\omega_2}{\omega_2 - \omega_1}\right)^2}$$

Einsetzen der beiden Grenzfrequenzen liefert dann die gesuchte Übertragungsfunktion mit den Koeffizienten

$$a_0 = 6{,}22\cdot10^7$$

$$a_1 = 7{,}00\cdot10^5 \text{ sec}$$

$$a_2 = 1{,}97\cdot10^4 \text{ sec}^2 \quad b_2 = 3{,}94\cdot10^3 \text{ sec}^2$$

$$a_3 = 88{,}8 \text{ sec}^3$$

$$a_4 = 0 \ .$$

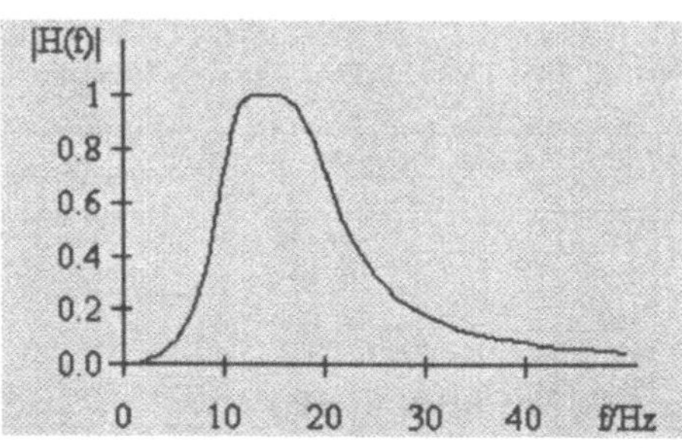

Abb. 7.25. Amplitudengang des Bandpasses 4. Ordnung

□

Beispiel 7.11. Butterworth Bandpaß
Es soll ein Bandpaß mit Butterworth-Charakteristik entworfen werden. Die untere Grenzfrequenz liege bei 10 Hz, die obere bei 20 Hz. Der Bandpaß soll 4. Ordnung besitzen.

7.3.2 IIR-FILTER

Durch Anwendung der Frequenztransformation erhält man aus der normierten Übertragungsfunktion des Prototyp-Tiefpasses eine nicht normierte analoge Übertragungsfunktion beliebiger Sperrcharakteristik und beliebiger Grenzfrequenz

$$G(j\omega) = \frac{b_0 + b_1(j\omega) + \ldots + b_n(j\omega)^n}{a_0 + a_1(j\omega) + \ldots + a_n(j\omega)^n} \quad .$$

Um das Filter digital zu realisieren, muß die kontinuierliche Übertragungsfunktion durch eine digitale Übertragungsfunktion

$$G_D(q^{-1}) = \frac{B_0 + B_1 q^{-1} + B_2 q^{-2} + \cdots}{A_0 + A_1 q^{-1} + A_2 q^{-2} + \cdots}$$

angenähert werden, so daß deren Frequenzgang möglichst gut mit dem kontinuierlichen Frequenzgang übereinstimmt. Es gibt hierzu verschiedene Approximationsverfahren, wie Rückwärtsdifferenzenapproximation, Vorwärtsdifferenzenapproximation oder Bilineare Transformation. Durch Anwendung eines dieser Approximationsverfahren, kann aus der analogen die digitale Übertragungsfunktion und aus dieser die rekursive Beziehung zwischen der Eingangs- und der Ausgangszahlenfolge gewonnen werden

$$y_k = \frac{1}{A_0}\left(B_0 u_k + B_1 u_{k-1} + \ldots - A_1 y_{k-1} - A_2 y_{k-2} - \ldots\right)$$

Im allgemeinen erstreckt sich die Impulsantwort eines solchen digitalen Systems über die gesamte Zeitachse. Sie werden deshalb als Infinite Impulse Response Filter (IIR) bezeichnet.

Je nach verwendetem Approximationsverfahren ergeben sich aus der gleichen kontinuierlichen Übertragungsfunktion unterschiedliche Koeffizienten für die digitale Übertragungsfunktion. Bei genügend großer Abtastrate unterscheiden sich die Ergebnisse der verschiedenen Verfahren nur geringfügig. Gute Ergebnisse werden zum Beispiel mit der bilinearen Transformation erzielt.

Bei ihr wird $j\omega$ durch $2f_A \dfrac{1-q^{-1}}{1+q^{-1}}$

ersetzt, bzw. $j\Omega$ durch $\dfrac{2f_A}{\omega_g}\dfrac{1-q^{-1}}{1+q^{-1}}$.

Die approximierte Übertragungsfunktion lautet dann

$$G_D(q^{-1}) = \frac{b_0 + b_1\left(\dfrac{2f_A}{\omega_g}\dfrac{1-q^{-1}}{1+q^{-1}}\right) + \ldots + b_n\left(\dfrac{2f_A}{\omega_g}\dfrac{1-q^{-1}}{1+q^{-1}}\right)^n}{a_0 + a_1\left(\dfrac{2f_A}{\omega_g}\dfrac{1-q^{-1}}{1+q^{-1}}\right) + \ldots + a_n\left(\dfrac{2f_A}{\omega_g}\dfrac{1-q^{-1}}{1+q^{-1}}\right)^n} \quad .$$

Zähler und Nenner sind Polynome in q^{-1}. Zusammenfassung gleicher Potenzen von q^{-1} liefert die gesuchte digitale Übertragungsfunktion

$$G_D(q^{-1}) = \frac{B_0 + B_1 q^{-1} + B_2 q^{-2} + \cdots}{A_0 + A_1 q^{-1} + A_2 q^{-2} + \cdots} \quad .$$

Die Koeffizienten A_0, A_1, A_2, ... B_0, B_1, B_2 ... können aus den Koeffizienten der analogen Übertragungsfunktion berechnet werden. Bringt man die Übertragungsfunktion in Produktform

$$G(j\Omega) = \prod_{i=1}^{m} \frac{b_{0i} + b_{1i}\Omega + b_{2i}\Omega^2}{a_{0i} + a_{1i}\Omega + a_{2i}\Omega^2} \quad ,$$

besteht sie nur aus Faktoren 1. oder 2. Grades. Diese können unabhängig voneinander digital approximiert werden. Die gesuchte digitale Übertragungsfunktion ergibt sich wieder als Produkt der einzeln approximierten Faktoren. Bezeichnet man

$$\gamma = \frac{2f_A}{\omega_g} = \frac{f_A}{\pi f_g} \quad ,$$

so lauten die Koeffizienten für die Polynomfaktoren 1. Ordnung

$$B_{0i} = b_{0i} + \gamma \cdot b_{1i}, \quad A_{0i} = a_{0i} + \gamma \cdot a_{1i}$$
$$B_{1i} = b_{0i} - \gamma \cdot b_{1i}, \quad A_{1i} = a_{0i} - \gamma \cdot a_{1i}$$

und für Faktoren 2. Ordnung

$$B_{0i} = b_{0i} + \gamma \cdot b_{1i} + \gamma^2 \cdot b_{2i}$$

$$A_{0i} = a_{0i} + \gamma \cdot a_{1i} + \gamma^2 \cdot a_{2i}$$

$$B_{1i} = 2 \cdot \left(b_{0i} - \gamma^2 \cdot b_{2i}\right)$$

$$A_{1i} = 2 \cdot \left(a_{0i} - \gamma^2 \cdot a_{2i}\right)$$

$$B_{2i} = b_{0i} - \gamma \cdot b_{1i} + \gamma^2 \cdot b_{2i}$$

$$A_{2i} = a_{0i} - \gamma \cdot a_{1i} + \gamma^2 \cdot a_{2i} \quad .$$

Die digitale Übertragungsfunktion ergibt sich dann als

$$G_D(q^{-1}) = \prod_{i=1}^{m} \frac{B_{0i} + B_{1i}q^{-1} + B_{2i}q^{-2}}{A_{0i} + A_{1i}q^{-1} + A_{2i}q^{-2}} \quad .$$

Bedingt durch die Approximation kommt es zu Abweichungen zwischen dem gewünschten idealen Verhalten und dem angenäherten Verhalten. Bei der digitalen Approximation äußert sich dies unter anderem darin, daß die Verstärkung der digitalen Übertragungsfunktion nicht exakt mit der Verstärkung der analogen Übertragungsfunktion übereinstimmt. Durch Skalierung der digitalen Übertragungsfunktion kann man den Fehler an einer beliebigen Frequenzstelle eliminieren. Fordert man beispielsweise, daß die beiden Übertragungsfunktionen bei der Frequenz $f=0$ übereinstimmen, folgt die Bedingung für die Skalierung

$$G\left(j\omega|_{\omega=0}\right) = \alpha \cdot G_D\left(q^{-1}|_{q^{-1}=1}\right) \quad .$$

Beispiel 7.12. Butterworth-Tiefpaß 2. Ordnung
Es soll digitaler Tiefpaß mit Butterworth-Charakteristik entworfen werden. Aus der Tabelle kann man die Koeffizienten des normierten Tiefpasses ablesen: $a_1=1{,}414$ und $a_2=1{,}000$ (sowie $b_0=1$, $b_1=0$, $b_2=0$, $a_0=1$). Bei einer Grenzfrequenz $f_G=5$Hz ergibt dies folgende analoge Übertragungsfunktion

$$G(j\omega) = \frac{1}{1 + 0.045s(j\omega) + 0.001s^2(j\omega)^2} \quad .$$

Sie soll digital approximiert werden. Bei einer Abtastfrequenz $f_A=40$ Hz ergibt sich der Faktor γ zu

$$\gamma = \frac{f_A}{\pi f_g} = 2{,}546 \quad .$$

Die Koeffizienten der digitalen Übertragungsfunktion ergeben sich damit folgendermaßen:

$$B_0 = 1, \quad A_0 = 1 + 2{,}546 \cdot 1{,}414 + 2{,}546^2 = 11{,}082$$

$$B_1 = 2, \quad A_1 = 2 \cdot \left(1 - 2{,}546^2\right) = -10.964$$

$$B_2 = 1, \quad A_2 = 1 - 2{,}546 \cdot 1{,}414 + 2{,}546^2 = 3{,}882 \quad .$$

Die stationäre Verstärkung der digitalen Übertragungsfunktion beträgt 1. Sie stimmt mit der stationären Verstärkung der kontinuierlichen Übertragungsfunktion überein. Eine Skalierung ist somit nicht erforderlich. Die Koeffizienten können direkt in die Rekursionsbeziehung für die Eingangs- und Ausgangszahlenfolge eingesetzt werden:

$$y_k = \frac{B_0 u_k + B_1 u_{k-1} + B_2 u_{k-2} - A_1 y_{k-1} - A_2 y_{k-2}}{A_0} \quad .$$

Das nachfolgende Bild zeigt die Impulsantwort und den Amplitudengang des entstandenen Filters

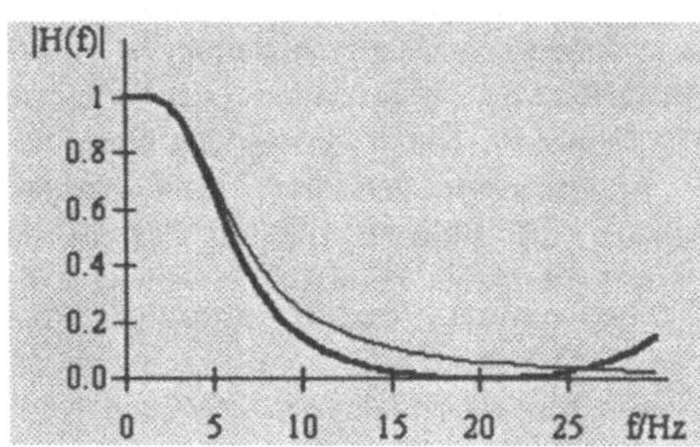

Abb. 7.26. Amplitudengang des analogen und des digital approximierten Butterworth-Tiefpasses

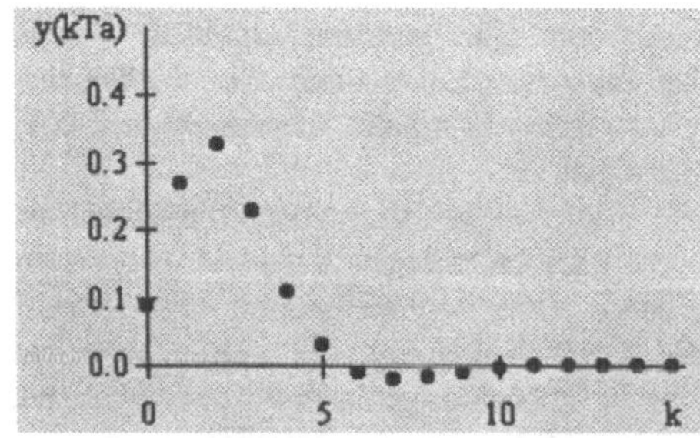

Abb. 7.27. Impulsantwort des digitalen Butterworth-Tiefpasses   □

Im Verlauf der Entwurfsschritte ergeben sich die Koeffizienten des digitalen Filters durch zwar umfangreiche, aber geradlinige mathematische Umformungen aus den Anforderungsparametern. Legt man sich auf eine bestimmte Filtercharakteristik und ein bestimmtes Approximationsverfahren fest, können die aufeinanderfolgenden Rechenschritte zu einer expliziten Bestimmungsgleichung für die Filterkoeffizienten zusammengefaßt werden, wie dies z.B. in /Bellanger 1989/ für Butterworth-Filter mit bilinearer Transformation erfolgt ist.

Um ein Digitalfilter vorgegebener Selektivitätscharakteristik zu entwerfen, ist eine analoge Frequenztransformation und eine anschließende digitale Approximation erforderlich. Eine Alternative hierzu ist die digitale Frequenztransformation: Der analoge Prototyp-Tiefpaß wird zuerst mittels digitaler Approximation in einen digitalen Prototyp Tiefpaß gewandelt. Mittels digitaler Frequenztransformation können daraus beliebige Charakteristiken erzeugt werden /Oppenheim, Schafer 1992 S. 494, Azizi 1990 S.174/. Die digitale Frequenztransformation kann auch verwendet werden, um die Grenzfrequenz eines vorhandenen digitalen Filters zu verschieben.

7.3.3 FIR-Filter

Entwurfsansätze. Analoge Filter mit linearem und zeitinvariantem Verhalten besitzen immer eine unendliche Impulsantwort. Die Approximation einer solchen analogen Übertragungsfunktion durch ein digitales Filter liefert ebenfalls Systeme mit unendlicher Impulsantwort. Bei der digitalen Realisierung ist es aber auch möglich, Filter mit endlicher Impulsantwort zu erzeugen. Diese Finite-Impulse-Response-Filter (FIR-Filter) besitzen einige Vorteile. FIR-Filter sind immer stabil. Sie haben daher keine Neigung zu Schwingungen der Ausgangsgröße. Besitzt das FIR-Filter symetrische Koeffizienten, so ist der Phasengang linear. Man erhält dadurch eine konstante Gruppenlaufzeit, wodurch solche Filter für eine verzerrungsfreie Verarbeitung von Signalen besonders geeignet sind.

Bei einem FIR-Filter der Länge N wird die Faltungssumme zu einer endlichen Summe:

$$y_k = \sum_{i=0}^{N-1} g_i \cdot u_{k-i} \; .$$

Die digitale Übertragungsfunktion lautet dann:

$$G_D\left(q^{-1}\right) = \sum_{i=0}^{N-1} g_i \cdot q^{-i} \; .$$

Die Abtastwerte g_i der Impulsantwort sind gleichzeitig die Koeffizienten des Filters. Der Entwurf des Filters besteht aus der Festlegung der Filterbreite N und der Koeffizienten g_i. Beim Entwurf im Frequenzbereich werden bestimmte Anforderungen an den Frequenzgang der Übertragungsfunktion gestellt. Ziel eines systematischen Entwurfs ist es, aus der vorgegebenen analogen Übertragungsfunktion die Koeffizienten des digitalen Filters zu berechnen. Eine digitale Approximation der analogen Übertragungsfunktion durch eine der beschriebenen Transformationen ist für FIR-Filter nicht geeignet, da sie im allgemeinen auf unendlich lange Impulsantworten führen.

Bei den FIR-Filtern gibt es drei dominierende Entwurfsverfahren: die Methode der Fensterung, die Frequenzabtastung und numerische Entwurfsverfahren.

Der Ausgangspunkt aller Verfahren ist die gewünschte ideale analoge Übertragungsfunktion $H(f)$.

Bei der *Frequenzabtastung* wird eine endliche Zahl von Abtastwerten der idealen analogen Übertragungsfunktion aufgenommen. Die Koeffizienten der zugehörigen Impulsantwort können mit Hilfe der inversen diskreten Fouriertransformation aus den Frequenzabtastwerten berechnet werden. Einzelheiten zu diesem Verfahren findet man zum Beispiel in /Stearns 1991/.

Bei den *numerischen Verfahren* wird die Abweichung zwischen der idealen Übertragungsfunktion und der realen Übertragungsfunktion des FIR-Filters als Gütekriterium formuliert. Die Koeffizienten des Filters werden mit Hilfe eines Optimierungsverfahrens gezielt verändert, bis das Gütekriterium seinen minimalen Wert annimmt. Siehe zum Beispiel /Oppenheim, Schafer 1992/.

Bei der Methode der *Fensterung* wird die zu $H(f)$ gehörende ideale Impulsantwort $h(t)$ durch Fourierrücktransformation berechnet. Sie besitzt einen kontinuierlichen Verlauf, der sich über die gesamte positive und negative Zeitachse erstreckt. Für die Filterrealisierung sind drei Näherungen der idealen Impulsantwort erforderlich. Die Impulsantwort wird abgetastet, um sie digital zu realisieren. Sie wird dann gefenstert, d.h. in einem endlichen Zeitausschnitt betrachtet, um ein Filter endlicher Länge zu erhalten. Zuletzt wird sie vollständig in den positiven Zeitbereich verschoben, um das Filter kausal zu machen. Die Arbeitsschritte dieser Entwurfsmethode werden nun exemplarisch an einem Tiefpaßentwurf demonstriert. Sie sind in gleicher Weise für jede beliebige Übertragungscharakteristik anwendbar.

Fenstermethode. Ausgangspunkt der Überlegungen ist der Frequenzgang $H(f)$ eines idealen Tiefpasses. Er lautet:

$$H(f) = \begin{cases} 1 & \text{für} \quad |f| \le f_G \\ 0 & \text{für} \quad |f| > f_G \end{cases} .$$

Durch Fourierrücktransformation kann die zugehörige Impulsantwort $h(t)$ ermittelt werden

$$h(t) = F^{-1}\{H(f)\} = 2f_G \, \frac{\sin(2\pi f_G t)}{2\pi f_G t} .$$

Sie ist kontinuierlich und erstreckt sich über die gesamte Zeitachse.

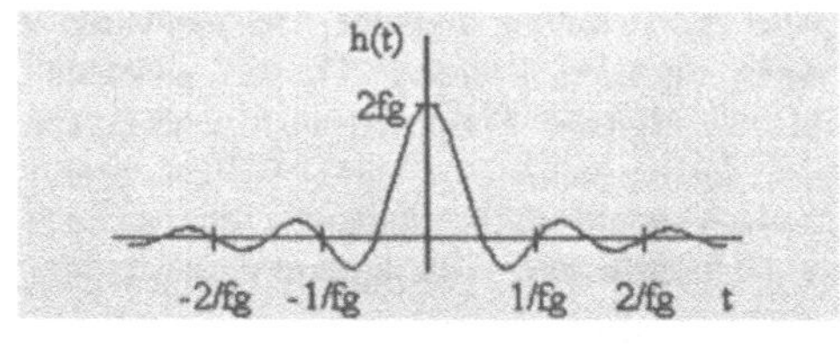

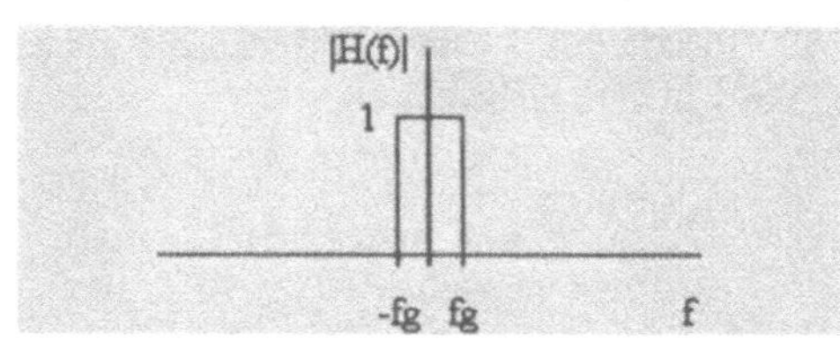

Abb. 7.28. Frequenzgang und Impulsantwort eines idealen Tiefpasses.

Die Abtastung von $h(t)$ zu den Zeitpunkten kT_A bewirkt eine periodische Fortsetzung des Spektrums.

Aus der abgetasteten Impulsantwort des idealen Tiefpasses kann eine Impulsantwort endlicher Länge gewonnen werden, indem man nur den Zeitausschnitt von $-MT_A$ bis $+MT_A$ betrachtet. Die gefensterte Impulsantwort besteht dann aus $N = 2M+1$ Abtastwerten.

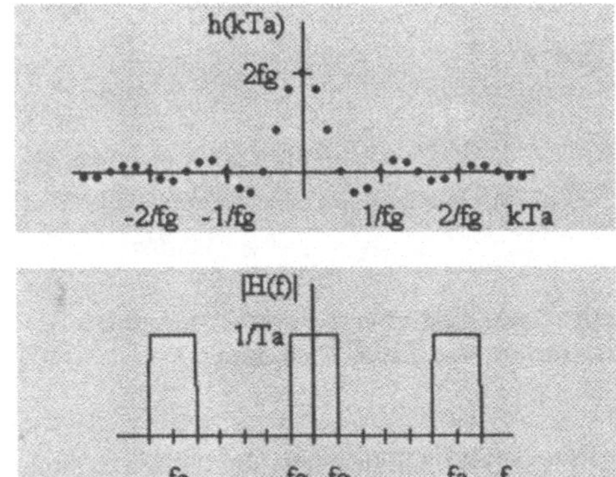

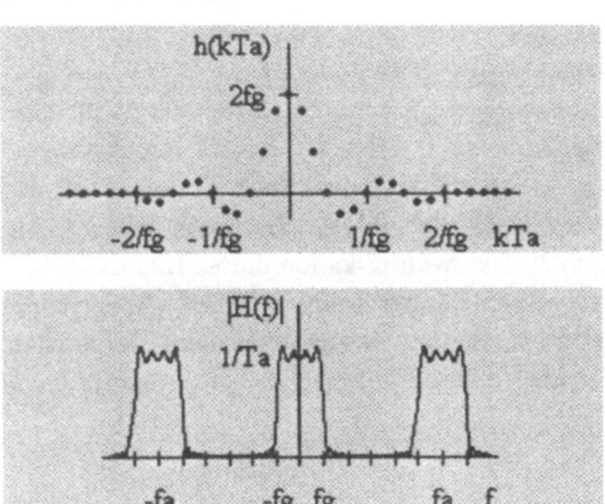

Abb. 7.29. Abgetaste Impulsantwort des idealen Tiefpasses. $(f_A = 6f_G)$

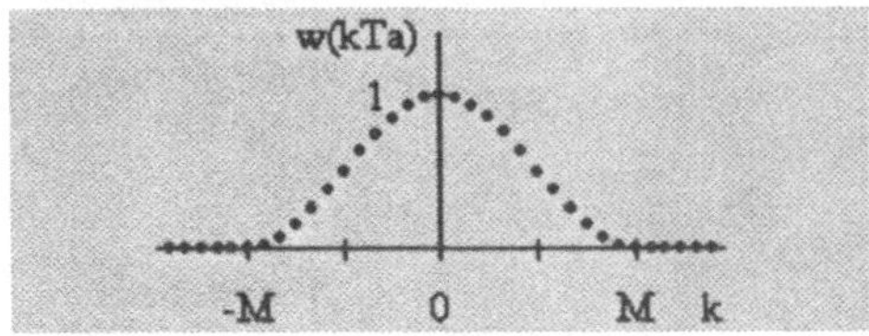

Abb 7.32 Cosinusförmiges Fenster

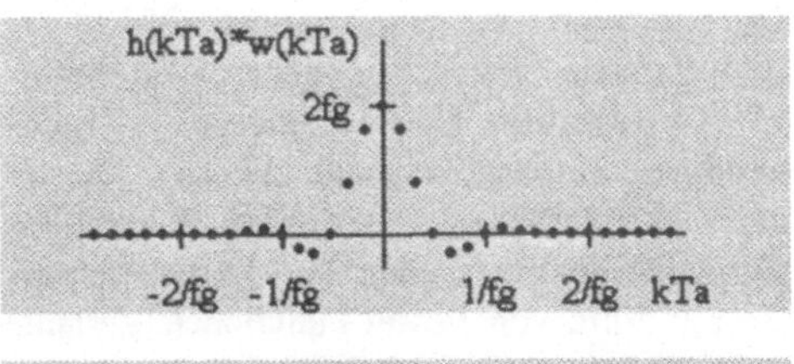

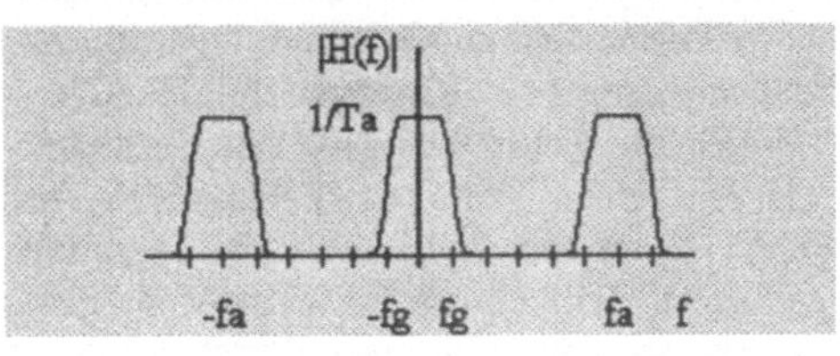

Verwendet man statt der Rechteckfunktion andere Fensterfunktionen, kann die Welligkeitsamplitude verringert werden.

Die Verwendung eines cosinusförmigen Fensters liefert einen Frequenzgang ohne Welligkeit an den Unstetigkeitsstellen.

Abb. 7.30. Endlicher Zeitausschnitt der abgetasteten Impulsantwort des idealen Tiefpasses. $(M = 11)$

Abb. 7.31. Mit cosinusförmigem Fenster gewichteter Zeitausschnitt der abgetasteten Impulsantwort des idealen Tiefpasses und zugehöriger Frequenzgang.

Die Bildung eines zeitlichen Ausschnitts kann man sich als eine Multiplikation der unendlichen Impulsantwort mit einem Rechteckfenster vorstellen. Die zeitliche Fensterung führt im Frequenzbereich zu einer Welligkeit des Spektrums an den Unstetigkeitsstellen. Es tritt auch hier das Gibbs´sche Phänomen auf: an den Unstetigkeitsstellen im Frequenzbereich entsteht durch die zeitliche Fensterung eine Welligkeit. Die Vergrößerung der Fensterbreite verringert zwar den quadrierten Fehler, da die Welligkeit hochfrequenter wird, die Amplitude der Welligkeit bleibt aber konstant.

Mit dem Rückgang der Welligkeit ist eine Abnahme der Flankensteilheit verbunden. Dieser Effekt ist nicht typisch für ein spezielles Fenster, sondern gilt für alle Fensterfunktionen. Durch geeignete Wahl der Fensterfunktion ist ein Austausch zwischen Welligkeitsamplitude und Flankensteilheit möglich. Es gilt dabei folgender Zusammenhang.

Je glatter die Fensterfunktion an ihren Rändern verläuft, umso geringer ist die Welligkeit im Frequenzbereich. Je steiler die Fensterränder sind, desto größer ist die Flankensteilheit im Frequenzbereich.

Tabelle 7.7. Fensterfunktionen ($0 \le k \le N-1$)

$w_k = 1$	Rechteckfenster
$w_k = \begin{cases} \dfrac{2k}{N-1} & k \le (N-1)/2 \\[2ex] 2 - \dfrac{2k}{N-1} & k > (N-1)/2 \end{cases}$	Dreieckfenster (Bartlett)
$w_k = a - (1-a)\cos\left(\dfrac{2\pi k}{N-1}\right)$	Cosinusfenster Hanning a=0,5 Hamming a=0,54

Es gibt eine Reihe verschiedener Fensterfunktionen, die sich vor allem im Übergang an den Fenstergrenzen unterscheiden. Neben relativ einfachen Fensterfunktionen, wie Rechteck, Dreieck oder Cosinus, gibt es auch aufwendigere Ansätze, wie zum Beispiel Fenster mit mehrfachen Cosinus-Funktionen (Blackman-Fenster) oder die Kaiser-Fenster, die mit Hilfe von Bessel-Funktionen Verläufe approximieren, die im Zeit- und im Frequenzbereich begrenzt sind /Johnson 1991, S.302/.

Durch die Fensterung wird die Impulsantwort auf einen endlichen Zeitausschnitt begrenzt. Da sie sich aber auch in den negativen Zeitbereich erstreckt, ist das entstehende Filter nicht kausal. Mit Hilfe einer Verschiebung um die halbe Fensterbreite in Richtung der positiven Zeitachse, wird das Filter kausal.

Die zeitliche Verschiebung entspricht im Frequenzbereich einer Multiplikation mit $e^{-j\omega NT_A}$. Diese Funktion hat den konstanten Betrag 1. Sie verändert also den Amplitudengang nicht. Der Phasengang wird verschoben, bleibt aber weiterhin linear. Mit der verschobenen Impulsantwort erhält man folgende Gewichtungskoeffizienten:

$$g_k = h_k \cdot w_k$$

$$= 2 f_G \frac{\sin\left(2\pi f_G (k-M) T_A\right)}{\left(2\pi f_G (k-M) T_A\right)} \cdot w_k$$

$$k = 0 \dots N-1, \quad N = 2M+1,$$

$$w_k : \textit{Fensterkoeffizienten}$$

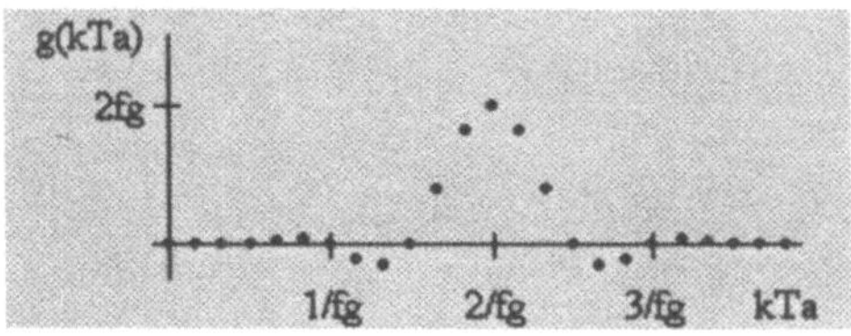

Abb. 7.32. Zeitlich verschobene, gefensterte Impulsantwort des idealen Tiefpasses.

Das Abtasttheorem legt die untere Grenze für die Abtastfrequenz fest. Sie muß mindestens doppelt so groß sein, wie die Signalgrenzfrequenz. Eine obere Grenze für die Abtastfrequenz entsteht nur durch praktische Einschränkungen bei der Filterrealisierung. Ist die Abtastfrequenz sehr hoch im Vergleich zur Grenzfrequenz ($f_A \gg N \cdot 2 f_G$), liegen die periodisch fortgesetzten Spektren sehr weit auseinander. Im Zeitbereich ist die Impulsantwort des idealen Filters sehr lang gestreckt. In der Umgebung von $t=0$ hat sie Werte in der Nähe von 1. Die Multiplikation dieser Impulsantwort mit einer Fensterfunktion liefert daher einen Verlauf, der im wesentlichen dem Verlauf der Fensterfunktion entspricht

$$g_k = h_k \cdot w_k \approx 1 \cdot w_k = w_k \quad .$$

Näherungsweise kann man daher bei genügend hoher Abtastrate das Fenster selbst als Filterfunktion verwenden.

Beispiel 7.13. FIR-Tiefpaß
Es soll ein FIR-Tiefpaß der Ordnung $N=11$ für eine Grenzfrequenz $f_G = 10$ Hz entworfen werden.
Bei Verwendung eine Rechteckfensters sind die Filterkoeffizienten mit den Abtastwerten der sinx/x-Funktion identisch. Für die beiden Abtastraten $f_{A1} = 5 f_G$ und $f_{A2} = 100 f_G$ erhält man die in der Tabelle dargestellten Koeffizienten.
Deutlich ist zu erkennen, daß die Abtastwerte bei der hohen Abtastrate in der Mitte des Hauptzipfels der sinc-Funktion liegen. Sie nehmen Werte knapp unter 1 an.
Die beiden zugehörigen Frequenzgänge zeigen eine ausgeprägte Welligkeit, die in der Nähe der Grenzfrequenz am größten ist.

Tabelle 7.8. Gewichtungskoeffizienten eines FIR-Tiefpasses der Länge $N=11$ mit Rechteckfenster und Cosinusfenster für zwei unterschiedliche Abtastraten.

$g_k =$	$h_k \cdot Rec$	$h_k \cdot Rec$	Cos	$h_k \cdot Cos$	$h_k \cdot Cos$
$f_A =$	$5f_G$	$100f_G$		$5f_G$	$100f_G$
g_0	1,000	1,000	1,000	1,000	1,000
$g_1 = g_{-1}$	0,757	0,999	0,904	0,684	0,904
$g_2 = g_{-2}$	0,234	0,997	0,654	0,153	0,652
$g_3 = g_{-3}$	-0,156	0,994	0,345	-0,054	0,343
$g_4 = g_{-4}$	-0,189	0,989	0,095	-0,018	0,094
$g_5 = g_{-5}$	-0,001	0,984	0,000	0,000	0,000

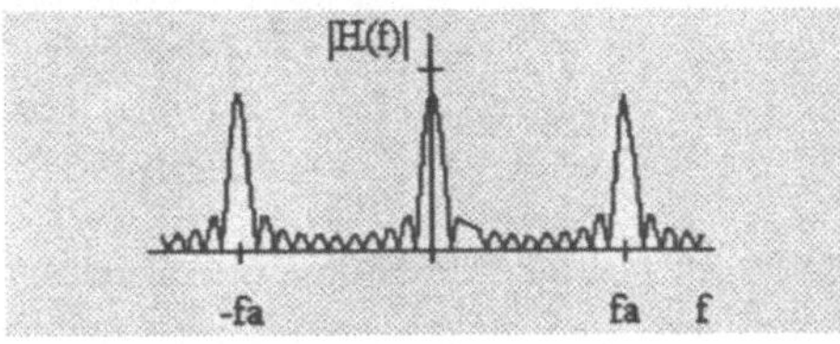

Abb. 7.33. Amplitudengang des FIR-Tiefpasses mit Rechteckfenster

Verwendet man jetzt ein cosinusförmiges Fenster, werden die Koeffizienten zu den Fenstergrenzen hin abgeschwächt. Bei der hohen Abtastrate sind die Filterkoeffizienten mit den Fensterkoeffizienten identisch. Die Fensterfunktion ist also bei genügend hoher Abtastrate direkt als Filterfunktion geeignet. Bei geringerer Abtastrate dient das Fenster zur Abschwächung der Koeffizienten, die sich aus der Abtastung der sinx/x-Funktion ergeben.
Die Verwendung der Fensterfunktion führt im Frequenzbereich zu einem wesentlich glatteren Verlauf aber auch zu einer geringeren Flankensteilheit.

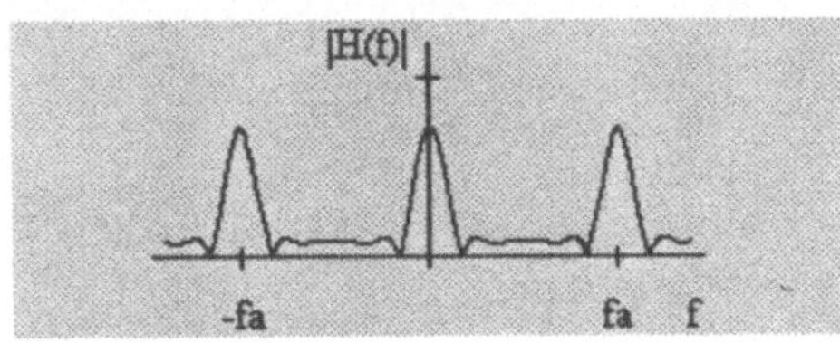

Abb. 7.34. Amplitudengang des FIR-Tiefpasses mit Cosinus-Fenster

So wie am Beispiel von Tiefpässen gezeigt, läßt sich jede beliebige analoge Filterfunktion als digitales FIR-Filter durch Fensterung approximieren. Damit können beispielsweise auch Hochpässe, Bandpässe oder Bandsperren, aber auch beliebige andere Übertragungsfunktionen näherungsweise realisiert werden.

Tabelle 7.9. Abtastwerte der Fourierrücktransformierten eines idealen Tiefpasses (TP), Hochpasses (HP), Bandsperre (BS) und Bandpaß (BS). f_G, f_{G1} und f_{G2}: Grenzfrequenzen. (Herleitung in /Johnson 1991, S. 291ff./)

T P	$h_k = 2f_G \dfrac{\sin(2\pi f_G k)}{2\pi f_G k}$
H P	$h_k = -2f_G \dfrac{\sin(2\pi f_G k)}{2\pi f_G k} + \dfrac{\sin(\pi k)}{\pi k}$
B P	$h_k = -2f_{G1} \dfrac{\sin(2\pi f_{G1} k)}{2\pi f_{G1} k} + 2f_{G2} \dfrac{\sin(2\pi f_{G2} k)}{2\pi f_{G2} k}$
B S	$h_k = 2f_{G1} \dfrac{\sin(2\pi f_{G1} k)}{2\pi f_{G1} k} - 2f_{G2} \dfrac{\sin(2\pi f_{G2} k)}{2\pi f_{G2} k} + \dfrac{\sin(\pi k)}{\pi k}$

Differenzierende FIR-Filter. Eine in der Signalverarbeitung neben der Frequenzselektion häufig benötigte Operation ist die Differentiation. Sie entspricht im Frequenzbereich einer Multiplikation mit $j\omega$. Ein analoges differenzierendes Filter hätte eine Übertragungsfunktion $H(f) = j2\pi f$. Diese ist weder analog noch digital realisierbar, da die Verstärkung mit wachsender Frequenz immer größer wird und gegen Unendlich geht. Die Differentiation kann deshalb nur in einem begrenzten Frequenzbereich durchgeführt werden. Außerhalb dieses Frequenzbereichs muß der Amplitudengang zu Null gesetzt werden. Hochfrequente Signalanteile werden dadurch unterdrückt. Zur Realisierung als digitales Filter wird dieses gefensterte Spektrum periodisch fortgesetzt und dann in den Zeitbereich zurücktransformiert. Für $f_G = f_A/2$ erhält man nach /Oppenheim, Schafer 1992, S. 107/ folgendes Ergebnis

$$h_k = \begin{cases} -1^{|k|} f_A / k & k < 0 \\ 0 & k = 0 \\ -1^{|k|} f_A / k & k > 0 \end{cases} .$$

Die entstehende Impulsantwort erstreckt sich über die gesamte Zeitachse. Sie wird mit einer Fensterfunkton multipliziert und um die halbe Fensterbreite zur positiven Zeitachse verschoben. Bei der Verwendung des Rechteckfensters der Breite $N=2M+1$ erhält man folgende Filterkoeffizienten.

$$h_k = \begin{cases} -1^{|k-M|} f_A / (k-M) & 0 \le k < M \\ 0 & k = M \\ -1^{|k-M|} f_A / (k-M) & M < k \le N-1 \end{cases} .$$

Der zugehörige Amplitudengang zeigt die bei einem Rechteckfenster erwartete Welligkeit.

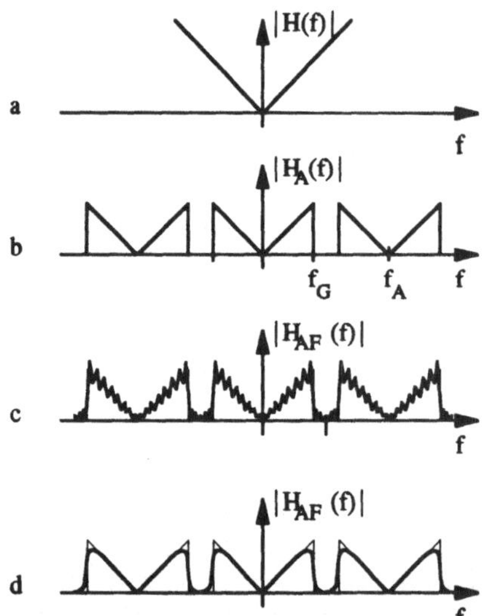

Abb. 7.35. Spektrum des differenzierenden Filters kontinuierlich (a), abgetastet (b), mit Rechteckfenster gewichtet (c) und mit einem Cosinusfenster gewichtet (d).

Bei Verwendung eines Fensters mit glattem Übergang an den Fenstergrenzen, zum Beispiel

einem Cosinusfenster, ergibt sich auch ein glattes Spektrum, das aber in der Nähe der Grenzfrequenz einen breiteren Übergangsbereich besitzt.

Beispiel 7.14. FIR-Differenzierer
Es ist ein differenzierendes FIR-Filter der Länge $N=2M+1$ mit $M=3$ zu entwerfen. Die Abtastrate betrage 6 Hz. Für $f_G=f_A/2=$ 3 Hz erhält man folgende Impulsantwort

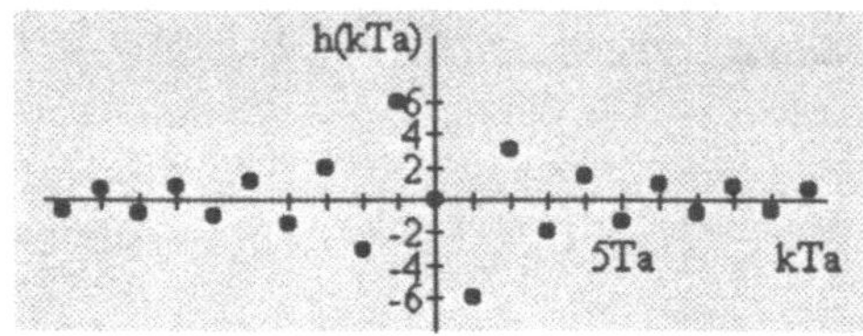

Abb. 7.36. Fourier-Rücktransformierte eines Differenzierers

Multiplikation mit einem Rechteckfenster der Länge $N=7$ und Verschiebung um 3 Werte ergibt die gesuchten Filterkoeffizienten.
Die differenzierende Wirkung des Filters ist bei einer sinusförmigen Anregung deutlich zu erkennen. Das Ausgangssignal des Filters ist ein cosinusförmiges Signal mit einer proportional zur Eingangsfrequenz verstärkten Amplitude.

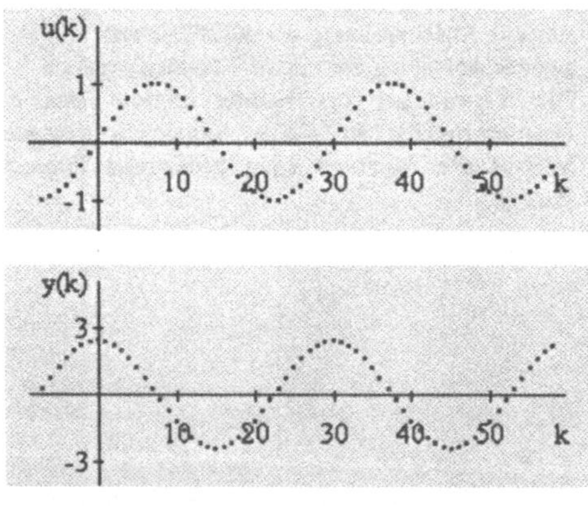

Abb. 7.37. Eingangssignal u_k und Ausgangssignal y_k eines FIR-Differenzierers mit $N=7$

□

Der Vergleich der Koeffizienten des differenzierenden Filters mit den Koeffizienten der FIR-Tiefpaßfilter zeigt eine wichtige Besonderheit.

FIR-Tiefpaßfilter besitzen gerade Koeffizienten. Der Gleichanteil des Signals wird durchgelassen. Differenzierende FIR-Filter besitzen ungeraden Koeffizienten. Sie unterdrücken den Gleichanteil. Da jedes beliebige lineare FIR-Filter als Überlagerung von ungeraden und geraden Koeffizienten darstellbar ist, kann man es sich aus einem glättenden und einem differenzierenden Anteil zusammengesetzt denken.

Differenzierende Filter sind sehr empfindlich gegenüber höherfrequenten Signalanteilen, da diese proportional zu ihrer Frequenz verstärkt werden. Beim Vorhandensein höherfrequenter Störungen ist daher zunächst eine starke Tiefpaßfilterung erforderlich, bevor differenziert werden kann.

Beispiel 7.15. Kombination von Glättung und Differentiation

Sind dem Sinus-Signal aus dem vorangehenden Beispiel geringe stochastische Störanteile überlagert, zeigt der Ausgang des differenzierenden Filters sehr starke Schwankungen. Das cosinusförmige Nutzsignal ist nur noch schwach zu erkennen.

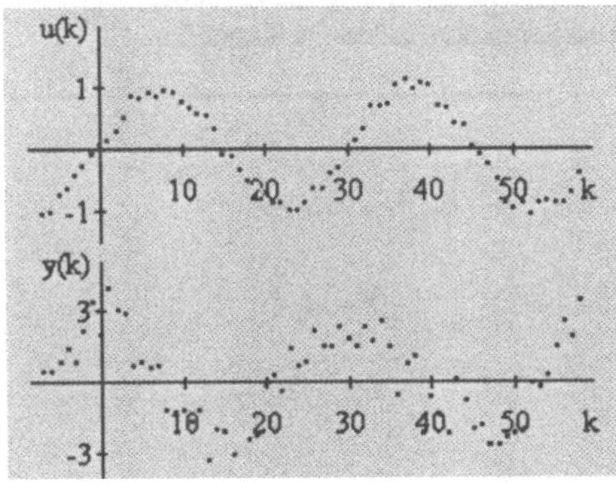

Abb. 7.38. Eingangssignal u_k und Ausgangssignal y_k eines FIR-Differenzierers bei überlagertem Eingangsrauschen

Die Verbesserung durch eine vorgeschaltete Glättung zeigt das folgende Signal, das aus der Reihenschaltung eines FIR-Tiefpasses der Länge $N=11$

mit $f_G=1{,}2$Hz und des FIR-Differenzierers der Länge $N=7$ resultiert.

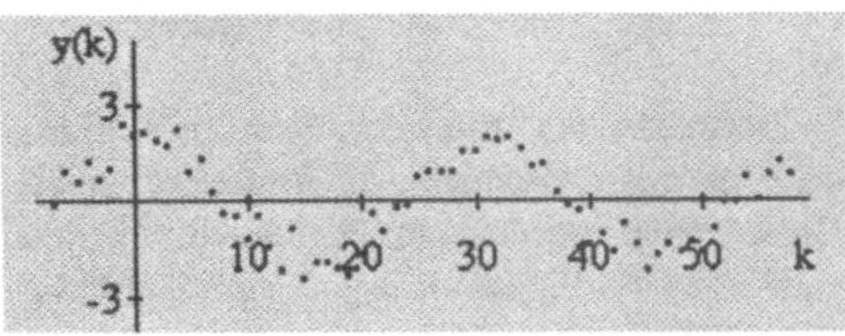

Abb. 7.39. Ausgangssignal y_k der Reihenschaltung eines FIR-Tiefpasses und eines FIR-Differenzierers

Obwohl auch dieses Signal noch Schwankungen aufweist, ist der Cosinus-Anteil deutlich zu erkennen. □

Die Reihenschaltung zweier FIR-Filter der Länge N_1 und N_2 ergibt ein neues FIR-Filter der Länge $N=N_1+N_2$. Seine Koeffizienten ergeben sich aus der Faltung der beiden Einzelfilter. Sind die beiden Einzelfilter Tiefpässe, besitzen sie gerade Koeffizienten. Die Faltung liefert dann ebenfalls gerade Koeffizienten, so daß auch das entstehende Gesamtfilter Tiefpaßcharakteristik aufweist. Die Reihenschaltung eines FIR-Differenzierers (ungerade Koeffizienten) und eines FIR-Tiefpasses (gerade Koeffizienten) ergibt ein Filter, dessen Koeffizienten weder gerade noch ungerade sind. Sie setzen sich aus einem ungeraden und einem geraden Anteil zusammen, so daß sie gleichzeitig eine glättende und eine differenzierende Wirkung besitzen.

Zusammenfassung
Entwurf digitaler IIR-Filter auf der Basis frequenzselektiver Analogfilter

1. Definition der Anforderungen an Amplitudengang und Phasengang im Frequenzbereich. Daraus folgt die Ordnung N und die maximal zulässigen Welligkeiten δ_D, δ_S im Durchlaß- und Sperrbereich.

2. Entwurf eines analogen Prototyp-Tiefpasses durch Verwendung tabellierter Standardentwürfe. Dies ergibt $H_N(j\Omega)$

3. Analoge Frequenztransformation und Entnormierung: $\Omega \rightarrow f(\omega, \omega_0, \omega_1, \omega_2)$

4. Digitale Approximation des analogen Frequenzganges z.B. durch bilineare Transformation, impulsinvariante Näherung oder durch Rückwärtsdifferenzenapproximation.

5. Skalierung der digitalen Übertragungsfunktion

Zusammenfassung
Fensterverfahren zum Entwurf digitaler FIR-Filter im Frequenzbereich

1. Festlegung der gewünschten analogen Übertragungsfunktion $H(f)$.

2. Bestimmung der zugehörigen Impulsantwort h(t) durch Fourierrücktransformation.

3. Abtastung der kontinuierlichen Impulsantwort zu den Zeiten $k \cdot T_A$. Man erhält die Werte $h_k = h(k \cdot T_A)$ mit $k = -\infty..+\infty$. Für Tiefpässe, Hochpässe, Bandpässe und Bandsperren kann $\{h_k\}$ direkt aus Tabelle 7.6 bestimmt werden.

4. Begrenzung der diskreten Impulsantwort $\{h_k\}$ auf einen endlichen Zeitausschnitt durch Fensterung und Verschiebung um die halbe Fensterbreite zur positiven Zeitachse. Multiplikation der verschobenen Zeitfunktion mit einer Fensterfunktion w_k (Siehe Tabelle 7.4). Man erhält die gesuchten Gewichtungskoeffizienten $g_k = h_{k+M} * w_k$, $k = 0 .. 2M$

5. Skalierung der digitalen Übertragungsfunktion auf exakte stationäre Verstärkung

7.4 ÜBUNGEN

Übung 7.1
Gegeben sei die nachstehende Meßwertfolge. Sie besteht aus einem konstanten Nutzsignal und einer additiv überlagerten stochastischen Störung.

k	0	1	2	3	4	5	6	7	8	9
u_k	3,2	3,7	3,4	3,6	2,8	3,5	3,0	3,3	3,5	3,1

Führen Sie eine Signalglättung mit einem ANW-MWB, einem FIR-MWB der Länge N=4 und einem IIR-MWB mit der Gedächtniskonstante M=3 durch.
Führen Sie die gleiche Verarbeitung nun für das folgende Signal durch, das eine sprungartige Änderung des Nutzsignals aufweist.

k	0	1	2	3	4	5	6	7	8	9
u_k	3,2	3,7	3,4	3,6	5,8	6,5	6,0	6,3	6,5	6,1

Übung 7.2.
Bestimmen Sie die Impulsantwort der Reihenschaltung von drei FIR-Mittelwertbildner der Länge $N_1=6$, $N_2=4$ und $N_3=3$. Ermitteln Sie dazu zunächst die Impulsantwort des ersten Mittelwertbildners. Geben Sie diese als Anregung auf den zweiten und dessen Antwort auf den dritten. Vergleichen Sie die drei Ausgangsverläufe.

Übung 7.3.
Realisieren Sie den dargestellten Algorithmus der

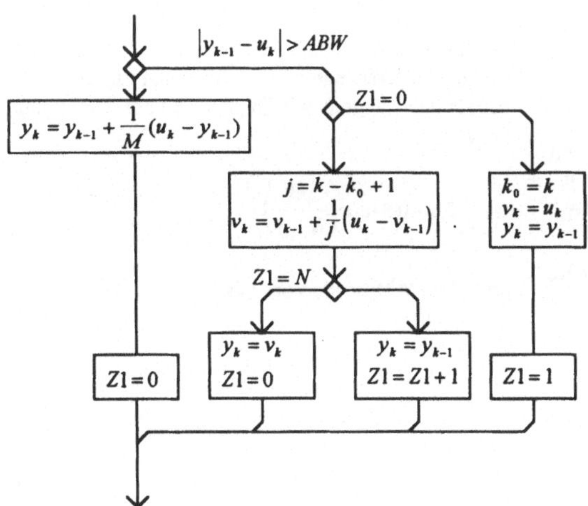

Abb. 7.40. Ablauf der Signalglättung mit Sprungerkennung und Ausreißerelimination

Glättung mit Ausreißerelimination und Sprungerkennung als Programmbaustein.
Verwenden Sie dabei folgende Zuordnung der Eingänge und Ausgänge.

u_i	EW0	Meßwerte
y_i	AW0	Ausgang des IIR-MWB
v_i	MW0	Ausgang des ANW-MWB

Legen Sie die Parameter im Datenbaustein DB0 ab:

N	DW0	Grenze zur Unterscheidung zwischen Ausreißer ($<N$) und Sprung ($\geq N$)
ABW	DW1	Halbe Breite der Toleranzzone
$Z1$	DW2	Zähler für aufgetretene Abweichungen

Übung 7.4.
Führen Sie mit Hilfe eines Polynomansatzes 4. Ordnung eine Interpolation der folgenden 5 Meßwerte durch.

y_k	1,7	1,6	3,3	5,6	9,7
k	-1	0	1	2	3

Übung 7.5.
Bei einer Meßwertfolge mit zeitlinear ansteigendem Nutzsignal soll die Steigung mit einem FIR-Filter bestimmt werden.
Aus der Herleitung der Gleichung der Regressionsgeraden für N Meßwerte erhält man folgende Gewichtungskoeffizienten.

$$g_i = \frac{12 / T_A}{(N-1)N(N+1)}\left(i - \frac{N-1}{2}\right).$$

Stellen Sie den Algorithmus für ein FIR-Filter der Länge N=5 und einer Abtastzeit von 0,5 sec auf.

Übung 7.6.
Der normierte Prototyp-Tiefpaß für ein Bessel-Filter 2.Ordnung lautet:

$$H_N(j\Omega) = \frac{1}{1 + 1,362 \cdot (j\Omega) + 0,618 \cdot (j\Omega)^2}.$$

Bestimmen Sie mit Hilfe der Frequenztransformation eine Bandsperre. Die untere

Grenzfrequenz liege bei 20 Hz, die obere bei 100 Hz.

Übung 7.7.

Der Entwurf eines analogen Filters 4. Ordnung

$$G(j\Omega) = \frac{1}{1 + a_{11}\Omega + a_{21}\Omega^2} \cdot \frac{1}{1 + a_{12}\Omega + a_{22}\Omega^2}$$

liefert für eine Tschebyscheff-Charakteristik mit einer Welligkeit von 1,5 dB folgende Koeffizienten für den Prototyp-Tiefpaß

$$a_{11} = 2,140 \qquad a_{21} = 5,323$$
$$a_{12} = 0,192 \qquad a_{22} = 1,154 \quad .$$

Es soll ein Tiefpaß mit einer Grenzfrequenz von 15 Hz entworfen werden. Führen Sie die entsprechende Frequenztransformation durch.

Das Filter soll nun digital realisiert werden. Die Abtastfrequenz wird auf 90 Hz festgelegt. Führen Sie eine bilineare Transformation durch und bestimmen Sie den digitalen Filteralgorithmus.

Übung 7.8.

Mit Hilfe einer Steuerung soll ein analoges Eingangssignal gefiltert werden. Das Filter wird als Bessel-Tiefpaß 3.Ordnung entworfen. Laut Tabellenwerk ergeben sich folgende Parameter für den Prototyp-Tiefpaß:

$$H(j\Omega) = \frac{1}{1 + a_1 \cdot (j\Omega) + a_2 \cdot (j\Omega)^2 + a_3 \cdot (j\Omega)^3} = \frac{Y(j\Omega)}{U(j\Omega)}$$

$$\Omega = \frac{\omega}{\omega_G}, f_G = 50 Hz$$

$$a_1 = 1,756; \quad a_2 = 1,233; \quad a_3 = 0,361$$

Digitalisieren Sie diese Übertragungsfunktion mit Hilfe der Rückwärtsdifferenzenapproximation für die Abtastfrequenz von $f_A = 157$ Hz in eine Differenzengleichung für y_k.

Die entstehende Differenzengleichung enthält reelle Parameter. Formen Sie die Differenzengleichung näherungsweise so um, daß sie nur noch ganzzahlige Parameter enthält.

Die Abtastwerte des Eingangssignals $u(t)$ stehe in der Steuerung als EW0 zur Verfügung. Die Ausgangsgröße $y(t)$ soll als AW0 ausgegeben werden. Beide Größen liegen im Zahlenbereich von -1000 bis +1000.

Erstellen Sie einen Programmbaustein, der zeitgesteuert aufgerufen jeweils einen neuen Abtastwert der Ausgangsgröße berechnet.

Übung 7.9.

Entwerfen Sie einen digitalen FIR-Tiefpaß für eine Grenzfrequenz von 5 Hz. Die Abtastrate liege bei 30 Hz.

Die Gewichtungskoeffizienten ergeben sich als Produkt der sinx/x-Funktion und einem geeigneten Fenster:

$$g_k = 2f_G \frac{\sin\left(2\pi f_G (k - M) T_A\right)}{\left(2\pi f_G (k - M) T_A\right)} \cdot w_k$$

$$k = 0 \ldots N - 1, \quad N = 2M + 1 \quad .$$

Bestimmen Sie die Gewichtungskoeffizienten für eine Filterlänge $N = 7$ unter Verwendung des Hamming-Fensters

$$w_k = 0,54 - 0,46 \cdot \cos\left(\frac{2\pi k}{N - 1}\right) \quad .$$

Übung 7.10.

Entwerfen Sie ein differenzierendes FIR-Filter. Die Gewichtungskoeffizienten des Filters erhalten Sie durch Multiplikation der Koeffizienten

$$h_k = \begin{cases} -1^{|k|} f_A / k & k < 0 \\ 0 & k = 0 \\ -1^{|k|} f_A / k & k > 0 \end{cases}$$

mit einer geeigneten Fensterfunktion. Bestimmen Sie die Koeffizienten des differenzierenden FIR-Filters der Länge $N = 9$ für den Fall eines Hanning-Fensters

$$w_k = 0,5 - 0,5 \cdot \cos\left(\frac{2\pi k}{N - 1}\right)$$

und einer Abtastrate von 2 Hz.

8 DIGITALE REGELUNG

Beim Betrieb eines technischen Systems stellt sich die Aufgabe, das System so zu beeinflußen, daß es sich gemäß vorgegebener Anforderungen verhält. Im Falle der Regelung erfolgt die Beeinflussung durch eine spezielle Einrichtung, die bestimmte Systemgrößen erfaßt, mit den Anforderungswerten vergleicht und daraus die erforderlichen Stelleingriffe berechnet.

Zum Entwurf des Regelkreises muß das vorhandene System und der gewünschte Regelkreis beschrieben werden. (Kapitel 8.1) Dies beginnt mit der Formulierung der Anforderungen. Sie lassen sich entweder direkt als gewünschtes Regelkreisverhalten oder indirekt in Form eines Gütekriteriums modellieren. Um die Anforderungen durch einen Regler erfüllen zu können, sind Kenntnisse über das Verhalten des ungeregelten Systems erforderlich. Diese werden durch Modellbildung und Identifikation gewonnen.

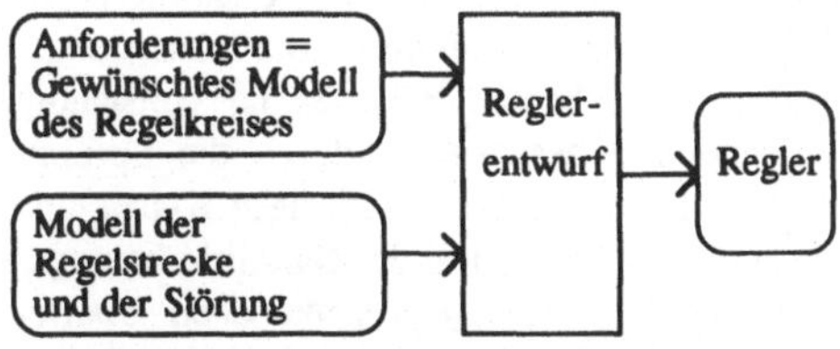

Abb. 8.1. Reglerentwurf

Die Lücke zwischen dem gewünschten Verhalten des Regelkreises und dem tatsächlichen Verhalten der Strecke wird dann durch den Entwurf des Reglers geschlossen.

Bei den parameteroptimierten Reglern (Kapitel 8.2) wird eine relativ einfache Reglerstruktur vorgegeben. Die Reglerparameter werden dann anhand von heuristisch ermittelten Regeln eingestellt. Bei den strukturoptimierten Reglern (Kapitel 8.3) werden sowohl Reglerstruktur als auch Reglerparameter optimal an die gegebene Strecke angepaßt.

8.1 REGELKREISBESCHREIBUNG

8.1.1 ANFORDERUNGEN AN DEN REGELKREIS

Die Anforderungen an einen Regelkreis werden oft so formuliert, daß bestimmte Systemgrößen vorgegebene Bedingungen erfüllen sollen. Die Ausgangsgröße soll beispielsweise einen festen Wert auch unter veränderlichen Bedingungen exakt einhalten, einem vorgegebenen Sollwertverlauf möglichst gut folgen oder einen bestimmten Güteindex optimieren.

Die dazu erforderliche Ansteuerung des Systems soll automatisch, d.h. ohne Zutun des Menschen durch eine selbsttätige technische Einrichtung erfolgen. Bei vollständiger Kenntnis des Systemverhaltens und ohne das Einwirken von Störungen wäre das Führungsproblem durch eine dem System vorgeschaltete Steuereinrichtung lösbar.

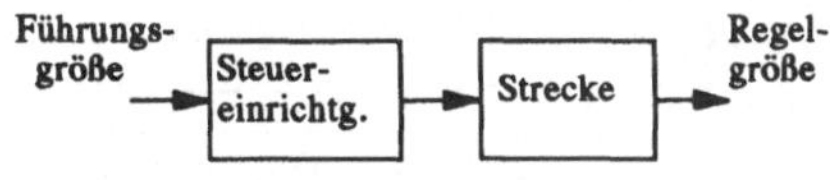

Abb. 8.2. Gesteuertes System als offene Wirkungskette

In praktischen Fällen ist das Systemverhalten nicht vollständig bekannt und es wirken unvorhersehbare äußere Störeinflüsse auf das System ein. Um auch unter diesen erschwerten Bedingungen das gesteckte Ziel zu erreichen, ist es erforderlich, die Ausgangsgröße zu beobachten, mit dem festen Sollwert oder dem veränderlichen Sollwertverlauf zu vergleichen und abhängig vom Ausgang des Vergleichs das System geeignet anzusteuern. Diese Aufgabe übernimmt die Regeleinrichtung. Infolge der Rückwirkung der Ausgangsgröße auf die Eingangsgröße entsteht eine rückgekoppelte Wirkungskette, der Regelkreis.

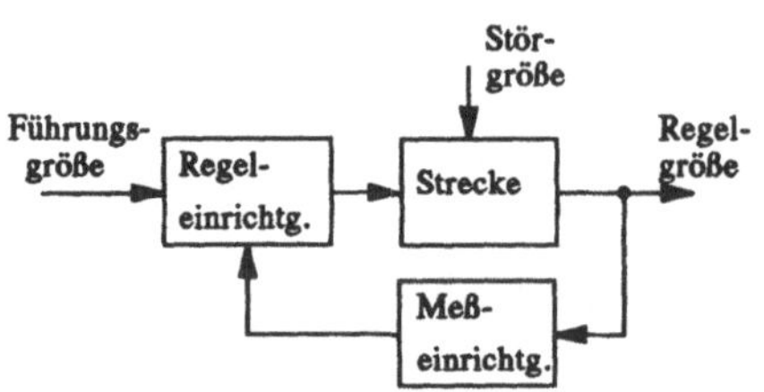

Abb. 8.3. Geregeltes System als geschlossener Wirkungskreis

Das zu regelnde System wird als Strecke bezeichnet. Die Erfassung der Ausgangsgröße erfolgt durch die Meßeinrichtung. Der Meßwert wird in der Regeleinrichtung mit der Führungsgröße verglichen und zur Berechnung der Stellgröße verwendet.

In detaillierter Darstellung ergibt sich das Blockschema eines Regelkreises nach DIN 19226 mit den verschiedenen Übertragungsgliedern und zeitveränderlichen Größen.

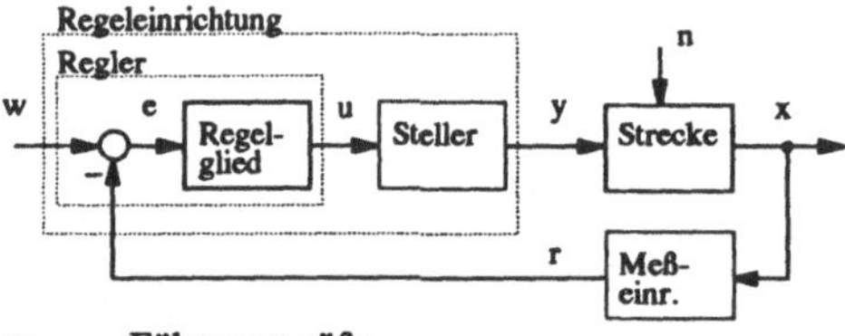

w: Führungsgröße
x: Regelgröße (geregelte Größe)
r: Rückführgröße (gemessene Regelgröße)
u: Reglerausgangsgröße
y: Stellgröße
n: Störgröße
e: Regeldifferenz (Soll-/Istwert-Differenz)
Regeleinrichtung: Regler + Steller
Regler: Vergleichsglied + Regelglied
Strecke beeinhaltet das Stellglied

Abb. 8.4. Standard-Regelkreis

Die Funktionsweise eines Regelkreises verdeutlicht folgende Überlegung. Verringert sich die Regelgröße aufgrund einer plötzlich auf-

tretenden Störung, so ergibt sich eine positive Regelabweichung. Der Regler erhöht die Stellgröße, woraufhin sich nach einer gewissen Reaktionszeit auch die Regelgröße am Ausgang der Strecke erhöht; die Regeldifferenz verschwindet. Vergleichbare Abläufe ergeben sich bei Veränderung der Führungsgröße.

Die Rückkopplung der Ausgangsgröße ist wegen unvollständiger Kenntnisse über das Systemverhalten und die Störung erforderlich. Sie führt auf ein grundlegendes Problem das untrennbar mit dem rückgekoppelten Regelkreis verbunden ist, das Stabilitätsproblem. Wenn z.B. im obigen Regelkreis die Erhöhung der Stellgröße durch den Regler zu stark ausfällt, wird die Ausgangsgröße auf einen zu großen Wert ansteigen. Dies hat eine negative Regelabweichung zur Folge, die der Regler nun durch eine Verringerung der Stellgröße auszugleichen versucht. Bei ungünstiger Konstellation kann es somit zu einer anwachsenden Schwingung der Regelgröße kommen. Ein solches instabiles Verhalten des Regelkreises ist unbrauchbar. Es zu verhindern, ist eine wichtige Aufgabe des Reglerentwurfs.

Wie läßt sich aber die Stabilität eines Sytems überprüfen? Bei einem linearen zeitinvarianten System ist die grundsätzliche Reaktion unabhängig von der Amplitude der Anregungsfunktion. Das Systemverhalten ist vollständig und eindeutig beschrieben durch die Sprungantwort. Sie kann daher für diese Klasse von Systemen zur Definition der Stabilität herangezogen werden. Auch aus praktischen Überlegungen ist die Sprungantwort als Stabilitätskriterium gut geeignet, da eine sprungartige Änderung der Führungsgröße einen häufig vorkommenden und zugleich harten Belastungsfall darstellt.

Nach einem Sollwertsprung reagiert ein System mit einem schwingenden oder aperiodischen Einschwingvorgang. Strebt die Sprungantwort mit wachsender Zeit gegen einen festen Wert, so ist das System (sprungantwort-) stabil.

Wächst dagegen die Sprungantwort immer weiter an oder oszilliert mit immer größer werdender Amplitude, ist das System instabil.

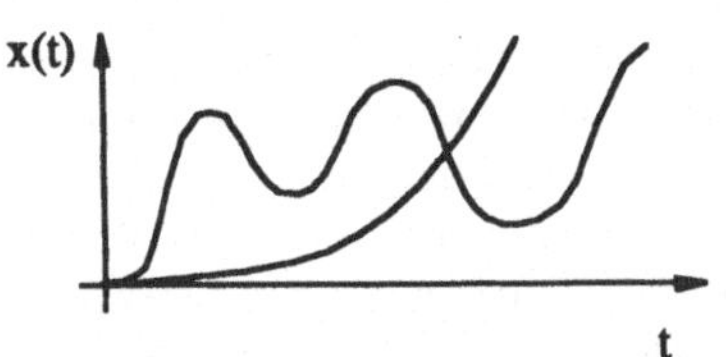

Abb. 8.5. Sprungantworten instabiler Systeme

Diese Definition der Stabilität kann an einem realen System durch sprungartige Änderung der Führungsgröße gut überprüft werden. Verläuft die Ausgangsgröße mit wachsender Zeit gegen einen endlichen Wert und ändert sich dann nicht mehr, so ist das System stabil. Ist eine praktische Prüfung nicht möglich, läßt sich die Sprungantwort auch aus einem theoretischen Modell (z.B. der Übertragungsfunktion) ermitteln.

Die Stabilität ist die grundlegende Anforderung, die jeder Regelkreis erfüllen muß. Darüber hinaus gibt es einige quantitative Kriterien mit denen sich die Güte einer Regelung beurteilen läßt.

Damit ein Regelkreis die Aufgabe der Festwert- oder Folgeregelung erfüllt, muß die Regelgröße nicht nur gegen irgend einen beliebigen stationären Wert konvergieren, sondern die Regelgröße soll möglichst gut mit der Führungsgröße übereinstimmen. Als Maß für die Übereinstimmung kann die Abweichung zwischen der Führungsgröße w und dem stationären Endwert x_∞ der Regelgröße verwendet werden.

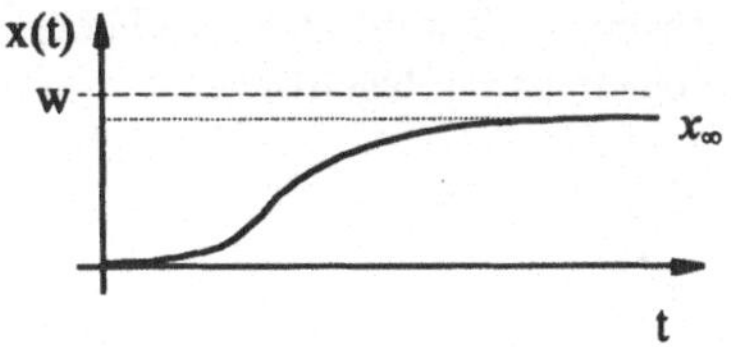

Abb. 8.6. Bestimmung der stationären Genauigkeit

Je genauer der stationäre Endwert mit dem Sollwert übereinstimmt, um so höher ist die

stationäre Genauigkeit. Nicht in jeder Anwendung wird eine exakte Übereinstimmung gefordert, sondern oft ist eine gewisse Toleranz zulässig. Oft ist auch kein konstanter Endwert gefordert, sondern es sind stabile Schwingungen begrenzter Amplitude um den Endwert zugelassen. Diese treten z.B. bei vielen nichtlinearen Reglern auf und es wird dann der Mittelwert der Schwingungen zur Beurteilung der stationären Genauigkeit herangezogen.

Die Messung der stationären Genauigkeit enthält keine Aussage darüber, wann der Endwert erreicht wird. In praktischen Anwendungen genügt es natürlich nicht, wenn der stationäre Endwert für $t \to \infty$ angenommen wird. Vielmehr muß die Sprungantwort des Regelkreises genügend schnell zumindest in der Nähe des Endwertes sein. Neben der Stabilität und der stationären Genauigkeit muß deshalb auch die *Schnelligkeit* des Regelkreises als wichtiges Kriterium beachtet werden. Es sind verschiedene Maßzahlen für die Schnelligkeit denkbar, wie die Grenzfrequenz oder die dominierende Zeitkonstante der Übertragungsfunktion. Einfacher zu bestimmen sind Maßzahlen, die auf der Sprungantwort basieren. Geeignete Parameter der Sprungantwort sind z.B. die maximale Anstiegsgeschwindigkeit der Regelgröße oder die benötigte Zeit bis zum erstmaligen Erreichen eines Toleranzbandes um den stationären Endwert (Anregelzeit).

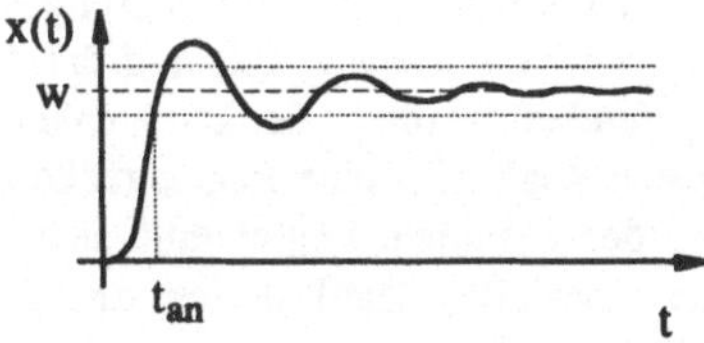

Abb. 8.7. Anregelzeit als Maß für die Schnelligkeit

Die Schnelligkeit eines Regelkreises kann durch eine Reihe von Maßnahmen beeinflußt werden, so z.B. durch Erhöhung der Verstärkung oder durch Einführung differenzierender Anteile. Einer beliebigen Erhöhung der Schnelligkeit sind aber Grenzen gesetzt. Je mehr die Schnelligkeit erhöht wird, desto stärker neigt der Regelkreis zu Schwingungen, die im Grenzfall sogar zu instabilem Verhalten übergehen. Weder Instabilität noch allzu große Schwingungsvorgänge sind bei einem Regelkreis brauchbar, so daß als vierte Anforderung die ausreichende *Dämpfung* des Übergangsverhaltens hinzukommt. Auch sie kann anhand der Sprungantwort beurteilt werden, indem man z.B. die Höhe des größten Überschwingers oder die Zeit bis zum endgültigen Eintauchen in das Toleranzband um den Endwert (Ausregelzeit) als Meßgröße heranzieht.

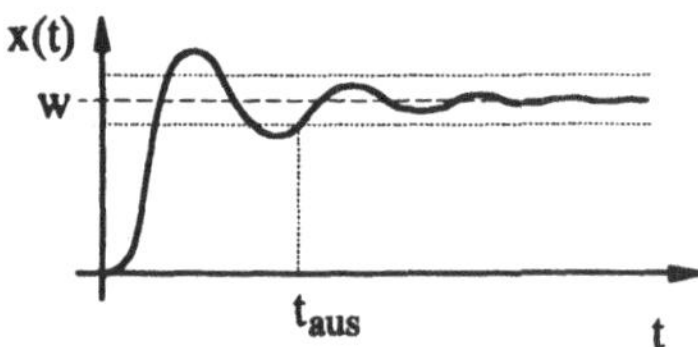

Abb. 8.8. Ausregelzeit als Maß für die Dämpfung

Aus der Herleitung der Dämpfung als wichtiges Gütekriterium wird bereits klar, daß sie in Konflikt zur Forderung der Schnelligkeit steht. Viele praktische Einsatzfälle und auch die theoretischen Analyse- und Entwurfsmethoden haben gezeigt, daß auch die stationäre Genauigkeit nicht unabhängig von den übrigen Anforderungen einstellbar ist. Beim Entwurf eines Regelkreises muß daher immer ein Kompromiß zwischen den Anforderungen der Schnelligkeit, der Genauigkeit und der Dämpfung gefunden werden. Es kann daher nicht den besten Regler für eine Regelstrecke geben, sondern der geeignete Regler muß sich immer aus den speziellen Zielkriterien des Anwendungsfalles ergeben.

Die Anforderungen an den Regelkreis wurden bis hierher neben der grundlegenden Forderung der Stabilität qualitativ beschrieben (möglichst schnell, gut gedämpft, hinreichend genau). Für die konkrete Umsetzung dieser Forderungen mit einem Regler ist eine präzisere, mathematisch handhabbare Formulierung hilfreich. Die Anforderungen werden dazu mit Hilfe von Güteparametern meßbar gemacht. Als Maß für die Schnelligkeit ist beispielsweise

die Anregelzeit, als Maß für die Dämpfung die Ausregelzeit geeignet. Da jedes Anforderungskriterium immer nur auf Kosten der übrigen Kriterien zu optimieren ist, muß sich eine geeignete Formulierung aus einem Kompromiß der Einzelanforderungen zusammensetzen. In vielen Anwendungsfällen ist keine Optimalität gefordert, sondern es genügt, wenn der Regelkreis Begrenzungen hinsichtlich der Güteparameter einhält. Typische derartige Begrenzungen stellen z.B. Einschränkungen der maximal zulässigen Regelabweichung, der maximal zulässigen Stellgröße oder einer begrenzten Überschwingweite dar. Sind die Einschränkungen nicht zu eng gefaßt, ist der meist auf Erfahrungen mit ähnlichen Aufgabenstellungen basierende Reglerentwurf unproblematisch. Im allgemeinen gibt es mehrere unterschiedliche Regler, die geeignete Werte der Güteparameter liefern. Obwohl ein solcher Entwurf sehr einfach ist und eine weitergehende Optimierung vielfach keinen zusätzlichen praktischen Nutzen bringt, verbleibt der negative Eindruck einer unsystematischen Entwurfsmethodik und des möglichen Verschenkens von Optimierungsspielraum.

Soll der Optimierungsspielraum voll ausgeschöpft werden und der Entwurf möglichst systematisch erfolgen, müssen die Anforderungen als Gütekriterium formuliert werden, das dann zu optimieren ist. Dieses Gütekriterium kann zum Beispiel eine Funktion der zuvor eingeführten Güteparameter sein

$$J = J\left(t_{an}, t_{aus}, \frac{x_\infty - w}{w}\right) .$$

Neben einer Vielzahl anderer Gütekriterien hat die quadratische Regelfläche

$$J = \sum_{k=0}^{N} e_k^2$$

eine gewisse Bedeutung erlangt, da sie in mathematisch gut handhabbarer Weise die Tatsache zum Ausdruck bringt, daß ein Regelkreis um so besser ist, je geringer die Regelabweichung zu allen Zeitpunkten ist. Je nach praktischer Aufgabenstellung sind oft eine Reihe zusätzlicher Faktoren im Gütekriterium zu berücksichtigen, wie zum Beispiel zeitabhängige Gewichtung, nichtquadratische Kostenfunktionen, begrenzte Stell- und Regelsignale.

Ohne hier auf Details näher einzugehen, kann der Entwurf optimaler digitaler Regler als Minimierung eines Gütekriteriums der Form

$$J = \sum_{k=0}^{N} l_k\left(x_k, w_k, y_k, P_J\right)$$

beschrieben werden. Dabei sind $k \cdot T_A$ die Abtastzeitpunkte, P_J mögliche Gewichtungsparameter mit denen die Zusammensetzung des Gütekriteriums aus Einzelanforderungen festgelegt wird und w_k, x_k, y_k die Abtastwerte der Führungs-, Regel- und Stellgröße. Um ein solches Kriterium durch geeignete Wahl der Stellsignale minimieren zu können, muß die Auswirkung von y_k auf x_k, also das Modell der Regelstrecke bekannt sein.

8.1.2 MODELLIERUNG DER REGEL-STRECKEN

Die in Natur und Technik vorkommenden Systeme sind durch eine große Vielfalt gekennzeichnet. Verschiedene Kriterien sind zur Ordnung dieser Vielfalt geeignet. Nach der Art der Stoff- und Energieströme kann z.B. unterschieden werden zwischen mechanisch-translatorischen, mechanisch-rotatorischen, elektrischen, hydraulischen, pneumatischen und thermischen Vorgängen. Auch innerhalb dieser Kategorien finden sich große Unterschiede hinsichtlich der Größenordnungen der Wertebereiche der physikalischen Größen und hinsichtlich der Art der Wechselwirkungen zwischen den verschiedenen Systemteilen.

Trotz der großen Unterschiede stellt man auf einer bestimmten Abstraktionsebene wesentliche Gemeinsamkeiten zwischen physikalisch unterschiedlichen Systemen fest. Die Entdeckung solcher Gemeinsamkeiten führte zur Entstehung der Systemtheorie als fachübergreifende Wissenschaft zur Beschreibung des Aufbaus

und des Verhaltens von Systemen /Wunsch 1985/. Auch die Regelungstechnik und in einem weiter gefaßten Anspruch die Kybernetik als Wissenschaft zur gezielten Beeinflußung von Systemen verdankt ihren fachübergreifenden Charakter dem Vorhandensein grundlegender Systemmerkmale, die unabhängig von der speziellen Erscheinungsform sind.

Die Untersuchung vieler physikalischer Systeme hat gezeigt, daß sie alle aus nur wenigen Elementarkomponenten zusammengesetzt sind. Hierzu gehören:

- *statische Kennlinienelemente*, die einen zeitunabhängigen Zusammenhang zwischen dem Momentanwert der Eingangsgröße und der Ausgangsgröße herstellen. Für den Spezialfall eines linearen Zusammenhangs erhält man Proportionalelemente.
- *Speicherelemente*: Sie sind in der Lage, Energie oder Stoffströme (vorübergehend) zu speichern und später wieder abzugeben. Die Ausgangsgröße ergibt sich als Integral der Eingangsgröße.
- *Totzeitelemente*: Die Eingangsgröße wird um einen bestimmten zeitlichen Abstand verschoben, aber ansonsten unverändert als Ausgangsgröße weitergegeben. Das Vorhandensein von Speicherelementen oder Totzeiten ist für das Auftreten dynamischer Vorgänge im System verantwortlich.
- *Überlagerungen mehrerer Eingänge*: Im Gegensatz zu den anderen Elementen besitzen sie zwei (oder mehr) Eingangsgrößen. Die Ausgangsgröße ist die Überlagerung der Eingänge. Beispiele sind additive oder multiplikative Überlagerungen.

Praktisch alle real existierenden Systeme weisen Nichtlinearitäten, wie z.B. Begrenzungen, Totzonen und Hysteresen auf. Da aber viele Systeme nur in der näheren Umgebung eines Arbeitspunktes betrieben werden, kann man viele Nichtlinearitäten im Arbeitspunkt linearisieren. Ein lineares und zeitinvariantes System kann im Zeitbereich durch seine Sprungantwort oder im Frequenzbereich durch den Frequenzgang vollständig beschrieben werden. Für diese Darstellungsarten stehen eine Reihe leistungsfähiger Analyse- und Synthesemethoden zur Verfügung.

Statische nichtlineare Systeme werden im vorliegenden Buch durch die Ein-/Ausgangskennlinie in einem Rechteck mit angesetztem Dreieck zur Anzeige der Wirkungsrichtung symbolisiert. Dynamische lineare Elemente werden durch ihre Übergangsfunktion in einem Rechteck dargestellt. Für die elementaren Komponenten erhält man folgende Symbole:

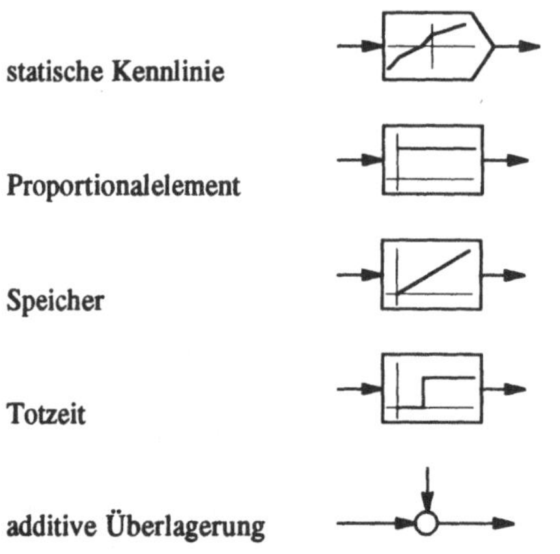

statische Kennlinie

Proportionalelement

Speicher

Totzeit

additive Überlagerung

Abb. 8.9. Darstellung der Grundelemente

Jedes System kann man sich aus diesen elementaren Komponenten zusammengesetzt denken. Durch unterschiedliche Anordnungen kann es natürlich eine sehr große Zahl unterschiedlicher Systeme geben. Aber auch hier stellt man fest, daß in der Praxis einige wenige Anordnungsmuster immer wieder vorkommen, nämlich die Reihenschaltung, die Parallelschaltung und die Rückkopplung.

Proportionale Verzögerungssysteme. Von großer praktischer Bedeutung sind Verzögerungselemente. Sie entstehen durch die Gegenkopplung eines Speichers mit einem Proportionalelement. Da die Gegenkopplung die integrierende Wirkung des Speichers ausgleicht, spricht man auch von Systemen mit Ausgleich.

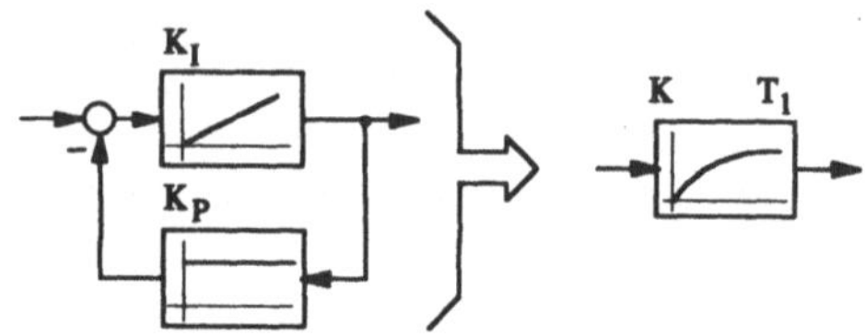

Abb. 8.10. Verzögerung 1. Ordnung

Nach einer sprungartigen Änderung der Eingangsgröße verhält sich ein Verzögerungselement zunächst wie ein Integrierer: die Ausgangsgröße steigt stetig an. Mit anwachsender Ausgangsgröße kommt die Gegenkopplung immer stärker zum Tragen, bis sie die integrierende Wirkung vollständig ausgleicht und die Ausgangsgröße gegen einen festen Wert strebt. Der Endwert der Einheitssprungantwort ist durch die Proportionalitätskonstante

$$K = \frac{1}{K_P}$$

bestimmt. Die Zeitkonstante T_1 ergibt sich als

$$T_1 = \frac{1}{K_P K_I} \quad .$$

Ein Verzögerungselement 2. Ordnung entsteht durch die Reihenschaltung zweier Verzögerungen 1. Ordnung.

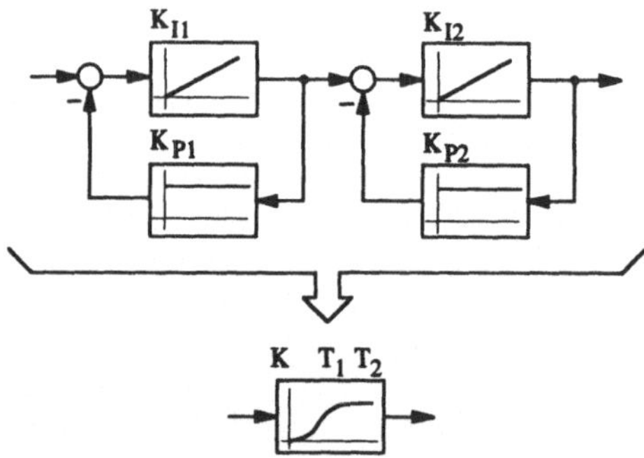

Abb. 8.11. Verzögerung 2.Ordnung

Die Sprungantwort der Verzögerung 2. Ordnung steigt zunächst langsam, dann schneller an und nähert sich aperiodisch dem stationären Endwert.

Werden die beiden Verzögerungen zusätzlich durch eine äußere Rückkopplung mit einem Proportionalelement verbunden, kann ein schwingungsfähiges System entstehen. Durch die Werte der Proportional- und Integralkonstanten wird festgelegt, ob das System einen aperiodischen Verlauf $(d \geq 1)$ oder einen schwingenden Verlauf $(d < 1)$ besitzt.

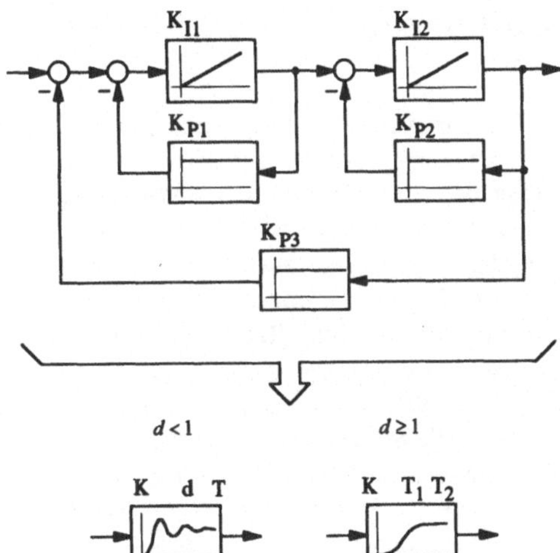

$$d < 1 \qquad\qquad d \geq 1$$

Abb. 8.12. Schwingungsfähige Verzögerung 2.Ordnung

Die Proportionalitätskonstante des Systems lautet:

$$K = \frac{1}{K_{P3} + K_{P1}K_{P2}} \quad .$$

Das Verhalten eines schwingungsfähigen Systems wird im wesentlichen durch die Dämpfung

$$d = \frac{\sqrt{K}}{2}\left(K_{P1}\sqrt{\frac{K_{I2}}{K_{I1}}} + K_{P2}\sqrt{\frac{K_{I1}}{K_{I2}}}\right)$$

bestimmt. Ist die Dämpfung größer als 1 verhält sich dieses System wie die Reihenschaltung zweier Verzögerungen 1. Ordnung mit den beiden Zeitkonstanten

$$T_1 = \left(d + \sqrt{d^2 - 1}\right)T$$
$$T_2 = \left(d - \sqrt{d^2 - 1}\right)T \quad .$$

Das System zeigt aperiodisches Verhalten. Wird die Dämpfung kleiner als 1, treten Schwingvorgänge mit der Zeitkonstanten

$$T = \sqrt{K \cdot K_{I1}K_{I2}}$$

auf, so daß die Sprungantwort Überschwinger aufweist, die mit sinkender Dämpfung d größer werden und langsamer abklingen. Für $d = 0$ sind die Schwingvorgänge ungedämpft. Einmal angeregte Schwingungen klingen dann nicht mehr ab. An der Definition für d erkennt man, daß ein ungedämpftes System entsteht, wenn keine innere Gegenkopplungen vorhanden ist ($K_{p1} = 0$, $K_{p2} = 0$).

Beispiel 8.1. Gleichstrommotor.
Gegeben sei eine Gleichstrommaschine mit konstanter Fremderregung. Die Maschine enthält einen elektrischen und einen mechanischen Energiespeicher.
Elektrische Energie wird in der Ankerwicklung des Motors gespeichert. Der elektrische Kreis besteht aus dem Widerstand und der Induktivität der Ankerwicklung. Zusätzlich ist die durch die Drehung des Motors induzierte Spannung im elektrischen Kreis wirksam.

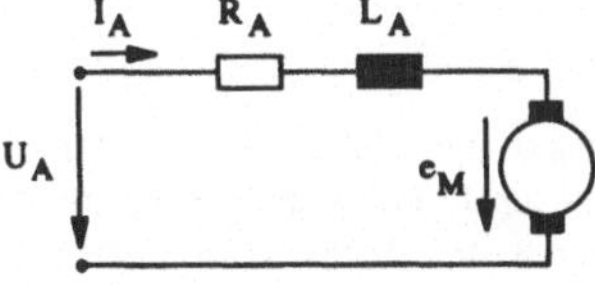

Abb. 8.13. Elektrischer Kreis eines Gleichstrommotors

Mit der Ankerspannung U_A und dem Ankerstrom I_A kann der elektrische Kreis beschrieben werden als

$$L_A \cdot \dot{I}_A = U_A - e_M - R_A \cdot I_A \ .$$

Die induzierte Spannung e_M hängt von der Drehzahl des Motors und von der Erregung ab, die hier als konstante Fremderregung angenommen wird

$$e_M = K_B \cdot \Phi_B \cdot \omega \ .$$

Die mechanische Energie wird in den rotierenden Teilen des Motors und der Last gespeichert. Die Drehzahl des Motors hängt ab vom Antriebsmoment des Motors, vom Lastmoment und von einer drehzahlproportional angenommenen Reibung:

$$\left(\Theta_M + \Theta_L\right) \cdot \dot{\omega} = M_A - M_L - K_D \cdot \omega \ .$$

Das Antriebsmoment des Motors ist proportional zum Ankerstrom und zur Erregung:

$$M_A = K_T \cdot \Phi_B \cdot I_A \ .$$

Aus der Zusammenfassung dieser Gleichungen erhält man das Strukturbild des Gleichstrommotors mit konstanter Fremderregung.

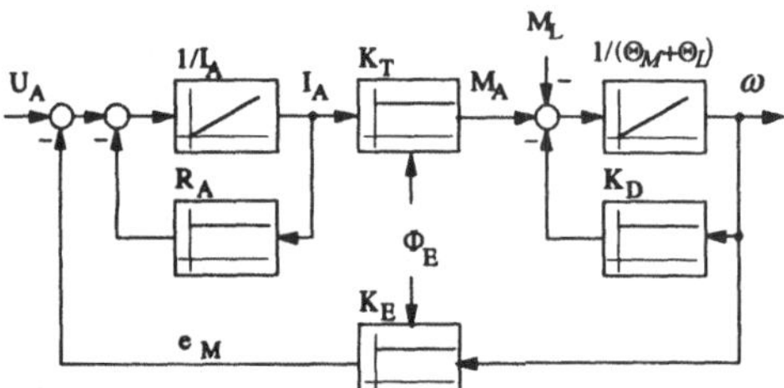

Abb. 8.14. Strukturbild des konstant erregten Gleichstrommotors

Man erkennt den elektrischen Teil und mechanischen Teil als je ein Verzögerungssystem 1. Ordnung. Durch die Rückwirkung der mechanischen Drehzahl auf den elektrischen Kreis in Form der induzierten Gegenspannung entsteht ein Verzögerungssystem 2. Ordnung, das bei genügend großer Konstante K_E schwingungsfähig ist.   □

Eine weitere Vervielfachung der möglichen Kombinationen erhält man durch Reihen- oder Parallelschaltung von Komponenten. Die Reihenschaltung mehrerer Verzögerungen liefert ein Verzögerungsverhalten höherer Ordnung:

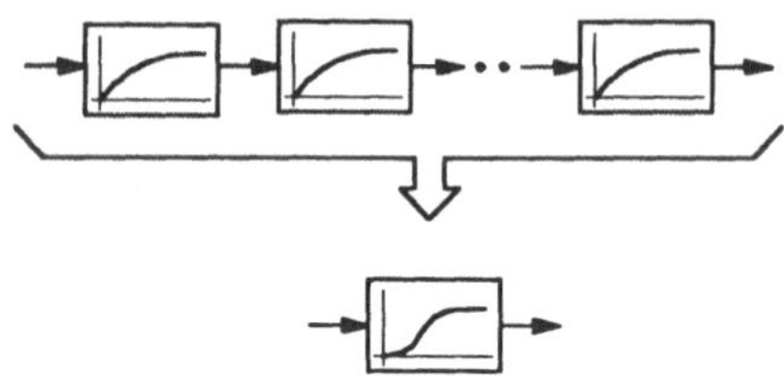

Abb. 8.15. Verzögerungssystem höherer Ordnung

Die Sprungantwort einer Verzögerung höherer Ordnung reagiert zunächst nur wenig, steigt dann schneller an und strebt schließlich einem festen Grenzwert zu. In der Praxis sind Verzögerungen und auch Reihenschaltungen von Verzögerungen sehr oft zu finden. Werden an die Qualität einer Regelung keine extrem hohen Anforderungen gestellt, ist die exakte Kenntnis aller Systemparameter nicht erforderlich. Die Sprungantwort und damit auch das Systemverhalten kann durch wenige Parameter beschrieben werden. Verzögerungssysteme höherer Ordnung können als Reihenschaltung einer Totzeit T_u und einer Verzögerung 1. Ordnung mit der Ausgleichszeit T_g approximiert werden.

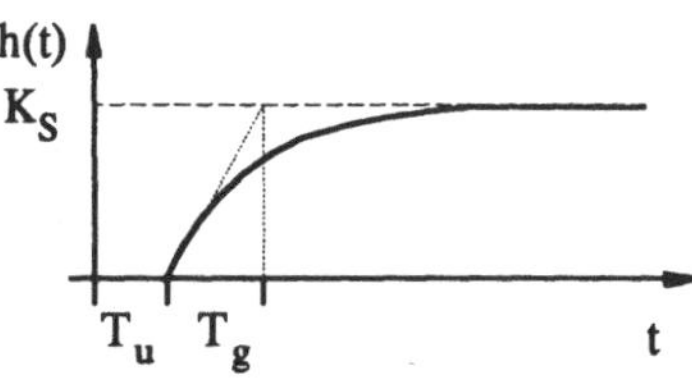

Abb. 8.16. Sprungantwort der Reihenschaltung einer Totzeit T_u und einer Verzögerung 1. Ordnung (T_g)

Das Systemverhalten kann also durch drei Parameter beschrieben werden: den *proportionalen Beiwert* K_S, die *Verzugszeit* T_u und die

Ausgleichszeit T_g. Die drei Parameter können aus der gemessenen Sprungantwort bestimmt werden. /Samal, Becker 1993/. Der Übertragungsbeiwert K_s entspricht dem stationären Endwert der Sprungantwort. Die Verzugszeit T_u und die Ausgleichszeit T_g können entweder durch Anlegen der Wendetangente oder durch Bestimmung der Zeitprozentkennwerte, also der Zeitpunkte, an denen die Sprungantwort vorgegebene Schwellwerte (z.B. 10%, 50% und 90% des Endwertes) überschreitet, bestimmt werden.

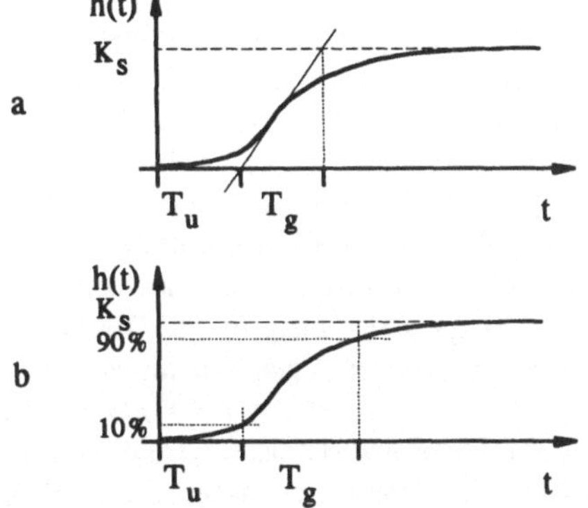

Abb. 8.17. Bestimmung von Ersatzzeitkonstanten T_u und T_g
    a) mit Hilfe der Wendetangente
    b) mit Hilfe von Zeitprozentkennwerten

Sind die Zeitkonstanten eines Systems im einzelnen bekannt (z.B. aufgrund einer theoretischen Modellbildung) kann daraus eine Ersatz-Verzugszeit und eine Ersatz-Ausgleichszeit berechnet werden /Samal, Bekker 1993, S.110ff/.

Tabelle 8.1. Bestimmung der Ersatzzeitkonstanten für Verzögerungssysteme höherer Ordnung

	$T_1 > T_2 > > T_s = T_3 + T_4 + .. + T_N$		
	$T_s > 0,\ T_2 > 0$	$T_s = 0$	$T_2 = 0$
$T_u =$	$T_s + \dfrac{T_2}{1 + 3T_2\,/\,T_1}$	$\dfrac{T_2}{1 + 3T_2\,/\,T_1}$	T_s
$T_g =$	$T_1 + T_2$	$T_1 + T_2$	T_1

Die Parameter des PT_uT_g-Modells als vereinfachte Beschreibung komplexerer realer Systeme können also aus der gemessenen Sprungantwort oder aus den Parametern des Systems bestimmt werden. Neben einer vereinfachten Beschreibung des Systemverhaltens sind die Parameter K_s, T_u und T_g auch zur Beurteilung der Regelbarkeit geeignet. Nicht zuletzt deswegen wurden diese Parameter zur Beschreibung des Systemverhaltens gewählt. Praktische Erfahrungen haben gezeigt, daß das Verhältnis T_u/T_g ganz wesentlich die Regelbarkeit eines Systems festlegt. Je kleiner die Verzugszeit T_u (im Vergleich zur Ausgleichszeit T_g) ist, desto besser ist ein System regelbar, bzw. desto geringer ist der erforderliche Aufwand, um eine bestimmte Güte der Regelung zu erreichen. Die folgende Tabelle gibt eine grobe Einteilung: /Merz, Jaschek, 1990, S. 100/, /Samal, Becker 1993, S.92/.

Tabelle 8.2. Regelbarkeit und Regelaufwand in Abhängigkeit des Verhältnisses $T_u\,/\,T_g$

Tu/Tg	Regelbarkeit	Regelaufwand
< 0,1	sehr gut regelbar	gering
0,1-0,2	gut regelbar	mittel
0,2-0,4	noch regelbar	groß
0,4-0,8	schlecht regelbar	sehr groß
> 0,8	kaum regelbar	besond. Maßnahmen

Je nach physikalischer Natur der Vorgänge in einem System gibt es sehr unterschiedliche Wertebereiche für die Verzugs- und Ausgleichszeit. Je größer die zu bewegenden Stoff- und Energieströme sind, desto größer sind auch die Zeitkonstanten. Die folgende Tabelle gibt einen Überblick über die Zeitkonstanten bei verschiedenen technischen Prozessen: /Oppelt 1972; Samal, Becker 1993/

Tabelle 8.3. Größenordnung der Zeitwerte bei verschiedenen Prozeßtypen

Prozeßtyp	T_u	T_g
Temperatur	0,5-10 min	5-60 min
elektr. Generatoren	-	1-10 sec
Druckregelung	-	0,1-100 sec
Durchflußreg.	0-5 sec	0,2-10 sec
Drehzahl	-	0,2-40 sec

Integrierende Systeme. Die bisher vorgestellten Systemkombinationen besitzen Sprungantworten, die mit wachsender Zeit gegen einen festen und endlichen Wert streben. Sie besitzen also ein proportionales Verhalten. Man spricht auch von Systemen mit Ausgleich, da die Wirkung eines Integrierers durch die negative Rückkopplung über Proportionalelemente ausgeglichen wird.

Enthält ein System nichtrückgekoppelte Speicher, findet kein Ausgleich statt. Die Sprungantwort wächst immer weiter an, bzw. geht bei einem realen System in die Begrenzung.

Beispiel 8.2. Beschleunigungsvorgang
Ein Raumschiff befinde sich im Weltraum außerhalb der Wirkung einer Schwerkraft. Die Triebwerke des Raumschiffes erzeugen eine konstante Schubkraft F.

Abb. 8.18. Raumschiff als beschleunigtes reibungsfreies System

Das Raumschiff besitzt eine Masse m, die einen Speicher für mechanische Bewegungsenergie bildet. Unter der Annahme idealer Verhältnisse entsteht keine Reibung. Die dynamische Bewegung des Raumschiffs wird daher durch das Beschleunigungsgesetz

$$m \cdot \dot{v} = F$$

vollständig beschrieben. Hinsichtlich seines dynamischen Bewegungsverhaltens stellt das Raumschiff einen nichtrückgekoppelten Integrierer dar. Bei konstanter Schubkraft wird die Geschwindigkeit des Raumschiffs linear ansteigen.

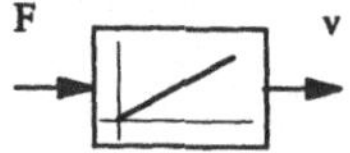

Abb. 8.19. Strukturbild der Raumschiffdynamik

□

Differenzierende Systeme. Eine weitere Systemkategorie entsteht durch ein Speicherelement im Rückkopplungszweig:

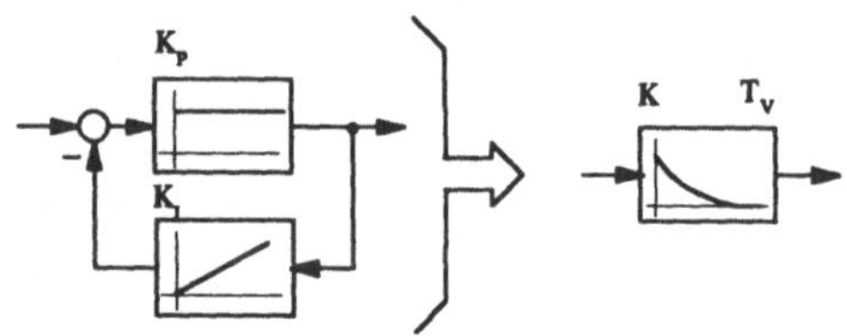

Abb. 8.20. Vorhaltelement

Auf eine sprungartige Änderung des Einganges reagiert auch der Ausgang zunächst mit einem Sprung, dessen Höhe durch K_P bestimmt ist. Mit fortschreitender Zeit wächst der Ausgang des Integrierers an, was über die negative Rückkopplung einen Rückgang des Systemausgangs bewirkt. Im stationären Fall verschwindet der Eingang des Integrierers. Die Sprungantwort strebt daher gegen den festen Wert 0. Je größer die Verstärkung im Vorwärtszweig ist, desto höher und schmäler wird die Sprungantwort. Sie nähert sich daher einem Dirac-Impuls. Dieses als *Vorhaltelement* bezeichnete System ähnelt mit wachsender Verstärkung immer mehr einem Differenzierer. Das ideale Differenzierverhalten kann aber aufgrund von Realisierbarkeitseinschränkungen nie erreicht werden, weshalb man das Vorhaltelement auch als einen *realen Differenzierer* bezeichnen kann.

Tabelle 8.4. Einteilung der Systemcharakteristiken

System-charakteristik	Endwert der Sprungantwort	Systemstruktur
I-Verhalten	ohne Ausgleich	Speicher ohne Gegenkopplung
P-Verhalten	mit Ausgleich	Speicher mit Gegenkopplung
D-Verhalten	mit Ausgleich	Speicher in der Gegenkopplung

Parallelschaltungen. Bei der Realisierung von Reglern wird meist eine weitere Anordnungsmöglichkeit für Systemelemente angewendet, nämlich die Parallelschaltung. Der Reglerausgang kann im allgemeinen einen proportionalen, einen integralen und einen differenzierenden Anteil enthalten. Er wird realisiert durch die Parallelschaltung eines Proportionalelements, eines Speichers und eines realen Differenzierers.

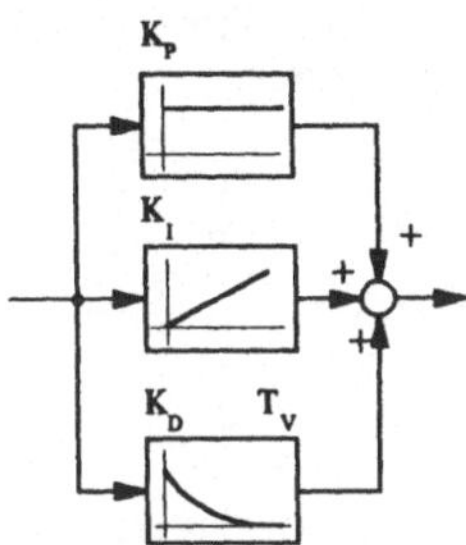

Abb. 8.21. PID-Regler

Durch Weglassen bestimmter Zweige können aus diesem (realen) PID-Regler verschiedene andere Regler (P, I, PI, PD) als Spezialfälle gewonnen werden.

Zur Realisierung von Reglern höherer Ordnung werden allgemeine rationale Übertragungsfunktionen benötigt. Sie entstehen durch Reihen- und Parallelschaltung der bis jetzt vorgestellten Komponenten.

Modellbildung. Wie die bisherigen Ausführungen gezeigt haben, kann man sich Systeme als strukturierte Anordnungen weniger Elementarkomponenten vorstellen. Grundelemente sind statische Kennlinien, Speicher, Totzeiten und Überlagerungen mehrerer Größen. Sie können durch Reihenschaltung, Parallelschaltung oder Rückkopplung miteinander kombiniert werden. Um das Verhalten eines beliebigen Systems zu modellieren, kann man die vorhandenen Grundelemente lokalisieren und deren gegenseitige Wechselwirkung analysieren. Die dazu benötigten Methoden sind die Strukturierung und die Abstraktion. Bei der Abstraktion werden die für jeden Realitätsbe-

reich unterschiedlichen Eigenschaften vernachlässigt. Will man beispielsweise das Beschleunigungsverhalten eines Autos modellieren, sind Details wie Wagentyp, Preis, Innenausstattung oder Farbe unwesentlich. Es genügt, sich auf die Kenntnis der Masse, der Leistungskennlinie des Motors und der Übersetzung des Getriebes zu beschränken. Die Konzentration auf die wesentlichen Aspekte läßt die für die Verhaltensmodellierung des Systems maß-gebenden Grundelemente Kennlinie, Speicher, Totzone und Überlagerung hervortreten. Bei dem erwähnten Fahrzeugmodell wären dies z.B. bewegte Massen als Impulsenergiespeicher, Getriebe und Räder als Elemente mit proportionaler Geschwindigkeitsumsetzung.

Wenn allen Grundelementen eine eindeutige Wirkungsrichtung zugeordnet werden kann, lassen sich die Eingangs- und Ausgangsgrößen definieren. Entsprechend der Systemstruktur ist die Ausgangsgröße der einen Komponente die Eingangsgröße einer anderen. Gemäß diesem Wirkungsgefüge kann dann aus dem bekannten Verhalten der Grundelemente das Verhalten des Systems zusammengesetzt werden.

Die Annahme einer eindeutigen Wirkungsrichtung ist bei manchen Elementen durch einen gerichteten Systemcharakter vorgegeben. Bei der Bewegung eines Gegenstandes über eine rauhe Unterlage entsteht Wärme. Die Bewegung ist die Eingangsgröße, die entstehende Wärme ist die Ausgangsgröße dieses Systems. Wegen der Irreversibilität der Wandlung von kinetischer Energie in Wärme hat man eine gerichtete Charakteristik. Eine Umkehrung der Wirkungsrichtung ist nicht möglich: der Gegenstand kann noch so stark erhitzt werden, er wird dadurch nicht in eine gerichtete Bewegung zu versetzen sein.

Relativ wenige Systeme weisen eine gerichtete Charakteristik auf. Die Art der äußeren Beeinflußung legt aber auch bei ungerichteten Systemen eine Wirkungsrichtung fest. Indem man bestimmte Größen von außen vorgibt, hat man unabhängige (Eingangs-) Größen und von diesen abhängige, auf die Umgebung zurückwirkende (Ausgangs-) Größen. Die Unterscheidung zwischen Eingangs- und Ausgangsgrößen wird also bei ungerichteten Systemen nicht durch die Systemcharakteristik, sondern durch die Umgebung des Systems festgelegt. Eine an einen elektrischen Widerstand angelegte Spannung verursacht einen bestimmten Stromfluß. Genausogut kann aber auch die Stromstärke als unabhängige Größe durch eine Stromquelle vorgegeben werden.

Entsprechend der Vielfalt physikalischer Phänomene gibt es eine große Vielfalt von Gesetzmäßigeiten, welche das Verhalten von Komponenten beschreiben. Man denke z.B. an die verschiedenen Zusammenhänge bei elektromagnetischen Erscheinungen, bei mechanischen Bewegungen, bei thermischen Vorgängen oder gar an das Verhalten informationeller, ökonomischer oder soziologischer Systeme. Abstrahiert man aber von der jeweiligen physikalischen Bedeutung der Systemgrößen, so finden sich einige wenige, immer wiederkehrende mathematische Beschreibungsformen. Dies ermöglicht dann die folgende einheitliche Betrachtungsweise der Modellbildung.

In jedem System lassen sich Flußgrößen und Potentialgrößen unterscheiden. In der Elektrotechnik sind dies Spannung und Strom, in der Mechanik Kraft und Bewegung, in der Hydraulik Durchfluß und Druck und in der Thermodynamik Wärmestrom und Temperatur (-differenz).

Von den thermischen Vorgängen abgesehen, gibt es in allen Bereichen Speicher L für die Flußgrößen und den Speicher C für die Potentialgrößen. Durch die Speicherung des Flusses Φ entsteht Potential Θ; die Speicherung von Potential Θ bewirkt Fluß Φ

$$\Theta = \frac{1}{C}\int \Phi(\tau)d\tau \quad \text{bzw.} \quad C \cdot \dot{\Theta} = \Phi$$

$$\Phi = \frac{1}{L}\int \Theta(\tau)d\tau \quad \text{bzw.} \quad L \cdot \dot{\Phi} = \Theta \quad .$$

Darüber hinaus gibt es Entropieerzeuger, bei denen der Zusammenhang zwischen Potential und Fluß durch eine Kennlinie, bei linearem Verhalten durch eine Proportionalitätskonstante beschreibbar ist

$$\Theta = R \cdot \Phi \quad .$$

Die Zusammensetzung eines Systems aus diesen Elementarkomponenten legt das Systemverhalten fest.

Die hier bewußt relativ abstrakt formulierte Vorgehensweise der Modellbildung soll nun an zwei Beispielen demonstriert werden.

Beispiel 8.3. Feder-Masse-System
Gegeben sei ein Körper der Masse m, der auf einer Unterlage bewegt werden kann. Es wird angenommen, daß die Reibungskraft, die bei der Bewegung des Körpers auf der Unterlage entsteht, proportional zur Geschwindigkeit ist. Zusätzlich ist er über eine Feder c befestigt.

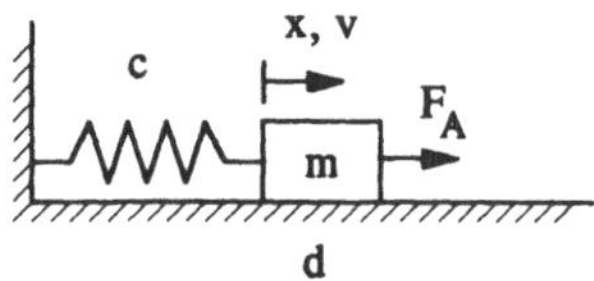

Abb. 8.22. Feder-Masse-System

Das mechanische System enthält zwei Energiespeicher, die Masse des Körpers speichert Bewegungsenergie, die Feder speichert potentielle Energie. Zur Bestimmung der Bewegungsgleichung werden die auf den Körper wirkenden Kräfte bilanziert. Der Körper wird durch eine extern vorgegebene Antriebskraft F_A bewegt. Dieser Bewegung wirkt die Reibung und die Federkraft entgegen:

$$m \cdot \dot{v} = F_A - d \cdot v - c \cdot x \quad .$$

Der Weg x ergibt sich als Integral der Geschwindigkeit:

$$\dot{x} = v \quad .$$

Man erhält damit das folgende Strukturbild des Feder-Masse-Systems:

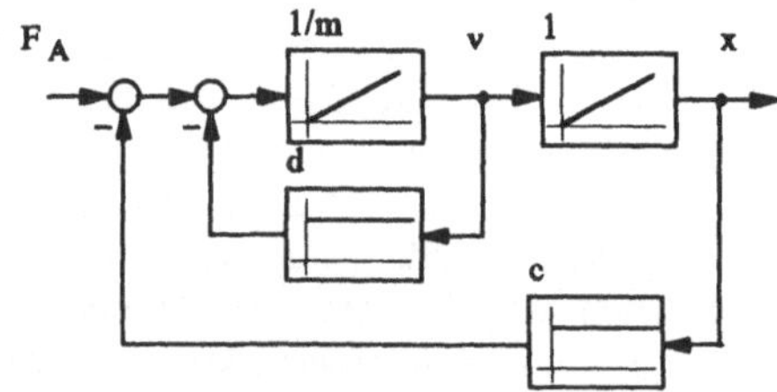

Abb. 8.23. Strukturbild des Feder-Masse-Systems

□

Beispiel 8.4. Elektrisches Netzwerk
Gegeben ist ein elektrisches Netzwerk.

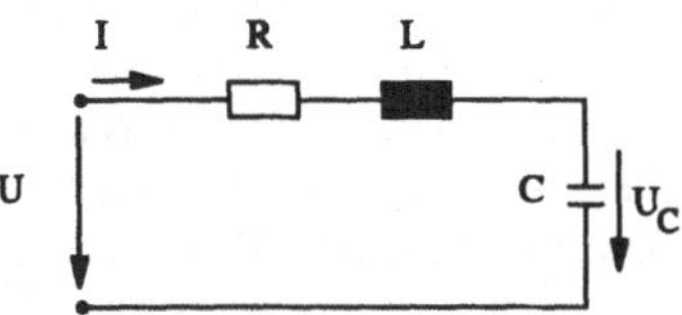

Abb. 8.24. Elektrischer Reihenschwingkreis

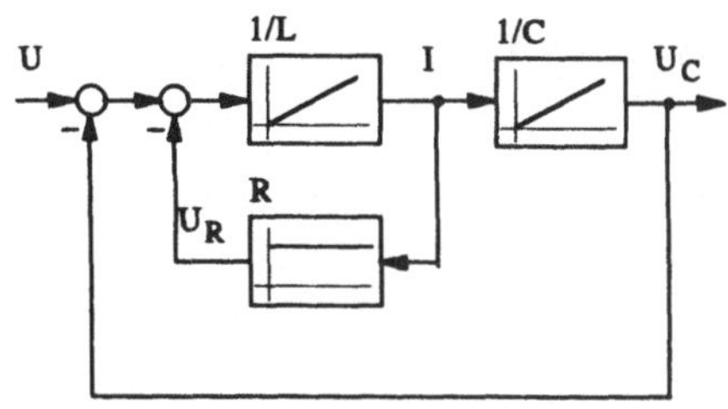

Abb. 8.25. Strukturbild des elektrischen Netzwerks

□

Die Eingangsgröße des Systems ist die Spannung U, die Ausgangsgröße ist die Spannung U_C an der Kapazität. Die Induktivität wirkt als Flußspeicher:

$$L \cdot \dot{I} = U_L = U - R \cdot I - U_C \quad .$$

Die Kapazität wirkt als Speicher der Potentialgröße U_C:

$$C \cdot \dot{U}_C = I \quad .$$

Auch hier erhält man eine Struktur mit zwei Speicherelementen, die über eine innere und eine äußere Rückkopplung verbunden sind.

Die allgemeingültigen Arbeitsschritte der Modellbildung, die in diesen beiden Beispielen angewendet wurden, zeigen die Systematik der Vorgehensweise. Als zusammengefaßte Hilfestellung zur Modellbildung in verschiedenen Anwendungsbereichen und als Gedächtnisstütze kann die nachfolgende Tabelle dienen, die für verschiedene Bereiche eine Gegenüberstellung der Potential- und Flußgrößen, der Potential- und Flußspeicher und der Entropieerzeuger enthält.

Tabelle 8.5. Potential- und Flußgrößen sowie Potentialspeicher, Energiespeicher und Entropieerzeuger für unterschiedliche Anwendungsbereiche

	elektrotechnisch	mechanisch-translatorisch	mechanisch-rotatorisch	hydraulisch	thermisch
Potential Θ	Spannung U	Kraft F	Drehmoment M	Druck p	Temperatur ϑ
Fluß Φ	Strom I	Geschw. v	Winkelgeschw. ω	Volumenstrom q	Wärmestrom q
Entropieerzeuger $\Theta = R \cdot \Phi$	Widerstand R $u = R \cdot i$	Reibung d $F = d \cdot v$	Reibung d_R $M = d_R \cdot \omega$	Strömungswiderstand r_L $p = r_L \cdot q$	Wärmewiderstand r_W $\vartheta = r_W \cdot q$
Potentialspeicher $\Theta = \dfrac{1}{C}\int \Phi(\tau)d\tau$	Kapazität C $u = \dfrac{1}{C}\int i(\tau)d\tau$	Feder c $F = c\int v(\tau)d\tau$	Torsionsfeder c_R $M = c_R\int \omega(\tau)d\tau$	Hydraulikspeicher K $p = K\int q(\tau)d\tau$	Wärmespeicher K $\vartheta = \dfrac{1}{K}\int q(\tau)d\tau$
Flußspeicher $\Phi = \dfrac{1}{L}\int \Theta(\tau)d\tau$	Induktivität L $i = \dfrac{1}{L}\int u(\tau)d\tau$	Masse m $v = \dfrac{1}{m}\int F(\tau)d\tau$	Trägheitsmoment J $\omega = \dfrac{1}{J}\int M(\tau)d\tau$	Trägheit L_L $q = \dfrac{1}{L_L}\int p(\tau)d\tau$	

8.1.3 DER REGLERENTWURF

Die Formulierung der Anforderungen an den Regelkreis führen zu einem Gütekriterium der allgemeinen Form

$$J = \sum_{k=0}^{N} l_k\left(y_k, x_k, w_k, P_J\right) \; .$$

Die Analyse der Strecke liefert das Modell

$$x_k = f\left(y_k, n_k, P_s\right) \; .$$

Zur Synthese des Reglers gibt es nun zwei grundsätzliche Wege. Bei den strukturoptimierten Reglern wird das Streckenmodell im Gütekriterium eingesetzt und dieses bezüglich y_k minimiert. Man erhält einen Regler

$$y_k = g_k\left(w_k, x_k, P_S, P_J\right) \; ,$$

der hinsichtlich seiner Struktur und der Parameter optimal ist. Leider ist die Minimierung des Gütekriteriums keineswegs so einfach wie die knappe Darstellung glauben machen kann. Vielmehr ist eine Lösung des Optimierungsproblems in geschlossener Form nur für wenige Spezialfälle möglich. Die Darstellung dieser Spezialfälle und die zur Optimierung erforderlichen Arbeitsschritte werden in einem späteren Kapitel beschrieben.

Einfacher und robuster sind parameteroptimierte Regler. Bei ihnen wird eine bestimmte Struktur des Reglers, also eine Gleichung

$$y_k = g_k\left(w_k, x_k, P_R\right)$$

angesetzt. Sie wird dann zusammen mit dem Modell der Regelstrecke im Gütekriterium eingesetzt. Dieses muß dann nicht mehr bezüglich der zeitveränderlichen Stellgröße y_k, sondern bezüglich der konstanten Reglerparameter P_R minimiert werden, was meist wesentlich einfacher ist. Die Minimierung liefert Parametereinstellregeln der Form

$$P_R = h\left(P_s, P_J\right) \; .$$

Das Problem der Reglersynthese wäre in idealer Weise gelöst, wenn ein einheitlicher Algorithmus gefunden werden könnte, der für beliebige Anforderungskriterien und beliebige Streckenmodelle die systematische Bestimmung der Reglerparameter und der Reglerstruktur ermöglichte. Einen solchen Algorithmus gibt es leider nicht. Trotz enormer Fortschritte auf dem Gebiet des Reglerentwurfs in den letzten Jahrzehnten ist er auch in nächster Zeit nicht zu erwarten. Es gibt aber eine umfangreiche Sammlung von Entwurfsverfahren und Einstellregeln. Jede Methode ist für eine bestimmte Aufgabenkonstellation, d.h. für bestimmte Streckenmodelle und für bestimmte Anforderungen geeignet.

Im folgenden werden einige einfache parameteroptimierte Regler vorgestellt. Bei ihnen wird eine bestimmte Reglerstruktur angesetzt. Die Parameter werden nicht durch eine explizite Optimierung, sondern aus Einstellregeln berechnet, die aus Erfahrungen mit praktischen Einsatzfällen und gezielten Regelkreissimulationen gewonnen wurden. Bei bekanntem Streckenverhalten und vorgegebenem Regelkreisverhalten können aus den Erfahrungswerten geeignete Reglerstrukturen festgelegt und die Reglerparameter aus Einstellregeln ermittelt werden. Diese Art des Reglerentwurfs bietet zwar keine so weitgehende Einsicht in die inneren Zusammenhänge des Regelkreises und eventuell vohandene Optimierungsreserven, sie besitzt dafür aber einige für einfache und mittlere Aufgabenstellungen besonders wichtige Vorteile. Der Reglerentwurf mittels Einstellregeln erfordert einen sehr geringen mathematischen Aufwand. Er setzt nur die grundlegenden Kenntnisse des Regelkreisverhaltens voraus, so daß der Entwurf in kurzer Zeit mit guten Ergebnissen abgeschlossen werden kann. Da keine Optimalität gefordert ist, braucht auch die Regelstrecke nicht so genau bekannt zu sein. Die resultierenden Regelkreise sind daher robust gegen ungenaue Vorkenntnisse und unempfindlich bei Änderungen der Streckeneigenschaften. Daß zudem zahlreiche Einstellregeln für verschiedene Anwendungsfälle existieren, erklärt die große Verbreitung dieser Art des Reglerentwurfs.

8.2 PARAMETEROPTIMIERTE REGLER

Bei vielen praktischen Aufgabenstellungen kommt es auf eine möglichst einfache Realisierung der Regler, eine unproblematische Inbetriebnahme und ein möglichst robustes Verhalten des Regelkreises an. Für viele derartige Situationen sind geeignete Reglerstrukturen bekannt, deren Parameter nach bestimmten Regeln eingestellt und optimiert werden können. Die wichtigsten Reglerstrukturen werden nun vorgestellt und zwar lineare Regler 1. oder 2. Ordnung, schaltende Regler und Regler mit Begrenzungen. Die Parameteroptimierung für diese Regler wird auf gemeinsamen Einstellregeln aufgebaut. Den Abschluß bildet die Untersuchung der Auswirkung bestimmter Nichtlinearitäten auf das Regelkreisverhalten und die geeignete Modifikation der Regler.

8.2.1 LINEARE REGLER

Kontinuierliche PID-Regler. Beim Umgang des Menschen mit technischen Systemen läuft oft eine Vielzahl von Regelvorgängen ab, die teilweise unbewußt gehandhabt werden. Aus Erfahrung mit sehr unterschiedlichen Systemen haben sich dabei einige wesentliche Regelstrategien herausgebildet, die man auch bei technischen Regeleinrichtungen wiederfindet. Das grundlegende Ziel der Regelung ist es, eine möglichst gute Übereinstimmung der Regelgröße mit einer vorgegebenen Führungsgröße zu erreichen, indem geeignete Stelleingriffe erfolgen.

Die naheliegendste Regelstrategie besteht darin, um so stärkere Stelleingriffe vorzunehmen, je größer die Differenz zwischen Soll- und Istwert ausfällt. Die Stellgröße wird proportional zur Regelabweichung eingestellt.

Diese elementare Strategie wird oft durch zusätzliche zeitliche Betrachtungen ergänzt. Man kann die proportionale Stelleingriffe verstärken, wenn die Regelabweichung bereits länger besteht. Man erreicht dies z.B. durch Integration der Regelabweichung. Der Integralanteil sorgt dafür, daß auch kleine Regelabweichungen, wenn sie genügend lange aufgetreten sind, durch entsprechende Stelleingriffe ausgeregelt werden. Ändert sich die Regeldifferenz zu einem Zeitpunkt sehr schnell, ist zu erwarten, daß es zu einer größeren Regeldifferenz kommen wird. Man kann daher vorbeugend eingreifen, indem der Stelleingriff auch von der Änderung der Regeldifferenz (dem Differential) abhängig gemacht wird.

Die Kombination dieser drei Regelstrategien führt zu einer additiven Überlagerung eines Proportional-, eines Integral- und eines Differentialanteils im idealen PID-Regler:

$$y(t) = K_p \left\{ e(t) + \frac{1}{T_n} \cdot I(t) + T_v \cdot D(t) \right\}$$

$$I(t) = \int_0^t e(\tau) d\tau + I_0$$

$$D(t) = \dot{e}(t) \quad .$$

Der Einfluß der drei Anteile läßt sich mit Hilfe der Nachstellzeit T_n und der Vorhaltzeit T_v unterschiedlich gewichten. Die Gesamtverstärkung kann durch den Proportionalitätsfaktor K_p verändert werden. Der PID-Regler besitzt die Übertragungsfunktion

$$G(j\omega) = K_P \left\{ 1 + \frac{1}{j\omega \cdot T_n} + j\omega \cdot T_v \right\}$$

$$= K_P \frac{1 + j\omega \cdot T_n + (j\omega)^2 \cdot T_n T_v}{j\omega \cdot T_n} \quad .$$

Bedingt durch höherfrequente Störanteile kann die Regeldifferenz $e(t)$ nur selten differenziert werden. In der Praxis ist eine verzögerte Differentiation erforderlich, die hochfrequente Signalanteile sperrt und nur die niederfrequenten Anteile differenziert. Der verzögerte Differentialanteil wird berechnet aus:

$$D(t) = \dot{e}(t) - T_D \dot{D}(t) \quad .$$

Mit dieser angenäherten Differentiation erhält man den realen PID-Regler mit der Übertragungsfunktion

$$G(j\omega) = K_P \left\{ 1 + \frac{1}{j\omega \cdot T_n} + \frac{j\omega \cdot T_v}{1 + j\omega \cdot T_D} \right\}$$
$$= K_P \frac{1 + j\omega \cdot (T_n + T_D) + (j\omega)^2 \cdot (T_n T_v + T_n T_D)}{j\omega \cdot T_n \cdot (1 + j\omega \cdot T_D)}$$

Die Verzögerungszeitkonstante T_D für den Differenzieranteil kann nach der Faustformel

$$T_v / T_D \approx 3 .. 10$$

eingestellt werden. Der reale PID-Regler enthält viele andere Regler (z.B. P-, I-, PI-Regler) als Spezialfälle. Man erhält sie, indem bestimmte Signalanteile zu Null gesetzt werden.

Der PID-Regler stellt einen für praktische Belange sehr guten Kompromiß zwischen weitreichenden Einflußmöglichkeiten auf das Verhalten des Regelkreises und einfacher Handhabung dar. Zur Inbetriebnahme eines Regelkreises muß zuerst die Reglerstruktur festgelegt werden.

Tabelle 8.6. Auswahl geeigneter Regler für verschiedene Streckentypen. /Merz, Jaschek 1990, S.171/, /Weber 1991, S.36/, /Schaaf 1992, S.194/, /Samal, Becker 1993, S.273/.

$+ +$ Gut geeignet
$(+ +)$ Gut geeignet, aber unnötig aufwendig
$+(F)$ Gut geeignet für Führung
$+(S)$ Gut geeignet für Störung
$+$ Geeignet
$-$ Ungeeignet

Strecke	PD	P	PID	PI	I
T_t	$-$	$-$	$(+ +)$	$+ +$	$+$
P	$-$	$-$	$(+ +)$	$+ +$	$+ +$
PT_1	$+$	$+(F)$	$(+ +)$	$+(S)$	$+$
PT_n	$+$	$+$	$+ +$	$+ +$	$-$
$PT_u T_g$	$+$	$+$	$+ +$	$+$	$-$
I	$+$	$+(F)$	$(+ +)$	$+(S)$	$-$
I^2	$+ +$	$-$	$-$	$-$	$-$

Die vorangehende, auf theoretischen Untersuchungen und praktischen Erfahrungen basierende Tabelle zeigt die Eignung der verschiedenen Reglertypen für bestimmte Strecken. Wie die Gegenüberstellung zeigt, ist der PI-Regler für viele Regelstrecken gut geeignet. Seine Anwendung ist unproblematisch, da er einfach zu realisieren ist und nur zwei einzustellende Parameter besitzt. Der Integralanteil sorgt für die stationäre Genauigkeit, der Proportionalanteil für eine ausreichende Schnelligkeit. Der PID-Regler kann natürlich überall eingesetzt werden, wo der PI-Regler geeignet ist. Der höhere Aufwand für die Einstellung und Optimierung eines zusätzlichen Parameters ist aber oft nicht erforderlich. Der PID-Regler kommt daher bei komplizierteren Strecken oder höheren Anforderungen zum Einsatz. Liefert auch der PID-Regler keine zufriedenstellenden Resultate, sind weitergehende Maßnahmen erforderlich. Es können z.B. Regler höherer Ordnung verwendet werden, für die entsprechende Entwurfsverfahren (Kompensationsregler, Minimum-Varianz-Regler, Deadbeat-Regler) existieren. Eine andere Maßnahme ist die Änderung der Regelkreisstruktur. Statt des einschleifigen Regelkreises erfolgt dann z.B. eine Störgrößenaufschaltung, die Einführung von Hilfsstellgrößen, von Hilfsregelgrößen oder der Aufbau von Kaskaden- bzw. Mehrgrößenregelungen. Bevor aber zu aufwendigeren Regelkonzepten gegriffen wird, sollten Möglichkeiten zur Änderung der Regelstrecke überprüft werden. So läßt sich z.B. die Regelbarkeit einer Strecke verbessern, wenn vorhandene Totzeiten durch Verlagerung des Meßortes verringert werden können.

Einstellregeln. Nach der Festlegung der Reglerstruktur müssen die Parameter K_p, T_n und T_v eingestellt werden. Die geeigneten Reglerparameter hängen von der Übertragungscharakteristik der Regelstrecke und vom angestrebten Verhalten des geschlossenen Regelkreises ab. Die passende Parametereinstellung kann entweder experimentell im Regelkreis ermittelt oder bei bekanntem Streckenmodell, durch theoretisch abgestützte Entwurfsverfahren berechnet werden.

Aus einer Vielzahl von Reglerentwürfen und praktischen Einsatzfällen sind Einstellregeln für die Parameter des PID-Reglers und seiner Spezialfälle bekannt. Jede Einstellregel hat einen begrenzten Anwendungsbereich. Sie gilt also nur für bestimmte Streckencharakteristiken, für bestimmte Parameterbereiche und für bestimmte Anforderungskriterien. Beachtet man diese Einschränkungen, liefern die Einstellregeln brauchbare Parameterwerte. Sie sind bei moderaten Anforderungen direkt als Reglerparameter verwendbar. Bei höheren Anforderungen sind sie als Startwerte für eine anschließende Optimierung geeignet. Diese kann entweder als experimentelle Optimierung an der realen Anlage oder mit Hilfe einer rechnergestützten Regelkreissimulation durchgeführt werden.

Die in den nachfolgenden Tabellen aufgelisteten Einstellregeln können nur einen kleinen Ausschnitt der bisher bekannten Regeln darstellen. Trotz vergleichender Gegenüberstellung von Einstellregeln /Oppelt 1972/, /Samal, Bekker 1993/, Präzisierung der Einstellregeln als Einstellkennlinien (z.B. /Findeisen 1973/) oder Verbesserung der Regeln durch parametrisierte Vorgabe der Anforderungskriterien /Reinisch 1982/ ist bisher keine durchgehende Systematik erkennbar. Ein tieferer Einblick in den Zusammenhang zwischen Streckenparametern, Anforderungskriterien und Reglerparametern ist daher nur mit Hilfe der in jedem Anwendungsfall neu anzuwendenden Entwurfsverfahren (z.B. Frequenzkennlinien) zu gewinnen.

Die verschiedenen Einstellregeln unterscheiden sich hinsichtlich der zugrundegelegten Streckencharakteristiken und der Regelziele. Sie gelten für bestimmte Annahmen bezüglich der Streckenchararkteristik, der Streckenparameter und des Regelzieles. Die Reglerparameterwerte, die sich aus den Einstellregeln ergeben, sind nicht unbedingt optimal, sondern können im konkreten Anwendungsfall an der Anlage optimiert werden.

Tabelle 8.7. Einstellregeln parameteroptimierter Regler für Strecken, die als PT_uT_g-Strecken approximierbar sind

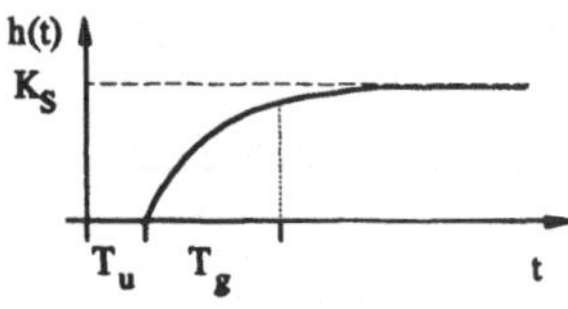

		ZN	CHR	CHR	CHR	CHR
			Führung		Störung	
			ü 20%	ü 0%	ü 20%	ü 0%
P	V_0T_u/T_g	1,0	0,7	0,3	0,7	0,3
P	V_0T_u/T_g	0,9	0,6	0,35	0,7	0,6
I	T_n	$3,3T_u$	T_g	$1,2T_g$	$2,3T_u$	$4,0T_u$
P	V_0T_u/T_g	1,2	0,95	0,6	1,2	0,95
I	T_n	$2,0T_u$	$1,35T_g$	T_g	$2,0T_u$	$2,4T_u$
D	T_v/T_u	0,5	0,47	0,5	0,42	0,42

ZN: /Ziegler, Nichols 1942/
CHR: /Chien, Hrones, Reswick 1952/
   ü: Überschwingweite
$V_0 = K_P \cdot K_S$ Verstärkung des offenen Kreises

Tabelle 8.8. Einstellregeln parameteroptimierter Regler für Strecken mit einer (oder zwei) dominierenden und mehreren kleineren Verzögerungszeiten

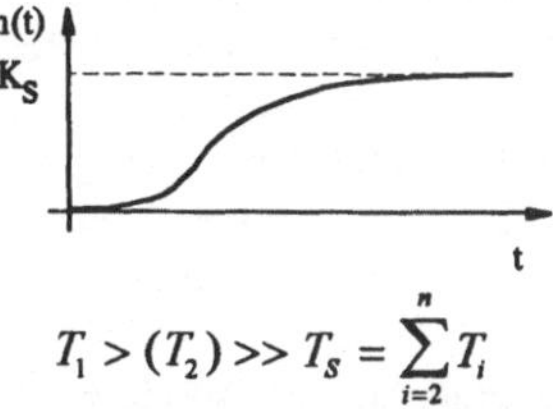

$$T_1 > (T_2) >> T_S = \sum_{i=2}^{n} T_i$$

		BO	SO1	SO2
P	V_0T_s/T_1	0,5	0,5	0,5
I	T_n	T_1	$4,0T_s$	$4,0T_s$
P	V_0T_s/T_1	$0,5(1+T_2/T_1)$	$0,125T_2/T_s$	0,5
I	T_n	T_1+T_2	$16T_s$	$4,0\ T_s$
D	T_v	$T_1T_2/(T_1+T_2)$	$4,0T_s$	$1,0\ T_2$

BO: Betragsoptimum /Föllinger 1990 S.258/
SO1:   symetr. Optimum /Föllinger 1990 S.261/
SO2:   symetr. Optimum /Merz, Jaschek 1990/
$V_0 = K_P \cdot K_S$ Verstärkung des offenen Kreises

Tabelle 8.9. Einstellregeln parameteroptimierter Regler für Strecken ohne Ausgleich

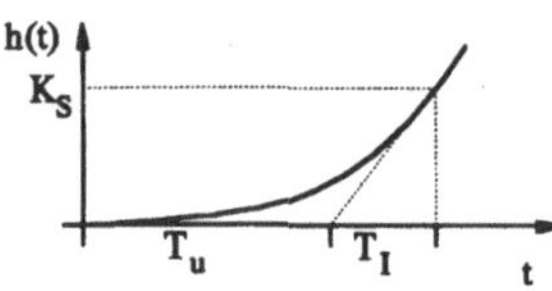

		SO3	F1	F2 ü=20%	F2 ü=0%
P	$V_0 T_u/T_I$		0,5		
D	T_v		$0,5 T_u$		
P	$V_0 T_u/T_I$		0,5	0,7	0,37
P	$V_0 T_u/T_I$	0,5	0,42	0,7	0,46
I	T_n	$4,0 T_s$	$5,8 T_u$	$3,0 T_u$	$5,75 T_u$
P	$V_0 T_u/T_I$	0,5	0,4	1,1	0,65
I	T_n	$4,0 T_s$	$3,2 T_u$	$2,0 T_u$	$5,0 T_u$
D	T_v	T_2	$0,8 T_u$	$0,37 T_u$	$0,23 T_u$

SO3: T_I-(T_2)-T_s-Strecke symetr. Optimum /Merz, Jaschek 1990, S.194/ ($T_s = T_u$)

F1: T_I-T_u-Strecke /Fieger/, /Baumgarth 1993, S.196/, /Roth 1990, S.154/, /Unger 1990, S.192/

F2: /Findeisen 1973, S.278/

$V_0 = K_P \cdot K_S$

Natürlich bilden die aufgelisteten Einstellregeln nur einen Ausschnitt aus der großen Palette bekannter Regeln. Bei hohen Anforderungen an die Regelgüte sind die aus den Regeln ermittelten Parameter zu optimieren. Auch hierfür stehen Entwurfsregeln zur Verfügung, die eine präzisere, aber auch aufwendigere Einstellung ermöglichen (siehe z.B. /Latzel 1993/, /Preuß 1991/).

Bei genügend kleiner Abtastzeit können die für kontinuierliche Regler ermittelten Einstellregeln für digitale PID-Regler unverändert übernommen werden. Ist die Abtastzeit nicht vernachlässigbar, muß sie in den Einstellregeln berücksichtigt werden. Da sie als Totzeit wirkt, kann sie zur Verzugszeit T_u der Strecke addiert werden. Gute Ergebnisse werden mit

$$T'_u = T_u + 0,5 \cdot T_A$$

erzielt. Für eine genauere Berücksichtigung der Abtastzeit bei der Einstellung digitaler Regler siehe /Takahashi u.a. 1971/, /Klein u.a. 1992/.

Digitaler PID-Regler. Zur Realisierung des PID-Reglers (oder eines anderen analogen Reglers) mit einem Digitalrechner müssen die Differentialgleichungen des kontinuierlichen Reglers diskretisiert werden. Dies kann durch Approximation der kontinuierlichen Differentialgleichung oder durch Approximation der Übertragungsfunktion erfolgen.

Die Approximation der drei Zeitbereichsgleichungen führt auf den digitalen PID-Regler in Parallelstruktur. Die Abtastung der Gleichungen des kontinuierlichen PID-Reglers liefert zunächst einmal:

$$y_k = K_p \left\{ e_k + \frac{1}{T_n} \cdot I_k + T_v \cdot D_k \right\} \quad.$$

Der Integralanteil kann durch eine digitale Approximation des Integrals bestimmt werden. Integration nach der Rechteckregel liefert folgenden Zusammenhang:

$$I_k = \sum_{i=0}^{k-1} e_i \, T_A + I_0 = I_{k-1} + e_{k-1} T_A \quad.$$

Die Annäherung eines Integrals durch Rechtecke liefert einen Näherungsfehler der in der graphischen Darstellung gut erkennbar ist. Er kann verringert werden durch Verwendung anderer Approximationsverfahren. Die Trapezapproximation bringt eine deutliche Verbesserung bei nur geringfügig höherem Rechenaufwand. Sie wird deshalb im folgenden zur Realisierung des Integralanteils im digitalen PID-Regler verwendet.

$$I_k = \sum_{i=0}^{k-1} \frac{e_{i+1} + e_i}{2} T_A + I_0$$
$$= I_{k-1} + \frac{e_k + e_{k-1}}{2} T_A \quad.$$

Der Differentialanteil kann bestimmt werden, indem man die Gleichung der verzögerten Differentiation digitalisiert. Nähert man die Ableitungen durch (Rückwärts-) Differenzenquotienten an, so folgt

$$D_k = \frac{e_k - e_{k-1}}{T_A} - T_D \frac{D_k - D_{k-1}}{T_A} \; .$$

Auflösung nach D_k liefert die rekursive Gleichung

$$D_k = \frac{T_D}{T_D + T_A} D_{k-1} + \frac{1}{T_D + T_A} (e_k - e_{k-1}) \; .$$

Bei der rechnerinternen Realisierung dieser Gleichungen müssen Abtastwerte und Parameter als dimensionslose Zahlenwerte dargestellt werden. Es ist daher eine Normierung erforderlich. Die in den Gleichungen vorkommenden Reglerzeitkonstanten hängen von den Prozeßzeitkonstanten ab. Diese können für verschiedene Prozeßtypen sehr unterschiedlich sein, so daß im allgemeinen für jeden Anwendungsfall eine eigene Normierung erforderlich wäre. Man kann diesen Aufwand vermeiden, indem man die Gleichungen so umformt, daß nur noch Verhältnisse von Zeitkonstanten erscheinen. Wird der Integral- und der Differentialanteil folgendermaßen normiert:

$$\begin{aligned} i_k &= I_k / T_A \\ d_k &= D_k (T_D + T_A) \end{aligned} \; ,$$

erhält man eine einfacher zu realisierende Darstellung des digitalen PID-Reglers in Parallelstruktur:

$$y_k = K_p \left\{ e_k + \frac{T_A}{T_n} \cdot i_k + \frac{T_v}{T_D + T_A} \cdot d_k \right\}$$

$$i_k = i_{k-1} + \frac{e_k + e_{k-1}}{2}$$

$$d_k = \frac{T_D}{T_D + T_A} \cdot d_{k-1} + (e_k - e_{k-1}) \; .$$

Eine andere Darstellung des digitalen PID-Reglers erhält man durch Approximation der Übertragungsfunktion. Bei der digitalen Realisierung des PID-Reglers ist eine verzögerte Differentiation nicht immer erforderlich. Zum einen werden hochfrequente Signalanteile im Anti-Aliasing-Tiefpaß unterdrückt. Zum anderen wird die Differentiation digital approxi-

miert, was die Empfindlichkeit gegen schwankende Signalanteile weiter reduziert.

Verwendet man zur Approximation des Integralanteils die Trapezregel und zur Approximation des Differentialanteils den Differenzenquotienten, erhält man folgenden PID-Regler:

$$G_R(q^{-1}) = \frac{s_0 + s_1 q^{-1} + s_2 q^{-2}}{1 - q^{-1}} = \frac{\{y_k\}}{\{e_k\}}$$

mit den Koeffizienten

$$s_0 = K_p \left(1 + \frac{T_A}{2T_n} + \frac{T_v}{T_A} \right)$$

$$s_1 = -K_p \left(1 - \frac{T_A}{2T_n} + 2 \frac{T_v}{T_A} \right)$$

$$s_2 = K_p \frac{T_v}{T_A} \; .$$

Die zugehörige Differenzengleichung lautet:

$$y_k = y_{k-1} + s_0 e_k + s_1 e_{k-1} + s_2 e_{k-2} \; .$$

Neben den proportional wirkenden Stellgliedern gibt es auch integrierend wirkende Stellglieder. Damit sich der Regelkreis bei integrierendem Stellglied richtig verhält, muß das integrierende Verhalten des Reglers entfallen. Der *PID-Schrittregler* - oft auch als *Geschwindigkeitsalgorithmus* bezeichnet - gibt nur die Änderungen

$$\Delta y_k = y_k - y_{k-1}$$

als Reglerausgangsgröße aus. Der Ausgang des PID-Schrittreglers lautet damit:

$$\Delta y_k = s_0 e_k + s_1 e_{k-1} + s_2 e_{k-2} \; .$$

Die Koeffizienten der Reglergleichungen enthalten keine zeitbehafteten Größen, sondern nur Verhältnisse von Zeitkonstanten. Sie sind von der Prozeßcharakteristik weitgehend unabhängig und liegen für unterschiedliche Anwendungsfälle immer in der gleichen Größenordnung. Eine anwendungsspezifische Normierung der Parameter, die Zeitkonstanten enthalten, ist daher nicht erforderlich. Lediglich die Proportionalitätskonstante K_p hängt von der Normierung ab. Aber auch hier ist in vielen Fällen eine Vereinfachung möglich. Der aus dem analogen Reglerentwurf resultierende Wert K_P muß bei der digitalen Realisierung durch K'_P ersetzt werden:

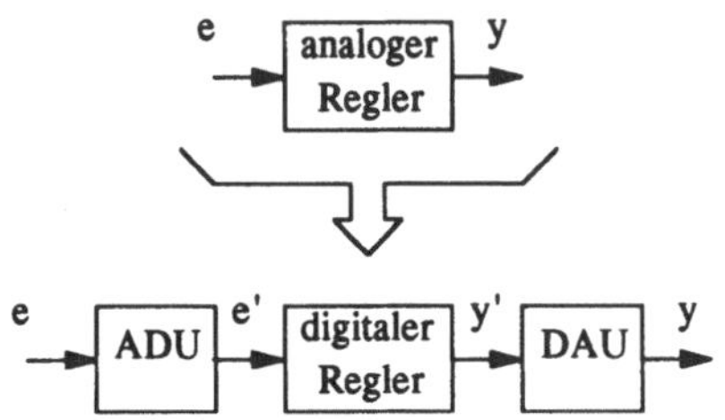

Abb. 8.26. Normierung des digitalen Reglers

Mit den beiden Normierungsgleichungen

$$e' = \frac{\hat{e}'}{\hat{e}}e; \quad y = \frac{\hat{y}}{\hat{y}'}y' \quad \text{folgt}$$

$$K_p = \frac{y_{stat}}{e_{stat}} = \frac{\hat{y}}{\hat{y}'}K'_P\frac{\hat{e}'}{\hat{e}} \quad \text{bzw.} \quad K'_P = \frac{\hat{y}'\,\hat{e}}{\hat{y}\,\hat{e}'}K_p \quad .$$

Die Eingangsgröße des Reglers ist in den meisten Fällen eine elektrische Spannung. Das gleiche gilt für den Reglerausgang. Werden beide Spannungen auf den gleichen Maximalwert (z.B. 10V) normiert und werden auch die rechnerinternen Werte auf einen einheitlichen Maximalwert bezogen, wird K'_P gleich K_P. Der Proportionalitätsfaktor des analogen und des digitalen Reglers ist also in diesem Fall identisch. Er kann als dimensionsloser Zahlenwert ohne weitere Umrechnungen direkt digital realisiert werden. Die dimensionsbehafteten Proportionalitätsfaktoren des Meßaufnehmers und des Stellgliedes werden in der Gesamtverstärkung V_0 des offenen Regelkreises berücksichtigt.

Durch diese Art der Normierung erhält man eine übersichtliche Darstellung des digitalen Reglers. Da sie vom konkreten Anwendungsfall unabhängig ist, kann der Regler als wiederverwendbarer Software-Baustein realisiert werden. Für eine konkrete Anwendung ist dann nur eine Parametrierung erforderlich.

Beispiel 8.5. Digitaler PI-Regler
Gegeben sei eine Strecke bestehend aus einer Totzeit ($T_t = 1,0$ sec) und einem Verzögerungsglied 1.Ordnung ($T_1 = 4,0$ sec; $K_S = 1,0$). Sie soll mit einem digitalen PI-Regler geregelt werden.
Die Strecke besitzt ein PT_uT_g-Verhalten. Die Verzugszeit T_u kann gleich der Totzeit T_t gesetzt werden und die Ausgleichzeit T_g gleich der Verzögerungszeit T_1.
Der digitalisierte PI-Regler besteht aus der Differenzengleichung

$$y_k = y_{k-1} + s_0 e_k + s_1 e_{k-1}$$

mit

$$s_0 = K_P\left(1+\frac{T_A}{2T_n}\right); \quad s_1 = -K_P\left(1-\frac{T_A}{2T_n}\right) \quad .$$

Die Reglerparameter werden aus kontinuierlichen Einstellregeln bestimmt. Wählt man eine Einstellung nach Chien, Hrones und Reswick mit einem Überschwingen von 20%, erhält man folgende Werte für die Reglerparameter

$$V_0 = K_P \cdot K_S = 0,6 \cdot T_g / T_u$$

$$T_n = 1,0 \cdot T_g \quad .$$

Aufgrund der digitalen Realisierung muß die Verzugszeit T_u der Strecke um die halbe Abtastzeit erhöht werden. Die Abtastzeit wird auf 0,5 sec festgelegt. Man erhält damit folgende Parameter für den digitalen PI-Regler:

$$s_0 = K_P\left(1+\frac{T_A}{2T_n}\right) = \frac{0,9 \cdot T_g}{T_u + T_A/2}\left(1+\frac{T_A}{2T_n}\right) = 3,05$$

$$s_1 = -K_P\left(1-\frac{T_A}{2T_n}\right) = \frac{-0,9 \cdot T_g}{T_u + T_A/2}\left(1-\frac{T_A}{2T_n}\right) = -2,71 \quad .$$

Mit diesen Werten erhält man folgende Gleichung des Reglers:

$$y_k = y_{k-1} + 3,05 \cdot e_k - 2,71 \cdot e_{k-1} \quad .$$

Sie kann in einem Rechner mit Gleitkommaarithmetik unmittelbar realisiert werden. Die entsprechende Programmsequenz kann folgendes Aussehen besitzen.

```
Initialisierung:
Ta:=0.5;              Tg:=4.0;
Tu:=1.0+0.5*Ta;
Kp:=0.9*Tg/Tu;       Tn:=3.3*Tu;
s[0]:=Kp*(1+Ta/(2*Tn));
s[1]:=-Kp*(1-Ta/(2*Tn));

Zyklischer Aufruf alle 500msec:
ek:=1-xk;
yk:=yk_1+s[0]*ek+s[1]*ek_1;
yk_1:=yk;
ek_1:=ek;
```

Um den Regler in einem Rechner ohne Gleitkommaarithmetik realisieren zu können, ist eine Normierung erforderlich.

Es wird angenommen, daß die Spannungswerte des Eingangssignals e_k zwischen -1V und +1V liegen. Der 12-Bit AD-Wandler setzt dies in einen Zahlenbereich von -1000 bis +1000 um. Die Stellgröße kann nur positive Werte zwischen 0V und 4V annehmen. Der 10-Bit DA-Wandler erwartet für diesen Stellbereich Zahlenwerte zwischen 0 und 800. Mit diesen Werten erhält man folgende Normierungsbeziehungen

$$e = \frac{1V}{1000} e'; \quad y = \frac{4V}{800} y$$

Durch Einsetzen dieser Beziehungen erhält man die normierte Reglergleichung:

$$\frac{4V}{800} y'_k = \frac{4V}{800} y'_{k-1} + 3{,}05 \cdot \frac{1V}{1000} e'_k - 2{,}71 \cdot \frac{1V}{1000} e'_{k-1}$$

$$y'_k = y'_{k-1} + 0{,}61 \cdot e'_k - 5{,}42 \cdot e'_{k-1}$$

$$y'_k \approx y'_{k-1} + \frac{11}{2 \cdot 9} \cdot e'_k - \frac{3 \cdot 9}{5 \cdot 10} \cdot e'_{k-1}$$

Im letzten Umformungsschritt wurden dabei die reellen Zahlenkoeffizienten durch Brüche ganzer Zahlen angenähert. Die geregelte Strecke zeigt das gewünschte Verhalten, wie die Sprungantwort des Regelkreises belegt.

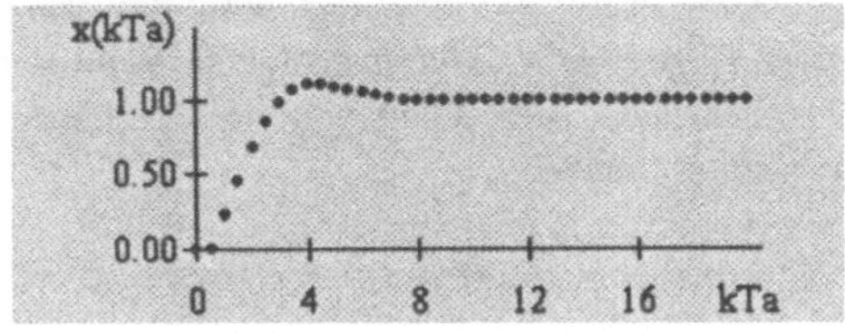

Abb. 8.27. Übergangsfunktion des Regelkreises. □

Erweiterungen des linearen Reglers. Das im Rahmen der Reglerentwurfsmethoden vorhergesagte Verhalten eines Regelkreises stimmt mit den praktischen Ergebnissen nicht immer überein. Dies liegt daran, daß die theoretischen Annahmen nur zum Teil zutreffen. Insbesondere die Annahme der Linearität des Strecken- und Reglerverhaltens ist oft nur näherungsweise erfüllt. Im praktischen Einsatz treten daher Abweichungen vom theoretisch erwarteten Verhalten des Regelkreises auf. Um unerwünschte Auswirkungen dieser Abweichungen zu verhindern, können sie durch Zusatzeinrichtungen erkannt und korrigiert werden.

Jede physikalische Größe ist in der Amplitude begrenzt. Die Annahme der Linearität eines Systemverhaltens gilt daher immer nur in bestimmten Bereichen. Außerhalb dieser Bereiche gehen die Signale in die Begrenzung und das Systemverhalten wird nichtlinear. Ein Ventil beispielsweise hat einen maximalen Öffnungsquerschnitt, der die Stärke der Stelleingriffe beschränkt. Darüber hinaus muß die Stellgröße oft auch zusätzlich durch den Regler begrenzt werden, um Beschädigungen der Stelleinrichtung oder der Strecke zu vermeiden.

In vielen Fällen muß außerdem nicht nur die Amplitude des Stellsignals, sondern auch dessen Änderungsgeschwindigkeit begrenzt werden, um unzulässige hohe Beanspruchungen zu vermeiden. Die Änderungsrate des Stellsignals kann z.B. mit Hilfe eines rückgekoppelten Integrieres und begrenztem Eingang realisiert werden. Durch den PID-Regler vorgegebene schnelle Stellsignaländerungen, wie sie z.B. nach einem Sollwertsprung auftreten, werden dadurch in eine rampenförmige Änderung mit begrenzter Steigung umgeformt.

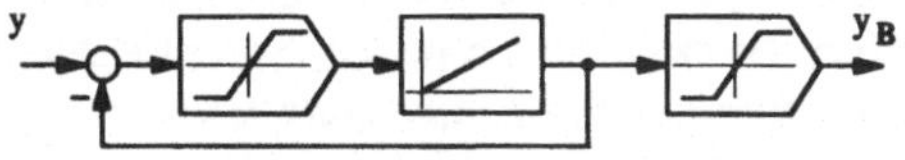

Abb. 8.28. Begrenzung der Stellgrößenamplitude und der Stellgrößenänderungsrate

Durch die Begrenzung der Stellgröße können Regelabweichungen nicht so schnell ausgeregelt werden, wie dies ohne Begrenzungen der Fall wäre. Die Regelabweichung bleibt daher relativ lange bestehen und wird durch den I-Anteil immer weiter aufintegriert. Die durch den I-Anteil geforderte große Stellgröße kommt aber wegen der Begrenzung nicht zur Wirkung.

Dieser als *Integrator Windup* bezeichnete nichtlineare Effekt führt zu relativ starken unerwünschten Schwingungen des Regelkreises. Der Integrator Windup kann durch eine bedingte Integration verhindert werden. Die Integration wird nur dann ausgeführt, wenn die Stellgröße nicht in der Begrenzung ist. Geht die Stellgröße in die Begrenzung, wird die Integration gestoppt und der Integralanteil auf dem aktuellen Wert vorübergehend eingefroren. Da der Integralanteil im wesentlichen für die Herstellung einer hohen stationären Genauigkeit, also bei kleinen Regelabweichungen benötigt wird, kann die bedingte Integration auch in Abhängigkeit von der Regelabweichung ausgeführt werden. Die Integration erfolgt dann nur bei kleiner Regelabweichung.

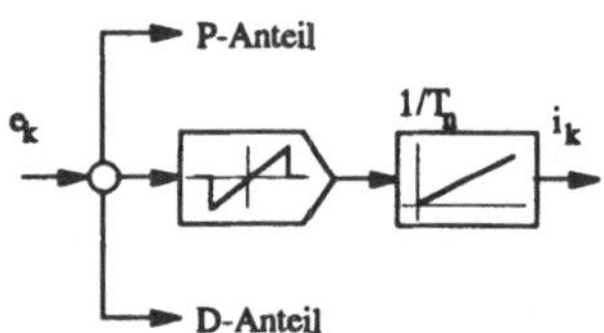

Abb. 8.29. Verhinderung der Integralsättigung

Bei der Inbetriebnahme einer geregelten Anlage oder auch beim Verlassen des Arbeitsbereiches für den der Regler eingestellt wurde, kann es erforderlich sein, den Prozeß manuell zu fahren, d.h. die Stellgröße von Hand vorzugeben. Hierzu dient die in den meisten Reglern eingebaute *Hand-/Automatik-Umschaltung*. Statt der Ausgangsgröße des Reglers wird ein durch den Bediener vorgegebenes Signal als Stellgröße auf die Strecke geschaltet. Obwohl der Reglerausgang nicht weitergeschaltet wird, arbeitet der Regler während des Handbetriebes weiter und berechnet Stellwerte, die entsprechend seiner Einstellung bei den auftretenden

Soll-/Istwert-Differenzen erforderlich wären. Wird vom Hand- zum Automatikbetrieb zurückgeschaltet, stimmen die manuelle Stellgröße und die automatische Stellgröße nicht überein. Die Umschaltung hat in diesem Fall starke Stellgrößenänderungen und damit auch starke Belastungen des Stellgliedes und der Strecke zur Folge. Um diese zu vermeiden, muß die automatische Stellgröße an die zum Zeitpunkt des Umschaltens eingestellte manuelle Stellgröße angepaßt werden. Man kann dies erreichen, durch das Setzen des Integralanteils auf einen geeigneten Wert. Eine elegantere Lösung ist die später bei den Reglern mit Begrenzungen vorgestellte Rückkopplung der tatsächlichen Stellgröße. Die Rückkopplung sorgt dafür, daß die tatsächlich auf die Strecke wirkende Stellgröße in den dynamischen Gleichungen des Reglers berücksichtigt wird und verhindert ein Auseinanderlaufen der gewünschten und der tatsächlichen Stellgröße.

Eine wichtige Anforderung an den Regelkreis ist die stationäre Genauigkeit. Sie soll im allgemeinen möglichst hoch sein, muß aber nicht immer 100% betragen. In vielen Fällen genügt es, wenn die Regelgröße innerhalb eines Toleranzbandes (z.B. 1%) um den Sollwert liegt. Die Zulassung einer solchen Toleranz kann ausgenutzt werden, um unnötige Stellbewegungen zu vermeiden. Enthält der Regelkreis nämlich ein integral wirkendes Stellglied und einen Schrittregler, wird das Stellglied bei geringfügigen Regelabweichungen immer wieder kurzzeitig eingeschaltet, so daß die Regelgröße ständig Schwankungen geringer Amplitude innerhalb des Toleranzbandes ausführt. Dies läßt sich verhindern, wenn der Ausgang des Schrittreglers mit einer Totzone ausgestattet wird. Ist die gewünschte Stellgröße nur gering, wird sie unterdrückt. Erst wenn sie einen gewissen Pegel überschreitet, wird das Stellglied eingeschaltet. Durch geeignete Wahl der Totzone lassen sich somit unnötige Stellbewegungen vermeiden.

8.2.2 SCHALTENDE REGLER

Wie die vorangehenden Betrachtungen gezeigt haben, ist der PID-Regler (und seine verschiedenen Spezialfälle) geeignet, bei einer Vielzahl unterschiedlicher Regelstrecken ein gutes Führungs- und Störungsverhalten zu erzielen.

Der Einsatz eines stetigen Reglers erfordert auch die Verwendung eines stetigen Stellgliedes. Es dient dazu, die Ausgangsgröße des Reglers, die oft z.B. eine elektrische Größe ist, in eine andere physikalische Größe umzusetzen, die als unmittelbares Stellsignal für den jeweiligen Prozeß geeignet ist. Kontinuierlich verstellbare Stellglieder (z.B. Proportionalventile, drehzahlveränderliche Motore) sind teuer im Vergleich zu schaltenden Stellgliedern. Im Hinblick auf die Kosteneinsparung bei der Realisierung eines Regelkreises wäre es daher vorteilhaft, wenn ein annähernd gutes Verhalten wie bei kontinuierlichen Stellgliedern auch mit schaltenden Stellgliedern erzielbar wäre. Da die Reihenschaltung eines kontinuierlichen Reglers und eines schaltenden Stellgliedes nicht den gewünschten Erfolg erzielt, ist es erforderlich, das Verhalten schaltender Regler genauer zu untersuchen. Da schaltende Regler nichtlineares Verhalten besitzen, ist eine Darstellung als Übertragungsfunktion nicht möglich. Die Untersuchung von Regelkreisen mit schaltenden Reglern wird deshalb hier im Zeitbereich durchgeführt.

Am Beispiel eines Regelkreises mit Zweipunktregler und PT_1-T_t-Strecke kann die grundsätzliche Verhaltensweise von Regelkreisen mit schaltenden Reglern exemplarisch erläutert werden.

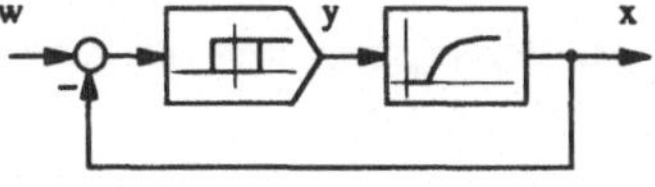

Abb. 8.30. PT_1-T_t-Strecke mit Zweipunktregler

Der Zweipunktregler besitzt eine Hysterese der Breite H. Die Verstärkungskonstante des Reglers bzw. des Stellgliedes wird zur Strecke

gerechnet, so daß die Schaltkennlinie die Amplitude 1 besitzt. Die Übergangsfunktion des Regelkreises, also die Reaktion auf eine sprungförmige Änderung der Führungsgröße zeigt das folgende Bild.

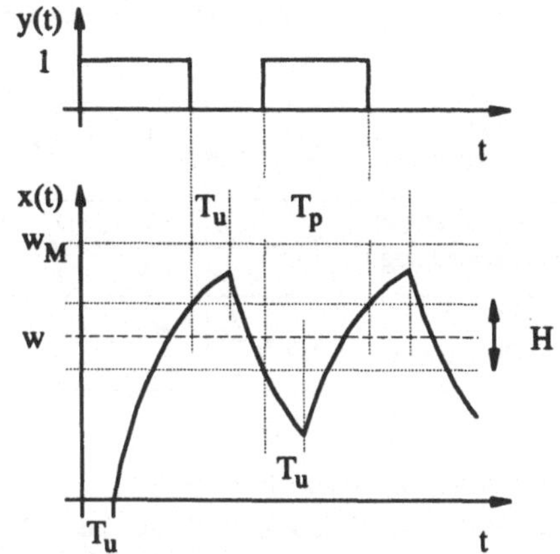

Abb. 8.31. Verhalten des Regelkreises mit Zweipunktregler

An der Übergangsfunktion erkennt man den grundlegenden Unterschied zwischen einem Regelkreis mit stetigem und mit schaltendem Regler. Obwohl der Regelkreis stabil ist, zeigt er im stationären Fall eine Dauerschwingung. Die Amplitude der Regelschwankung sowie deren Frequenz hängt im wesentlichen von der Hysteresebreite H und der Verzugszeit T_u ab. Die Dauerschwingung der Regelgröße um den Sollwert ist eine charakteristische Eigenschaft nichtlinearer Regelkreise. Sie kann nicht grundsätzlich eliminiert, sondern höchstens in ihren Eigenschaften (Amplitude und Frequenz) gezielt beeinflußt werden. Wenn man die Schwingung der Regelgröße um den Sollwert als unvermeidbare Begleiterscheinung schaltender Regler hinnimmt, kann man aber zumindest hoffen, daß der Mittelwert der Regelschwankung mit dem Sollwert übereinstimmt. Eine genauere Untersuchung zeigt jedoch, daß auch dies im allgemeinen nicht der Fall ist, sondern daß eine bleibende mittlere Regelabweichung auftritt. Die zeitliche Analyse der Übergangsfunktion liefert näherungsweise folgende Werte für die Amplitude und Frequenz der Regelschwankung und die bleibende mittlere Regelabweichung /Zeitz 1986/.

Tabelle 8.10. Kenngrößen von Regelkreisen mit schaltenden Reglern. (Verzugszeit T_u, Ausgleichszeit T_g, Hysterese H, Sollwert w, maximaler Sollwert $w_M = K_S$)

Amplitude der Regelschwankung	$\Delta x = \dfrac{T_u}{T_g} w_M + \left(1 - \dfrac{T_u}{T_g}\right) H$
Periodendauer der Regelschwankung	$T_P = \dfrac{w_M T_u + H T_g}{w_M - w} \cdot \dfrac{w_M}{w}$
bleibende Regelabweichung	$x_{BA} = \dfrac{T_u}{T_g} \left(\dfrac{w_M}{2} - w\right)$

Bei verzugszeitfreien Strecken ($T_u = 0$) tritt keine bleibende Regelabweichung auf. Die Amplitude und die Frequenz der Regelschwankung hängen wesentlich von der Hysterese ab. Durch eine kleine Hysterese kann die Amplitude der Regelschwankung beliebig klein gemacht werden, wobei dann aber die Schaltfrequenz extrem hoch werden kann. Bei einer verzugszeitfreien Strecke wird daher auf jeden Fall eine Hysterese benötigt. Mit ihr kann ein Austausch zwischen Amplitude und Schaltfrequenz der Regelschwankung vorgenommmen werden. Abhängig von den Genauigkeitsanforderungen an den Regelkreis und der Eignung des Stellgliedes für hohe Schaltfrequenzen, läßt sich anhand der Hysteresebreite ein Kompromiß zwischen den gegenläufigen Forderungen einstellen.

Verzugszeitbehaftete Strecken ($T_u > 0$) sind, wie schon bei den stetigen Reglern, auch bei schaltenden Reglern nicht so gut bzw. nur mit etwas größerem Aufwand regelbar. Zunächst einmal tritt hier das Problem einer bleibenden Regelabweichung auf. Sie kann durch die Hysteresebreite H nicht beeinflußt werden. Sie wird durch die Verzugszeit bestimmt und fällt für unterschiedliche Sprunghöhen w des Sollwertes unterschiedlich aus. Nur für den Spezialfall $w = 0,5 w_M$ verschwindet die mittlere Regelabweichung. Ein weiteres Problem stellen

die Amplitude und die Frequenz der Regelschwankung dar. Sie werden im wesentlichen durch die Streckenparameter (T_u, T_g, K_S) bestimmt. Durch Vergrößerung der Hysterese H kann die Amplitude lediglich vergrößert und die Schaltfrequenz verringert werden. Eine gezielte Verringerung der Schwankungsamplitude bei erhöhter Schaltfrequenz ist beim reinen Zweipunktregler mit Hysterese nicht erreichbar.

Es werden deshalb geeignete Maßnahmen benötigt, die eine gezielte Beeinflußung der Regelschwankung durch die Parameter eines schaltenden Reglers ermöglichen. Wie die folgenden Erläuterungen zeigen, sind dynamische Rückführungen innerhalb des Reglers zur Verbesserung der Eigenschaften eines schaltenden Reglers geeignet.

Beispiel 8.6. Temperaturregelung mit schaltendem Stellglied.

Die Temperatur in einem Raum soll mit Hilfe einer Heizung geregelt werden. Es wird ein Ventil verwendet, das nur zwei Stellungen (Öffnungsquerschnitt $A_S = 0$ cm² und $A_S = 4,5$ cm²) annehmen kann.

Die Leitungsrohre der Heizung können als Totzeit ($T_t = 20$ sec) beschrieben werden. Der zu heizende Raum besitzt eine Verzögerungscharakteristik 1. Ordnung ($T_1 = 30$ sec, $K_S = 20$°C/cm²) Zur Ansteuerung des Ventils wird ein Zweipunktregler verwendet.

Die Abtastzeit des Reglers wird auf $T_A = 10$ sec eingestellt.

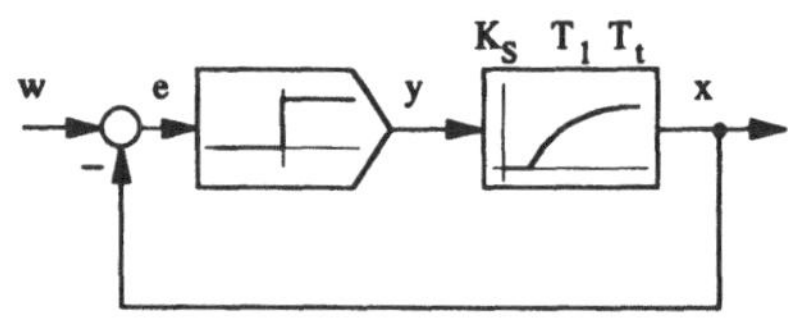

Abb. 8.32. Heizungsregelkreis mit Zweipunktregler.

Die folgende Abbildung zeigt die Verläufe der Stell- und Regelgröße nach einer sprungartigen Änderung der Führungsgröße von 0°C auf 60°C. Zunächst tritt eine positive Regeldifferenz auf und der Regler schaltet den Maximalwert auf die Strecke. Nach Erreichen des Sollwertes schaltet der Regler ab, aber die Temperatur schwingt aufgrund der Totzeit über. Anschließend stellt sich eine

Dauerschwingung ein, bei der der Regler zyklisch zwischen oberem und unterem Stellniveau wechselt und die Temperatur um den Sollwert mit großer Amplitude schwankt.

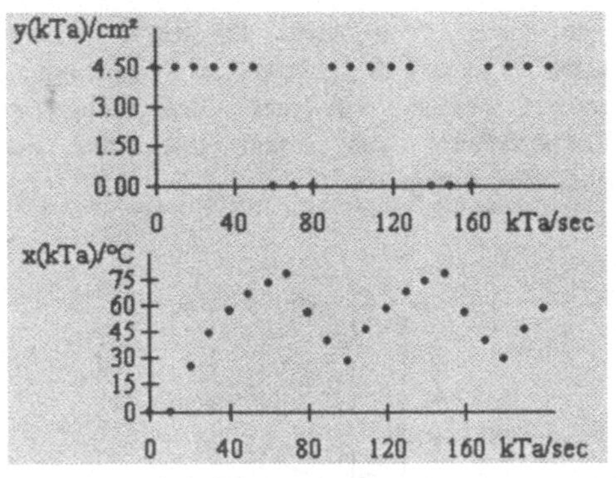

Abb. 8.33. Stellgröße und Regelgröße des Regelkreises mit Zweipunktregler.

Die Kenngrößen des Regelkreises können aus den angegebenen Beziehungen bestimmt werden. Mit

$$H = 0, \quad T_u = 20\,\text{sec}, \quad T_g = 30\,\text{sec}$$

$$w_M = \hat{y} \cdot K_s = 4{,}5\,cm^2 \cdot 20\,\frac{°C}{cm^2} = 90°C$$

folgt

$$\Delta x = \frac{T_u}{T_g} w_M + \left(1 - \frac{T_u}{T_g}\right) H = 60°C$$

$$T_P = \frac{w_M T_u + H T_g}{w_M - w} \cdot \frac{w_M}{w} = 90\,\text{sec}$$

$$x_{BA} = \frac{T_u}{T_g}\left(\frac{w_M}{2} - w\right) = -10°C$$

Aufgrund des ungünstigen Verhältnisses $T_u/T_g = 0{,}67$ entstehen beträchtliche Schwankungsamplituden und eine große bleibende Regelabweichung. Sie können mit diesem Regler nicht verringert werden. Auch die Einführung einer Hysterese ist kontraproduktiv, da sie die Schwankungsamplitude noch vergrößert. Um bei den vorgegebenen Randbedingungen trotzdem eine Verbesserung des Regelverhaltens zu erreichen, muß der schaltende Regler mit einer dynamischen Rückführung versehen werden. □

8.2.3 SCHALTENDE REGLER MIT DYNAMISCHER RÜCKFÜHRUNG

Der Einsatz schaltender Stellglieder und schaltender Regler führt immer zu periodisch schwankenden Verläufen der Regelgröße. Die Amplitude der Schwankung kann durch eine reglerinterne Rückführung auf Kosten einer erhöhten Schaltfrequenz soweit verringert werden, daß ein quasilineares Verhalten entsteht. Für die Rückführung wird die Stellgröße erfaßt und auf den Reglereingang gefiltert zurückgekoppelt. Die Regeldifferenz wird dadurch korrigiert, wodurch ein vorgezogenes oder ein verzögertes Schalten der Stellgröße herbeigeführt werden kann. Um den Einfluß der Rückführung auf das Verhalten des Reglers zu untersuchen, kann man von folgender Grundstruktur eines schaltenden Reglers mit Rückführung ausgehen.

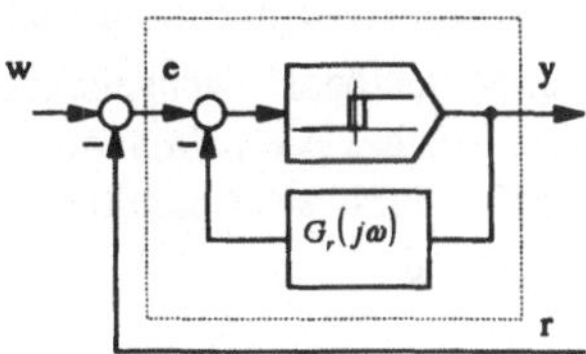

Abb. 8.34. Schaltender Regler mit Rückführung

Würde der Regler statt der schaltenden Kennlinie eine Konstante K_S enthalten, könnte die Übertragungsfunktion des Reglers mit Rückkopplung berechnet werden:

$$G_R(j\omega) = \frac{Y(j\omega)}{E(j\omega)} = \frac{K_s}{1 + K_s G_r(j\omega)} \; .$$

Im Arbeitspunkt kann eine Schaltkennlinie als sehr große Verstärkung angesehen werden. Mit $K_S \gg 1$ folgt dann:

$$G_R(j\omega) \approx \frac{1}{G_r(j\omega)} \; .$$

Im zeitlichen Mittel entspricht die Übertragungsfunktion eines schaltenden Reglers mit dynamischer, linearer Rückführung näherungsweise der inversen Rückführung. Durch Festlegung einer geeigneten Rückführung kann also (im zeitlichen Mittel) ein bestimmtes Reglerverhalten auch für schaltende Regler erzeugt werden. Um z.B. PID-Verhalten zu erzeugen, muß die Rückführung folgendermaßen aussehen:

$$G_{r1}(j\omega) \approx \frac{1}{G_R(j\omega)} = \frac{R_1(j\omega)}{Y(j\omega)}$$

$$= \frac{1}{K_P} \frac{1}{1 + T_V j\omega + \dfrac{1}{T_n j\omega}}$$

$$= \frac{1}{K_P} \frac{T_n j\omega}{1 + T_n j\omega + T_n T_v (j\omega)^2} \quad .$$

Da die Sprungantwort einer solchen Rückführung dem Sprung zunächst verzögert folgt und dann wieder auf Null zurückgeht, spricht man von einer verzögert nachgebenden Rückführung. Ein solches Verhalten der Rückführung kann z.B. durch zwei parallel geschaltete Verzögerungsglieder

$$G_{r1}(j\omega) = \frac{K_1}{1 + j\omega T_1} + \frac{K_2}{1 + j\omega T_2}$$

oder durch Reihenschaltung eines Verzögerungsgliedes und eines realen Differenzierers (Hochpaß 1. Ordnung)

$$G_{r1}(j\omega) = \frac{K_1}{1 + j\omega T_1} \cdot \frac{j\omega K_2}{1 + j\omega T_2}$$

realisiert werden. Der direkt erkennbare Zusammenhang zwischen den Reglerparametern (K_p, T_n, T_v) und den Parametern der Rückführung geht in dieser Realisierungsform verloren. Dies wird bei einer anderen Realisierung vermieden. Die gewünschte Übertragungsfunktion der Rückführung wird dazu umgeformt:

$$G_{r1}(j\omega) = \frac{1}{K_P} \frac{\dfrac{1}{1 + j\omega T_V}}{1 + \dfrac{1}{j\omega T_n} \cdot \dfrac{1}{1 + j\omega T_V}} \quad .$$

In dieser Form kann die Rückkopplung selbst als in sich rückgekoppeltes System interpretiert werden, mit einer Verzögerung im Vorwärtszweig und einem Integrierer im Rückwärtszweig:

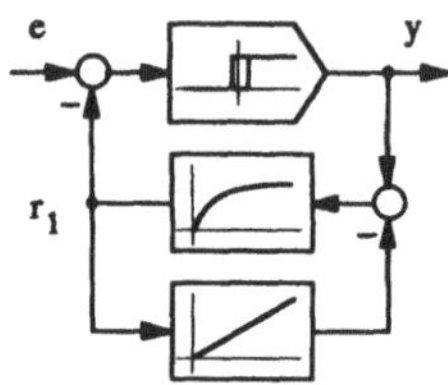

Abb. 8.35. Schaltender Regler mit verzögert nachgebender Rückführung

Die Diskretisierung des Integrierers und des Verzögerungsgliedes mit Hilfe der Differenzenapproximation ergibt dann folgenden Algorithmus für die verzögert nachgebende Rückführung

$$i_k = i_{k-1} + \frac{T_A}{T_n} r_{1k-1}$$

$$r_{1k} = \frac{1}{1 + T_v / T_A} \left(\frac{y_k}{K_P} + \frac{T_v}{T_A} r_{1k-1} - i_k \right) \quad .$$

Zusammen mit einem Zweipunkt- oder Dreipunktregler erzeugt diese Rückführung im zeitlichen Mittel ein PID-Verhalten des Reglers. Diese Struktur der Rückführung enthält unmittelbar die Parameter des PID-Reglers, so daß eine Umrechnung entfällt.

Setzt man den verzögerten Anteil der Rückführung zu Null, ($T_v = 0$), erhält man eine nachgebende Rückführung und ein PI-Verhalten des Reglers. Wird dagegen der nachgebende Anteil vernachlässigt, indem $T_n \to \infty$ geht, erhält man eine verzögerte Rückführung und somit einen PD-Regler.

Schaltende Schrittregler mit Rückführung. Ein Schrittregler besitzt ein integrierendes Stellglied. Das zeitlich gemittelte Übertragungsverhalten des Reglers zusammen mit dem Stellglied lautet jetzt

$$G_R(j\omega) \approx \frac{1}{G_{r2}(j\omega)} \frac{1}{j\omega T_m} \quad .$$

Um bei einem schaltenden Regler mit integrierendem Stellglied PID-Verhalten zu erzeugen, wird folgende Rückführung benötigt

$$G_{r2}(j\omega) = \frac{1}{K_P} \frac{1}{1 + j\omega T_v + \dfrac{1}{j\omega T_n}} \frac{1}{j\omega T_m} \quad .$$

Diese Rückführung besitzt zweifach verzögerndes Verhalten. Sie kann daher als Verzögerungsglied 2.Ordnung oder als Reihenschaltung zweier Verzögerungsglieder 1. Ordnung realisiert werden. Die Rückführung kann aber auch als Reihenschaltung der Rückführung G_{r1} und eines Integrierers interpretiert werden:

$$G_{r2}(j\omega) = G_{r1}(j\omega) \cdot \frac{1}{j\omega T_m} \quad .$$

Verwendet man den Algorithmus zur Realisierung von G_{r1}, kann G_{r2} sehr einfach realisiert werden, indem man die Gleichungen um einen Integrierer ergänzt:

$$i_k = i_{k-1} + \frac{T_A}{T_n} r_{1k-1}$$

$$r_{1k} = \frac{1}{1 + T_v / T_A} \left(\frac{u_k}{K_P} + \frac{T_v}{T_A} r_{1k-1} - i_k \right)$$

$$r_{2k} = r_{2k-1} + \frac{T_A}{T_m} r_{1k} \quad .$$

Für die programmtechnische Realisierung der beiden Rückführungen kann daher der gleiche Algorithmus verwendet werden. Der Integrierer für r_{2k} wird aber nur für die Rückführung bei Schrittreglern ausgewertet. Natürlich sind auch bei G_{r2} die Spezialfälle des PID-Reglers enthalten. Wird ein verzögernder An-

teil vernachlässigt ($T_v=0$), erhält man eine einfach verzögernde Rückführung und einen PI-Regler. Für $T_n \to \infty$ verschwindet i_k. Es ergibt sich eine verzögert integrierende Rückführung, die zusammen mit der Schaltkennlinie im zeitlichen Mittel einen PD-Regler darstellt.

Zusammengefaßt ergeben sich also folgende Realisierungsmöglichkeiten für schaltende Regler mit dynamischen Rückführungen.

Tabelle 8.11. Rückführungen für schaltende Regler

gewünschtes Reglerverhalten	benötigte Rückführung für schaltende Regler	
	$i_k = i_{k-1} + \dfrac{T_A}{T_n} r_{1k-1}$ $r_{1k} = \dfrac{1}{1 + T_v / T_A} \left(\dfrac{u_k}{K_P} + \dfrac{T_v}{T_A} r_{1k-1} - i_k \right)$	
PID	verzögert nachgebend	$T_n < \infty; \quad T_v > 0;$
PD	verzögert	$T_n \to \infty; \quad T_v > 0;$
PI	nachgebend	$T_n < \infty; \quad T_v = 0;$
P	starr	$T_n \to \infty; \quad T_v = 0;$

Tabelle 8.12. Rückführungen für schaltende Schrittregler

gewünschtes Reglerverhalten	benötigte Rückführung für schaltende Schrittregler	
	$i_k = i_{k-1} + \dfrac{T_A}{T_n} r_{1k-1}$ $r_{1k} = \dfrac{1}{1 + T_v / T_A} \left(\dfrac{u_k}{K_P} + \dfrac{T_v}{T_A} r_{1k-1} - i_k \right)$ $r_{2k} = r_{2k-1} + \dfrac{T_A}{T_m} r_{1k}$	
PID	doppelt verzögert	$T_n < \infty; \quad T_v > 0;$
PD	verzög. integrierend	$T_n \to \infty; \quad T_v > 0;$
PI	verzögert	$T_n < \infty; \quad T_v = 0;$
P	integrierend	$T_n \to \infty; \quad T_v = 0;$
I	starr	$r_{2k} = u_k / K_P$

Diese Aussagen gelten nur näherungsweise für den zeitlichen Mittelwert des Reglerverhaltens. Sie geben aber gute Hinweise für die Festlegung der Rückführungsstruktur und die Wahl der Parameter, die aus den Entwürfen stetiger PID-Regler übernommen werden können.

Für eine genauere Analyse des Verhaltens von Reglern mit schaltender Kennlinie muß auf das Zeitverhalten des Reglers zurückgegriffen werden, oder auf weitergehende Werkzeuge, wie die Methode der Beschreibungsfunktion oder die Analyse im Zustandsraum.

Beispiel 8.7. Heizungsregelung
Das Beispiel der Heizungsregelung, welches mit einem Zweipunktregler sehr große Regelschwankungen von 60°C und eine bleibende Regelabweichung von -10°C ergeben hatte, soll jetzt mit einem Zweipunktregler mit interner Rückführung ausgerüstet werden.
Da die Strecke wegen $T_u/T_g=0{,}67$ sehr schwer zu regeln ist, wird der Regler als PID-Regler angesetzt. Es wird also eine verzögert nachgebende Rückführung benötigt.

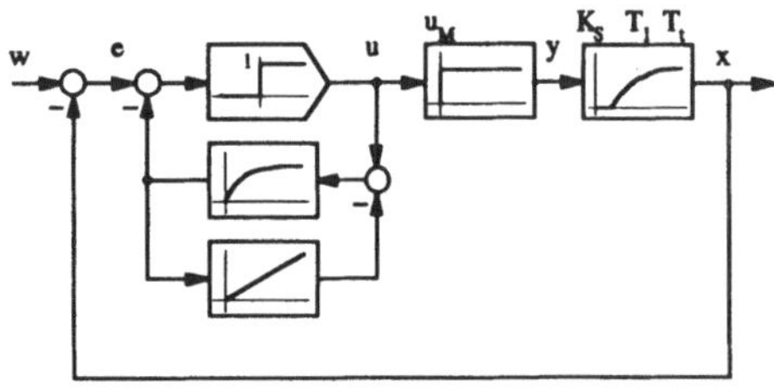

Abb. 8.36. Struktur des Regelkreises

Die Parameter des Reglers werden nach Chien, Hrones und Reswick eingestellt auf

$$K_P = \frac{1}{K_S \cdot u_M} \cdot 0{,}95 \cdot \frac{T_g}{T_u} = \frac{0{,}95}{69°C}$$

$$T_n = 1{,}35 \cdot T_g = 40{,}5\,\mathrm{sec}$$

$$T_v = 0{,}47 \cdot T_u = 9{,}4\,\mathrm{sec}$$

Diese Werte werden in den beiden Rückführungsgleichungen

$$i_k = i_{k-1} + \frac{T_A}{T_n} r_{1k-1}$$

$$r_{1k} = \frac{1}{1+T_v/T_A}\left(\frac{y_k}{K_P} + \frac{T_v}{T_A} r_{1k-1} - i_k\right)$$

eingesetzt. Die extern gemessene Temperaturdifferenz e_k, die im Bereich zwischen -100°C und +100°C liegen kann, wird durch den AD-Wandler auf einen Zahlenbereich von -1000 bis +1000 abgebildet. Diese Normierung wird auch für die interne Rückführgröße r_{1k} und deren Integral i_k verwendet. Die Reglerausgangsgröße y_k kann nur die beiden Werte $y_k=0$ (Ventil geschlossen) und $y_k=1$ (Ventil offen) annehmen. Die beiden Schaltstellungen werden den Zahlenwerten 0 und 1000 zugeordnet, so daß man folgende Normierungsbeziehungen erhält

$$r_{1k} = \frac{1°C}{10} r'_{1k}; \quad i_k = \frac{1°C}{10} i'_k; \quad u_k = u'_k \;.$$

Die normierten Reglergleichungen lauten

$$i'_k = i'_{k-1} + 0{,}123 \cdot r_{1k-1}$$

$$r'_{1k} = 0{,}347 \cdot \left(0{,}631 \cdot y'_k + 1{,}88 \cdot r'_{1k-1} - i'_k\right)$$

$$y'_k = \begin{bmatrix} 1 & \text{für} & e'_k - r'_{1k} > 0 \\ 0 & \text{für} & e'_k - r'_{1k} \le 0 \end{bmatrix} \;.$$

Die folgenden Bilder zeigen die Ergebnisse, die mit einem schaltenden Regler mit interner verzögert nachgebender Rückführung erzielt werden.

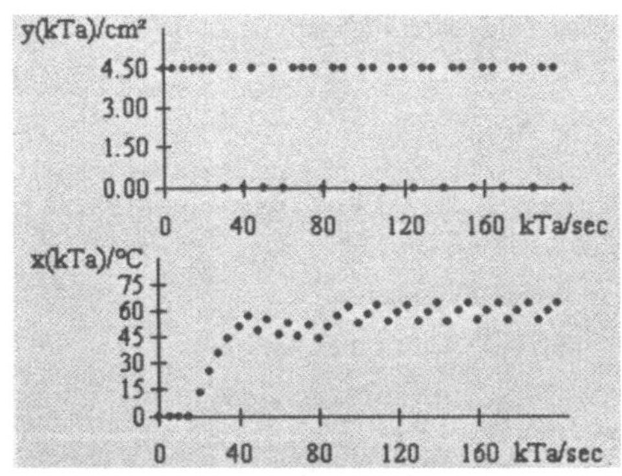

Abb. 8.37. Stellgröße y_k, und Regelgröße x_k des Zweipunktreglers mit dyamischer Rückführung.

□

Sehr deutlich ist im vorangehenden Beispiel die wesentlich geringere Schwankungsamplitude zu erkennen. Auch die bleibende Regelabweichung ist deutlich geringer. Mit Hilfe einer internen Rückführung kann also das Verhalten eines schaltenden Reglers wesentlich verbessert werden. Dies wird erreicht durch eine größere Schalthäufigkeit. Die Stellgröße nimmt daher die Form eines pulsdauermodulierten Signals an.

Eine Alternative zur Verwendung der dynamischen Rückführung ist der Einsatz einer Pulsdauermodulation, mit der ein schaltendes Stellglied im zeitlichen Mittel ebenfalls quasikontinuierlich verstellt werden kann (siehe z.B. /Leonhard 1981/).

8.2.4 REGLER MIT BEGRENZUNGEN

Ein für lineares Verhalten entworfener Regler kann ein drastisch verschlechtertes Verhalten besitzen, wenn Nichtlinearitäten vorhanden sind, die im Entwurf nicht berücksichtigt wurden. Der lineare Entwurf ist dann zu modifizieren, oder es müssen von vorneherein nichtlineare Regler entworfen werden. Geeignete Methoden hierfür stehen z.B. in Form der Beschreibungsfunktion im Frequenzbereich, dem Maximumprinzip von Pontrjagin, der Ljapunov-Theorie /Föllinger 1993/, der Hyperstabilitätstheorie /Opitz 1987/ oder der dynamischen Programmierung von Bellman /Bellman 1967/ zur Verfügung.

Eine besonders wichtige Form von Nichtlinearität ist die Begrenzung. Aufgrund physikalisch bedingter Einschränkungen kann keine Größe beliebig große Werte annehmen. Dies gilt auch für die Regelgröße und die Stellgröße in einem Regelkreis. In jedem Regelkreis sind daher Begrenzungen vorhanden. Weichen die Größen des Regelkreises nur wenig vom Arbeitspunkt ab, brauchen die Begrenzungen nicht berücksichtigt zu werden; das Regelkreisverhalten ist linear, sofern neben den Begrenzungen keine anderen Nichtlinearitäten vorhanden sind. Treten dagegen große Stellsignale auf, z.B. infolge großer Sollwertsprünge oder durch Einstellung der Reglerparameter auf

ein zeitoptimiertes Übergangsverhalten, können die Begrenzungen drastische Abweichungen vom idealen, linearen Verhalten bewirken. Neben einer unvermeidbaren Verlängerung der Anstell- und Ausregelzeit kann es zu starken Schwingvorgängen bis hin zu instabilem Verhalten kommen. Im wesentlichen lassen sich die auftretenden Schwingvorgänge dadurch erklären, daß der Integralanteil des Reglers bei einer größeren Regeldifferenz immer weiter ansteigt und somit die Stellgröße vergrößern will auch wenn sich diese bereits in der Begrenzung befindet. Dieses „Überlaufen" des Integrierers - meist als Integrator-Windup bezeichnet - muß nach Verlassen der Begrenzung durch negative Regeldifferenzen ausgeglichen werden, wodurch es zu Schwingvorgängen kommt. Eine einfache Gegenmaßnahme ist die Abschaltung der Integration sobald die Stellgröße in die Begrenzung geht. Es existieren zahlreiche Vorschläge zur Realisierung derartiger Anti-Windup-Maßnahmen. Viele sind sehr einfach und führen zu einem deutlich verbesserten Regelkreisverhalten. Trotzdem ist das Anti-Windup durch Abschalten des Integrierers nicht immer zufriedenstellend. Zum einen wird ein Teil der trotz der Begrenzung verfügbaren Regelkreisdynamik verschenkt, zum anderen können die Schwingvorgänge auch ohne Integralanteil im Regler auftreten. Man spricht hier von einem Windup der Strecke /Wurmthaler, Hippe 1994/.

Neben den heuristisch begründeten Anti-Windup-Maßnahmen wurden viele theoretisch basierte Untersuchungen über die Wirkung und Kompensation von Begrenzungen im Regelkreis angestellt. Sie führten zu Entwurfsverfahren, die die im Zeitbereich wirkende Begrenzung beim Entwurf im Frequenzbereich /Dourdoumas 1987/ oder im Zustandsraum /Hippe, Wurmthaler 1985/ berücksichtigen. Bei einigen Verfahren wird der Regelkreis so entworfen, daß die Signale nicht in die Begrenzung gehen /Schneider 1977/. Derartige Entwürfe setzen natürlich genaue Kenntnisse der auftretenden Signalamplituden voraus und machen zudem den Regelkreis unnötig langsam. Sie werden deshalb hier nicht weiter verfolgt.

Vom praktischen Standpunkt aus sind Ansätze interessanter, die eine begrenzende Wirkung auf die Signale zulassen, deren negative Auswirkungen aber durch Korrekturmaßnahmen mildern.

Die bisher bekannten Maßnahmen haben trotz unterschiedlicher Ansätze und unterschiedlicher Herleitung die gleiche Reglerstruktur als Ergebnis. Sie kann als Erweiterung des allgemeinen linearen Reglers interpretiert werden, dem zwei Einrichtungen hinzugefügt werden. Die erste Einrichtung ist eine reglerinterne Begrenzerkennlinie, die zur Vermeidung des Windup dient. Die zweite Einrichtung ist ein Korrekturfilter, das die dynamischen Eigenschaften des Reglers verbessert.

Die Differenzengleichung des allgemeinen linearen Reglers lautet:

$$R\!\left(q^{-1}\right)\cdot y_k = T\!\left(q^{-1}\right)\cdot w_k - S\!\left(q^{-1}\right)\cdot x_k \ .$$

Mit $R\!\left(q^{-1}\right)=r_0+q^{-1}\cdot R'\!\left(q^{-1}\right)$ erhält man die Gleichung zur rekursiven Bestimmung der Stellgröße y_k aus den Abtastwerten der Sollgröße w_k, der Regelgröße x_k und den zurückliegenden Werten der Stellgröße:

$$y_k = \frac{1}{r_0}\left\{-R'\!\left(q^{-1}\right)\cdot y_{k-1} + T\!\left(q^{-1}\right)\cdot w_k - S\!\left(q^{-1}\right)\cdot x_k\right\} \ .$$

Dargestellt als Blockschaltbild besitzt dieser allgemeine lineare Regler folgende Struktur.

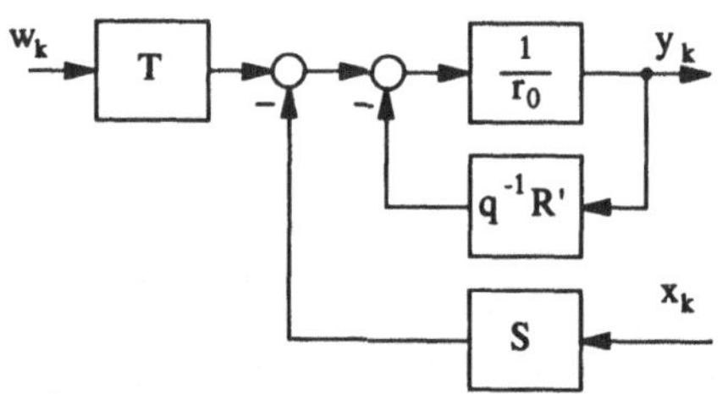

Abb. 8.38. Struktur des allgemeinen linearen Reglers

Geht die Stellgröße in die Begrenzung, wirkt auf die Strecke nur die begrenzte Größe y_{Bk}. Im Regelalgorithmus wird die gewünschte un-

begrenzte Stellgröße y_k zur Berechnung der neuen Stellwerte verwendet. Diese Diskrepanz ist für das Überlaufen des Reglers verantwortlich. Da die Strecke nicht die für die Stellgröße y_k erwartete Wirkung zeigt, wird die Stellgröße weiter erhöht, was aber durch die Begrenzung keine Wirkung hat. Das Problem läßt sich beseitigen, wenn die tatsächlich wirkende begrenzte Stellgröße y_{Bk} dem Regler zugeführt oder, falls sie nicht meßbar ist, im Regler simuliert wird /Wurmthaler 1977/:

$$y_k = \frac{1}{r_0}\left\{-R'\!\left(q^{-1}\right)\cdot y_{Bk-1} + T\!\left(q^{-1}\right)\cdot w_k - S\!\left(q^{-1}\right)\cdot x_k\right\}$$

Der modifizierte Regler erhält damit folgende Struktur:

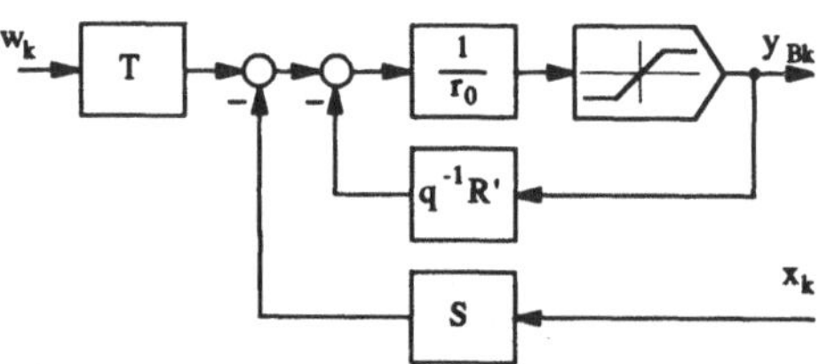

Abb. 8.39. Struktur des modifizierten Reglers

Da im Regelalgorithmus immer die begrenzte Stellgröße verwendet wird, wächst auch die unbegrenzte Stellgröße nicht wesentlich über den Maximalwert an. Am Beispiel des PID-Reglers läßt sich dies verdeutlichen. Er ist im allgemeinen linearen Regler mit

$$T(q^{-1}) = S(q^{-1}) = s_0 + s_1\cdot q^{-1} + s_2\cdot q^{-2}$$
$$R(q^{-1}) = 1 - q^{-1}$$

enthalten und lautet:

$$y_k = y_{k-1} + S\!\left(q^{-1}\right)\cdot\left\{w_k - x_k\right\} \ .$$

Führt man die beschriebene Modifikation durch, erhält man den PID-Regler mit Begrenzung:

$$y_k = y_{Bk-1} + S\!\left(q^{-1}\right)\cdot\left\{w_k - x_k\right\} \ .$$

Erreicht die Stellgröße bei diesem Regler die Begrenzung, wächst sie trotz positiver Regeldifferenz nicht mehr weiter an. Wird die Regeldifferenz negativ, sinkt die Stellgröße sofort unter den Maximalwert, was beim linearen Regler aufgrund der übergelaufenen Stellgröße ($y_k \gg y_{Bk}$) erst viel später der Fall wäre.

Beispiel 8.8. Digitaler Regler mit Begrenzung
Gegeben sei eine Strecke, die aus einem Integrierer ($T_I = 10$ sec) und einer Verzögerung 1. Ordnung ($T_1 = 1$ sec, $K_S = 1$) besteht. Sie soll mit einem digitalen PID-Regler geregelt werden. Die Abtastzeit wird auf $T_A = 0,4$ sec eingestellt. Legt man dem Reglerentwurf folgende Ersatzzeitkonstanten zugrunde

$$T_u = T_A = 0,4 \, \text{sec}$$
$$T_g = T_1 = 1,0 \, \text{sec} \quad ,$$

erhält man die Reglerparameter

$$K_P = 0,5 \cdot \frac{T_I}{T_u} = 0,5 \cdot \frac{T_I}{T_A} = 12,5$$

$$T_n = 4,0 \cdot T_u = 4,0 \cdot T_A = 1,6 \, \text{sec}$$
$$T_v = 0,5 \cdot T_g = 0,5 \cdot T_1 = 0,5 \, \text{sec} \quad .$$

Diese Werte können im Algorithmus des digitalen PID-Reglers eingesetzt werden. Man erhält:

$$y_k = y_{k-1} + s_0 e_k + s_1 e_{k-1} + s_2 e_{k-2}$$

mit

$$s_0 = K_P \left(1 + \frac{T_A}{2T_n} + \frac{T_v}{T_A} \right) = 26,56$$

$$s_1 = -K_P \left(1 - \frac{T_A}{2T_n} + 2 \cdot \frac{T_v}{T_A} \right) = -35,94$$

$$s_2 = K_P \cdot \frac{T_v}{T_A} = 12,50 \quad .$$

Da sowohl die Strecke als auch der Regler einen Integralanteil besitzt, neigt der Regelkreis zu Schwingungen. Dies ist auch an der Sprungantwort zu erkennen, die erst nach deutlichen Überschwingern auf den stationären Endwert einschwingt.

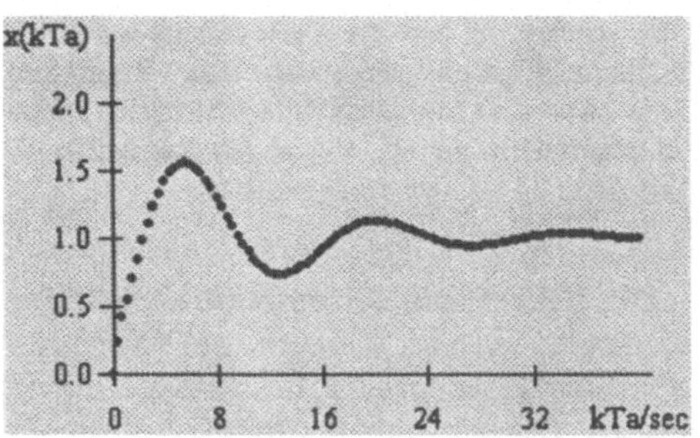

Abb. 8.40. Regelgröße des linearen PI-Reglers ohne Begrenzung

Wird nun die Stellgröße auf den Wert 5,0 begrenzt, so kann bei gleicher Einstellung der Reglerparameter sehr deutlich das Überschwingen der Regelgröße erkannt werden.

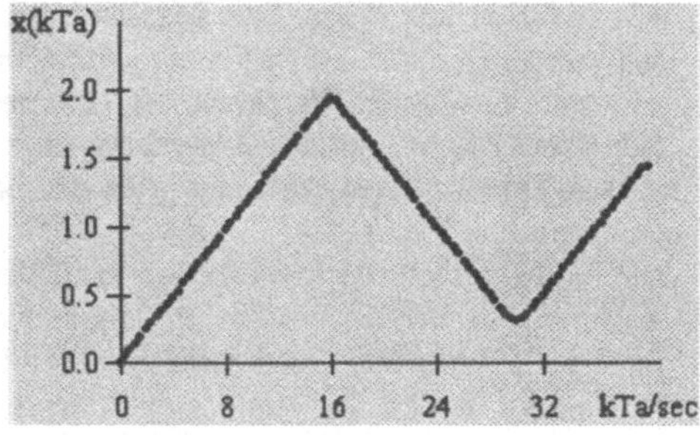

Abb. 8.41. Regelgröße des linearen PI-Reglers bei Wirkung einer Begrenzung

Berücksichtigt man im Regler die begrenzte Stellgröße, wird das Aufintegrieren verhindert.

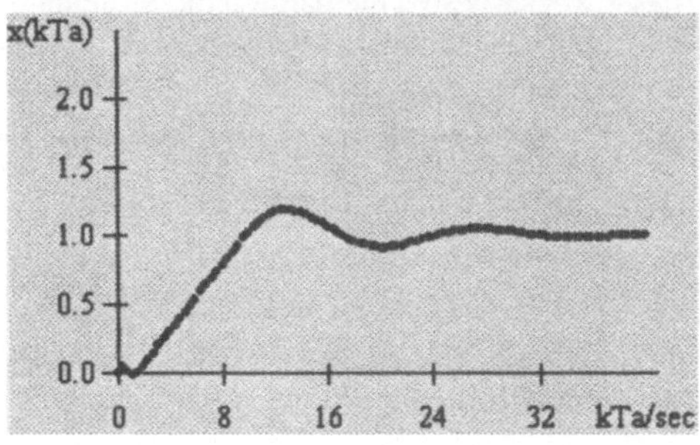

Abb. 8.42. Regelgröße des linearen PI-Reglers mit Rückführung der begrenzten Stellgröße

Sehr deutlich ist hier die Verbesserung durch die Reglermodifikation erkennbar. Die Regelgröße zeigt zwar auch hier einen Überschwinger. Dieser ist aber relativ gering, so daß die Regeldifferenz nach etwa 23 Sekunden ausgeregelt ist.

□

Die Verwendung der begrenzten Stellgröße im Regler ist eine geeignete Maßnahme zur Vermeidung des Windup für beliebige lineare Regler. Der Fall der Integralabschaltung für Regler mit I-Anteil ist als Spezialfall genauso enthalten, wie der lineare Regler für unbegrenzte Stellgrößen. Die beschriebene Modifikation des Reglers hat eine stabilisierende Wirkung auf das Regelkreisverhalten, da die möglicherweise auftretenden Schwingvorgänge deutlich gedämpft werden. Natürlich hat diese Dämpfung eine Reduktion der Regelkreisgeschwindigkeit zur Folge. Der Regelkreis wird langsamer, als durch die Begrenzung zwingend vorgegeben, wie der Vergleich mit dem zeitoptimalen Fall bei gleicher Begrenzung zeigt.

Man kann nun versuchen, den trotz der Begrenzung verbleibenden Dynamikspielraum durch eine zusätzliche Modifikation zumindest teilweise auszunutzen, um sich so dem zeitoptimalen Fall zu nähern. Als geeignete Modifikation stellt sich die Verwendung eines Korrekturfilters heraus, das die Differenz zwischen unbegrenzter und begrenzter Stellgröße als Eingang besitzt.

Je nach Herleitungsmethode resultiert das Korrekturfilter $q^{-1}P'(q^{-1})$ aus unterschiedlichen Überlegungen. Bei /Schneider 1986/ hat es die Aufgabe, den durch die Begrenzung weggefallenen Anteil der Stellgröße durch zusätzliche äquivalente Stellimpulse in den nachfolgenden Abtastintervallen zu ersetzen. Die aus diesem Ansatz resultierende Bestimmungsgleichung für das Korrekturfilter lautet:

$$P(q^{-1}) = 1 + q^{-1} \cdot P'(q^{-1})$$
$$= \left\{ A(q^{-1}) \cdot R(q^{-1}) + B(q^{-1}) \cdot S(q^{-1}) \right\} \cdot P_1(q^{-1}) \cdot$$

Dabei ist $B(q^{-1})$ der Zähler und $A(q^{-1})$ der Nenner der Streckenübertragungsfunktion. Das Polyom $AR+BS$ enthält die gewünschten Pole des geschlossenen Regelkreises. Sie bestimmen also die Charaktersitik des Korrekturfilters. Das Polynom $P_1(q^{-1})$ ist frei wählbar und kann verwendet werden, um die Wirkung des Korrekturfilters über einen größeren Zeitraum zu verteilen. Im einfachsten Fall kann $P_1(q^{-1}) = 1$ gewählt werden.

Bei /Wurmthaler, Hippe 1994/ resultiert das Korrekturfilter aus Überlegungen im Zustandsraum. Das Polynom $P(q^{-1})$ wird dort durch die Beobachtereigenwerte bestimmt.

$$y_k = \frac{1}{r_0}\left\{ -R'(q^{-1}) \cdot y_{Bk-1} + T(q^{-1}) \cdot w_k - S(q^{-1}) \cdot x_k \right\} - P'(q^{-1})\left\{ y_{k-1} - y_{Bk-1} \right\} \quad .$$

Dieser Regler besitzt die dargestellte Struktur.

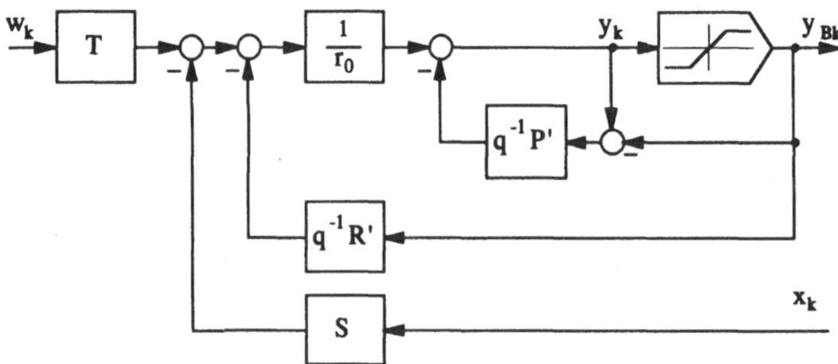

Abb. 8.43. Struktur des Reglers mit Rückkopplung der begrenzten Stellgröße über ein Filter

8.3 STRUKTUROPTIMIERTE REGLER

8.3.1 EIN-/AUSGANGSDARSTELLUNG DES DIGITALEN REGELKREISES

Streckenmodell. Die in einem digitalen System vorkommenden zeitveränderlichen Größen lassen sich als Zahlenfolgen darstellen. Die Abbildung einer oder mehrerer Eingangsgrößen auf eine Ausgangsgröße durch ein System kann dann durch eine Differenzengleichung beschrieben werden. Wirkt auf ein System z.B. die Eingangsgröße y_k und die Störgröße v_k, so ergibt sich die Ausgangsgröße x_k im allgemeinen aus einer Beziehung der folgenden Form:

$$x_k = f\left(x_{k-1}, x_{k-2}, \ldots y_k, y_{k-1}, \ldots v_k, v_{k-1}, \ldots\right) \quad .$$

x_k wird bestimmt durch aktuelle und zurückliegende Werte der beteiligten Signale.

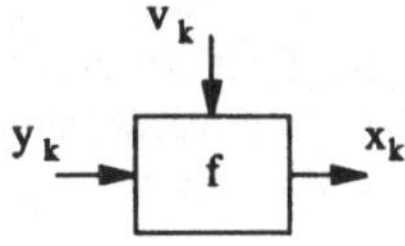

Abb. 8.44. Allgemeines digitales System

Zur genaueren Beschreibung des Systemverhaltens sind weitergehende Kenntnisse über den Aufbau des Systems erforderlich. Wichtige Aussagen über das System betreffen dessen Übertragungseigenschaften (Linearität / Nichtlinearität, Zeitinvarianz / Zeitvarianz) sowie Art und Angriffspunkt der Störung.

Geht man zunächst einmal von einem ungestörten System mit linearem und zeitinvariantem Übertragungsverhalten aus, kann es durch eine lineare Differenzengleichung mit konstanten Koeffizienten beschrieben werden:

$$x_k = -a_1 x_{k-1} - a_2 x_{k-2} \ldots -a_n x_{k-n}$$
$$+ b_0 y_k + \ldots + b_n y_{k-n} \quad .$$

Für eine vereinfachte Schreibweise kann man die Diffenzengleichung mit Hilfe des Verschiebeoperators zusammenfassen.

$$x_k + a_1 x_{k-1} \ldots + a_n x_{k-n} = b_0 y_k + b_1 y_{k-1} \ldots + b_n y_{k-n}$$
$$\left(1 + a_1 q^{-1} + \ldots + a_n q^{-n}\right) x_k = \left(b_0 + b_1 q^{-1} + \ldots + b_n q^{-n}\right) y_k$$

Die Einführung der Polynome $A(q^{-1})$ und $B(q^{-1})$ ergibt dann:

$$A\left(q^{-1}\right) x_k = B\left(q^{-1}\right) y_k$$

und aufgelöst nach x_k

$$x_k = \frac{B\left(q^{-1}\right)}{A\left(q^{-1}\right)} y_k \quad .$$

Solange Mißverständnisse ausgeschlossen sind, kann die explizite Darstellung der Abhängigkeit von q^{-1} weggelassen werden. Man erhält die zusammengefaßte Darstellung eines ungestörten, linearen und zeitinvarianten Systems:

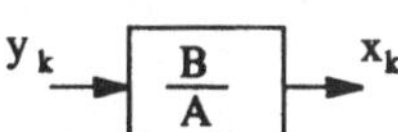

Abb. 8.45. Lineares digitales System

Eine Reihe von Spezialfällen, z.B. unterschiedliche Verzögerungsordnungen für die Eingangs- und die Ausgangsgröße oder das Vorhandensein einer Totzeit sind in diesem Modell enthalten. Bestimmte Koeffizienten a_i oder b_i werden für die verschiedenen Spezialfälle zu Null.

Bei einem totzeitfreien System ist $b_0 \neq 0$; bei einem System mit Totzeit $T_t = dT_A$ verschwinden die Koeffizienten b_0, b_1, ... b_{d-1}.

Hängt die Ausgangsgröße nur von den Eingangswerten, nicht aber von zurückliegenden Ausgangswerten ab, verschwinden die Koeffizienten a_1, a_2, ... a_n. Das Polynom $A(q^{-1})$ wird gleich 1. Die Ausgangsgröße stellt einen gleitenden gewichteten Mittelwert der Eingangsgröße dar:

$$x_k = B \cdot y_k = b_0 y_k + b_1 y_{k-1} + \ldots + b_n y_{k-n} \quad .$$

Man spricht bei diesem Modell von einem Moving-Average- (MA-) Modell. Das Gegenstück hierzu bilden die autoregressiven (AR-) Modelle, bei denen die Koeffizienten b_1, b_2, $\ldots b_n$ verschwinden.

$$x_k = -a_1 x_{k-1} - a_2 x_{k-2} - \ldots - a_n x_{k-n} + b_0 y_k$$

Ist das System Störungen ausgesetzt, können diese am Eingang, am Ausgang oder im Systeminneren angreifen. Auch die Kenntnis der Störcharakteristik ist für den späteren Reglerentwurf von großer Bedeutung. So ist z.B. ein optimaler Regler für stochastische Störungen ganz anders zu entwerfen, als ein Regler für sprungartig veränderliche Störsignale. Im allgemeinen kann man sich die im System wirkende Störung v_k entstanden denken als gefiltertes weißes Rauschen n_k .

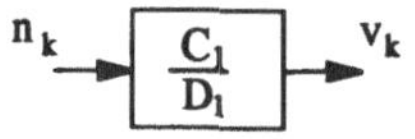

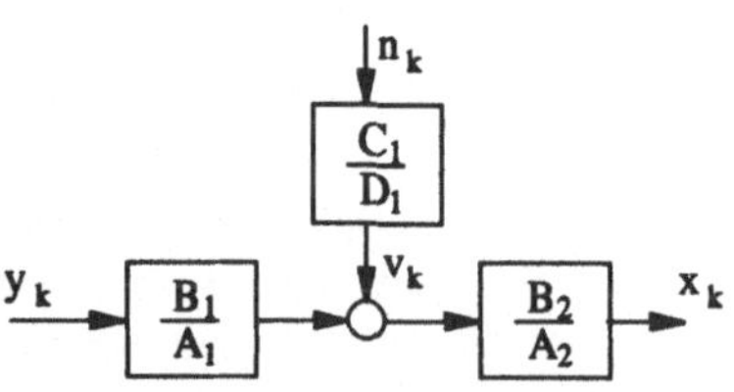

Abb. 8.46. Störsignal als gefiltertes weißes Rauschen

Die Kenntnisse über das Spektrum und die Dynamik der Störung sind dann in der Filterübertragungsfunktion enthalten. Nimmt man nun einen Störangriffspunkt im Systeminneren an, gelangt man zu folgendem Modell eines gestörten Systems.

B_1/A_1 ist der ungestörte Teil des Systems. Die Nullstellen B_2 und die Pole A_2 sind für die Stellgröße y_k und die Störgröße n_k gemeinsam:

$$x_k = \frac{B_2}{A_2}\left(\frac{B_1}{A_1} y_k + \frac{C_1}{D_1} n_k\right)$$
$$= \frac{B_2}{A_2}\frac{B_1}{A_1} y_k + \frac{B_2}{A_2}\frac{C_1}{D_1} n_k \quad .$$

In diesem Modell sind die beiden Spezialfälle einer Störung am Systemausgang ($B_2/A_2 = 1$)

$$x_k = \frac{B_1}{A_1} y_k + \frac{C_1}{D_1} n_k$$

und einer Störeinwirkung direkt am Systemeingang ($B_1/A_1 = 1$)

$$x_k = \frac{B_2}{A_2} y_k + \frac{B_2}{A_2}\frac{C_1}{D_1} n_k$$

enthalten. Führt man die Polynome $A = A_1 A_2$, $B = B_1 B_2$, $C = C_1 B_2$ und $D = D_1 A_2$ ein, so wird ein gestörtes lineares und zeitinvariantes System beschrieben durch

$$x_k = \frac{B}{A} y_k + \frac{C}{D} n_k \quad .$$

Wie die Definition der Polynome gezeigt hat, wirken sich unterschiedliche Störangriffspunkte in Form gemeinsamer Pole und Nullstellen der Störübertragungsfunktion (C/D) und der Stellübertragungsfunktion (B/A) aus.

Reglermodell. Der zum Aufbau des Regelkreises benötigte Regler ist ebenfalls ein dynamisches System. Er besitzt die Führungsgröße w_k und die Regelgröße x_k als Eingänge und die Stellgröße y_k als Ausgang. Um keine unnötigen Einschränkungen einzuführen, kann man einen linearen und zeitinvarianten Regler folgendermaßen ansetzen:

Abb. 8.47. Lineares gestörtes digitales System

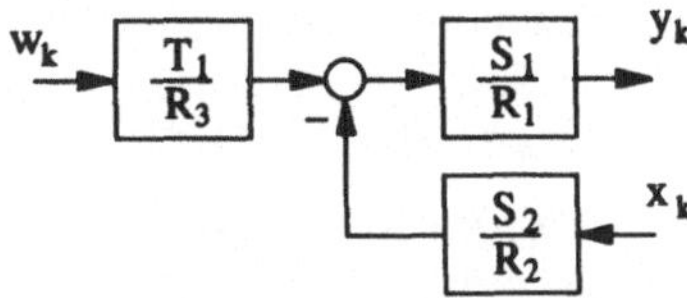

Abb. 8.48. Allgemeiner linearer Regler

Die Führungsgröße und die Regelgröße werden zunächst in Vorfiltern getrennt voneinander dynamisch umgeformt. Dies eröffnet die Möglichkeit die Führungs- und die Störübertragungsfunktion des Regelkreises zumindest teilweise unabhängig voneinander zu beeinflussen. Die (vorgefilterte) Regeldifferenz wird dann mittels S_1/R_1 in die Stellgröße umgesetzt. Sie ergibt sich als

$$y_k = \frac{S_1}{R_1}\left(\frac{T_1}{R_3}w_k - \frac{S_2}{R_2}x_k\right)$$

$$= \frac{S_1}{R_1}\frac{T_1}{R_3}w_k + \frac{S_1}{R_1}\frac{S_2}{R_2}x_k \quad .$$

Die Erweiterung der beiden Übertragungsfunktionen mit R_2 bzw. R_3 ergibt

$$y_k = \frac{S_1}{R_1}\frac{T_1}{R_3}\frac{R_2}{R_2}w_k - \frac{S_1}{R_1}\frac{S_2}{R_2}\frac{R_3}{R_3}x_k \quad .$$

Definiert man nun $R=R_1R_2R_3$, $S=S_1S_2R_3$ und $T=S_1T_1R_2$, so lautet die Differenzengleichung des linearen Reglers:

$$y_k = \frac{T}{R}w_k - \frac{S}{R}x_k$$

oder

$$Ry_k = Tw_k - Sx_k \quad .$$

Dabei sind R, S und T endliche Polynome in q^{-1}, die gemäß ihrer Definition teilweise gemeinsame Nullstellen besitzen können.

Beispiel 8.9. Digitaler PID-Regler
Der digitale PID-Regler ist als Spezialfall in dem allgemeinen Reglermodell enthalten. Die Differenzengleichung des PID-Reglers lautet:

$$y_k = y_{k-1} + s_0 e_k + s_1 e_{k-1} + s_2 e_{k-2}$$

$$\Rightarrow y_k - y_{k-1} = s_0 w_k + s_1 w_{k-1} + s_2 w_{k-2}$$

$$-s_0 x_k - s_1 x_{k-1} - s_2 x_{k-2}$$

Die Polynome R, S und T des PID-Reglers lauten also:

$$R(q^{-1}) = 1 - q^{-1}$$

$$S(q^{-1}) = s_0 + s_1 q^{-1} + s_2 q^{-2}$$

$$T(q^{-1}) = s_0 + s_1 q^{-1} + s_2 q^{-2}$$

$\square$

Der Regelkreis. Die Zusammenschaltung des Streckenmodells mit dem digitalen Regler ergibt den allgemeinen linearen Regelkreis

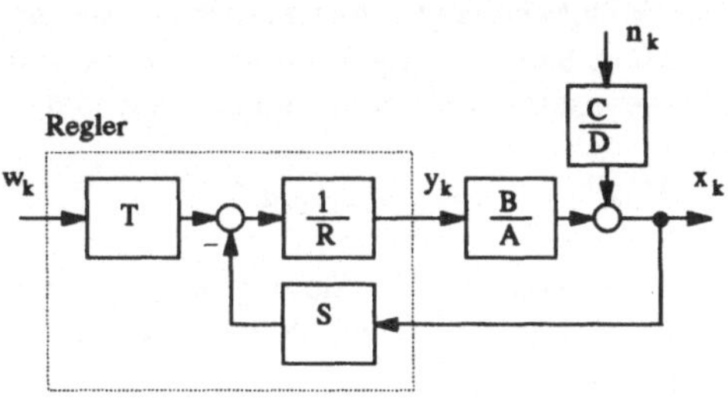

Abb. 8.49. Allgemeiner linearer Regelkreis

Die Regelgröße setzt sich folgendermaßen zusammen:

$$x_k = \frac{B}{A}y_k + \frac{C}{D}n_k$$

$$= \frac{B}{A}\left(\frac{T}{R}w_k - \frac{S}{R}x_k\right) + \frac{C}{D}n_k \quad .$$

Die Auflösung nach x_k ergibt:

$$x_k = \frac{BT}{AR + BS}w_k + \frac{CAR}{D(AR + BS)}n_k \quad .$$

In dieser Darstellung erkennt man die Führungsübertagungsfunktion

$$G_w\left(q^{-1}\right) = \frac{BT}{AR + BS} = \frac{\{x_k\}}{\{w_k\}} = \frac{X\left(q^{-1}\right)}{W\left(q^{-1}\right)}$$

und die Störübertragungsfunktion

$$G_n\left(q^{-1}\right) = \frac{AR}{AR + BS} \cdot \frac{C}{D} = \frac{\{x_k\}}{\{n_k\}} = \frac{X\left(q^{-1}\right)}{W\left(q^{-1}\right)} \quad .$$

Alle Pole der Führungsübertragungsfunktion sind auch Pole der Störübertragungsfunktion. Die Pole der beiden können daher nicht unabhängig voneinander eingestellt werden. Lediglich die Nullstellen lassen sich getrennt beeinflußen.

Die Unabhängigkeit des Regelkreises vom Störsignal kann wesentlich verbessert werden, wenn die Störung zumindest teilweise meßtechnisch erfaßbar ist. Es kann dann eine *Störgrößenaufschaltung* erfolgen, bei der die gemessene Störgröße zur Korrektur der Stellgröße verwendet wird. Dazu wird das Polynom

$$V(q^{-1}) = v_0 + v_1 q^{-1} + \ldots + v_n q^{-n}$$

zur Einkopplung der Störung im Regler eingeführt. Der Regler mit Störgrößenaufschaltung lautet dann:

$$R \cdot y_k = T \cdot w_k - S \cdot x_k - V \cdot n_k \quad .$$

Der daraus resultierende Regelkreis hat folgende Struktur.

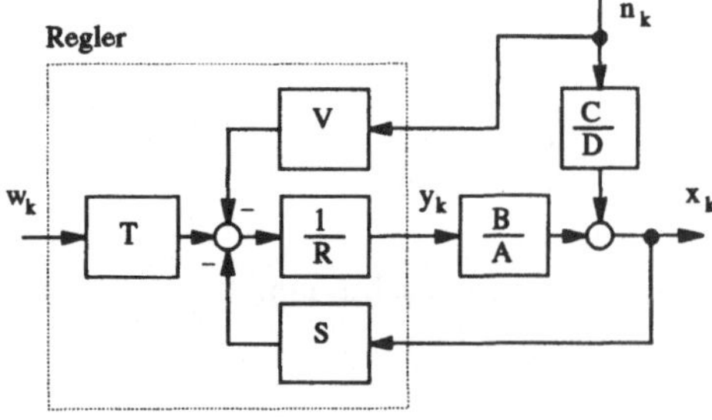

Abb. 8.50. Regelkreis mit Störgrößenaufschaltung

Er besitzt die Störübertragungsfunktion

$$G_n\left(q^{-1}\right) = \frac{CAR - BVD}{D(AR + BS)} = \frac{X\left(q^{-1}\right)}{N\left(q^{-1}\right)} \quad ,$$

bei unveränderter Führungsübertragungsfunk-tion. Ist die Störung vollständig meßbar, kann ihr Einfluß durch geeignete Festlegung von V eliminiert werden. Der Zähler der Störübertragungsfunktion muß dazu verschwinden:

$$CAR - BVD = 0 \quad .$$

Dies gelingt, wenn

$$\frac{V}{R} = \frac{A}{B} \cdot \frac{C}{D}$$

gewählt werden kann. Nicht immer ist diese Störgrößenaufschaltung realisierbar. Oft ist auch die Störung nur teilweise meßbar. Zudem ist die Modellierung des Störfilters C/D und der Strecke A/B fehlerbehaftet, so daß eine vollständige Störeliminierung nur selten erreichbar ist. Trotzdem kann die Störgrößenaufschaltung eine wesentliche Reduzierung des Einflusses der Störung auf die Regelgröße bewirken.

Beispiel 8.10. Störgrößenaufschaltung
Der Transport der Steinkohle in einem Bergwerk erfolgt vorwiegend mit Förderbändern, die oft bei konstanter Drehzahl betrieben werden. Da die Abbaubetriebe die Kohle aber in stark schwankender Menge liefern, ist eine Vergleichmäßigung erforderlich, um die Förderbänder möglichst konstant zu beladen. Hierzu werden Kohlebunker eingesetzt. Aus Platz- und Kostengründen können aber nicht an allen Übergaben Bunker installiert werden.
Gegeben sei nun eine Übergabestelle, an der die von zwei unabhängigen Abbaubetrieben kommende Kohle auf ein gemeinsames Förderband gegeben wird, das mit einer konstanten Geschwindigkeit V_1 läuft. Nur eine der beiden Strecken (Abbau 1) besitzt einen Bunker; die andere übergibt die Kohle ungepuffert über ein Band der Länge L_2, das mit der konstanten Geschwindigkeit V_2 läuft.

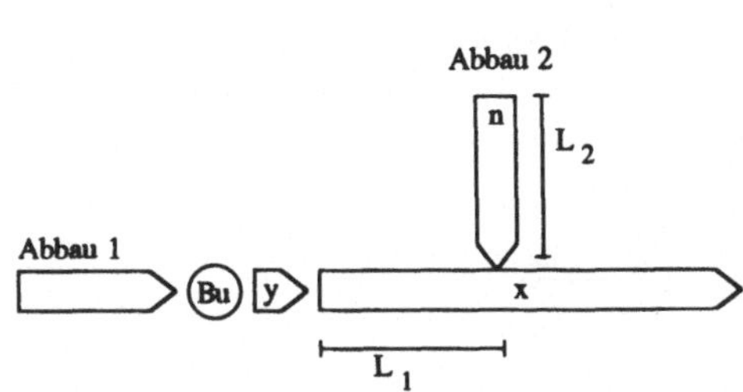

Abb. 8.51. Struktur des Kohletransportsystems

Der Austrag y der Kohle aus dem Bunker soll nun so geregelt werden, daß die Beladung x des abtransportierenden Bandes möglichst konstant ist. Die Fördermenge n des ungepufferten Abbaus wird dazu als Störgröße aufgefaßt. Sie wird direkt hinter dem Abbau gemessen und steht damit für eine Störgrößenaufschaltung zur Verfügung.

Das Streckenmodell und das Störmodell bestehen jeweils aus einer Totzeit:

$$\frac{B}{A} = q^{-d}; \quad d = T_{t1}/T_A = L_1/V_1/T_A$$

$$\frac{C}{D} = q^{-e}; \quad e = T_{t2}/T_A = L_2/V_2/T_A \quad .$$

Um eine maximale stationäre Genauigkeit zu erhalten, wird ein I-Regler als Führungsregler verwendet ($T=S=s_0$; $R=1-q^{-1}$).

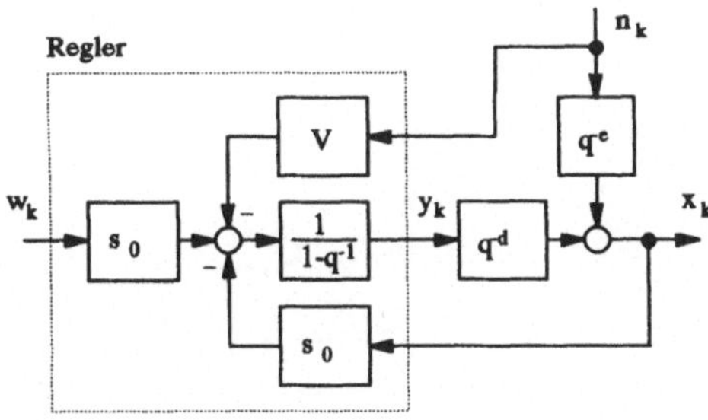

Abb. 8.52. Störgrößenaufschaltung für das Transportsystem

Damit kann nun die erforderliche Störgrößenaufschaltung bestimmt werden. Sie ergibt sich aus

$$\frac{V}{R} = \frac{A}{B} \cdot \frac{C}{D} = q^{-(e-d)} \quad .$$

Diese Aufschaltung ist realisierbar, wenn $e > d$ ist, d.h. wenn die Störgröße früh genug erfaßt werden kann. Das Polynom V lautet dann:

$$V(q^{-1}) = R \cdot q^{-(e-d)} = (1-q^{-1}) \cdot q^{-(e-d)} \quad .$$

$\square$

Eine für die Regelung eines Systems ganz entscheidende Eigenschaft ist dessen Stabilität. Stabiles Verhalten liegt vor, wenn das System auf eine begrenzte Anregung auch mit einem begrenzten stationären Ausgangssignal reagiert. Da das Verhalten eines linearen Systems eindeutig durch seine Pole und Nullstellen definiert ist, kann man anhand deren Lage die Stabilität überprüfen.

Ein System ist stabil, wenn für alle Pole

$$a_{0i} + a_{1i}q^{-1} = 0$$

die Bedingung

$$|q_{Pi}| = |-a_{1i}/a_{0i}| < 1$$

erfüllt ist. Jeder reelle Pol entspricht dabei einem reellen Koeffizientenpaar a_{0i}, a_{1i}. Bei konjugiert komplexen Polen nimmt mindestens ein Koeffizient einen komplexen Wert an.

Erfüllt ein Pol die obige Bedingung, soll er im weiteren als stabiler Pol bezeichnet werden. In gleicher Weise kann man von einer stabilen Nullstelle sprechen, wenn deren Koeffizientenverhältnis betragsmäßig kleiner als Eins ist. Pole und Nullstellen, die die Bedingung nicht erfüllen sind instabil.

Beispiel 8.11. Stabile Pole und Nullstellen
Die digitale Übertragungsfunktion

$$G_D(q^{-1}) = \frac{0{,}3q^{-1}}{1 + 0{,}30q^{-1} - 0{,}88q^{-2}}$$

$$= \frac{0{,}3q^{-1}}{(1 - 0{,}8q^{-1})(1 + 1{,}1q^{-1})}$$

besitzt die Nullstelle

$$0{,}3q^{-1} = 0 \quad \Rightarrow b_{01} = 0; b_{11} = 0{,}3 \quad \Rightarrow q_{N1} \to \infty$$

und die Pole

$$1 - 0{,}8q^{-1} = 0 \quad \Rightarrow \quad q_{P1} = 0{,}8$$
$$1 + 1{,}1q^{-1} = 0 \quad \Rightarrow \quad q_{P2} = -1{,}1 \quad .$$

Das System besitzt also eine instabile Nullstelle sowie einen instabilen und einen stabilen Pol. □

Besitzt eine Strecke instabile Pole, müssen diese durch den Regler beseitigt werden, damit der Regelkreis nur noch stabile Pole besitzt. Die theoretisch denkbare Kürzung instabiler Streckenpole durch entsprechende Reglernullstellen ist aus praktischen Gesichtspunkten nicht zulässig. Aufgrund verschiedener Unsicherheiten sind die Streckenpole und -nullstellen nie ganz exakt bekannt. Sie können daher auch nie exakt gekürzt werden. Wird aber ein instabiler Streckenpol nur näherungsweise gekürzt, hat der entstehende Regelkreis instabiles Verhalten.

Zu einem vergleichbaren Problem führt die gewünschte Kürzung instabiler Streckennullstellen durch entsprechende Reglerpole. Hier kann es zwar nicht zu instabilem Verhalten kommen, aber der Regelkreis liefert Signalschwingungen zwischen den Abtastzeitpunkten. Auch dies ist für eine Regelung unerwünscht, so daß grundsätzlich keine instabilen Pole oder Nullstellen der Strecke durch den Regler gekürzt werden dürfen. Statt dessen ist es Aufgabe des Reglers, instabile Pole ins Stabilitätsgebiet zu verschieben.

Beispiel 8.12. Regelung einer instabilen Strecke
Die Strecke

$$G_S(q^{-1}) = \frac{1 - 0{,}5q^{-1}}{1 - 1{,}2q^{-1}}$$

besitzt einen instabilen Pol ($q_P = 1{,}2$) und eine stabile Nullstelle ($q_N = 0{,}5$). Sie soll mit einem P-Regler

$$G_R(q^{-1}) = s_0$$

stabilisiert werden. Der Nenner der Führungsübertragungsfunktion lautet:

$$s_0(1 - 0{,}5q^{-1}) + (1 - 1{,}2q^{-1})$$
$$= s_0 + 1 - (0{,}5s_0 + 1{,}2)q^{-1} \quad .$$

Die Nullstelle des Nenners ergibt sich als Funktion von s_0 zu:

$$q_{P1} = \frac{0{,}5s_0 + 1{,}2}{s_0 + 1} \quad .$$

Damit der Regelkreis stabil wird, muß der Betrag der Nennernullstelle kleiner als 1 sein. Dies wird erreicht für

$$1 < q_{P1}$$
$$\Rightarrow s_0 + 1 > 0{,}5s_0 + 1{,}2$$
$$\Rightarrow s_0 > 0{,}4 \quad .$$

□

Die Aufgabe des Reglerentwurfs besteht darin, zunächst geeignete Zielkriterien als Anforderungen für das Regelkreisverhalten vorzugeben und dann die Polynome *R*, *S* und *T* zu finden, die diese Kriterien erfüllen. Die Zielkriterien können als Anforderungen an das Führungs- oder das Störverhalten formuliert werden. Wegen der gegenseitigen Abhängigkeit der Führungs- und der Störübertragungsfunktion (z.B. gemeinsame Pole) kann das Führungs- und das Störverhalten aber nicht vollkommen unabhängig voneinander optimiert werden. Sofern sich hier Widersprüche ergeben, sind bei der Optimierung Kompromisse erforderlich.

8.3.2 KOMPENSATIONSREGLER

Die Führungsübertragungsfunkton des geschlossenen Regelkreises lautet.

$$G_w\left(q^{-1}\right) = \frac{BT}{AR+BS} = \frac{\{x_k\}}{\{w_k\}} \ .$$

Dabei enthält A die Pole und B die Nullstellen der zu regelnden Strecke. Die Pole des geschlossenen Regelkreises können mit Hilfe der Reglerpolynome R und S festgelegt werden. Zusätzliche Nullstellen lassen sich durch das Sollwertfilter T einfügen.

Der Zusammenhang zwischen dem dynamischen Verhalten eines Systems und der Lage der Pole und Nullstellen ist bekannt. Ein bestimmtes dynamisches Verhalten kann daher durch Vorgabe der entsprechenden Pole A_w und Nullstellen B_w erzielt werden. Dazu sind die Polynome R, S und T so festzulegen, daß der geschlossene Regelkreis die Nullstellen B_w und die Pole A_w besitzt:

$$\frac{BT}{AR+BS} = \frac{B_w}{A_w} \ .$$

Bei entsprechender Ordnung von R, S und T kann theoretisch jede gewünschte Pol-/Nullstellenkombination erzielt werden. So wäre es z.B. theoretisch möglich, $G_w = 1$ zu fordern, so daß die Regelgröße immer identisch ist mit der Führungsgröße. Praktische Randbedingungen, wie z.B. die Kausalität des entstehenden Reglers oder begrenzte Stellamplituden, verhindern aber eine beliebige Vorgabe der Pol-/Nullstellenlagen.

Ein guter Ansatzpunkt für die Vorgabe der Pole sind schwingungsfähige Verzögerungssysteme 2.Ordnung.

Tabelle 8.13. Kennwerte eines Verzögerungssystems 2. Ordnung als Funktion der Dämpfung d.

d	0,3	0,4	0,5	0,6	0,7	0,8	0,9
T_{an}/sec	1,9	2,1	2,3	2,5	2,9	3,4	4,0
T_{aus}/sec	10,0	7,6	5,3	5,4	2,9	3,4	4,0
$\Delta\ddot{U}$ /%	37,2	25,4	16,3	9,5	4,6	1,5	0,1

Abhängig von der Dämpfung d besitzen sie ein definiertes Einschwingverhalten.

Da der Zusammenhang zwischen dem Dämpfungsfaktor d und der Zeitkonstanten T mit der Lage der Pole der digitalen Übertragungsfunktion bekannt ist

$$G_D(q^{-1}) = \frac{K}{T}\frac{T_A\alpha_s q^{-1}}{1-2\alpha_c q^{-1}+\alpha_d^2 q^{-2}} = \frac{B_W(q^{-1})}{A_W(q^{-1})}$$

mit

$$\alpha_d = e^{-dT_A/T}$$
$$\alpha_c = e^{-dT_A/T}\cos\left(\sqrt{1-d^2}\,T_A\,/\,T\right)$$
$$\alpha_s = e^{-dT_A/T}\sin\left(\sqrt{1-d^2}\,T_A\,/\,T\right)/\sqrt{1-d^2}\ ,$$

kann man ein definiertes Übergangsverhalten erzielen, wenn das gewünschte Führungsübertragungsverhalten als schwingungsfähiges Verzögerungssystem 2. Ordnung modelliert wird.

Ein sehr einfaches Entwurfsverfahren zur Veränderung der Pole und Nullstellen des geschlossenen Regelkreises ist das *Verfahren der Wurzelortskurve*. Es basiert auf einem P-Regler ($R=1$, $T=S=s_0$) oder einem Regler höherer Ordnung, bei dem alle Parameter außer der stationären Verstärkung bereits vorgegeben sind. Die Pole des Regelkreises sind bestimmt durch das Polynom

$$AR+BS=A + Bs_0 \ .$$

Durch Veränderung der Reglerverstärkung s_0 können die Pole des Regelkreises zwischen den Polen A der Regelstrecke ($s_0=0$) und deren Nullstellen B ($s_0 \to \infty$) verschoben werden.

Beispiel 8.13. IT$_1$-Strecke mit P-Regler
Gegeben sei eine Strecke bestehend aus der Reihenschaltung eines Integrierers (T_I=2sec) und einer Verzögerung 1. Ordnung (K_S=1, T_1=3sec). Die digitale Übertragungsfunktion lautet

$$G_D(q^{-1}) = \frac{T_A}{T_I}\frac{(1-\alpha)q^{-1}}{(1-q^{-1})(1-\alpha q^{-1})} = \frac{B(q^{-1})}{A(q^{-1})}$$

mit $\alpha = e^{-T_A/T_1}$.

Die Strecke soll mit Hilfe eines P-Reglers so geregelt werden, daß der geschlossene Kreis ein Verzögerungsverhalten 2. Ordnung mit einem Überschwingen von etwa 5% besitzen. Die dazu erforderliche Dämpfung beträgt $d=0{,}7$.

Die Bestimmungsgleichung für die Reglerverstärkung s_0 lautet

$$A + s_0 \cdot B = A_w = 1 - 2\alpha_c q^{-1} + \alpha_d^2 q^{-2} \quad .$$

Einsetzen der Polynome A und B liefert:

$$A + s_0 \cdot B = \left(1 - q^{-1}\right)\left(1 - \alpha q^{-1}\right) + s_0 \frac{T_A}{T_I}(1 - \alpha)q^{-1} \quad .$$

Der Vergleich der Koeffizienten für q^{-2} liefert die Bedingung

$$e^{-T_A/T_I} = e^{-2dT_A/T} \Rightarrow T = 2dT_1 \quad .$$

Wird die Dämpfung d des gewünschten Übertragungsverhaltens vorgegeben, ist die Zeitkonstante T des Schwingungsgliedes festgelegt. Die Reglerverstärkung s_0 ergibt sich aus dem Koeffizientenvergleich für q^{-1}:

$$s_0 = \frac{-2\alpha_c + \alpha + 1}{1 - \alpha} \cdot \frac{T_I}{T_A} \quad .$$

Wird nun der geforderte Dämpfungswert $d=0{,}7$ vorgegeben, folgt daraus zunächst

$$T = 1{,}4 \cdot T_1 = 4{,}2 \text{ sec} .$$

Die weiteren Werte ergeben sich für $T_A = 1$ sec zu

$$\alpha = 0{,}716; \quad \alpha_c = 0{,}834; \quad \alpha_d = 0{,}846; \quad s_0 = 0{,}339.$$

Mit Hilfe des P-Reglers kann also ein Parameter des gewünschten Übertragungsverhaltens, im vorliegenden Fall die Dämpfung d eingestellt werden, während der andere - die Zeitkonstante T - dadurch zwangsläufig festliegt. Sollen beide Parameter gezielt beeinflußt werden, wird ein Regler höherer Ordnung benötigt.   □

Die Parameter der Regelstrecke und die damit auch die Lage der Pole und Nullstellen sind nur selten exakt bekannt. Zudem können sich diese Parameter während des Betriebes verändern. Das dem Reglerentwurf zugrundliegende Streckenmodell stimmt dann nicht mit dem realen Modell überein. Durch diese Abweichungen verhält sich der geschlossene Regelkreis nicht in der gewünschten Weise. Je nach Lage der realen Pole und Nullstellen kann sich der Regelkreis entweder gutmütig verhalten, indem er mit geringen Abweichungen vom Sollverhalten reagiert, oder aber er zeigt größere Schwingungsvorgänge oder gar instabiles Verhalten. Damit die durch die Modellierungsfehler entstehenden Abweichungen in einem tolerierbaren Rahmen bleiben, muß die ungefähre Lage der Streckenpole und -nullstellen bei der Vorgabe des gewünschten Führungsverhaltens berücksichtigt werden. Insbesondere dürfen durch den Regler keine instabilen Pole oder Nullstellen der Strecke gekürzt werden. Diese Einschränkungen sollen nun genauer erläutert werden.

Es wird zunächst angenommen, daß sich die Streckennullstellen B aus einem Anteil zu kürzender Nullstellen B^+, und einem Anteil nicht zu kürzender Nullstellen B^- zusammensetzt:

$$B = B^+ B^- \quad .$$

Die instabilen Nullstellen dürfen nicht gekürzt werden. Sie müssen deshalb in B^- enthalten sein. Damit B^- nicht gekürzt wird, muß es in den Nullstellen des geschlossenen Kreises enthalten sein:

$$B_w = B_w' B^- \quad .$$

Die allgemeine Reglerentwurfsgleichung für den Kompensationsregler

$$BTA_w = (AR + BS)B_w \quad ,$$

die aus dem Ansatz der Führungsübertragungsfunktion folgt, reduziert sich dadurch auf

$$B^+ TA_w = (AR + BS)B_w' \quad .$$

Im allgemeinen sind A und B teilerfremd. Ein Streckenpol taucht also nicht gleichzeitig als Streckennullstelle auf. Damit B^+ gekürzt wird, muß es ein Teiler von R sein

$$R = R' B^+ \quad .$$

Die Kürzung von B^+ führt dann auf

$$TA_w = \left(AR'+B^-S\right)B'_w \; .$$

Geht man weiter von teilerfremden A_w und B'_w aus, muß B'_w ein Teiler vom Vorfilter T sein:

$$T = T'B'_w \; .$$

Die endgültige Entwurfsgleichung lautet damit

$$T'A_w = AR'+B^-S \; .$$

Sind die Pole A und Nullstellen B der Strecke bekannt und werden weiter Pole A_w und Nullstellen B_w für den geschlossenen Kreis vorgegeben, lassen sich die Reglerpolynome aus dieser Gleichung bestimmen.

Werden für den geschlossenen Regelkreis Pole vorgegeben die auch Pole der Strecke sind,

$$A_w = A'_w A^+; \quad A = A^- A^+ \; .$$

so müssen diese auch Teiler von S sein. Sie werden also gekürzt und dürfen deshalb nicht instabil sein. Diese Forderung deckt sich auch mit den üblichen Zielsetzungen der Regelungstechnik. Der geschlossene Regelkreis soll stabiles Verhalten besitzen und daher wird man keine instabilen Pole für das Führungsverhalten vorgeben.

Für die Vorgabe der Pole und Nullstellen gibt es keine allgemeingültige Vorgehensweise. Die günstigste Vorgabe hängt von der Zielsetzung (z.B. schnelles Einschwingen, gute Dämpfung, hohe Genauigkeit) und von den Polen und Nullstellen der Strecke ab. Grundsätzlich wird man instabile Pole ins Stabilitätsgebiet verschieben und träge Pole in ein Gebiet mit guter Dynamik.

Genauere Aussagen über die gewünschten Eigenschaften des geschlossenen Regelkreises sind nur anhand konkreter Informationen z.B. über den Verlauf der Führungsgröße oder der Störgröße oder über ein mathematisch formuliertes Gütekriterium machbar.

Beispiel 8.14. Regelung einer PT1-Strecke
Eine PT$_1$-Strecke soll durch Polvorgabe so geregelt werden, daß der entstehende Regelkreis PT$_2$-Verhalten mit vorgebbarer Dämpfung d besitzt. Das Modell der Regelstrecke lautet

$$G_s(q^{-1}) = \frac{b_1 q^{-1}}{1+a_1 q^{-1}} = \frac{B(q^{-1})}{A(q^{-1})} \; .$$

Die Regelstrecke besitzt einen Pol. Dieser ist stabil, so daß $A=A^+$ ist und $A^-=1$. Der Zähler wird zerlegt in $B^+=b_1$ und $B^-=q^{-1}$. Die gewünschte Übertragungsfunktion des geschlossenen Regelkreises lautet

$$G_w(q^{-1}) = \frac{(1-2a_c+a_d^2)q^{-1}}{1-2a_c q^{-1}+a_d q^{-2}} = \frac{B'_w B^-}{A_w} \; .$$

Der Nenner wurde für ein schwingungsfähiges Verzögerungsverhalten ausgelegt, mit

$$\alpha_d = e^{-dT_A/T}$$
$$\alpha_c = e^{-dT_A/T}\cos\left(\sqrt{1-d^2}\,T_A/T\right) \; .$$

Der Zählerparameter wurde so bestimmt, daß sich eine stationäre Einheitsverstärkung ergibt. Die Bestimmungsgleichung für die Reglerpolynome lautet:

$$T'A_w = AR'+B^-S$$
$$T'(1-2a_c q^{-1}+\alpha_d q^{-2}) = (1+a_1 q^{-1})R'+q^{-1}S$$

Macht man den Ansatz

$$T'=t_0; \quad R'=1-q^{-1}; \quad S=s_0+s_1 q^{-1}$$

und führt einen Koeffizientenvergleich für gleiche Potenzen von q^{-1} durch, erhält man die gesuchten Parameter

$$t_0 = 1; \quad s_0 = 1-a_1-2\alpha_c; \quad s_1 = \alpha_d^2+a_1 \; .$$

Der Regler lautet damit

$$R'B^+ \cdot y_k = T'B'_w \cdot w_k - S \cdot x_k$$
$$(1-q^{-1})b_1 \cdot y_k = (1-2\alpha_c+\alpha_d^2)\cdot w_k - (s_0+s_1 q^{-1})\cdot x_k$$

□

8.3.3 DEADBEAT-REGLER

Bei einem linearen und zeitinvarianten System werden stationäre Endwerte immer nur für $t \to \infty$ erreicht. Dies muß bei nichtlinearen und zeitvarianten Systemen nicht der Fall sein. Sie können einen stationären Endwert auch nach einer endlichen Zeit exakt erreichen. In der Praxis spielt dieser Unterschied aufgrund endlicher Auflösung zwar keine so bedeutende Rolle, aber es stellt sich die Frage, ob die zwangsläufig vorhandene Zeitvarianz eines digitalen Systems zur Realisierung zeitlich begrenzter Übergangsvorgänge ausgenutzt werden kann. Ein einfaches Beispiel kann diese Überlegung verdeutlichen.

Die Regelung eines Verzögerungsgliedes 1. Ordnung mit einem linearen und zeitinvarianten Regler (z.B einem I-Regler oder einem PI-Regler) liefert immer einen geschlossenen Regelkreis, dessen Sprungantwort mit $t \to \infty$ gegen den stationären Endwert konvergiert. Die Änderung der Reglerordnung oder der Reglerparameter ändert zwar ganz entscheidend das dynamische Übergangsverhalten, aber nicht den Zeitpunkt für das exakte Erreichen des Endwertes. Mit einem zeitvarianten Regler dagegen kann das System in einer endlichen Zeit auf einen neuen Endwert eingestellt werden. Es wird dazu zunächst eine Sprungfunktion der Höhe u_0 als Stellgröße aufgeschaltet und beim Erreichen des Sollwertes auf eine kleinere Stellamplitude u_1 umgeschaltet. Die so erzeugte Stellgröße setzt sich aus zwei zeitlich versetzten Sprüngen unterschiedlicher Amplitude zusammen. Die Überlagerung der beiden zugehörigen Sprungantworten besitzt den folgenden Verlauf

$$x(t) = Ky_0(1 - e^{-t/T_1}) \cdot \sigma(t) +$$
$$+ Ky_1(1 - e^{-(t-t_0)/T_1}) \cdot \sigma(t - t_0) \quad .$$

Für $t > t_0$ erhält man:

$$x(t) = K(y_0 + y_1) - K\left(y_0 e^{-t/T_1} + y_1 e^{-t/T_1} e^{t_0/T_1}\right)$$

Wählt man y_0 und y_1 so, daß sich der gewünschte Endwert $K(y_0 + y_1)$ ergibt und außerdem

$$y_0 + y_1 e^{t_0/T_1} = 0 \quad ,$$

verschwindet der zeitabhängige Anteil für $t > t_0$ und die Sprungantwort geht auf den konstanten Endwert $K(y_0 + y_1)$.

Das einfache Beispiel zeigt die typischen Merkmale einer Regelung auf endliche Einstellzeit, die auch bei komplexeren Systemen zu finden sind. Durch die Vorgabe einer treppenförmigen Stellgröße mit geeigneten Pegeln und Umschaltzeitpunkten kann ein Sytstem in einer endlichen Zeit auf einen neuen stationären Endwert gebracht werden. Die Einstellzeit läßt sich durch Variation der Sprungpegel vergrößern oder auch verkleinern. Letzteres erfordert aber anwachsenden Stellamplituden, so daß der minimalen Einstellzeit praktische Grenzen gesetzt sind.

Die Freiheitsgrade bei der Regelung auf endliche Einstellzeit können in zwei Richtungen ausgenutzt werden. Gibt man die möglichen Stellamplituden vor, indem man z.B. nur den maximalen und den minimalen Pegel zuläßt, und berechnet daraus die geeineten Schaltzeitpunkte, kommt man z.B. zu den zeitoptimalen Regelungen. Legt man dagegen die Schaltzeitpunkte fest, indem man sie z.B. auf die Abtastzeitpunkte eines Rechners legt, und bestimmt dann die erforderlichen Stellamplituden, hat man einen Weg, einen Regler auf endliche Einstellzeit mit Hilfe eines Abtastsystems zu realisieren. Dieser Entwurfsgang wird nun untersucht.

Wenn die Sprungantwort eines Systems nach endlicher Zeit (z.B. nach der Zeit nT_A) auf einen konstanten Endwert eingeschwungen ist, kann sie folgendermaßen dargestellt werden

$$\{x_k\} = 0,0,x_0,x_1,x_2,\ldots,x_{n-1},x_n,x_n,x_n,\ldots \quad .$$

Die q-Transformierte dieser Zahlenfolge lautet:

$$X(q^{-1}) = x_0 + x_1 q^{-1} + \ldots + x_n q^{-n} + x_n q^{-(n+1)} + \ldots$$

Die Multiplikation mit $(1\text{-}q^{-1})$ und die Zusammenfassung gleicher Potenzen von q^{-1} liefert dann:

$$(1 - q^{-1}) X(q^{-1}) =$$
$$(1 - q^{-1})(x_0 + x_1 q^{-1} + \ldots + x_n q^{-n} + x_n q^{-(n+1)} + \ldots) =$$
$$x_0 + (x_1 - x_0) q^{-1} + \ldots + (x_n - x_{n-1}) q^{-n} \quad .$$

Die Auflösung nach der q-Transformierten der Sprungantwort $X(q^{-1})$ zeigt, daß diese aus dem Produkt der q-Transformierten der Sprungfunktion und einem Polynom endlicher Länge besteht.

$$X(q^{-1}) = \underbrace{\left(x_0 + \left(x_1 - x_0\right) q^{-1} + \ldots + \left(x_n - x_{n-1}\right) q^{-n}\right)}_{G(q^{-1})} \underbrace{\frac{1}{1 - q^{-1}}}_{\sigma(q^{-1})}$$
$$= G(q^{-1}) \cdot \sigma(q^{-1}) \quad .$$

Damit ein System eine Sprungantwort endlicher Länge besitzt, muß seine digitale Übertragungsfunktion ein Polynom endlicher Länge sein. Die Ordnung n des Polynoms legt zusammen mit der Abtastzeit T_A die Dauer der Einstellzeit fest.

$$G(q^{-1}) = x_0 + \left(x_1 - x_0\right) q^{-1} + \ldots + \left(x_n - x_{n-1}\right) q^{-n}$$
$$= g_0 + g_1 q^{-1} + \ldots + g_n q^{-n} \quad .$$

Eine vergleichbare Herleitung ist auch für andere als sprungförmige Sollwertsignale möglich. Sie liefern dann andere Anforderungen für die Übertragungsfunktion.

Wenn nun ein Regelkreis eine endliche Einstellzeit für sprungförmige Sollgrößen besitzen soll, muß die digitale Übertragungsfunktion des geschlossenen Regelkreises

$$G_w(q^{-1}) = \frac{\{x_k\}}{\{w_k\}} = \frac{BT}{AR + BS}$$

ein Polynom endlicher Länge sein. Fordert man außerdem, daß auch die Stellgröße nach endlicher Zeit konstant sein soll, muß auch die Übertragungsfunktion

$$G_u(q^{-1}) = \frac{\{u_k\}}{\{w_k\}} = G_w(q^{-1}) \frac{A}{B}$$

ein anderes Polynom endlicher Länge sein.

Die zweite Bedingung wird erfüllt, wenn das endliche Polynom G_w das Nullstellenpolynom B als Faktor enthält:

$$G_w(q^{-1}) = BL \quad .$$

Das Polynom L ist zunächst noch nicht näher bestimmt. Es kann später als Freiheitsgrad für die Einstellung des Deadbeat-Reglers verwendet werden. Löst man diese Forderung auf, so muß gelten:

$$\frac{BT}{AR + BS} = BL \quad .$$

Daraus folgt

$$T = ARL + BSL \quad .$$

Setzt man $T = S$ und löst nach R auf, muß gelten:

$$R = \frac{S - BSL}{AL} = \frac{S(1 - BL)}{AL} \quad .$$

Das Polynom R muß aufgrund seiner Definition ebenfalls endlich sein. Dies ist der Fall, wenn man

$$S = LA$$

setzt, woraus dann

$$R = 1 - LB$$

folgt. Zähler und Nenner der Reglerübertragungsfunktion sind damit festgelegt. Der Regler lautet:

$$G_R(q^{-1}) = \frac{\{u_k\}}{\{e_k\}} = \frac{S}{R} = \frac{AL}{1 - BL} \quad .$$

Die Pole der Strecke tauchen als Nullstellen des Reglers auf. Sie werden also im offenen Kreis gekürzt. Dies ist aufgrund von möglichen Abweichungen bei den Streckenparametern nur für asymptotisch stabile Strecken zulässig.

Instabile Pole einer Strecke dürfen nicht gekürzt werden. Das Polynom A wird deshalb in die stabilen Pole A^+ und die instabilen Pole A^- zerlegt $(A = A^+ A^-)$. Damit die instabilen Pole nicht gekürzt werden, darf das Polynom S nur die stabilen Pole als Faktor enthalten:

$$S = A^+ L \quad .$$

Die Gleichung zur Bestimmung von R lautet dann

$$A^- R = 1 - BL \quad .$$

Die Führungs- und die Stellübertragungsfunktion für diesen Regler lauten folgendermaßen

$$G_w(q^{-1}) = \frac{\{x_k\}}{\{w_k\}} = \frac{BAL}{A(1 - BL) + BAL} = BL$$

$$G_u(q^{-1}) = \frac{\{u_k\}}{\{w_k\}} = \frac{AAL}{A(1 - BL) + BAL} = AL \quad .$$

Die Polynome A und B enthalten die Pole bzw. Nullstellen der Regelstrecke. Der Verlauf der Stellgröße hängt also von den Polen und der Verlauf der Regelgröße von den Nullstellen der Strecke ab. Zusätzlich können beide Verläufe durch das Polynom L beeinflußt werden. Die Ordnung des Produktes BL legt die Einstellzeit fest. Sie wird am kleinsten, wenn L die Ordnung 0 hat $(L = l_0)$. Damit der Endwert der Regelgröße mit der Führungsgröße übereinstimmt, muß

$$L(1) \cdot B(1) = \sum_i l_i \cdot \sum_i b_i = 1$$

sein. Besitzt L die Ordnung 0, so folgt daraus

$$l_0 = 1 / \sum b_i \quad .$$

Beispiel 8.15. Deadbeat-Regelung eines Gleichstrommotors.

Ein Gleichstrommotor soll digital auf endliche Einstellzeit geregelt werden. Die kontinuierliche Übertragunsgfunktion lautet:

$$G(j\omega) = \frac{K_{St} \cdot K_{Mo} \cdot K_{Tg}}{1 + j\omega \cdot T_m + (j\omega)^2 \cdot T_m T_e}$$

$$= \frac{K_s}{(1 + j\omega \cdot T_1)(1 + j\omega \cdot T_2)} \quad .$$

Die Proportionalitätskonstante der Strecke setzt sich zusammen aus den Konstanten der Stelleinrichtung, des Motors und des Tachogenerators. Sie hat den Wert:

$$K_S = K_{St} \cdot K_{Mo} \cdot K_{Tg} =$$

$$= \frac{200V}{42V} \cdot \frac{1600U / \min}{200V} \cdot \frac{42V}{2000U / \min} = 0{,}8 \quad .$$

Die Zeitkonstanten haben die Werte

$$T_m = 0{,}80\,\text{sec}; \quad T_e = 0{,}15\,\text{sec}$$

$$\Rightarrow T_1 = 0{,}6\,\text{sec}; \quad T_2 = 0{,}2\,\text{sec} \quad .$$

Zur Bestimmung des Deadbeat-Reglers wird ein diskretes Streckenmodell benötigt. Es kann aus der kontinuierlichen Übertragungsfunktion z.B. durch impulsinvariante Transformation gewonnen werden. Die Abtastzeit wird auf $T_A = 0{,}05\,\text{sec}$ festgelegt. Die digitale Übertragungsfunktion lautet dann:

$$G_D(q^{-1}) = K_s \frac{(1 - \alpha_1)(1 - \alpha_2)q^{-1}}{(1 - \alpha_1 q^{-1})(1 - \alpha_2 q^{-1})}$$

mit

$$\alpha_1 = e^{-T_A / T_1} = 0{,}920$$

$$\alpha_1 = e^{-T_A / T_{21}} = 0{,}779 \quad .$$

Die digitale Übertragungsfunktion ist bereits skaliert, so daß die stationäre Verstärkung im kontinuierlichen und im diskreten Fall übereinstimmen. Einsetzen der Werte liefert dann folgende Übertragungsfunktion:

$$G_D(q^{-1}) = 0{,}8 \frac{0{,}018 \cdot q^{-1}}{1 - 1{,}699 \cdot q^{-1} + 0{,}717 \cdot q^{-2}} = \frac{B(q^{-1})}{A(q^{-1})} \quad .$$

Für dieses Modell kann nun ein Regler mit endlicher Einstellzeit entworfen werden. Um die Einstellzeit möglichst kurz zu halten, wird zunächst das Polynom $L(q^{-1})$ mit 0.Ordnung angesetzt $(L=l_0)$. Der Parameter l_0 ergibt sich aus

$$L(1) \cdot B(1) = 1 \quad \Rightarrow \quad l_0 = 1/b_1 = 69{,}44 \ .$$

Der Regler lautet

$$R \cdot u_k = T \cdot w_k - S \cdot y_k$$

wobei sich die Reglerpolynome R, S und T direkt aus den Bestimmungsgleichungen ergeben:

$$S = T = L \cdot A = 69{,}44\left(1 - 1{,}699 \cdot q^{-1} + 0{,}717 \cdot q^{-2}\right)$$
$$R = 1 - L \cdot B = 1 - l_0 \cdot b_1 q^{-1} = 1 - q^{-1} \ .$$

Mit diesem Regler werden folgende Werte nach einer sprungförmigen Änderung des Sollwertes erzielt:

k	0	1	2	3	4
w_k	1,00	1,00	1,00	1,00	1,00
u_k	69,44	-48,54	1,25	1,25	1,25
x_k	0,00	1,00	1,00	1,00	1,00

Der stationäre Endwert wird innerhalb von zwei Abtastintervallen angenommen.   □

Im vorigen Beispiel wurde eine sehr kurze Einstellzeit durch große Stellamplituden erreicht. In einem realen System ist die Stellamplitude begrenzt. Die geforderten großen Stellamplitiuden sind dann nicht erreichbar, so daß die Einstellzeit zwangsläufig größer wird.

Die Einstellzeit kann beim Deadbeat-Entwurf vergrößert werden durch Erhöhung der Ordnung von L. Die erforderlichen Stellamplituden werden bei geeigneter Wahl von L verringert.

Beispiel 8.16. Deadbeat-Regelung mit verringerter Stellamplitude.
Um die Stellamlitude des vorigen Beispiels zu verringern, wird nun die Ordnung des Polynoms L auf 1 erhöht $(L=l_0+l_1 q^{-1})$. Der Regler lautet damit

$$\frac{y_k}{e_k} = \frac{S(q^{-1})}{R(q^{-1})} = \frac{\left(l_0 + l_1 q^{-1}\right)\left(1 + a_1 q^{-1} + a_2 q^{-2}\right)}{1 - \left(l_0 + l_1 q^{-1}\right)b_1 q^{-1}} \ .$$

Der zusätzliche Parameter l_1 soll zur Verringerung der Stellamlitude verwendet werden. Da die größte Stellamlitude im ersten Abtastintervall angenommen ist, soll l_1 so gewählt werden, daß die Stellwerte im ersten und im zweiten Abtastintervall gleich groß sind. Wegen

$$y_k = L(q^{-1})A(q^{-1}) \cdot w_k$$
$$= \left(l_0 + l_1 q^{-1}\right)\left(1 + a_1 q^{-1} + a_2 q^{-2}\right) \cdot w_k$$

folgt

$$y_0 = l_0$$
$$y_1 = l_0 + l_1 + l_0 a_1 \ .$$

Da außerdem

$$L(1)B(1) = (l_0 + l_1)b_1 = 1$$

gelten muß, ergeben sich die beiden Koeffizienten als:

$$l_0 = \frac{1}{(1 - a_1)b_1} = 25{,}73; \quad l_1 = -l_0 a_1 = 43{,}7 \ .$$

Mit dem derart eingestellten Regler ergeben sich folgende Werte der Stell- und Regelgröße.

k	0	1	2	3	4
w_k	1,00	1,00	1,00	1,00	1,00
u_k	25,73	25,73	-30,08	1,25	1,25
x_k	0,00	0,37	1,00	1,00	1,00

Die maximale Stellamplitude ist nun wesentlich geringer. Dafür ist die Einstellzeit um ein Abtastintervall angewachsen. Mit der gleichen Vorgehensweise ist eine weitere Reduzierung der Stellamplituden durch Erhöhung der Ordnung des Polynom L erzielbar.   □

Die obige Herleitung des Deadbeat-Reglers basiert ganz wesentlich auf der Annahme einer sprungförmigen Sollgröße w. Konkret führt diese Annahme zu der Forderung, daß die Führungsübertragungsfunktion ein Polynom endlicher Länge sein muß. Für andere Signalformen der Sollgröße ergeben sich andere Forderungen an die Übertragungsfunktion. Ein für Sprungfunktionen entworfener Deadbeat-Regler liefert daher bei Abweichungen vom vorgegebenen Signaltyp oft unbefriedigende

Resultate. Für jede Sollwertsignalform (z.B. rampenförmige Signale) ist deshalb die Herleitung eines spezifischen Deadbeat-Reglers erforderlich. Hierauf wird aber hier nicht näher eingegangen.

Die Entwurfsgleichungen des Deadbeat-Reglers sind sehr einfach und erfordern nur einen geringen Rechenaufwand. Die Streckenparameter a_i und b_i können direkt im Regelalgorithmus eingesetzt werden. Er ist daher sehr gut geeignet für eine adaptive Regelung, bei der die Reglerparameter online an die identifizierten Streckenparameter angepaßt werden. Treten dagegen Abweichungen zwischen der tatsächlichen Strecke und dem im Entwurf angenommenen Streckenmodell auf, kann der Deadbeat-Regler empfindlich reagieren.

Ein weiterer Nachteil des Deadbeat-Reglers ist darin zu sehen, daß die Steuerwertfolge nicht von den Strecken-Nullstellen abhängt. Für Systeme mit gleichen Polen, aber unterschiedlichen Nullstellen wird also die gleiche Steuerwertfolge erzeugt.

Die Regelung auf endliche Einstellzeit erfordert die exakte Kenntnis der Streckenparameter. Um ein kontinuierliches System digital auf endliche Einstellzeit zu regeln, genügt es daher nicht, eine beliebige digitale Approximation des kontinuierlichen Systems dem Entwurf zugrundezulegen, sondern die Approximation der Regelstrecke zusammen mit dem Haltglied muß zu den Abtastzeitpunkten exakt übereinstimmen. Da dies für viele Approximationsverfahren (z.B. Rückwärtsdifferenzenapproximation oder Bilineare Transformation) nicht gilt, sind sie hier nicht geeignet. Statt dessen muß die impulsinvariante Transformation des kontinuierlichen Systems verwendet werden.

Bei der Approximation des kontinuierlichen Systems wurde der Einfachheit halber angenommen, daß die Streckentotzeit ein Vielfaches der Abtastzeit ist. Auch die erforderliche Rechenzeit wurde vernachlässigt. Sind diese beiden Annahmen nicht erfüllt, kann der Deadbeat-Entwurf modifiziert werden /Feindt 1994/

8.3.4 MINIMUM-VARIANZ-REGLER

Die bisher behandelten Reglerentwürfe basierten im wesentlichen auf der Annahme sprungförmiger Führungs- und Störgrößen. Beim Kompensationsregler werden Pole und Nullstellen des Regelkreises so festgelegt, daß das dynamische Verhalten nach sprungförmigen Änderungen der Führungs- oder Störgröße bestimmte Kriterien, wie z.B. schnelles Einschwingen oder geringes Überschwingen erfüllt. Die praktischen Erfahrungen haben gezeigt, daß ein so entworfener Regelkreis auch für viele andere Signalformen befriedigende Resultate liefert. Der Deadbeat-Regler ist viel stärker an die Existenz sprungförmiger Signale gebunden. Er liefert für andere Signale meist unbefriedigende Ergebnisse.

Durch die mehr oder weniger starke Kopplung der bisherigen Reglerentwürfe an sprungförmige Signaltypen ist zu erwarten, daß diese Regler bei stark abweichenden Signaltypen entweder gar nicht geeignet sind (wie der Deadbeat-Regler) oder aber zuindest nichtoptimale Ergebnisse liefern.

Eine in der Praxis häufig auftretende Signalform, die sich grundlegend von Sprüngen unterscheiden sind stochastische Störsignale.

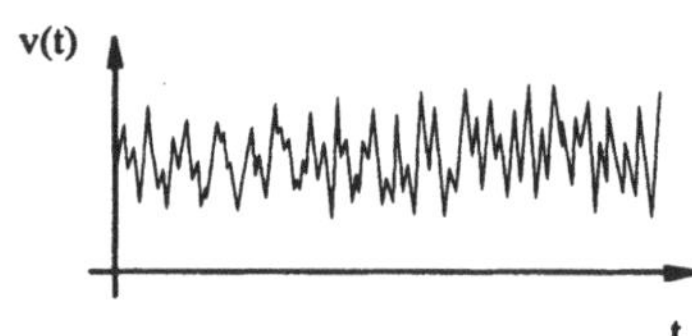

Abb. 8.53. Stochstisches Störsignal

Aufgrund des stark schwankenden, zu einem großen Teil nicht vorhersagbaren Verlaufs des Störsignals ist nicht zu erwarten, daß die Störung vollständig unterdrückt werden kann. Der Regler kann höchstens so ausgelegt werden, daß er die Störung auf das unvermeidbare Maß reduziert. Zur Herleitung eines Reglers für stochastische Störsignale muß deshalb ermittelt werden, welcher Anteil des Störsignals unterdrückt werden kann und welcher Anteil als unvermeidbar hingenommen werden muß.

Die Unterdrückung einer Störung kann um so besser erfolgen, je mehr Informationen über den Verlauf der Störung vorliegen. Solche Informationen können z.B. Aussagen über das Störsignalspektrum, über die Verteilung der Störamplituden oder über den Angriffspunkt der Störung im System sein. Liegen solche Informationen vor, können sie im Reglerentwurf verwendet werden.

Geht man von einer stochastischen Störung aus, so weist das Störsignal zwischen aufeinanderfolgenden Abtastzeitpunkten unterschiedlich starke zufällige Schwankungen auf. Ziel der Regelung muß es sein, die daraus resultierende Schwankung der Regelgröße möglichst klein zu halten. Diese Zielsetzung kann als Gütekriterium formuliert werden. Da das Störsignal als stochastischer Prozeß anzusehen ist, muß auch das Gütekriterium stochastisch angesetzt werden. Die Abweichung zwischen der Führungs- und der Regelgröße wird mittels der Kostenfunktion l gemessen. Der Regler ist dann so zu entwerfen, daß der Erwartungswert dieser Abweichung minimiert wird:

$$J_k = E\{l(x_k - w_k)\} \quad .$$

Zunächst existieren keine Anhaltspunkte für die optimale Wahl der Kostenfunktion l. Die optimale Kostenfunktion hängt von der Verteilung der Störamplitude ab. Bei normalverteilten Störungen sind quadratische Kostenfunktionen optimal. Das Gütekriterium ist dann mit der Varianz der Regelabweichung identisch. Da die Annahme einer normalverteilten Störamplitude oft, aber bei weitem nicht immer gerechtfertigt ist, und da die Verwendung einer quadratischen Kostenfunktion die Minimierung erheblich erleichtert, wird die Varianz der Regeldifferenz sehr oft als zu minimierende Größe angesetzt.

Geht man von einer Streckentotzeit $T_t = dT_A$ aus, kann sich der Stelleingriff zum Zeitpunkt kT_A erst nach Ablauf der Totzeit auf die Regelgröße auswirken. Das Gütekriterium kann damit folgendermaßen präzisiert werden. Die Stellgröße y_k soll auf der Basis der bis zum

Zeitpunkt kT_A vorliegenden Kenntnisse so gewählt werden, daß die Varianz der Regelgröße nach Ablauf der Totzeit minimal wird:

$$J_k = E\{(x_{k+d} - w_{k+d})^2 | k\} \quad .$$

Geht man von einer Festwertregelung aus, ist die Führungsgröße konstant. Sie kann ohne Einschränkung der Allgemeingültigkeit der Ergebnisse zu Null gesetzt werden. Das Gütekriterium für eine Festwertregelung minimaler Varianz lautet damit:

$$J_k = E\{x_{k+d}^2 | k\} \quad .$$

Die Minimierung dieses Kriteriums liefert den geeigneten Verlauf der Stellgröße. Je nach Charakteristik der Störung kann das Stellsignal sehr große Werte annehmen und eventuell sogar in die Begrenzung gehen. Um dies zu vermeiden, kann man die Forderung minimaler Varianz der Regelgröße so erweitern, daß die erforderliche Stellgröße über einen Gewichtungsfaktor r ebenfalls im Gütekriterium berücksichtigt wird:

$$J_k = E\{x_{k+d}^2 + r \cdot y_k^2 | k\} \quad .$$

Zur Unterscheidung von der Minimum-Varianz-Regelung, die die Stellgröße nicht berücksichtigt, kann man bei diesem Gütekriterium von einer verallgemeinerten Minimum-Varianz-Regelung sprechen. Bevor auf die Minmierung dieses Kriteriums für allgemeine Streckenmodelle eingegangen wird, soll der Rechengang und das Ergebnis an einem einfachen Modell dargestellt werden /Aström, Wittenmark 1984, S.286/.

Beispiel 8.17. Minimum-Varianz-Regelung
Gegeben sei ein System 1.Ordnung:

$$x_{k+1} = -ax_k + by_k + cn_k + n_{k+1} \quad .$$

Die Störung n_k sei weißes Rauschen. Es gilt also:

$$E\{n_k n_{k+1}\} = 0$$
$$E\{n_k\} = 0 \quad .$$

Die Kenntnisse über die im System wirkende Störung ist im Parameter c enthalten. Die Minimierung des Gütekriteriums für dieses Systemmodell liefert:

$$J_k = E\{x_{k+1}^2 + r \cdot y_k^2 | k\}$$
$$= E\{(-ax_k + by_k + cn_k + n_{k-1})^2 | k\}$$
$$= E\{(-ax_k + by_k + cn_k)^2 + n_{k+1}^2 | k\}$$

Bei der letzten Umformung wurde von der Eigenschaft des weißen Rauschens Gebrauch gemacht ($E\{n_k \cdot n_{k+1}\} = 0$).

Über den Erwartungswert von n_{k+1}^2 kann zum Zeitpunkt k keine Aussage gemacht werden. Die Störgröße n_k dagegen kann zum Zeitpunkt k aufgrund der vorliegenden Meßwerte y_k und x_k abgeschätzt werden. Es gilt nämlich

$$n_k = \frac{1 + aq^{-1}}{1 + cq^{-1}} x_k - \frac{bq^{-1}}{1 + cq^{-1}} y_k \quad .$$

Eingesetzt in das Gütekriterium ergibt dies:

$$J = E\left\{ \left(\left(-a + c\frac{1 + aq^{-1}}{1 + cq^{-1}} \right) x_k + \left(b - \frac{cbq^{-1}}{1 + cq^{-1}} n_k \right)_k \right)^2 + n_{k+1}^2 | k \right\}$$

Damit dies bezüglich y_k minimal wird, muß die Ableitung nach y_k verschwinden:

$$\frac{dJ}{dy_k} = E\left\{ \left(\left(-a + c\frac{1 + aq^{-1}}{1 + cq^{-1}} \right) x_k + \left(b - c\frac{bq^{-1}}{1 + cq^{-1}} \right) y_k \right) \right\} = 0$$

Die Auflösung nach y_k liefert dann den Minimum-Varianz-Regler für das System 1. Ordnung:

$$y_k = -\frac{c - a}{b} x_k \quad .$$

$\square$

Das einfache Beispiel hat die wesentlichen Schritte des Rechenganges und die Interpretation des Ergebnisses verdeutlicht. Bei der Minimierung wird der vorhersagbare Anteil der Störung vom nichtvorhersagbaren Teil getrennt. Die Stellgröße wird dann so gewählt, daß der Vorhersagefehler minimal ist. Dieser Gedankengang liegt auch der nun folgenden allgemeinen Herleitung zugrunde.

Es wird von folgendem Systemmodell ausgegangen:

$$x_k = \frac{B}{A} y_k + \frac{C}{D} n_k$$
$$= q^{-d} \frac{B'}{A} y_k + \frac{C}{D} n_k \quad .$$

Die Übertragungsfunktion C/D enthält die Informationen über die Charakteristik der im System wirkenden Störung. Je nach Angriffspunkt der Störung kann C Nullstellen und D Pole der Streckenübertragungsfunktion enthalten.

Um den vorhersagbaren Teil der Störung expilizit zu erhalten, wird für die Störübertragungsfunktion eine Polynomdivision durchgeführt:

$$\frac{C}{D} = C_0 + q^{-d} \frac{C_1}{D} \quad .$$

Die Regelgröße kann dann dargestellt werden als

$$x_k = q^{-d} \frac{B'}{A} y_k + q^{-d} \frac{C_1}{D} n_k + C_0 n_k$$

bzw. um die Totzeit verschoben

$$x_{k+d} = \frac{B'}{A} y_k + \frac{C_1}{D} n_k + C_0 n_{k+d} \quad .$$

Über den Störanteil $C_0 n_{k+d}$ kann zum Zeitpunkt kT_A keine Aussage gemacht werden. Dagegen läßt sich $C_1/D n_k$ aufgrund der vorliegenden Meßwerte bestimmen:

$$\frac{C_1}{D} n_k = \frac{C_1}{D} \frac{D}{C} \left(x_k - q^{-d} \frac{B'}{A} y_k \right)$$

Man erhält somit folgende Darstellung der Regelgröße:

$$x_{k+d} = \frac{B'}{A} y_k + \frac{C_1}{C} x_k - q^{-d} \frac{C_1}{C} \frac{B'}{A} y_k + C_0 n_{k+d}$$

Setzt man diese im Gütekriterium des verallgemeinerten Minimum Varianz-Reglers ein und minimiert bezüglich y_k, ergibt sich der verallgemeinerte Minimum-Varianz-Regler:

$$y_k = -\frac{C_1 A}{B'DC_0 + AC \cdot r / b_0} x_k$$

wobei die Polynome C_0 und C_1 aus der Polynomdivision C/D berechnet werden.

Der verallgemeinerte Minimum-Varianz-Regler enthält eine Reihe von wichtigen Spezialfällen. Sie können ohne erneute Herleitung direkt ermittelt werden. Bereits bei der Vorstellung des Streckenmodells wurde angesprochen, daß sich unterschiedliche Angriffspunkte der Störung in teilweise gemeinsamen Polen und Nullstellen der Strecken- und der Störübertragungsfunktion auswirken. Weitere Spezialfälle erhält man für Systeme ohne Totzeit ($d=0$) und für Systeme ohne Berücksichtigung der Stellgröße im Gütekriterium ($r=0$).

Die folgende Tabelle enthält eine Übersicht der Reglerübertragungsfunktion und der Synthesegleichung für die Reglerparameter für einige wichtige Spezialfälle

Tabelle 8.14. Minimum-Varianz-Regler für totzeitfreie ($d=0$) und totzeitbehaftete ($d>0$) Systeme.

	Regler	Regler	Syntheseglg.	
d	$A \neq D$	$A = D$		
0	$\dfrac{AC_1}{B'DC_0 + CA \cdot r / b_0}$	$\dfrac{C_1}{B'C_0 + C \cdot r / b_0}$	$\dfrac{C}{D} = C_0 + q^{-d}\dfrac{C_1}{D}$	
0	$\dfrac{A(C-D)}{B'D + CA \cdot r / b_0}$	$\dfrac{C-A}{B' + C \cdot r / b_0}$	$C_0 = 1$ $C_1 = C - D$	

Bei $A \neq D$ tauchen die Streckenpole A als Nullstellen des Reglers auf. Im geschlossenen Regelkreis werden sie also gekürzt. Dies ist nur für stabile Pole zulässig. Bei $r=0$ werden die Streckenpole B zu Polen des Reglers. Sie werden also ebenfalls gekürzt. Auch das ist nur zulässig, wenn sie stabil sind.

Ist das Störsignal weißes Rauschen, so gilt $C=D=1$. Die Synthesegleichung liefert dann die Forderung $C_1=0$ und $C_0=1$. Der Zähler des Reglers verschwindet in diesem Fall, so daß keine Rückkopplung der Regelgröße statt-

findet. Dieses Ergebnis ist auch sinnvoll, da eine Minimierung der Regelgrößenvarianz bei weißem Rauschen nicht möglich ist.

Beispiel 8.18.
Gegeben sei ein Verzögerungssystem 2. Ordnung, auf das ein Störung einwirkt

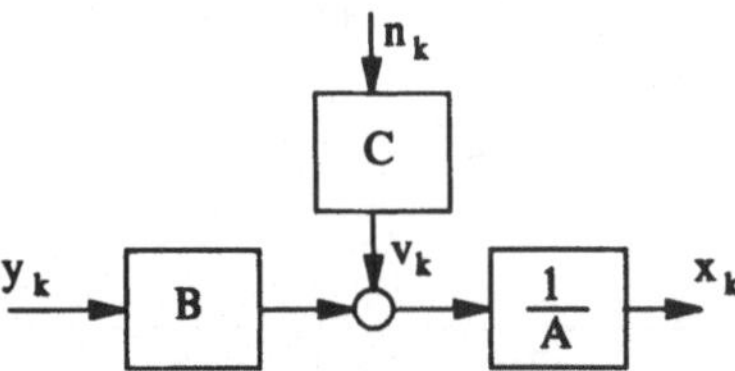

Abb. 8.54. Gestörtes lineares System

Die Polynome A, B und C seien folgendermaßen zusammengesetzt:

$$A(q^{-1}) = 1 - 1{,}6q^{-1} + 0{,}7q^{-2}$$
$$B(q^{-1}) = 0{,}2q^{-3}$$
$$C(q^{-1}) = 1 + 0{,}5q^{-1} \quad .$$

Der Einfluß der Störung soll mit Hilfe eines Minimum-Varianz-Reglers reduziert werden. Die Polynome C_0 und C_1 werden durch Polynomdivision bestimmt. Im vorliegenden Fall ist $A=D$. Die Polynomdivision ergibt:

$$\frac{C(q^{-1})}{A(q^{-1})} = \frac{1 + 0{,}5q^{-1}}{1 - 1{,}6q^{-1} + 0{,}7q^{-2}}$$
$$= 1 - 1{,}6q^{-1} + 0{,}7q^{-2} + q^{-3}\frac{2{,}786 - 1{,}862q^{-1}}{1 - 1{,}6q^{-1} + 0{,}7q^{-2}} \quad .$$

Die Polynome C_0 und C_1 lauten daher

$$C_0(q^{-1}) = 1 + 2{,}1q^{-1} + 2{,}66q^{-2}$$
$$C_1(q^{-1}) = 2{,}786 - 1{,}862q^{-1} \quad .$$

Setzt man das Gütekriterium ohne Berücksichtigung der Stellgröße an ($r=0$), erhält man folgenden Regler:

$$\frac{S(q^{-1})}{R(q^{-1})} = \frac{C_1}{B' \cdot C_0} = \frac{2{,}786 - 1{,}862q^{-1}}{0{,}2 \cdot (1 + 2{,}1q^{-1} + 2{,}66q^{-2})}$$
$$= \frac{13{,}93 - 9{,}31q^{-1}}{1 + 2{,}1q^{-1} + 2{,}66q^{-2}} \quad .$$

Die Stellamplituden können verringert werden durch Erhöhung des Faktors r. Für $r=0{,}1$ erhält man folgenden Regler:

$$\frac{S(q^{-1})}{R(q^{-1})} = \frac{C_1}{B' \cdot C_0 + C \cdot r / b_0} =$$

$$= \frac{2{,}786 - 1{,}862 q^{-1}}{0{,}2 \cdot (1 + 2{,}1 q^{-1} + 2{,}66 q^{-2}) + (1 + 0{,}5 q^{-1}) \cdot 0{,}1 / 0{,}2}$$

$$= \frac{3{,}98 - 2{,}661 q^{-1}}{1 + 0{,}957 q^{-1} + 0{,}76 q^{-2}} \quad .$$

□

Zusammenfassung
Entwurf parameteroptimierter Regler

1. Modellierung der Regelstrecke durch theoretische Modellbildung und experimentelle Identifikation; Unterscheidung zwischen Strekken mit Ausgleich und ohne Ausgleich. Bestimmung des proportionalen Beiwertes und von Ersatzzeitkonstanten.

2. Festlegung der Anforderungen an den Regelkreis (stationäre Genauigkeit, Dämpfung, Schnelligkeit).

3. Auswahl der geeigneten Reglerstruktur anhand von Tabelle 8.6.

4. Bestimmung der Reglerparameter K_p, T_n und T_v anhand Tabelle 8.7. oder 8.8. für Verzögerungssysteme oder anhand von Tabelle 8.9. für Systeme ohne Ausgleich.

Zusammenfassung
Entwurf strukturoptimierter Regler

1. Modellierung der Regelstrecke und der Störung als digitale Übertragungsfunktion.

$$x_k = \frac{B}{A} y_k + \frac{C}{D} n_k \quad .$$

2. Bestimmung der stabilen und instabilen Pole und Nullstellen.

$$B = B^- B^+ \quad ; A = A^- A^+ \quad .$$

3. Lösung der Bestimmungsgleichungen
beim Kompensationsregler:
$$T' A_w = AR' + B^- S$$
$$R = R' B^+ ; \quad T = T' B_w'$$

beim Deadbeat-Regler:
$$S = A^+ L$$
$$A^- R = 1 - BL \quad .$$

beim Minimum-Varianz-Regler:
$$C / D = C_0 + q^{-d} C_1 / D$$
$$R = B' DC_0 + AC \cdot r / b_0 \quad ; S = C_1 A;$$
$$T \text{ frei} \quad .$$

4. Realisierung des Reglers

$$y_k = \frac{T}{R} w_k - \frac{S}{R} x_k \quad .$$

8.4 ÜBUNGEN

Übung 8.1.
Die Temperatur in einem Glühofen soll über ein schaltendes Stellglied geregelt werden. Die Heizleistung des Stellgliedes ist auf eine maximale Temperatur von 1200 °C ausgelegt.
Die Messung der Temperatur nach dem Einschalten der Heizung hat folgenden Verlauf ergeben.

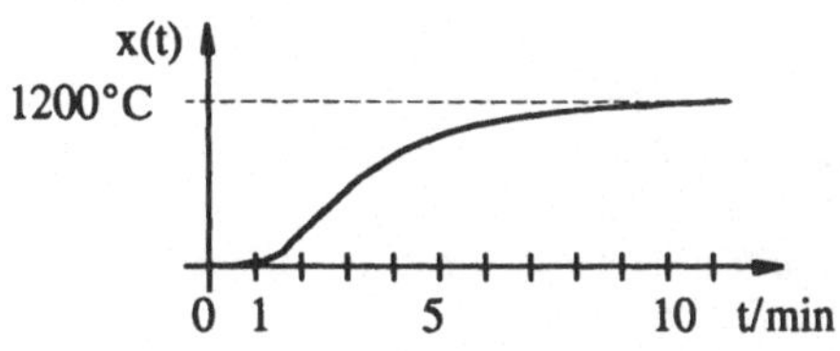

Abb. 8.55. Verlauf der Temperatur beim Glühofen

Bestimmen Sie die Ersatzverzugszeit und Ersatzausgleichszeit.
Schätzen Sie mit diesen Werten die Amplitude und die Periodendauer der Regelschwankung sowie die bleibende Regelabweichung ab, wenn der Sollwert 900 °C beträgt.
Nach welcher Zeit müßte der Schütz, mit dem die Heizung angeschaltet wird, ausgewechselt werden, wenn dieser eine Lebensdauer von 250000 Schaltvorgängen besitzt und die Heizung 2200 Stunden pro Jahr im Betrieb ist?

Übung 8.2.
Entwerfen Sie eine geeignete Rückführung für die Zweipunktregelung des Glühofens, um die stationäre Genauigkeit zu verbessern.

Übung 8.3.
Die Position eines Werkzeugschlittens soll digital geregelt werden. Die Position des Werkzeugschlittens wird mit Hilfe eines Linearpotentiometers erfaßt und gelangt als Spannungssignal zur Steue-

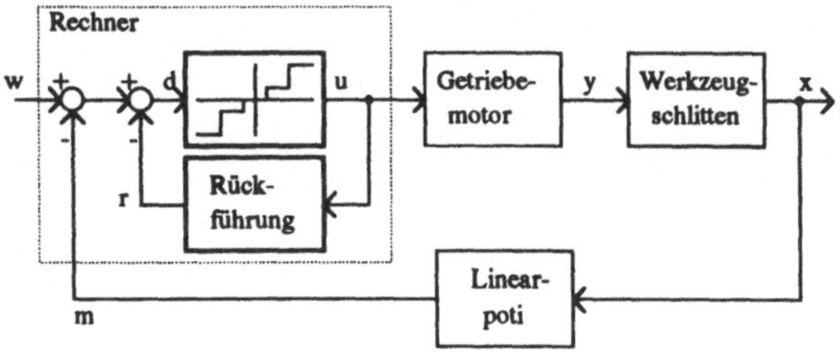

Abb. 8.56. Positionsregelkreis

rung. Die Sollposition wird ebenfalls als Spannungssignal eingegeben. Der Antrieb des Schlittens erfolgt mit einem Getriebemotor, der in zwei Fahrtrichtungen und mit zwei unterschiedlichen, konstanten Geschwindigkeiten betrieben werden kann. Die Regelung erfolgt mit einem (schaltenden) Fünfpunktregler mit verzögerter interner Rückführung:
Die Fünfpunktkennlinie des Reglers ist im folgenden Bild genauer dargestellt:

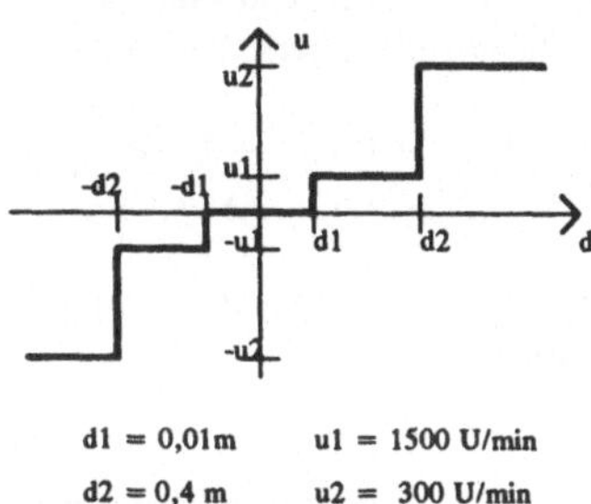

d1 = 0,01 m   u1 = 1500 U/min
d2 = 0,4 m   u2 = 300 U/min

Abb. 8.57. Fünfpunktkennlinie

Bestimmen Sie die Differenzengleichung der verzögerten Rückführung.
Führen Sie eine Normierung der Gleichung derart durch, daß die Positionen mit einer Auflösung von 1 mm dargestellt werden (bei einem maximalen Weg von 5m) und die Motordrehzahl von 1500 U/min dem rechnerinternen Wert 150 entspricht. Das Rückführsignal soll dabei einem Weg entsprechen.
Die Regelstrecke besitzt integrierendes Verhalten mit einer Verzögerung 1. Ordnung:

$$\frac{K_S}{T_I} = \frac{5m}{20\,\text{sec}}\,\frac{1}{1500U\,/\,\text{min}} = 0,0$$

$$T_u = 0,5\,\text{sec} \quad .$$

Der Entwurf eines PD-Reglers für diese Strecke nach Tabelle 8.9. liefert die Parameter

$$K_P = 0,5 \cdot \frac{1}{T_u} \cdot \frac{T_I}{K_S}$$

$$T_v = 0,5 \cdot T_u \quad .$$

Diese Werte können in der normierten Differenzengleichung der Rückführung eingesetzt werden. Realisieren Sie nun den kompletten Regler (d.h. Soll-/Istwert-Vergleich, Rückführung und

Fünfpunktkennlinie) im Programmbaustein PB1. Da es sich (trotz der internen Rückführung um einen schaltenden Regler handelt, wird die Stellgröße u nicht als Analogwert ausgegeben, sondern mit Hilfe der binären Ausgänge A0.1 (entspricht dem Wert u1), A0.2 (u2), A0.3 (-u1), A0.4 (-u2). Der Sollwert w steht als EW0 zur Verfügung und der Meßwert m als EW2.

Übung 8.4.
Bestimmen Sie die Pole und Nullstellen der folgenden digitalen Übertragungsfunktion.

$$G(q^{-1}) = \frac{5 \cdot q^{-1} + 10 \cdot q^{-2} + 4,8 \cdot q^{-3}}{(1 + 0,2 \cdot q^{-1}) \cdot (1 - 2,5 \cdot q^{-1} + q^{-2})} \; .$$

Welche der Pole und Nullstellen sind stabil, welche sind instabil?

Übung 8.5.
Der Drehzahlregler für einen Gleichstromantrieb soll als Kompensationsregler entworfen werden. Die Regelstrecke besteht aus dem Thyristorsteller, dem Antrieb und der Drehzahlmeßeinrichtung. Sie kann als Reihenschaltung von zwei Verzögerungselementen angenähert werden mit $K_S{=}3{,}6$, $T_1{=}0{,}9$sec und $T_2{=}0{,}1$sec.
Um eine optimale stationäre Genauigkeit zu erzielen, soll ein PI-Regler verwendet werden. Stellen Sie die Nachstellzeit so ein, daß die größte Streckenzeitkonstante gekürzt wird. Die Reglerverstärkung soll so bestimmt werden, daß der entstehende Regelkreis Verzögerungsverhalten 2. Ordnung mit $d{=}0{,}8$ besitzt.

Übung 8.6.
Für das digitale System

$$x_k = \frac{q^{-1} - 0,2 \cdot q^{-2}}{1 - 2,0 \cdot q^{-1} + 0,75 \cdot q^{-2}} \cdot y_k$$

soll ein Regler auf endliche Zeit entworfen werden.
Prüfen Sie zunächst, ob das System instabile Pole besitzt.
Machen Sie für das Polynom $L(q^{-1})$ einen möglichst einfachen Ansatz.
Wie sieht die Sprungantwort des geregelten Systems aus?

Übung 8.7.
Gegeben sei das digitale System.

$$x_k = \frac{B(q^{-1})}{A(q^{-1})} \cdot y_k + \frac{C(q^{-1})}{D(q^{-1})} \cdot n_k$$

mit

$$A(q^{-1}) = 1 - 1,20q^{-1} + 0,32q^{-2}$$
$$B(q^{-1}) = 0,5q^{-4}$$
$$C(q^{-1}) = 1 + 0,2q^{-1}$$
$$D(q^{-1}) = 1 + 0,4q^{-1} \quad .$$

Entwerfen Sie einen Minimum-Varianz-Regler für dieses System.

9 FUZZY CONTROL

Der Begriff Fuzzy Control ist eine umfassende Bezeichnung für alle Methoden, die unscharfe Mengen und unscharfe Verknüpfungen auf Aufgabenstellungen der Automatisierung anwenden.

Der Beginn der Untersuchungen über unscharfe Mengen (Fuzzy Set Theory) und unscharfe Logik (Fuzzy Logic), wird durch die Arbeiten von Zadeh markiert /Zadeh 1965/. Während der ersten Jahre blieb das Interesse an Fuzzy Logik auf den akademischen Bereich beschränkt. Im Laufe der 70er Jahre wurden die ersten Fuzzy-Regler realisiert /Mamdani 1974/. Verursacht durch Berichte über industrielle Einsätze von Fuzzy-Reglern in Japan setzte Anfang der 90er Jahre ein regelrechter Boom der Fuzzy-Logik ein. Er äußert sich in einer Flut von Publikationen, einem breiten Interesse an den technischen Möglichkeiten, das mit einem guten Angebot an Schulungen zu diesem Thema einhergeht und zahlreichen Produkten und Werkzeugen für die praktische Realisierung von Fuzzy-Reglern.

Die theoretischen Methoden der Mengenlehre und der Logik sowie deren algorithmische Umsetzung mit Rechnern sind Musterbeispiele für eine präzise Darstellung und Verarbeitung von Informationen. Im Gegensatz hierzu steht die unpräzise sprachliche Beschreibung informationeller Sachverhalte und Entscheidungsregeln durch den Menschen. Mehrere Gründe sind für die fehlende Präzision bei der Informationsdarstellung und die Ungewißheit bei den Schlußfolgerungen maßgebend.

In dem Maße wie die Komplexität eines Systems ansteigt, sinkt die Möglichkeit präzise und relevante Aussagen über das Verhalten zu machen /Zadeh 1973/. Bei den komplexen Systemen, mit denen der Mensch in einer Vielzahl von Entscheidungsvorgängen konfrontiert ist, schließen sich also Präzision und Relevanz teilweise gegenseitig aus. Eine präzise Aussage über ein komplexes System kann daher also nur von geringer Aussagekraft sein; damit sie aussagekräftig ist, muß sie eine gewisse Unschärfe besitzen.

Zu dieser systembedingten Unschärfe kommt eine psychologisch bedingte Unschärfe in Form von Unklarheiten bezüglich der Kriterien für das angestrebte Ziel (dialektische Probleme) und lückenhafte Kenntnisse über die bei der Problemlösung anwendbaren Verarbeitungsoperatoren (Synthese-Probleme, /Dörner 1987/) hinzu.

Auch die Ungewißheit über zukünftige Ereignisse, die Einfluß auf die Problemlösung haben, trägt zu mangelnder Präzision bei.

Angesichts dieser zum großen Teil nicht auszuschaltenden Ursachen von Unsicherheit ist die unscharfe sprachliche Formulierung von Sachverhalten und Entscheidungsregeln eine ökonomisch gerechtfertigte und sogar notwendige Leistung. Ist die Informationsverarbeitung unvermeidlich mit Ungewißheit behaftet, so ist die Informationsreduktion auf das praktisch verwertbare Maß eine sehr sinnvolle Maßnahme.

Die Verarbeitung unsicherer Daten im wissenschaftlichen und technischen Bereich scheint daher ebenfalls naheliegend und angebracht. Mit der Wahrscheinlichkeitstheorie existiert ein Werkzeug, das einen Teil der Unsicherheitsquellen, den Zufall, für eine mathematische Behandlung zugänglich macht. Der zweite Bestandteil von Ungewißheit, die unscharfe Formulierung von Informationen und Verknüpfungen, wurde lange Zeit wissenschaftlich nicht beachtet.

Während der Zufall auf Ereignisse einen nicht vorhersagbaren Einfluß nimmt, ist die Unschärfe ein zum Teil gewollter und zum Teil vom individuellen Standpunkt abhängiger Faktor der Unsicherheit. Ein einfaches Beispiel soll den Unterschied verdeutlichen.

Beispiel 9.1. Lottogewinn
Die Chance, bei der nächsten Lottoziehung sechs Richtige zu haben, ist sowohl in der sprachlichen Bedeutung, als auch in der Wahrscheinlichkeit des Eintretens präzise definiert, Ungewißheit entsteht hier ausschließlich durch das Wirken des Zufalls.
Das Ereignis „Hoher Gewinn" dagegen ist unscharf definiert. Die Definition hängt vom individuellen Standpunkt - speziell vom vorhandenen Vermögen des Betrachters- und vom Übergang zwischen „nicht hoch" und „hoch" ab. Eine scharfe Trennung, wie z.B. DM 10.000 ist „hoch", DM 9.999 ist „nicht hoch", macht hier keinen Sinn.
Die Trennung von Zufall und Unschärfe ist in der Praxis zusätzlich erschwert, da sie meist in überlagerter Form auftetren, so z.B. in der Frage „Wie hoch ist die Chance bei der nächsten Lottoziehung einen hohen Gewinn zu machen ?". □

Wie auf einem so neuen Gebiet nicht anders zu erwarten, hat sich die Begriffsbildung, vor allem was deutschsprachige Bezeichnungen betrifft, noch nicht vollständig stabilisiert. Die Begriffsverwendung in diesem Kapitel folgt weitgehend der Zusammenstellung von /Bertram u.a. 1994/.

9.1 ALGORITHMEN

9.1.1 EINFÜHRENDES BEISPIEL

Ein Automatisierungssystem stellt einen funktionalen Zusammenhang zwischen den Eingangsgrößen $\underline{E}$ und den Ausgangsgrößen $\underline{A}$ her. Im Falle eines statischen Systems kann das Verhalten durch eine Beziehung der Form

$$\underline{A} = \underline{f}(\underline{E})$$

dargestellt werden. Besitzen die Eingangs- und Ausgangsgrößen einen digitalen oder kontinuierlichen Wertebereich, läßt sich die Funktion f mathematisch mit Hilfe arimethischer Operatoren und Funktionen zusammensetzen. Bei binären Wertebereichen besteht f aus logischen Operatoren. Das Verhalten binärer Systeme wird dabei oft aus logischen Regeln der Form

Wenn $\underline{E}$ eine bestimmte Aussage erfüllt, dann gilt eine Schlußfolgerung für $\underline{A}$.

Damit solche Regeln mathematisch exakt und nachvollziehbar umgesetzt werden können, müssen zwei Beschränkungen eingehalten werden. Gültige Schlußfolgerungen können nur gezogen werden, wenn die Aussagen eindeutig erfüllt oder eindeutig nicht erfüllt sind. Des weiteren ist die Formulierung von Wenn-dann-Regeln für kontinuierliche Wertebereiche gar nicht oder nur eingeschränkt möglich. Hier ist eine mathematisch funktionale Regeldarstellung erforderlich.

In vielen praktischen Problemstellungen sind diese Beschränkungen hinderlich. Das Wissen für den Systementwurf kann oft weder in Form exakter Regeln noch in Form mathematischer Funktionen formuliert werden. Vielmehr enthalten die Regeln unscharf definierte Aussagen und daher sind auch die daraus zu ziehenden Schlußfolgerungen unscharf. Anhand eines praktischen Beispiels soll die Problematik verdeutlicht werden.

In vielen verfahrtenstechnischen Prozessen werden Dosiersysteme eingesetzt, um bestimmte Mengen eines Produktes abzufüllen. Die Dosierung soll dabei möglichst schnell und möglichst genau erfolgen. Da sich diese beiden Forderungen widersprechen, ist ein Kompromiß erforderlich. Zu Beginn des Dosiervorganges wird mit maximaler Geschwindigkeit dosiert. Nähert sich die abgefüllte Menge dem Sollgewicht, wird die Dosiergeschwindigkeit reduziert, um das Sollgewicht möglichst genau zu erreichen.

Aus Kostengründen werden oft schaltende Dosierorgane eingesetzt. Für eine schnelle und genaue Dosierung wird mit zwei Dosiergeschwindigkeiten gearbeitet: dem Grobstrom und dem Feinstrom. Der Regler für ein solches Zweistrom-Dosierorgan besteht aus einer schaltenden Kennlinie.

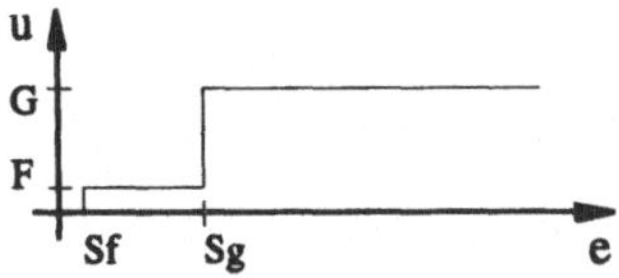

Abb. 9.1. Schaltkennlinie für ein Zweistrom-Dosierorgan (*G:* Grobstrom, *F:* Feinstrom, *Sg:* Grobstromschwelle, *Sf:* Feinstromschwelle)

Durch Veränderung der Grobstrom- und der Feinstromschwelle läßt sich ein stufenlos einstellbarer Austausch zwischen Schnelligkeit und Genauigkeit realisieren. Die gleichzeitige Verbesserung beider Forderungen ist bei einem Zweistrom-Dosierorgan nicht möglich. Sie kann nur mit Hilfe eines Dosierorganes mit möglichst vielen Schaltstufen, im Grenzübergang mit einem kontinuierlichen Dosierorgan erreicht werden. Aus der schaltenden Kennlinie des Reglers wird dann eine kontinuierliche Kennlinie. Sie beschreibt den Zusammenhang zwischen dem aktuellen Füllgrad und der Dosiergeschwindigkeit. Die Verwendung einer linearen Kennlinie - sie entspricht einem P-Regler - liefert unbefriedigende Ergebnisse. Bei einem flachen Verlauf der Kennlinie dauert die Dosierung zu lange; bei einem steilen Verlauf ist die Dosierung zwar schnell, aber ungenau. Die optimale Kennlinie muß daher einen nichtlinearen Verlauf besitzen.

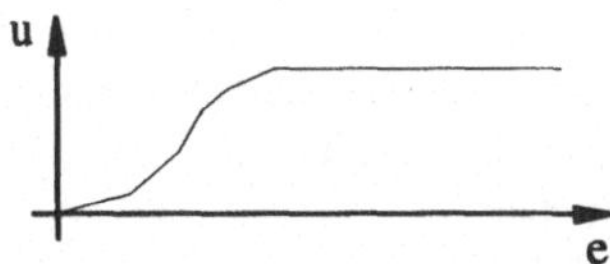

Abb. 9.2. Kennlinie für ein stetiges Dosierorgan (*e.* Gewichtsdifferenz, *u:* Stellsignal für das Dosierorgan)

Die Bestimmung der Reglerkennlinie für ein stetiges Dosierorgan ist alles andere als trivial. Eine Möglichkeit zur Bestimmung der Kennlinie besteht darin, sie als parametrierbare mathematische Funktion, z.B. als nichtlineare Reihenentwicklung anzusetzen /Preuß 1994/. Um genügend Freiheitsgrade für die Optimie-

rung zu haben, muß die Funktion viele Parameter besitzen oder gar bereichsweise angesetzt werden. Die Optimierung einer solchen Funktion ist aufwendig und wenig anschaulich.

Wesentlich unproblematischer ist die Lösung des kontinuierlichen Dosierproblems für einen Menschen als Regler des Dosiervorganges. Der Mensch stellt den Zusammenhang zwischen dem momentanen Füllgrad und der dazu passenden Dosiergeschwindigkeit über wenige anschauliche Regeln her. Die Regeln können beispielsweise folgende Form besitzen:

Wenn Behälter leer, dann maximale Dosierung.
Wenn Behälter fast voll, dann langsame Dosierung.

Will man das Verhalten des Menschen durch einen technischen Regler nachbilden, stellt sich ein grundlegendes Problem. Ein Rechner kann die in den Regeln enthaltenen unscharfen Begriffe (fast voll, langsame Dosierung) nicht verarbeiten. Andererseits fällt es dem Menschen schwer, seine Regeln als mathematisch präzise definierte Kennlinie zu formulieren. Die Fuzzy Logik stellt die fehlende Verbindung zwischen der unscharfen, sprachlichen Regelbasis des Menschen und den präzisen mathematischen Verarbeitungsvorgängen eines Rechners her. Sie tut dies, indem die linguistischen Ausdrücke als unscharfe Mengen dargestellt werden. Die Verknüpfung der Ausdrücke in den Regeln, entspricht dann der unscharfen logischen Verknüpfungen von Mengen. Jede Regel definiert in der Ein-/Ausgangsebene eine unscharf umrandete Fläche. Die einzelnen Regelflächen überlappen sich und legen als Gesamtheit den Verlauf der Kennlinie fest.

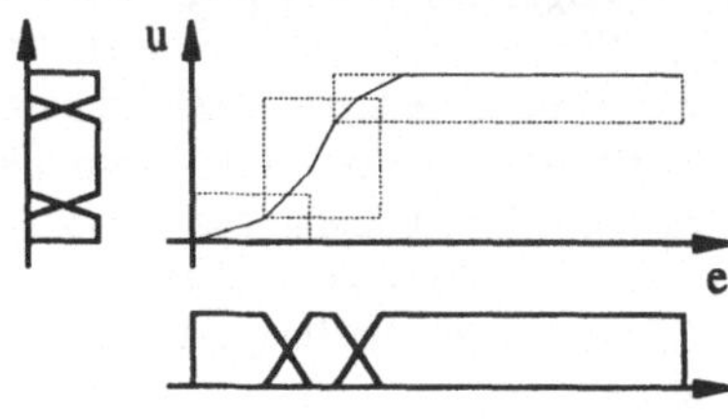

Abb. 9.3. Bestimmung der Dosierkennlinie aus unscharfen Mengen

Wie das einfache Beispiel zeigt, ist die auf der Theorie der unscharfen Mengen und der unscharfen Logik aufbauende unscharfe Entscheidungsfindung, eine Methode, um aus sprachlich formulierten Regeln mathematisch nachvollziehbare Entscheidungen zu finden. Immer dann, wenn Entscheidungen nicht von vorneherein als präzise mathematische Algorithmen formulierbar sind, sondern nur als sprachliche Regeln vorliegen, kann der Einsatz von Fuzzy-Methoden vorteilhaft sein.

9.1.2 UNSCHARFE LOGIK

In der klassischen Mengenlehre gehört jedes Element entweder eindeutig zu einer Menge oder es gehört eindeutig nicht zu der Menge. Ob jemand z.B. zu den BiVis (den Bis Vierzigjährigen) gehört, kann für jeden eindeutig beantwortet werden. Die Menge der BiVis ist genau definiert und scharf abgegrenzt.

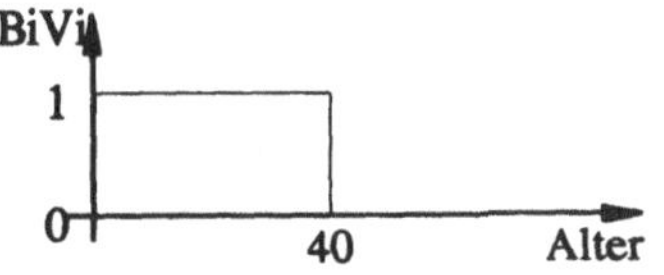

Abb. 9.4. Zugehörigkeit zur Menge der bis 40-jährigen (BiVi´s)

Es gibt aber eine Vielzahl von Mengen, bei denen die Zugehörigkeit nicht eindeutig ist. So ist beispielsweise die Frage, ob jemand mit 40 Jahren noch jung ist, nicht so leicht zu beantworten. Die Antwort hängt vom Standpunkt des Antwortgebenden ab: für meine Kollegen ist ein Vierzigjähriger noch jung, während er für meine Kinder schon als alt eingestuft wird. Auch der Hintergrund der Fragestellung beeinflußt die Einschätzung: Ein Profifußballer zählt mit 40 längst zum alten Eisen, ein gleichaltriger Vorstandsvorsitzender wird möglicherweise noch als Jungspund gehandelt. Die Menge „Jung" ist umgangssprachlich definiert, und nicht genau, sondern unscharf abgegrenzt.

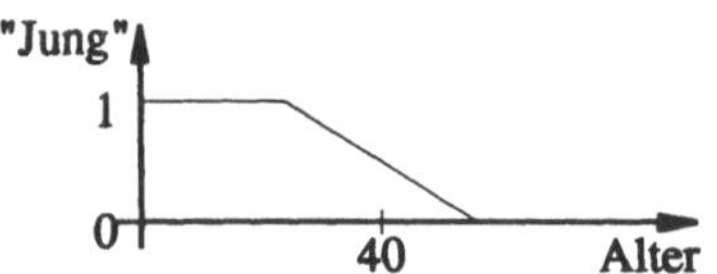

Abb. 9.5. Zugehörigkeit zur Menge „Jung"

Im Unterschied zu einer scharfen Menge ist eine unscharfe Menge A also dadurch gekennzeichnet, daß jedes Element x der Grundmenge G mehr oder weniger zur Menge A gehören kann. Der Grad der Zugehörigkeit $\mu_A(x)$ des Elements x zur Menge A liegt zwischen den beiden Extremwerten 0 (eindeutige Nicht-Zugehörigkeit) und 1 (eindeutige Zugehörigkeit). Die Zugehörigkeitsgrade aller Elemente der Menge bilden deren Zugehörigkeitsfunktion

$$\mu = \mu_A(x), \quad 0 \le \mu_A(x) \le 1, \quad x \in G \quad .$$

Sie beschreibt, in welchem Maße jedes Element x der Grundmenge G zur unscharfen Menge A gehört. Bei der Ausdehnung des klassischen Mengenbegriffs auf unscharfe Mengen müssen auch die Verknüpfungen unscharfer Mengen definiert werden. Da jede unscharfe Menge vollständig durch die Zugehörigkeitsfunktion beschrieben wird, liegt es nahe, auch die Ergebnismengen der Verknüpfungen durch ihre Zugehörigkeitsfunktionen zu beschreiben. Es werden also die Zugehörigkeitsfunktionen

$n_A(x)$ für das Komplement von A,
$t_{AB}(x)$ für den Durchschnitt von A und B,
$s_{AB}(x)$ für die Vereinigung von A und B

benötigt. Sie beschreiben, zu welchem Grad das Element x, das mit $\mu_A(x)$ zur Menge A und mit $\mu_B(x)$ zur Menge B gehört, zum Komplement von A, zur Schnittmenge von A und B sowie zur Vereinigung von A und B gehört.

Die Zugehörigkeiten zu den abgeleiteten Mengen, bzw. der Wahrheitsgehalt der abgeleiteten Aussagen müssen sich aus den Einzel-Zugehörigkeiten $\mu_A(x)$ und $\mu_B(x)$ berechnen lassen.

Die Operatoren n, t und s stellen dann das unscharfe Komplement, die unscharfe Vereinigung und die unscharfe Schnittmengenbildung dar. Die Festlegung geeigneter Operatoren für n, t und s ist nicht ganz trivial. Ein Element x gehöre mit einem Grad von 0,40 zu einer Menge A und mit einem Grad von 0,75 zu einer anderen Menge B. Mit welchem Grad gehört es dann nicht zur Menge A, mit welchem Grad gehört es zum Durchschnitt von A und B und mit welchem Grad zur Vereinigung der beiden Mengen? Es kommen sehr viele Operatoren für die unscharfen Verknüpfungen in Frage. Die Auswahl kann durch mathematische und sprachliche Gesichtspunkte eingegrenzt werden.

Da scharf definierte Mengen als Spezialfall in unscharfen Mengen enthalten sind, sollten auch die binären logischen Verknüpfungen durch die unscharfen Operatoren als Randbedingungen erfüllt werden

$$n(0)=1 \qquad n(1)=0$$
$$t(a,0)=0 \qquad t(a,1)=a$$
$$s(a,0)=a \qquad s(a,1)=1 \quad .$$

Darüber hinaus sollten die Operatoren bestimmte Rechenregeln einhalten, damit umfangreiche unscharfe Verknüpfungen handhabbar sind. So wie die Gesetze der Booleschen Algebra den Umgang mit umfangreichen binären Verknüpfungen erleichtern, können bestimmte Rechengesetze bei unscharfen Operatoren sehr hilfreich sein. Folgende Anforderungen an eine unscharfe Algebra sind naheliegend.

Die Vertauschung der Verknüpfungsreihenfolge sollte auf das Ergebnis keinen Einfluß haben. Man wird also fordern, daß die unscharfen Operatoren das Kommutativ- und das Assoziativgesetz einhalten.

Wenn die Zugehörigkeit zu einer Einzelmenge wächst, muß auch die Zugehörigkeit zu Vereinigung und Durchschnitt größer werden

(Monotonie). Insbesondere kann die Zugehörigkeit zum Durchschnitt zweier Mengen höchstens so groß sein, wie die Zugehörigkeit zu jeder Einzelmenge, während die Zugehörigkeit zur Vereinigung zweier Mengen mindestens so groß sein muß, wie die Zugehörigkeit zu jeder Einzelmenge.

Diese Forderungen bilden einen allgemeinen anerkannten Grundumfang an Regeln, die die Operatoren t und s einhalten sollen. Die Anforderungen an t werden im allgemeinen als t-Norm, die Anforderungen für s als s-Norm (oder t-Co-Norm) bezeichnet.

Tabelle 9.2. Anforderungen an Operatoren für die unscharfe Konjunktion (t-Norm) und die unscharfe Disjunktion (s-Norm) $a = \mu_A(x), b = \mu_B(x), c = \mu_C(x)$

Mengenoperation	Aussagenverknüpfung
$A \cap N = N, \quad A \cap E = A$	$t(a,0) = 0, \quad t(a,1) = a$
$A \cap B = B \cap A$	$t(a,b) = t(b,a)$
$A \cap (B \cap C) = (A \cap B) \cap C$	$t(a,t(b,c)) = t(t(a,b),c)$
$(A \cap B) \subseteq (C \cap D)$	$t(a,b) \leq t(c,d),$
$A \subseteq C, B \subseteq D$	$a \leq c, b \leq d$
Mengenoperation	**Aussagenverknüpfung**
$A \cup N = A, \quad A \cup E = E$	$s(a,0) = a, \quad s(a,1) = 1$
$A \cup B = B \cup A$	$s(a,b) = s(b,a)$
$A \cup (B \cup C) = (A \cup B) \cup C$	$s(a,s(b,c)) = s(s(a,b),c)$
$(A \cup B) \subseteq (C \cup D)$	$s(a,b) \leq s(c,d),$
$A \subseteq C, B \subseteq D$	$a \leq c, b \leq d$

Tabelle 9.3. Anforderungen an Operatoren für die unscharfe Negation. $a = \mu_A(x)$

Mengenoperation	Aussagenverknüpfung
$A \cup \overline{A} = E$	$s(a,1-a) = 1$
$A \cap \overline{A} = N$	$t(a,1-a) = 0$

Darüber hinaus können weitere Anforderungen aufgestellt werden. Von besonderer Hilfe ist die Einhaltung des Distributivgesetztes, da es die Vereinfachung umfangreicher unscharfer Regeln ermöglicht.

Tabelle 9.4. Distributivgesetz für unscharfe Operatoren $a = \mu_A(x), b = \mu_B(x), c = \mu_C(x)$

Mengenoperation	Zugehörigkeitsfunktion
$A \cup (B \cap C) = (A \cup B) \cap (A \cup C)$	$s(a, t(b,c)) = t(s(a,b), s(a,c))$
$A \cap (B \cup C) = (A \cap B) \cup (A \cap C)$	$t(a, s(b,c)) = s(t(a,b), t(a,c))$

Zwischen der klassischen (scharfen) Mengenlehre und der binären Aussagelogik besteht eine Deckungsgleichheit. Jede Verknüpfung von Mengen kann durch eine äquivalente logische Verknüpfung von Aussagen dargestellt werden. Formal wird diese Isomorphie durch die Gesetze der Booleschen Algebra hergestellt, die für beide Bereiche in gleicher Weise gilt.

Die Isomorphie zwischen Mengenlehre und Aussagenlogik kann auch auf unscharfe Mengen und unscharfe Aussagen übertragen werden. Damit können umgangssprachliche Entscheidungsregeln mathematisch dargestellt und behandelt werden. Den unscharfen Mengenoperatoren Komplementbildung, Schnittmengenbildung und Vereinigung entsprechen die unscharfen logischen Verknüpfungen Negation, Konjunktion und Disjunktion.

Tabelle 9.1. Isomorphie der Verknüpfung unscharfer Mengen, unscharfer Aussagen und der Zugehörigkeitsfunktionen

Menge	Aussage	Zugehörigkeitsfunktion
$\overline{A}$	$\overline{a}$	$n_A(x) = n\big(\mu_A(x)\big)$
$A \cup B$	$a \vee b$	$s_{AB}(x) = s\big(\mu_A(x), \mu_B(x)\big)$
$A \cap B$	$A \wedge B$	$t_{AB}(x) = t\big(\mu_A(x), \mu_B(x)\big)$

Obwohl die beschriebenen mathematischen Forderungen den Kreis möglicher Funktionen n, t und s sinnvoll eingrenzen, darf der mathematische Gesichtspunkt bei der Auswahl von Operatoren nicht überbetont werden. Die „optimale" Funktion kann nicht nur unter mathematischem Aspekt bestimmt werden. Die UND-Verknüpfung und die ODER-Verknüpfung von linguistischen Aussagen haben von Anwendungsfall zu Anwendungsfall differierende Bedeutungen. Im konkreten Fall muß also entschieden werden, welcher spezielle Satz von Funktionen n, t und s dieser linguistischen Bedeutung am nächsten kommt.

Beispiel 9.2. Bewerberauswahl
Ein Personalchef soll einen von vier Bewerbern für eine zu besetzende Stelle aussuchen. Er legt zwei wesentliche Kriterien für die Auswahl fest, nämlich die fachliche und die soziale Kompetenz der Bewerber. Anhand der Bewerbungsunterlagen und der Vorstellungsgespräche hat er folgende Tabelle erstellt, die für jeden Bewerber aussagt, zu welchem Grad soziale bzw. fachliche Kompetenz gegeben ist.
Die Frage, welcher der vier Bewerber der Beste ist, hängt ganz stark davon ab, nach welchen Kriterien die Einzelqualifikationen in der Gesamtqualifikation berücksichtigt werden. Ist die zu besetzende Stelle eher für einen Generalisten gedacht, wäre die Berechnung eines Mittelwertes oder der Summe der Einzelqualifikationen eine geeignete Methode. Bei gleichmäßiger Gewichtung hätten Bewerber x2 und x3 den besten Wert. Ist man eher an einem Kandidaten interessiert, der auf einem der Qualifikationsgebiete besonders gut ist, würde man z.B. den Kandidaten mit der besten Einzelqulifikation max(a,b) nehmen, in unserem Fall Bewerber x4. Eine vierte Variante ist die Wahl des Kandidaten, der die am wenigsten ausgeprägten Schwächen hat. Dies kann derjenige sein, dessen schlechteste Note besser ist als die schlechtesten Noten der anderen Bewerber (also Bewerber x1) oder der, beim dem das Produkt der Einzelnoten den größten Wert liefert (Kandidat x2).

Tabelle 9.5. Anwendung verschiedener Operatoren zur Bewertung der Bewerber auf der Basis der sozialen und fachlichen Kompetenz

	$x1$	$x2$	$x3$	$x4$
a: fachl. Komp.	0,40	0,60	0,65	0,10
b: soziale Komp.	0,40	0,35	0,30	0,80
$a + b - a \cdot b$	0,64	0,74	**0,755**	0,73
$\max(a,b)$	0,40	0,60	0,65	**0,80**
$(a + b) / 2$	0,40	**0,475**	**0,475**	0,45
$\min(a,b)$	**0,40**	0,35	0,30	0,10
$a \cdot b$	0,16	**0,21**	0,195	0,08

Das Beispiel zeigt zweierlei: Der passende Operator zur Verknüpfung der Zugehörigkeitswerte hängt sehr stark von der sprachlichen Bedeutung der Fragestellung ab und das Ergebnis kann je nach Operator sehr unterschiedlich ausfallen. Beim Mittelwert kann die Schwäche auf einem Gebiet durch die Stärke auf einem anderen Gebiet ausgeglichen (kompensiert) werden. Das Produkt bzw die algebraische Summe dagegen wirken in negativer und positiver Richtung verstärkend. Bei Kandidat D beispielsweise wirkt die fehlende fachliche Kompetenz beim Produkt in negativer Richtung dominierend; bei der Summe wirkt die besonders hohe soziale Kompetenz in positiver Richtung dominierend.

Es sind eine Vielzahl von Operatoren bekannt, die verschiedene Axiome erfüllen. Nur wenige Operatoren sind für eine anschauliche Betrachtung geeignet, während sich viele nur in geringfügigen mathematischen Details unterscheiden. Die beiden wichtigsten Operatoren sind der Minimum-Operator und der Maximum-Operator, die bereits durch Zadeh eingeführt wurden. Sie trennen die kompensatorischen Operatoren von den nichtkompensatorischen Operatoren. Alle kompensatorischen Operatoren haben eine mittelwertbildende Eigenschaft. Die Anwendung kompensatorischer Operatoren auf zwei Zugehörigkeitswerte liefert immer ein Ergebnis, das zwischen den beiden Einzelwerten, also zwischen dem Minimum und dem Maximum liegt.

Nichtkompensatorische Operatoren dagegen liefern größere bzw. kleinere Ergebnisse als die Einzelwerte. Bei den optimistischen nichtkompenstorischen Operatoren liegt das Ergebnis immer über dem maximalen Einzelwert. Sie sind zusammen mit dem Maximum als s-Operator für die Vereinigung von unscharfen Mengen geeignet. Pessimistische Operatoren dagegen liefern Ergebnisse unterhalb des Minimums. Sie eignen sich zusammen mit dem Minimum als t-Operator für die Bildung von Schnittmengen.

Einige der bekanntesten Operatoren sind in der nachfolgenden Tabelle der Ergebnisgröße nach geordnet aufgelistet.

Tabelle 9.6. Gegenüberstellung einiger Operatoren für unscharfe Verknüpfungen.

1-3: optimistisch nichtkompensatorische Operatoren

5-7: kompensatorische Operatoren

9-11: pessimistisch nichtkompenstorisch Operatoren

	Operator	math. Funktion
1	Begr. Summe	$s(a,b) = \min(1, a+b)$
2	Algebr. Summe	$s(a,b) = a + b - ab$
3	Hamacher Sum.	$s(a,b) = (a + b - 2ab) / (1 - ab)$
4	**Maximum**	$s(a,b) = \max(a,b)$
5	Fuzzy-ODER	$g(a,b) = l \cdot \max(a,b) + (1 - l)(a + b) / 2$
6	Mittelwert	$g(a,b) = (a + b) / 2$
7	Fuzzy-UND	$g(a,b) = l \cdot \min(a,b) + (1 - l)(a + b) / 2$
8	**Minimum**	$t(a,b) = \min(a,b)$
9	Hamacher Prod.	$t(a,b) = (ab) / (a + b - ab)$
10	(Algebr.) Prod.	$t(a,b) = ab$
11	Begr. Differenz	$t(a,b) = \max(0, a + b - 1)$

Wie die Erläuterungen gezeigt haben, sind zur Auswahl des geeigneten Operators aus dieser Liste zum einen mathematische Gesichtspunkte zu berücksichtigen und es ist zum anderen die sprachliche Bedeutung der verwendeten Verknüpfungen im konkreten Anwendungsfall zu beachten. So muß unter anderem geprüft werden, ob eine kompensierende Wirkung gewünscht ist, oder ob eine Verstärkung in optimistischer oder pessimistischer Hinsicht gewünscht wird.

9.2 STRUKTUR EINES FUZZY-SYSTEMS

In vielen Bereichen der Technik existieren Algorithmen, die auf Entscheidungsfindungen basieren. Beispiele hierfür finden sich in der Steuerungstechnik, in der Regelungstechnik, bei der Mustererkennung oder im Operations Research. Damit die Algorithmen in Rechnern realisierbar sind, werden die Entscheidungsstrategien auf die Verarbeitung von Zahlen zurückgeführt. Mathematische Werkzeuge hierfür sind die Boolesche Algebra, die Schätztheorie, die Wahrscheinlichkeitsrechnung oder der Hypothesentest.

Typisch menschliche Entscheidungsfindung ist mit Unsicherheit und Unschärfe verbunden. Die Unschärfe betrifft die Entscheidungsannahmen, die oft nur teilweise erfüllt sind, die Form der Verknüpfung der Annahmen, die oft nur unpräzise definiert sind, und die Festlegung der Schlußfolgerungen, die zum Teil aus widersprüchlichen Aussagen hergeleitet werden müssen. Unsicherheit entsteht durch unbekannte Einflußparameter und unvorhersehbare zukünftige Ereignisse.

Mit der Fuzzy Logik können, unscharfe Entscheidungsregeln auf einen mathematischen Algorithmus übertragen werden.

Die Aufgabenstellung der Regelungstechnik besteht darin, die Ausgangsgröße eines Prozesses auf einem festen Wert zu halten, oder entlang eines Sollwertverlaufs zu führen. Im Regler wird dazu Soll- und Istwert miteinander verglichen und daraus eine geeignete Stellgröße ermittelt. Der Regler kann verschiedene Teilkomponenten enthalten, wie z.B. lineare oder nichtlineare Kennlinienglieder, integrierende Elemente oder Totzeiten. Für viele unterschiedliche Aufgabenstellungen existieren Verfahren, um aus der Regelstrategie einen realisierbaren mathematischen Regelalgorithmus herzuleiten.

Weist das zu regelnde System starke Nichtlinearitäten auf oder ist kein explizites Systemmodell vorhanden, sind gängige Entwurfsverfahren nicht anwendbar. Trotz nicht vorhandener Modelle gelingt es aber dem Menschen als Regler nach einer gewissen Lernphase auch solche Systeme zu regeln, indem er sich Erfahrungswissen in Form exemplarischer Entscheidungsregeln aufbaut. Die Theorie der unscharfen Mengen ermöglicht es, die linguistische Regelbasis des Menschen in einen mathematischen Regelalgorithmus umzusetzen. In seiner allgmeinen Form bildet ein Fuzzy-System die Werte einer oder mehrerer Eingangsgrößen mit Hilfe der Regelbasis auf einen Wert der Ausgangsgröße ab.

Um die Verbindung zwischen den präzisen Werten der Eingangs- und Ausgangsgrößen einerseits und den unscharfen Begriffen und Verknüpfungen der Regelbasis andererseits herzustellen, werden im wesentlichen drei Verarbeitungskomponenten benötigt. Zunächst müssen aus den physikalischen Variablen unscharfe linguistische Variablen gemacht werden. Bei dieser Fuzzifizierung werden linguistische Werte als unscharfe Mengen eingeführt und durch Zugehörigkeitsfunktionen dargestellt. In der darauf folgenden Inferenz werden in den Regelprämissen aus den Zugehörigkeitswerten der linguistischen Eingangsvariablen die Grade der Erfüllung der Schlußfolgerungen berechnet. Aus den unterschiedlichen Graden der Erfüllung der Schlußfolgerungen

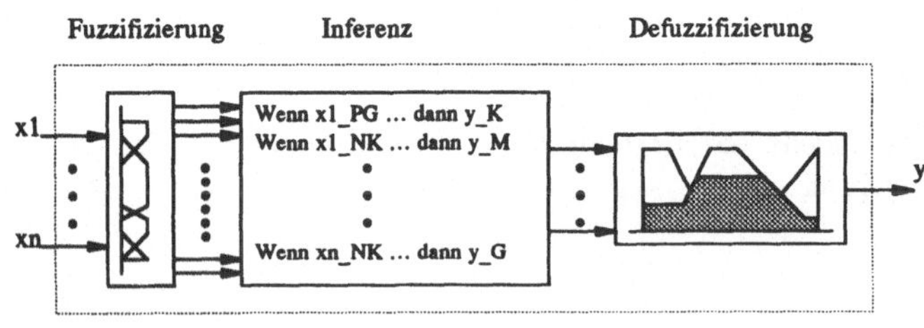

Abb. 9.6. Struktur eines Fuzzy-Systems

wird schließlich der Ausgangswert durch Defuzzifizierung bestimmt.

In jedem dieser Entwurfsschritte gibt es Freiheitsgrade in Form von Entwurfsparametern. Einige Entwurfsparameter des zweiten Schrittes, nämlich die Auswahl geeigneter Operanden t, s und n wurden bereits bei der Einführung unscharfer Mengen angesprochen. Die anderen Entwurfsparameter der Fuzzifizierung, der Inferenz und der Defuzzifizierung werden nun erläutert.

9.2.1 FUZZIFIZIERUNG

In der Automatisierungstechnik werden physikalische Größen mit Hilfe von Rechnern erfaßt, verarbeitet und in andere physikalische Größen umgesetzt. Jede physikalische Größe setzt sich aus einem numerischen Zahlenwert und einer physikalischen Einheit zusammen. Aus vielen Gründen ist es oft nicht erforderlich oder möglich, präzise Zahlenwerte zu verarbeiten.

Eine genaue Erfassung der Größen ist mit erheblichem Aufwand verbunden. Statt den Wert einer physikalischen Größe analog zu messen, ist es oft erheblich einfacher, zu prüfen, ob sie oberhalb oder unterhalb einer bestimmten Schwelle liegt.

Die Entscheidungsregeln zur Verarbeitung analoger Größen sind meist nicht für einzelne Werte, sondern nur für Wertebereiche angegeben. Eine typische Entscheidungsregel lautet z.B. nicht:

Wenn die Temperatur den Wert 97,4°C hat, dann öffne das Ventil auf 61,8% seines Nennwertes.

sondern:

Wenn Temperatur hoch, dann Ventil halb auf.

Aus diesen Gründen werden viele kontinuierlich veränderliche Größen durch bereichsweise definierte Größen ersetzt.

Beispiel 9.3a. Temperaturmessung
Auf einem Temperaturmeßwert als Basisgröße werden zwei Grenzwerte $\vartheta 1$ und $\vartheta 2$ definiert, die die Bereiche „kalt", „warm" und „heiß" voneinander trennen.

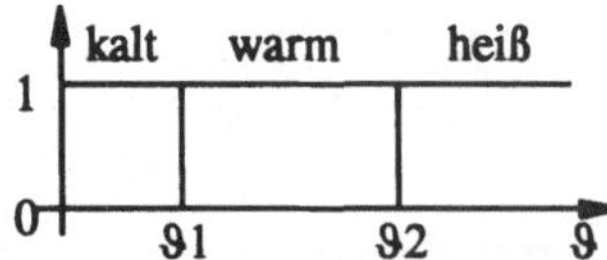

Abb. 9.7. Aufteilung eines kontinuierlichen Temperaturbereichs in scharf getrennte Bereiche.

□

Die Einteilung einer kontinuierlichen Größe in Bereiche bietet mehrere Vorteile. Sie vereinfacht die Messung, da statt eines kontinuierlichen Aufnehmers schaltende Aufnehmer genügen. Auch die Herleitung des Verarbeitungsalgorithmus wird vereinfacht. Er besteht nur noch aus geeigneten Reaktionsregeln für die verschiedenen Wertebereiche. Außerdem verringert sich der Aufwand für den Regler und das Stellglied.

Bei der Verwendung sprachlich formulierter Regelstrategien ist eine so scharfe Trennung der verschiedenen Bereiche nicht sinnvoll. Die sprachlichen Ausdrücke („kalt", „warm" und „heiß") sind meist nur unpräzise abgegrenzt. Man muß daher aus den scharfen physikalischen Größen unscharfe, sprachlich formulierte Größen mit überlappenden Bereichen machen.

Bei diesem als Fuzzifizierung bezeichneten Vorgang werden die numerischen Zahlenwerte einer physikalischen Größe $x1$ als Basismenge verwendet. Darauf werden linguistische Werte $A1$, $B1$, $C1$ usw. als unscharfe Mengen definiert. Jeder mögliche Wert der physikalischen Größe wird einem oder mehreren linguistischen Werten zu einem bestimmten Grad zugeordnet. Man erhält so für jeden linguistischen Wert eine Zugehörigkeitsfunktion.

$$\mu_A(x1) \quad A \in \{A1, B1, C1, \dots\}, \quad x1\!:\!Basisgröße .$$

Beispiel 9.3b. Temperaturmessung
Bei der Temperaturmessung bildet die Temperatur ϑ die kontinuierliche Basisgröße Auf ihr werden drei linguistische Werte „kalt", „warm" und „heiß" definiert.

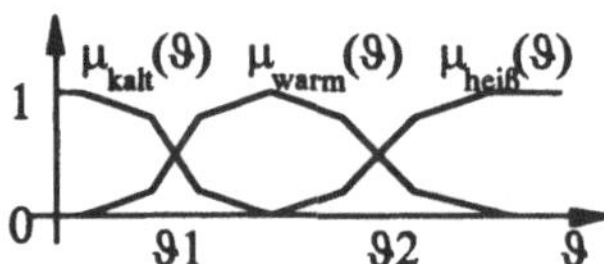

Abb. 9.8. Fuzzifizierung: Aufteilung eines kontinuierlichen Wertebereichs in unscharf getrennte Bereiche durch Einführung linguistischer Werte mit Zugehörigkeitsfunktionen.

Aus den ursprünglich scharf getrennten Temperaturbereichen sind linguistische Werte mit fließenden Übergängen geworden. Jeder Temperaturwert gehört zu einem durch die Zugehörigkeitsfunktion festgelegten Grad zur Menge „kalt", „warm" und „heiß". Man kann nun als nächstes eine linguistische Variable einführen, die die linguistischen Werte als mögliche Werte annehmen kann. Die linguistische Variable Temperatur beispielsweise kann dann die Werte „kalt", „warm" und „heiß" annehmen. Dadurch hat man die ursprünglich präzise physikalische Variable durch eine unscharfe linguistische Variable ersetzt.   □

Die sprachlich formulierten Regeln werden durch die Beschreibung der sprachlichen Ausdrücke als unscharfe Mengen mit bestimmten Zugehörigkeitsfunktionen für eine mathematische Handhabung zugänglich gemacht. Der scheinbare Nachteil des Verlustes an Präzision bringt mehrere Vorteile mit sich:
- Meßungenauigkeiten werden unbedeutend,
- die Formulierung und Herleitung einer Regelstrategie wird einfacher.

Diese Vorteile werden durch mehr Freiheitsgrade und damit erhöhten Aufwand bei der Festlegung der Zugehörigkeitsfunktionen erkauft. Während bei einem scharf abgegrenzten linguistischen Wert nur die beiden Bereichsgrenzen festgelegt werden müssen (z.B. $\vartheta 1$ und $\vartheta 2$ für „Temperatur konstant") ist für einen unscharfen linguistischen Wert die ge-

samte Zugehörigkeitsfunktion festzulegen. Da nur wenige Bedingungen einzuhalten sind - der Wert einer Zugehörigkeitsfunktion muß für jedes Element zwischen 0 und 1 liegen, die Summe aller Zugehörigkeitswerte für jedes Element muß zwischen 0 und 1 liegen - gibt es viele denkbare Formen von Zugehörigkeitsfunktionen. Beispiele zeigt das folgende Bild.

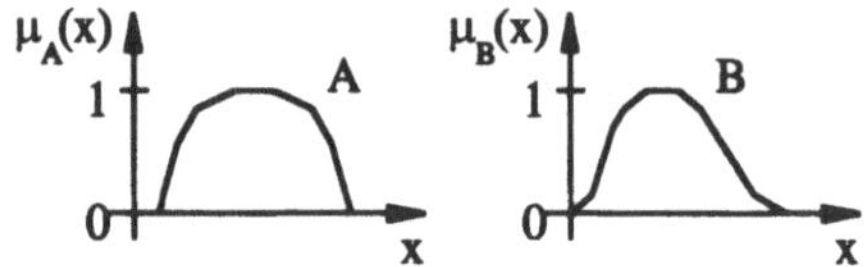

Abb. 9.9. Mögliche Zugehörigkeitsfunktionen

Die Bestimmung geeigneter Zugehörigkeitsfunktionen kann unter semantischem oder mathematischem Gesichtspunkt erfolgen. Im ersten Fall wird versucht die Zugehörigkeit so zu bestimmen, wie sie sich aus der Abgrenzung der unscharfen Menge durch einen menschlichen Experten darstellt. Dies kann z.B. durch Beobachtung der Strategie des menschlichen Experten oder durch Befragung und anschließende statistische Auswertung erfolgen. Die aus dieser Methode resultierenden Kurven haben meist eine mathematisch unhandliche Form.

Da sowohl der theoretische Aufwand zur Festlegung als auch der Realisierungsaufwand bei solchen Kurvenformen stark ansteigt, werden in der Praxis meist einfache Zugehörigkeitsfunktionen verwendet, die sich aus Geradenstücken zusammensetzen. Sie können mit wenigen Parametern beschrieben werden, erfordern dadurch weniger Vorkenntnisse und sind mit geringerem Speicherplatz- und Rechenaufwand realisierbar.

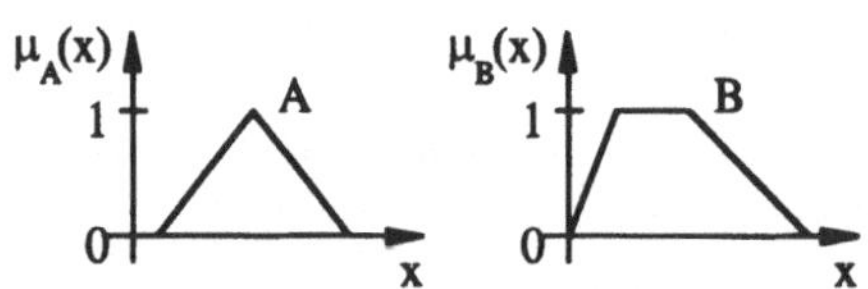

Abb. 9.10. Dreieck und Trapez als Zugehörigkeitsfunktionen

Beispiel 9.3c. Temperaturmessung

Die Temperaturgröße, die Werte im Bereich von 0°C und 100°C annehmen kann soll fuzzifiziert werden. Es werden drei linguistische Werte „kalt", „warm" und „heiß" eingeführt. Ihre Zugehörigkeitsfunktionen sind Trapeze mit Knickpunkten bei 20°C, 40°C, 60°C und 100°C.

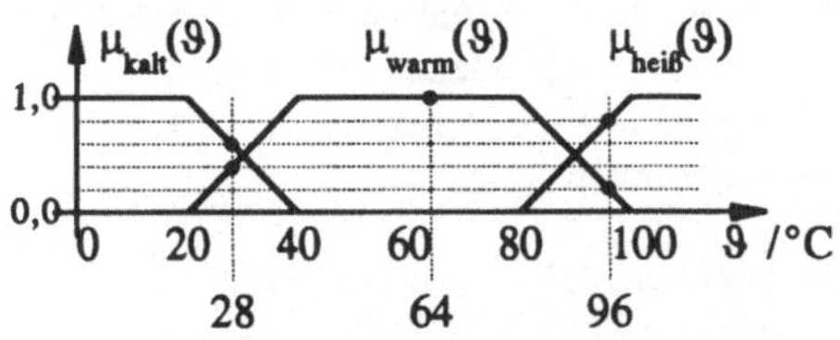

Abb. 9.11. Fuzzifizierung einer Temperaturgröße

Durch die Festlegung der Zugehörigkeitsfunktionen existiert für jeden Temperaturwert ein Zugehörigkeitsgrad zu den linguistischen Werten. Eine Temperatur von 28°C gehört mit 0,4 zu „kalt", mit 0,6 zu „warm" und mit 0,0 zu „heiß".

$$\mu_{kalt}(28°C) = 0,4;$$
$$\mu_{warm}(28°C) = 0,6;$$
$$\mu_{heißt}(28°C) = 0,0; \quad .$$

Gemäß der dargestellten Zuordnung ist eine Temperatur von 64°C eindeutig „warm".

$$\mu_{kalt}(64°C) = 0,0;$$
$$\mu_{warm}(64°C) = 1,0;$$
$$\mu_{heißt}(64°C) = 0,0;$$

Ein Wert von 96°C ist nicht mehr „kalt", aber zum Teil noch „warm" und bereits überwiegend „heiß".

$$\mu_{kalt}(96°C) = 0,0;$$
$$\mu_{warm}(96°C) = 0,2;$$
$$\mu_{heißt}(96°C) = 0,8; \quad .$$

$\square$

Zusammenfassend kann man sagen, daß bei der Fuzzifizierung eine physikalische Variable, die einen numerischen Wertebereich mit scharf abgegrenzten Werten besitzt, durch eine lingusitische Variable ersetzt wird, die nur wenige unscharf getrennte linguistische Werte annehmen kann. Als Ergebnis der Fuzzifizierung erhält man für jede numerische Eingangsgröße xi eine linguistische Variable, die die Werte Ai, Bi, Ci usw. annehmen kann. Auch die numerische Ausgangsgröße y wird als linguistische Variable mit den Werten Ay, By, Cy usw. ausgedrückt.

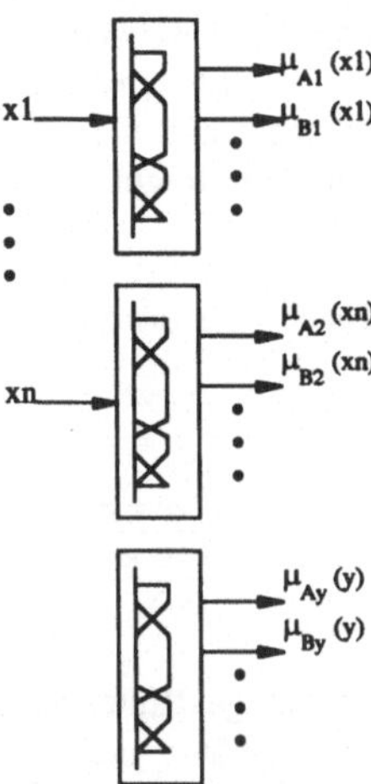

Abb. 9.12. Fuzzifizierung der Eingangsgrößen $x1$ - xn und der Ausgangsgröße y (Ai, Bi, ... : linguistische Werte)

9.2.2 INFERENZ

Für jeden linguistischen Wert der Ausgangsvariablen y gibt es eine oder mehrere Regeln. Die Regeln beschreiben, wie sich die Ausgangswerte als Schlußfolgerungen aus den logischen Verknüpfungen der Eingangswerte ergeben.

$$A_Y = F_A(A_{X1}, B_{X1}, \ldots A_{X2}, B_{X2}, \ldots\ldots)$$
$$B_Y = F_B(A_{X1}, B_{X1}, \ldots A_{X2}, B_{X2}, \ldots\ldots)$$
$$usw.$$

Die Regeln für eine Temperatursteuerung könnten z.B. folgendermaßen aussehen:

Wenn Temp. kalt und fallend, dann Ventil auf.
Wenn Temp. kalt und steigend, dann Ventil auf.
Wenn Temp. warm und fallend, dann Ventil halb auf.

Wenn Temp. warm und steigend, dann Ventil zu.
Wenn Temp. heiß und fallend, dann Ventil zu.
Wenn Temp. heiß und steigend, dann Ventil auf.

Wie bei scharfen, binären Größen sind die Verknüpfungsregeln auch für linguistische Variablen in Form von Wertetabellen darstellbar. Enthält die Regelbasis nur wenige zu verknüpfende Variablen ist die tabellarische Darstellung übersichtlicher als die Darstellung in Form von Wenn-Dann-Regeln.

Tabelle 9.7. Wertetabelle für die Temperaturregelung

Temp.	kalt	warm	heiß
fallend	Ventil auf	Ventil halb auf	Ventil zu
steigend	Ventil auf	Ventil zu	Ventil zu

Entsprechend der gewählten Operatoren für die unscharfe UND- und die ODER-Verknüpfung können die Zugehörigkeitswerte für die linguistischen Ausgangswerte berechnet werden. Bei distributiven Funktionen s und t ist eine vereinfachte Berechnung des Regelwerkes bzw. eine Vereinfachung der Wertetabelle möglich. Ein linguistischer Wert, der in mehreren ODER-verknüpften Regeln erscheint, kann vorgeklammert werden. Weitere Vereinfachungen sind dann durch Anwendung der Absorptionsregel zu erreichen. Das zusammengefaßte Regelwerk für das obige Beispiel lautet daher:

Wenn Temp. warm und steigend, oder Temp. heiß, dann Ventil zu.
Wenn Temp. warm und fallend, dann Ventil halb auf.
Wenn Temp. kalt, dann Ventil auf.

Bei der scharfen Logik sind die Vorraussetzungen in den Regeln entweder eindeutig erfüllt oder sie sind nicht erfüllt. Dies gilt dann auch für die Schlußfolgerungen. Sie sind entweder eindeutig wahr oder eindeutig falsch. Da bei der unscharfen Logik die Voraussetzungen nur zu einem gewissen Grad erfüllt sind, können auch die Schlußfolgerungen nur einen un-

scharfen Wahrheitswert besitzen. Dieser wird in der Inferenz berechnet. Die Regeln F_A, F_B, usw. setzen sich aus den elementaren Verknüpfungen Negation, Durchschnitt und Vereinigung für unscharfe Mengen zusammen. Bei der Übertragung der Regeln in mathematische Algorithmen werden die elementaren Mengenoperationen durch die entsprechenden Operatoren n, t und s ersetzt. Aus dem linguistischen Regelwerk entstehen so die mathematischen Funktionen

$$r_{Ay} = r_{Ay}(x_1,\dots,x_n)$$
$$= f_A(\mu_A(x_1), \mu_B(x_1),\dots,\mu_A(x_2),\dots)$$
$$r_{By} = r_{By}(x_1,\dots,x_n)$$
$$= f_B(\mu_A(x_1), \mu_B(x_1),\dots,\mu_A(x_2),\dots) \quad .$$

Der Grad der Erfüllung der Ausgangswerte kann mit Hilfe dieser Funktionen aus den Zugehörigkeitsgraden der Eingangswerte berechnet werden.

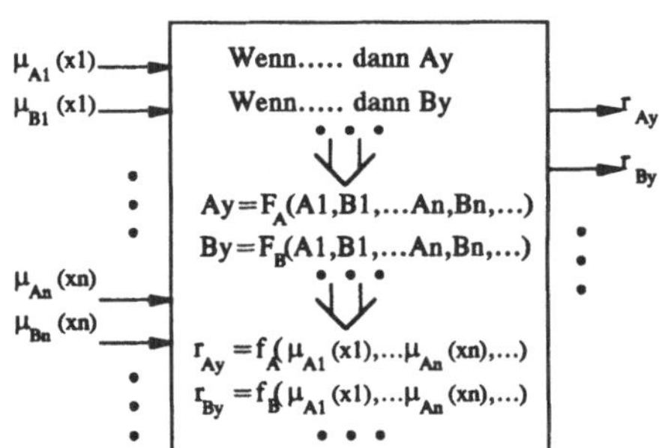

Abb. 9.13. Inferenz: Bestimmung der Wahrheitswerte der Ausgangswerte aus den Zugehörigkeitsgraden der Eingangswerte

Aus der Wertetabelle der Temperaturregelung lassen sich folgende Gleichungen ableiten:

$$r_{auf} = \mu_{kalt}(\vartheta)$$
$$r_{halb\_auf} = t\left\{\mu_{warm}(\vartheta), \mu_{fallend}(\dot{\vartheta})\right\}$$
$$r_{zu} = s\left\{\mu_{heiß}(\vartheta), t\left\{\mu_{warm}(\vartheta), \mu_{steigend}(\vartheta)\right\}\right\} \quad .$$

Es stehen verschiedene Operatoren s und t zur Verfügung. Verwendet man beispielsweise den Minimum- und den Maximum-Operator, erhält man folgende Funktionen:

$$r_{auf} = \mu_{kalt}(\vartheta)$$

$$r_{halb\_auf} = \min\left\{\mu_{warm}(\vartheta), \mu_{fallend}(\vartheta)\right\}$$

$$r_{zu} = \max\left\{\mu_{hei\beta}(\vartheta), \min\left\{\mu_{warm}(\vartheta), \mu_{steigend}(\vartheta)\right\}\right\}.$$

Die folgende Tabelle zeigt die mit diesen Funktionen berechneten Wahrheitsgrade der Ausgangswerte für einige konkrete Zugehörigkeitsgrade der Eingangswerte.

Tabelle 9.8. Auswertung der Regeln für die Temperatursteuerung für konkrete Zugehörigkeitswerte

Temperatur			Temp. änd.		Ventil		
μ_{kalt}	μ_{warm}	$\mu_{hei\beta}$	$\mu_{fallend}$	$\mu_{steigend}$	r_{auf}	r_{halb}	r_{zu}
0,4	0,6	0,0	0,5	0,5	0,4	0,5	0,5
0,0	1,0	0,0	0,7	0,3	0,0	0,7	0,3
0,0	0,2	0,8	0,5	0,5	0,0	0,2	0,8

Diese Wahrheitswerte beschreiben, zu welchem Grad für konkrete Eingangswerte die Annahmen der einzelnen Regeln erfüllt sind und zu welchem Grad die Ausgangswerte zutreffen. Aus den Wahrheitswerten muß dann ein präziser Wert für die einzustellende Ventilöffnung bestimmt werden. Dies erfolgt in der Defuzzierung.

9.2.3 DEFUZZIFIZIERUNG

Aus den Wahrheitswerten der einzelnen Regeln, also r_{AY}, r_{BY} usw. und den Zugehörigkeitsfunktionen der Ausgangswerte $\mu_{Ay}(y)$, $\mu_{By}(y)$ usw. kann man nun die Wahrheitsfunktion der Ausgangsvariablen bestimmen

$$\mu(y) = h\left(r_{Ay}, \mu_{Ay}(y); r_{By}, \mu_{By}(y); \ldots\right) \quad .$$

Auch für diese Defuzzifizierung gibt es verschiedene Methoden. Am bekanntesten sind die MAX-MIN-Komposition und die MAX-PROD-Komposition. Eine weitere Methode, die SUM-PROD-Komposition, soll hier ebenfalls vorgestellt werden, da sie für den später zu berechnenden Flächenschwerpunkt erhebliche Vorteile besitzt.

Bei der MAX-MIN-Komposition wird für jeden linguistischen Ausgangswert das Minimum von r_{iY} und $\mu_{iy}(y)$ genommen *(i=A,B,…)*. Die Zugehörigkeitsfunktion wird dadurch auf den Wert r_{iY} begrenzt. Die einzelnen, begrenzten Wahrheitsfunktionen werden dann zur Gesamtwahrheitsfunktion der Ausgangsgröße zusammengesetzt, indem für jedes y der maximale Wahrheitswert der Einzel-Wahrheitsfunktionen genommen wird:

$$\mu(y) = Max\left\{Min\left\{r_{AY}, \mu_{AY}(y)\right\}, Min\left\{r_{BY}, \mu_{AY}(y)\right\}, \ldots\right\}$$

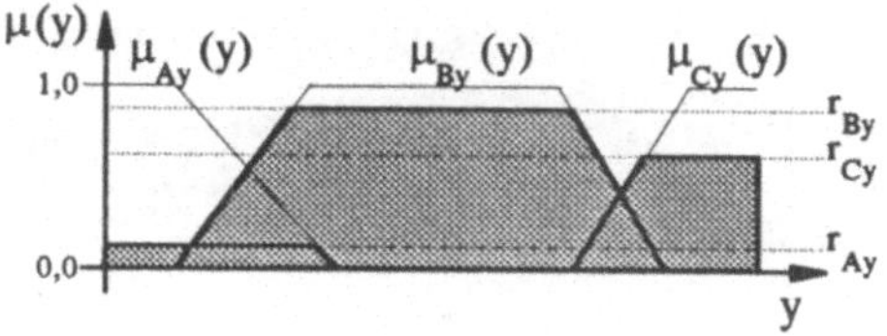

Abb. 9.14. Max-Min-Komposition

Für jeden Satz von Eingangswerten erhält man damit ein charakteristisches Wahrheitsprofil der Ausgangsgröße. Der Vorteil der MAX-MIN-Komposition ist die numerische Effizienz, da keine Multiplikation erforderlich ist, sondern nur Zahlenvergleiche.

Bei der MAX-PROD-Komposition wird jede Zugehörigkeitsfunktion mit dem zugehörigen Regel-Wahrheitswert multipliziert. Dies bewirkt eine Skalierung der Funktion auf einen kleineren Maximalwert. Auch hier wird nun der Gesamt-Wahrheitswert für y gebildet durch Wahl des maximalen Einzelwahrheitswertes für jedes y.

$$\mu(y) = Max\left\{r_{BY} \cdot \mu_{AY}(y), r_{BY} \cdot \mu_{AY}(y), \ldots\right\} \quad .$$

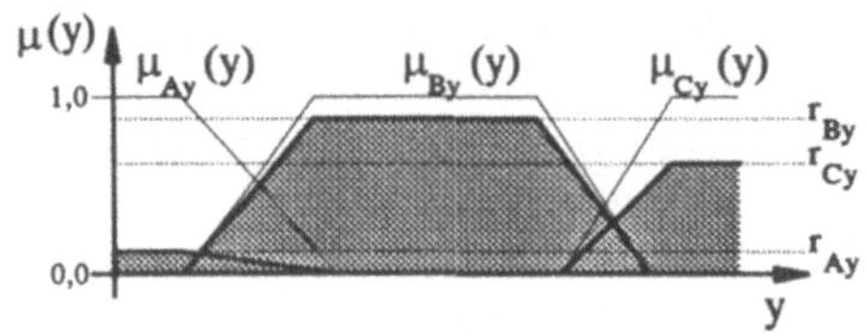

Abb. 9.15. Max-Prod-Komposition

Bei einer dritten Methode, der SUM-PROD-Komposition werden, wie bei der MAX-PROD-Komposition, Regel-Wahrheitswerte und Zugehörigkeitsfunktionen miteinander multipliziert. Die Gesamt-Wahrheitsfunktion wird aber dann durch Addition aller Einzel-Wahrheitswerte gebildet:

$$\mu(y) = r_{BY} \cdot \mu_{AY}(y) + r_{BY} \cdot \mu_{AY}(y) + \dots \quad .$$

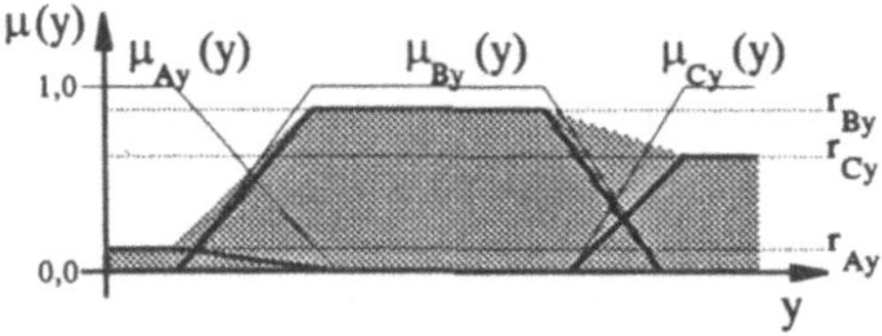

Abb. 9.16. Sum-Prod-Komposition

Der Vorteil dieser Methode wird bei der Defuzzifizierung durch Schwerpunktberechnung ersichtlich. Da die Integration, Multiplikation und Addition im Gegensatz zur Minimum- oder Maximumbildung linear sind, kann deren Reihenfolge vertauscht und die Schwerpunktberechnung für $\mu(y)$ auf die Linearkombination der von vorneherein bekannten Einzelschwerpunkte reduziert werden.

Die Verknüpfung der Regel-Wahrheitswerte und der Zugehörigkeitsfunktionen der linguistischen Ausgangswerte nach einer der drei beschriebenen Methoden liefert die Wahrheitsfunktion $\mu(y)$ der Ausgangsgröße. Diese Funktion beschreibt für jeden möglichen Wert von y, zu welchem Grad dieser für die momentan vorliegenden Eingangswerte die Regelbasis erfüllt. Aus dieser Funktion muß ein geeigneter Wert der physikalischen Ausgangsgröße bestimmt werden.

Auch hierzu gibt es verschiedene Möglichkeiten. Bei der Maximum-Methode wird der Wert für y genommen, der den größten Wert $\mu(y)$ besitzt. Dieser erfüllt für die momentanen Eingangswerte die linguistischen Regeln am besten. Diese Methode ist aber nicht eindeutig, da das Maximum an mehreren Stellen, oder sogar in einem ganzen Bereich angenommen werden kann.

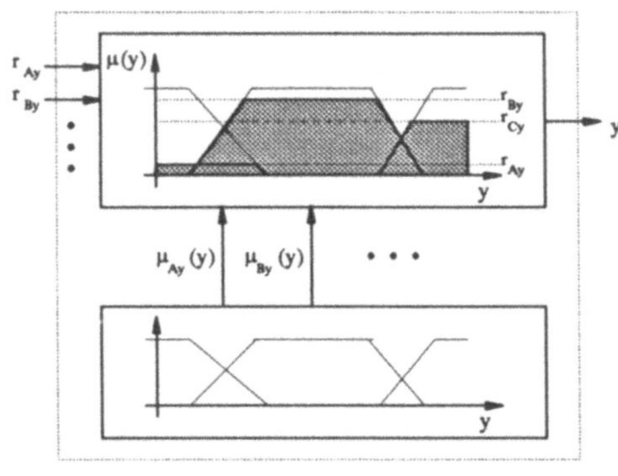

Abb. 9.17. Defuzzifizierung

Bei der Schwerpunktmethode wird der Schwerpunkt der durch den Verlauf von $\mu(y)$ umrandeten Fläche berechnet.

$$y_s = \frac{\int y \cdot \mu(y)\, dy}{\int \mu(y)\, dy} \quad .$$

Wird die Wahrheitsfunktion durch die MAX-MIN- oder die MAX-PROD-Methode ermittelt, erfordert die Schwerpunktberechnung eine aufwendige numerische Integration. Bei der SUM-PROD-Komposition dagegen vereinfacht sich die Schwerpunktberechnung ganz erheblich.

$$\int y \cdot \mu(y)dy =$$

$$= \int y \cdot \left\{ r_{AY} \cdot \mu_{AY}(y) + r_{AY} \cdot \mu_{AY}(y) + \ldots \right\} dy$$

$$= \int y \sum_i r_{iY} \cdot \mu_{iY}(y)dy$$

$$= \sum_i r_{iY} \int y \cdot \mu_{iY}(y)dy$$

$$= \sum_i r_{iY} \cdot G_{iY}$$

$$\int \mu(y)dy =$$

$$= \sum_i r_{iY} \int \mu_{iY}(y)dy$$

$$= \sum_i r_{iY} \cdot F_{iY}$$

Die Größen F_{iY} und G_{iY} ergeben sich aus den Zugehörigkeitsfunktionen der einzelnen linguistischen Werte der Ausgangsgröße y. Es sind also feste Parameter, die sich während der Laufzeit des Reglers nicht verändern. Sie können a priori berechnet werden und dienen dann als einstellbare Reglerparameter. Die Schwerpunktberechnung reduziert sich auf eine Linearkombination der Wahrheitswerte r_{iY}:

$$y_S = \frac{1}{\sum_i F_{iY}} \cdot \sum_i r_{iY} \cdot G_{iY} \quad .$$

Beispiel 9.4. Trapezförmige Zugehörigkeitsfunktion
Wegen ihrer einfachen Handhabung werden oft trapezförmige Zugehörigkeitsfunktionen verwendet. Sie können durch vier Punkte vollständig definiert werden.
Gegeben sei nun die folgende unsymetrische Trapezfunktion.

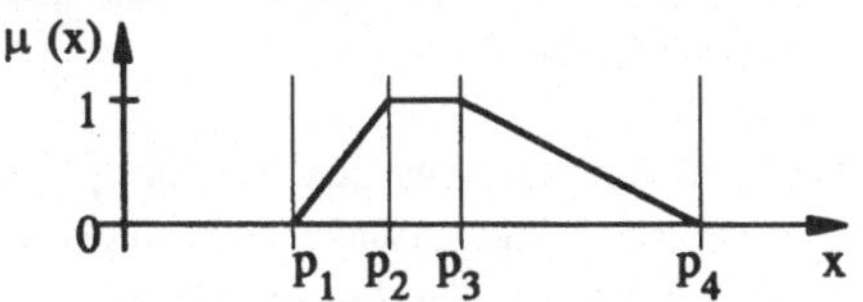

Abb. 9.18. Trapez als Zugehörigkeitsfunktionen

Es soll nun die Fläche F und die gewichtete Fläche G berechnet werden. Die Fläche ergibt sich aus

$$F = \int \mu_Y(y)dy \quad .$$

Einsetzen der Trapezfunktion ergibt

$$F = \frac{p_2 - p_1}{2} + p_3 - p_2 + \frac{p_4 - p_3}{2}$$

$$= \frac{p_4 + p_3 - p_2 - p_1}{2} \quad .$$

Die Fläche ist von der Lage der Zugehörigkeitsfunktion unabhängig. Sie wird durch eine Verschiebung also nicht verändert.
Die gewichtete Fläche G ergibt sich aus

$$G = \int y \cdot \mu_Y(y)dy \quad .$$

Einsetzen der Trapezfunktion liefert nach einigen Zwischenschritten das Ergebnis

$$G = \frac{p_4^2 + p_3^2 - p_2^2 - p_1^2 + p_4 p_3 - p_2 p_1}{6} \quad .$$

Wegen der Abhängigkeit von y im Integral, ändert sich die gewichtete Fläche bei Verschiebung der Zugehörigkeitsfunktion. Wird die Zugehörigkeitsfunktion von y nach $y' = y + \Delta y$ verschoben, erhält man die neue gewichtete Fläche aus

$$G' = \int (y + \Delta y) \cdot \mu_Y(y)dy$$

$$= \int y \cdot \mu_Y(y)dy + \int \Delta y \cdot \mu_Y(y)dy$$

$$= G + \Delta y \cdot F \quad .$$

Die gewichtete Fläche der verschobenen Zugehörigkeitsfunktion kann also unmittelbar aus den Flächenwerten der unverschobenen Funktion und der Verschiebungsdistanz bestimmt werden.
Die unsymetrische Trapezfunktion enthält einige andere Funktionsformen als Spezialfälle. Die Dreieckfunktion beispielsweise erhält man für $p_3 = p_2$. Die beiden Flächenwerte lauten dann

$$F = \frac{p_4 - p_1}{2}$$

$$G = \frac{p_4^2 - p_1^2 + (p_4 - p_1)p_2}{6} \quad .$$

□

Beispiel 9.5. Defuzzifizierung der Temperaturregelung

Es soll nun die Defuzzifizierung für die Temperaturregelung entworfen werden. Die Ventilstellung α kann kontinuierlich zwischen 0% und 100% variiert werden. Für die linguistische Variable „Ventilstellung" werden die drei linguistischen Terme „zu", „halb" und „auf" mit folgenden Zugehörigkeitsfunktionen definiert.

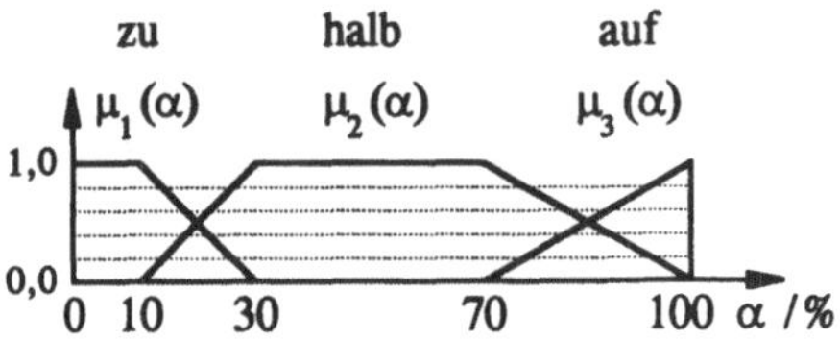

Abb. 9.19. Fuzzifizierung einer Temperaturgröße

Zur Defuzzifizierung soll die SUM-PROD-Dekomposition verwendet werden. Die Flächenschwerpunkte der drei Zugehörigkeitsfunktionen können vorab berechnet werden. Dazu benötigt man die Ordinatenwerte der Zugehörigkeitsfunktionen:

p_0	p_1	p_2	p_3	p_4	p_5	p_6	p_7
0%	0%	10%	30%	70%	100%	100%	100%

Aus diesen Werte ergeben sich folgende Flächenschwerpunkte

$$F_1 = \left(p_3 + p_2 - p_1 - p_0\right)/2 = 20$$
$$G_1 = \left(p_3^2 + p_2^2 - p_1^2 - p_0^2 + p_3 p_2 - p_1 p_0\right)/6 \approx 217$$
$$F_2 = \left(p_5 + p_4 - p_3 - p_2\right)/2 = 65$$
$$G_2 = \left(p_5^2 + p_4^2 - p_3^2 - p_2^2 + p_5 p_4 - p_3 p_2\right)/6 \approx 3434$$
$$F_3 = \left(p_7 + p_6 - p_5 - p_4\right)/2 = 15$$
$$G_3 = \left(p_7^2 + p_6^2 - p_5^2 - p_4^2 + p_7 p_6 - p_5 p_4\right)/6 \approx 1350$$

Bei gegebenen Wahrheitswerten r1, r2 und r3 für die linguistischen Terme kann nun der Flächenschwerpunkt als Wert für die erforderliche Ventilöffnung bestimmt werden:

$$= \frac{1}{\sum\limits_{i=1}^{3} F_i} \cdot \sum\limits_{i=1}^{3} r_i \cdot G_i$$

$$= \frac{217 \cdot r_1 + 3434 \cdot r_2 + 1350 \cdot r_3}{20 + 65 + 15}$$

$$= 2{,}17 \cdot r_1 + 34{,}34 \cdot r_2 + 13{,}50 \cdot r_3$$

Die gesuchte Ventilstellung ergibt sich also als Linearkombination der Wahrheitswerte der drei Regeln.

□

Zusammenfassung
Fuzzy-Control-Algorithmus

Entwurf

1. Festlegung der linguistischer Werte für alle Eingänge und den Ausgang des Reglers.

2. Festlegung der Zugehörigkeitsfunktionen aller Eingänge und des Ausgangs.

3. Definition der Regelbasis und Auswahl geeigneter Operatoren für die unscharfe Konjunktion, Disjunktion und Negation.

4. Festlegung der Defuzzifizierungsmethode (Max-Min, Max-Prod oder Sum-Prod).

Berechnung

5. Fuzzifizierung: Bestimmung der Zugehörigkeitswerte aller linguistischen Werte für die aktuellen Eingangsgrößen.

6. Inferenz: Durch Verknüpfung der Eingangswerte werden aus der Regelbasis die Wahrheitswerte für die linguistischen Ausgangswerte berechnet.

7. Defuzzifizierung: Aus den Zugehörigkeitsfunktionen der linguistischen Ausgangswerte und deren aktuellen Wahrheitswerten wird der Ausgangswert (z.B. durch Schwerpunktberechnung) bestimmt.

9.3 REALISIERUNG

Der Entwurf eines Fuzzy-Reglers besteht aus mehreren Arbeitsschritten. In jedem Arbeitsschritt gibt es zahlreiche Entwurfsentscheidungen, für die es zwar Anhaltspunkte aber noch kaum systematische Entscheidungsregeln gibt. Beispiele hierfür sind die Festlegung der Anzahl der linguistischen Werte und der Zugehörigkeitsfunktionen bei der Fuzzifizierung, die Auswahl geeigneter Operatoren für die unscharfe Konjunktion und Disjunktion bei der Interferenz sowie die Wahl der Dekompositionsmethode bei der Defuzzifizierung.

Alle diese Entwurfsentscheidungen haben einen starken Einfluß auf das Entwurfsergebnis und damit auch auf das Verhalten des Fuzzy-Reglers. Da bisher systematische Entwurfsrichtlinien fehlen, ist eine iterative Vorgehensweise erforderlich, bei der die Entwurfsschritte mehrmals durchlaufen werden, um experimentell geeignete Einstellungen zu finden. Der wesentliche Vorteil der Fuzzy-Methodik, nämlich die Anschaulichkeit der Regelbasis, geht dadurch teilweise verloren.

Für den Entwurf von Fuzzy-Reglern existieren heute zahlreiche rechnergestützte Werkzeuge, die die einzelnen Entwurfsschritte unterstützen und die Ergebnisse anschaulich darstellen. Trotz der mehrmals iterativ durchlaufenen Arbeitsschritte ist mit Hilfe dieser Werkzeuge ein praxisgerechter Entwurf von Fuzzy-Reglern durchführbar.

Bei den verschiedenen Entwurfswerkzeugen werden die benötigten Komponenten des Fuzzy-Reglers meist graphisch und interaktiv eingegeben. Das Verhalten des Reglers kann durch Simulation übrprüft und gegebenenfalls modifiziert werden. Ist der Reglerentwurf beendet, wird dann durch einen im Entwurfswerkzeug enthaltenen Compiler direkt ein Programm erzeugt, das den Regler in einem Steuerungsrechner realisiert.

Die praktische Durchführung soll nun anhand eines konkreten Beispiels erläutert werden. Der Entwurf wurde mit Hilfe des Programmes WinFLE (Hersteller: Ingenieurbüro Dr. Kahlert / Kerber) durchgeführt /Kahlert, Frank 1994/.

Beispiel 9.6. Fuzzy-Regler für ein Mischventil
Mit Hilfe eines Mischventils soll kaltes und warmes Wasser so gemischt werden, daß das entnommene Wasser eine bestimmte Solltemperatur besitzt /Frenck, Kiendl 1993/.

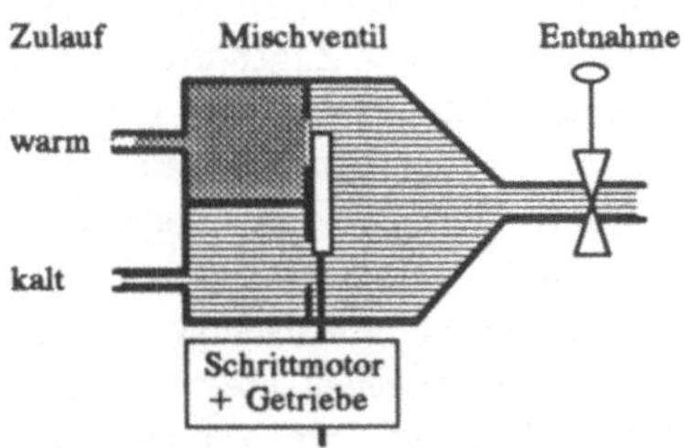

Abb. 9.20. Mischventil mit motorisch betätigtem Ventilschieber

Das Mischventil enthält einen Schieber der über einen Schrittmotor verstellt werden kann. Das dynamische Verhalten des Mischventils wird durch eine dominierende Totzeit geprägt, die durch die Fließzeit des Wassers vom Schieber bis zur Entnahmestelle bestimmt ist. Bei unterschiedlichen Entnahmemengen ändert sich die Fließzeit und damit auch die Totzeit. Das System besitzt also eine nichtlineare Charakteristik.
Das Mischventil soll mit Hilfe eines Fuzzy-Reglers geregelt werden. Er besitzt die Temperaturdifferenz (T_diff) zwischen Soll- und Istwert sowie die Entnahmemenge (V_strom) als Eingänge und die Ansteuerung (Ventil) für den Schrittmotor als Ausgang.

□

Der Entwurf eines Fuzzy-Reglers beginnt im allgemeinen mit der Festlegung der lingustischen Variablen und deren linguistischen Werten. Sie werden in Form der Zugehörigkeitsfunktionen definiert. Für die Regelung des Mischventils müssen die beiden Eingänge T_diff und V_strom fuzzifiziert werden. Dazu wird angenommen, daß die Temperaturdifferenz zwischen -20°C und +20°C liegen kann. Der Volumenstrom liege zwischen 0 l/h und 600 l/h. Zunächst wird man versuchen mit möglichst wenig linguistischen Werten auszukommen und beispielsweise eine Unterscheidung in negativ, verschwindend und positiv für die Temepraturdifferenz sowie verschwindend und positiv für den Volumenstrom vornehmen. Ist diese geringe Auflösung nicht ausreichend, können die nicht verschwindenden Wertebereiche mit Hilfe der Attribute klein, mittel und groß verfeinert werden. Man erhält damit 7 linguistische Werte für die Temperaturdifferenz und 4 linguistische Werte für den Volumenstrom. Die Eingabe der Zugehörigkeitsfunktionen für diese Werte erfolgt dann mit Hilfe eines Editors. Bei der Eingabe kann zwischen verschiedenen Formen von Zugehörigkeitsfunktionen, wie Dreieck oder Trapez gewählt werden. Zu deren vollständiger Definition werden lediglich Angaben über die Eck- und Knickpunkte benötigt. Sie können entweder numerisch oder graphisch durch Verschieben der Geradensegmente festgelegt werden.

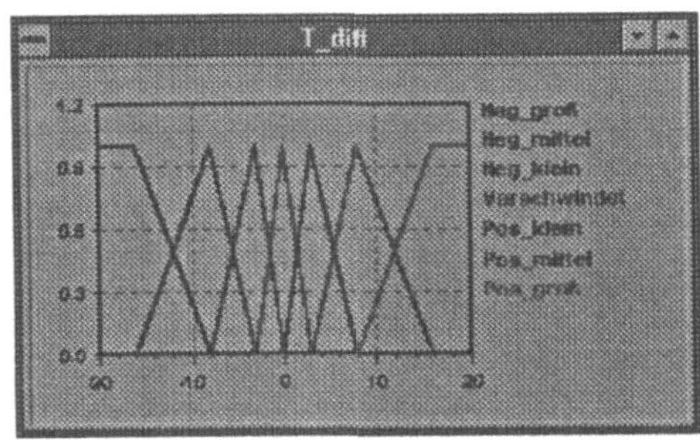

Abb. 9.21. Fuzzifizierung der Temperaturdifferenz.

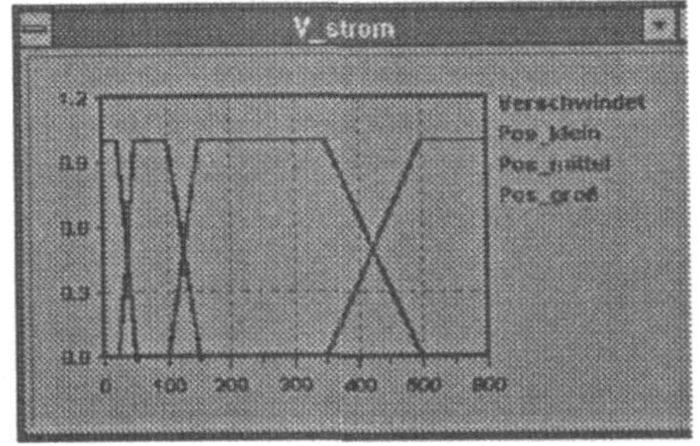

Abb. 9.22. Fuzzifizierung des Volumenstroms.

Die Festlegung der Zugehörigkeitsfunktionen wird natürlich nicht auf einen Schlag brauchbar

sein, sondern wird in mehreren Durchläufen erfolgen müssen. Die gleiche Vorgehensweise wird für die Ausgangsgröße des Reglers angewendet. Ihre Fuzzifizierung kann beispielsweise folgendermaßen aussehen:

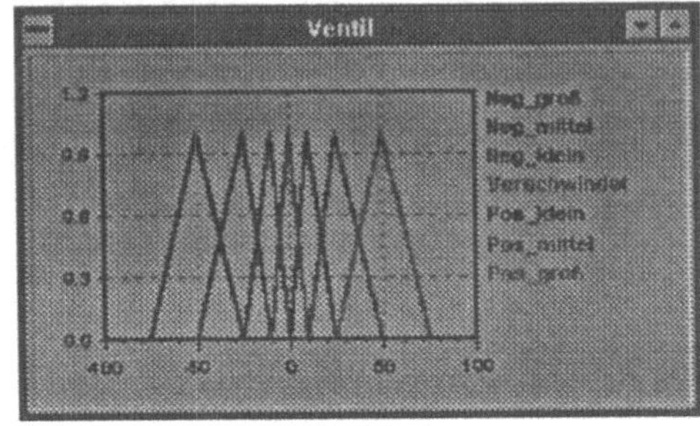

Abb. 9.23. Fuzzifizierung der Ventilansteuerung.

Nach der Fuzzifizierung aller Eingangs- und Ausgangsgrößen ist die Regelbasis einzugeben. Auch dies wird durch einen Editor unterstützt. Besitzt der Fuzzy-Regler nur zwei Eingangsgrößen ist eine übersichtliche Eingabe der Regeln in Matrixform möglich. Die Matrix enthält für jeden linguistischen Wert der ersten Eingangsgröße eine Spalte und für jeden Wert der zweiten Eingangsgröße eine Zeile. Der zu einer Wertekombination gehörende Ausgangswert wird dann im entsprechenden Feld der Tabelle eingetragen.

Matrix		NG	NM	NK	V	PK	PM	PG
	V	V	V	V	V	V	V	V
V_strom	PK	NM	NK	NK	V	PK	PK	PM
	PM	NG	NM	NK	V	PK	PM	PG
	PG	NG	NG	NM	V	PM	PG	PG

Abb. 9.24. Matrixform der Regelbasis.
(*K*: klein, *M*: mittel, *G*: groß,
N: negativ, *V*: verschwindend, *P*: positiv).

Alternativ zur Matrixform können die Regeln auch tabellarisch eingegeben werden. Dies ist für beliebig viele Eingangsgrößen machbar.

Tabelle	V_strom	T_dif	Ventil
1. Regel	Verschwindet	Neg_groß	Verschwindet
2. Regel	Verschwindet	Neg_mittel	Verschwindet
3. Regel	Verschwindet	Neg_klein	Verschwindet
4. Regel	Verschwindet	Verschwindet	Verschwindet
5. Regel	Verschwindet	Pos_klein	Verschwindet
6. Regel	Verschwindet	Pos_mittel	Verschwindet
7. Regel	Verschwindet	Pos_groß	Verschwindet
8. Regel	Pos_klein	Neg_groß	Neg_mittel
9. Regel	Pos_klein	Neg_mittel	Neg_klein
10. Regel	Pos_klein	Neg_klein	Neg_klein
11. Regel	Pos_klein	Verschwindet	Verschwindet
12. Regel	Pos_klein	Pos_klein	Pos_klein
13. Regel	Pos_klein	Pos_mittel	Pos_klein
14. Regel	Pos_klein	Pos_groß	Pos_mittel
15. Regel	Pos_mittel	Neg_groß	Neg_groß

Abb. 9.25. Tabellenform der Regelbasis.

Beim Entwurf der Defuzzifizierung ist die Art der Dekomposition und das Verfahren der Schwerpunktberechnung zu bestimmen. Als Ergebnis der Entwurfsschritte erhält man einen Regler mit einer Regelbasis als Kern und den fuzzifizierten Eingangs- und Ausgangsgrößen.

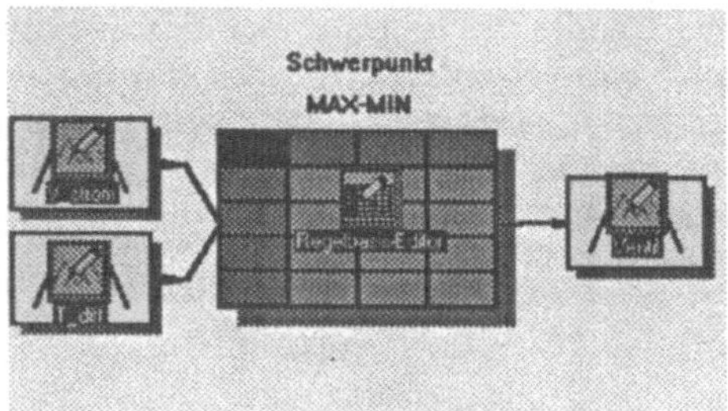

Abb. 9.26. Struktur des Fuzzy-Reglers.

Nach dem Entwurf schließt sich die Analyse des Reglers und des Regelkreises an. Dies erfolgt entweder durch Simulation im Rechner oder auf experimentellem Weg an der zu regelnden Anlage.

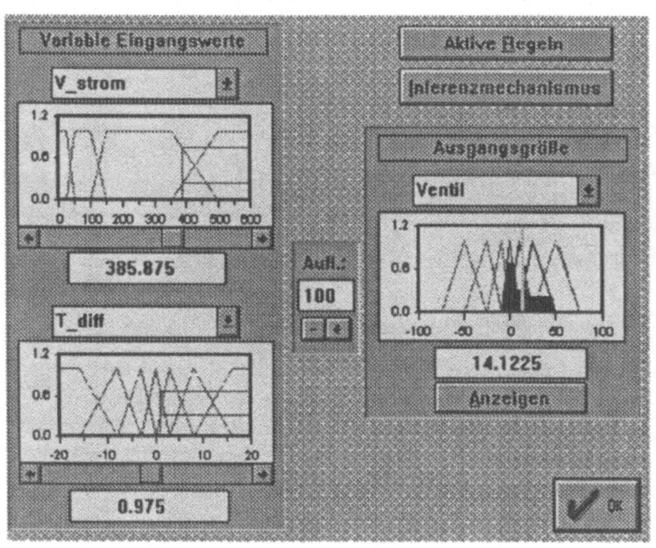

Abb. 9.27. Interaktive Simulation des Reglers.

Bei der Simulation des Reglers können spezielle Werte der Eingangsgröße vorgegeben werden. Der Rechner bestimmt die dazu gehörende Ausgangsgröße. Sie wird, eventuell mit Zwischenergebnissen der Berechnungsschritte, am Bildschirm dargestellt.

Ein Fuzzy-Regler besitzt ein statisches Verhalten. Die aktuellen Werte der Eingangsgrößen werden zeitunabhängig auf die Ausgangsgröße abgebildet. Besitzt der Fuzzy Regler nur eine oder zwei Eingangsgrößen kann sein Verhalten als eindimensionale Kennlinie bzw. als zweidimensionales Kennfeld dargestellt werden. Für den Fuzzy-Regler des Mischventils erhält man folgendes Kennfeld. Es stellt die nichtlineare Abhängigkeit der Ventilansteuerung von der Temperaturdifferenz und dem entnommenen Volumenstrom dar.

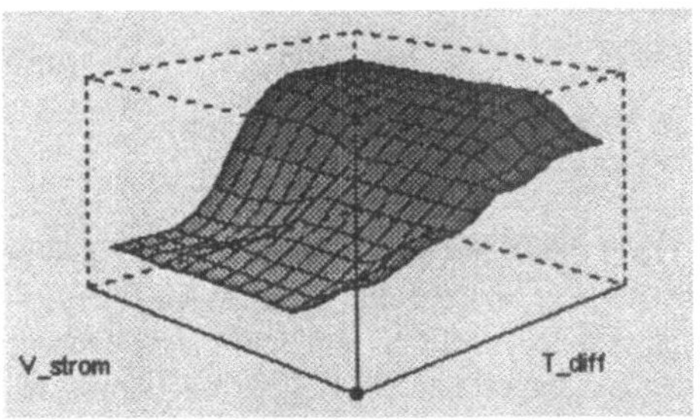

Abb. 9.28. Kennfeld des Fuzzy-Reglers für das Mischventil.

Bei kleinem Volumenstrom (im Bild rechts vorne) ist die Ventilöffnung in etwa proportional zur Tempearturdifferenz. Der Fuzzy-Regler verhält sich wie ein P-Regler. Mit größer werdendem Volumenstrom wird die Proportionalitätskonstante größer und geht dann zu einem nichtlinearen Verhalten über, das für sehr großen Volumenstrom einer schaltenden Kennlinie ähnelt: bereits bei kleiner positiver Temperaturdifferenz wird das Ventil weit geöffnet, bei negativer Temperaturdifferenz ist es nur wenig geöffnet.

Das Ergebnis des Fuzzy-Entwurfs ist ein statischer, nichtlinearer Kennfeldregler, also ein in der Kategorien der klassischen Regelungstechnik beschreibbarer Regler, der selbst weder „denkt" noch unscharf ist oder gar unvorherbestimmt reagiert. Die Anwendung der Fuzzy Logik in der Regelungstechnik liefert also ein neben anderen Verfahren existierendes Entwurfsverfahren für statische nichtlineare Regler. Der besondere Vorteil des Fuzzy-

Entwurfs ist die Möglichkeit, vorhandenes, sprachlich formuliertes Erfahrungswissen über den zu regelnden Prozeß und die Regelstrategie sehr einfach in einen mathematischen Algorithmus zu übertragen, der durch einen Rechner realisierbar ist. Vorläufige Nachteile des Fuzzy-Entwurfs sind der numerische Aufwand und fehlende Erfahrungen über die Auswirkungen der vielen Freiheitsgrade, die beim Fuzzy-Entwurf existieren.

VERZEICHNIS DER FORMELSYMBOLE

$\{..\}$	Zahlenfolge
$\underline{..}$	Feld, Vektor oder Matrix
$A=A(q^{-1})$	Polynom in q^{-1} (Streckenpole)
a_i	Koeffizienten von $A(q^{-1})$
An, An.m	binärer Steuerungsausgang n,m: Zählindizes
AWn	Ausgangswort einer Steuerung n: Zählindex
$B=B(q^{-1})$	Polynom in q^{-1} (Streckennullstellen)
$B^+=B^+(q^{-1})$	stabile Streckennullstellen
$B^-=B^-(q^{-1})$	instabile Streckennullstellen
b_i	Koeffizienten von $B(q^{-1})$, $B^+(q^{-1})$ und $B^-(q^{-1})$
$C=C(q^{-1})$	Polynom in q^{-1} (Nullstellen des Störfilters)
$C_0=C_0(q^{-1})$	Polynom in q^{-1} : $C_0=C/D$ div q^{-d}
$C_1=C_1(q^{-1})$	Polynom in q^{-1} : $C_1=C/D$ mod q^{-d}
c_i	Koeffizienten von $C(q^{-1})$
Ch_n	Tschebyscheff-Polynom n. Ordnung
d	digitale Totzeit ($T_t = d \cdot T_A$)
d	Dämpfung eines schwingungsfähigen Verzögerungssystems
$D=D(q^{-1})$	Polynom in q^{-1} (Pole des Störfilters)
d_i	Koeffizienten von $D(q^{-1})$
$\{e_k\}$	Regler-Eingangs-Zahlenfolge
E	Erwartungswert
En, En.m	binärer Steuerungseingang
EWn	Eingangswort einer Steuerung
f	kont. Frequenz
f(..)	Funktion
F	normierte Frequenz
$\underline{F}$	Matrix im Zustandsmodell
g(..)	Funktion
g(t)	kont. Zeitverlauf
$\{g_k\}$	digitaler Zeitverlauf
g_i	Gewichtungskoeffizienten
$\underline{G}$	Matrix im Zustandsmodell
G(f)	kontinuierliche Übertragungsfunktion
$G(q^{-1})$	diskrete Übertragungsfunktion
h(..)	Funktion
h(t)	kont. Zeitverlauf
$\{h_k\}$	digitaler Zeitverlauf
H(f)	kontinuierliche Übertragungsfunktion
$H(q^{-1})$	diskrete Übertragungsfunktion
$\underline{H}$	Matrix im Zustandsmodell
i	Zählindex
J	Gütekriterium
j	Zählindex
$\underline{I}$	Einheitsmatrix
K	Verstärkungsfaktoren (mit Indizes)
k	Zählindex
$\underline{K}$	Filterverstärkungsmatrix
l	Kostenfunktion
$\underline{L}_x$	Kostenmatrix für Zustandsvektor
$\underline{L}_u$	Kostenmatrix für Stellgrößenvektor
M	Anzahl
Mn, Mn.m	binärer Steuerungsmerker
MWn	Merkerwort einer Steuerung
N, n	Anzahl
$\{n_k\}$	Störgrößen-Zahlenfolge
M, m	Anzahl
$\underline{P}$	Parametersatz
p_i	(einzelne) Parameter
q^{-1}	Verschiebeoperator
$\underline{Q}$	Kovarianzmatrix
$R=R(q^{-1})$	Polynom in q^{-1} (Pole des Reglers)
r_i	Koeffizienten von $R(q^{-1})$
$\underline{R}$	Reglerverstärkungsmatrix
$S=S(q^{-1})$	Polynom in q^{-1} (Nullstellen des Rückführungsreglers)
s_i	Koeffizienten von $S(q^{-1})$
$\{s_k\}$	Nutzsignal-Zahlenfolge
t	kont. Zeit
t_k	Abtastzeitpunkte
$T=T(q^{-1})$	Polynom in q^{-1} (Nullstellen des Führungsreglers)
t_i	Koeffizienten von $T(q^{-1})$
$T_1, T_2,$	Zeitkonstanten
T_A	Abtastzeit
T_t	Totzeit
T_u	Verzugszeit
T_g	Ausgleichszeit
T_n	Nachstellzeit
T_v	Vorhaltzeit
$\{u_k\}$	Systemeingangs-Zahlenfolge
$\{u_k\}$	Stellgrößen- Zahlenfolge
$\{u_k\}$	Meßwert- Zahlenfolge
$\{v_k\}$	Störgrößen-Zahlenfolge
$\{w_k\}$	Sollwert Zahlenfolge
$\{\underline{x}_k\}$	Zustandsvektor-Zahlenfolge
$\{y_k\}$	Systemausgangs-Zahlenfolge
$\{y_k\}$	Regelgrößen- Zahlenfolge
Zn	binärer Zählerausgang
ZWn	digitaler Zählerausgang

Verzeichnis der Beispiele und Übungen

TABELLEN

ZEITGEBER-BETRIEBSARTEN

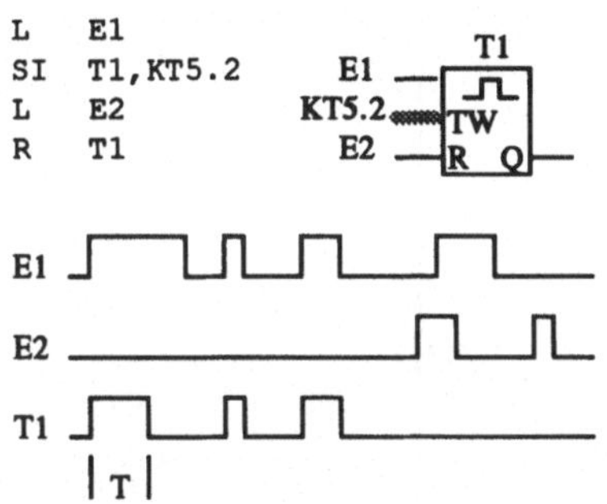

Abb. A.1. Impuls-Timer

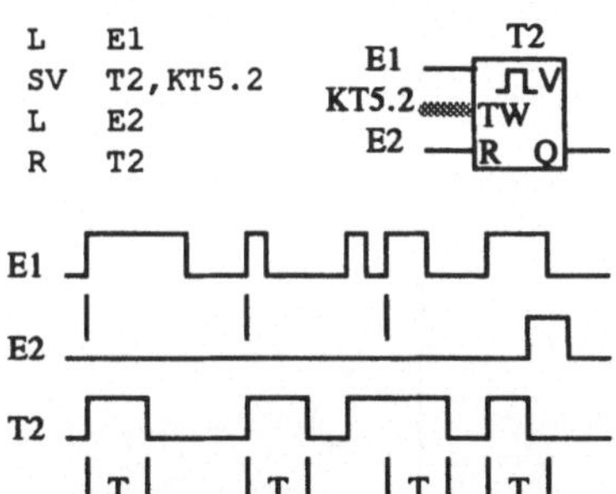

Abb. A.2. Verlängerter Impuls-Timer

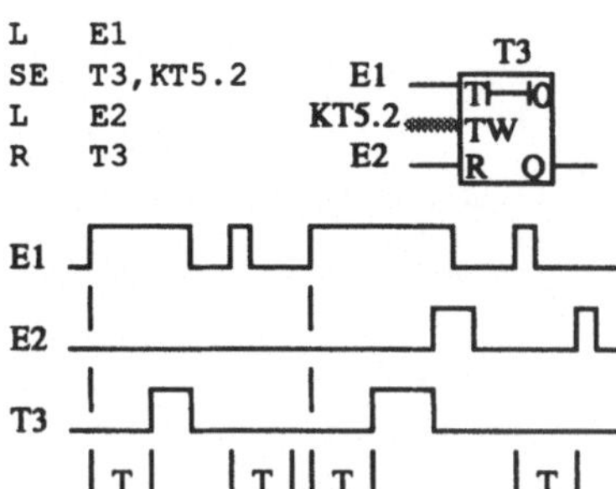

Abb. A.3. Einschaltverzögerung

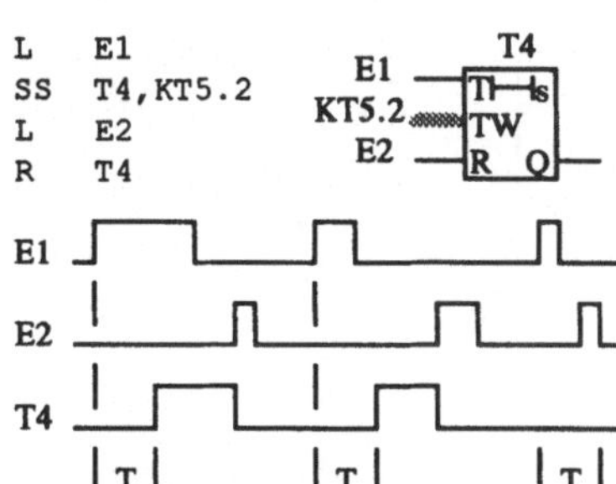

Abb. A.4. Speichernde Einschaltverzögerung

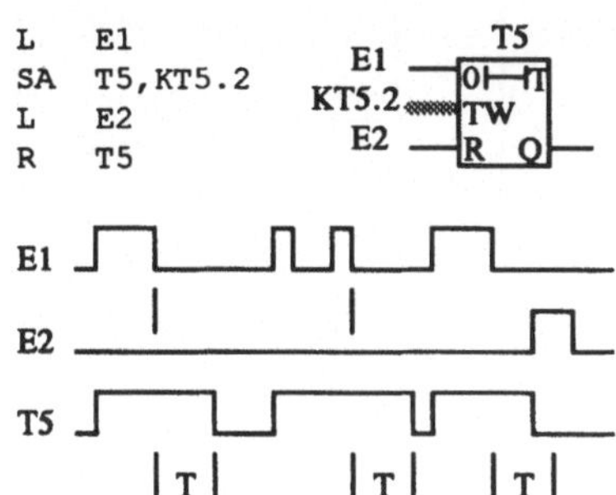

Abb. A.5. Ausschaltverzögerung

LOGISCHE UND ARITHMETISCHE VERKNÜPFUNGEN

Funktion	LOP	A W L			ST
		IEC	DIN	STEP 5	
Laden		LD	L	U	
Zuweisen		ST	=	=	
Negation		N	N	N	not
Konjunktion	&	AND	U	U	and
Disjunktion	≥1	OR	O	O	or
Antivalenz	= 1	XOR	XO		xor
RS-Speicher	S / R Q	S / R	S / R	S / R	
Gleich	=	EQ	GL	!=	=
Ungleich	< >	NE		><	<>
Größer gleich	>=	GE	GRG	>=	>=
Kleiner gleich	<=	LE	KLG	<=	<=
Größer	>	GT	GR	>	>
Kleiner	<	LT	KL	<	<
Addition	+	ADD	ADD	+ F	+
Subtraktion	-	SUB	SUB	- F	-
Multiplikation	*	MUL	MUL	* F	*
Division	/	DIV	DIV	/F	/

ST-Kurzübersicht

1. Programmorganisationseinheiten

Kopf:	PROGRAM	FUNCTION_BLOCK	FUNCTION
Deklarationen:	Datentypen, Variablen, Konstanten, Funktionsbausteine, Funktionen		
Anweisungen:	Zuweisungen, strukturierte Anweisungen, Aufrufe, Abbrüche, Kommentare		
Ende:	END_PROGRAM	END_FUNCTION_BLOCK	END_FUNCTION

2. Deklarationen
2.1 Datentypen

Typ	1 Bit	8 Bit	16 Bit	32 Bit	64 Bit	Init
vordefiniert						
Ganze Zahlen, mit		SINT,	INT,	DINT,	LINT,	0
oder ohne Vorzeichen		USINT	UINT	UDINT	ULINT	0
Reelle Zahlen				REAL	LREAL	0.0
Wahrheitswerte	BOOL	BYTE	WORD	DWORD	LWORD	0
Zeichen			STRING			"
Zeit & Datum		TIME, DATE, TIME_OF_DAY, DATE_AND_TIME				
selbstdefiniert						
Abgeleiteter Typ	name: typ :=wert ;					
Aufzählung	name: (wert,wert) :=wert ;					
Teilbereich	name: Typ(wert1 .. wert2) :=wert ;					
Felder	name: ARRAY[n1..n2] OF typ;					
Datensätze	name: STRUCT name:typ :=wert; END_STRUCT;					

2.2 Variablen

Lokal	VAR name: typ:=wert; END_VAR;
Eingabevariable	VAR_INPUT name: typ:=wert; END_VAR;
Ausgabevariable:	VAR_OUTPUT name: typ:=wert; END_VAR;
Ein-/Ausgabevariable	VAR_IN_OUT name: typ:=wert; END_VAR;

2.3 Direkt adressierte Variablen: % + Name + Nummer

Name,	1.Zeichen:	I: Eingang, Q: Ausgang, M: Merker
	2.Zeichen:	Nichts/X: Bit, B: Byte, W: Wort, D: Doppelwort, L: Langwort
	Nummer:	Zahl . *Zahl*

3. Anweisungen

Zuweisung	`Variable:=Ausdruck;`
Strukturierte Anweisungen	`IF, CASE, FOR, REPEAT, WHILE`
FB-Aufrufe	`Name(Parameterliste);`
Schleifenabbruch	`EXIT`
FB- oder Function-Abbruch	`RETURN`
Kommentar	`(*          *)`

3.1. Ausdrücke und Operatoren

Klammersetzung	1. ( )			
Funktionsaufrufe	2.			
arithmetische Operatoren:	3. ** (Exponent)	4. - (Negation)	6. *, /, MOD	7. +, -
logische Operatoren:	5. not	10. &, and	11. xor	12. or
Vergleichsoperatoren:	8. <, < =, >, > =	9. =, < >		

Die Rangfolge der Operatoren nimmt in der Reihenfolge der Numerierung ab.

3.2 Strukturierte Anweisungen

```
IF logausdr THEN anw; END_IF;
IF logausdr THEN anw; ELSE anw; END_IF;
CASE ausdr OF wert:anw; ELSE Wertn:anw; END_CASE;
FOR var:=ausdr1 TO ausdr2 BY ausdr3 DO anw; END_FOR;
WHILE logausdr DO anw; END_WHILE;
REPEAT anw; UNTIL logausdr END_WHILE;
```

Großschrift: reservierte Bezeichner
Unterstrichen: Wiederholbar
Kursiv: Optional

ausdr: Ausdruck
logausdr: logischer Ausdruck
anw: Anweisung

DIGITALE APPROXIMATION KONTINUIERLICHER SYSTEME

Gegenüberstellung der Approximationsarten Rückwärtsdifferenz (RWD), Vorwärtsdifferenz (VWD) und Bilinear (BIL) für Übertragungsfunktionen 0., 1. und 2. Ordnung

	$G(j\omega)$	$G_D(q^{-1})$
P	K	K
I	$K\dfrac{1}{j\omega}$	$KT_A\dfrac{1}{1-q^{-1}}B(q^{-1})$
PT$_1$	$K\dfrac{1}{1+j\omega T}$	$K\dfrac{(1-\alpha_1)}{1-\alpha_1 q^{-1}}B(q^{-1})$
IPT$_1$	$K\dfrac{1}{j\omega(1+j\omega T)}$	$K\dfrac{T_A}{1-q^{-1}}\dfrac{(1-\alpha_1)}{(1-\alpha_1 q^{-1})}B(q^{-1})$
PT$_1$T$_2$	$K\dfrac{1}{(1+j\omega T_1)(1+j\omega T_2)}$	$K\dfrac{(1-\alpha_1)}{(1-\alpha_1 q^{-1})}\dfrac{(1-\alpha_2)}{(1-\alpha_2 q^{-1})}B(q^{-1})^2$
DT$_1$T$_2$	$K\dfrac{j\omega}{(1+j\omega T_1)(1+j\omega T_2)}$	$K\dfrac{1-q^{-1}}{T_A}\dfrac{(1-\alpha_1)}{(1-\alpha_1 q^{-1})}\dfrac{(1-\alpha_2)}{(1-\alpha_2 q^{-1})}B(q^{-1})$
PdT	$K\dfrac{1}{1+j\omega 2dT+j\omega^2 T^2}$	$K\dfrac{1-2\alpha_d+\alpha_T}{1-2\alpha_d q^{-1}+\alpha_T q^{-2}}B(q^{-1})^2$
DdT	$K\dfrac{j\omega}{1+j\omega 2dT+j\omega^2 T^2}$	$K\dfrac{1-q^{-1}}{T_A}\dfrac{1-2\alpha_d+\alpha_T}{1-2\alpha_d q^{-1}+\alpha_T q^{-2}}B(q^{-1})$

RWD	VWD	BIL
$B(q^{-1})=1$	$B(q^{-1})=q^{-1}$	$B(q^{-1})=(1+q^{-1})/2$
$\alpha_i=T_i/(T_i+T_A)$	$\alpha_i=(T_i-T_A)/T_i$	$\alpha_i=(2T_i-T_A)/(2T_i+T_A)$
$\alpha_d=\dfrac{dT/T_A+(T/T_A)^2}{1+2dT/T_A+(T/T_A)^2}$	$\alpha_d=1-dT_A/T$	$\alpha_d=\dfrac{4(T/T_A)^2-1}{1+4dT/T_A+4(T/T_A)^2}$
$\alpha_T=\dfrac{(T/T_A)^2}{1+2dT/T_A+(T/T_A)^2}$	$\alpha_T=1-2dT_A/T+(T_A/T)^2$	$\alpha_T=\dfrac{1-4dT/T_A+4(T/T_A)^2}{1+4dT/T_A+4(T/T_A)^2}$

Literatur

Abel, D.: *Petri-Netze für Ingenieure.* Springer, Berlin, Heidelberg, **1990**.

Achilles, D.: *Die Fouriertransformation in der Signalverarbeitung.* Springer, Berlin, Heidelberg, 2. Aufl. **1985**.

Aspern, J. v.: *SPS-Softwareentwicklung mit Petrinetzen.* Hüthig, Heidelberg **1993**.

Aspern, J. v.: *SPS-Softwareentwicklung Petrinetze und Wortverarbeitung.* Hüthig, Heidelberg **1994**.

Astrom, K.J.; Wittenmark, B.: *Computer Controlled Systems.* Prentice-Hall, Englewood Cliffs, **1984**.

Azizi, S.A.: *Entwurf und Realisierung digitaler Filter.* Oldenbourg, München, Wien, 5. Aufl. **1990**.

Baumgarth, S. (Hrsg.) u.a.: *Digitale Regelung und Steuerung in der Versorgungstechnik.* Springer, Berlin, Heidelberg, **1993**.

Bellanger, M.: *Digital Processing of Signals.* John Wiley & Sons, Chichester, 2. Aufl. **1989**.

Bellman, R.: *Dynamische Programmierung und selbstanpassende Regelprozesse.* Oldenbourg, München, Wien, **1967**.

Berger, H.: *Automatisieren mit der SIMATIC S5-115U.* Siemens AG, Berlin, 2. Aufl. **1989**.

Berger, H.: *Automatisieren mit SIMATIC S5-155U.* Siemens AG, Berlin, 2. Aufl. **1992**.

Bertram, T.; Svaricek, F.; Bindel, T.; Böhm, R.; Kiendl, H.; Pfeiffer, B.-M.; Weber, M.: *Fuzzy Control. Zusammenstellung und Beschreibung wichtiger Begriffe.* Automatisierungstechnik 42 (**1994**), H.7, S. 322-326.

Beuschel, J.: *Prozeßsteuerungssysteme.* Oldenbourg, München, Wien, **1994**.

Bitzer, B.: *Automatisierung in elektrischen Energieversorgungsunternehmen.* Hüthig, Heidelberg, **1991**.

Borucki, L.: *Grundlagen der Digitaltechnik.* Teubner, Stuttgart, **1977**.

Bothe, H.-H.: *Fuzzy Logic.* Springer, Berlin, Heidelberg, **1993**.

Brack, G.: *Technik der Automatisierungsgeräte.* Hanser, München, **1972**.

Brigham, E.O.: *FFT - Schnelle Fourier-Transformation.* Oldenbourg, München, Wien, 4. Aufl. **1989**.

Büttner W.: *Digitale Regelungssysteme.* Vieweg, Braunschweig, **1990**.

Chien, K.L.; Hrones, J.A.; Reswick, J.B.: *On the Automatic Control of Generalized Passive Systems.* Transactions ASME 74 (**1952**), S. 175-185.

Dörner, D.: *Problemlösen als Informationsverarbeitung.* Verlag Kohlhammer, 3. Aufl. **1987**.

Dourdoumas, N.: *Prinzipien zum Entwurf linearer Regelkreise mit Beschränkungen - eine Einführung.* Automatisierungstechnik at 35 (**1987**), H. 8, S. 301-309.

Eitz, A.W.; Heining, U.: *Leittechnik im Kraftwerk: Entwicklung-Kosten-Nutzen.* Automatisierungstechnische Praxis atp 31 (**1989**), H.9, S. 416-421.

Färber, G.: *Mikroelektronik, Basis progressiver Entwicklungen der Automatisierungstechnik.* Automatisierungstechnische Praxis atp 34 (**1992**) S. 493-499.

Fasol, K.H.: *Binäre Steuerungstechnik.* Springer, Berlin, Heidelberg, 1988.

Feindt, E.-G.: *Regeln mit dem Rechner.* Oldenbourg, München, Wien, 2. Aufl. **1994.**

Fieger, K.: *Regelungstechnik, Grundlagen und Geräte.* Firmenschrift der Hartmann & Braun AG, Frankfurt.

Findeisen, W.: *Grundlagen des Entwurfs von Regelungssystemen.* VEB Verlag Technik, Berlin, **1973.**

Föllinger, O.: *Lineare Abtastsysteme.* Oldenbourg, München, Wien, 3.Aufl. **1986.**

Föllinger, O.: *Regelungstechnik.* Hüthig, Heidelberg, 6. Aufl. **1990.**

Föllinger, O.: *Nichtlineare Regelungen,* Band II. Oldenbourg, München, Wien, 7. Aufl. **1993.**

Franke, D.: *Sequentielle Systeme.* Vieweg-Verlag, Braunschweig, Wiesbaden, **1994.**

Franklin, G.F.; Powell, J.D.; Workman, M.L.: *Digital Control of Dynamic Systems.* Addison Wesley, Reading, Massachussetts, 2. Aufl. **1990.**

Frenck, C.; Kiendl, H.: *Fuzzy Control. Teil 5.* Automatisierungstechnik at 41 **(1993)**, H. 6, S. A17-A20.

Friedrich, A.: *Steuergraph kontra Kontaktplan.* Elektrotechnik, 74 **(1992)**, H. 11, S. 16-25.

Fuchs, H., Kopacek, P.: *Prozeß- und Fertigungsautomatisierung - unterschiedliche oder gleiche Fachdisziplinen.* MSR, 33 **(1990)**, S. 50-53.

Gilles, E.D.; Faul, M.; Kabatek, U.; Sandler, M.: *Automatisierung des Schiffsverkehrs auf Wasserstraßen.* Automatisierungstechnische Praxis atp 35 **(1993)**, S. 543-552.

Giloi, , W.; Liebig, H.: *Logischer Entwurf digitaler Systeme.* Springer, Berlin, Heidelberg, **1973.**

Graichen, G., Kolb, H.: *Steuerungen in der Automatisierungstechnik.* VEB Verlag Technik, Berlin, 1988.

Groh, H.; Weber, W.: *Digitaltechnik I.* VDI-Verlag, Düsseldorf, **1969.**

Grötsch, E.: *SPS - Vom Relaisersatz bis zum CIM-Verbund.* Oldenbourg, München, Wien, 1990.

Günter, M.: *Zeitdiskrete Steuerungssysteme.* Hüthig, Heidelberg, **1986.**

Hackl, C.: *Schaltwerk- und Automatentheorie I.* Verlag Walter de Gruyter, Berlin, New York, **1972.**

Hackl, C.: *Schaltwerk- und Automatentheorie II.* Verlag Walter de Gruyter, Berlin, New York, **1973.**

Haug, R.: *Pneumatische Steuerungstechnik.* Teubner, Stuttgart, 2. Aufl. 1991.

Hippe, P.; Wurmthaler, Ch.: *Zustandsregelung.* Springer, Berlin, Heidelberg, **1985.**

Homuth, H.H.: *Einführung in die Automatentheorie.* Vieweg-Verlag, Braunschweig, **1977.**

Hurst, S.L.: *Schwellwertlogik.* Hüthig, Heidelberg, **1974.**

Isermann, R.: *Digitale Regelsysteme, Band I: Deterministische Regelungen.* Springer, Berlin, Heidelberg, 2. Aufl. **1987.**

Johnson, J.R.: *Digitale Signalverarbeitung.* Hanser-Verlag, München, **1991.**

Jostock, J., Bley, H.: *Von der Fertigungssteuerung zu einer ereignisorientierten Fertigungsregelung.* VDI-Z 136 **(1994)**, H. 3, S. 30-35.

Kahlert, J.; Frank, H.: *Fuzzy-Logik und Fuzzy-Control.* Vieweg, Braunschweig, Wiesbaden, 2. Aufl. **1994.**

Kiencke, U.; Lacher, F.; Schreiber, H.; Ulm, M.: *Mikroelektronik im Kraftfahrzeug.* Automatisierungstechnische Praxis atp 34 **(1992)**, S. 231-238 und S. 314-324.

Klein, M.; Walter, H.; Pandit, M.: *Digitaler PI-Regler: Neue Einstellregeln mit Hilfe der Streckensprungantwort.* Automatisierungstechnik at 40 **(1992)** H. 8, S. 291-299.

Knabe, G.: *Gebäudeautomation*. Verlag für Bauwesen, Berlin, **1992**.

Köhling, A.: *Richtlinien und europäische Normen zur EMV*. etz 112 (**1991**), H.9, S. 438-441.

König, R.; Quäck, L.: *Petri-Netze in der Steuerungs- und Digitaltechnik*. Oldenbourg, München, Wien, **1988**.

Krämer, U.: *Anforderungen beim Einsatz programmierbarer Systeme für Schutzeinrichtungen*. Automatisierungstechnische Praxis atp 36 (**1994**), H.10, S. 22-28.

Krätzig, J.: *Speicherprogrammierbare Steuerungen verstehen und anwenden*. Hanser, München, 1992.

Kriechbaum, G.: *Pneumatische Steuerungen*. Vieweg, Braunschweig, **1971**.

Lacroix, A: *Digitale Filter*. Oldenbourg, München, Wien, 3. Aufl. **1988**.

Lange , R.: *Einsatz von Standards in der Prozeßvisualisierung*. Automatisierungstechnische Praxis atp 36 (**1994**), H.3, S. 20-27.

Langheld, E.: *Einführung in die Schwellwert- und Majoritätslogik*. Elektronik (**1976**), H. 1, S. 46-52 und S. 73-78.

Latzel, W.: *Einstellregeln für vorgegebene Überschwingweiten*. Automatisierungstechnik at 41 (**1993**) H. 4, S. 103-113.

Lauber, R.: *Prozeßautomatisierung*. Springer, Berlin, Heidelberg, 2. Aufl. **1989**.

Lausterer, G.: *Die Rolle der Automatisierung für den Industriestandort Deutschland*. Automatisierungstechnische Praxis atp 36 (**1994**), H.6, S.8.

Leonhard, W.: *Einführung in die Regelungstechnik*. Vieweg, Braunschweig, **1981**.

Leonhard, W.: *Digitale Signalverarbeitung in der Meß- und Regelungstechnik*. Teubner, Stuttgart, 2. Aufl. **1989**.

Lunze, J.: *Künstliche Intelligenz für Ingenieure*. Oldenbourg, München, Wien, **1994**.

Mamdani, E.H.: *Application of fuzzy algorithms for the control of a simple dynamic plant*. Proc. IEEE 121 (**1974**), S. 1585-1588.

Mayer, O.: *Zur Frühgeschichte technischer Regelungen*. Oldenbourg, München, Wien, **1969**.

Merz, L.; Jaschek, H.: *Grundkurs der Regelungstechnik*. Oldenbourg, München, Wien, 10. Aufl. **1990**.

Metz, J.; Merbeth, G.: *Schaltalgebra*. Verlag Harri Deutsch, Frankfurt/Main, Zürich, **1970**.

Möhr, D.E.C.: *Stand der EMV-Gesetzgebung*. etz 116 (**1995**), H.9, S. 12-15.

Negroponte, N.: *Total digital*. Bertelsmann, Gütersloh, **1995**.

Netter, P.: *Anlagensicherung mit Mitteln der Prozeßleittechnik*. Automatisierungstechnische Praxis atp 35 (**1993**), H.1, S. 45-51.

Olsson, G., Piani, G.: *Steuern, Regeln, Automatisieren*. Hanser, München, **1993**.

Opitz, H.-P.: *Die Hyperstabilitätstheorie - eine systematische Methode zur Analöyse und Synthese nichtlinearer Systeme*. Automatisierungstechnik at 34 (**1986**) H. 6, S. 221-230.

Oppelt, W.: *Kleines Handbuch technischer Regelvorgänge*. Verlag Chemie, Weinheim, 5. Aufl. **1972**.

Oppenheim, A.V.; Schafer, R.W.: *Zeitdiskrete Signalverarbeitung*. Oldenbourg, München, Wien, **1992**.

Papoulis, A.: *The Fourier Integral and ist Applications*. McGraw-Hill, New York, **1962**.

Paul, M.: *Digitale Meßwertverarbeitung*. Berlin: VDE-Verlag. 2. Aufl. **1987**.

Peinke, R.: *Entwicklung der Prozeßautomatisierung in der Chemie*. Oldenbourg, München, Wien, **1995**.

Pfeifer, T., Eversheim, W., König, W., Weck, M.: *Produkt und Produktion "aus einem Guß"*. VDI-Z 135 (1993) H. 5, S. 14-19.

Preuß, H.-P.: *Prozeßmodellfreier PID-Regler-Entwurf nach dem Betragsoptimum*. Automatisierungstechnik, at 39 (1991), H. 1, S. 15-22.

Preuß, H.-P.:*Methoden der nichtlinearen Modellierung-vom Interpolationspolynom zum Neuronalen Netz*. Automatisierungstechnik 24 (1994), H.10, S. 449-457.

Reinisch, K.: *Analyse und Synthese kontinuierlicher Steuerungssysteme*. VEB Verlag Technik, Berlin 2. Aufl. **1982**

Reisig, W.: *Systementwurf mit Netzen*. Springer, Berlin, Heidelberg, **1985.**

Reisig, W.: *Petrinetze. Eine Einführung*. Springer, Berlin, Heidelberg, **1986.**

Rörentrop, K.: *Entwicklung der modernen Regelungstechnik*. Oldenbourg, München, Wien, **1971.**

Rojas, R.: *Theorie der neuronalen Netze*. Springer, Berlin, Heidelberg, **1993.**

Rose, M.: *Mikroprozessor 68HC11*. Hüthig, Heidelberg, 2. Aufl. **1994.**

Roth, G.: *Regelungstechnik*. Hüthig, Heidelberg, **1990.**

Saal, R.: *Handbuch zum Filterentwurf*. Elitera-Verlag, Berlin, **1979.**

Samal, E.; Becker, W.: *Grundriß der praktischen Regelungstechnik*. Oldenbourg, München, Wien, 18. Aufl. **1993.**

Schaaf, B.-D.: *Automatisierungstechnik*. Hanser Verlag, München, Wien, **1992.**

Schänzer, G.: *Meß- und Regelungstechnik im Flugzeug*. Automatisierungstechnische Praxis atp 36 (**1994**), H.1, S. 13-22.

Schiemenz, B.: *Automatisierung in der Produktion*. Vandenhoeck und Ruprecht, Göttingen, **1980.**

Schmitt, K.H.: *Aspekte einer ganzheitlichen Ingenieurtätigkeit*. Automatisierungstechnische Praxis atp 32 (**1990**), H.9, S. 432-439.

Schneider, G.: *Reglersynthese für Systeme mit Stellgrößenbegrenzung*. Regelungstechnik 25 (**1977**), S. A1-A12.

Schneider, G.: *Was du heut´ nicht kannst besorgen, das verschiebe halt auf morgen*. Automatisierungstechnik 34 (**1986**) H. 2, S. 59-65.

Schnieder, E.: *Prozeßinformatik*. Vieweg, Braunschweig, **1986.**

Schnieder, E.: *Petrinetze in der Automatisierungstechnik*. Oldenbourg, München, Wien, **1992.**

Schrüfer, E.: Signalverarbeitung. Hanser, München, **1990.**

Seifart, M.: *Analoge Schaltungen*. Verlag Technik, Berlin, 4. Aufl. **1994.**

Stearns, S.D.: *Digitale Verarbeitung analoger Signale*. Oldenbourg, München, Wien, **1991.**

Steusloff, H.: *Systemengineering für die industrielle Automation*. Automatisierungstechnische Praxis atp 32 (**1990**), H.3, S. 129.

Takahashi, Y.; Chan, C.S.; Auslander D.M.: *Parametereinstellung bei linearen DDC-Algorithmen*. Regelungstechnik und Prozeß-Datenverarbeitung, 19 (**1971**), H.6, S. 237-244.

Tietze, U.; Schenk, C.: *Halbleiter-Schaltungstechnik*. Springer, Berlin, Heidelberg, 7. Aufl. **1985.**

Töpfer, H.: *Auf dem Weg vom einschleifigen Regelkreis zur universellen Leittechnik*. Automatisierungstechnische Praxis atp 34 (**1992**) S. 611-616.

Töpfer, H.; Kriesel, W.: *Funktionseinheiten der Automatisierungstechnik*. VDI-Verlag, Düsseldorf, **1977.**

Uhlig, R.; Bruns, M.: *Automatisierung von Chargenprozessen.* Oldenbourg, München, Wien, **1995**.

Unger, J.: *Einführung in die Regelungstechnik.* Teubner, Stuttgart, **1990**.

Wahl, F.M.: *Digitale Bildsignalverarbeitung.* Springer, Berlin, Heidelberg, **1984**.

Warnecke, H.-J.: *Die Fraktale Fabrik.* Springer, Berlin, Heidelberg, **1992**.

Warnecke, H.-J.: *Die Produktion als Regelkreis.* atp 30 **(1989)**, H.3, S110-115.

Weber, D.: *Elektronische Regler.* Firmenschrift der Jumo Mess- und Regeltechnik, Fulda, 2. Aufl. **1991**.

Weber, W.; Schiefer, P.: *Automatisierung von Anlagen der Stahlindustrie.* Springer, Berlin, Heidelberg, **1976**.

Weber, H., Zimanyi, P., Adams, M., Hiller, T., Bender, K.: *Ein integriertes Werkzeug für Automatisierungssysteme.* Automatisierungstechnische Praxis atp 32 **(1990)**, H.3, S. 130-140.

Wellenreuther, G.; Zastrow, D.: *Steuerungstechnik mit SPS.* Vieweg-Verlag, 1991.

Wratil, P.: *Speicherprogrammierbare Steuerungen in der Automatisierungstechnik.* Vogel Verlag, Würzburg, 1989.

Wunsch, G.: *Geschichte der Systemtheorie.* Oldenbourg, München, Wien, **1985**.

Wurmthaler, C.: *Einsatz von Zustandsreglern bei begrenzter Stellgröße und in Ablöseregelungen.* Regelungstechnik 25 **(1977)**, H. 3, S. 91-92.

Wurmthaler, C.; Hippe, P.: *Verbesserung des Stör- und Führungsverhaltens bei stabilen und instabilen Strecken mit Stellbegrenzung.* Automatisierungstechnik 42 **(1994)**, H. 7, S. 299-307.

Zadeh, L.A.: *Fuzzy Sets.* Information and Control 8 **(1965)**, S. 338-353.

Zadeh, L.A.: *Outline of a new approach to the analysis of complex systems and decisi-on processes.* IEEE Trans. Syst. Man, Cybern. 3 **(1973)**, S. 28-44.

Zankl, A., Engel, G.: *Trends in der Automatisierungstechnik.* Elektronik 1992, H. 13, S. 120-125.

Zeitz, K.H.: *Regelungen mit Zwei- und Dreipunktreglern.* Oldenbourg, München, Wien, **1986**.

Ziegler, J.G.; Nichols, N.B.: *Optimum settings for automatic controller.* Transactions ASME 64 **(1942)**, S. 759-768.

Zimmermann, H.J.: *Fuzzy set theory and ist applications.* Kluwer Academic Publishers, Boston, 1991.

Zuse, K.: *Petri-Netze aus der Sicht des Ingenieurs.* Vieweg, Braunschweig, **1980**.

NORMEN

DIN 19221 Leittechnik, Regelungstechnik und Steuerungstechnik

DIN 19222 Leittechnik, Begriffe

DIN 19226 Regelungstechnik, Begriffe.

DIN 19237 Steuerungstechnik, Begriffe.

DIN 19239 Steuerungstechnik, Speicherprogrammierte Steuerungen, Programmierung.

DIN 40719, Teil 6: Schaltungsunterlagen, Regeln und graphische Symbole für Funktionspläne.

DIN 66201 Prozeßrechensysteme

IEC 1131-3, Programmable controllers, Part 3: Programming languages.

VDI 2880 Speicherprogrammierbare Steuerungsgeräte

Springer-Verlag und Umwelt